Deutsches Lok-Archiv

Rainer Zschech

Akku- und Elektrotriebwagen

Rainer Zschech

AKKU- UND ELEKTROTRIEBWAGEN

• DEUTSCHE REICHSBAHN-GESELLSCHAFT
• DEUTSCHE REICHSBAHN • DEUTSCHE BUNDESBAHN

DEUTSCHES LOK-ARCHIV

trans press

classics

Einbandgestaltung: Luis dos Santos
Foto Vorderseite: Thomas Estler (†)
Foto Rückseite: Archiv transpress

Bildnachweis:
Die zur Illustration dieses Buches verwendeten Aufnahmen stammen – wenn nichts anderes vermerkt ist – vom Verfasser.

ISBN 978-3-613-71712-1

1. Auflage 2024 (unveränderter Nachdruck der 5., bearbeiteten und ergänzten Auflage von 1992)

Sie finden uns im Internet unter www.transpress.de

Satz: Satzstudio MediaSoft, 13189 Berlin
Druck: HUNTER Books GmbH,
Kleyerstraße 3,
64295 Darmstadt

Printed in Germany

Vorwort

Die Triebwagen stehen seit Beginn der Eisenbahnentwicklung im Wettbewerb mit den lokomotivbespannten Zügen. Die Zeit hat hinreichend bewiesen, daß dieser Wettbewerb nicht auf „entweder – oder" ausgefochten wird, sondern daß es stets darauf ankommt, die Triebfahrzeuge den Verkehrs- und Betriebsaufgaben entsprechend und somit wirtschaftlich einzusetzen. In den letzten Jahren entstanden viele neue Triebwagenbaureihen, die mit dazu beigetragen haben, den Wandel zu modernen Antriebsformen bei der Eisenbahn zu vollziehen. Wissenswertes über die Entwicklung, die Konstruktion und den Einsatz der Triebwagen zusammenzufassen – das ist die Aufgabe dieses Buches. Aus der Fülle des Stoffgebietes mußte eine Auswahl getroffen werden, die unserer Zielstellung, eine weitestgehend vollständige, stichpunktartig gehaltene Dokumentation deutscher Triebwagen vorzustellen, entspricht. Die Entwicklungsgeschichte jeder Antriebsform der Triebwagen beginnt bei den Anfängen und bezieht auch Fahrzeuge anderer Bahnen ein, wenn sie für die fachtechnische Entwicklung relevant sind. Im Hauptteil waren wir jedoch gezwungen, uns auf die Deutsche Reichsbahn-Gesellschaft, die Deutsche Reichsbahn und die Deutsche Bundesbahn zu beschränken, obwohl auch die Privatbahnen die Entwicklung der Triebwagen nicht unwesentlich vorangetrieben haben. Die Länderbahntriebwagen sind in den Archiv-Bänden der jeweiligen deutschen Länderbahnen enthalten.

Kurz nachdem dieses Buch als „Triebwagen-Archiv" das erste Mal erschienen war, signalisierten die Verkaufszahlen einen hohen Bedarf. In der darauffolgenden Auflage wurde das ursprünglich einbändige „Archiv" in zwei Bände geteilt, der geschichtliche Teil neu gegliedert und neue Baureihen aufgenommen.

Die vorliegende Auflage ist dem aktuellen Entwicklungsstand durch Überarbeitung und Erweiterung angepaßt. Sie ist Bestandteil der Reihe „Deutsches Lok-Archiv".

An dieser Stelle sei auch allen Freunden und Mitarbeitern gedankt, die Unterlagen beisteuerten oder Hinweise zur Vervollständigung des Manuskripts gaben.

Möge diese Auflage bei den Beschäftigten und Freunden des Eisenbahnwesens eine gute Aufnahme finden und ihnen eine faktenintensive und damit solide Grundlage für weiterführende Untersuchungen sein.

Hinweise zur weiteren Vervollständigung und für Korrekturen nehmen wir dankend entgegen.

Autor und Verlag

Inhaltsverzeichnis

Einführung

Im Text und in den Tabellen werden Begriffe und Abkürzungen verwendet, die teils eisenbahnüblich, teils aber auch einer besseren Darstellung wegen vom Autor gewählt sind.

Begriffsbestimmung „Triebwagen“

Außer dem im allgemeinen Sprachgebrauch benutzten Wort Triebwagen als Oberbegriff für eigengetriebene Schienenfahrzeuge zur unmittelbaren Beförderung von Personen oder Gütern haben sich im Laufe der Zeit exaktere Begriffe herausgebildet:
Triebwagen: selbständiges Triebfahrzeug, das heißt Wagen mit einer maschinentechnischen Ausrüstung und mit angetriebenen Radsätzen;
Triebkopf: Triebwagen, der die Antriebsausrüstung eines Triebzuges in sich vereinigt und nur in einem Triebzug eingesetzt werden kann;
Steuerwagen: Wagen ohne eigenen Antrieb, mit Führerstand, von dem aus weitere im Zug laufende Triebwagen direkt gesteuert werden können;
Beiwagen: Wagen ohne eigenen Antrieb, wird im Triebwagenzug eingestellt und kann mit Leitungen für Vielfachsteuerung ausgerüstet sein;
Mittelwagen: Beiwagen, der in der Regel nur innerhalb eines Triebzuges betriebsfähig und in jedem Fall mit Steuerleitungen ausgerüstet ist;
Triebzug: Einheit aus mehreren Trieb-, Mittel- oder Steuerwagen, die betrieblich nicht getrennt werden;
Triebwagenzug: Zug aus miteinander gekuppelten Trieb-, Bei- und Steuerwagen oder aus gekuppelten Triebzügen.

Bahnverwaltungen

Für die Bahnverwaltungen werden für größere Zeiträume unabhängig von der jeweiligen offiziellen Schreibweise der Bahnverwaltung folgende Abkürzungen verwendet:

bis 1920

BadStB	Staatsbahnen in Baden
BayStB	Staatsbahnen in Bayern (und ab 1909 in der Pfalz)
MeckStB	Staatsbahnen in Mecklenburg
OldStB	Staatsbahnen in Oldenburg
PrStB	Staatsbahnen in Preußen und Vereinigte Staatsbahnen in Preußen und Hessen (ab 1896)
SäStB	Staatsbahn in Sachsen
WüStB	Staatsbahn in Württemberg

1920 bis 1945

DRG	Deutsche Reichseisenbahn (1920 bis 1924), Deutsche Reichsbahn-Gesellschaft (1924 bis 1933) und Deutsche Reichsbahn (1934 bis 1945)

bis 1938

LAG	Localbahn AG, München

ab 1945

DB	Deutsche Bundesbahn
DR	Deutsche Reichsbahn

Betriebsnummern

Die Triebfahrzeuge aller deutschen Bahnverwaltungen werden in Baureihen zusammengefaßt und mit einer fortlaufenden Nummer versehen.

Betriebsnummer der Akkumulatortriebwagen

Die Akkumulatortriebwagen waren anfangs im Nummernplan der Reisezugwagen enthalten, und zwar in der Gruppe 201 bis 700. Später bildete man die Betriebsnummer aus dem Kennbuchstaben

AT Triebwagen mit Traktionsakkumulatoren

und einer Ordnungsnummer, die beibehalten wurde.

Da bei Einführung der neuen Nummernsysteme der DRG der Bestand an Akkumulatortriebwagen nicht nennenswert erhöht werden sollte, bildete man keine Baureihennummern und schuf deshalb kein neues Nummernsystem für diese Triebwagen.

Im Bereich der DB führte man im Jahre 1948 ein Nummernsystem ein, das sich dem der Elektrotriebwagen aus dem Jahre 1940 anpaßte. Als Kennbuchstaben für Triebwagen mit Fahrenergiezuführung aus einem Akkumulator wurden verwendet:

ETA Triebwagen
ESA Steuerwagen
EBA Beiwagen

Die Nummern der Baureihe wurden nach den gleichen Gesichtspunkten wie bei den Elektrotriebwagen gebildet. Bei der Ordnungsnummer wurde die erste Ziffer zur Kennzeichnung der Wagenklassen verwendet, indem Triebwagen bzw. -züge, die nur die 2. Klasse führten, mit einer „1“ begannen, während solche mit 1. und 2. Klasse eine „0“ hatten. Die Ordnungsnummer von Triebzügen wurde durch Kennbuchstaben, beginnend mit „a“, ergänzt, wenn die Kennbuchstaben der Stammnummer nicht ausreichten, um die einzelnen Teile des Triebzuges unterscheiden zu können.

Beispiel:

ETA 179 101 a	Betriebsnummer
ETA 179	Stammnummer
ETA	Kennbuchstaben
179	Nummer der Baureihe
1	Kennziffer der Stromart
101 a	Ordnungsnummer
1	Kennziffer der Unterbaureihe
01	laufende Nummer
a	Kennbuchstabe des Teiles im Triebzug

Bei dem ab 1. Januar 1968 eingeführten neuen Nummernsystem gelten für Akkumulatortriebwagen die gleichen Festlegungen wie für elektrische Triebwagen, lediglich die Kennziffer der Fahrzeugart in der Baureihennummer ist abweichend:

5	Akkumulatortriebwagen
7	Bahndiensttriebwagen (aller Antriebsarten)
8	Steuer-, Bei- und Mittelwagen zu elektrischen Triebwagen und Akkumulatortriebwagen

Beispiel:

515 001-6	Kennzeichnung des Triebfahrzeugs
515 001	Triebfahrzeugnummer
515	Baureihennummer
5	Kennziffer der Fahrzeugart
001	Ordnungsnummer
0	Kennziffer der Wagenart
01	laufende Nummer
6	Kontrollziffer

Die DR hat derzeit keine Akkumulatortriebwagen in ihrem Bestand. Deshalb sind keine neuen Kennzeichnungen gebildet worden.

Für das ab 1. Januar 1992 gültige DB/DR-Nummernsystem wurde das DB-System unverändert beibehalten.

Betriebsnummer der Elektrotriebwagen

Anfangs waren den Elektrotriebwagen im Nummernplan der Reisezugwagen bestimmte Gruppen vorbehalten.

Die zuerst dreistelligen Betriebsnummern reichten bald nicht mehr aus und wurden deshalb um 1930 durch vierstellige Betriebsnummern ersetzt.

In Anlehnung an das Nummernsystem der Elektrolokomotiven aus dem Jahr 1927 entstand ein Nummernschema auch für Elektrotriebwagen, das im Jahr 1940 eingeführt worden ist und bis 1967 bzw. 1970 gültig war.

Die Betriebsnummer bestand aus einer Stammnummer und der Ordnungsnummer. Die Stammnummer wurde aus dem Kennbuchstaben und der Nummer der Baureihe gebildet.

Als Kennbuchstaben für Triebwagen mit Stromzuführung durch eine Fahrleitung (Oberleitung oder Stromschiene) dienten:

ET Triebwagen
ES Steuerwagen

EB Beiwagen
EM Mittelwagen

Als Nummer der Baureihe wurden folgende Nummerngruppen zur Unterscheidung der Stromsysteme verwendet:

01 bis 99	Triebfahrzeuge für Wechselstrom ~16 2/3 Hz und ~25 Hz
101 bis 199	Triebfahrzeuge für Gleichstrom
201 bis 299	Triebfahrzeuge für sonstige Stromarten (z. B. ~50 Hz)
301 bis 399	Triebfahrzeuge für mehrere Stromsysteme

Eine weitere Aufteilung dieser Baureihennummern nach dem Verwendungszweck oder der Höchstgeschwindigkeit war nicht festgelegt, jedoch ließen sich bestimmte Gruppen der Baureihen erkennen:

01 bis 09	Fernschnelltriebwagen
10 bis 39	Schnelltriebwagen
40 bis 59	Eiltriebwagen
60 bis 79	Nahverkehrstriebwagen
80 bis 89	Nebenbahntriebwagen
90 bis 99	Sondertriebwagen

Bei der Ordnungsnummer konnte die erste Ziffer zur Kennzeichnung von Unterbaureihen verwendet werden.

Die Ordnungsnummer von Triebzügen wurde durch Kennbuchstaben, beginnend mit „a", ergänzt, wenn die Kennbuchstaben der Stammnummer nicht ausreichten, um die einzelnen Teile des Triebzuges mit gleicher Ordnungsnummer unterscheiden zu können.

Beispiele:

ET 165 801	Betriebsnummer
ET 165	Stammnummer
ET	Kennbuchstaben
165	Nummer der Baureihe
1	Kennziffer der Stromart
801	Ordnungsnummer
8	Kennziffer der Unterbaureihe
01	laufende Nummer
ET 25 101 a	Betriebsnummer
ET 25	Stammnummer
ET	Kennbuchstaben
25	Nummer der Baureihe
101 a	Ordnungsnummer
1	Kennziffer der Unterbaureihe
01	laufende Nummer
a	Kennbuchstabe des Teiles im Triebzug

Bei der DB wurde ab 1. Januar 1968 ein neues Nummernsystem eingeführt, das für die elektronische Datenverarbeitung geeignet ist. Da sich bei Triebfahrzeugen im Gegensatz zu Reisezug- und Güterzugwagen zunächst eine internationale Regelung nicht abzeichnete, entwickelte die DB ein eigenes System. Es wurde dabei festgelegt, daß möglichst wenig technische Kenndaten und Verwendungseigenschaften einfließen.

Die neue Triebfahrzeugnummer besteht aus 6 Ziffern, die in zwei Gruppen zu je drei Stellen am Triebfahrzeug angeschrieben wird. Die erste Gruppe ist die Baureihennummer und die zweite Gruppe die Ordnungsnummer. Es schließt sich nach einem Bindestrich die Kontrollziffer an, die nicht zur Triebfahrzeugnummer gehört.

Die erste Stelle der Baureihennummer gibt die Fahrzeugart an:

4	Elektrische Triebwagen
7	Bahndiensttriebwagen (alle Antriebsarten)
8	Steuer-, Bei- und Mittelwagen zu elektrischen Triebwagen und Akkumulatortriebwagen

Für die zweite und dritte Stelle der Baureihennummer wurde möglichst die bisherige Baureihennummer übernommen. Bei Triebzügen bleiben die Trieb-, Steuer-, Bei- und Mittelwagen in ihrer Zugehörigkeit kenntlich, da die zweite und dritte Stelle der Baureihennummer gleich ist.

Bei der Ordnungsnummer kann die erste Stelle zur Kennzeichnung der Wagenart verwendet werden:

0	Triebwagen
1 bis 3	bisheriger a-Teil von Triebzügen
4 bis 6	bisheriger b-Teil von Triebzügen
7 bis 9	bisheriger c-Teil von Triebzügen

sowie

0 bis 5	Bei- oder Mittelwagen
6 bis 9	Steuerwagen

Eine charakteristische Neuerung stellt auch die Kontrollziffer dar. Sie wird für die interne Fehlerüberwachung bei der elektronischen Datenverarbeitung benötigt. Es werden **von rechts nach links** die erste, die dritte und die fünfte Ziffer der Triebfahrzeugnummer mit 2 und die zweite, die vierte und die sechste Ziffer mit 1 multipliziert; sodann ermittelt man die Quersumme von den gewonnenen Ziffern. Subtrahiert man nun die Einerstelle der Quersumme von der Zahl 10, so erhält man die Selbstkontrollziffer. Endet die Quersumme mit Null, dann ist die Selbstkontrollziffer auch Null.

Beispiel für die Ermittlung der Selbstkontrollziffer:

4 6 5 0 0 6	Triebfahrzeugnummer
1 2 1 2 1 2	Multiplikationsfaktoren
4 12 5 0 0 12	Ergebnis der Multiplikation
4+1+2+5+0 +0+1+2=15	Bilden der Quersumme

10−5=5 Berechnen der Kontrollziffer
465 006-5 Neue Kennzeichnung

Beispiel:

465 006-5 Kennzeichnung des Triebfahrzeuges
465 006 Triebfahrzeugnummer
465 Baureihennummer
4 Kennziffer der Fahrzeugart
006 Ordnungsnummer
0 Kennziffer der Wagenart
06 laufende Nummer
5 Kontrollziffer

Die DR führte am 1. Juni 1970 das internationale Bezeichnungsschema ein. Die neue Triebfahrzeugnummer gliedert sich in eine fünfstellige internationale Kennzeichnung (wird vorerst bei den Fahrzeugen der DR noch nicht angebracht), eine sechsstellige nationale Schlüsselnummer und eine einstellige Kontrollziffer.

Die nationale Schlüsselnummer, das heißt die eigentliche Bezeichnung des Triebfahrzeugs entsprechend der bisherigen Betriebsnummer, setzt sich aus zwei Gruppen zu je drei Stellen zusammen. Die erste Gruppe ist die Baureihennummer, die zweite Gruppe die Ordnungsnummer.

Die erste Stelle der Baureihennummer gibt die Antriebsart an:

2 Elektrische Triebfahrzeuge

Bei der zweiten Stelle der Baureihennummer werden für die Triebwagen die Ziffern 7 und 8 verwendet:

7 Gleichstromtriebwagen
8 Wechselstromtriebwagen

Die dritte Stelle der Baureihennummer ist die eigentliche Kennzahl für die einzelnen Baureihen.

Bei der Ordnungsnummer kann die erste Stelle zur Kennzeichnung von Unterbauarten benutzt werden. Ansonsten numeriert man bei Triebzügen die Trieb-, Mittel-, Steuer- und Beiwagen fortlaufend, wobei die Triebwagen eine ungerade, hingegen die Steuer-, Bei- und Mittelwagen eine gerade Ordnungsnummer erhalten.

Beispiel:

285 203-6 Kennzeichnung des Triebfahrzeuges
285 203 Triebfahrzeugnummer
285 Baureihennummer
2 Kennziffer für Elektrotriebfahrzeug
8 Kennziffer für Wechselstromtriebwagen
203 Ordnungsnummer
2 Ziffer der Unterbaureihe
03 laufende Nummer
3 ungerade Ziffer, also Triebwagen
6 Kontrollziffer

Bei der DB und der DR wurde ab 1. Januar 1992 ein neues Nummernsystem eingeführt, welches für beide deutsche Bahnen gilt. Da die schrittweise Zusammenführung auch die Koordinierung der Betriebsführung beider Bahnen beinhaltet, war eine baldige einheitliche Bezeichnung der Triebfahrzeuge erforderlich. Neubaufahrzeuge erhielten die neue Fahrzeugnummer bereits ab 1. Juli 1991 mit der Auslieferung, während die Umzeichnung im Betriebseinsatz befindlicher Fahrzeuge am 1. Oktober 1991 begann.

Die neue Fahrzeugnummer besteht wie zuletzt aus sechs Ziffern, die in zwei Gruppen zu je drei Stellen am Fahrzeug angeschrieben wird. Die erste Gruppe ist die Baureihennummer und die zweite Gruppe die Ordnungsnummer. Nach einem Bindestrich folgt die Kontrollziffer für die elektronische Datenverarbeitung, die jedoch nicht unmittelbar zur Fahrzeugnummer gehört.

Die erste Stelle der Baureihennummer bezeichnet die Fahrzeugbauart:

4 Elektrische Triebwagen mit Fremdstromzuführung
7 Bahndiensttriebfahrzeuge
8 Steuer-, Mittel- und Beiwagen zu elektrischen Triebwagen.

Die zweite und dritte Stelle der Baureihennummer wurde möglichst von der bisherigen Baureihennummer übernommen. Trieb-, Steuer-, Bei- und Mittelwagen einer Baureihe erhalten hier gleiche Nummern.

Bei der Ordnungsnummer wird die erste Stelle zur Kennzeichnung der Wagenart genutzt:

0 bis 5 Bei- und Mittelwagen
6 bis 9 Steuerwagen

Beispiel:

485 096-2 Kennzeichnung des Triebfahrzeuges
485 096 Triebfahrzeugnummer
485 Baureihennummer
4 Kennziffer der Fahrzeugbauart
85 gleicher Teil der Baureihennummer für Trieb-, Bei-, Mittel- und Steuerwagen
096 Ordnungsnummer
0 Kennziffer der Unterbaureihe oder Wagenart
96 laufende Nummer
2 Kontrollziffer

Für die betriebsfähigen Museumstriebfahrzeuge der DB/DR wurde Mitte Juni 1991 ein überarbeiteter Umzeichnungsplan bekanntgegeben, der für diese Fahrzeuge zwei Betriebsnummern enthält:

- am Triebfahrzeug außen; entspricht der früheren Betriebsnummer,
- auf dem Führerstand; EDV-Nummer zu Abrechnungszwecken.

Die EDV-Nummer paßt in das allgemeine Nummernsystem, wobei die Betriebsnummer als zweite und dritte Ziffer für alle betriebsfähigen Museumstriebfahrzeuge eine 88 erhält. Bei der Ordnungsnummer wurde eine Rückschlußmöglichkeit auf die bisherige Baureihe bei der DB und der DR angestrebt, indem die 1. und 2. Ziffer die 1. und 2. Stelle der bisherigen Baureihenkennzeichnung ist und nur die 3. Ziffer als reine Zählzahl verwendet wird (hier erhielten Fahrzeuge der DB die Zähler 1 bis 4 und Fahrzeuge der DR die Zähler 5 bis 8). Bei den Steuer-, Mittel- und Beiwagen ließ sich eine Zuordnung zur ehemaligen Baureihe und zur ehemaligen Bahnverwaltung nicht verwirklichen.

Beispiel:

488 651-1	Kennzeichnung des Fahrzeuges
488 651	Fahrzeugnummer
488	Baureihennummer
4	Kennziffer der Fahrzeugbauart
88	betriebsfähiges Museumstriebfahrzeug
651	Ordnungsnummer
65	frühere Baureihenkennzeichnung (im Regelfall)
1	Zählnummer (mit Angabe der bisherigen Bahnverwaltung)
1	Kontrollziffer

Folgende elektrischen Triebwagen und Triebzüge sind aufgeführt:

Gegenwärtige Betriebsnummer DB	DR	Neue Betriebsnummer außen	EDV-Nummer
425 115	–	ET 25 015a	488 251-0
825 015	–	EM 25 015	888 001-5
425 415	–	ET 25 015b	488 252-8
430 114	–	ET 30 014a	488 301-3
830 012	–	EM 30 012	888 002-3
830 014	–	EM 30 014	888 003-1
430 414	–	ET 30 014b	488 302-1
465 006	–	ET 65 006	488 651-1
865 006	–	EM 65 006	888 004-9
865 106	–	EM 65 106	888 005-6
865 606	–	ES 65 006	888 601-2
–	275 659	ET 165 155	488 165-2
–	275 660	ES 165 155	888 602-0
–	275 693	(ET 165 231)	488 166-0
–	275 694	(ES 165 231)	888 603-1
–	275 747 (BVG)	(ET 165 358)	488 167-8
–	275 748 (BVG)	(EB 165 358)	888 006-4
–	275 783	(ET 165 471)	488 168-6
–	275 784	(EB 165 471)	888 007-2
–	275 815	(ET 165 555)	488 169-4
–	275 816	(EB 165 555)	888 008-0

Radsatzanordnung

Die Radsatzanordnung ist eine symbolische Kennzeichnung der Anordnung der Radsätze im Laufwerk von Eisenbahnfahrzeugen. Bereits im Jahre 1908 wurden vom Ausschuß des Vereins Deutscher Eisenbahnverwaltungen (ab 1932 Verein Mitteleuorpäischer Eisenbahn-Verwaltungen) Regeln für das Bezeichnen der Radsatzanordnung aufgestellt. Sie wurden inzwischen mehrfach überarbeitet, wobei jedoch die Grundsätze erhalten blieben.

Die Radsatzanordnung wird heute von allen der UIC angeschlossenen Bahnverwaltungen (damit auch DB und DR) einheitlich nach dem UIC-Merkblatt 612 V bezeichnet.

Die für alle Fahrzeuge einheitliche Bezeichnung erstreckt sich

1. auf die Kennzeichnung der Radsatzanordnung, unterschieden nach angetriebenen Radsätzen und Laufradsätzen,
2. auf die Kennzeichnung der wichtigsten Unterteilungsmerkmale des Fahrgestells nach Hauptrahmen, Drehgestellen und den in ihnen gelagerten Radsätzen.

Es können noch nationale Zusatzbezeichnungen beigefügt werden, wenn weitere Einzelheiten kurz angegeben werden sollen.

Laufradsätze werden mit arabischen Ziffern bezeichnet, die die Zahl der aufeinanderfolgenden Radsätze angibt. Angetriebene Radsätze werden mit großen lateinischen Buchstaben bezeichnet, wobei die Stellung der Buchstaben im Alphabet die Zahl der aufeinanderfolgenden Radsätze angibt. Bei einzeln angetriebenen Radsätzen wird dem großen lateinischen Buchstaben der Index „0“ (Null) beigefügt. Laufradsätze, die durch einen Hilfsantrieb auch als Treibradsätze verwendbar sind, werden durch kleine Buchstaben bezeichnet.

Es bedeuten zum Beispiel

- 1 ein (im Hauptrahmen gelagerter) Laufradsatz
- 2 zwei aufeinanderfolgende (im Hauptrahmen gelagerte) Laufradsätze
- A ein angetriebener Radsatz

Beispiele für die Bezeichnung der Radsatzanordnung

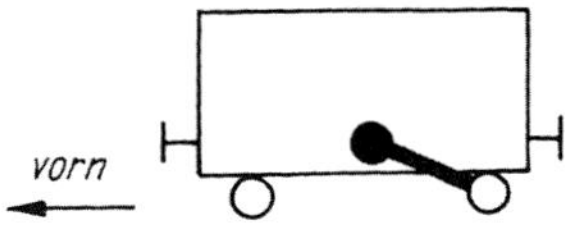

1 A
Triebwagen mit einem Lauf- und einem angetriebenen Radsatz

B
Triebwagen mit zwei miteinander gekuppelten angetriebenen Radsätzen

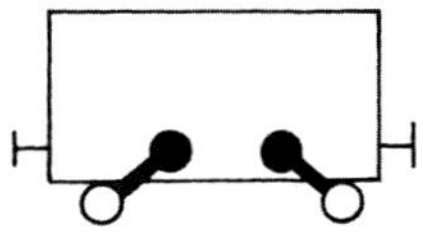

Bo
Triebwagen mit zwei einzeln angetriebenen Radsätzen

Bo′Bo′
Triebwagen mit zwei Drehgestellen, in denen je zwei einzeln angetriebene Radsätze laufen

B′B′
Triebwagen mit vier gekuppelten Treibradsätzen in zwei zweiachsigen Drehgestellen

Bo′2′ + 2′2′ + 2′Bo′
Triebzug, der aus drei Einzelwagen besteht, die ihrerseits betrieblich eine Einheit bilden. Alle Wagen sind einzeln durch eigene bzw. fremde Kraft verfahrbar, können aber nicht einzeln betrieben oder in Züge eingestellt werden. Die Endwagen sind Triebwagen und haben je ein Drehgestell mit zwei einzeln angetriebenen Radsätzen und ein Drehgestell mit zwei im Rahmen gelagerten Laufradsätzen. Der Mittelwagen hat zwei Drehgestelle mit je zwei Laufradsätzen.

B′2′ + 2′2′ + 2′B′
Triebzug, der aus drei Einzelwagen besteht, die ihrerseits betrieblich eine Einheit bilden. Alle Wagen sind einzeln durch eigene bzw. fremde Kraft verfahrbar, können aber nicht einzeln betrieben oder in Züge eingestellt werden. Die Endwagen sind Triebwagen und haben je ein Drehgestell mit zwei miteinander gekuppelten angetriebenen Radsätzen und ein Drehgestell mit zwei Laufradsätzen. Der Mittelwagen hat zwei Drehgestelle mit je zwei Laufradsätzen.

Bo′2′2′ mit Jakobs-Drehgestell
Triebzug, der aus mehreren Wagenkästen besteht, die durch ein Jakobs-Drehgestell verbunden sind. Das vordere Drehgestell enthält zwei einzeln angetriebene Radsätze, das mittlere und das hintere je zwei Laufradsätze.

B zwei miteinander gekuppelte angetriebene Radsätze

Bo zwei aufeinanderfolgende einzeln angetriebene Radsätze

b zwei miteinander gekuppelte Laufradsätze mit Hilfsantrieb.

Bei Unterteilung des Fahrgestells werden die Radsätze oder Radsatzgruppen eines Hilfsgestells in gleicher Weise bezeichnet. Die entsprechenden Ziffern bzw. Buchstaben werden mit einem über der Zeile stehenden Beistrich versehen, wenn es sich um eine Ziffer oder um einen Buchstaben handelt (Bo gilt als ein Buchstabe). Umfassen die Kennzeichen jedoch mehr als eine Ziffer oder einen Buchstaben, so werden sie in Klammern gesetzt. Lenkradsätze gelten jedoch als im Hauptrahmen gelagert.

Es bedeuten zum Beispiel

1′ ein vom Hauptrahmen unabhängiger Laufradsatz, z. B. Bisselradsatz; ein quer verschiebbarer Lenkradsatz gilt aber als im Rahmen gelagert

2′ zwei vom Hauptrahmen unabhängige Laufradsätze, z. B. Drehgestell

B′ zwei miteinander gekuppelte, vom Hauptrahmen unabhängige angetriebene Radsätze

Bo′ zwei einzeln angetriebene Radsätze in einem Drehgestell

(1 A) ein Laufradsatz und ein angetriebener Radsatz in einem Hilfsgestell, z. B. Drehgestell.

Sind die angetriebenen Radsätze von Drehgestellen über die Antriebsanlage verbunden, so wird die Radsatzanordnung unterstrichen.

Besteht ein Fahrzeug aus mehreren, voneinander trennbaren und je für sich allein arbeitsfähigen oder aus einzeln verfahrbaren Bestandteilen ohne gemeinsamen Überbau, werden die Bezeichnungen der Teilfahrzeuge durch ein + verbunden.

Besteht ein Fahrzeug aus mehreren Wagenkästen, die durch ein Jakobs-Drehgestell verbunden sind, wird dies oft als Zusatz hinter der Radsatzanordnung durch „mit Jakobs-Gestell" angegeben.

Beispiele (Zeichnung S. 13)

Gattungszeichen

Das Gattungszeichen gibt die Raumverteilung in Wagen und den allgemeinen Aufbau an. Das bisherige System bestand aus dem Hauptgattungszeichen, dem Nebengattungszeichen und einer arabischen Ziffer für die Radsatzzahl (wurde nur bei mehr als zwei Radsätzen angewendet).

Im Text und in den Tabellen werden die Haupt- und Nebengattungszeichen, soweit nicht besonders vermerkt, nach der zuletzt üblichen Festlegung aufgeführt.

Hauptgattungszeichen DRG

B Wagen 2. Klasse

C Wagen 3. Klasse

D Wagen 4. Klasse

Post Postwagen bzw. -raum

Pw Gepäckwagen bzw. -raum

L Triebwagen für Lokalbahnen (wird den anderen Hauptgattungszeichen nachgestellt)

Nebengattungszeichen DRG

d frühere Wagen 4. Klasse, die ihre ursprüngliche Vollbankausrüstung unverändert behalten haben

i Wagen mit Durchgang und offenen Übergangsbrücken

k Wagen mit Küche

tr Traglastenabteil

u umgebaut von 4. in 3. Klasse

ü Wagen mit Durchgang, Übergangsbrücken und Faltenbälgen

Kennzeichnung der Antriebs- und Verwendungsart DRG

Anfangs wurde nach dem Nebengattungszeichen auch die Art der Antriebs- und Verwendungsart angegeben, da im Nummernplan keine Aussage möglich war:

eaT elektrisch angetriebener Wagen mit Akkumulator als Stromquelle

elT elektrisch angetriebener Wagen für Stromzuführung durch Oberleitung

esT elektrisch angetriebener Wagen für Stromzuführung durch Stromschiene

eaS Steuerwagen zu eaT

elS Steuerwagen zu elT

esS Steuerwagen zu esT

Beiwagen erhalten keine besondere Kennzeichnung (Wechselstrombeiwagen sind normale Personenwagen mit durchgehender Steuerleitung, elektrischer Heizleitung und Leitung für elektrische Beleuchtung), später aber

el Beiwagen zu elT

es Beiwagen zu esT

v Beiwagen für Triebwagen ohne Fahrleitung

Hauptgattungszeichen DR und DB

A Sitzplätze 1. Klasse

B Sitzplätze 2. Klasse

D Gepäckabteil

Post Postabteil

WR Speisewagen

R Speiseabteil

K Schmalspurfahrzeug

Nebengattungszeichen DR

- ü Wagen mit Übergangsbrükken und Faltenbälgen
- g Wagen mit geschlossenen Übergängen und Gummiwülsten
- i Wagen mit Bühnen (Plattform) und offenen Übergangsbrücken
- p Wagen mit innerem Durchgang, ursprünglich offene Übergangsbrücken, jetzt aber zusätzlich Faltenbälge
- tr Wagen mit Traglastenabteil
- m Wagen mit Mittelgang
- e Wagen mit elektrischer Heizung

Nebengattungszeichen DB

- ü Wagen mit geschlossenen Übergangsbrücken (Faltenbalg) und geschlossenem Seitengang
- y Wagen mit geschlossenen Übergängen (Faltenbalg) und Mittelgang oder offenem Seitengang
- i Wagen mit offenen Übergängen, mit Mittelgang oder offenem Seitengang
- m Wagen mit einer Länge über Puffer/Kupplung von mehr als 24 m, Polsterung in der 2. Klasse und elektrischer Heizung
- g Wagen mit geschlossenen Übergängen, aber Gummiwülsten anstelle der Faltenbälge (nur in Verbindung mit ü oder y)
- l leichte vierachsige Wagen der Einheitsbauart mit weniger als 30 t Eigenmasse
- s geschlossener Seitengang in der 1. Klasse (nur in Verbindung mit i oder g)
- tr Wagen mit Traglastenabteil
- k Wagen mit Küchenabteil

Nach einem Beschluß der 35. Europäischen Wagenbeistellungskonferenz in Madrid gilt seit dem 1. Januar 1967 ein neues Übereinkommen über die gegenseitige Benutzung der Personen- und Gepäckwagen im internationalen Verkehr (RIC-Übereinkommen), in dem auch international einheitliche Gattungszeichen vorgeschrieben wurden, die durch nationale Haupt- und Nebenzeichen ergänzt werden.

Hauptzeichen DR

- A Sitzplätze 1. Klasse
- B Sitzplätze 2. Klasse
- D Gepäckabteil bzw. -wagen
- Post Postabteil bzw. -wagen
- R Speiseabteil
- SR Gesellschaftswagen
- WR Speisewagen
- Dienst Dienstwagen
- ORT Oberleitungsrevisionstriebwagen
- Salon Salonwagen
- K Schmalspurfahrzeug (vor den anderen Hauptzeichen)

Nebenzeichen DR

- a dreiachsiger Wagen
- aa zweiachsiger Wagen
- b Behelfssitzwagen der Baujahre 1943 bis 1945
- e Wagen mit elektrischer Heizung[x)]
- ee Wagen mit Energieversorgung aus der Hauptheizleitung[x)]
- g Wagen mit Gummiwulstübergängen und bei Schnellzugwagen mit Seitengang in den Sitz-, Liege- und Schlafwagen, nicht in Verbindung mit Nebenzeichen m
- h vier- und mehrachsige Sitzwagen mit Übergängen und Mittelgang, nur in Verbindung mit Nebenzeichen m, g oder ü
- i Durchgangswagen mit offenem Übergang
- k Wagen mit Küchenabteil, nicht bei WR, WL, BR und Br
- m Wagen mit einer Länge über Puffer/Kupplung von mehr als 24 m
- o Wagen mit Sitzplätzen 2. Klasse ohne Polster bzw. ohne Hartpolster
- r Schnellzugwagen mit Übergängen und Speiseraum zur Selbstbedienung
- s Seitengang bei Gepäckwagen oder Gepäckabteil
- tr Sitzwagen 2. Klasse mit Traglastenabteil
- ü Wagen mit Faltenbalgübergängen und Seitengang in den Sitz-, Liege- und Schlafwagen
- w leichte vierachsige Durchgangswagen bis zu 32 t Eigenmasse

x) wird seit 1988 nicht mehr verwendet

Hauptzeichen DB

- A Sitzplätze 1. Klasse
- B Sitzplätze 2. Klasse
- BS Sitzplätze 2. Klasse mit Sondereinrichtungen
- D Gepäckabteil bzw. -wagen
- Post Postabteil bzw. -wagen
- R Speiseabteil
- WG Gesellschaftswagen
- WL Schlafwagen
- WR Speisewagen
- WS Servicewagen

Nebenzeichen DB

- g Gummiwulstübergänge in Verbindung mit ü oder y
- l zwei Endeinstiege, ein Mitteleinstieg, Gummiwulstübergänge in Verbindung mit y bei Eilzugwagen über 24 m
- m Schnellzugwagen mit einer Länge von mehr als 24 m, Gummiwulstübergänge, ge-

schlossener Seitengang in den Sitzwagen, elektrische Heizung oder Heizleitung

p Schnellzugwagen mit Großraum und Mittelgang

s – geschlossener Seitengang in 1. Klasse in Verbindung mit y,
– Seitengang bei Gepäckabteil bzw. -wagen

ü Schnellzugwagen mit Faltenbalgübergängen und geschlossenem Seitengang in den Sitzwagen

v Schnellzugwagen mit Nebenzeichen m mit weniger als 10 A- bzw. 12 B-Abteilen oder 5 A-Abteilen bei AB-Wagen

y Eilzugwagen mit Großraum, Mittelgang und Faltenbalgübergängen

z Wagen mit zentraler elektrischer Energieversorgung aus der Hauptheizleitung (Zugsammelschiene) und ohne Dampfheizung

Ausrüstungsteile

Steuerung

AFB	Automatische Fahr- und Bremssteuerung
Fr	Fahrstromregelung
Fsch	Fahrschalter
Gst	Gleichstromsteller
L	Lastschalter
N	Nockenschaltwerk
Schü	Schütze
St	Steuermaschine
Str	Stromwächter
Stu	Stufenschaltwerk
Ta	Thyristoranschnittsteuerung
V	Vielfachsteuerung
WD	Wechselstrom-Drehstrom-Leistungsübertragung

Elektrische Bremse

EGW	eigenerregte Gleichstromwiderstandsbremse
FGW	fremderregte Gleichstromwiderstandsbremse
N	Nutzbremse
WW	Wechselstromwiderstandsbremse

Fahrmotor

DA	Drehstromasynchronmotor
GN	Gleichstromnebenschlußmotor
GR	Gleichstromreihenschlußmotor
MR	Mischstromreihenschlußmotor
WE	Winter-Eichberg-Motor
WR	Wechselstromreihenschlußmotor

Antrieb

A	Achsmotor
Ag	Achsmotor, gefedert
Bg	Buchli-Antrieb, großradgefedert
Gb	BBC-Gummiantrieb
Gd	Gummifeder-Düwag-Antrieb
Gk	Gummiringkardanantrieb
K	Kuppelstangenantrieb
L	Lamellenkupplungsantrieb
T	Tatzlagerantrieb
Tg	Tatzlagerantrieb, großradgefedert

Bremsbauarten

Hikp	Hildebrand-Knorr-Bremse für Personenzüge
Hiks	Hildebrand-Knorr-Bremse für Schnellzüge
Hikss	Hildebrand-Knorr-Bremse für besonders schnell fahrende Züge
KE	Knorr-Einheitsbremse
Kkp	Kunze-Knorr-Bremse für Personenzüge
Kks	Kunze-Knorr-Bremse für Schnellzüge
Kp	Knorr-Bremse für Personenzüge
Ks	Knorr-Bremse für Schnellzüge
Wp	Westinghouse-Bremse für Personenzüge

Herstellerfirmen bzw. Lieferfirmen

ABB	Asea Brown Boveri AG, Mannheim
AEG	Allgemeine Elektricitäts-Gesellschaft, Berlin
AEGL	AEG-Lahmeyer, Frankfurt am Main (vorm. W. Lahmeyer & Co, Frankfurt am Main)
AFA	Accumulatoren-Fabrik AG, Berlin/Hagen
Amm	VEB Waggonbau Ammendorf, Halle
Baut	Waggon- und Maschinenfabrik AG, vorm. Busch, Bautzen
BBC	Brown, Boveri & Cie, Mannheim (später mit ASEA, Västeroas, Schweden, zu ABB vereinigt)
BEW	Bergmann-Elektricitätswerke AG, Berlin
Bres	Breslauer AG für Eisenbahnwagenbau
BSI	Bergische Stahl-Industrie, Remscheid

Busch	Waggonfabrik Busch, Bautzen
DB	Lagerbestände der Deutschen Bundesbahn
Des	Dessauer Waggonfabrik AG, Dessau
DR	Lagerbestände der Deutschen Reichsbahn
Düwag	Düsseldorfer Waggonfabrik AG, Düsseldorf
DWV	Deutsche Wagenbau-Vereinigung, Eisenbahn-Liefergemeinschaft GmbH, Berlin
Eva	Eisenbahn-Verkehrsmittel AG, Berlin/Wismar
Fu	H. Fuchs, Waggonfabrik AG, Heidelberg
Ga	Gebr. Gastell Waggonfabrik, Mainz-Mombach
Ganz	Ganz'sche Elektrizitäts-AG, Budapest
Goth	Gothaer Waggonfabrik AG, Gotha (auch: Waggonbau Bothmann, Gotha)
Graz	Grazer Waggon- und Maschinenfabrik, Graz
Hawa	Hannoversche Waggonfabrik, Hannover
Hof	Waggonfabrik Gebr. Hofmann & Co AG, Breslau
Kie	Theodor Kiepe, Düsseldorf-Reisholz
Kil	Waggonfabrik Killing & Sohn, Hagen i. W.
Kum	Elektrizitätswerke O. Kummer, Dresden
Krupp	Friedrich Krupp GmbH, In dustriebau und Maschinenfabrik, Essen
LEW	VEB Lokomotivbau Elektrotechnische Werke „Hans Beimler", Hennigsdorf, jetzt LEW Hennigsdorf GmbH, Hennigsdorf
LHB	Linke-Hofmann-Busch GmbH, Salzgitter-Watenstedt
LHBW	Linke-Hofmann-Busch-Werke, Breslau und Bautzen
LHW	Linke-Hofmann-Werke AG, Breslau
MAN	Maschinenfabrik Augsburg-Nürnberg AG
MBB	Messerschmitt-Bölkow-Blohm GmbH, München-Ottobrunn und Donauwörth
ME	Maschinenfabrik Eßlingen, Eßlingen (Schreibweise zeitweise auch Esslingen)
MSW	Maffei-Schwartzkopff-Werke GmbH, Wildau
Oer	Maschinenfabrik Oerlikon, Oerlikon bei Zürich
OK	Orenstein & Koppel, Berlin (später Maschinenbedarf AG bzw. Orenstein-Koppel und Lübecker Maschinenbau, Berlin und Dorstfeld)
Pöge	Pöge-Elektrizitäts-AG, Chemnitz
Rast	Waggonfabrik AG, Rastatt
Rath	Waggonfabrik Jos. Rathgeber AG, München
RawDes	Reichsbahnausbesserungswerk Dessau
Raw Sw	Reichsbahnausbesserungswerk Berlin-Schöneweide
Schalt	Schaltbau GmbH, München
Schu	Schuckert AG, Nürnberg
SSW	Siemens-Schuckert-Werke, Berlin/Erlangen
Stein	Waggonfabrik L. Steinfurt AG, Königsberg i. Pr.
ThH	Thyssen Henschel, Kassel, vorm. Rheinstahl-Henschel und Henschel-Werke GmbH, Kassel
UEG	Union-Electricitäts-Gesellschaft
VdZ	Waggonfabrik van der Zypen & Charlier, Köln
Wasseg	Liefergemeinschaft von AEG und SSW
Weg	Waggonfabrik Gebr. Wegmann, Kassel bzw. Wegmann & Co, Kassel
Wis	Triebwagen- und Waggonfabrik Wismar, vorm. Eva
WG	VEB Waggonbau, Gotha
WMD	Waggon- und Maschinenbau GmbH, Donauwörth
WU	Waggon-Union GmbH, Berlin
Wumag	Waggon- und Maschinenbau AG, Görlitz bzw. Waggonfabrik Görlitz, vorm. Wumag (früher EMG – Aktiengesellschaft für Fabrikation von Eisenbahnmaterial zu Görlitz)
+	neben den aufgeführten Kennzeichen existieren noch weitere Lieferfirmen

Leistungsangaben

Bei den Elektrotriebwagen entsprechen die Leistungsangaben im wesentlichen den „Regeln für elektrische Maschinen und Umspanner auf Bahn- und anderen Fahrzeugen" (REB), den „Regeln für elektrische Maschinen" (REM) bzw. den „Richtlinien der Internationalen Elektrotechnischen Kommission" (CEI). Ein Vergleich der angegebenen Werte untereinander ist aus diesem Grunde nur sehr bedingt möglich.

Die Traktionsleistung ist der Anteil der installierten Leistung, die zur

Traktion (Fortbewegung) des Fahrzeugs zur Verfügung steht, das heißt, der Verbrauch der Hilfsbetriebe usw. ist von der installierten Leistung abgezogen.

Wagenklassen

Bei der Angabe der Wagenklassen wird, unabhängig von der genauen Jahreszahl der Umstellung der Wagenklassensysteme, bei der DRG das 3-Klassen-System (1., 2. und 3. Klasse) und bei der DB und der DR das 2-Klassen-System (1. und 2. Klasse) verwendet.

Abteilmaße

Bei der Abteiltiefe werden die Hauptmaße angegeben. Einzelne Abteile können infolge der konstruktiven Ausführungen kleinere Maßabweichungen haben.
Die Sitzplatzbreite ist zumeist ein errechneter Wert aus der Breite der Sitzbank geteilt durch die Anzahl der Sitzplätze. Kleine Abweichungen, zum Beispiel Sitzplätze neben Türen, werden nicht genannt, da sie nicht typisch sind.

Spezifische Kennziffern

Die aufgeführten spezifischen Kennziffern stellen keine Güteklassifizierung des jeweiligen Triebwagens dar, ermöglichen aber eine gute Beurteilung der Entwicklung der Fahrzeuge. Es muß jedoch besonders darauf verwiesen werden, daß ein Vergleich der spezifischen Antriebsleistung zwischen verschiedenen Triebwagenarten (z. B. ET mit VT) zu falschen Schlußfolgerungen führt, da die zur Errechnung verwendeten Werte der Leistung voneinander abweichende Bezugspunkte haben.
Bei der Sitzplatzmasse bezieht der Wert in der Klammer auch die Sitzplätze im Speiseraum mit ein. Auch diese Angaben sind nur vergleichbar, wenn gleichzeitig der Komfort des Fahrgastraums berücksichtigt wird (Sitzplatzanordnung, Abteiltiefe, Wagenklasse, Sitzgestaltung).

Indienststellung und Verbleib

Die Jahresangaben für die Indienststellung geben die Jahre des ersten und letzten Fahrzeuges der jeweiligen Spalte an. Beim Verbleib ist die Jahresangabe das letzte Jahr der Ausmusterung bzw. des Umbaues.
Wenn das Betriebsende mit einem Umbau in eine neue Baureihe verbunden war bzw. die betreffende Baureihe infolge eines Umbaus in Dienst gestellt wurde, dann ist die Jahreszahl in den Tabellen mit einem U versehen.
Eine Ausmusterung ist mit A gekennzeichnet.
In Klammern gesetzte Buchstaben bedeuten, daß der Umbau bzw. die Ausmusterung nur bei einem Teil der Fahrzeuge stattfand.
Ausmusterungen und Umbauten beziehen sich auf die gesamte Baureihe und berücksichtigen, soweit es nicht besonders erwähnt ist, keine Einzelfälle; z. B. eine Ausmusterung nach einem Unfallschaden.
Besteht ein Fahrzeug als Museumsfahrzeug weiter, so ist dies bei Verbleib mit einem M gekennzeichnet. Ist das Fahrzeug nicht mehr betriebsfähig, dann wird es mit Mn gekennzeichnet.

Triebwagen oder Lokomotiven?

Seit Beginn des Eisenbahnverkehrs wird nach der idealen Ausführungsart der technischen Ausrüstung gesucht. Zu den Forschungsaufgaben gehörte deshalb auch bald die Frage nach der zweckmäßigsten Antriebsform. Während man anfangs die Wagen stets zu Zügen zusammenstellte und sie von Lokomotiven, die sich an der Spitze des Zuges befanden, befördern ließ, erkannte man später den Vorteil des Triebwagens, der sich darin zeigt, daß der Triebwagen in einem Fahrzeug die Aufgaben **Beförderung** und **Antrieb** in sich vereinigt.
Es sei aber auch gleich vorangestellt, daß die Anwendung von Triebwagen oder Lokomotiven kein technisches, sondern vielmehr ein wirtschaftliches Problem darstellt. Die Entwicklung der Technik ist so weit fortgeschritten, daß sowohl Triebwagen als auch lokomotivbespannte Züge jede Traktionsaufgabe im Personenverkehr zu übernehmen vermögen.
Die Reisenden stellen im wesentlichen folgende Forderungen:

1. kurze Reisezeit, das heißt hohe Reisegeschwindigkeit,
2. dichte Zugfolge, das heißt häufige Beförderungsmöglichkeit,
3. hoher Reisekomfort, das heißt angenehme Beförderung.

Je nach der Vorrangigkeit dieser Forderungen müssen die technischen und betrieblichen Merkmale sowie die einzelnen Einsatzgebiete untersucht werden.

Technische Merkmale

Bei den lokomotivbespannten Zügen sind Zug- und Transportmittel getrennt. Die Lokomotive ist nur Zugmittel und enthält die gesamte Traktionsanlage. Der Triebwagen dagegen vereinigt Antriebsanlage und Transportmittel, wobei die Traktionsanlage bei Triebzügen auf mehrere Fahrzeuge aufgeteilt sein kann.
Bei langen Triebzügen kann die Zusammenfassung der Traktionsanlage in einem einzigen oder in den beiden Endwagen sinnvoll sein, der dann als Triebkopf bezeichnet wird, da er eigentlich eine in einen Trieb zug eingefügte Lokomotive darstellt. Trotzdem bleiben die Vorteile des Triebwagens erhalten.
Damit die installierten Leistungen der Lokomotiven für die Traktion voll ausgenutzt werden können, sind große Reibungslasten erforderlich. Dabei werden die Radsatzlasten notfalls so weit erhöht, wie es der Oberbau und das Fahrzeug zulassen.
Triebwagen haben hingegen eine geringere Anhängemasse, oder sie ist gar nicht vorhanden, so daß die Reibungsmasse und folglich die Radsatzfahrmasse kleiner sein können. Bei jüngsten Entwicklungen erhöht man aber wieder die Radsatzlast, um weniger Motoren einbauen zu müssen; meist kommt man mit einer Radsatzfahrmasse von 15 t aus. Dadurch wird der Oberbau geringer beansprucht, und es sind höhere Fahrgeschwindigkeiten möglich.
Aus dem Dargelegten ist jedoch nicht zu schließen, daß nur Lokomotiven eine hohe installierte Leistung haben können. Ein Triebwagen der Schweizerischen Südostbahn aus dem Jahr 1959 hat zum Beispiel bei 69 t Eigenmasse und 17/32 Sitzplätzen 1./2. Klasse eine installierte Stundenleistung von 1 620 kW, ein gleichartiger Triebwagen sogar von 2 060 kW. Diese Triebwagen sind vorrangig für Triebwagenzüge bestimmt und stellen eine „Lokomotive mit Personenabteilen" dar.
Mit dem bei Lokomotiven geringeren Verhältnis der Reibungsmasse zur Gesamtzugmasse sind die erzielbaren Anfahrbeschleunigungen kleiner als bei Triebwagen. Wo Wert auf eine große Anfahrbeschleunigung gelegt werden muß, zum Beispiel bei einer S-Bahn, ist der Triebwagen erforderlich.
Triebwagen können den Nachteil haben, daß die Maschinenanlage Ge-

räusche, Vibrationen oder Gerüche verursacht, die den Komfort des Fahrgastraums beeinträchtigen. Dagegen helfen technische Mittel, wie gefederte Zahnräder, gute Wagenkastenisolierung, Aufhängung der Gummielemente, Klimaanlagen.
Magnetschienenbremsen, elektrisch gesteuerte Druckluftbremsen und elektrische Bremsen lassen sich in Triebwagen besser einbauen als in lokomotivbespannte Züge.
Insgesamt besitzt die Antriebsanlage einen kürzeren Instandhaltungszyklus als der Fahrzeugteil. Beim Triebwagen wird damit dem Betrieb auch das Transportmittel entzogen. Allerdings beweist der Berliner S-Bahnbetrieb, daß bei entsprechender Wartung und Instandhaltung eine gute Abstimmung möglich ist. Die Instandhaltungsintervalle von Lokomotive und Wagen können aber auch in Übereinstimmung gebracht werden, wie es die DB bei dem Rhein-Ruhr-S-Bahnverkehr mit den Elloks der BR 111 und den x-Wagen praktiziert, da sie aus verschiedenen Gründen die Wendezüge als feste Einheit kuppelt und als „Triebzug" behandelt.
Die Aufteilung der Antriebsanlage in kleinere Einheiten ist vorteilhaft, da die Auswirkung von Störungen auf den Betrieb vermindert wird. Fällt eine Maschinenanlage aus, bleibt ein Triebzug dennoch fahrfähig.
Ferner kommt bei der elektrischen Zugförderung hinzu, daß sich ein aufgelöster Fahrplan mit kleinen Zugeinheiten (Triebwagen oder kurze Triebzüge) auf die Bemessung der Energieversorgungsanlagen günstig auswirkt.
In der erforderlichen Fahrzeugreserve bestehen bei zweckmäßiger Betriebsorganisation zwischen Lokomotiven und Triebwagen keine Unterschiede.

Betriebliche Merkmale

Bei einem lokomotivbespannten Zug kann das Sitzplatzangebot den Verkehrsschwankungen leicht angepaßt werden. Da aber der Fahrplan sowie die Lokomotivleistung für die größte Anhängemasse ausgelegt sind, werden sie bei schwachem Betrieb nicht voll ausgenutzt. Bei Triebwagen kann dem Anwachsen des Platzbedarfs nur durch Kuppeln von Triebzügen entsprochen werden. Vorteilhaft ist aber, daß bei Verstärkungen immer die gleiche Leistung je Zugmasse hinzukommt, so daß in einem optimal ausgelegten Fahrplan wirtschaftlich gefahren werden kann. Außerdem ist ein starrer Fahrplan, der unabhängig von der Zuglänge bleibt, möglich. Diesen Vorteil nutzt auch die DB mit den Wendezügen im Rhein-Ruhr-S-Bahnverkehr, da die Wendezüge als Garnituren eingesetzt werden und Verstärkungen durch eine weitere Garnitur (Lokomotive und Wagen) erfolgen.

Mit Lokomotiven lassen sich teilweise höhere tägliche Laufleistungen erzielen, da jene für mehrere Zuggattungen einsetzbar sind. Das ist natürlich sehr von der Fahrplankonstruktion abhängig. Demgegenüber haben Triebwagen den Vorteil, kurswagenähnliche Aufgaben (Flügelzüge) besser zu erfüllen.
Die Triebwagen haben an beiden Enden Führerstände. An den End- bzw. Wendestellen entfallen somit rangierdienstliche Behandlungen, und die Wendezeit wird verkürzt. Das ist jedoch kein arteigenes Merkmal von Triebwagen mehr, denn die Wendezüge mit Lokomotiven weisen gleiche Merkmale auf, allerdings ist deren Höchstgeschwindigkeit beim Schiebebetrieb teilweise eingeschränkt.
Bei der DR sind nach den Fahrdienstvorschriften (DV 408 der DR) seit 15. Juni 1970 folgende Höchstgeschwindigkeiten für Wendezüge

Triebwagen auf der Nebenbahn Lichtenhain–Cursdorf im Thüringer Wald
Foto: R. Zschech

zugelassen, wenn sich die Lokomotive am Schluß des Zuges befindet und der Zug von der Spitze aus gesteuert wird:

100 km/h für einen Doppelstockgliederzug (DGB)
90 km/h für übrige Wagen (außer Doppelstockeinheit)
75 km/h für eine Doppelstockeinheit (DBv, DBz)
30 km/h bei Störung der Befehlseinrichtung und Geben akustischer Signale vom Befehlswagen.

Die höchstzulässige Radsatzzahl beträgt 32 Radsätze. Außerdem dürfen hinter dem am Schluß laufenden Triebfahrzeug entweder drei Reisezugwagen, eine DGB-Einheit oder eine DBv-Einheit verkehren.
Bei der DB war eine Höchstgeschwindigkeit von 120 km/h für Wendezüge zulässig, wenn sie nur aus vierachsigen Wagen gebildet waren und eine direkte Steuerung hatten. Die höchstzulässige Radsatzzahl betrug dabei 32 Radsätze. Bei zwei- und dreiachsigen Wagen betrug die Höchstgeschwindigkeit 80 km/h. In Auswertung erfolgreicher Probefahrten hat die DB mit Wirkung vom 31. Mai 1981 zugestimmt, Wendezüge mit einer Höchstgeschwindigkeit von 140 km/h zu fahren. Die Züge müssen aus vierachsigen Wagen gebildet sein, die eine Lauf- und Bremsfähigkeit für diese Geschwindigkeit haben.
Übrigens ist der Wendezugbetrieb keine neue Entwicklung. Bereits um 1885 führten in Frankreich die Nordbahn-Gesellschaft, die Staatsbahnen und die Paris-Lyoner-Mittelmeerbahn Wendezüge ein, wobei die Züge aus zwei leichten Personenwagen mit einem zwischengestellten Dampftriebwagen (leichte Dampflokomotive mit Gepäckabteil) bestanden. Um die Jahrhundertwende wurde der Wendezugbetrieb in Großbritannien, 1923 in der Schweiz (mit Triebwagen) und 1928 in Österreich eingeführt.
Im April 1936 nahm die Lübeck-Büchener Eisenbahngesellschaft mit besonders dafür konstruierten Doppelstockzügen und Dampflokomotiven zwischen Hamburg und Lübeck bzw. Travemünde einen planmäßigen Wendezugbetrieb auf.

Wirtschaftliche Merkmale

Damit man für einen bestimmten Verwendungszweck die wirtschaftlichsten Fahrzeuge auszuwählen vermag, müssen die Kosten und Faktoren erfaßt werden, die sich mit der Fahrzeugart ändern. Das sind im wesentlichen: Beschaffungskosten, Wartungs- und Instandhaltungskosten, Energiekosten, Personalkosten, Auslastung des Fahrzeugs im jährlichen Einsatz. Wirtschaftliche Erwägungen können aber auch in den Hintergrund treten, wenn betriebliche oder technische Merkmale Vorrang haben, z. B. die große Anfahrbeschleunigung bei S-Bahnen.
Den Hauptteil der Kosten bilden die Energie, die Beschaffung und die Reparatur. Sie bestimmen nahezu allein die Grenze der Wirtschaftlichkeit. Die Energiekosten haben einen merklichen Einfluß bei extrem niedrigen Sitzplatzmassen (wie z. B. bei Doppelstockgliederzügen) oder bei starken Neigungsstrecken.

Anwendungsgebiete

Hochgeschwindigkeitsverkehr

Bei zahlreichen Bahnverwaltungen werden auf bestehenden Strecken bzw. auf völlig neutrassierten Gleisen Hochgeschwindigkeitszüge eingesetzt, deren Höchstgeschwindigkeit über 200 km/h liegt. Hierfür ist der Triebwagenzug besonders geeignet, da aerodynamisches Verhalten – infolge strömungsgünstig ausgebildeter Stirnenden und bündiger Wagenverbindungen – in Verbindung mit leistungsfähigem Antrieb und hochwertiger Bremstechnik mit ihm besser als mit einem lokomotivbespannten Zug erzielt werden kann.

Internationaler Verkehr

Hierfür ist der Triebwagen besonders gut geeignet, da er sehr wendig ist (bei Kopfbahnhöfen vorteilhaft), geringe Grenzaufenthaltszeiten erfordert und somit hohe Reisegeschwindigkeiten erlaubt. Außer Elektrotriebwagen, die im grenzüberschreitenden Verkehr das gleiche Stromsystem verlangen oder als Mehrsystemtriebzüge ausgebildet sein müssen, hat sich vor allem der Dieseltriebzug im internationalen Verkehr bewährt. In jüngster Zeit hat sich allerdings wegen der Beistellung von Kurs- und Sonderwagen sowie im Interesse eines besse-

InterCityExpress der DB im Hochgeschwindigkeitsverkehr auf der Neubaustrecke Hannover—Würzburg auf der Mülmisch-Talbrücke
Foto: Film- und Bildstelle der DB

ren Reisekomforts der lokomotivbespannte Zug wieder stärker durchgesetzt.

Fernverkehr

Kurze Schnellzüge mit hohen Geschwindigkeiten über weite Strekken mit Lokomotiven zu fahren ist unwirtschaftlich, da die Leistungsfähigkeit der Lokomotive nicht ausgenutzt wird. Triebwagen nutzen indes auch bei kleinen Einheiten die installierte Leistung rentabel aus. Dem lokomotivbespannten Zug wird deshalb im schweren Schnellzugdienst der Vorzug zu geben sein, wogegen Triebwagen für kurze und schnelle Relationen zweckmäßig sind. Darüber hinaus ist der Triebwagen gegenüber dem lokomotivbespannten Zug bei einer größeren Anzahl von Halten im Vorteil.
Günstig ist bei Elektrotriebwagen ferner die hohe Beschleunigungsfähigkeit im oberen Geschwindigkeitsbereich, so daß nach dem Absinken der Geschwindigkeit, zum Beispiel an einer Langsamfahrstelle, die Höchstgeschwindigkeit schnell wieder erreicht werden kann, wodurch sich wiederum die Reisegeschwindigkeit erhöht.

Stadt- und Vorortverkehr

Dieser Verkehr wird gekennzeichnet durch hohe Verkehrsspitzen morgens und nachmittags im Berufsverkehr sowie sonntags und feiertags im Ausflugsverkehr, durch Sonderspitzen bei Großveranstaltungen,

durch kurze Reiseentfernungen, durch kurze Haltestellenabstände und schließlich durch hohe Anfahrbeschleunigungen.
Daher hat sich im Stadt- und Vorortverkehr fast ausschließlich der Triebwagen durchgesetzt. Große Anfahrbeschleunigungen erfordern eine im Verhältnis zur Gesamtzugmasse hohe Reibungslast. Die enormen spezifischen Antriebsleistungen sind beim elektrischen Betrieb besonders gut zu erzielen. Ferner gestatten die Triebwagen, sich den Verkehrsbedürfnissen gut anzupassen (starrer Fahrplan).

S-Bahn München mit Triebzug der Baureihe 420 (oben)
Foto: DB-Pressedienst

Nebenbahnverkehr

Wegen der geringen Beförderungsleistungen hat der Triebwagen im Nebenbahnverkehr ein großes Anwendungsgebiet gefunden. Verbrennungstriebwagen und Akkumulatortriebwagen sind hier zahlreich vertreten. Es ist zweckmäßig, wenn der Triebwagen durch die installierte Leistung und durch die Zug- und Stoßvorrichtungen die Mitnahme einzelner Wagen ermöglicht, damit sich eine zusätzliche Lokomotivvorhaltung erübrigt.

Sonderverkehr

Je nach Art des Sonderverkehrs wird oft der Triebwagen vorteilhafter sein als der lokomotivbespannte Zug. Erwähnt seien hier nur die Aussichtstriebwagen, die Zahnradtriebwagen sowie die Fahrleitungs- und Tunneluntersuchungswagen.
Hierzu zählt auch eine Spezialaufgabe, die nur ein Elektrotriebwagen erfüllen kann; es handelt sich um den „Ramassage“ (dt. Aufleser, Sammler) der SNCF. Dieser Triebwagen (Baureihe Z 4700; Radsatzanordnung Bo′ Bo′ Bo′ mit Jakobs-Gestell) läuft zwischen zwei oder mehreren Schnellzughalten in einem zeitlich kurzen Abstand einem Schnellzug voraus oder nach, um die Reisenden von den Zwischenstationen aufzunehmen oder dort abzusetzen. Dieser Zubringerverkehr zu den Schnellzugbahnhöfen erfordert höchste Anfahrbeschleunigung (1,2 m/s^2) und große Höchstgeschwindigkeiten (140/150 km/h), damit sich der Triebwagen der Reisegeschwindigkeit des Schnellzugs anzugleichen vermag.
Zusammenfassend ergeben sich folgende Anwendungsgebiete für Triebwagen bzw. Triebwagenzüge:

1. kleine und kleinste Zugeinheiten (Foto S. 20)
2. hohe und höchste Fahrgeschwindigkeiten (Foto S. 22)
3. kurze Haltestellenabstände, die im S-Bahn-Verkehr sowie Vorort- und Nahverkehr charakteristisch sind (Foto S. 23)
4. zusammengesetzte Zugläufe, deren Umbildung schnell vonstatten gehen muß (Foto S. 23).

Kupplungsfähiger Steuerwagen eines Triebzuges der DSB für den Schnellverkehr mit Trajektierungen
Foto: MAN

Akkumulatortriebwagen

Entwicklungsgeschichte

Länderbahnen (bis 1920)

Schon in den achtziger Jahren des vorigen Jahrhunderts fand der Akkumulatortriebwagen im Bahnbetrieb Eingang. Die ersten Versuche unternahmen die Straßenbahnen (1884 Brüsseler Straßenbahn-Gesellschaft). Die Notwendigkeit, vom langsamen Pferdebahnbetrieb abzukommen, und das Verbot mancher Stadtverwaltungen, in den Straßen Oberleitungen zu verlegen, weil man das Stadtbild nicht verunzieren wollte, veranlaßten Straßenbahngesellschaften in Hamburg (1885) sowie Hagen, Hannover, Dresden, Berlin und Frankfurt (Main), elektrische Triebwagen zu beschaffen, deren Fahrmotoren durch mitgeführte Akkumulatoren gespeist wurden, z. T. auch im Zweisystembetrieb für Oberleitung und Akkumulator. Die ersten Versuche mißlangen, da die Akkumulatoren unter den Sitzbänken die Luft mit ihren Säuredämpfen verunreinigten. Daher geriet der Akkumulatortriebwagen vorerst in Verruf. Bei den Eisenbahnen lagen jedoch andere Bedingungen vor. Vorausschauende Fachleute veranlaßten darum auch die ersten Versuche bei den Eisenbahnen: 1894 bei den Pfälzischen Eisenbahnen, 1897 bei der WüStB, 1901 bei der BayStB, 1904 bei der SäStB und 1906 bei der PrStB.
Für die verschiedenen Versuchsausführungen wurden zum Teil vorhandene Personenwagen umgebaut.

	1900	1910	1928	1952
Zellenmasse (%)	100	60	36	28
Zellenvolumen (%)	100	58	41	31

Wagenbauart	BadStB Bo'2'	PrStB A 1 A	PrStB 2 A + A 2	PrStB 3 + Bo + 3	DRG 2 A + A 2	DB Bo'2'
Baujahr	1900	1906	1909	1912	1925	1952
Masseanteil der Speicher (%)*)	37	25	27	25	23	20

*) Bezogen auf die Dienstmasse des besetzten Wagens

Im elektrischen Teil konnte man bei den Fahrmotoren und der Steuerung größtenteils die Bauteile von Gleichstromtriebwagen verwenden. So hängt die Entwicklung des Akkumulatortriebwagens im wesentlichen nur von der des Akkumulators ab. Im Bahnbetrieb hat sich der Bleiakkumulator durchgesetzt. Abgesehen von der Klemmenspannung haben sich im Laufe der Zeit alle technischen Daten und die Abmessungen bedeutend geändert, was wiederum einen veränderten Masseanteil des Akkumulators an der Dienstmasse bedingte. Die Zahlen in den Tabellen veranschaulichen das.
Auf der 4,3 km langen meterspurigen Nebenbahn Ludwigshafen–Mundenheim unterhielt die Pfälzische Eisenbahn jahrelang einen ziemlich unwirtschaftlichen Betrieb mit Dampflokomotiven. Versuche, diesen mit einer Gaslokomotive wirtschaftlicher zu gestalten, mißlangen. Gayer schlug schließlich vor, dort den Akkumulatorbetrieb einzuführen. Bei den beiden vierachsigen Wagen der Waggonfabrik Gebr. Gastell, Mainz-Mombach aus dem Jahre 1894 (Zeichnung S. 25) waren die Sitze aufklappbar und nahmen die Akkumulatoren auf. Es waren sogenannte Tudor-Speicher, bei denen die positiven Platten nach einer gemischten Zurüstung hergestellt wurden. Die Fahrmotoren waren im

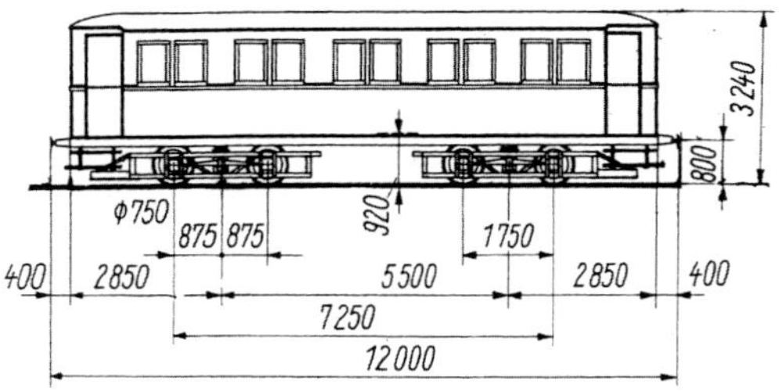

Vierachsiger Akkumulatortriebwagen der Pfälzischen Eisenbahnen
Baujahr 1894; Radsatzanordnung Bo'Bo'; Spurweite 1 000 mm; Höchstgeschwindigkeit 50 km/h; Dienstmasse 45,0 t; 36 Sitzplätze, Längsbänke; 10 Stehplätze auf Plattform; Fahrbereich 40 km

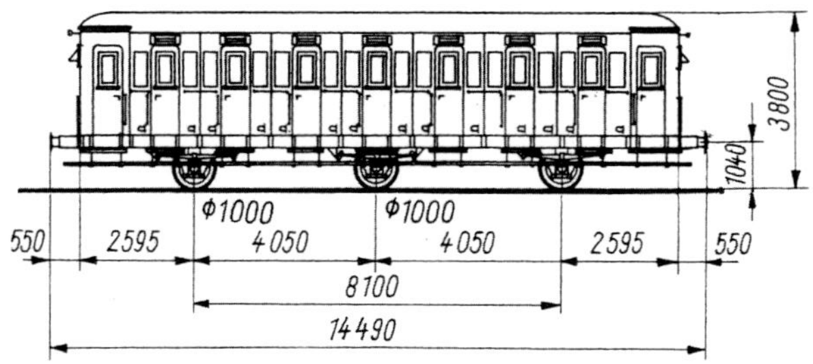

Dreiachsiger Akkumulatortriebwagen der Pfälzischen Eisenbahnen. Umbau 1900; Radsatzanordnung A 1 A; Stundenleistung 2 × 30 kW; Höchstgeschwindigkeit 45 km/h; Dienstmasse 36,0 t; 68 Sitzplätze; Fahrbereich 100 km

Drehgestell außerhalb der Radsätze angeordnet. Da der Versuchsbetrieb erfolgreich verlief, beschlossen die Pfälzischen Eisenbahnen, auch auf längeren normalspurigen Nebenbahnen (Ludwigshafen–Neustadt 30 km, Ludwigshafen–Worms 22 km) mit Akkumulatortriebwagen zu fahren. Es wurden zwei zweiachsige und zwei dreiachsige Personenwagen üblicher Bauweise umgebaut, wobei man die Akkumulatoren unter den aufklappbaren Sitzbänken unterbrachte. Die Tudor-Akkumulatoren hatten anfangs reine Masseplatten, später aber Großoberflächenplatten. Die Kapazität betrug 200 Ah. An den Akkumulatoren traten jedoch laufend Mängel auf, bis endlich 1898 ein besserer Akkumulatortyp zur Verfügung stand. Jeder Wagen erhielt zwei Reihenschlußmotoren, die über einfache Zahnradgetriebe die Endradsätze antrieben. Gleiche Merkmale wiesen zwei weitere umgebaute Personenwagen (Zeichnung S. 25) auf, die im März 1900 beschafft und von der DRG übernommen wurden (einer erhielt später die Betriebsnummer 206, der andere Triebwagen wurde vor seiner Umnummerung ausgemustert).

Im Februar 1900 erhielten die Pfälzischen Eisenbahnen zwei vierachsige Akkumulatortriebwagen, die in Wagenmitte als Abteilwagen mit nach außen aufschlagenden Seitentüren gestaltet waren, um den Fahrgastwechsel im Lokalverkehr zu beschleunigen. Die Wagen hatten eine Sitzplatzanordnung 3 + 3 bei 3 000 mm Kastenbreite. Die geringe Sitzbreite hielt man im Nahverkehr für erträglich. Die Trittstufen wurden während der Fahrt eingezogen und die Türen verriegelt, weil sie im geöffneten Zustand die Lichtraumumgrenzungslinie überschritten. Die Akkumulatoren befanden sich wiederum unter den Sitzbänken. Im Wagen gab es Hebevorrichtungen, mit denen die Batterien durch die Türen ausgefahren werden konnten. Die Kapazität der Batterie betrug 225 Ah. Die Wagen (Radsatzanordnung Bo' 2') hatten vierpolige Reihenschlußmotoren mit einer Stundenleistung von je 30 kW. Die beiden Wagen befriedigten, so daß zwei Jahre später nochmals zwei Wagen mit nur geringen Änderungen in Dienst gestellt wurden. Alle vier Wagen übernahm die DRG (Betriebsnummern 207 bis 210). Die letzten Wagen wurden erst im Jahre 1936 ausgemustert. Im Jahr 1903 beschaffte die Pfälzische Eisenbahn nochmals zwei dreiachsige Akkumulatortriebwagen, die ähnlich ausgerüstet waren (Radsatzanordnung A 1 A).

Im Jahre 1897 baute die WüStB ei-

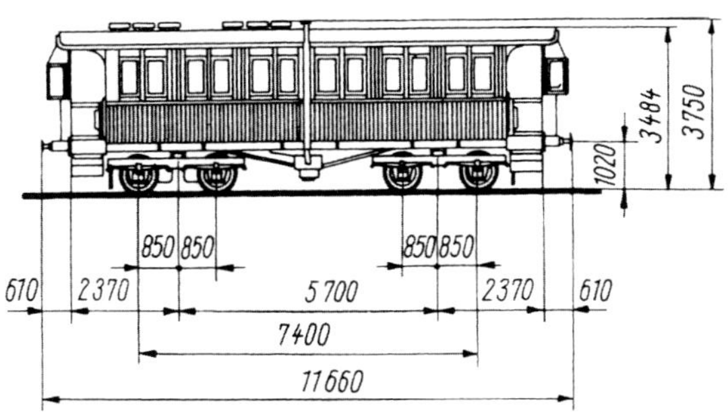

Akkumulatortriebwagen der WüStB
Baujahr 1897; Radsatzanordnung Bo'2'; Dienstmasse 28,2 t; 56 Sitzplätze

Modell des Akkumulatortriebwagens der BayStB
Baujahr 1901 (Umbau); Radsatzanordnung Bo; Länge über Puffer 12 300 mm; Radsatzstand 5 000 mm; Dienstmasse 26,0 t
Foto: Sammlung Fiebig (Repro Verkehrsmuseum Nürnberg)

nen Personenwagen der Gattung E (später als Ci bezeichnet) versuchsweise in einen Akkumulatortriebwagen um. Der zweiachsige Wagen erhielt beim Umbau zwei Drehgestelle (Zeichnung S. 25). Ursprünglich sollen die Akkumulatoren unter dem Wagenkasten untergebracht gewesen sein, später befanden sie sich dagegen unter den Sitzbänken im Fahrgastraum. Der Fahrschalter war auf den offenen Endbühnen angeordnet, und zwar außen an den halbhohen Stirnwänden mit einer darübergesetzten Glaskanzel, in der sich die Kurbel des Fahrschalters befand. Anfangs fuhr der Triebwagen auf der Vorortstrecke Stuttgart Hbf–Cannstatt, später auf den Strecken Friedrichshafen–Ravensburg und Untertürkheim–Kornwestheim.

1899 erhielt der Triebwagen eine neue Akkumulatorbatterie. Da in Württemberg um jene Zeit Dampftriebwagen aufkamen, erlosch zunächst das Interesse an den Akkumulatortriebwagen, und der Wagen wurde etwa 1907 wieder in einen Personenwagen umgebaut.

Die Triebwagen der privaten Peine-Ilseder Eisenbahn für die 6,5 km lange Strecke Peine–Groß Ilsede zeigten gute Betriebsergebnisse und waren sogar bis 1957 im Betriebseinsatz. Der älteste Triebwagen vom Mai 1901 war zweiachsig und ähnelte den damaligen Straßenbahnwagen. Bei einer Länge über Puffer von 7 700 mm betrug der Radsatzstand nur 2 200 mm. Die Wagen hatten zwei Reihenschlußmotoren mit einer Leistung von je 13 kW. Die Batterie mit 56 Zellen befand sich unter den Sitzbänken (Kapazität bei dreistündiger Entladung 29 kWh). Bei einer Höchstgeschwindigkeit von 30 km/h hatte der Triebwagen einen Fahrbereich von 75 km. Der Triebwagen hatte 14 Sitz- und 8 Stehplätze. In den Jahren 1909 und 1921 bestellte die Bahn noch je einen vierachsigen Triebwagen. Die Akkumulatoren hatten 144 Zellen und eine Kapazität von 61,5 kWh, später von 104 kWh bei dreistündiger Entladung. Der Fahrbereich betrug 90 km bzw. 150 km.

Der 1901 für die BayStB gelieferte Triebwagen (Foto S. 26) war ein zweiachsiges Fahrzeug, das aus dem Nebenbahn-Personenwagen Nr. 8337 (Gattung Ci, Baujahr 1887) umgebaut worden war. Dabei hatte man den Fahrzeugrahmen verlängert, um vor den offenen Einstiegen

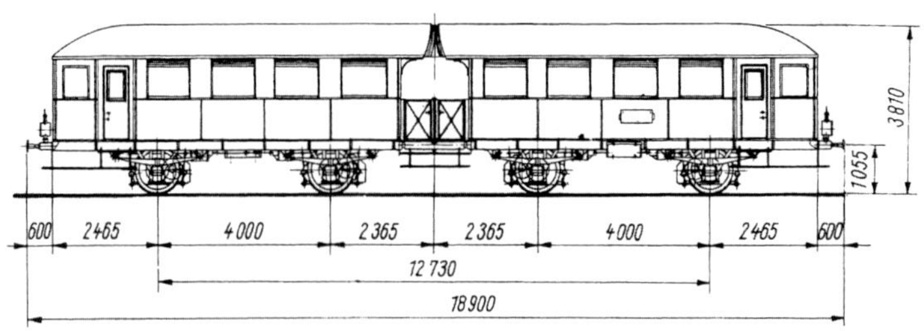

Akkumulatortriebzug der SäStB
Baujahr 1904; Radsatzanordnung Bo + Bo; Reihenschlußmotoren; Leistung 4 × 20 kW; Dienstmasse 44,4 t; 80 Sitz- und 18 Stehplätze; Heizung durch Preßkohleöfen

Versuchs-Akkumulatortriebwagen der PrStB, Gattung AT 1
Baujahr 1907, Radsatzanordnung A 1 A; Höchstgeschwindigkeit 45 km/h; Stundenleistung 2 × 25 kW; Reihenschlußmotoren, Dienstmasse 33,9 t; 60 Sitzplätze, Fahrbereich 60 km, später 100 km
Foto: Archiv transpress

einen geschlossenen Raum für den Triebwagenführer zu gewinnen. Die Akkumulatoren befanden sich unter den Sitzbänken. Zur Entlüftung der Batteriekästen dienten an den Seitenwänden angebrachte statische Lüfter in Form von Staurohren und auf dem Dach angeordnete große, auffällige Lüfter. Der Triebwagen wurde auf der Strecke Augsburg–Haunstetten eingesetzt, im Jahre 1907 abgestellt und 1912 zum Turmwagen umgebaut.
Für den Vorortverkehr im Raum Dresden, besonders auf der Strekke Dresden Hbf–Pirna, beschafften 1904 die SäStB zu Versuchszwekken einen Akkumulatortriebzug (Zeichnung S. 26). Die Wagenkästen waren jeweils über die Endeinstiege und von der zwischen beiden Kästen federnd aufgehängten und überdachten Plattform zu besteigen. Diese Anordnung wurde gewählt, weil man gegenüber einem Drehgestellwagen Masse sparen wollte. Die Sitzbänke waren in Längsrichtung aufgestellt und nahmen die Akkumulatorenkästen auf. Die 184 Doppelzellen der Batterie wiesen eine Kapazität von 430 Ah auf. Die vierpoligen Reihenschlußmotoren erzeugten eine Leistung von etwa 20 kW. Die Bremse bestand aus vier im Kurzschlußstromkreis der Fahrmotoren liegenden Elektromagneten, die über eine Hebelübersetzung auf die insgesamt 16 Bremsklötze wirkten. Mit der Betriebsnummer E 1 blieb der Triebzug ein Einzelfahrzeug, denn die Betriebsergebnisse befriedigten keineswegs. Zahlreiche Störungen verursachten Wagenausfälle. Auch führten die verhältnismäßig hohen Stromkosten dazu, den Akkumulatorbetrieb abzulehnen. Nach längerem Stillstand wurde der Triebzug im Jahre 1923 ausgemustert.
Im Netz der PrStB gab es zahlreiche Strecken, die einen wirtschaftlichen Triebwageneinsatz ermöglicht hätten. Als besonderer Förderer des Baus und des Einsatzes von Triebwagen ist der Geheime Oberbaurat Wittfeld im preußischen Ministerium für öffentliche Arbeiten zu nennen. Neben zwei Dampftriebwagen Bauart Stoltz und einem Verbrennungstriebwagen wurden fünf Akkumulatortriebwagen mit Reihenschlußmotoren und ein Akkumulatortriebwagen mit Nebenschlußmotoren in Auftrag gegeben. Im März 1907 eröffnete die PrStB einen Versuchsbetrieb mit Akkumulatortrieb-

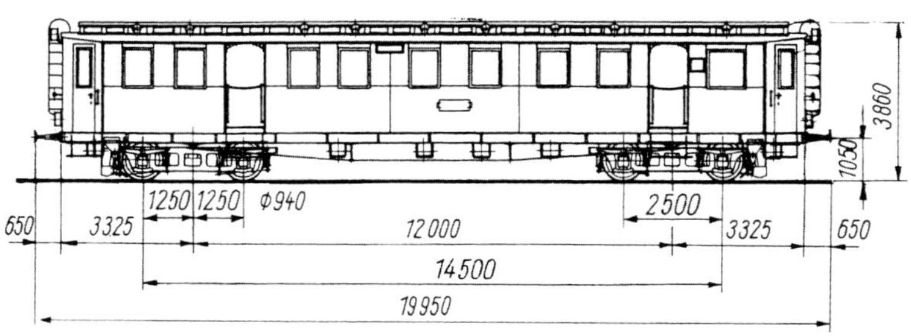

Akkumulatortriebwagen der PrStB, Gattung AT 2
Baujahr 1907; Radsatzanordnung (1 A) Bo', später Bo'Bo'; Höchstgeschwindigkeit 50 km/h; Stundenleistung je Motor 37 kW; Nebenschlußmotoren; Dienstmasse 55,0 t (besetzt); 8/40/40 Sitzplätze der ehemaligen II./III./IV. Klasse; elektrische Bremse

wagen, die auf den Strecken Mainz–Oppenheim, Mainz–Ingelheim und Mainz–Raunheim in den Zugpausen des Fernverkehrs fuhren. Die Eisenbahn-Hauptwerkstätte Tempelhof baute dazu fünf dreiachsige Abteilwagen (Baujahr 1894) der Berliner Stadt- und Vorortbahn um (Foto S. 27). An den Wagenkastenenden brachte man die Führerstände nach Art der Bremserhäuschen an, um keinen Nutzraum einzubüßen. Die Sitzbänke in den Fahrgasträumen enthielten die Traktionsbatterie. Die beiden Endradsätze trieb je ein Tatzlagermotor mit einer Stundenleistung von 37 kW an; die Radsatzanordnung betrug A 1 A. Die aus 180 Zellen bestehende Batterie hatte eine Kapazität von 200 Ah und wurde später gegen eine mit 275 Ah ausgetauscht. Dadurch erhöhte sich der Fahrbereich von 60 km auf 100 km. Die Wagen bekamen die Bezeichnung AT 1 und die Betriebsnummern 201 bis 205. Der Versuchsbetrieb brachte die erhofften Vorteile. Bei der DRG waren die Wagen 201, 204 und 205 noch viele Jahre erfolgreich eingesetzt und wurden erst in den Jahren 1940 bis 1943 ausgemustert. Die anderen beiden Wagen waren im Jahre 1920 an die Bad Eilsener Kleinbahn (Bükkeburg–Bad Eilsen) verkauft worden, wo sie zuerst als Akkumulatortriebwagen und nach dem Zweiten Weltkrieg als Gleichstromtriebwagen mit Oberleitung (Batterie und Mittelradsatz ausgebaut) verkehrten.

Es wurden viele Versuche unternommen, um die Wirtschaftlichkeit der Akkumulatortriebwagen zu verbessern, das heißt den Fahrbereich auszudehnen, ohne die Batterie vergrößern zu müssen. Bereits im November 1907 stellte die PrStB bei der Eisenbahn-Direktion Saarbrücken einen Akkumulatortriebwagen der Gattung AT 2 in Dienst (Zeichnung S. 27), der diese Forderungen erfüllen sollte. Er bekam die Betriebsnummer 50 (später 221) und verkehrte auf der Strecke Conz–Ehrang. Damit die durch Anfahrwiderstände hervorgerufenen Verluste vermieden wurden, schaltete man die Fahrmotoren beim Anfahren an eine Zellengruppe. Ein motorisch angetriebener Batterieschalter ermöglichte die Wahl der Zellengruppen, damit einzelne Zellen nicht zu stark belastet wurden. Das Fahrzeug hatte bei einer Radsatzanordnung von (1 A) Bo′ ursprünglich drei, ab 1908 bei einer Radsatzanordnung von Bo′ Bo′ vier Nebenschlußmotoren. In Verbindung mit den parallelgeschalteten Motoren bedingte das komplizierte Schaltungen. Eine elektrische Bremse mit gleichzeitiger Aufladung der Akkumulatoren war vorhanden. Das Versuchsziel wurde nur unvollkommen erreicht. Es zeigte sich, daß die Anfahrbeschleunigung von 0,147 m/s^2 geringer war als beim A 1 A-Wagen. Daher verlängerten sich die Anfahrzeiten, und der Energieverbrauch beim Anfahren sank nicht wie beabsichtigt. Als einziger Vorteil blieb die Stromrückgewinnung beim Bremsen, die aber sehr von der Fahr- und Bremsweise des Triebwagenführers abhing. Das Fahrzeug wurde im Jahr 1917 ausgemustert.

Die guten Erfahrungen der PrStB mit den Triebwagen der Gattung AT 1 wurden bei der neuen Gattung von Akkumulatortriebwagen berücksichtigt. Da die Anordnung der Batterien unter den Sitzbänken sehr nachteilig war (Aufklappen der Bänke beim Laden, Belästigung der Fahrgäste durch Säuredämpfe, schlechte Zugänglichkeit), wurde für die Neubeschaffung ein besonderer Raum für die Batterie gefordert. Die Grundidee für den neuen Triebzug, der aus zwei miteinander kurzgekuppelten Triebwagen be-

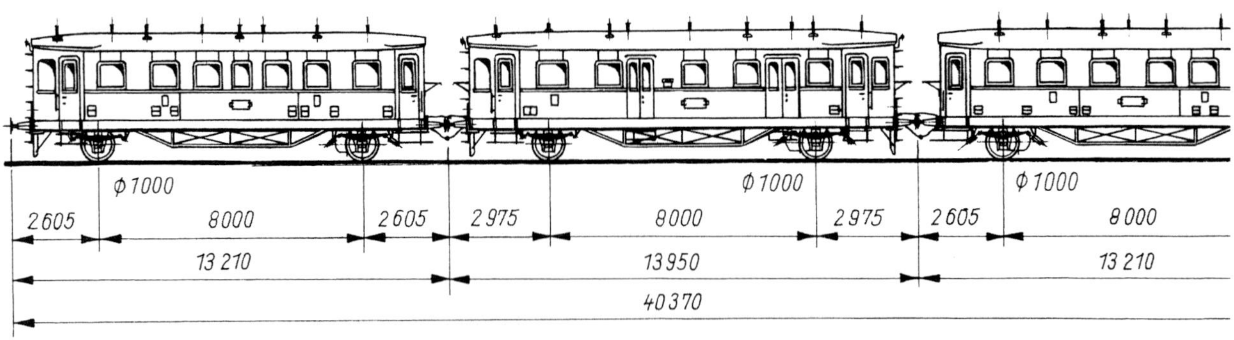

stand, stammte von Wittfeld. Das Eisenbahnzentralamt war von der Zweckmäßigkeit der Bauform so überzeugt, daß sofort 57 Triebzüge bestellt wurden. Die Triebzüge der Gattung AT 3 bewährten sich sehr gut und wurden in mehreren Serien nachbeschafft, wobei später ein zusätzlicher Lenkradsatz unter dem Batterievorbau angeordnet und die Batterie leistungsfähiger ausgeführt wurde (Betriebsnummern 223 bis 568 sowie 579 und 580). Die „Wittfeld-Wagen" kennzeichnen einen wesentlichen Abschnitt in der Entwicklung von Akkumulatortriebwagen.

Die PrStB setzte mit der 1909 in Dienst gestellten Gattung AT 4 ihre Versuche mit der Stromrückgewinnung fort. Die Fahrzeuge erhielten folgende Fahrmotorenausrüstung: 223/224 und 225/226 (Radsatzanordnung 2 A + 3) je einen Verbundmotor, 227/228 und 229/230 (Radsatzanordnung 2A + 3) je einen Nebenschlußmotor, 231/232 (Radsatzanordnung 2 A + A2) zwei Nebenschlußmotoren, 233/234 (Radsatzanordnung 2 A + 3) einen Nebenschlußmotor.

Bei der Verwendung nur eines Motors vermied man die aufwendige Parallelschaltung der Fahrmotoren. Trotzdem befriedigten diese Versuchszüge nicht. Die Vorteile der Stromrückgewinnung standen in keinem annehmbaren Verhältnis zu den Mehraufwendungen dieser Bauart. Die Wagen wurden später umgebaut und mit Reihenschlußmotoren ausgestattet.

In den Jahren 1913/14 wurden acht dreiteilige Triebzüge auf der Basis der Gattung AT 3 beschafft, jedoch erhielten die Mittelwagen die beiden Fahrmotoren. Diese Triebzüge hatten wegen der größeren Dienstmasse nur einen Fahrbereich von 100 km. Sie hatten ein erhöhtes Platzangebot und besondere Räume für Gepäck- und Postbeförderung.

Es fehlte auch damals nicht an Versuchen, die Bleibatterien durch Stahlbatterien zu ersetzen, da diese nur eine spezifische Masse von 25 % gegenüber einer gleichartigen Bleibatterie damaliger Bauart hatten. Die PrStB beschaffte noch vor dem Ersten Weltkrieg fünf Akkumulatortriebwagenzüge mit Stahlakkumulatoren (Zeichnung S. 28). Jeder Triebwagenzug bestand aus drei zweiachsigen Triebwagen, die durch Normalkupplungen und Übergangsbrücken miteinander verbunden waren. Unter den aus Profilstählen gefertigten Hauptrahmen lagerten die Akkumulatoren. Die beiden Endwagen erhielten nur am äußeren Ende, der Mittelwagen an jedem Ende einen Führerstand. Durch die Vielfachsteuerung konnten auch längere Züge zusammengestellt werden. Jede Fahrbatterie bestand aus 270 Zellen mit einer Kapazität von 300 Ah. Die Batterien lagerten auf Rollen und konnten seitlich herausgezogen werden. Die Fahrzeuge hatten Reihenschlußmotoren mit Wendepolen (Stundenleistungen je 62,5 kW). Sie konnten auch als Nebenschlußmotoren geschaltet werden. Eine von Bergmann entwickelte Steuerung gestattete die Nutzbremsung. Die Triebwagen erregten in der Fachwelt damals berechtigtes Aufsehen. Um auch auf längeren Strecken fahren zu können, sollten die Triebwagenzüge mit zusätzlichen Akkumulatortendern ausgerüstet werden, die auf Unterwegsbahnhöfen auszuwechseln waren. Damit sollte in der wirtschaftlich schwierigen Zeit nach dem Ersten Weltkrieg ein ökonomischer Fernverkehr abgewickelt werden. Als Berechnungsgrundlage diente die Strecke Bremen–Basel. Doch diese Projekte wurden nicht realisiert. Da sich diese Batterieart wegen der höheren Beschaffungskosten und des geringeren Wirkungsgrades nicht durchsetzen konnte, wurde ein Triebzug 1921 auf Bleiakkumulatoren umgebaut, die in einem besonderen Akkumulatorentender angeordnet waren. In dieser Form wurde dieser Triebzug bis Anfang der 30er Jahre eingesetzt. Er hatte eine Höchstgeschwindigkeit von 60 km/h und einen Fahrbereich von 150 km. Der 1929 umgebaute Triebzug AT 577/0577/578 wurde erneut 1933/34 umgebaut und noch bis 1949/50 als Akkumulatortriebzug eingesetzt, um danach als Personenwagen benutzt zu werden.

Akkumulatortriebwagenzug der PrStB mit Stahlakkumulatoren
Baujahr 1912; Radsatzanordnung 1 A + 1 A + A 1; Höchstgeschwindigkeit 70 km/h; Stundenleistung 3 × 62,5 kW; Reihenschlußmotoren; Dienstmasse 78,75 t; 8/52/54 Sitzplätze der ehemaligen II./III./IV. Klasse; Fahrbereich 210 km ohne Stromrückgewinnung

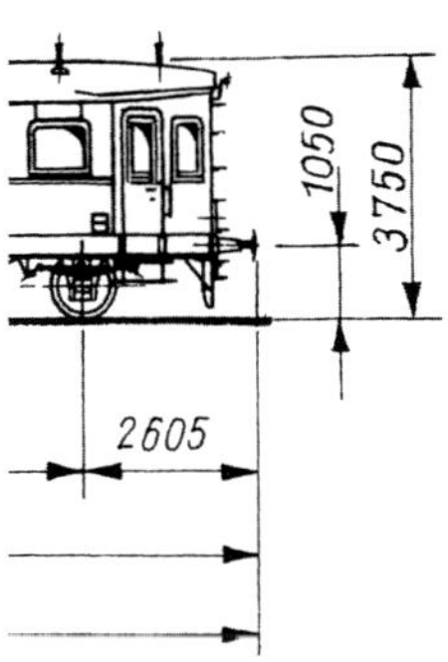

Deutsche Reichsbahn-Gesellschaft (1920 bis 1945)

Die guten Erfahrungen mit den Akkumulatortriebwagen der Bauart Wittfeld veranlaßten die DRG, in den Jahren 1925 bis 1928 eine weitere Gattung dieser Art zu beschaffen (AT 581 bis AT 616). Dabei wurde die Traktionsbatterie unterhalb des Wagenkastens sowie in kurzen Vorbauten untergebracht, um die Nachteile der geringen Anzahl der Sitzplätze, der hohen Dienstmasse sowie des großen Verlustes von Nutzraum durch die Batterievorbauten zu beseitigen. Mit der Indienststellung der letzten Triebzüge dieser Bauart im November 1928 endete zunächst die Entwicklung von Akkumulatortriebwagen bei der DRG.
Die private Zschornewitzer Kleinbahn GmbH stellte im Jahre 1934 einen zweiachsigen Akkumulatortriebwagen mit der Radsatzanordnung 1 A in Dienst (Zeichnung S. 30), dessen Wagenkasten denen der Verbrennungstriebwagen ähnelte. Die Batterie, die sich unterhalb des Wagenkastens befand, war absenkbar, hatte eine Kapazität von 65 kWh und eine Masse von 5,35 t. Angetrieben wurde der Wagen von einem 52-kW-Reihenschlußmotor. Er hatte eine Höchstgeschwindigkeit von 60 km/h und einen Fahrbereich von 150 km. Er ist heute nicht mehr in Betrieb.
Im Jahre 1940 wurde für den Einsatz auf der Werkbahn der Wehrmachtsversuchsanstalt Peenemünde (Zinnowitz–Peenemünde) ein Triebwagenzug entwickelt, der aus zwei Akkumulatortriebwagen und drei in der Zugmitte laufenden Steuerwagen bestand. Kleinere Zugbildungen waren möglich. Die Batterien waren unterhalb der Wagenkästen der Triebwagen angebracht. Sie hatten je 168 Zellen und eine Kapazität von 149 kWh. Die Triebwagen besaßen einen Reihenschlußmotor in Tatzlagerausführung mit einer Leistung von 84 kW. Ein Triebwagen allein hatte eine Höchstgeschwindigkeit von 55 km/h und einen Fahrbereich von 200 km. Die Werte des Fünf-Wagen-Zuges waren 45 km/h und 155 km. Die Steuerung war eine Schützensteuerung in Vielfachsteuerung. Der Triebwagenzug wurde im Zweiten Weltkrieg zerstört, nur zwei Steuerwagen wurden von der DB zu den ESA 177 001 und ESA 177 002 umgebaut.

Deutsche Reichsbahn (1945 bis 1990)

Die übernommenen alten Wittfeld-Triebwagen waren im Bw Gotha beheimatet und sind inzwischen ausgemustert worden, so daß bei der Deutschen Reichsbahn heute keine Akkumulatortriebwagen mehr im Einsatz sind.
Bedeutende Fortschritte bei der Entwicklung verlustarmer Steuerungen erlauben es, den Akkumulatortriebwagen zu vervollkommnen und in Verbindung mit modernen Akkumulatoren vor allem den Fahrbereich zu vergrößern. Wenngleich immer wieder Projekte für neue Akkumulatortriebwagen von der Industrie und der DR erarbeitet wurden, wobei auch die Aspekte der Einsparung von Dieselkraftstoff und die Ausnutzung der Elektroenergie mit billigem Nachttarif eine große Rolle spielten, ist kein neuer Triebwagen gebaut worden. Ein Projekt aus Anfang der sechziger Jahre war ein Triebwagen mit der Radsatzanordnung Bo'2', einer Höchstgeschwindigkeit von 100 km/h, einer Stundenleistung von 2 × 100 kW bei 33,8 km/h und einer halbautomatischen Steuerung für Vielfachtraktion. Es sollten entweder Bleiakkumulatoren oder Nikkel-Kadmium-Akkumulatoren mit einer Gesamtnennspannung von 420 V verwendet werden.

Deutsche Bundesbahn (1945 bis 1990)

Im Bereich der DB waren durch die Einwirkungen des Zweiten Weltkrieges u. a. 61,4 % der Dampflokomotiven, 49,4 % der elektrischen Lokomotiven, 45,2 % der Akkumulatortriebwagen und 76,6 % der Verbrennungstriebwagen zerstört oder beschädigt. Die DB, am 13. Dezember

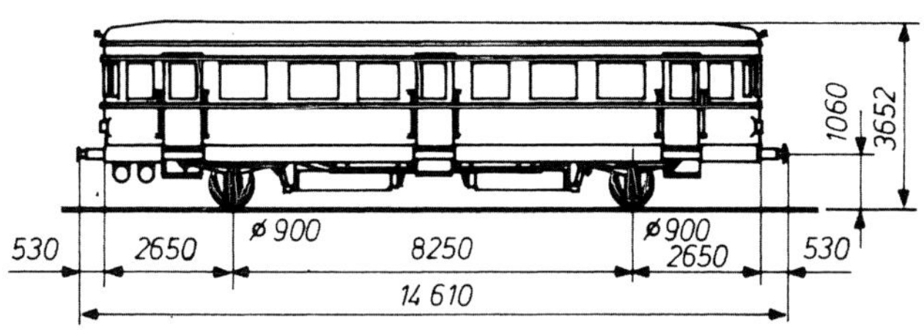

Akkumulatortriebwagen der Zschornewitzer Kleinbahn GmbH
Baujahr 1934; Radsatzanordnung 1 A; Leistung 52 kW; Höchstgeschwindigkeit 60 km/h; Dienstmasse 25,9 t; Fahrbereich 150 km

Triebwagenzug der Baureihe ETA 176 bei der Ausfahrt aus dem Bahnhof Limburg
Foto: Archiv alba

1951 gebildet, betrieb 1955 ein Streckennetz von 30 500 km. Die 235 nichtbundeseigenen Eisenbahnen, im „Verband Deutscher Nichtbundeseigener Eisenbahnen e. V. (VDNE)“ zusammengeschlossen, verfügten 1956 über eine Betriebsstreckenlänge von 5 959 km.

Nach einer Zeit der Umbauten und Verbesserungen des vorhandenen Triebfahrzeugparkes wurde Anfang der fünfziger Jahre mit dem Neubau von Triebfahrzeugen für die DB begonnen. Nahezu gleichzeitig wurden neue Dampflokomotiven sowie Lokomotiven und Triebwagen mit elektrischem und verbrennungsmotorischem Antrieb gebaut:

1950 Dampflokomotiven Baureihen 23 und 82,
1950 Baumuster des Schienenbusses VT 95.9,
1952 Prototypen der Ellok-Baureihe E 10,
1952 Elektrischer Triebzug der Baureihe ET 56,
1952 Akkumulatortriebwagen ETA 176,
1952 Verbrennungstriebwagen der Baureihen VT 08.5 und VT 12.5.

Mit der Ablösung der Dampflokomotive ging auch die Stillegung unwirtschaftlicher Nebenbahnstrecken sowie die Ausmusterung oder Modernisierung veralteter Triebfahrzeuge und Wagen einher. Große Aufmerksamkeit wurde der Ausdehnung des elektrischen Streckennetzes gewidmet; von 1 597 km im Jahre 1945 wuchs das elektrifizierte Netz auf 11 426 km am 31. 12. 1986, wobei bis auf die Hamburger S-Bahn ausschließlich das $16^2/_3$-Hz-Bahnenergiesystem angewendet wird. Damit sind 41,5 % des Streckennetzes elektrifiziert, auf dem 86 % der Betriebsleistungen erbracht werden. Mit der Ausweitung des elektrischen Streckennetzes wurden auch umfangreiche S-Bahn-Netze aufgebaut bzw. erweitert.

Auch der Dieselbetrieb erlebte eine schnelle Entwicklung und dominierte anfangs im Fernschnell- und im Nebenbahnverkehr. Mit der Ausdehnung des elektrischen Streckennetzes wurden aber Verschiebungen der Einsatzgebiete erforderlich, so daß der Fernschnellverkehr heute fast ausschließlich elektrisch gefahren wird.

Mit dem umfangreichen Park von 237 Akkumulatortriebwagen (Ende 1975) wurde über Jahrzehnte bei der DB diese wirtschaftliche Traktionsart betrieben. Die billigen Nachttarife für Elektroenergie im Vergleich zu den Preisen für Dieselkraftstoff hatten hier einen großen Einfluß. Trotzdem ist ein Neubau von Akkumulatortriebwagen nicht mehr vorgesehen.

In den letzten Jahren hat die DB begonnen, im gesamten Triebfahrzeugpark neue Fahrzeug-Generationen einzuführen, wie die Baureihen 420 und 472 der elektrischen Triebwagen und die Baureihen 627 und 628 der Verbrennungstriebwagen zeigen.

Die Vorteile des Betriebes von Akkumulatortriebwagen waren der Grund für die DB, zuerst die überalterten Baureihen wieder aufzubauen, wobei z. T. auch ein Umbau erfolgte. Nach Abschluß aller Umbauten gab es folgenden Bestand:

26 Triebzüge ETA 177,
16 Triebzüge ETA 178 (zweiteilig),
1 Triebzug ETA 178 (dreiteilig),
11 Triebzüge ETA 179 und
20 Triebzüge ETA 180.

Anfang der fünfziger Jahre nahm die DB die Entwicklung moderner Akkumulatortriebwagen auf. Mit den Betriebsnummern ETA 176 001 und ETA 176 002 stellte sie 1952 zwei Triebwagen in Dienst, bei deren Konstruktion die damals neuesten Erkenntnisse berücksichtigt waren. Der Wagenkasten stellte eine selbsttragende, verwindungssteife Röhre in Spanten- und Schalenbauweise dar. Die Traktionsbatterien und elektrischen Geräte waren in zwölf Räumen unterhalb des Fußbodens untergebracht und durch Schürzen mit Klappen verdeckt. Als Fahrsteuerung diente ein feinstufiges Schaltwerk. Diese Baureihe sollte vorzugsweise im Bezirksschnellverkehr eingesetzt werden (Foto S. 31).

Für den Verkehr auf Nebenbahnen war die Baureihe ETA 150 vorgesehen, die ab 1954 ausgeliefert wurde. Mit verstärkten Batterien wurden diese Triebwagen (ETA 150^5) auch im Vorortverkehr eingesetzt. Damit hatte sich der Akkumulatortriebwagen ein neues Einsatzgebiet erobert. In den Jahren 1956 bis 1959 befanden sich 88 bis 128 Akkumulatortriebwagen im Bestand der DB, die eine jährliche Laufleistung von 8,8 bis 11,3 Mio km erbrachten (entspricht 1,1 bis 1,5 % Anteil von allen Triebfahrzeugen).

Als einzige Privatbahn ließ die Alsternordbahn einen modernen Akkumulatortriebwagen entwickeln und beschaffte drei Trieb- und zwei Steuerwagen für die Strecke Ochsenzoll–Ulzburg. Die Batterieanordnung ähnelte der des ETA 150. Die Batterie hatte bei dreistündiger Entladung eine Kapazität von 197 kWh. Die beiden Fahrmotoren von je 50 kW ermöglichten eine Anfahrbeschleunigung von 0,5 m/s^2, die Höchstgeschwindigkeit betrug 55 km/h. Der letzte Triebwagen wurde im August 1967 außer Betrieb genommen und durch Verbrennungstriebwagen ersetzt, da der Betrieb von Akkumulatortriebwagen sich bei dem vorliegenden mittleren Haltestellenabstand von nur 1,1 km nicht bewährte.

Die bei der DB modernisierten PrStB-Triebwagen wurden als Baureihen ETA 177 bis ETA 180 eingenummert, sind aber inzwischen ausgemustert. Der ETA 177 112 verkehrte als letzter Triebzug am 21. Februar 1964.

Mitte der siebziger Jahre verfügte die DB noch über 237 Triebwagen der Baureihen 515 und 517 und 223 Steuerwagen der Baureihen 815 und 817, die monatlich 1,6 Millionen Fahrzeugkilometer leisteten. Der Rückgang des Personenverkehrs auf den Strecken der Akkumulatortriebwagen, das Anwachsen des Instandhaltungsaufwandes sowie die Beschaffung wirtschaftlicherer Dieseltriebzüge führten dazu, daß die Triebwagen der Baureihe 517 bereits bis 1984 und die der Baureihe 515 von 1982 fortschreitend ausgemustert werden. Ihre Ausmusterung sollte bis 1988 abgeschlossen sein.

Obwohl Untersuchungen angestellt wurden, unter Verwendung der Verbrennungstriebzüge 627 bzw. 628 einen neuen Triebzug für Fahrleitungs- und Batteriebetrieb zu entwickeln, der sich unter der Fahrleitung gleichzeitig auflädt, ist für die nächste Zeit nicht mit neuen Akkumulatortriebwagen zu rechnen.

Deutsche Bundesbahn/ Deutsche Reichsbahn (ab1990)

Die beiden Bahnverwaltungen DB und DR haben im gemeinsamen Programm neuer Triebfahrzeuge keine Akkumulatortriebwagen aufgenommen, da die Streckenstruktur und das Verkehrsaufkommen keinen wirtschaftlichen Einsatz erwarten lassen. Bei geringem Verkehrsaufkommen sind derzeitig moderne Verbrennungstriebwagen sehr wirtschaftlich. Andererseits werden neue Akkumulatorbauarten entwickelt und hergestellt, so daß vielleicht auch ein leichter Akkumulatortriebwagen auf deutschen Eisenbahnen denkbar wäre.

AT 223 bis AT 568 sowie AT 579 und AT 580

pr AT 3
DB ETA177, ETA178, ETA180

2 A + A 2	3 + Bo + 3
1908 bis 1964	
Techn. Daten: S. 248 bis 252	

Die guten Erfahrungen der Preußisch-Hessischen Staatsbahn mit den zu Akkumulatortriebwagen umgebauten Abteilwagen aus dem Jahre 1906 waren der Anlaß, eine neue Bauart zu beschaffen. Sie wurde unter Federführung von Wittfeld entworfen und sollte folgenden Forderungen entsprechen:

- geringe Konstruktionsmasse, um niedrige Herstellungs-, Betriebs- und Instandhaltungskosten sowie einen größeren Fahrbereich zu erreichen,
- Trennung der Batterieräume von den Fahrgasträumen, um die Fahrgäste nicht durch Säuredämpfe zu belästigen sowie die Inneneinrichtung nicht durch Säurespritzer zu beschädigen.

Die Triebzüge wurden im Fahrzeugteil von allen Lieferfirmen nach einheitlichen Zeichnungen hergestellt. Bei der elektrischen Ausrüstung ließ man den Herstellern gewissen Spielraum und legte nur die Grundsätze fest.

Die erste Lieferung der Triebzüge erfolgte im Jahre 1907. Diese Züge bestanden aus zwei miteinander kurzgekuppelten Triebwagen. Die Wagen waren zweiachsig, wobei zur richtigen Masseverteilung der unter dem Batterievorbau gelegene Radsatz weit am Wagenende angeordnet wurde. Trotzdem ergab die dort eingebaute schwere Traktionsbatterie (je 8,8 t) eine solche Radsatzfahrmasse, die für Nebenbahnen zu hoch war. Die zweite Lieferung erhielt deshalb dicht neben diesem Radsatz einen weiteren Laufradsatz. Da sich das als günstig erwies, baute man 1912 die erste Lieferung auch auf diese Radsatzanordnung um.

Diese sonst nicht übliche Konstruktion wurde auf Vorschlag von Wittfeld gewählt, weil sich die Radsatzfahrmasse wesentlich verminderte, ohne daß sich die Gesamtmasse derart vergrößerte, wie es sich bei der Anwendung eines Drehgestells

Akkumulatortriebwagen AT 233 ff. nach dem Umbau
Foto: Sammlung Dr. Feißel

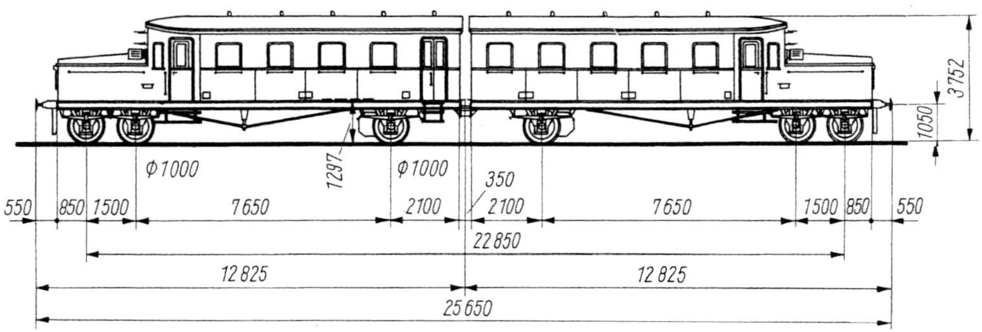

AT 233 ff., zweiteilig, nach erstem Umbau

ergeben hätte. Die zwei unmittelbar nebeneinander angeordneten Lenkradsätze ergaben auch beim Durchfahren von Weichen und Krümmungen keine Schwierigkeiten.
Insgesamt gab es von dieser Gattung vier Lieferungen und eine Nachlieferung:
1. Lieferung: AT 241 bis AT 354,
2. Lieferung: AT 355 bis AT 430 (später AT 421 bis AT 430; umgezeichnet in AT 223 bis AT 232),
3. Lieferung: AT 421 bis AT 490 (dabei AT 421 bis AT 430 in Zweitbesetzung) und AT 233/234,
4. Lieferung: AT 491 bis AT 564, Nachlieferung: AT 579/580.

Diese Gattung stellt den in bezug auf Stückzahl, Betriebszuverlässigkeit, Wirtschaftlichkeit und Lebensdauer bedeutendsten Akkumulatortriebwagen der deutschen Staatseisenbahnen dar. Es gab auch dreiteilige Triebzüge. Hier enthielt der Mittelwagen die Fahrmotoren. Es gab kurze (AT 533 a und AT 535 a) und lange Mittelwagen (AT 547 a bis AT 553 a sowie AT 565 a und AT 567 a).
Die von den PrStB beschafften Wittfeld-Wagen hatten sich im Betrieb gut eingeführt und waren auf vielen Strecken im DRG-Netz eingesetzt. Vorrangig befuhren sie Nebenbahnen mit geringem Verkehrsaufkommen, weshalb in den Einsatzstellen (Bahnbetriebswerken) meist nur wenig Triebzüge beheimatet waren.
Bei dieser Baureihe besteht die Regelausführung aus zwei kurzgekuppelten Triebwagen. Außerdem gab es Triebzüge mit zwischengestelltem Mittelwagen, der bei zwei Triebzügen eine kurze Bauform und bei sechs Triebzügen eine lange Bauform hatte.
Während der Einsatzzeit bei der DRG wurden die Triebzüge mehrfach umgebaut und modernisiert, insbesondere Fahrgasträume, Traktionsbatterie und Fahrmotoren. Da die Fahrzeuge sehr robust und wirtschaftlich waren, wurden meistens beschädigte Triebzüge wieder aufgebaut. Ausgemustert wurden Fahrzeuge nur bei sehr schweren Zerstörungen. Im Jahre 1937 wurde der AT 517/518 in die Bahndienstfahrzeuge 700 862/700 863 umgebaut.
Nach dem Zweiten Weltkrieg gingen einige zwei- und drei dreiteilige Triebzüge in den Bestand der DR über. Sie wurden jedoch bald zu Personenwagen (zwei- bzw. dreiteilige kurzgekuppelte Einheiten) umgebaut oder ausgemustert, da die Fahrbatterien verschlissen waren und nicht ersetzt werden konnten.
In den Bestand der DB gingen zahlreiche Triebzüge über, die z. T. sehr schwer beschädigt waren. Die Vorteile des Betriebes von Akkumulatortriebwagen bewog die DB, diese Triebzüge, obwohl sie veraltet waren, wieder in Betrieb zu nehmen und beschädigte Fahrzeuge wieder aufzubauen. Nach dem Umnummerungsplan von 1948 wurden die Triebzüge in zwei Baureihen eingeordnet:

ETA 178 – Triebzüge (zwei- und dreiteilig) mit SSW-Schützensteuerung, Fahrmotoren mit 86 kW Stundenleistung,
ETA 180 – Triebzüge (zweiteilig), die nicht in die Baureihe ETA 178 eingeordnet werden konnten.

Die **Baureihe ETA 178** umfaßte 14 zweiteilige Triebzüge (ETA 178 001 bis ETA 178 014) und einen dreiteiligen Triebzug (ETA 178 051). Vier Triebzüge waren sehr stark beschädigt.
Das Verkehrsaufkommen war auf einigen Relationen so groß, daß die Triebzüge in Doppeltraktion gefahren werden mußten. Neben dem hohen Personalaufwand war auch der ungünstige Energieverbrauch nachteilig. Die Einrichtung einer Vielfachsteuerung war notwendig; dafür eignete sich nur die Schützensteuerung Bauart 1911, die dabei vereinheitlicht werden mußte. Die umgebauten zweiteiligen Triebzüge wurden in den Jahren 1949 und 1950 und der dreiteilige Triebzug im Jahr 1953 in Dienst gestellt.
Bei dem Umbau wurden auch Teile des mechanischen und elektrischen Teiles erneuert, vereinheitlicht und modernisiert. Die Triebzüge wurden neu verkabelt und veraltete Schaltgeräte wurden durch modernere ersetzt. Der Umbau begann mit den schwer beschädigten Triebzügen.
In den Jahren 1952 und 1954 kamen noch zwei Triebzüge (ETA 178 015 und ETA 178 016) in diese Baureihe, die aus den Triebzügen ETA 180 027 und ETA 180 021 umgebaut worden waren.
Die Höchstgeschwindigkeit wurde in Abhängigkeit der Fahrmotoren mit 70 km/h bzw. 75 km/h festgelegt. Die zweiteiligen Triebzüge hatten Vielfachsteuerung erhalten, während der dreiteilige Triebzug weiterhin als Einzelfahrzeug eingesetzt werden sollte.
Die umgebauten Triebzüge bewährten sich im Betriebseinsatz sehr gut, nur die Laufeigenschaften befriedigten trotz der Änderungen nicht, so daß ab 1953 am Laufwerk und an der Kurzkupplung noch Veränderungen ausgeführt wurden, nachdem im ETA 178 006 verschiedene Mittel ausprobiert worden waren, so z. B. der Einbau von Stoßdämpfern.
Neun zweiteilige Triebzüge wurden im Jahre 1955 in reine 2.-Klasse-Fahrzeuge umgebaut und im Jahre 1956 in die Unterbaureihe ETA 178.1 unter Beibehaltung der

letzten Zahlen der Ordnungsnummer umgezeichnet. Die Triebzüge wurden in den Jahren 1956 bis 1962 ausgemustert.

Die **Baureihe ETA 180** bestand aus den Triebzügen ETA 180 001 bis ETA 180 040 und ETA 180 101 bis ETA 180 108. Nachdem in den Jahren 1949 bis 1952 26 Triebzüge im Rahmen einer Grundüberholung modernisiert und danach in die Baureihe ETA 177 umgezeichnet worden waren, erhielten die restlichen Triebzüge der Baureihe ETA 180 nach dem Umnummerungsplan vom Januar 1952 neue Ordnungsnummern (ETA 180 001 bis ETA 180 021). Alle Triebzüge (außer ETA 180 021) hatten Fahrschalter-Steuerung.

Auch bei dieser Baureihe befand sich die elektrische Ausrüstung in einem sehr schlechten Zustand und Ersatzteile für veraltete Schaltgeräte waren nicht mehr zu beschaffen, so daß im Jahre 1951 beschlossen wurde, die Triebzüge durch eine Vollaufarbeitung zu modernisieren. Diese wurde jedoch nur bei acht Triebzügen vorgenommen (ETA 180 002, ETA 180 004, ETA 180 009, ETA 180 012, ETA 180 013, ETA 180 014, ETA 180 016, ETA 180 020). Die Sonderarbeiten für die Laufverbesserung wurden nur an einigen Triebzügen durchgeführt (ETA 180 004, ETA 180 006, ETA 180 007, ETA 180 009, ETA 180 010, ETA 180 012, ETA 180 013, ETA 180 015).

In den Jahren 1955 und 1958 wurden alle Triebzüge in reine 2.-Klasse-Fahrzeuge umgebaut.

Die nicht aufgearbeiteten Triebzüge wurden in den Jahren 1954 bis 1958 und die aufgearbeiteten Triebzüge in den Jahren 1959 bis 1962 ausgemustert.

Der akute Fahrzeugmangel bei der DB machte es erforderlich, bei Grundüberholungen die Triebzüge umzubauen und zu modernisieren.

Der lange Betriebseinsatz hatte am Fahrzeugteil und an der elektrischen Ausrüstung so gezehrt, daß von der DB ein grundlegender Umbau erwogen wurde. Wegen der zu erwartenden hohen Kosten und der langen Vorbereitungszeit für den Umbau wurde schließlich eine Variante festgelegt, bei der möglichst wenig Änderungen erforderlich waren.

In den Jahren 1949 bis 1952 erhielten im Aw Limburg 26 Triebzüge von den vorhandenen 48 Triebzügen der Baureihe ETA 180 eine Grundüberholung. Sie wurden in den Jahren 1950 bis 1952 wieder in Dienst gestellt und in die **Baureihe ETA 177** umgezeichnet, da sie auf Schaltwalzensteuerung, Anfahrautomatik und Vielfachsteuerung umgebaut worden waren. Die Triebzüge hatten eine höhere Anfahrbeschleunigung und bewährten sich sehr gut, nachdem einige Unzulänglichkeiten an den Schaltelementen beseitigt worden waren. Die Laufeigenschaften befriedigten jedoch nicht, weshalb ab 1953 zahlreiche Veränderungen am Laufwerk und an der Kurzkupplung vorgenommen wurden.

In den Triebzügen ETA 177 019, ETA 177 025 und ETA 177 026 wurden Versuchsausführungen von Steuerungen und Schaltwerken erprobt. Eine Vielfachsteuerung mit der Normalausrüstung der Baureihe war möglich.

15 Triebzüge wurden in den Jahren 1955 und 1958 in reine 2.-Klasse-Fahrzeuge umgebaut und bildeten die Unterbaureihe ETA 177.1.

In die Baureihe ETA 177 wurden auch Steuer- und Beiwagen eingenummert. Die Wagen mußten möglichst leicht sein, um den Fahrbereich des Triebwagens nicht allzu sehr zu verringern. Die Beiwagen entstanden aus Einheits-Personenwagen und aus von ihnen abgeleiteten Beiwagen für Triebwagen (Ci 33 und Civ 34). Sie erhielten Steuerleitungen und hatten keine Übergangseinrichtungen an den Stirnseiten. Die Beiwagen hatten folgende Betiebsnummern:

EBA 177 001 bis EBA 177 015
(ex vorwiegend Cv 33),
EBA 177 021 bis EBA 177 028
(ex Civ 34),
EBA 177 031 bis EBA 177 044
(ex Ci 33),
EBA 177 077 (ex Bciv 34) sowie
EBA 177 091 und EBA 177 092
(ex CPwv 33/39).

Die Steuerwagen erhielten Führerstände an einem Wagenende. Sie hatten folgende Betriebsnummern: ESA 177 001 und ESA 177 002 (ex Steuerwagen des Akkutriebzuges der Werkbahn Peenemünde) und ESA 177 011 bis ESA 177 025 (davon elf Wagen ex BCi 34).

Außerdem wurden in die Baureihe 178 sechs Steuerwagen eingenummert, die aus vier Reisezugwagen der Bauart BCi 34 und zwei Wagen der Bauart CPwv 33/39 entstanden:
ESA 178 001 bis ESA 178 006.

Da mit dem Betriebsende der Akkumulatortriebzüge die Bei- und Steuerwagen noch nicht ausgemustert waren, wurden sie wieder als normale Reisezugwagen eingesetzt. Als letzter Beiwagen wurde der EBA 177 009 im Jahre 1965 ausgemustert. Die letzten Steuerwagen ESA 177 124 und ESA 177 125 (ex ESA 177 024 und ESA 177 025) waren bereits im Jahre 1963 ausgemustert worden.

Alle Triebzüge wurden inzwischen ausgemustert (als letzter jeder Baureihe ETA 177 112a/b Bw Düsseldorf Hbf 21. Februar 1964, ETA 178 102a/b Bw Oberlahnstein 12. November 1962 sowie ETA 180 009a/b und ETA 180 013a/b Bw Kaiserslautern 12. November 1962).

Fahrzeugteil

Laufwerk: Treib- und Laufradsatz Lenkradsatz. Gleitradsatzlager, teils Wälzradsatzlager (z. T. erst durch Umbau; bei Teil der Triebzüge auch innerhalb Triebzug gemischt). Radsatzfederung bei 1. Lieferung Blattfedern, später umgebaut sowie bei 2. bis 4. Lieferung Blatt- und Schraubenfedern, bei Radsätzen unter Batterievorbau nur Blattfedern.
Wagenkasten: Untergestell mit Längs- und Querträgern aus U-Profilen, durch Knotenbleche verbunden; genietet. Sprengwerke versteifen Längsträger (nicht bei kurzen Mittelwagen). Wagenkasten Holzkonstruktion mit Blechbeplankung, einige auch außen Holzverschalung (AT 391/392 und AT 393/394), durch Eisenstreben versteift, ruhte mit Filzzwischenlagen auf Untergestell. Einstiege, Führerstände und Batterievorbauten auf 2 450 mm verringerte Wagenbreite. Kein Oberlichtaufbau. Stirnenden gerade. An Stirnenden keine Übergangsmöglichkeit, innerhalb Triebzug Faltenbalg- bzw. offene Klappübergangsbrücken (letztere nur für Personal). Handstange außen unter jedem Fenster und durchlaufendes Rohr als Notfußtritt an Wagenkastenunterkante zum Verlassen der Wagen im Gefahrenfalle.
Zug- und Stoßvorrichtung: an Stirnenden Schraubenkupplung und Stangenpuffer, später Hülsenpuffer. Innerhalb Triebzug abgefederte, kurze Kupplungsstange mit seitlichen Hilfskupplungen.
Batteriebehälter: Vor Führerständen; durch Spannstangen im Boden und oberhalb der Zellen verankert. Deckel abklappbar, dabei zuerst nach vorne gerollt, dann aufgeklappt. Verlängerte Bolzen der mittleren Laufrollen dienten dabei als Drehzapfen. Entlüftung durch seitliche Öffnungen im Deckel.
Antrieb: Tatzlagerantrieb, einseitiges geradverzahntes Getriebe. Übersetzungsverhältnis unterschiedlich.
Druckluftanlage: Luftverdichter. Hauptluftbehälter. Läutewerk. Motorsirene oder Typhon, bei einigen zweiteiligen Triebzügen und bei dreiteiligen Triebzügen Schalleitung zur Kontrolle der Signaleinrichtung. Sandstreueinrichtung.
Bremse: Mehrlösige Klotzbremse Bauart Kp oder einlösige Klotzbremse Bauart Wp. Treibradsatz ungebremst. Spindelhandbremse.

Fahrgastraum

Zweiteilige Triebzüge (AT 223/224 bis AT 531/532, AT 537/538 bis AT 545/546, AT 555/556 bis AT 563/564, AT 579/580)

Gestaltung: Dem Nebenbahnverkehr angepaßt. Keine Toiletten.
Triebwagen 1: Führerstand und Einstiegraum; Großraum ehemaliger 3. Klasse mit vier Abteilen; Abteil ehemaliger 3. Klasse (auch als Abteil ehemaliger 2. Klasse nutzbar).
Triebwagen 2: Abteil ehemaliger 4. Klasse (auch als Gepäckabteil nutzbar); Großraum ehemaliger 4. Klasse; Einstiegraum und Führerstand.
Einstieg: Einstiege an Wagenenden; Einfachschlagtüren, ab 2. Lieferung durch Zusatzflügel erweiterbar. Zugang über drei Trittstufen.
ehem. 2. Klasse: Abteil mit Mittelgang. Sitzplatzanordnung 2 + 2. Abteiltiefe 1 530 mm, Sitzplatzbreite 550 mm, Gangbreite 685 mm. Holzbänke mit aufgelegten Sitzkissen, ab 2. Lieferung Polstersitzbänke.
ehem. 3. Klasse: Großraum mit vier Abteilen und Mittelgang. Sitzplatzordnung 2 + 3; Abteiltiefe 1 550 mm, Sitzplatzbreite 500 mm bzw. 483 mm, Gangbreite 435 mm. Holzbänke.
ehem. 4. Klasse: Großraum mit Mittelgang, 6 195 mm lang. An Seiten- und an Mittelwänden Sitzbänke mit zwei bzw. drei Plätzen. Bretterbänke.
Gepäckabteil: 1 530 mm lang. Beidseitig Doppelschlagtür, lichte Türweite 800 mm. Für Verwendung als Fahrgastabteil ehemaliger 4. Klasse mit hochklappbaren Sitzbänken versehen.
Heizung: Brikettöfen unter Sitzbänken, von außen beschickt.
Beleuchtung: Glühlampen. Je zwei Lampen (= 85 V) in Reihe geschaltet, von Fahrbatterie gespeist.
Umbau: In den Jahren 1929 bis 1933 wegen Wegfall der ehemaligen 4. Klasse Fahrgasträume umgestaltet. Teilweise keine Toiletten. Aufteilung und Abmessungen der einzelnen Abteile sehr unterschiedlich, z. T. durch weitere Umbauten erneut verändert.
Häufigster Umbau:
Triebwagen 1: Führerstand und Einstiegraum; Großraum 2. Klasse mit dreieinhalb Abteilen; Abteil 2. Klasse.
Triebwagen 2: Gepäckabteil (auch als Fahrgastabteil 2. Klasse verwen-

det); Großraum 3. Klasse mit zwei Abteilen und Traglastenraum; Einstiegraum und Führerstand.
Andere Umbauvarianten:
Triebwagen 1: Führerstand und Einstiegraum; Großraum 3. Klasse mit eineinhalb bis vier Abteilen; Halbabteil oder Großraum 2. Klasse mit eineinhalb bis zweieinhalb Abteilen.
2. Klasse: Abteil mit Mittelgang. Sitzplatzanordnung 2 + 2; Abteiltiefe 1 800 mm, Sitzplatzbreite 550 mm, Gangbreite 665 mm. Polstersitze.
Bei anderen Umbauvarianten Großraum mit eineinhalb bzw. zweieinhalb Abteilen mit Mittelgang. Sitzplatzanordnung 1 + 2; Abteiltiefe 1 845 mm bis 1 915 mm, Sitzplatzbreite 694 mm bis 770 mm, Gangbreite 715 mm bis 747 mm. Polstersitze. Oder: Halbabteil oder Großraum mit eineinhalb bzw. zweieinhalb Abteilen und Mittelgang. Sitzplatzanordnung 2 + 2; Abteiltiefe 1 530 mm sowie 1 800 mm bis 1 845 mm, Sitzplatzbreite 550 mm bis 585 mm, Gangbreite 530 mm bis 685 mm. Polstersitze.
3. Klasse: Häufigster Umbau: Großraum mit dreieinhalb Abteilen und Mittelgang. Sitzplatzanordnung 2 + 3; Abteiltiefe 1 530 mm, Sitzplatzbreite 503 mm bzw. 480 mm, Gangbreite 440 mm. Holzlattenbänke. Andere Umbauvarianten: Großraum mit eineinhalb, zwei, zweieinhalb, drei, dreieinhalb bzw. vier Abteilen und Mittelgang. Sitzplatzanordnung 2 + 3; Abteiltiefe 1 500 mm bis 1 530 mm, Sitzplatzbreite 466 mm bis 510 mm, Gangbreite 425 mm bis 485 mm. Holzlattenbänke.
Gepäckabteil: 1 530 mm lang. Beidseitig Doppelschlagtür, lichte Türweite 800 mm. Für Verwendung als Fahrgastabteil 3. Klasse mit Sitzbänken versehen.

Dreiteilige Triebzüge mit kurzem Mittelwagen (AT 533/533 a/534 und AT 535/535 a/536)

Gestaltung: Dem Nebenbahnverkehr angepaßt.
Steuerwagen 1: Führerstand und Einstiegraum; Großraum ehemaliger 3. Klasse mit vier Abteilen; Abteil ehemaliger 3. Klasse (auch als Abteil ehemaliger 2. Klasse nutzbar).
Triebwagen: Großraum ehemaliger 4. Klasse; Abteil ehemaliger 4. Klasse (auch als Gepäckabteil nutzbar).
Steuerwagen 2: Großraum ehemaliger 4. Klasse; Einstiegraum und Führerstand.
Einstieg: Einstiege an Wagenenden der Steuerwagen, in Triebwagen, in Nische, Wagenmitte. Einfachschlagtüren, in Triebwagen und Steuerwagen 2 durch Zusatzflügel verbreiterbar. Zugang über drei Trittstufen.
ehemalige 2. Klasse: Abteil mit Mittelgang. Sitzplatzanordnung 2 + 2; Abteiltiefe 1 530 mm, Sitzplatzbreite 550 mm, Gangbreite 685 mm. Holzlattenbänke mit aufgelegten Sitzkissen.
ehemalige 3. Klasse: Großraum mit vier Abteilen und Mittelgang. Sitzplatzanordnung 2 + 3; Abteiltiefe 1 550 mm, Sitzplatzbreite 500 mm bzw. 483 mm, Gangbreite 435 mm. Holzlattenbänke.
ehemalige 4. Klasse: Großräume mit Mittelgang. An Seiten- und Mittelwänden Sitzbänke mit zwei bzw. drei Plätzen. Bretterbänke.
Gepäckabteil: 1 530 mm lang. Beidseitig Doppelschlagtür. Für Verwendung als Fahrgastabteil ehemaliger 4. Klasse mit Sitzbänken versehen.
Heizung: Brikettöfen unter Sitzbänken, von außen beschickt.
Beleuchtung: Glühlampen. Je zwei Lampen (= 85 V) in Reihe geschaltet, von Fahrbatterie gespeist.
Umbau: Im Jahre 1929/30 wegen Wegfall der ehemaligen 4. Klasse Fahrgasträume umgestaltet.
Steuerwagen 1: Führerstand und Einstiegraum; Großraum 3. Klasse mit drei Abteilen; Großraum 2. Klasse mit eineinhalb Abteilen.
Triebwagen: Großraum 3. Klasse; Gepäckabteil (auch als Fahrgastraum 3. Klasse nutzbar).
Steuerwagen 2: Großraum 3. Klasse; Einstiegraum und Führerstand.
2. Klasse: Großraum mit eineinhalb Abteilen und Mittelgang. Sitzplatzanordnung 1 + 2; Polstersitze.
3. Klasse: Großräume mit Abteilen und Mittelgang. Sitzplatzanordnung 2 + 3; Holzlattenbänke.
Traglastenabteil: Mit Großraum 3. Klasse vereinigt. An Wänden Sitzbänke mit zwei bzw. drei Plätzen. Bretterbänke.
Gepäckabteil: 1 530 mm lang. Beidseitig Doppelschlagtür. Für Verwendung als Fahrgastabteil 3. Klasse mit Sitzbänken versehen.

Dreiteilige Triebzüge mit langem Mittelwagen (AT 547/547 a/548 bis AT 553/553 a/554 sowie AT 565/565 a/566 und AT 567/567 a/568)

Gestaltung: Dem Nebenbahnverkehr angepaßt.
Steuerwagen 1: Führerstand und Einstiegraum; Großraum ehemalige 2. Klasse mit zwei Abteilen; Großraum ehemalige 3. Klasse mit zweieinviertel bzw. zweieinhalb Abteilen.
Triebwagen (außer 553 a): Einstiegraum; Großraum ehemalige 3. Klasse mit zwei Abteilen; Gepäckraum; Postraum.

Triebwagen 553a: Einstiegraum; Großraum ehemalige 2. Klasse mit zwei Abteilen; Gepäckraum; Postraum.
Steuerwagen 2: Großraum ehemalige 4. Klasse; Einstiegraum und Führerstand.
Einstieg: Einstiege an Wagenenden der Steuerwagen und an einem Ende des Triebwagens. Einfachschlagtür, in Steuerwagen 2 durch Zusatzflügel verbreiterbar. Zugang über drei Trittstufen.
ehemalige 2. Klasse: Großräume mit zwei Abteilen und Mittelgang. Sitzplatzanordnung 2 + 2.
ehemalige 3. Klasse: Großräume mit zwei, zweieinviertel bzw. zweieinhalb Abteilen und Mittelgang. Sitzplatzanordnung 2 + 3; Abteiltiefe 1 550 mm, Sitzplatzbreite 500 mm bzw. 483 mm, Gangbreite 435 mm. Holzlattenbänke.
ehemalige 4. Klasse: Großraum mit Mittelgang. An Seiten- und Mittelwänden Sitzbänke mit zwei bzw. drei Plätzen. Bretterbänke.
Gepäckraum: Beidseitig einflüglige Schiebetür.
Postraum: Seitengang. Beidseitig Doppelschlagtür, zum Seitengang Schiebetür.
Heizung: Brikettöfen unter Sitzbänken, von außen beschickt.
Beleuchtung: Glühlampen. Je zwei Lampen (= 85 V) in Reihe geschaltet, von Fahrbatterie gespeist.

Umbau: In den Jahren 1929 und 1930 wegen Wegfall der ehemaligen 4. Klasse Fahrgasträume umgestaltet, dabei auch Gepäckraum und Postraum entfallen. Bei Triebwagen 565a und 567a eingezogener Einstieg anstelle Gepäckraumtür eingebaut.
Steuerwagen 1: Führerstand und Einstiegraum; Großraum 1. Klasse mit zwei Abteilen; Großraum 3. Klasse mit zweieinhalb Abteilen.
Triebwagen: Einstiegraum; Großraum 3. Klasse bzw. 2. Klasse mit zwei Abteilen; Großraum 3. Klasse.
Steuerwagen 2. Großraum 3. Klasse und Traglastenraum; Einstiegraum und Führerstand.
2. Klasse: Großräume mit zwei Abteilen und Mittelgang. Sitzplatzanordnung 1 + 2; Polstersitze.
3. Klasse: Großräume mit Abteilen und Mittelgang. Sitzplatzanordnung 2 + 3; Holzlattenbänke.
Traglastenabteil: Mit Großraum 3. Klasse vereinigt. An Wänden Sitzbänke mit zwei bzw. drei Plätzen. Bretterbänke.

Elektrischer Teil

Anordnung: Gesamte elektrische Ausrüstung außerhalb des Wagenkastens.
Fahrbatterie: Bleibatterie 168 Zellen, Typ 8 TM 645, Kapazität 293 kWh bei 3 h. Ermöglicht Fahrbereich von 300 km bzw. 180 km bei dreiteiligem Triebzug. Bei Fahrbetrieb in Reihe geschaltet, bei Ladebetrieb jede Batteriehälfte für sich geladen. Batteriehauptsicherung. Batterieschalter. Notfahrbetrieb auch mit nur einer Batteriehälfte möglich.
Steuerung: Fahrschalter oder Schützensteuerung, insgesamt 17 verschiedene Steuerungsbauarten. Üblich 10 bis 11 Fahrstufen, davon meist 6 Dauerfahrstufen. Reihen-Parallel-Schaltung der Fahrmotoren. Neben Fahrschalter Ordnungsschalter für Steuerstromleitungen und Zugsignale. Höchststromauslöser als Fahrmotorschutz.
Triebzüge AT 223/224 bis AT 229/230 und AT 233/234 mit nur einem Verbundmotor je Triebzug Parallel-Reihen-Schaltung der Batteriehälften. 14 Fahrstufen, davon sieben Dauerfahrstufen.
Triebzug AT 231/232 mit zwei Verbundmotoren, auf allen Fahrstufen Motoren in Reihe geschaltet.
Triebzug AT 579/580 mit zwei Verbundmotoren. 12 Fahrstufen mit

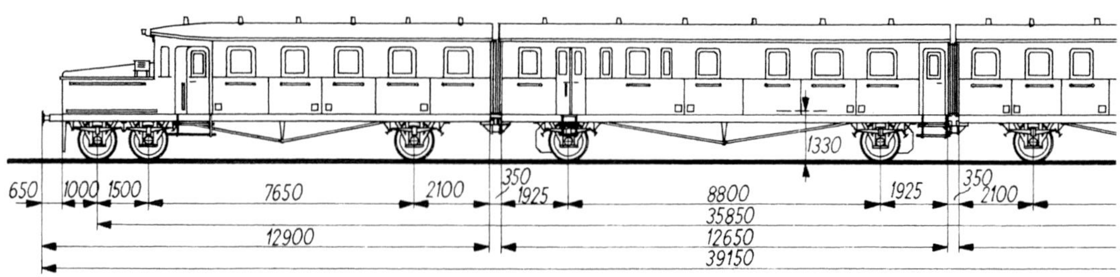

AT 547ff., dreiteilig, mit langem Mittelwagen nach Umbau 1930

Reihen-Parallel-Schaltung der Fahrmotoren und Abschalten von Widerständen, weitere 14 Fahrstufen durch Einschalten von Widerständen in Nebenschlußwicklung.
Fahrmotoren: Vierpolige Gleichstromreihenschlußmotoren mit Wendepolwicklung (Typen D 93 w, D 150 w, Dx 1000 a, Dx 1001 a, SL 22, SL 100, STrIV, STrV W 0,9 und U 108). Eigenbelüftet. Stundenleistung 59 kW bis 86 kW. Bei Instandhaltung oft Typen ausgetauscht, insbesondere zur Aussonderung von Typen mit geringer Stückzahl, dabei oft Zahnradgetriebe gewechselt.
Triebwagen AT 223 bis AT 234 sowie AT 579/580 Gleichstromverbundmotoren (Nebenschlußmotoren mit geringem Reihenschlußanteil, um unzulässiges Anwachsen der Stromstärke bei Belastung zu verhindern); in den Jahren 1925 bis 1928 durch Gleichstromreihenschlußmotoren ersetzt.
Bei einigen Triebzügen Anfang der vierziger Jahre Einbau von vierpoligen Gleichstromreihenschlußmotoren mit Wendepolwicklung (Typ GBM 700). Eigenbelüftet.
Elektrische Bremse: Große Anzahl der Triebzüge Kurzschlußbremse (eigenerregte Gleichstromwiderstandsbremse) als Gefahrenbremse. Bei AT 223 bis AT 234 sowie AT 579/580 im Zeitraum der Ausrüstung mit Verbundmotoren Nutzbremse.
Hilfseinrichtungen: Hilfsstromumschalter, um Hilfsstromkreise an gewünschte Batteriehälfte anzuschließen. Sicherheitsfahrschaltung durch Totmannknopf im Fahrschalter.

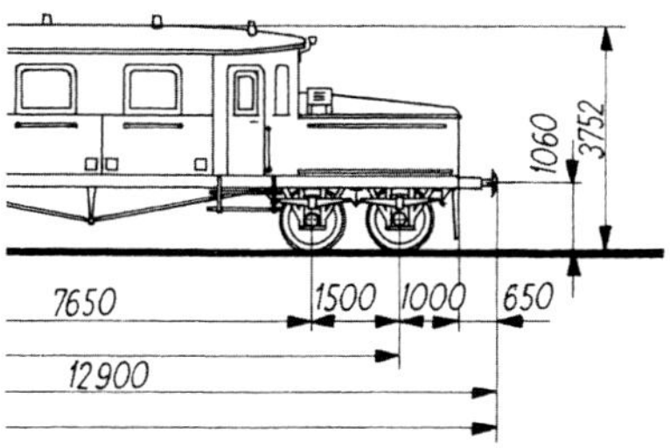

Umbau ETA 177

Fahrzeugteil: Radsatzhalter aus Preßblech. Treibradsätze Wälzlager, Laufradsätze Gleitlager. Untergestelle überholt, Kastengerippe und Kastenverkleidungen modernisiert, neue Wagendächer. Handstangen unter Wagenfenstern entfallen. Innerhalb Triebzug Faltenbalgübergänge. Kurzkupplung mit Dämpfungspuffern. Batterievorbau verlängert, über Rahmenvorderkante überstehend, neue Stahldeckel mit Entlüftungsschlitzen an allen drei Seiten. Hauptluftbehälterleitung. Mehrlösige Klotzbremse Bauart Hikp.
Fahrgastraum ETA 177: Wagengrundrisse vereinheitlicht. In a-Wagen Abteil 1. Klasse mit acht gepolsterten Sitzen, in b-Wagen Toilette eingebaut. Beleuchtung in ETA 177 004 a sowie ETA 177 022 bis ETA 177 025 Leuchtstofflampen.
Fahrgastraum ETA 177.1: In a-Wagen Abteil 1.Klasse in 2. Klasse umgestaltet (Holzbänke).
Elektrischer Teil: Gesamte elektrische Ausrüstung und Leitungsanlage erneuert. Fahrbatterie Typ 7 TMD 645, 397 kWh bei 3 h, Fahrbereich 300 km. Nockenschaltwerk Bauart BBC mit Drehmagnetantrieb, Fortschalteinrichtung. Fahrschalter mit 18 Fahrstufen, davon vier Dauerfahrstufen. Bei Schäden Fahrt mit nur einem Fahrmotor möglich. Vielfachsteuerung. Vierpolige Gleichstromreihenschlußmotoren mit Wendepolwicklung (Typ GBM 700), eigenbelüftet.
Versuchsausführungen in drei Triebzügen, Vielfachsteuerung mit Normalausführung der Baureihe möglich:
ETA 177 019, Steuerung von Schaltbau, Schaltwerkmotordrehzahl in Abhängigkeit von Fahrmotorstrom verändert, Hilfsmaschinensatz ergab selbsttätige Anpassung des Fortschaltstromes an Streckenverhältnisse. Fahrschalter fünf Stellungen; 67 Fahrstufen, davon fünf Dauerfahrstufen (Steuerungsprinzip später in Baureihe ETA 150 verwendet).
ETA 177 025, Feinstufenschaltwerk von AEG, Kontaktbahn der Anfahr- und Feldschwächungswiderstände, auf der Stromabnehmerschlitten liefen. Zwei Stromwächter ergaben unterschiedliche Drehzahlen des Schaltwerkmotors in Abhängigkeit vom Fahrmotorstrom. Richtungswender, Motor- und Wagenabschalter, Netzschalter sowie Reihen-Parallel- und Feldschalter zu Schaltgerät vereinigt. Fahrschalter fünf Stellungen; 329 Fahrstufen, davon fünf Dauerfahrstufen.
ETA 177 026, Stufenschaltwerk von SSW, Antriebsmotor über Rutschkupplung mit Schaltwerk verbunden, durch Stromwächter über Wenderelais eingeschaltet. Stellungszwangmagnet. Fahrschalter fünf Stellungen; 22 Fahrstufen, davon fünf Dauerfahrstufen.

Umbau ETA 178

Fahrzeugteil: Radsatzhalter aus Preßblech. Treibradsätze Wälzlager, Laufradsätze behielten Gleitlager. Untergestelle überholt, Kastengerippe und Kastenverkleidungen moder-

nisiert, neue Wagendächer. Handstangen unter Wagenfenstern entfallen. Innerhalb Triebzug Faltenbalgübergänge. Kurzkupplung mit Dämpfungspuffern. Batterievorbauten verlängert (um 230 mm über Rahmenvorderkante überstehend), neue Stahldeckel mit Lüftungsschlitzen an allen drei Seiten, gleichzeitig Vorbauhöhe wieder niedriger. Hauptluftbehälterleitung (außer ETA 178 051). Mehrlösige Klotzbremse Bauart Hikp.
Fahrgastraum ETA 178: Wagengrundrisse vereinheitlicht. In a-Wagen Abteil 1. Klasse mit acht gepolsterten Sitzen, in b-Wagen Toilette eingebaut. Grove-Luftsauger später meist durch Wendler-Sauger ersetzt. In ETA 178 015 koksgefeuerte Warmluftheizung.
Fahrgastraum ETA 178.1: In a-Wagen Abteil 1. Klasse in 2. Klasse (Holzbänke) umgestaltet.
Elektrischer Teil: Gesamte Leitungsanlage erneuert, außerdem Einsatz neuer Schaltgeräte. Fahrbatterie Typ 8 TMD 645, 174 Zellen (6 Zellen mehr als bisher, da Batteriespannung bei starker Belastung unter Nennspannung der Fahrmotoren sank), 358 kWh bei 3 h, Fahrbereich 300 km. Schützensteuerung. Vielfachsteuerung bis zu drei Triebzügen. Vierpoliger Gleichstromreihenschlußmotor mit Wendepolwicklung (Typen Dx 1001 a und GBM 700 y).

Umbau ETA 180 002, ETA 180 004, ETA 180 009, ETA 180 012 bis ETA 180 014, ETA 180 016 und ETA 180 020

Fahrzeugteil: Radsatzhalter aus Preßblech. Treibradsätze Wälzlager, Laufradsätze Gleitlager. Untergestelle überholt, Kastengerippe und Kastenverkleidungen modernisiert, neue Wagendächer. Handstangen unter Wagenfenstern entfallen. Innerhalb Triebzug Faltenbalgübergänge. Kurzkupplung mit Dämpfungspuffern. Batterievorbauten verlängert, über Rahmenvorderkante überstehend, neue Stahldeckel mit Entlüftungsschlitzen an allen drei Seiten, Vorbauhöhe verringert. Mehrlösige Klotzbremse Bauart Hikp.
Fahrgastraum: Wagengrundrisse vereinheitlicht. In a-Wagen Abteil 1. Klasse mit acht gepolsterten Sitzen, in b-Wagen Toilette eingebaut. In ETA 180 004 ölgefeuerte Warmluftheizung. 1953/58 in a-Wagen Abteil 1. Klasse in 2. Klasse umgestaltet.
Elektrischer Teil: Gesamte Leitungsanlage erneuert, Einsatz neuer Schaltgeräte. Fahrbatterie 168 Zellen, Typ 8 TMD 645, 345 kWh bei 3 h, Fahrbereich 300 km. Feinstufenfahrschalter mit eingebauter Überstromauslösung für jeden Motor, Nullstellungszwang. 39 Fahrstufen, davon fünf Dauerfahrstufen. Vierpoliger Gleichstromreihenschlußmotor mit Wendepolwicklung (Typ STR IV, bei ETA 180 019 SLv 22), eigenbelüftet.

AT 581/582 bis AT 615/616

DB ETA 179

2 A + A 2

1926 bis 1968

Techn. Daten: S. 255 bis 257

Mitte der zwanziger Jahre gab die DRG einen neuen Akkumulatortriebzug in Auftrag, der ein erhöhtes Platzangebot haben sollte. Die vorhandenen Akkumulatortriebzüge der Bauart Wittfeld hatten sich durch ihre Einfachheit, Betriebstüchtigkeit und Wirtschaftlichkeit sehr gut bewährt. Der große Flächenbedarf der Traktionsbatterie, das geringe Platzangebot sowie die große Dienstmasse wurden als Nachteile erkannt, die mit der neuen Baureihe beseitigt werden sollten.
Der Triebzug bestand aus zwei kurzgekuppelten Triebwagen.
Der erste Triebzug wurde bereits 1924 auf der „Eisenbahntechnischen Ausstellung" in Seddin ausgestellt. Anfang 1926 wurden die ersten beiden Triebzüge an die DRG abgeliefert. Die Versuchsfahrten fanden im März 1926 auf den Strecken Rangsdorf–Zossen und Großwusterwitz–Genthin statt. Die Lieferung der Serien-Triebzüge erfolgte in den Jahren 1927 und 1928. Die Fahrzeuge erfüllten die in sie gesetzten Erwartungen. Auf geeigneten Strecken vermochten sie sogar bis zu zwei zweiachsige Beiwagen mitzunehmen.
Im Laufe der Zeit gab es einige Ände-

AT 589/590 im Jahre 1953 nach dem Wiederaufbau durch die DR
Foto: G. Fiebig

rungen an den Wagen. Die Gestaltung des Fahrgastraumes wurde mehrfach geändert, da im Jahre 1928 die 4. Klasse entfiel und außerdem der Einbau eines ehemaligen 2.-Klasse-Abteiles gewünscht wurde. Auch wurde später eine leistungsfähigere Batterie eingebaut, so daß der Fahrbereich auf 250 km bzw. 300 km erhöht werden konnte. Den Kriegsereignissen fielen nur die zwei Vorserien-Triebzüge zum Opfer, die seit 1930 im Bw Kassel Hbf beheimatet waren und 1943 zerstört wurden.

Die DR übernahm nach Kriegsende fünf Triebzüge (AT 585/586 bis AT 591/592 und AT 613/614), die sie weiterhin im Bw Gotha beheimatete. Sie befuhren u. a. die Strecken Gotha–Friedrichswerth, Gotha–Friedrichroda, Gotha–Mühlhausen sowie Eisenach–Wartha–Mihla. Der AT 585/586 brannte 1946 teilweise aus, so daß der AT 586 verschrottet werden mußte. Der AT 585 wurde in einen Reisezugwagen umgebaut. Die anderen Triebzüge waren nach Kriegsende abgestellt, da die Batterien verbraucht waren. Im Jahre 1953 wurden sie wieder aufgearbeitet. Der AT 613/614 erhielt versuchsweise Stahlbatterien, die aber später wieder durch Bleibatterien ersetzt wurden. Während der AT 591/592 nach einem Brand im Jahre 1965 ausgemustert wurde, verkehrten die restlichen drei Triebzüge noch bis ins Jahr 1968. Der Triebzug AT 589/590 soll wieder hergerichtet und als nicht betriebsfähiges Museumsfahrzeug der DR erhalten werden.

Die bei der DB verbliebenen elf Triebzüge (AT 593/594 bis AT 611/612 und AT 615/616) wurden anfangs unverändert weiterbetrieben und als Baureihe ETA 179 (1. und 2. Klasse) und ETA 179.1 (nur 2. Klasse) bezeichnet. Beim Wiederaufbau des schwer beschädigten Triebzuges ETA 179 005 (ex AT 605/606) benutzte die DB die Gelegenheit, Verbesserungen in der Steuerstromschaltung und Modernisierungen des Fahrzeugteiles und des Fahrgastraumes vorzunehmen. In den Jahren 1952 und 1953 wurden auch die anderen Triebzüge moderni-

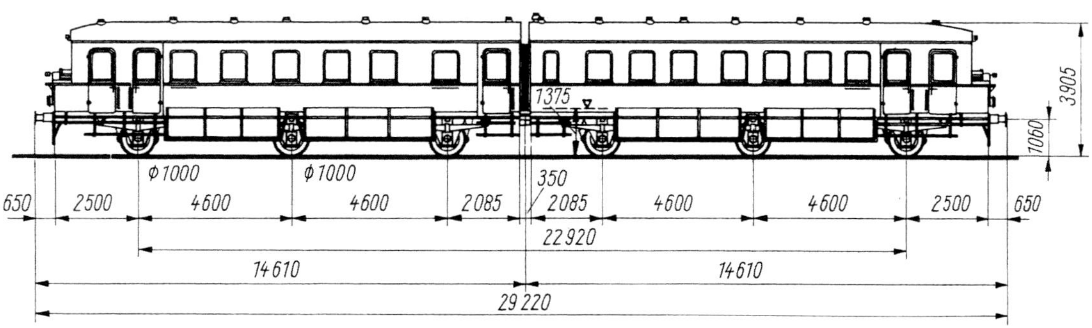

AT 581 ff., Serienausführung

ETA 179 101
nach Umbau DB
Foto: Archiv alba

siert. Drei Triebzüge wurden 1953 bzw. 1957 in reine 2.-Klasse-Triebzüge umgebaut (ETA 179 105 bis ETA 179 107). Die Triebzüge wurden in den Jahren 1959 und 1960 ausgemustert (als letzter Triebzug ETA 179 106 a/b Bw Haltingen 27. Oktober 1960).

Fahrzeugteil

Laufwerk: Treib- und Laufradsätze Lenkradsatz. Wälzradsatzlager, Mittelradsatz Gleitradsatzlager wegen Seitenverschiebbarkeit. Radsatzfederung Blattfedern.
Wagenkasten: Untergestell aus Profilträgern genietet. Batteriekästen in tragende Konstruktion einbezogen. Wagenkasten Profilstahlgerippe mit Stahlblechbeplankung. Stirnenden gerade. An Stirnenden keine Übergangsmöglichkeit, innerhalb Triebzug durch Faltenbalg geschützter Übergang.
Zug- und Stoßvorrichtung: An Stirnenden Schraubenkupplung und Hülsenpuffer (anfangs bei Teil der Triebzüge Stangenpuffer). Innerhalb Triebzug Kurzkupplung.
Batteriebehälter: Einzelbehälter unterhalb Wagenkasten zwischen den Radsätzen und in Vorbauten.
Antrieb: Tatzlagerantrieb, einseitiges geradverzahntes Getriebe.
Druckluftanlage: Luftverdichter, Hauptluftbehälter. Sandstreueinrichtung.
Bremse: Einlösige Klotzbremse Bauart Kp, mittlerer Radsatz ungebremst. Spindelhandbremse.
Umbau ETA 179 005: Vorbauten und Führerstand moderne Stahlkonstruktion, Breite wie übriger Wagenkasten.

Fahrgastraum

Gestaltung: Dem Nebenbahnverkehr angepaßt.
Triebwagen 1: Führerstand (auch als Gepäckraum nutzbar); Einstiegraum; Großraum ehemalige 3. Klasse mit sechs Abteilen; Postabteil; Einstiegraum.
Triebwagen 2: Einstiegraum; Großraum ehemalige 4. Klasse mit vier Abteilen und Traglastenabteil und Einstiegraum; Führerstand (auch als Gepäckraum nutzbar).
Führerstand (außer AT 581 und AT 583) von außen, in AT 581 und AT 583 von Einstiegraum betretbar.
Einstieg: An Triebzugenden und an Kurzkupplungsende (diagonal versetzt) Einfachschlagtür, lichte Weite 750 mm. Zugang über drei Trittstufen.
ehemalige 3. Klasse: Großraum mit sechs Abteilen und Mittelgang. Sitzplatzanordnung 2 + 3; Abteiltiefe 1 560 mm, Sitzplatzbreite 475 mm, Gangbreite 516 mm. Holzlattenbänke.
ehemalige 4. Klasse: Großraum mit vier Abteilen, Mittelgang und Traglastenteil mit Längsbänken. Sitzplatzanordnung 2 + 3; Abteiltiefe 1 340 mm, Sitzplatzbreite 475 mm, Gangbreite 516 mm. Bretterbänke. Traglastenteil 3 800 mm lang.
Postabteil: Halbabteil, 1 207 mm lang, 962 mm breit. Bei AT 581 und AT 583 Klapptür zu Einstiegraum, ab AT 585 Schiebetür.

Heizung: Bei AT 581 bis AT 584 Brikettöfen unter Sitzbänken, von außen beschickbar. Ab AT 585 Warmwasserheizung mit Koksofen.
Beleuchtung: Glühlampen, = 85 V, aus Batterie gespeist.
Umbau 1928/1929: Aufteilung und Abmessungen der einzelnen Abteile unterschiedlich, da bei Umbauten häufig geändert.
Triebwagen 1: Führerstand; Einstiegraum; Großraum 3. Klasse mit zweieinhalb Abteilen; Großraum 3. Klasse mit zweieinhalb Abteilen; Postabteil; Einstiegraum. Oder: Führerstand; Einstiegraum; Großraum 3. Klasse mit zweieinhalb Abteilen; Abteil und Großraum 2. Klasse mit eineinhalb Abteilen bzw. Großraum 2. Klasse mit zweieinhalb Abteilen; Postabteil; Einstiegraum.
Triebwagen 2: Einstiegraum; Großraum 3. Klasse mit vier Abteilen und Traglastenteil und Einstiegraum; Führerstand.
2. Klasse: Abteil oder Großraum mit eineinhalb bzw. zweieinhalb Abteilen und Mittelgang. Sitzplatzanordnung 1 + 2; Abteiltiefe 1 760 mm bzw. 1 790 mm, Sitzplatzbreite 830 mm bzw. 700 mm, Gangbreite 661 mm. Polstersitze.
3. Klasse: Großräume mit vier und zweieinhalb Abteilen und Mittelgang, zum Teil mit Traglastenabteil vereinigt. Sitzplatzanordnung 2 + 3; Abteiltiefe 1 500 mm, 1 545 mm bzw. 1 580 mm, Sitzplatzbreite 475 mm bzw. 473 mm, Gangbreite 511 mm. Holzlattenbänke.
Traglastenabteil: 3 800 mm lang, mit Großraum 3. Klasse und Einstiegraum vereinigt. An Wänden Längsbänke.
Postabteil: Halbabteil, 1 207 mm lang, 962 mm breit. Klapp- bzw. Schiebetür zu Einstiegraum.
Umbau DB: Umwälzpumpe für Warmwasserheizung.

Elektrischer Teil

Anordnung: Gesamte elektrische Ausrüstung außerhalb des Wagenkastens.
Fahrbatterie: Bleibatterie, Typ 9 TM 450 mit 225 kWh bei 3 h bzw. 11 TM 450 mit 328 kWh bei 3 h. 168 Zellen, bei Fahrbetrieb in Reihe geschaltet, bei Ladebetrieb jede Batteriehälfte für sich geladen.
Steuerung: Bei AT 581 bis AT 584 Schützensteuerung. Elf Fahrstufen. Ab AT 585 Fahrschaltersteuerung. Zehn Anfahr- und drei Dauerfahrstufen.
Fahrmotoren: Vierpolige Gleichstromreihenschlußmotoren mit Wendepolwicklung (Typen Dw 802 h, SL 100, Dx 1001 a). Eigenbelüftet.
Elektrische Bremse: Widerstandsbremse (nur bei AT 581 bis AT 584).
Hilfseinrichtungen: Totmannkurbel.
Umbau DB: Sicherheitsfahrschaltung. Bei ETA 179 005 Vergrößerung der Batterie auf 174 Zellen ermöglichte Höchstgeschwindigkeit von 70 km/h.

Beiwagen

Zweiachsige Beiwagen der Baureihe VB 140.

515

ETA 150
DB/DR 515

Bo'2'
ab 1953
Techn. Daten: S. 260 bis 263

Um den Personenverkehr im nahen und mittleren Bereich wirtschaftlicher zu gestalten, entstand der Akkumulatortriebwagen der Baureihe ETA 150, spätere Bezeichnung 515; er sollte zugleich die älteren Baureihen aus den Jahren 1908 und 1927 ersetzen. Die DB beabsichtigte, die Triebwagen im Verband mit Steuerwagen sowohl auf Nebenbahnen als auch auf Hauptstrecken mit einer Höchstgeschwindigkeit von 100 km/h verkehren zu lassen. Als Fahrbereich wurden anfangs etwa 300 km verlangt, bei späteren Lieferungen bis zu 400 km.
Die Strecken, auf denen die Baureihe 515 eingesetzt ist, sind größtenteils die gleichen, auf denen schon die Wittfeld-Wagen der PrStB und die Akkumulatortriebwagen der Pfälzischen Eisenbahnen Dienst taten. Das ideale Einsatzgebiet waren Eilzugdienste auf Strecken mit mittlerer Geschwindigkeit. Darüber hinaus bediente die Baureihe auch den Großstadt-Nahverkehr von Bremen. Eine Besonderheit war der Einsatz von Triebwagen der Baureihe 515 im Nahverkehr des Rhein-Ruhr-Gebietes im Taktfahrplan als Zubringer zu den elektrisch betriebenen S-Bahn-Linien. Auch waren diese

Triebwagen ETA 150 002
Foto: Sammlung R. Zschech

Triebwagen als IC-Anschluß auf der Strecke Münster–Gronau eingesetzt.
Die beiden Prototyp-Triebwagen ETA 150 001 und ETA 150 002 wurden ab Herbst 1954 im Bw München Ost stationiert und auf den Strecken nach Deisenhofen, Kreuzstraße und Erding eingesetzt.
Die Triebwagen sind in zahlreichen Bahnbetriebswerken beheimatet. Die Leistungsfähigkeit dieser Baureihe ist sehr hoch. Die Tagesleistungen liegen zwischen 230 km und 345 km, wobei auch Spitzenleistungen von rd. 500 km pro Tag auftraten. Durchschnittlich erfolgten rd. 75 % aller Fahrten mit Steuerwagen. Die Lieferung der Baureihe wurde 1965 bei einer Stückzahl von 232 Triebwagen abgeschlossen, wobei verschiedene Ausführungen unterschieden werden. Dazu wurden insgesamt 216 Steuerwagen beschafft.
Die Ausrüstung des Triebwagens mit normaler Schraubenkupplung erlaubt, dem Triebwagen zwei Güterwagen beizugeben; jedoch darf die Zugmasse 105 t (ETA 150.0 und ETA 150.1) bzw. 110 t (ETA 150.5 und ETA 150.6) nicht überschreiten.

Im Jahre 1981 wurde versucht, die Triebwagen wirtschaftlicher zu gestalten, indem die Bremsenergie zum Batterieladen genutzt wird. Die Fahrmotoren erhielten dazu Fremdbelüftung, aber insgesamt scheiterte der Versuch an dem zu hohen Gewicht und den zu hohen Kosten.
Der Rückgang der Personenverkehrsleistungen, die Zunahme des Wartungsaufwandes und der Einsatz neuer, moderner Dieseltriebzüge führten zu einer fortschreitenden Ausmusterung, die im Jahre 1982 begann. Neue Fahrbatterien wurden deshalb seit 1985 mehrere Jahre lang nicht mehr beschafft.
Eine Verbesserung des Einsatzes wurde durch den Umbau von 35 Triebwagen auf Einmannbetrieb erzielt. Ende 1991 waren noch 27 ETA und 10 ESA (18/5 Bw Wanne-Eikkel, 9/5 Bw Mönchengladbach) im Einsatzbestand, die in letzter Zeit neue Fahrbatterien erhielten.
Der Triebwagen ETA 150 001 ist derzeitig noch vorhanden, aber sein Erhalt als nicht betriebsfähiges Museumsfahrzeug ist noch ungewiß.

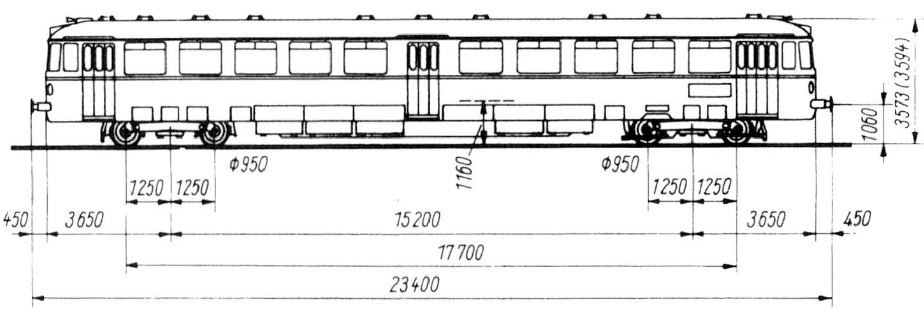

Baureihe 515.5, Klammerwert für 515 539, 515 540, 515 561 bis 515 580 und ab 515 588

Der Triebwagen 515 505 wurde in das antriebslose Bahndienstfahrzeug 732 001 (s. S. 245) umgebaut, das als Enteisungsfahrzeug der oberirdischen Stromschienenanlagen der S-Bahn Hamburg am 1. Oktober 1990 in Dienst gestellt wurde. Die Regentalbahn kaufte die Triebwagen 515 511 und 515 523 sowie den Steuerwagen 815 661, um sie in ihrer Werkstatt Viechtach auf dieselelektrischen Betrieb umzubauen und gleichzeitig grundlegend zu modernisieren. Die Antriebsleistung von 400 kW wird auf beide Drehgestelle wirken. Bei positivem Erfolg ist die Übernahme weiterer 515/815 vorgesehen.

Fahrzeugteil

Laufwerk: Trieb- und Laufdrehgestell Bauart München-Kassel, geschweißte Blechträgerbauweise. Drehzapfen tief angelenkt. Radsatzlenker, Wälzradsatzlager. Radsatz- und Wiegenfederung Doppelschraubenfedern. Stoßdämpfer. Zwischen Drehzapfen und Wiege Gummimetallfedern.
Wagenkasten: Selbsttragende Leichtbauweise in Schweißkonstruktion aus dichtgeschweißten Hohlträgern. Untergestell Schweißkonstruktion aus drei Langträgern, zwei Hauptquerträgern und zwei Kopfstücken. Mittlerer Langträger begehbar; enthält Teil der Druckluftausrüstung, trägt gleichzeitig Batterie. Stirnenden abgerundet. An Stirnenden keine Übergangsmöglichkeit.
Zug- und Stoßvorrichtung: Schraubenkupplung, Hülsenpuffer.
Batteriebehälter: Am mittleren Langträger unterhalb Wagenkasten. Über Auflageschienen, Rollen und Spezialhubwagen schneller Batterietausch. Durch kiemenartige Öffnungen in Schürzen (515.0) oder mit Motorlüfter belüftet.
Antrieb: Tatzlagerantrieb, einseitiges gerad- oder schrägverzahntes Getriebe.
Druckluftanlage: Luftverdichter, Hauptluftbehälter, Hauptluftbehälterleitung. Sandstreueinrichtung. Spurkranzschmierung (teilweise).
Bremse: Bei Prototyp-Triebwagen mehrlösige Klotzbremse Bauart Hikp. Mehrlösige Klotzbremse Bauart KE, ab ETA 150 561 automatische Lastabbremsung (in andere Fahrzeuge nachträglich eingebaut). Spindelhandbremse.

Fahrgastraum 515.0

Gestaltung: Dem Nahverkehr bzw. Bezirksverkehr angepaßt. Führerstand, Einstiegraum und Traglastenraum; Großraum 2. Klasse mit dreieinhalb Abteilen; Einstiegraum; Großraum 2. Klasse mit fünf Abteilen; Einstiegraum und Führerstand. Führerstand, Einstiegraum und Traglastenraum türlos verbunden.
Einstieg: An Wagenenden und in Wagenmitte. Dreiflügelige Falttüren, lichte Türweite 886 mm, Zugang über Trittstufen.
2. Klasse: Großräume mit dreieinhalb bzw. fünf Abteilen und Mittelgang. Sitzplatzanordnung 2 + 3; Abteiltiefe 1 640 mm, Sitzplatzbreite 450 mm, Gangbreite 540 mm (bei 515 001 und 515 002 500 mm), Polstersitzbänke.
Traglastenraum: 3 800 mm lang. Längssitzbänke. Auch als Gepäckraum verwendbar.
Heizung: Luftheizung. Frisch- und Umluftbetrieb. Ölgefeuerte Heizgeräte. Deckenlüfter.
Beleuchtung: Glühlampen =110 V, gespeist aus Batterie.

Fahrgastraum 515.1

Gestaltung: Dem Nah- bzw. Bezirksverkehr angepaßt.
515 101 bis 515 112 und 515 120 bis 515 138: Führerstand, Einstiegraum und Traglastenraum; Abteil 1. Klasse; Großraum 2. Klasse mit zweieinhalb Abteilen; Einstiegraum; Großraum 2. Klasse mit fünf Abteilen; Einstiegraum und Führerstand. Führerstand, Einstiegraum und Traglastenraum türlos verbunden.
515 113 bis 515 119: Führerstand, Einstiegraum und Traglastenraum; Abteil 1. Klasse; Großraum 1. Klasse mit einem und zwei halben Abteilen; Einstiegraum; Großraum 2. Klasse mit drei Abteilen; Großraum 2. Klasse mit zwei Abteilen; Einstiegraum und Führerstand. Führerstand, Einstiegraum und Traglastenraum türlos verbunden.
Einstieg: An Wagenenden und in Wagenmitte. Dreiflüglige Falttüren, lichte Türweite 886 mm, Zugang über Trittstufen.
1. Klasse: Bei 515 101 ff. Abteil mit Mittelgang. Sitzplatzanordnung 2 + 2; Abteiltiefe 1 630 mm, Sitzplatzbreite 557 mm, Gangbreite 560 mm. Polstersitzbänke.
Bei 515 113 ff. Abteil mit Mittelgang sowie Großraum mit einem und zwei halben Abteilen und Mittelgang. Sitzplatzanordnung 1 + 2; Abteiltiefe 1 820 mm, Sitzplatzbreite 664 mm bzw. 657 mm, Gangbreite 812 mm. Polstersitze.
2. Klasse: Großräume mit zwei, zweieinhalb, drei bzw. fünf Abteilen und Mittelgang. Sitzplatzanordnung 2 + 2; Abteiltiefe 1 640 mm, Sitzplatzbreite 557 mm, Gangbreite 560 mm. Polstersitzbänke.
Traglastenraum: 3 800 mm lang. Längssitzbänke. Auch als Gepäckraum verwendbar.
Heizung: Luftheizung. Frisch- und

Umluftbetrieb. Ölgefeuerte Heizkessel. Deckenlüfter.
Beleuchtung: Glühlampen =110 V, batteriegespeist =220 V.

Fahrgastraum 515.5

Gestaltung: Dem Nah- und Bezirksverkehr angepaßt.
515 501 bis 515 508, 515 581 bis 515 603 und 515 639 bis 515 651: Führerstand, Einstiegraum und Traglastenraum; Abteil 1. Klasse; Großraum 1. Klasse mit einem und zwei halben Abteilen; Einstiegraum; Großraum 2. Klasse mit drei Abteilen, Großraum 2. Klasse mit zwei Abteilen; Einstiegraum und Führerstand.
515 509 bis 515 580, 515 604 bis 515 638 und 515 652 bis 515 661: Führerstand, Einstiegraum und Traglastenraum; Großraum 2. Klasse mit dreieinhalb Abteilen; Einstiegraum; Abteil 1. Klasse; Großraum 2. Klasse mit vier Abteilen; Einstiegraum und Führerstand.
Führerstand, Einstiegraum und Traglastenraum türlos verbunden.
Einstieg: An Wagenenden und in Wagenmitte. Dreiflüglige Falttüren, lichte Türweite 886 mm, Zugang über Trittstufen. In Traglastenraum vierflüglige Falttür, lichte Türweite 1 141 mm.
1. Klasse: Bei 515 501 ff. Abteil mit Mittelgang sowie Großraum mit einem und zwei halben Abteilen und Mittelgang. Sitzplatzanordnung 1 + 2; Abteiltiefe 1 820 mm, Sitzplatzbreite 664 mm bzw. 657 mm, Gangbreite 812 mm. Polstersitzbänke.
Bei 515 509 ff. geschlossenes Abteil mit Seitengang. Sitzplatzanordnung 0 + 3; Abteiltiefe 1 980 mm, Sitzplatzbreite 666 mm, Polstersitze.
2. Klasse: Großräume mit zwei, drei bzw. vierdreiviertel Abteilen und Mittelgang. Sitzplatzanordnung 2 + 2; Abteiltiefe 1 640 mm, Sitzplatzbreite 557 mm, Gangbreite 560 mm. Polstersitzbänke.
Traglastenraum: 3 800 mm lang. Längssitzbänke. Auch als Gepäckraum verwendbar.
Heizung: Luftheizung. Frisch- und Umluftbetrieb. Ölgefeuerte Heizgeräte. Deckenlüfter.
Beleuchtung: Glühlampen =110 V, gespeist mit =220 V aus Batterie. Bei 515 539 und 515 540 sowie ab 515 604 Leuchtstofflampen, von Wechselrichter gespeist.

Elektrischer Teil

Anordnung: Elektrische Ausrüstung überwiegend außerhalb Fahrgastraum untergebracht. Schaltwerk und Schütze unter Sitzbänken im Traglastenraum.
Hauptstromkreis: Hauptsicherungen, Hauptschalter, Gruppenwahlschalter für Spannungsanzapfungen für Hilfsbetriebe, Ladesteckdosen.
Fahrbatterie:
515.0 und 515.1: Gitterplattenbatterien mit gleichgroßen Zellen, 220 Zellen Typ 9 TM 450c, Kapazität 352 kWh bei 3 h oder 220 Zellen Typ 9 TM 450d, Kapazität 390 kWh bei 3 h, später 220 Zellen Typ 6 TR 5b, Kapazität 437 kWh bei 3 h.
515.5: Gitterplattenbatterien, innenstehende Zellen größer als außenstehende, ETA 150 501 bis ETA 150 627 176 Zellen Typ 12 TM 5 und 44 Zellen Typ 25 TM 2, Kapazität 520 kWh bei 3 h. ETA 150 628 bis ETA 150 651 Typ 13 TM 5 und 27 TM 2, Kapazität 564 kWh bei 3 h. ETA 150 652 bis ETA 150 661 Röhrchenplattenbatterie Typ 8 TR 5 und 17 TR 2, Kapazität 548 kWh bei 3 h; ab 1965 Typ 8 TR 5b und 17 TR 2c, Kapazität 603 kWh bei 3 h. Später Panzerplattenbatterien.
Steuerung: Nockenschaltwerk, elektromotorischer Antrieb, über Fahrstromüberwachungsschaltung gesteuert. 84 Stufen, davon sechs Dauerfahrstufen. Hauptschütz, Feldschwächungsschütz und Fahrtrichtungswender elektromagnetisch betätigt. Anfahrt mit erhöhtem Anfahrstrom in starken Steigungen möglich, später wegen vermehrter Fahrmotorschäden ausgebaut. Vielfachsteuerung von drei Trieb- und drei Steuerwagen. Ab ETA 150 580 Notsteuereinrichtung als direkte Betätigung des Schaltwerkes (später auch in vorherige Triebwagen eingebaut).
Fahrmotor: Vierpoliger Gleichstromreihenschlußmotor mit Wendepol- und Kompensationswicklung, Typ GB 190/20e. Eigenbelüftet.
Hilfseinrichtungen: Sicherheitsfahrschaltung. Lüfter für Batterieräume (515.1 und 515.5).
Induktive Zugbeeinflussung und Zugbahnfunk später eingebaut.

Steuerwagen 815.6
Techn. Daten: Seite 266

Fahrzeugteil: Wie Triebwagen.
Fahrgastraum: Führerstand und Traglastenabteil; Großraum 2. Klasse mit dreieinhalb Abteilen; Einstiegraum; Großraum 2. Klasse mit fünf Abteilen; Einstiegraum mit Sitzbank.
2. Klasse Großräume mit dreieinhalb bzw. fünf Abteilen und Mittelgang.
Bei 815 601 bis 815 620 Sitzplatzanordnung 2 + 3; Abteiltiefe 1 640 mm, Sitzplatzbreite 450 mm, Gangbreite 540 mm, Polstersitzbänke.

Ab 815 621 Sitzplatzanordnung 2 + 2; Abteiltiefe 1 640 mm, Sitzplatzbreite 557 mm, Gangbreite 560 mm, Polstersitzbänke. Luftheizung, Ölheizgeräte. Beleuchtung Glühlampen, aus Fahrbatterie des ETA gespeist. Teilweise Leuchtstofflampen. 24-V-Batterie für Notbeleuchtung.

517

ETA 176

Bo'2'

1952 bis 1984

Techn. Daten: Seite 263, 264

Im Jahre 1952 beschaffte die DB als erste Akkumulatortriebwagen-Bauart zwei Triebwagen der Baureihe ETA 176, spätere Bezeichnung 517, die als Vorauseinheiten für eine Serienausführung dienten. Die Triebwagen waren für den Bezirksverkehr vorgesehen. Zwei Jahre später wurden sechs Triebwagen mit gleichartigen Steuerwagen geliefert, denen im Jahre 1958 nochmals zwei Steuerwagen folgten. Der Fahrbereich beträgt nach einer Batterievolladung im Nahverkehr etwa 250 km und im Fernverkehr 300 km bis 400 km. Die beiden ersten Triebwagen waren seit 31. Mai 1952 in Betrieb. Anfangs verkehrten sie auf neigungsreichen Strecken im Eilzug- und Personenzugdienst, wobei sie mit Nachladungen eine höchste Tageslaufleistung von 488 km erzielten. Bei Versuchsfahrten wurde mit einer Batterieladung die Strecke München–Frankfurt (Main) (466 km; durchschnittliches Gefälle 0,8 ‰) bei rund 60 km/h Reisegeschwindigkeit mit 13 Wh/tkm Energieverbrauch durchfahren. In einer Steigung von 33 ‰ erreichte der Triebwagen eine Fahrgeschwindigkeit von 35 km/h. Die Triebwagen verkehrten dann im gemischten Nah- und Eilzugverkehr, wobei bei Eilzugleistungen oft mit vier Wagen gefahren wurde. Darüber hinaus wurden sie für Sonder- und Ausflugsfahrten verwendet. Sie waren im Bw Lim-

Triebwagen ETA 176 002
Foto: AEG

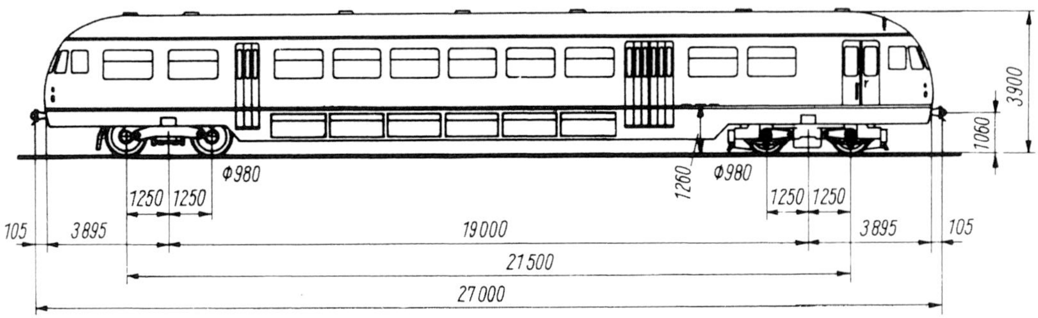

Triebwagen 517 003 bis 517 008

burg („Limburger Zigarren“) beheimatet; ETA 176 004 bis ETA 176 008 anfangs im Bw Hameln bzw. im Bw Kassel. Auch nach schweren Unfällen wurden die Triebwagen im Aw Limburg wieder aufgearbeitet.
Der ETA 176 002 erhielt zur Ermittlung von Versuchsergebnissen eine von der Normalbauart abweichende Ausrüstung: ein Feinstufenschaltwerk mit 339 Anfahrstufen sowie von 1963 bis 1970 zusätzlich unter Beibehaltung der alten Steuerung einen Gleichstromsteller zur Speisung der Fahrmotoren und Nutzbremsung. Alle Maßnahmen führten dazu, daß dieser Triebwagen einen bis zu 30 % größeren Fahrbereich erzielen konnte.
Die Triebwagen haben sich sehr gut bewährt, obwohl sie sehr stark eingesetzt wurden. Durch das gesunkene Verkehrsaufkommen waren in den letzten Betriebsjahren die Steuerwagen abgestellt, zumal auch die zuletzt befahrenen Strecken für einen Anhängerbetrieb zu steil waren.
In den Jahren 1982 bis 1984 wurden die Trieb- und Steuerwagen ausgemustert (als letzter 517 008 Bw Limburg am 26. Januar 1984).
Der Triebwagen ETA 176 001 ist im AW Limburg in seinen Ursprungszustand zurückversetzt worden und soll als nicht betriebsfähiges Museumsfahrzeug erhalten werden (zur Zeit im AW München-Neuaubing abgestellt).

Fahrzeugteil

Laufwerk: Triebdrehgestelle Bauart Wegmann. Drehgestellrahmen geschweißte Blechträgerbauweise. Drehzapfen tief angelenkt. Radsatzlenker. Wälzradsatzlager. Radsatzfederung Blattfedern unterhalb Radsatzbuchse. Wiegenfederung Schraubenfedern, Stoßdämpfer.
Laufdrehgestell Bauart München-Kassel. Drehgestellrahmen geschweißte Blechträgerbauweise. Radsatzlenker. Wälzradsatzlager. Radsatzfederung Schraubenfedern. Wiegenfederung Schraubenfedern, Stoßdämpfer.
Wagenkasten: Wagenkasten und Untergestell geschweißte druck- und verwindungssteife Röhrenkonstruktion in kombinierter Spanten- und Schalenbauweise. Zwischen Drehgestellen geschlossene Bodenwanne für Traktionsbatterie und elektrische Apparate, durch Schürzen abgeschlossen. Wellblechfußboden in tragende Konstruktion einbezogen. Stirnenden abgerundet. An Stirnenden keine Übergangsmöglichkeit.
Zug- und Stoßvorrichtung: Selbsttätige Mittelpufferkupplung Bauart Scharfenberg. Elektrische und pneumatische Leitungen werden mitgekuppelt. Elektrische Kontakte seitlich von Kupplungskopf.
Batteriebehälter: In Bodenwanne, durch querliegende Kanäle zur Durchlüftung und Kühlung verbunden.
Antrieb: Tatzlagerantrieb, einseitiges, geradverzahntes Getriebe. Unterschiedliche Übersetzungsverhältnisse.
Druckluftanlage: Luftverdichter, Hauptluftbehälter, Hauptluftbehälterleitung. Sandstreueinrichtung.
Bremse: Einlösige Klotzbremse Bauart Kp, durch elektrische Steuerung mehrlösig. Einbau von Magnetschienenbremse vorbereitet. Spindelhandbremse.

Fahrgastraum

Gestaltung: Dem Bezirksverkehr angepaßt.
Führerstand; Gepäckraum; Großraum 2. Klasse mit zwei Abteilen; Einstiegraum; Großraum 2. Klasse mit drei Abteilen; Großraum 2. Klas-

se mit zweieinhalb Abteilen; Einstiegraum; zwei Abteile 1. Klasse; Führerstand.
517 001 und 517 002: Führerstand; Gepäckraum; Großraum 2. Klasse mit zwei Abteilen, Einstiegraum und zwei Abteilen; Großraum 2. Klasse mit dreieinhalb Abteilen; Einstiegraum; Großraum 2. Klasse mit zwei Abteilen; Führerstand.
Einstieg: Zwischen 1.- und 2.-Klasse-Abteilen eine und zwischen 2.-Klasse-Abteilen zwei dreiflüglige Falttüren. Bei Vorausbauart zwischen 1.- und 2.-Klasse-Abteilen zwei, zwischen 2.-Klasse-Abteilen eine dreiflüglige Falttür. Lichte Türweite 600 mm, nach innen öffnend. Zugang über Trittstufen.
1. Klasse: Abteile mit Mittelgang. Sitzplatzanordnung 1 + 2; Abteiltiefe 1 990 mm, Sitzplatzbreite 740 mm und 670 mm, Gangbreite 613 mm. Polstersitze.
Bei Vorausbauart Großraum mit zwei Abteilen und Mittelgang. Abteiltiefe 2 000 mm, sonst wie Serienausführung.
2. Klasse: Großräume mit zwei, zweieinhalb, drei bzw. dreieinhalb Abteilen und Mittelgang. Sitzplatzanordnung 2 + 2; Abteiltiefe 1 700 mm, Sitzplatzbreite 549 mm, Gangbreite 499 mm. Polstersitzbänke.
Gepäckraum: 2 800 mm lang. Beidseitig doppelflüglige Drehtür. Längssitzbänke mit je drei Sitzplätzen. Klappbänke.
Heizung: Luftheizung. Frisch- und Umluftbetrieb. Ölheizgeräte.
Beleuchtung: Leuchtstofflampen, 100 V, 40 W, aus Fahrbatterie über Turbowechselrichter und Stabilisatoren (Eisenwasserstoffwiderstände) gespeist. Während der Batterieladung Vorwiderstand zugeschaltet. Von Führerstand geschaltet.

Elektrischer Teil

Anordnung: Elektrische Ausrüstung überwiegend außerhalb Fahrgastraum untergebracht. Schaltwerk und Schütze unter Sitzbänken im Gepäckraum.
Hauptstromkreis: Hauptsicherungen, Hauptschalter mit 3 600 kW Schaltleistung. Gruppenwahlschalter für Spannungsanzapfungen der Hilfsbetriebe. Ladesteckdosen.
Fahrbatterie: Gitterplattenbatterie, 220 Zellen Typ 10 TM 450 c, Kapazität 392 kWh bei 3 h, ab 1967 durch Panzerplattenbatterie, 220 Zellen, Typ 7 TR 5 b, Kapazität 400 kWh bei 3 h ersetzt.
Vorausbauart: Bis 1956 Gitterplattenbatterie, 220 Zellen, Typ 9 TMD 450, Kapazität 352 kWh/3 h.
Steuerung: Nockenschaltwerk, elektromotorischer Antrieb, über Fahrstromüberwachungsschaltung gesteuert. 84 Anfahr- und sechs Dauerfahrstufen (bei ETA 176 001 anfangs nur 70 Anfahr- und vier Dauerfahrstufen). Hauptschütz, Feldschwächungsschützen und Fahrtrichtungswender elektromagnetisch betätigt. Feldschwächung bis auf 20 %. Vielfachsteuerung (bis zu Zug aus 3 ETA und 3 ESA).
ETA 176 002: Anfangs versuchsweise Feinstufenschaltwerk als Flachbahnkollektor mit 339 Anfahr- und vier Dauerfahrstufen; September 1963 bis September 1970 zusätzlich Pulssteuerung mit Thyristoren (zusätzliche Steuerungsart auch in ESA 176 002).
Fahrmotor: Vierpoliger Gleichstromreihenschlußmotor mit Wendepol- und Kompensationswicklung, Typ GB 190/20 a, später getauscht gegen Typ GB 190/20 e. Eigenbelüftet.
Vorausbauart: Angeliefert mit vierpoligen Gleichstromreihenschlußmotoren mit Wendepolwicklung, abweichende Nennleistung (ETA 176 001 Typ GBM 700, ETA 176 002 Typ USL 435 q). Eigenbelüftet. Später auf Serienbauform umgerüstet. In ETA 176 002 für Pulssteuerung vierpoliger Wellenstromreihenschlußmotor.
Elektrische Bremse: In ETA 176 002 versuchsweise Nutzbremse.
Hilfseinrichtungen: 110-V-Verbraucher von unterschiedlichen Batterieanschlüssen speisbar. Wegabhängige Sicherheitsfahrschaltung. Induktive Zugbeeinflussung (ab 1964). Zugbahnfunk (ab 1980).

Steuerwagen 817.6
Techn. Daten: Seite 266

Fahrzeugteil: Wie Triebwagen.
Fahrgastraum: Führerstand; Großraum 2. Klasse mit drei Abteilen; Einstiegraum; Großraum 2. Klasse mit drei Abteilen; Großraum 2. Klasse mit zweieinhalb Abteilen; Einstiegraum; Großraum 2. Klasse mit dreieinhalb Abteilen. Zwei Einstiege mit zwei dreiflügligen Falttüren.
2. Klasse Großräume mit zweieinhalb, drei bzw. dreieinhalb Abteilen und Mittelgang. Sitzplatzanordnung 2 + 2; Abteiltiefe 1 650 mm, Sitzplatzbreite 530 mm, Gangbreite 574 mm, Polstersitzbänke.
Luftheizung, Ölheizgeräte. Beleuchtung Leuchtstofflampen, aus Fahrbatterie des ETA gespeist.

711

6209

Bo'2'

1959 bis 1984

Techn. Daten: Seite 265

Für die Untersuchung und Überprüfung der Tunnel wurden schon frühzeitig Spezialfahrzeuge verwendet. Aus vielerlei Gründen, nicht zuletzt auch wegen der Abgasfreiheit, setzte sich der Akkumulatorantrieb durch. Im April 1959 nahm die BD Karlsruhe einen modernen Tunneluntersuchungswagen in Betrieb. Er stellt eine sehr ausgeklügelte Konstruktion dar und ersetzt mehrere veraltete Fahrzeuge. Auf Grund der Erfahrungen wurden viele Forderungen an das neue Bahndienstfahrzeug gestellt:

1. eigener Antrieb, der im Tunnel abgasfrei sein muß,
2. Beobachtungsstände und herausklappbare Profillehren für jede Fahrtrichtung, die die Sicht nicht behindern dürfen,
3. seitenverschwenkbare Hubbühne auf dem Dach,
4. ausreichende Ausleuchtung des gesamten Tunnelprofils,
5. fernmündliche Verbindung von verschiedenen Beobachtungsplätzen zum Triebwagenführer,
6. Werkstattraum und Waschraum sowie Auswertungs- oder Besprechungsraum, der auch als Übernachtungsraum verwendet werden kann,
7. Höchstgeschwindigkeit beim Befördern in Zügen 100 km/h, Fahrgeschwindigkeit mit eigener Kraft kann niedriger sein, Beobachtungsfahrt mit 3 km/h bis 5 km/h muß möglich sein,
8. möglichst großer Fahrbereich mit Traktionsbatterie, nicht nur für Tunnelfahrten, sondern um ortsfeste Ladestationen der Akkumulatortriebwagen verwenden zu können,
9. niedrige Beschaffungskosten durch Verwenden vorhandener Bauteile von ausgemusterten Triebwagen.

Den Triebwagen konstruierten und lieferten die Firmen Wegmann, Kassel, Schaltbau München und Accumulatoren-Fabrik Hagen. Durch die Verwendung von Bauteilen älterer Triebwagen mußte die Höchstgeschwindigkeit bei Eigenfahrt auf 90 km/h beschränkt werden, wurde später jedoch auf 100 km/h festgesetzt. Der Triebwagen kann eine Anhängelast von 20 t (Meßwagen o. ä.) mitführen.

Die Probe- und Meßfahrten zeigten, daß sowohl das Fahrzeug als auch der neuartige Antrieb brauchbar sind. Die Geschwindigkeit von 90 km/h konnte in der Ebene nach 180 s erreicht werden. Weiter ließ sich z. B. auf einer Steigung von 25 ‰ die Langsamfahrt zwischen 2,1 km/h und 4,5 km/h regeln, so daß der Triebwagen alle Erwartungen erfüllen kann. Auch die Beleuchtungsanlage ergab ausreichende Beleuchtungsstärken, wobei zusätzliche Baustellenleuchten bei Erfordernis gute Dienste leisteten.

Der Triebwagen blieb ein Einzelfahrzeug und wurde vom Bw Karlsruhe aus im gesamten Streckennetz der DB eingesetzt. Der Triebwagen wurde am 31. Dezember 1984 ausgemustert.

Fahrzeugteil

Laufwerk: Drehgestelle Blechträgerbauweise, Rahmen vollständig geschweißt (alten Beständen der DB entnommen). Wälzradsatzlager. Radsatzfederung Blattfedern, Wiegenfederung Blattfedern.
Wagenkasten: Untergestell aus Profilträgern geschweißt. Wagenkasten aus Profilstahl und Stahlblech geschweißt. Wagenkasten Zweckkonstruktion. An Stirnwand offene Plattformen vorgelagert. An beiden Enden Wagenkasten verschmälert, um geräumige Beobachtungsstände zu erhalten. Stirnenden gerade. Keine Übergangsmöglichkeit.
Zug- und Stoßvorrichtung: Schraubenkupplung, Hülsenpuffer.
Batteriebehälter: Tröge unterhalb Wagenkasten zwischen Drehgestellen. Seitlich durch Klappen mit Lüftungsschlitzen abgedeckt.
Antrieb: Tatzlagerantrieb, ungefedertes Vorgelege.
Druckluftanlage: Luftverdichter. Hauptluftbehälter. Elektropneumatische Sandstreueinrichtung.
Bremse: Klotzbremse. Spindelhandbremse.

Innenraumgestaltung

Führerstand; Werkstattraum; Maschinenraum; Aufenthaltsraum; Wasch-und Trockenraum; Auswertungsraum; Führerstand.
Einstieg: Über offene Plattformen, Zugang über vier Trittstufen. Eingang über Führerstände und Werkstattraum.
Werkstattraum: Ca. 3 500 mm lang, nur ca. 1 650 mm breit. Beidseitig einflüglige Schiebetür. Enthält Geräte und Vorräte.
Maschinenraum: Ca. 2 300 mm lang. Enthält Dieselaggregat.

Tunneluntersuchungswagen 6209 Kar, später 711 001
Foto: Sammlung R. Zschech

Aufenthaltsraum: 1 908 mm lang. Tisch und Sitzbänke. Kochplatte. Zwei Schlafplätze einrichtbar.
Wasch- und Trockenraum: 1 858 mm lang. Seitengang.
Auswertungsraum: 4 611 mm lang. Auf halber Länge nur ca. 1 650 mm breit. Arbeitstisch und Sitzbänke. Drei Schlafplätze einrichtbar.
Beobachtungsanlage: Auf Dach Befehlsführerstand, ermöglicht direkte Anweisungen an Triebfahrzeugführer. Außerdem Wechselsprechanlage zu Auswertungsraum für Übermittlung von Meßdaten. Über Führerstand ein Stromabnehmer für zusätzliche Erdung der Fahrleitung auf elektrifizierten Strecken.
Arbeitsbühnen: Auf Dach zwei feste Arbeitsbühnen und eine Hubdrehbühne. Zugang über Treppen an Wagenkastenaußenseite. Begehbare Dachflächen, klappbare Geländer.
Neben Treppen zahlreiche Beobachtungsstände, in Seitenwand einklappbar. Meßprofile drehbar, durch Federn in Meßlage gehalten.
Beleuchtungsanlage: Langgestreckte Scheinwerfer, an Stirnwand oben und seitlich angebracht. Leuchtstofflampen 40 W. Zusätzlich Einzelscheinwerfer aufstellbar.

Elektrischer Teil

Anordnung: Maschinenanlage im Maschinenraum innerhalb Wagenkasten. Traktionsbatterien unterhalb Wagenkasten.
Hauptstromkreis: Hauptsicherungen. Hauptschalter. Ladesteckdosen.
Fahrbatterie: Gitterplattenbatterie, 260 kWh bei 3 h. Bei Fahrbetrieb beide Batteriehälften in Reihe geschaltet, gepuffert mit Dieselaggregat.
Steuerung: Elektronische Regelung des Dieselaggregates für Pufferbetrieb.
Fahrmotoren: Für Normalfahrt vierpolige Gleichstromreihenschlußmotoren mit Wendepolwicklung (alten Beständen der DB entnommen). Stundenleistung 96 kW.
Für Beobachtungsfahrt (3 km/h bis 5 km/h) Gleichstromnebenschlußmotor, Stundenleistung 25 kW.
Dieselaggregat: Für Pufferbetrieb mit Traktionsbatterie, ermöglicht Fahrbereich 300 km bis 400 km; als alleiniger Antrieb Fahrgeschwindigkeit von 40 km/h möglich; Traktionsbatterie in acht Stunden voll geladen. Dieselmotor, sechs Zylinder, Nennleistung 55 kW, Nenndrehzahl 1 500 min^{-1}, Luftkühlung. Gleichstromgenerator, Dauerleistung 50 kW bei 360 V bis 520 V Klemmenspannung.

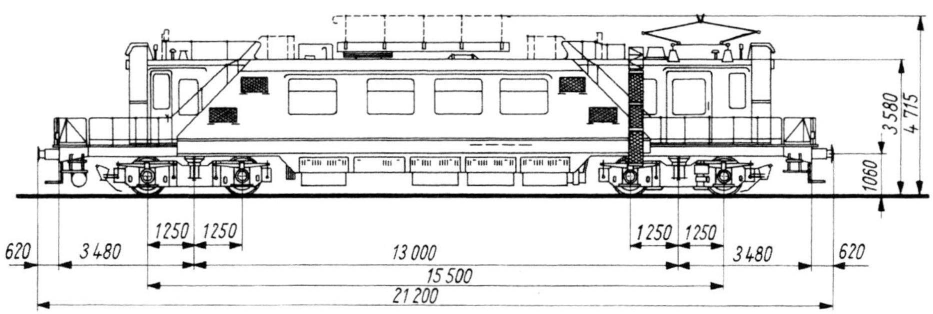

6209 Kar, später 711 001

713/714
A1 + 2
1929 bis 1979
Techn. Daten: Seite 265

In die Baureihe 713 wurden drei Tunnelbeleuchtungs-Triebwagen älteren Baudatums eingenummert, von denen die Triebwagen 713 001 und 713 002 bereits im Jahre 1968 ausgemustert wurden. Der noch längere Zeit eingesetzte Triebwagen 713 003 war ein zweiachsiger Akkumulatortriebwagen des Baujahres 1929 als Tunnelbeleuchtungswagen zur Gleisüberwachung des Cochemer Tunnels.
Der zugehörige Beiwagen hatte die Betriebsnummer 714 001. Er war ebenfalls zweiachsig.
Beide Fahrzeuge wurden im März 1979 ausgemustert.

732II
2′2′
ab 1990
Techn. Daten: Seite 265

Für die Enteisung der oberirdischen Stromschienenanlagen der S-Bahn Hamburg wurde als Ersatz für die Baureihe 730/731 (s. S. 246) am 1. Oktober 1990 das antriebslose Fahrzeug 732 001 (nach der Betriebsnummer als Bahndiensttriebfahrzeug eingeordnet) in Dienst gestellt, das aus dem Akkumulatortriebwagen 515 505 entstand.
Der Wagen wird in der Winterperiode mit der Kleinlokomotive 333 104 gekuppelt im Bw Hamburg (GSB) vorgehalten und bei Erfordernis eingesetzt.
Fahrzeugteil: Umbau aus Triebwagen ETA 150, Wegfall des mittleren Einstieges und zahlreicher Seitenfenster.
Innenraum: Dem Verwendungszweck angepaßt.
Elektrischer Teil: Antriebseinrichtung ausgebaut.

Elektrotriebwagen

Entwicklungsgeschichte

Länderbahnen (bis 1920)

Die Entwicklung der Elektrotriebwagen ist mit der Ausdehnung des elektrifizierten Streckennetzes verbunden, wird aber auch vom Entwicklungsstand der Ausrüstungsteile bestimmt. Die elektrischen Triebfahrzeuge wetteifern dabei mit den anderen Traktionsarten; auch die Wahl des Energiesystems ist von ausschlaggebendem Einfluß. Da die verschiedenen Energiesysteme Vor- und Nachteile haben, konnte sich bei den deutschen Eisenbahnen zunächst kein einheitliches Bahnenergiesystem durchsetzen. So gibt es außer dem mit $1\sim 16\,^2/_3$ Hz, 15 kV betriebenen Fernbahnnetz auch ausgedehnte Gleichstromnetze (zum Beispiel S-Bahn Berlin mit =0,75 kV).

Die Geschichte der elektrischen Eisenbahnen ist weit älter als man allgemein annimmt. Zur Zeit der ersten deutschen Eisenbahn (Eröffnung der Strecke Nürnberg–Fürth am 7. Dezember 1835) arbeitete der Amerikaner Davenport an einem Modell einer elektrischen Lokomotive. Außer dem Schotten Davidson, der in den Jahren 1838/39 auf der Strekke Edinburgh–Glasgow eine Elektrolokomotive vorführte, befaßte sich auch der Deutsche Wagner mit der elektrischen Zugförderung. Seine Modellokomotive hatte eine Eigenmasse von 20 kg und befuhr in Fischbach bei Nassau eine Kreisbahn mit einer Geschwindigkeit von 7 km/h immerhin drei Stunden lang. Alle diese Versuche mußten scheitern, weil die Elektroenergie damals nur von galvanischen Elementen erzeugt werden konnte, die zu leistungsschwach waren. Außerdem befanden sich die Batterien auf dem Fahrzeug und erhöhten so die tote Eigenmasse. Auch die Versuche von Pitch, der die Elemente längs der Strecke aufstellte, brachten nicht den gewünschten Erfolg. Erst nachdem Siemens 1867 das elektrodynamische Prinzip entdeckt hatte, begann sich der Elektromaschinenbau zu entwickeln. Die Tragweite dieser revolutionären Entdeckung erkannten viele Wissenschaftler in der ganzen Welt, und es setzte buchstäblich ein Wettlauf um die Vervollkommnung von Elektromaschinen ein. Finanzielle Schwierigkeiten ließen indes manche aussichtsreiche Konstruktion verkommen. Als erste elektrische Eisenbahn der Welt kann wohl eine 100 m lange Werkbahn in Sermaise (Frankreich) angesehen werden, die im Jahre 1878 eröffnet wurde.

Am 31. Mai 1879 fuhr die erste elektrische Eisenbahn im öffentlichen Verkehr. Auf der Berliner Gewerbeausstellung führte Siemens seine elektrische Lokomotive (Zeichnung S. 54), die offene Wagen zog, vor. Dem technischen Stand entsprechend wurde Gleichstrom verwendet. Das Triebfahrzeug war so betriebssicher, daß es nach der Ausstellung noch einige Jahrzehnte in einer Grubenbahn benutzt werden konnte. Später fand es einen würdigen Platz im Deutschen Museum in München.

Die weitere Ausbreitung der elektrischen Zugförderung beschränkte sich vorerst auf Werkbahnen und Straßenbahnen. Seit dieser Zeit gab es außer Lokomotiven auch Triebwagen, die als Straßenbahnen dienten. Am 16. Mai 1881 wurde in Berlin die elektrische Straßenbahn von Lichterfelde Ost zur damaligen Kadettenanstalt eröffnet (Länge 2,45 km), wobei anfangs die beiden Fahrschienen zur Stromzuführung benutzt wurden (Foto S. 54). Nach einer Streckenverlängerung mit Oberleitung im Jahr 1890 wurde auch die Stammstrecke umgebaut (1892/93), so daß diese Bahn auch noch in Verbindung mit dem ersten Bügelstromabnehmer der Welt genannt werden kann.

In den folgenden Jahren wurden die Versuche mit Straßenbahnen fortgesetzt. Die Umstellung der Pferde-Straßenbahnen auf elektrischen Betrieb wurde überall angestrebt und mit dem Erlaß des Preußischen Kleinbahngesetzes (1892) beschleunigt. Das erste elektrifizierte Stra-

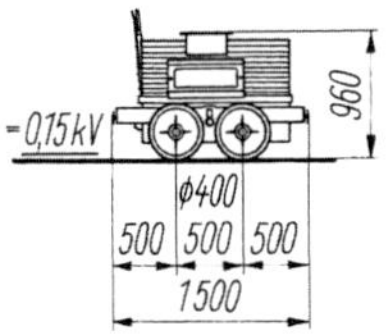

Elektrolokomotive der ersten öffentlichen Eisenbahn
Baujahr 1879; Radsatzanordnung B; Stromsystem =0,15 kV; Höchstgeschwindigkeit 13 km/h; Leistung 2,2 kW; Spurweite 490 mm; Dienstmasse 1,03 t

Triebwagen der Straßenbahn Lichterfelde Ost–Kadettenanstalt
Baujahr 1881; Radsatzanordnung B; Stromsystem =0,14 kV; Höchstgeschwindigkeit 20 km/h, 40 km/h erreicht; Spurweite 1 000 mm; Leistung 7,5 kW; Dienstmasse 3,3 t
Foto: Archiv transpress

ßenbahnnetz einer deutschen Stadt entstand 1891 in Halle (Saale). In diese Zeit fallen auch die ersten Ausführungen der elektrisch betriebenen Untergrundbahnen (1890 in London, 1896 in Budapest, 1900 in Paris). Am 17. August 1902 wurde in Berlin die U-Bahn-Strecke Warschauer Brücke–Gleisdreieck–Potsdamer Platz/Zoologischer Garten eröffnet. Eine artverwandte Bahn ist die im Jahr 1900 in Betrieb genommene Schwebebahn von Elberfeld nach Barmen. Bei allen diesen Bahnen wurden im wesentlichen nur Triebwagen verwendet.
Anders verlief jedoch die Entwicklung auf den Eisenbahnhauptstrekken. Auch hier wollte man der großen Vorteile wegen den elektrischen Zugbetrieb einführen. Allerdings war die niedrige Gleichspannung für das Überbrücken größerer Entfernungen und für große Zugmassen ungeeignet, so daß andere technische Wege erkundet und erprobt werden mußten. Daher befaßte man sich zunächst mit der Elektrifizierung von Neben- und Vorortbahnen, da hier Gleichstrom vorteilhaft angewendet werden kann. Die ersten Pläne für die Elektrifizierung der Berliner Stadtbahn entstanden im Jahr 1897.
1895 wurde auf der Nebenbahnstrecke Meckenbeuren–Tettnang die erste deutsche elektrische Vollbahn eröffnet. Die Triebwagen für Personen- und Gepäckbeförderung hatten eine Höchstgeschwindigkeit von 30 km/h und eine installierte Leistung von 37 kW. Ein Triebwagen ist nach umfangreicher Rekonstruktion ab Frühjahr 1991 als Museumstriebwagen ET 1 wieder im Einsatz (jetzt auf der 5 km langen Strecke Trossingen Bahnhof–Trossingen Stadt der Trossinger Eisenbahn).
Die PrStB erkannte sehr frühzeitig die Überlegenheit der elektrischen Zugförderung im Vorortverkehr. Am 1. August 1900 fuhr auf der Berliner Vorortbahn von Berlin Wannseebahnhof nach Zehlendorf ein Probezug für einen mit Gleichstrom betriebenen Vorortverkehr (Foto S. 55). Die technische Ausrüstung orientierte sich noch stark an den Straßenbahntriebwagen, so daß auch der Fahrstrom für alle Triebwagen des Zuges über den Fahrschalter im Führerstand des ersten Wagens geschaltet wurde. Der Einsatz konnte noch nicht die volle Überlegenheit der elektrischen Zugförderung demonstrieren, da auf dieser Strecke die Elektrotriebzüge nur in Fahrplanlücken dampfbetriebener Züge verkehrten.
Ein rein elektrischer Betrieb begann bei der PrStB am 8. Juli 1903 auf der 9,32 km langen Strecke Berlin Potsdamer Vorortbahnhof–Groß-Lichterfelde-Ost. Die Züge bestanden aus drei Triebwagen (Foto S. 55). Sie fuhren in Vielfachsteuerung, indem erstmalig vom Fahrschalter des führenden Triebwagens über Steuerleitungen die elektromagnetischen Schütze jedes Triebwagens betätigt wurden.
Gleichstromtriebwagen gab es zu dieser Zeit auch schon bei einigen Zahnradbahnen, so seit 1894 auf

de aber 1914 bereits wieder außer Betrieb gesetzt.
Um die Jahrhundertwende begann die Energiefernversorgung mit Wechselstrom und der Drehstrommotor war in der Industrie eingeführt. Während im Ausland das Drehstromsystem auch bei der Eisenbahn auf zahlreichen Strecken (Schweiz: Burgdorf–Thun, Simplontunnel) angewandt wurde, verwendete man es in Deutschland nur zu Versuchszwecken. Von 1901 bis 1904 untersuchte die im Jahre 1899 unter Beteiligung von AEG und SSW gegründete „Studiengesellschaft für elektrische Schnellbahnen" auf der Militärbahn Marienfelde–Zossen (23 km) die Eignung des Drehstromsystems für Fernbahnen. Sie erprobte außer einer Lokomotive auch zwei Triebwagen, die Geschwindigkeiten bis zu 210 km/h erreichten, eine damals großartige Leistung. Trotz der positiven Ergebnisse konnte sich das Drehstromsystem für die Bahnelektrifizierung kaum durchsetzen, was besonders auf die aufwendige Fahrleitungskonstruktion (drei- bzw. zweipolig) zurückzuführen ist.
Die angedeuteten Mängel beseitigte das Einphasen-Wechselstromsy-

Triebzug der Wannseebahn Berlin–Zehlendorf
Baujahr 1900; Radsatzanordnung der Triebwagen Co; Stromsystem =0,6 kV; Höchstgeschwindigkeit 53,7 km/h; Versuchsbetrieb vom 1. August 1900 bis 1. Juli 1902
Foto: ZBDR

der Barmer Bergbahn (Barmen–Toelleturm 1,6 km; Höchstneigung 1:5,4) mit Triebwagen in Abteilbauart. Hier nutzte man den Bremsstrom der Talfahrt zur Stromrückgewinnung. Im Jahr 1902 wurde die Zahnstangenstrecke Stuttgart–Degerloch auf elektrischen Betrieb umgestellt. Ferner ist die 1907 in Betrieb genommene Münster-Schlucht-Bahn in den Vogesen (5,9 km, 1:4,55) zu nennen. Sie wur-

Triebzug der Strecke Potsdamer Vorortbahnhof–Groß-Lichterfelde-Ost
Baujahr 1903; Radsatzanordnung der Triebwagen Bo'2'; Stromsystem =0,55 kV
Foto: AEG

stem, für dessen Anwendung sich vor allem Dr.-Ing. G. Wittfeld eingesetzt hatte. Dieses Bahnstromsystem stellte aber an die Ausführung der Fahrmotoren Anforderungen, die nicht ohne weiteres erfüllbar waren. Behn-Eschenburg und Winter-Eichberg wurden für die damalige Zeit zu einem Begriff. Durch Verringern der Frequenz auf 25 Hz wurde eine bessere Kommutierung der Fahrmotoren erreicht.

Die AEG unterhielt in Verbindung mit der PrStB 1903 bis 1906 einen Versuchsbetrieb mit $\overset{1}{\sim}$ 25 Hz, 6 kV auf der 4,1 km langen Strecke Niederschöneweide–Spindlersfeld (Foto S. 56). Sie stellte zwei Triebwagen zur Verfügung, die mit einer elektrischen Ausrüstung versehen wurden. Die Winter-Eichberg-Motoren (kompensierter Einphasen-Repulsionsmotor mit regelbarer Ankererregung) bewährten sich gut. Die Triebwagen liefen bis zur Anlieferung von Lokomotiven dann noch auf der Oranienburger Versuchsbahn.

In jener Zeit wurde eine weitere Wechselstrombahn errichtet, die Nebenbahn Murnau–Oberammergau, auf der eine Lokomotive und vier Triebwagen verkehrten (Fotos S. 57). Das Stromsystem war $\overset{1}{\sim}$ 16 Hz, 5 kV (anfangs war $\overset{3}{\sim}$ 40 Hz, 5 kV vorgesehen).

Besonders die guten Versuchsergebnisse auf der Strecke Niederschöneweide–Spindlersfeld veranlaßten die PrStB, die Elektrifizierung einer längeren Strecke mit größerem Verkehrsaufkommen zu wagen: der Hamburger Vorortbahn (Stromsystem $\overset{1}{\sim}$ 25 Hz, 6,3 kV). 1904 entstanden die ersten Entwürfe, und am 18. April 1907 konnte die Strecke erstmalig befahren werden. Die Triebzüge waren das Ergebnis einer vielseitigen Entwicklung. AEG baute Winter-Eichberg-Motoren und SSW Reihenschlußmotoren ein. Die Triebzüge waren kurzgekuppelte Trieb- und Steuerwagen. Sie wurden von Tatzlagermotoren angetrieben, die sich wegen der einfachen und robusten Ausführung fast durchweg bei den Triebwagen bewährten. Die Triebzüge bereiteten zwar anfangs Sorgen in bezug auf Betriebssicherheit, bewiesen aber die Zweckmäßigkeit des niederfrequenten Wechselstroms für elektrische Bahnen mit größerer Streckenlänge und -belastung.

Für die bayerischen Strecken Berchtesgaden–Schellenberg–Landesgrenze und Berchtesgaden–Königssee, 1907 bzw. 1909 eröffnet, wurden neun elektrische Triebwagen der Gattung MBCL beschafft. Für derartige Strecken war das Gleichstromsystem vorteilhaft (=0,75 kV). Die für die Strecke Berchtesgaden–Königssee beschafften Triebwagen (Nr. 105 bis Nr. 109) hatten bereits eine elektrische Zugsteuerung. Zu den Triebwagen gehörten noch zweiachsige Beiwagen der Gattungen BCL, CL, CLo (offene Sommerwagen), CPL, PPostL und ein elektrischer Gütertriebwagen (Gattung MPL), später als ET 184 und EB 184 bezeichnet. Nach Umstellung der Königsseebahn auf Wechselstrom und Stillegung der Strecke Berchtesgaden–Landesgrenze wurden die Fahrzeuge teilweise an die Salzburger Verkehrsbetriebe verkauft, einige auf der Isartalbahn nach Höllriegelskreuth und zwei Triebwagen auf der Lokalbahn Zartlesdorf–Lippnerschwebe eingesetzt, wo der ET 184 03 als M 200.102 bei der

Versuchstriebwagen der Strecke Niederschöneweide–Spindlersfeld
Baujahr 1903; Radsatzanordnung (A 1 A) 3′; Stromsystem $\overset{1}{\sim}$ 25 Hz, 6 kV; Höchstgeschwindigkeit 40 km/h; Stundenleistung 150 kW; Dienstmasse 52,0 t; Vielfachsteuerung, Zug besteht aus ET + 3 EB + ET
Foto: Archiv AEG

Sommertriebwagen der LAG für die Strecke Murnau–Oberammergau
Foto: Sammlung Dr. Scheingraber

ČSD noch Ende der fünfziger Jahre im Dienst stand.
Anschließend an den Großversuch in Hamburg untersuchte die PrStB die Möglichkeit der Elektrifizierung von Fernbahnen. In anderen Ländern, die mit der Elektrifizierung ihrer Strecken begannen, stritt man sich noch, ob man Einphasenwechselstrom oder hochgespannten Gleichstrom wählen sollte. Die PrStB entschloß sich für Wechselstrom. Um die Arbeitsweise der Fahrmotoren weiter zu verbessern, senkte man die Frequenz auf 15 Hz und erhöhte zugleich die Nennspannung auf 10 kV und später auf 15 kV, damit die Energieübertragung wirtschaftlicher würde. Die Elektrifizierung führte die PrStB mit $\frac{1}{\sim}$ $16\,^2/_3$ Hz, 15 kV fort, nachdem dieses Stromsystem in den Jahren 1912/13 in dem „Übereinkommen betreffend die Ausführung elektrischer Zugförderung" (Bild S. 58) von der PrStB, der BayStB und der BadStB verbindlich festgelegt wor-

Wintertriebwagen der LAG für die Strecke Murnau–Oberammergau
Foto: Sammlung Dr. Scheingraber

den war. Das Übereinkommen zeugt von einer gewissen Weitsicht, was sich bei dem bald darauffolgenden Zusammenschluß der deutschen Länderbahnen herausstellte. Im übrigen hatten sich auch Norwegen, Österreich, Schweden und die Schweiz für das $16\,^2/_3$-Hz-System entschlossen.

Charakteristisch für diese Entwicklungsepoche ist, daß die einzelnen Länderbahnen eigene Elektrifizierungen begannen und unterschiedliche Fahrzeugkonstruktionen schufen. Die Triebwagen schlossen sich dabei der Entwicklung der Lokomotiven und Straßenbahnwagen an. Die Ausrüstungsteile wurden noch vollständig oder teilweise im Fahrgastraum untergebracht.

1913 begannen Vorarbeiten für die Elektrifizierung der Berliner Stadt-, Ring- und Vorortbahnen mit $\sim 16\,^2/_3$ Hz, 15 kV. Außer Triebgestellen und Lokomotiven, für die der alte Wagenpark beibehalten werden sollte, wurden auch Triebwagenzüge mit einmotorigen Triebwagen der Radsatzanordnung (1 A) 1 entworfen, die im Jahr 1914 ohne elektrische Ausrüstung geliefert und auf der Berliner Stadtbahn erprobt wurden. Die zweimotorigen Triebwagen mit der Radsatzanordnung (A 1) (1 A), die ebenfalls als Triebwagenzüge verkehren sollten, konnten jedoch infolge des Ersten Weltkrieges

Urkunde der deutschen Länderbahnen aus den Jahren 1912/1913 über die Ausführung der elektrischen Zugförderung

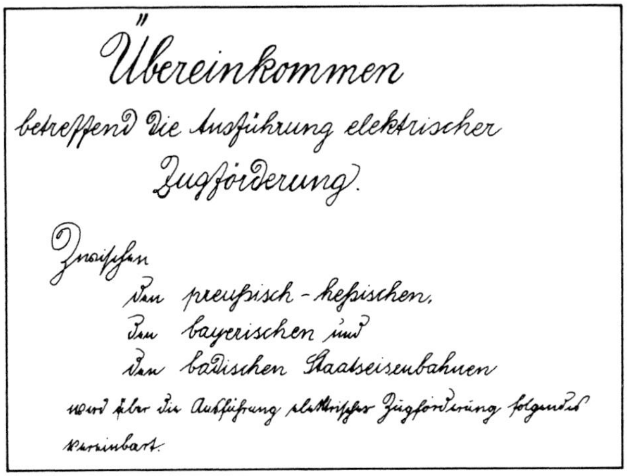
Übereinkommen
betreffend die Ausführung elektrischer Zugförderung.
Zwischen
den preußisch-hessischen,
den bayerischen und
den badischen Staatseisenbahnen
wird über die Ausführung elektrischer Zugförderung folgendes vereinbart.

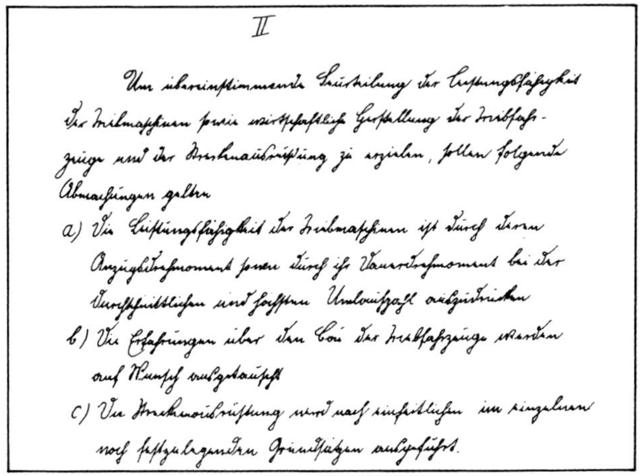
II
Um übereinstimmende Beurteilung der Leistungsfähigkeit der Triebmaschinen sowie wirtschaftliche Herstellung der Triebfahrzeuge und der Streckenausrüstung zu erzielen, sollen folgende Abmachungen gelten
a) Die Leistungsfähigkeit der Triebmaschinen ist durch deren Anzugsdrehmoment sowie durch ihr Dauerdrehmoment bei der durchschnittlichen und höchsten Umlaufzahl auszudrücken
b) Die Erfahrungen über den Bau der Triebfahrzeuge werden auf Wunsch ausgetauscht
c) Die Streckenausrüstung wird nach einheitlichen im einzelnen noch festzulegenden Grundsätzen ausgeführt.

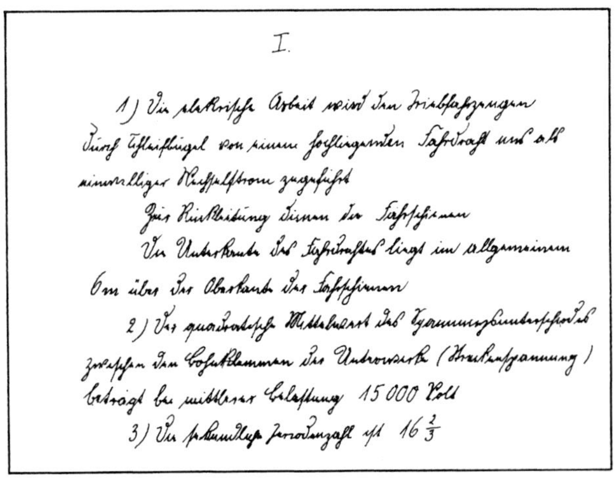
I.
1) Die elektrische Arbeit wird den Triebfahrzeugen durch Schleifbügel von einem hochliegenden Fahrdraht und als einwelliger Wechselstrom zugeführt
Zur Rückleitung dienen die Fahrschienen
Die Unterkante des Fahrdrahtes liegt im allgemeinen 6 m über der Oberkante der Fahrschienen
2) Der quadratische Mittelwert des Spannungsunterschiedes zwischen den Polklemmen der Unterwerke (Fahrdrahtspannung) beträgt bei mittlerer Belastung 15 000 Volt
3) Die sekundliche Periodenzahl ist $16\frac{2}{3}$

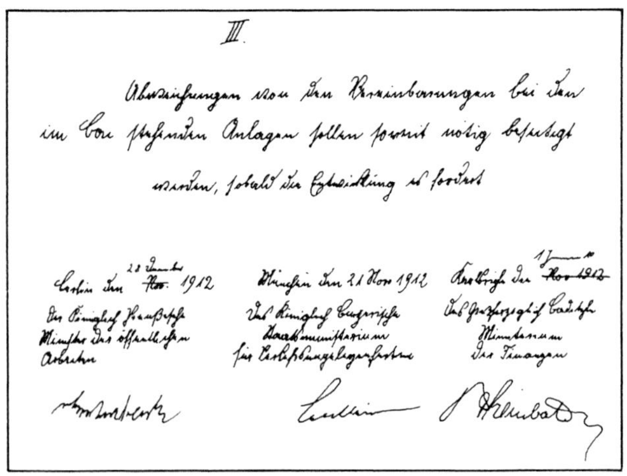
III.
Abweichungen von den Vereinbarungen bei den im Bau stehenden Anlagen sollen soweit nötig beseitigt werden, sobald die Entwicklung es fordert

Berlin den 28 Dezember 1912 — München den 21 Nov 1912 — Karlsruhe den 1 Januar 1913

Der Königlich Preußische Minister der öffentlichen Arbeiten — Das Königlich Bayerische Staatsministerium für Verkehrsangelegenheiten — Das Großherzoglich Badische Ministerium der Finanzen

Elektrotriebwagen Baureihe ET 87 – nach zahlreichen Umbauten Baujahr 1914; einziger Elektrotriebwagen der deutschen Länderbahnen mit Stangenantrieb
Foto: BZA München

erst im Jahr 1920 ausgeliefert werden (spätere Baureihe ET 88). Da man sich inzwischen bei der Elektrifizierung der Berliner Stadt-, Ring- und Vorortbahnen für das Gleichstromsystem entschieden hatte, wurden diese Triebwagen im Regelzugdienst im schlesischen Netz eingesetzt.
Der älteste Vertreter der sogenannten Länderbauarten war der ET 87 (Foto S. 59). Bei diesem Triebzug aus dem Jahr 1914 ist der Einfluß der Lokomotivkonstruktion noch deutlich zu erkennen. Zunächst wagte man nicht, leistungsstarke Tatzlagermotoren zu verwenden, sondern baute einen fremdbelüfteten Doppelmotor (500 kW Stundenleistung; 6,8 t Eigenmasse) ein, der über Vorgelege und Schlitzkuppelstange die Treibradsätze antrieb. Die zahlreichen elektrischen Ausrüstungsteile fanden in einem Maschinenraum im Wagenkasten Platz. Diese Triebzüge erwiesen sich als eine geglückte Lösung.

Deutsche Reichsbahn-Gesellschaft (1920 bis 1945)

Die DRG übernahm 1920 von den Länderbahnen ausgedehnte elektrifizierte Streckennetze, die jedoch untereinander keine Verbindung hatten.
Für die Hamburger S-Bahn wurden, um dem wachsenden Verkehrsbedarf gerecht zu werden, neue Fahrzeuge beschafft (Fotos S. 60). Neue Erkenntnisse im Wagenbau ermöglichten es, Jakobs-Drehgestelle (auf einem Drehgestell stützten sich zwei Wagenkästen ab) einzuführen. Nach umfangreichen Vorversuchen benutzte die Hamburger S-Bahn ab 1924 die ersten Triebzüge mit Jakobs-Drehgestellen, denen 1927 und 1932 Nachlieferungen folgten.
Als in Bayern, und zwar zunächst im Vorortverkehr von München, der elektrische Zugbetrieb aufgenommen werden sollte, wurden Triebwagen beschafft, die mit vorhandenen dreiachsigen Lokalbahnwagen (Beiwagen) und neuen vierachsigen Steuerwagen verkehrten. Die ersten Triebwagen waren Umbauten aus Dampftriebwagen (1924), die 1927 folgende Serie der Baureihe ET 85 indes war Neubau. Über dem Laufdrehgestell war ein besonderer Ma-

Triebzug der S-Bahn Hamburg im Bahnhof Hamburg-Dammtor
Foto: Archiv BD Hamburg

Führerstand im Triebwagen 1612a der Bauart 1924 der S-Bahn Hamburg
Foto: Archiv BD Hamburg

schinenraum erforderlich. Diese Triebwagen waren ein voller Erfolg. Sie übernahmen einige Jahrzehnte lang den gesamten Münchner Vorortverkehr.
Obwohl das Wechselstrom-Einheitssystem für die deutschen Eisenbahnen festgelegt worden war, beschloß man nach eingehenden Untersuchungen Anfang der zwanziger Jahre, die Elektrifizierung der Berliner Stadt- und Vorortbahnen mit Gleichstrom, der über eine Stromschiene zugeführt wird. Außerdem wurde festgelegt, als Fahrzeuge ausschließlich Triebzüge einzusetzen. Da für ein derartig großes Projekt Probeausführungen unerläßlich waren, wurde die Industrie zur Fertigung von Versuchszügen aufgerufen.
Die ersten Triebzüge wurden 1923 mit Dampflokomotiven gefahren, um die wagenbauliche Ausführung zu erproben (Foto S. 61). In Serie ging dann der Triebzug der Baureihe ET 169 (Foto S. 61), der ab 1924 auf den nördlichen Vorortstrecken Berlins verkehrte. Jeder Triebzug bestand aus zwei vierachsigen Triebwagen und drei zwischengestellten zweiachsigen Beiwagen, die einen Halbzug bildeten. Die zu geringe Anfahrbeschleunigung und der zu teure Fahrzeugteil (z. B. durchgekröpfte Langträger) führten nur zur Beschaffung einer geringen Stückzahl. Bereits ein Jahr danach entstand eine neue Ausführung (Baureihe ET 168). Hier bestand der Vollzug aus vier Viertelzügen, die aus einem Trieb- und einem Steuer- bzw. Beiwagen gebildet wurden. Diese Zugaufteilung in Viertelzüge hat sich bei der Berliner S-Bahn bis heute gut bewährt. Erwähnenswert ist, daß bei der Gestaltung der Triebzüge und deren Inneneinrichtung erstmalig ein Architekt mitgewirkt hatte.
Zum Wechselstrom-Triebwagenpark kamen 1926 zwei Baureihen hinzu: die Baureihe ET 89 für Nebenbahnen im Riesengebirge und die Baureihe ET 82 für den Dienstverkehr Magdeburg–Rothensee. Der schwere, langsamlaufende Fahrmotor konnte jeweils nur einzeln im Drehgestell untergebracht werden, so daß sich unterschiedliche Laufkreisdurchmesser und Radsatzstände ergaben. Der Transformator war wegen der Masseverteilung in Kastenmitte im Wageninnern aufgestellt. Der Triebwagen ET 89 war so leistungsfähig, daß Züge in der Größenordnung lokomotivbespannter

Versuchszug mit Jakobs-Drehgestellen für die Berliner S-Bahn auf Probefahrt (ausgerüstet mit Normalpuffern), Versuchszug F (oben)
Foto: Sammlung R. Zschech

Triebzug der späteren Baureihe ET 169 auf den Nordstrecken der Berliner S-Bahn Baujahr 1924; Mittelpufferkupplung Bauart Willison später durch Bauart Scharfenberg ersetzt (unten)
Foto: Archiv transpress

Züge gefahren werden konnten. Meist befanden sich an beiden Enden des Zuges je ein Triebwagen, wodurch auf Kopfbahnhöfen eine Fahrtrichtungsänderung ohne Rangieren möglich war. Außerdem befuhren die Endtriebwagen einzeln verkehrsarme Strecken. Aus diesem Grunde ergänzte man im Jahre 1929 diese Baureihe noch durch Gepäckwagen, die dann als Baureihe EB 99 eingenummert wurden.
Die schnelle Ausdehnung des elektrischen S-Bahnbetriebes in Berlin forderte neue Triebzüge. Aus den Erfahrungen mit der Baureihe ET 168 entstand die Baureihe ET 165, die in den wesentlichen Grundzügen mit ihrer Vorgängerin identisch ist. Sie erhielt jedoch zahlreiche kleinere Verbesserungen, wie automatisch schließende Türen, Notbeleuchtung und eine mechanische Fahrsperre.
Bald nach der Aufnahme des elektrischen Zugbetriebs im halleschen Raum wurde der Ruf nach einem Schnellverkehr zwischen den beiden großen Eisenbahnknoten Leipzig und Halle (Saale) laut. Die Wahl fiel auf Triebwagen mit hohen Fahrgeschwindigkeiten (ET 41). Erstmalig wurde die elektrische Ausrüstung unter dem Wagenboden angebracht, so daß der Wagenkasten vollständig für Nutzzwecke zur Verfügung stand. Dem wechselnden Gepäckaufkommen konnte durch die Umgestaltung von Führerstand und Einstiegraum entsprochen wer-

den. Der Triebwagenzug brauchte für die Fahrt ohne Zwischenhalt auf der 37,7 km langen Strecke 29 min.
Bei den Triebzügen der Baureihe ET 165[8] der Berliner S-Bahn aus dem Jahr 1932 begann man, zur glatten Außenhaut (versenkte Nieten) überzugehen. Außerdem löste die elektromagnetische Steuerung die elektropneumatische ab.
Ein weiterer Wechselstromtriebwagen, der eine arteigene Konstruktion darstellt und dessen elektrische Ausrüstung fast keinen Fahrgastraum mehr in Anspruch nimmt, wurde ab 1933 in großer Stückzahl für den Stuttgarter Vorortverkehr eingesetzt (Baureihe ET 65). Während man die Form der Triebwagen den Fahrzeugen (Beiwagen) des vorhandenen Wagenparks anpaßte, beschritt man in der elektrischen Ausrüstung neue Wege. Es wurde eine Steuermaschine mit selbsttätiger Fortschaltung eingebaut.

Eng an diese Ausführung angelehnt ist die Baureihe ET 51, die ein Jahr später für den Eilzugdienst in Schlesien beschafft wurde. Da dieser Triebwagen auch im grenzüberschreitenden Verkehr verwendet werden sollte, erhielt er außer Fahrgasträumen der 2. und 3. Klasse auch ein Gepäck- und ein Postabteil.
Die Einführung höherer Reisegeschwindigkeiten veranlaßte die Berliner S-Bahn, auf dem Streckenabschnitt vom Stadtkern nach Zehlendorf auch die Fernbahngleise mit dem Stromsystem der S-Bahn zu elektrifizieren und ohne Zwischenhalt zu befahren. Dafür wurde in den Jahren 1934 bis 1938 die Baureihe ET 125 angeschafft, die eine Höchstgeschwindigkeit von 120 km/h aufwies. Wagenbaulich entstand mit der neuen Gestaltung des Wagenkastens (abgerundete Stirnenden) eine modernere Form.

Die Triebzüge nannte man im Volksmund „Bankier-Züge“.
Im Jahre 1932 beschloß die DRG, den laufenden Neuentwicklungen von Wechselstromtriebwagen mit einem Einheitstriebwagen ein Ende zu bereiten. Es war vorgesehen, mit einer in nahezu allen Bauteilen vereinheitlichten elektrischen Ausrüstung Triebzüge zu schaffen, die verschiedenen Verkehrsaufgaben gerecht werden. Kennzeichnend für diese Entwicklungsepoche sind die arteigenen Konstruktionen für Antrieb, elektrische Ausrüstung und Fahrzeugteil.
Die erste Baureihe war der zweiteilige Triebzug ET 25 (Foto S. 62), der wegen der Höchstgeschwindigkeit

Triebwagenzug der Baureihe ET 25 – erster Einheitstriebwagen der DRG
Baujahr 1935
Foto: Archiv AEG

Triebwagen der Baureihe ET 91 im Ausflugsverkehr zwischen Klais und Mittenwald vor der Tiefkarspitze
Baujahr 1935
Foto: Archiv transpress

von 120 km/h für den Schnellzugdienst und wegen der hohen Anfahrbeschleunigung für den Vorortverkehr in Großstädten und für den Berufsverkehr geeignet war. Die Konstruktion wies folgende Merkmale auf:

1. leichte Bauweise mit weitgehender Anwendung von Schweißkonstruktion,
2. Entlastung des Wagenkastens von Biegebeanspruchungen, da der Transformator ins Drehgestell eintaucht,
3. kleines Schaltwerk und Vereinigung von Motorschütz und Fahrtwender,
4. Verbinden von zwei Triebwagen zu kurzgekuppelter Einheit,
5. Möglichkeit der Beistellung eines Steuerwagens.

Die mechanischen und elektrischen Ausrüstungsteile der verschiedenen Hersteller konnten gegenseitig ausgetauscht werden, da einheitliche Kenndaten und Abmessungen einzuhalten waren.

1935 folgten noch zwei Baureihen, die wegen ihres Einsatzgebietes als Sonderausführungen anzusehen sind. Wenn auch wagenbauliche Abweichungen von den Einheitstriebwagen notwendig waren, so wurden doch bei der elektrischen Ausrüstung Einheitsbauteile verwendet.

Die eine Sonderbaureihe bestand aus drei Schnelltriebzügen der Baureihe ET 11, die als Versuchsfahrzeuge zur Erprobung der günstigsten Ausführung für den durchgehenden elektrischen Betrieb über längere Entfernungen und mit einer Höchstgeschwindigkeit von 160 km/h gedacht waren. Gegenüber den gleichartigen Schnelltriebzügen mit Verbrennungsmotoren ist vor allem die höhere installierte Leistung vorteilhaft, da ein schnelleres Anfahren und ein besseres Überwinden von Neigungen erreicht wird. Die Geschwindigkeit sollte bei Neubauten sogar auf 180 km/h erhöht werden können. Daher legte man beim Erproben besonderes Augenmerk auf die verschiedenen Antriebsarten. Diese Triebzüge waren die ersten Triebfahrzeuge der DRG in vollständiger Blechträgerbauweise.

Die zweite Sonderbaureihe sind zwei Aussichtstriebwagen der Baureihe ET 91 (Foto S. 63), die zu Ausflugs- und Sonderfahrten dienen. Die großflächigen Fenster gestatten den Reisenden eine allseitige und von Einbauten ungestörte Sicht. Seiner Beliebtheit hat es der Triebwagen, der den Zweiten Weltkrieg überlebt hat, zu verdanken, daß er heute noch erhalten ist und oft eingesetzt wird.

Ein weiterer Einheitstriebwagen (Baureihe ET 31) wurde 1936 für den Fernverkehr mit erhöhtem Reisekomfort geliefert. Drei Triebwagen bildeten einen Triebzug und sollten den Fernverkehr auf den sich ausdehnenden Netzen auflockern sowie häufigere Reisemöglichkeiten anbieten.

Für Nebenbahn- und Neigungsstrecken entstand 1939 die Baureihe ET 55. Diese Triebzüge mit Einheitsausrüstung entsprachen fast völlig der Baureihe ET 25, erreichten jedoch wegen einer anderen Übersetzung nur eine Höchstgeschwindigkeit von 90 km/h.

Zur Verbesserung des Verkehrs der Berliner S-Bahn zu den Olympischen Spielen 1936 wurde die Baureihe ET 166 beschafft, die als Vorausbauart für die ein Jahr später in großer Stückzahl ausgelieferte Baureihe ET 167 gelten kann.

In Hamburg wollte man das S-Bahnnetz wesentlich erweitern. Dabei wurde die Zweckmäßigkeit des vom Einheitssystem abweichenden Bahnenergiesystems eingehend geprüft. Verschiedene Gründe führten dazu, vom Wechselstrom- auf das Gleichstromsystem mit Stromschiene überzugehen, wobei man jedoch abweichend von Berlin eine andere Konstruktion und eine höhere Betriebsspannung (=1,2 kV) wählte. Den ab 1939 ausgelieferten Triebzügen der Baureihe ET 171 (Foto S. 64) kamen die Erfahrungen mit der Berliner S-Bahn zugute. So wurden der Grundaufbau von Wagenkasten und elektrischer Ausrüstung übernommen, jedoch zusätzlich eine kombinierte elektrische Nutz- und Widerstandsbremse eingebaut. Die Kriegsereignisse verzögerten allerdings den vollständigen Übergang auf das Gleichstromsystem. Bis zum 21. Mai 1955 wurde der S-Bahn-Betrieb gleichzeitig mit beiden Energiesystemen und damit auch mit beiden Triebzugarten ausgeführt (Foto S. 65).

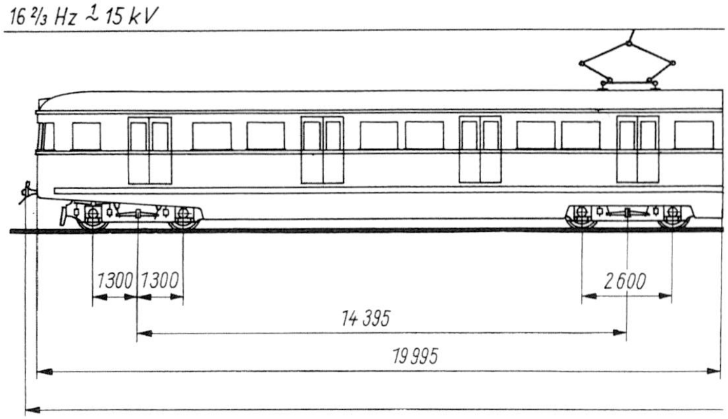

Triebzug für die einst geplante S-Bahn München
Planung 1941; Radsatzanordnung Bo'Bo' + 2'2' + Bo'Bo'; Stromsystem $\overset{1}{\sim}$ $16\,^2/_3$ Hz, 15 kV; Höchstgeschwindigkeit 90 km/h; Nutzbremse; Stundenleistung 8 × 210 kW bei 65 km/h; 52/152 Sitzplätze 2./3. Klasse; Dienstmasse 127 t

Für den Fernschnellverkehr waren dreiteilige Triebzüge (Baureihe ET 06) vorgesehen, von denen zwei Triebzüge in Vielfachtraktion verkehren sollten. Bei der Waggonfabrik Uerdingen wurden zwei Triebzüge in Auftrag gegeben (Betriebsnummer elT 1910 und 1911, Radsatzanordnung Bo'2' + Bo'2' + 2'Bo', Höchstgeschwindigkeit 160 km/h, Dienstmasse 160 t, 180 Sitzplätze). Im Jahre 1939 wurde jedoch der Auftrag storniert und die bereits fertig-

Triebzug der Baureihe ET 171 der S-Bahn Hamburg
Baujahr 1939
Foto: MAN

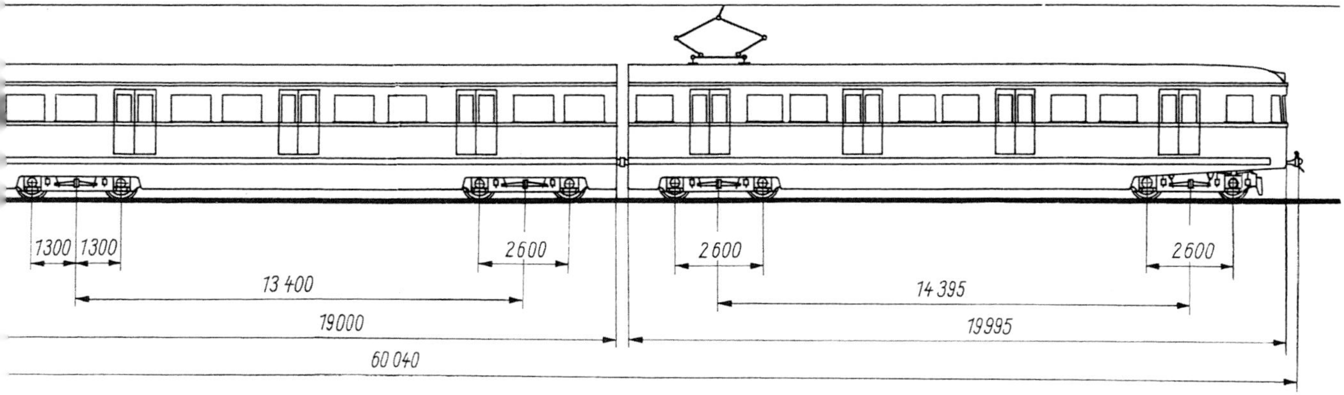

S-Bahn Hamburg mit Triebzügen der beiden Bahnenergiesysteme
Foto: Archiv BD Hamburg

gestellten elektrotechnischen Ausrüstungsteile den Reichsbahnausbesserungswerken für die Instandhaltung zur Verfügung gestellt.
Die Ende der dreißiger Jahre für München geplante S-Bahn sollte dreiteilige Triebzüge (Zeichnung S. 64/65) erhalten.

Auch für die Berliner S-Bahn wurden neue Fahrzeuge entworfen. Die bewährte Gestaltung des ET 167 sollte beibehalten, jedoch die Wagenkästen sollten in Leichtbauweise gefertigt werden, um die tote Last zu vermindern. So wurde eine Ausführung mit 4 × 140 kW bei

36,5 km/h und Widerstandsbremse sowie eine weitere Ausführung mit 4 × 170 kW bei 36,5 km/h (Höchstgeschwindigkeit 90 km/h) mit kombinierter Nutz- und Widerstandsbremse entworfen. Der Zweite Weltkrieg machte jedoch diese Vorhaben zunichte.

Deutsche Reichsbahn (1945 bis 1990)

Das Erbe des Zweiten Weltkrieges war ein stark zerstörtes Eisenbahnnetz, auf dem ein Eisenbahnverkehr kaum mehr möglich war. Neben 56 % der Lokomotiven und 59 % der Personenwagen war der Bestand an Triebwagen fast völlig zerstört oder beschädigt.

Zunächst wurde das Eisenbahnwesen unter Leitung der Sowjetischen Militär-Administration in Deutschland (SMAD) wieder in Gang gesetzt. Am 1. September 1945 ging, entsprechend dem Befehl Nr. 8 der SMAD, der Eisenbahnbetrieb in deutsche Verwaltung über. Im August 1947 wurde als erstes internationales Abkommen der damaligen Sowjetischen Besatzungszone mit der ČSR ein Übereinkommen über den grenzüberschreitenden Eisenbahnverkehr abgeschlossen. Im gleichen Jahr wurde der Eisenbahn-Fährverkehr mit Dänemark und Schweden wieder aufgenommen.

Durch die Überführung von 3 300 km Privatbahnen in Volkseigentum kamen in den Jahren 1949 bis 1952 zahlreiche Bauarten von Lokomotiven und Triebwagen neu in den Bestand der DR.

Mitte der fünfziger Jahre wurde mit dem Neubau von Triebfahrzeugen begonnen. Zuerst waren es Dampflokomotiven, z. T. auch solche, die durch umfangreiche Rekonstruktionsmaßnahmen einem Neubau gleichkamen. Später begann die Neuentwicklung von Diesellokomotiven und -triebwagen sowie von elektrischen Lokomotiven und Triebwagen.

Am 1. September 1955 wurde der elektrische Zugbetrieb zwischen Halle (Saale) und Köthen aufgenommen, nachdem im Jahre 1946 alle ortsfesten Anlagen und Triebfahrzeuge der Wechselstromfernbahnen als Reparationsleistungen an die UdSSR abgegeben werden mußten, die dann Anfang der fünfziger Jahre wieder zurückgeführt wurden und die Basis für die Wiederelektrifizierung bildeten.

Mit den sechziger Jahren begann der Traktionswandel. 85 % der Zugförderung erfolgten Ende der siebziger Jahre mit elektrischen Triebfahrzeugen oder Verbrennungstriebfahrzeugen. Zur Verbesserung der Instandhaltung und der Wirtschaftlichkeit wurden zahlreiche Baureihen und Einzelfahrzeuge von Vorkriegs-Triebfahrzeugen ausgemustert, darunter auch viele Triebwagen.

In den Volkswirtschaftsplänen der DDR war bei der weiteren Entwicklung des Eisenbahnwesens die Erweiterung des elektrischen Zugbetriebes ein wichtiger Bestandteil. Auch die S-Bahn-Verkehrsnetze in Bezirksstädten gehörten dazu.

Zunächst wurden nach Kriegsende die beschädigten Triebwagen repariert, bald jedoch zur Verbesserung der Betriebstüchtigkeit umgebaut.

In den Jahren 1949 und 1950 übernahm die Deutsche Reichsbahn die Privatbahnen in ihrem Gebiet. Damit erhielt sie auch drei gleichstrombetriebene Nebenbahnen, die mit zweiachsigen Trieb- und Beiwagen befahren wurden. Die DR nummerte diese Triebwagen in die Baureihe ET 188[5] ein:

ET 188 501 bis 503
Müncheberg–Buckow,
ET 188 511 und 512
Schleiz–Saalburg,
ET 188 521 und 522
Schleiz–Saalburg und
ET 188 531
Lichtenhain–Cursdorf.

Im Jahre 1955 baute die DR einen alten Straßenbahnwagen um und setzte ihn als Ersatztriebwagen auf der Strecke Lichtenhain–Cursdorf ein (ET 188 701).

Für die straßenbahnähnliche Nebenbahn Klingenthal–Sachsenberg-Georgenthal beschaffte die DR in den Jahren 1956 und 1958 je zwei Trieb- und zwei Beiwagen aus der laufenden Produktion von Straßenbahnwagen und paßte sie ihren Einsatzbedingungen an. Mit der Einstellung des Zugbetriebes wurden die Fahrzeuge an die Straßenbahn Plauen verkauft.

Das umfangreichste elektrifizierte Netz der DR war jedoch damals die Berliner S-Bahn, das auch durch Elektrifizierung anschließender, bisher dampfbetriebener Strecken erweitert wurde. Deshalb kam bereits im Jahre 1957 als erster Neubau nach Kriegsende ein Vollzug der Baureihe ET 170 (Foto S. 67) für die Berliner S-Bahn heraus. Der VEB Waggonbau Ammendorf und der VEB LEW „Hans Beimler" Hennigsdorf beschritten wagenbaulich neue Wege und bauten Jakobs-Drehgestelle ein. Die beiden Triebzüge waren als Prototypen für die weitere Entwicklung gedacht, wurden jedoch nach kurzer Betriebszeit abgestellt und verschrottet.

Mitte der fünfziger Jahre begann der Wiederaufbau der elektrischen Fernbahnen mit $\overset{1}{\sim}$ 16 2/3 Hz, 15 kV. Anfangs war auch ein Einsatz von Triebwagen im Schnellzugdienst vorgesehen. Ende der fünfziger Jah-

Triebzüge der S-Bahn Berlin, von links nach rechts Baureihen ET 165, ET 167 und ET 170
Foto: ZBDR

re wurde als erster Wechselstromtriebwagen der „Rote Dessauer", ein dreiteiliger Triebzug der Baureihe ET 25, im Raw Dessau wieder aufgebaut und 1959 eingesetzt.
Anfang 1965 bekam die DR den Triebzug ET 25 201 als Einzelfahrzeug zur Betriebserprobung. Dieser vierteilige Triebzug war durch einen größeren Umbau vorhandener Schadfahrzeuge entstanden.
Im Jahre 1975 folgten die Prototriebzüge der Baureihe 280, die für die S-Bahnen in Dresden, Halle (Saale), Leipzig, Magdeburg und Rostock bestimmt war. Die Erprobung wurde erfolgreich abgeschlossen, aber eine Serienfertigung erfolgte bisher noch nicht. Auf diesen S-Bahnen werden derzeitig Wendezüge mit Doppelstockwagen und Ellok eingesetzt, die jedoch nicht die Anfahrbe-

Der Bahnhof Ostkreuz ist ein zentraler Umsteigebahnhof der S-Bahn Berlin.
Foto: Th. Scheibe

schleunigung und die Reisegeschwindigkeit von modernen S-Bahnen erreichen.
Dagegen kam für die S-Bahn Berlin eine neue Baureihe von Triebzügen (Baureihe 270), die in der bewährten Viertelzugbildung (ET + EB) aufgebaut ist. Die Prototriebzüge wurden 1979 geliefert. Die Serienfertigung (Foto S. 68) begann im Jahre 1987.
Für den Fernverkehr sind keine neuen Elektrotriebwagen zu erwarten.
Für die zwei noch betriebenen elektrischen Nebenbahnen (Schleiz–Saalburg 1969 elektrischer Betrieb eingestellt) werden die Fahrzeuge rekonstruiert, um weiterhin einen wirtschaftlichen Betriebseinsatz zu ermöglichen. Im Jahre 1970 und 1984 erhielt die Nebenbahn Lichtenhain–Cursdorf zwei rekonstruierte Triebwagen (Baureihe 279.2). Die Bukkower Triebwagen wurden, verbunden mit der gleichzeitigen Umstellung auf =0,6 kV, in den Jahren 1981/82 umgebaut (Baureihe 279.0). Gemäß der Vereinbarung zwischen der DR und dem Senat von Berlin vom 30. Dezember 1983 übernahm die BVG am 9. Januar 1984 die Betriebsführung der S-Bahn in Berlin (West). Sie erhielt dafür 119 Viertelzüge der Baureihe 275 (im wesentlichen Stadtbahnwagen der Baujahre 1928 bis 1930). Der Fahrzeugpark enthielt auch einen Gerätezug, einen S-Bahn-Schnellgüterzug sowie ein motorloses Paß-Viertel.

Deutsche Bundesbahn (1945 bis 1990)

Um dem akuten Triebfahrzeugmangel bei der DB abzuhelfen, wurden zunächst die beschädigten elektrischen Triebwagen beschleunigt aufgebaut und später zum Teil umgebaut. So entstanden mit Einheits-Steuerwagen aus vier Triebzügen der Baureihe ET 31 sechs Triebzüge der Baureihe ET 32.
Speziell für die Isartalbahn, damals noch mit Gleichstrom 0,75 kV betrieben, entstanden in den Jahren 1946 bis 1949 vier Triebzüge der Baureihe ET/ES 182 durch Umbau bzw. Aufbau von Fahrzeugen der Berliner S-Bahn bzw. der Werkbahn Peenemünde, da die völlig veralteten Fahrzeuge dem Verkehrsaufkommen nicht mehr gerecht werden konnten. Außerdem wurden im Jahre 1949 drei Triebwagen der Baureihe ET 85 mit einer anderen Getriebeübersetzung versehen (Baureihe ET 90), um sie auf größeren Steigungsstrecken (Berchtesgaden–Königssee) einsetzen zu können.
Neben diesen Anpassungsarbeiten erfolgte im Auftrag der französischen Militärverwaltung und in Zusammenarbeit mit der SNCF für die 1936 als Versuchsstrecke für das 50-Hz-Bahnstromsystem elektrifizierte Höllentalbahn der Bau eines

Serienausführung der Baureihe 270.0, ausgestellt 1987 auf der Frühjahrsmesse Leipzig
Foto: R. Zschech

Triebwagen der Baureihe 465 nach der Modernisierung im Bahnhof Eutringen
Foto: H. Schön

Triebzug der Baureihe 420 in Frankfurt/M. Hbf.
Foto: B. v. Mitzlaff

Triebzuges der Baureihe ET 255. Damit wollte man u. a. für die vorgesehene französische 50-Hz-Elektrifizierung die erforderlichen Voruntersuchungen ausführen. Der Triebzug wurde aus einem kriegsbeschädigten Triebzug der Baureihe ET 25 entwickelt, jedoch mußte wegen der starken Steigungen der Höllentalbahn (55 ‰) eine wesentlich höhere Leistung installiert werden. Die Fahrmotoren sind 50-Hz-Reihenschlußmotoren mit hoher Polzahl.

Als erste Triebwagenneukonstruktion nach dem Kriege wurden von der DB im Jahr 1952 für das $16^2/_3$-Hz-Netz einige Triebzüge der Baureihe ET 56 beschafft. Sie waren dreiteilig und hatten wagenbauliche Neuerungen, wie Spantenbauweise des Kastens (leicht, aber sehr verwindungssteif), Tiefanlenkung der Drehzapfen, Radsatzlenker und Lenkerführung in Silentblöcken. Die elektrische Ausrüstung jedoch wurde im wesentlichen Lagerbeständen der Einheitstriebwagen entnommen. Die Triebzüge waren für den Vorortverkehr von Stuttgart und Nürnberg bestimmt.

Erwähnenswert sind auch die im März 1954 beschafften Triebwagen der Baureihe ET 195, die mit einem straßenbahnähnlichen Aufbau für eine kurze Nebenbahnstrecke beschafft wurden.

In diese Zeitspanne fallen auch die Nachbauten der Baureihe ET 171 der Hamburger S-Bahn und der Umbau von zwei alten Wechselstromtriebzügen der Hamburger S-Bahn zu den Gepäcktriebzügen der Baureihe ET 174.

Für den Städteschnellverkehr im Ruhrgebiet entstand die Baureihe ET 30. Kennzeichnend für diesen Entwicklungsschritt zum Hochleistungstriebzug sind die Höchgeschwindigkeit von 120 km/h und die Anfahrbeschleunigung von 0,7 m/s^2 bei vollbesetztem Zug über den gesamten Geschwindigkeitsbereich. Trotz aufgetretener Mängel bei dem angespannten Betriebseinsatz wur-

Ein modernes Design – Stirnansicht der Baureihe 472/473 der S-Bahn Hamburg
Foto: MBB

de durch diesen Triebzug eine Wegmarke in der Geschichte elektrischer Triebwagen gesetzt.

Im Jahr 1957 entstanden durch nochmaligen Umbau der Triebzüge der Baureihe ET 182 die Wechselstromtriebzüge der Baureihe ET 26. Sie erhielten eine Höchstgeschwindigkeit von 120 km/h, um damit die Möglichkeit zu schaffen, im Fernverkehr mehr Triebwagen einsetzen zu können.

Neue Triebzüge folgten als Baureihe ET 170[1] im Jahr 1957 für die Hamburger S-Bahn, die sich im wesentlichen an die Gestaltung der Baureihe ET 171 anschloß. Durch stärkere Fahrmotoren und eine modernisierte Steuerung konnte jedoch eine größere Leistungsfähigkeit erzielt werden.

In den Jahren 1956 bis 1959 befanden sich im Bestand der DB ca. 160 elektrische Triebwagen, die eine jährliche Laufleistung von ca. 20 Mio km erbrachten (entspricht ca. 2,7 % Anteil von allen Triebfahrzeugen).

Um die vorhandenen älteren Triebwagen weiterhin einsetzen zu können, wurden sie im Fahrgastraum den modernen Anforderungen angeglichen und im Fahrzeugteil instandhaltungsfreundlicher gestaltet. Im Jahr 1960 betraf das die Baureihe ET 65 des Stuttgarter Vorortverkehrs; dabei ersetzte man die alten württembergischen zweiachsigen Beiwagen durch vierachsige Umbauwagen (Foto S. 69). In den Jahren 1963 bis 1966 folgten die Baureihen ET 25 und ET 55, die unter Verwendung eines Einheitssteuerwagens von zwei- in dreiteilige Triebzüge umgestaltet wurden.

Als Weiterentwicklung des ET 30 ging 1964 die Baureihe ET 27, ein typischer Nahverkehrstriebzug, in Betrieb. Kennzeichnend für ihn ist die niedrige Fußbodenhöhe von 940 mm, um auch bei niedrigen Bahnsteigen über die Trittstufen einen schnellen Fahrgastwechsel zu ermöglichen. Wenn auch nur fünf Triebzüge beschafft wurden, waren sie aber eine wichtige Vorstufe für die Baureihe 420, einen ausgesprochenen S-Bahn-Zug, der seit 1971 gebaut wird (Foto S. 69) Diese Züge bewährten sich in großer Stückzahl bei den Olympischen Spielen in München. Es wurden bisher rund 400 Triebzüge beschafft, so daß ältere Baureihen (z. B. ET 85) ausgemustert werden konnten.

Für die Erweiterung der Hamburger S-Bahn auf der sogenannten City-Linie wurden neue Triebzüge entwikkelt (Baureihe 472, Foto S. 70). Seit 1974 sind 30 Triebzüge ausgeliefert.

Für den Fernschnellverkehr wurde die Baureihe 403 entwickelt. Die bisher beschafften drei Triebzüge wurden mit dem Winterfahrplan 1974/75 im Intercity-Verkehr Bremen–Würzburg–München eingesetzt. Sie zeichnen sich durch hohe Reisegeschwindigkeit, vorbildlichen Fahrkomfort, niedrige Geräuschbelästigung und geringe Oberbaubeanspruchung aus. Inzwischen verkehren sie als Charter-Züge der Deutschen Lufthansa zwischen Düsseldorf und Frankfurt (Main) Flughafen als Ersatz für unwirtschaftliche Kurzstreckenflüge.

Für die künftigen Hochgeschwindigkeitszüge der DB wurde im Jahre 1985 ein Erprobungsträger geliefert, mit dem neue Techniken für derartige Hochleistungszüge erprobt werden sollen (Baureihe 410/810, ICE, Foto S. 71). Als Antrieb werden moderne leistungsstarke Drehstrom-Asynchronmotoren verwendet.

Triebzug 410/810 (ICE)
Foto: AEG

Ebenfalls ein modernes Design – Stirnansicht der Baureihe 480 der S-Bahn Berlin
Foto: Waggon Union

Für die in Westberlin eingesetzten S-Bahn-Triebzüge der BVG konnten die dort gelegenen S-Bahn-Werkstätten die täglichen Frist- und Wartungsarbeiten erledigen. Für die größeren Untersuchungen verpflichtete die BVG die Waggon-Union in Berlin-Reinickendorf für den mechanischen Teil sowie AEG und SSW für den elektrotechnischen Teil. Ab Mitte 1984 bis Februar 1987 wurden die Triebzüge generalüberholt, um die Betriebszuverlässigkeit und die Instandhaltungsfreundlichkeit zu erhöhen und um die Fahrgasträume gegen Vandalismus resistenter zu gestalten.

Gleichzeitig leitete die BVG aber auch die Entwicklung eines neuen Triebzuges ein, der die neuzeitlichen Anforderungen an ein schnelles Stadtschnellbahnfahrzeug erfüllt. Der Triebzug erhielt von Anfang an eine Baureihenbezeichnung, die in das DB-System paßte. Er hat Drehstrom-Asynchron-Fahrmotoren erhalten, dessen Prototriebzug (Baureihe 480, Foto S. 71) ab 1986 erprobt wurde und der ab 1990 in der Serienausführung ausgeliefert wird.

Ein neues Zeitalter des Einsatzes elektrischer Triebzüge bei der DB begann mit dem Sommerfahrplan 1991, als die neuen Hochgeschwindigkeitstriebzüge der Baureihe 401/801/802/803/804 (ICE) von Hamburg über Hannover–Frankfurt (Main)–Mannheim–Stuttgart nach München den Regelbetrieb aufnahmen. Auf den Neubaustreckenabschnitten wird mit einer Geschwindigkeit von 250 km/h gefahren, so daß nennenswerte Fahrzeitgewinne erzielt werden können. Am 29. Mai 1991 fand dazu eine Eröffnungsveranstaltung in Kassel statt, zu der die Ehrengäste mit fünf ICE-Triebzügen in einer Sternfahrt anreisten (Foto S. 72). Der Einsatz weiterer Triebzüge auf der Strecke Hamburg–München über Würzburg–Nürnberg sowie auf der Strecke Hamburg–Basel über Frankfurt (Main), hierbei dann grenzüberschreitend zur SBB, erfolgt schrittweise.

Eine Besonderheit des Triebwageneinsatzes bei der DB stellen die Zweisystem-Stadtbahnwagen der Albtal-Verkehrs-Gesellschaft dar, die auf den DB-Gleisen Karlsruhe–Bretten und Karlsruhe–Wörth eingesetzt werden sollen. Zehn Zweisystem-Triebzüge des Typs GT 8-100 C/2 S für die Bahnenergiesysteme =750 V und $\overset{1}{\sim}$ $16^{2}/_{3}$ Hz, 15 kV wurden durch die Albtal-Verkehrs-Gesellschaft Ende 1988 bestellt.

Die Entwicklung der elektrischen Triebwagen geht mit schnellen Schritten weiter. Aber gleichzeitig wurden auch zahlreiche ältere Baureihen, auch Nachkriegsbaureihen, inzwischen ausgemustert. Erfreulich ist, daß sowohl die DB wie auch Eisenbahnvereine einige markante Triebfahrzeuge als Museumsfahrzeuge betriebsfähig oder auch nicht betriebsfähig der Nachwelt erhalten.

Deutsche Bundesbahn/Deutsche Reichsbahn (ab 1990)

Mit der überraschenden Grenzöffnung der DDR am 9. November 1989 begann für die deutsche Nation eine Entwicklung, die folgerichtig am 3. Oktober 1990 zur deutschen Einheit führte. Zwar sind der-

Sternfahrt der ICE-Triebzüge zur Eröffnungsveranstaltung für den Hochgeschwindigkeitsverkehr der DB am 29. Mai 1991 im Bahnhof Kassel-Wilhelmshöhe
Foto: Wylezalek, Film- und Bildstelle der DB

zeitig noch die beiden deutschen Staatsbahnen (DB und DR) eigenständige Unternehmen, aber der Zusammenschluß wird in technischer und wirtschaftlicher Hinsicht schrittweise vorbereitet. Entsprechende Festlegungen sind im Einigungsvertrag enthalten.

Auf die Grenzöffnung waren die DB und die DR völlig unvorbereitet. Insbesondere an den ersten Wochenenden herrschten katastrophale Zustände, denn obwohl alles fahrtüchtige Material eingesetzt wurde, konnten wegen der enormen Überbesetzung (bis zu 400 %!) dann nur geringe Fahrgeschwindigkeiten von maximal 50 km/h zugelassen werden. Weitere Grenzübergänge wurden geöffnet und weitere regelmäßige Züge eingesetzt. Als am 24. Dezember 1989 die Visumpflicht für Bürger der BRD aufgehoben wurde, gab es freie Reisemöglichkeit in beiden Richtungen.

Mit dem Jahresfahrplan 1990/91 wurde der gesamte DB/DR-Verkehr neu gegliedert und stark erweitert. Nun kamen auf dem DR-Betriebsnetz auch IC- und IR-Züge zum Einsatz (am 27. Mai 1990 der IC 155 „Johann Sebastian Bach“ von Frankfurt/Main nach Leipzig).

Die Verkehrsprojekte Deutsche Einheit umfassen insbesondere Lükkenschlußmaßnahmen DB–DR, Erweiterungen vorhandener Strecken (zweigleisiger Ausbau und Elektrifizierung) sowie den Bau der Schnellverkehrs-Neubaustrecke Hannover–Berlin bis Dezember 1997. Gleichzeitig wurde auch der Zusammenschluß der beiden S-Bahn-Teilnetze Berlins vorbereitet, der nun schrittweise realisiert wird. Derzeitig sind die in Westberlin gelegenen Strecken und die dort stationierten Fahrzeuge der BVG zugeordnet.

Im Juni 1990 wurde von der DB und der DR die „Vereinbarung zur gegenseitigen Information, zur Zusammenarbeit und zur Anpassung auf den Gebieten der Vorhaltung und des Einsatzes von Triebfahrzeugen und Triebfahrzeugführern“ getroffen, die auch die Abstimmung in der Entwicklung des künftigen Triebfahrzeugparkes, des gemeinsamen Triebfahrzeug-Nummernsystems sowie die Zulassung der Triebfahrzeuge bei der jeweils anderen Bahnverwaltung enthält.

Nach der Währungsunion am 1. Juli 1990 folgte eine weitere Verbesserung des DB-DR-Verkehrs ab 15. Juli 1990. Bereits ab 2. Juli 1990 begann der fahrplanmäßige durchgehende S-Bahn-Verkehr in Berlin über den Bahnhof Friedrichstraße, wobei zum Teil Zuggruppen gemeinsam von der BVG und der DR betrieben werden. Ab Mitte September 1990 verkehren die ersten Elloks der DR-Baureihe 243 bei der DB als Baureihe 143 auf der Schwarzwaldbahn. Inzwischen werden auch andere Strecken befahren und auch weitere Triebfahrzeugbaureihen der DR bei der DB eingesetzt.

Auch gab es Veränderungen bei der Zuordnung der Ausbesserungswerke, da nun auch in Raw der DR Triebfahrzeuge der DB bearbeitet werden, zum Beispiel gehen die Museumstriebwagen der DB vom AW Nürnberg an das Raw Wittenberge über.

Für die gemeinsame Beschaffung von Triebfahrzeugen ist zunächst eine Weiterentwicklung des Verbrennungstriebzuges 628.2 als Baureihe 628.4 für 1993/94 vorgesehen.

Der Jahresfahrplan 1991/92 brachte das erste gemeinsame Kursbuch der DB und der DR, jedoch noch nach den alten Tabellennummern (durchgehende Tabellennumerierung erst ab Jahresfahrplan 1992/93). Und ab Sommerfahrplan 1991 setzte die Albtal-Verkehrs-Gesellschaft ihre Zweisystem-Triebzüge im Auftrag der DB auf der DB-Strecke Karlsruhe–Pforzheim ein.

Für die nächste Zeit stehen folgende neuen Baureihen elektrischer Triebwagen für den Einsatz an, die jedoch erst teilweise eine gemeinsame Entwicklung durch beide Bahnen zeigen:

- 411/811 ICE-Triebzug für mehrere Bahnenergiesysteme, mehrteiliger Triebzug mit zwei Triebköpfen und einer geringeren Anzahl von Mittelwagen als bei der Baureihe 401/801,
- 422/423 Nachfolge-Baureihe für 420/421 für den S-Bahn-Verkehr, dreiteiliger Triebzug mit Allradsatzantrieb und GTO-Technik,
- 474 Triebzug für die Hamburger S-Bahn mit Drehstromantriebstechnik (anfangs Baureihennummer 475 vorgesehen),
- … Triebzug für die Berliner S-Bahn (Gesamtnetz) als Synthese und Weiterentwicklung der Baureihen 270 (DR) und 480 (BVG) mit Drehstromantriebstechnik und der bewährten Viertelzug-Aufteilung.

Für die neue deutsche Eisenbahn wird eine neue Strukturform angestrebt, die den marktwirtschaftlichen Erfordernissen besser gerecht wird. Eine schnelle Realisierung mit der erforderlichen Gründlichkeit der Bewertung aller Vorzüge und Nachteile ist angesagt, um dem Eisenbahnwesen den notwendigen Platz im Gesamtverkehrswesen Deutschlands im Wettbewerb mit dem Straßen-, Wasser- und Luftverkehr zuordnen zu können.

1501a/b bis 1588a/b

Bo'1 + 1 2'
1923 bis 1954
Techn. Daten: Seite 268

Die Triebzüge 501/5001 bis 640/5140 (Lieferjahre 1905 bis 1913) der PrStB hatten sich im langjährigen Betrieb auf der Hamburger S-Bahn bewährt. Obwohl ursprünglich nur für eine Lebensdauer von sieben bis acht Jahren vorgesehen, rechtfertigte der Erhaltungszustand des Fahrzeugteiles ihren weiteren Einsatz. Bei der elektrischen Ausrüstung, insbesondere beim Antrieb, traten jedoch Schäden auf, die auf eine unzureichende Instandhaltung zurückzuführen waren. Darüber hinaus wurden die Triebzüge stark überbelastet, da in der Zeit nach dem Ersten Weltkrieg die Zahl der Fahrgäste enorm anstieg. Der Schadwagenbestand wuchs stark und erreichte am 5. Dezember 1918 seinen Höhepunkt, als von 140 vorhandenen Triebzügen nur noch 34 einsatzfähig waren. Deshalb erhielten in den Jahren 1923 bis 1925 sämtliche Triebzüge eine verbesserte elektrische Ausrüstung. Dabei wurden insbesondere die dreimotorigen Triebzüge mit nur zwei leistungsstärkeren Fahrmotoren versehen, so daß alle Triebzüge die Radsatzanordnung Bo'1+1 2' hatten. Außerdem wurde die Steuerung umgebaut, indem durch eine Drosselspule der Zugkraftsprung beim Schalten der einzelnen Fahrstufen entfiel, und ferner die Zahl der Fahrstufen auf fünf (neben einer Vorstufe) erhöht wurde. Die Anfahrbeschleunigung betrug 0,4 m/s^2 bis zu einer Fahrgeschwindigkeit von 60 km/h. Der anfangs eingebaute Ölschalter wurde nach einer glimpflich verlaufenen Explosion durch eine Hochspannungssicherung mit Funkenhörnern ersetzt.

Gleichzeitig überarbeitete man bei diesem Umbau den Fahrzeugteil. Durch diese Verbesserung sowie die Anlieferung von Neubautriebzügen konnte am 9. Februar 1925 wieder ein reiner elektrischer Zugbetrieb auf der Stadt- und Vorortbahn aufgenommen werden, und die Verstärkungs-Dampfzüge wurden entbehrlich.

Weitere Veränderungen folgten in den Jahren 1928/1929, indem durch das neugestaltete Signalsystem der Einbau einer mechanischen Fahrsperre erforderlich wurde. Außerdem wurde die Regel-Schraubenkupplung durch die Scharfenberg-Mittelpufferkupplung ersetzt. Im Jahre 1932 wurde die Höchstgeschwindigkeit auf 55 km/h und ein Jahr später auf 60 km/h erhöht, so daß sie den neuen Bauarten entsprach.

Nach dem Umbau blieben die Triebzüge noch lange im Betriebseinsatz. Mit der Anlieferung neuerer

Triebzug der S-Bahn Hamburg nach Umbau *Foto: Archiv BD Hamburg*

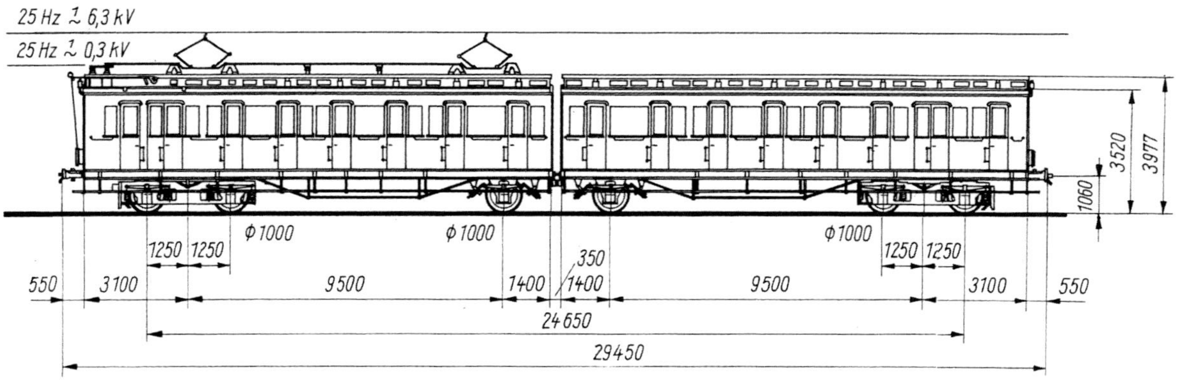

Triebzüge 1501 ff., nach Umbau 1923/1925

Bauarten wurden jedoch die ältesten Fahrzeuge nach und nach zu Personenwagen umgebaut und im Dampfbetrieb eingesetzt.
Die Ausmusterung der Triebzüge begann im Jahre 1942. Im Zweiten Weltkrieg wurden zahlreiche Fahrzeuge zerstört. Die übriggebliebenen 38 Triebzüge waren kaum noch betriebsfähig, jedoch mußten sie vorerst noch als Reservefahrzeug bereitgehalten werden. Sie wurden bis zum Jahre 1954 ausgemustert.
Im Jahre 1946 wurde der Triebzug 1520 a/b als Gepäcktriebzug eingerichtet. Er wurde 1952 ausgemustert.
Ein Triebzug wird derzeitig als Museumstriebfahrzeug durch den „Verein Verkehrsamateure und Museumsbahn e. V. (VVM), Hamburg" aufgearbeitet, nachdem er 1988 bei der DR als Hilfszug des Bw Aue (Sachsen) entdeckt wurde.

Fahrzeugteil

Laufwerk: Trieb- und Laufdrehgestell mit genietetem Rahmen. Gleitradsatzlager. Radsatzfederung Schrauben- und Blattfedern. Wiegenblattfedern bzw. Pendelstützen. Einzelradsätze als freie Lenkradsätze. Gleitradsatzlager. Radsatzfederung Schrauben- und Blattfedern.
Wagenkasten: Untergestell aus Profilträgern genietet, Sprengwerk. Wagenkasten Holzkonstruktion mit verstärkten Ecken. Oberlichtaufbau. Durchgehende Trittstufen. Keine Übergangsmöglichkeit innerhalb und an den Enden des Triebzuges.
Zug- und Stoßvorrichtung: Schraubenkupplung und Hülsenpuffer, ab 1928 selbsttätige Mittelpufferkupplung Bauart Scharfenberg. Innerhalb des Triebzuges Kurzkupplung.
Antrieb: Tatzlagerantrieb. Übersetzungsverhältnis unterschiedlich.
Druckluftanlage: Luftverdichter. Hauptluftbehälter. Hauptluftbehälterleitung (als Bügelleitung mitverwendet).
Bremse: Einlösige Klotzbremse Bauart Kp. Lenkradsätze ungebremst. Spindelhandbremse. Später mechanische Fahrsperre.

Fahrgastraum

Gestaltung: Dem S-Bahn-Verkehr angepaßt.
ET: Führerstand; Gepäckraum; Großraum 3. Klasse mit vier Abteilen; Großraum 2. Klasse mit zwei Abteilen.
ES: Großraum 2. Klasse mit zwei Abteilen; Großraum 3. Klasse mit vier Abteilen; Gepäckraum; Führerstand. Oder: Großraum 2. Klasse mit drei Abteilen; Großraum 3. Klasse mit fünf Abteilen; Führerstand.
An beiden Triebzugenden abschließbare Führerpulte in Abteilen. Keine Toiletten.
Einstieg: Jedes Abteil beidseitig Einfachschlagtür, lichte Weite 600 mm. Zugang über Trittstufen.
2. Klasse: Großräume mit zwei bzw. drei Abteilen und Seitengang. Sitzplatzanordnung 0 + 4; Abteiltiefe 1 865 mm, Sitzplatzbreite 495 mm, Gangbreite 490 mm. Polsterbänke.
3. Klasse: Großräume mit vier bzw. fünf Abteilen und Seitengang, an Triebzugenden Einzelabteile (Führerstand). Sitzplatzanordnung 0 + 4; Abteiltiefe 1 625 mm bzw. 1 640 mm, Sitzplatzbreite 495 mm, Gangbreite 490 mm. Holzbänke.

Gepäckraum: Abteil hinter Führerstand in ET und ES oder nur in ET. Sitzplatzanordnung 0 + 4; Abteiltiefe 1 800 mm, Sitzplatzbreite 495 mm, Gangbreite 490 mm. Holzlattenbänke, klappbar. Beidseitig Einfachschlagtür, durch Zusatzflügel verbreiterbar.
Heizung: Elektrische Widerstandsheizung, 300 V, größte Leistung 14 kW.
Beleuchtung: Glühlampen. Speisung $\overset{1}{\sim}$ 25 Hz, 40 V.

Elektrischer Teil

Anordnung: Größter Teil der elektrischen Ausrüstung außerhalb des Wagenkastens.
Hochspannungsgeräte: Zwei Scherenstromabnehmer. Bügeltrennschalter. Hochspannungssicherung.
Haupttransformator: Öltransformator mit liegendem Kern. Ölselbstumlauf mit äußerer Selbstkühlung in Kühltaschen (BBC) bzw. waagerechte Kühlrohre (Wasseg). Getrennte Wicklungen für Hoch- und Niederspannung, zum Teil auch für Hilfsbetriebe.
Steuerung: Elektromagnetische Niederspannungsschützensteuerung, sechs Stufen (eine Vor- und fünf Fahrstufen). Schaltdrossel. Vielfachsteuerung.
Fahrmotoren: Achtpolige Wechselstromreihenschlußmotoren mit Wendepol- und Kompensationswicklung (Typen ELM 2 und WBM 281). Eigenbelüftet. BBC-Motoren hatten zusätzliche Widerstandsverbinder, die zu einem Widerstandskommutator zusammengefaßt waren.
Hilfseinrichtung: Sicherheitsfahrschaltung.

1589a/b
bis
1645a/b

Bo′ 2′ 2′

1924 bis 1954

Techn. Daten: Seite 249

Die zwischen 1905 und 1913 beschafften Triebzüge für die Hamburger S-Bahn wurden in den Jahren 1923 bis 1925 umgebaut und modernisiert. Da sich jedoch nicht bei allen Fahrzeugen ein Umbau lohnte und zudem noch viele Züge aus Mangel an elektrischen Triebzügen mit Dampflokomotiven gefahren werden mußten, war eine Neubeschaffung unumgänglich. Der Neukonstruktion wurden die Betriebserfahrungen mit den vorhandenen Triebzügen zugrundegelegt. Insbesondere hatte sich gezeigt, daß die Lenkradsätze sich wesentlich stärker abnutzten als die Drehgestellradsätze, was besonders auf die Streckenführung mit den zahlreichen Kurven zurückzuführen war. Beim Ersatz der beiden Einzelradsätze des Triebzuges durch zwei Drehgestelle wäre dieser Mangel zwar behoben, der Triebzug jedoch erheblich verteuert worden, zumal unter Berücksichtigung der vorhandenen Bahnsteiglänge die größte Zuglänge mit 120 m vorgegeben war (d. h. je Triebzug 30 m). Eine gute Lösung bot sich mit einem Mitteldrehgestell an, auf dem sich die beiden Wagenkästen abstützen, womit der Triebzug ein Gelenkwagen wird. Dieses Drehgestell wurde später nach dem „Vater" der Gelenkwagenidee, Baurat Jakobs, als Jakobs-Drehgestell bezeichnet. Die Laufeigenschaften waren sehr gut, wie Versuchsfahrten mit einer Geschwindigkeit von 100 km/h im Jahre 1923 auf der Strecke Görlitz–Hirschberg–Josephinenhütte zeigten, wobei die Triebzüge von Lokomotiven gefahren wurden. Weitere Neuerungen dieser Triebzüge waren der stählerne Wagenkasten und das Tonnendach. Durch unterschiedliche Drehzapfenabstände in den Trieb- und den Steuerwagen erzielte man eine weitere Verbesserung des Fahrzeuglaufes.
Von dieser Baureihe wurden 35 Triebzüge (Bauart 1924) beschafft. Die Konstruktion erfolgte durch Wumag. Der mechanische Teil wurde von Wumag und Eva, der elektrische Teil von BBC und Wasseg gefertigt. Als nahezu unveränderte Nachbauten folgten 17 Triebzüge Bauart 1927, drei Triebzüge Bauart 1932 und zwei Triebzüge Bauart 1933. Ab der Bauart 1932 waren bereits bei Anlieferung Scherenstromabnehmer eingebaut, außerdem Transformatoren mit höherer Leistung (260 kVA) und in den Abteilen eine größere Leistung der elektrischen Heizung.
Alle Triebzüge waren sechsachsige Gelenkzüge, die aus zwei Wagenkästen (ET + ES) bestanden und als Viertelzug bezeichnet wurden.
Diese Triebzüge waren die letzten Wechselstromtriebwagen für das Hamburger S-Bahnnetz. Nach einem längeren gemischten Betrieb mit den Gleichstromtriebzügen der Baureihe ET 171, bei dem die Triebzüge hauptsächlich als Verstärkungszüge dienten, wurden sie ausgemustert, als Personenwagen weiterverwendet oder zu Bahndienst-

Triebzug 831/832 Altona bei der Werksabnahme
Foto: Archiv Waggonbau Görlitz

wagen umgebaut. Zwei Triebzüge wurden 1954 bzw. 1957 zu Gepäcktriebzügen umgebaut (1643 a/b zu ET 174 001, 1642 a/b zu ET 174 002) und verkehrten bis 1966 auf der Hamburger S-Bahn mit dem Stromsystem =1,2 kV. Ein Triebzug wurde zu einem Steuerwagen für Wendezugbetrieb umgebaut (1626 a/b zu ABD6wf 32 911), jedoch dann im Jahre 1962 ausgemustert.
Der Triebzug 1624 a/b wurde restauriert und anläßlich des 75jährigen Jubiläums der Hamburger S-Bahn vorgestellt. Der Triebzug wird vom „Verein Verkehrsamateure und Museumsbahn e. V. (VVM), Hamburg" betreut.

Fahrzeugteil

Laufwerk: Lauf- und Triebdrehgestelle mit genietetem Rahmen. Bei Bauart 1924 Gleitradsatzlager, spä-

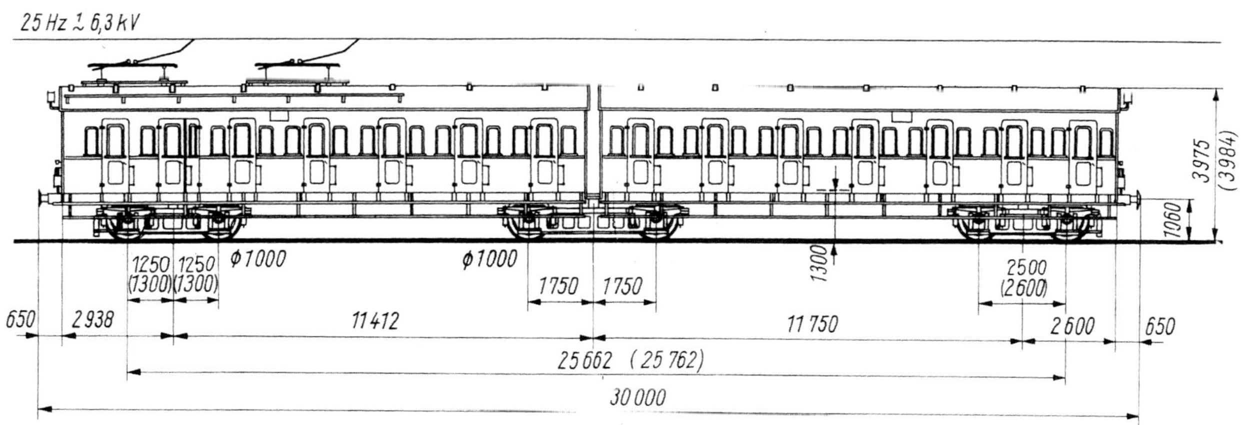

Triebzüge 1589 ff. (Bauart 1924) im Anlieferungszustand, Klammerwerte für einen Teil der Triebzüge

ter durch Wälzradsatzlager ersetzt. Bei Bauarten 1927 bis 1933 Wälzradsatzlager. Radsatzfederung Schrauben- und Blattfedern. Wiegenfederung Blattfedern, teilweise Jakobsdrehgestelle auch ohne Wiegenfederung. Unterschiedliche Radsatzstände im End- und Jakobs-Drehgestell, um gleichmäßige Radsatzfahrmassen zu erzielen. Radsatzstand der Enddrehgestelle bei späteren Lieferungen erhöht.

Wagenkasten: Untergestell aus Profilträgern genietet. Wagenkasten genietete Stahlkonstruktion. Blechverkleidung zur Versteifung herangezogen. Fußboden, Dach, innere Verschalung und Zwischenwände aus Holz. Tonnendach. Durchgehende Trittstufen. Keine Übergangsmöglichkeit innerhalb und an den Enden des Triebzuges.

Zug- und Stoßvorrichtung: Anfangs Schraubenkupplung und Hülsenpuffer, ab 1928 selbsttätige Mittelpufferkupplung Bauart Scharfenberg. Innerhalb des Triebzugs Kurzkupplung (keine Übertragung von Zugkräften über Jakobs-Drehgestell).

Antrieb: Tatzlagerantrieb.

Druckluftanlage: Luftverdichter, Hauptluftbehälter, Hauptluftbehälterleitung.

Bremse: Einlösige Klotzbremse Bauart Kp. Spindelhandbremse. Mechanische Fahrsperre (1928 eingebaut).

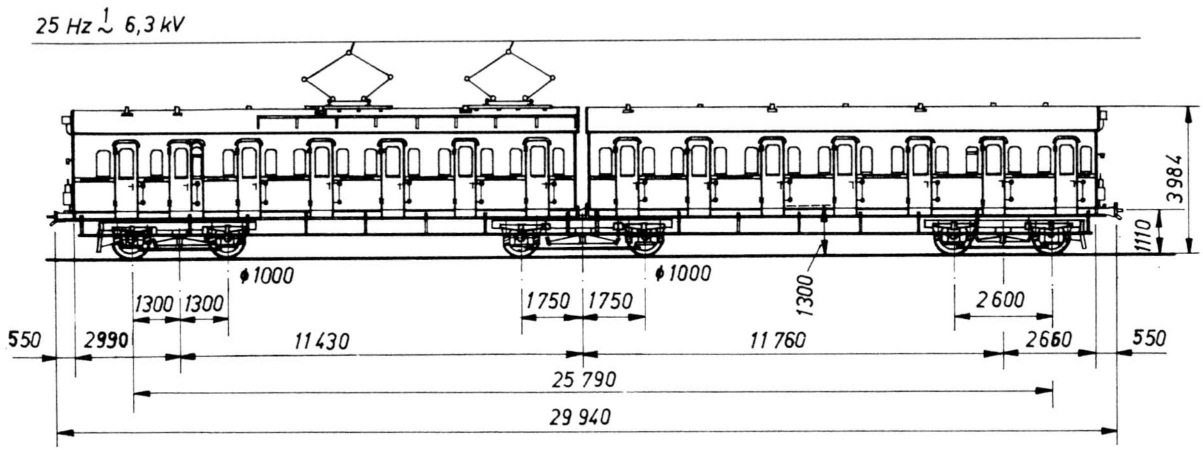

Triebzüge 1624ff. (Bauart 1927, oben)

Triebzüge 1641 bis 1643 (Bauart 1932), Klammerwerte für Triebzüge 1644 und 1645 (Bauart 1933, unten)

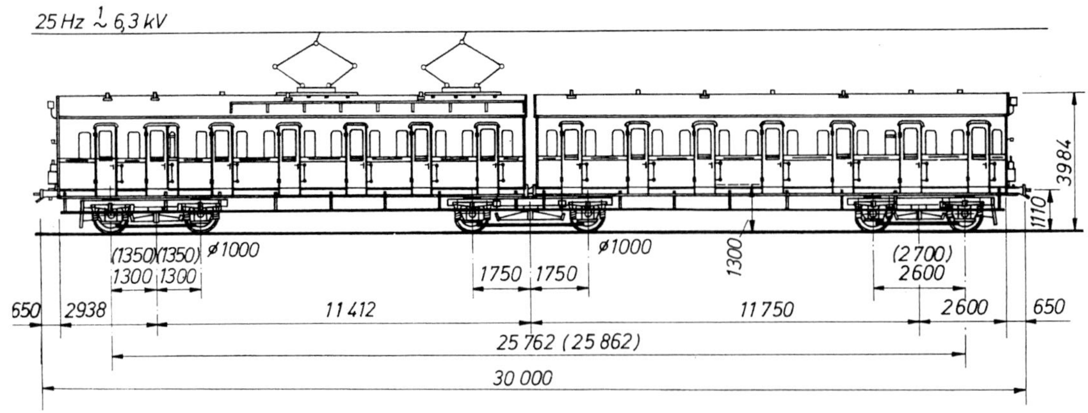

Fahrgastraum

Gestaltung: Dem S-Bahn-Verkehr angepaßt. Durch vergrößerte Abteiltiefe erhöhte Anzahl von Stehplätzen für Spitzenbelastungen geschaffen.
ET: Führerstand; Gepäckraum; Großraum 3. Klasse mit fünf Abteilen.
ES: Großraum 2. Klasse mit vier Abteilen; Großraum 3. Klasse mit zwei Abteilen; Führerstand.
An beiden Triebzugenden verschließbare Führerpulte in Abteilen. Keine Toiletten.
Einstieg: Jedes Abteil beidseitig Einfachschlagtür, lichte Weite 624 mm. Zugang über Trittstufen.
1. Klasse: Großraum mit vier Abteilen und Seitengang. Sitzplatzanordnung 0 + 4; Abteiltiefe 2 033 mm, Sitzplatzbreite 476 mm, Gangbreite 490 mm. Polsterbänke.
2. Klasse: Großraum mit fünf bzw. zwei Abteilen und Seitengang. Sitzplatzanordnung 0 + 4; Abteiltiefe 2 033 mm, Sitzplatzbreite 476 mm, Gangbreite 490 mm. Holzlattenbänke.
Gepäckraum: Abteiltiefe 1 850 mm. Eine Sitzbank mit vier Plätzen. Beidseitig Einfachschlagtür, durch Zusatzflügel erweiterbar. Ladefläche 4,1 m^2.
Heizung: Elektrische Widerstandsheizung.
Beleuchtung: Glühlampen. Speisung $\overset{1}{\sim}$ 25 Hz, 45 V.

Elektrischer Teil

Anordnung: Gesamte elektrische Ausrüstung außerhalb des Wagenkastens.
Trotz der verschiedenen Lieferfirmen Ausrüstung weitgehend einheitlich; AEG und SSW fertigten als Wasseg nach gemeinsamen Zeichnungen; BBC lieferte Transformator, Fahrmotoren und Schütze nach eigenen Entwürfen. Bei Wasseg elektrische Leitungen unter Wagenfußboden, bei BBC blanke Kupferprofile, gegenseitig isoliert und allseitig abgedeckt unter Fußboden befestigt.
Hochspannungsgeräte: Zwei Schleifbügelstromabnehmer bzw. zwei Scherenstromabnehmer. Bügeltrennschalter. Drosselspule. Hochspannungssicherung. Ölschalter, mit Überstromauslösung.
Haupttransformator: Öltransformator in Sparschaltung. Ölselbstumlauf mit äußerer Selbstkühlung mit Kühlrohren (AEG) bzw. Kühltaschen (BBC). Fünf Anzapfungen für Motorstromkreise (106 V bis 212 V bei AEG, 174 V bis 280,5 V bei BBC), eine Anzapfung für Beleuchtung (45 V) und eine für Steuerstrom und Heizung (313 V). Dauerleistung 200 kVA, 240 kVA bzw. 260 kVA.
Steuerung: Elektromagnetische Niederspannungsschützensteuerung. Sechs Schütze. Elektrische Verriegelung über Hilfskontakte. Vielfachsteuerung. Schaltdrossel luftgekühlt.
Fahrmotoren: Achtpolige Wechselstromreihenschlußmotoren mit Wendepol- und Kompensationswicklung (Typ ELM 2). Fahrmotoren beider Bauarten trotz unterschiedlicher Klemmenspannungen und Drehzahlen gleiches Betriebsverhalten. BBC-Motoren hatten zusätzlich Widerstandsverbinder zur Verbesserung der Kommutierung bei der Anfahrt. Eigenbelüftet.
Hilfseinrichtung: Sicherheitsfahrschaltung.

ET 11

Bo′ 2′ + 2′ Bo′
1935 bis 1961
Techn. Daten: S. 269 bis 271

Die DRG gab 1934 drei zweiteilige elektrische Triebzüge für Geschwindigkeiten bis zu 160 km/h in Auftrag. Die Triebzüge waren als Vorstufe für neue Schnelltriebzüge für die Strecke Berlin–Leipzig/Halle–Nürnberg–München gedacht und stellten Versuchsausführungen dar, um die einzelnen Bauteile für die hohen Anforderungen an Geschwindigkeit und Reisekomfort eingehend prüfen zu können. So wurden nur die Wagenkästen einschließlich der Inneneinrichtung gleich gestaltet. Im Fahrbetrieb sollten die Triebzüge auf die praktische Bewährung ihrer technischen Konzeption untersucht werden. Zur Verringerung des Luftwiderstandes bei hohen Fahrgeschwindigkeiten wurden die abgerundete Kopfform und Schürzen auf der gesamten Triebzuglänge vorgesehen, deren günstigste Formen mit Modellen im Windkanal ermittelt wurden.
Wegen der geforderten hohen Beschleunigung im gesamten Geschwindigkeitsbereich hatte man Wert auf eine hohe installierte Leistung gelegt. Außerdem ließ man den Herstellerfirmen bei der Wahl der Bauteile freie Entscheidung, um die beste Lösung zu erhalten.

ET 11 im Anlieferungszustand
Foto: BZA München

Jeder Triebzug bestand aus zwei Triebwagen, die miteinander kurzgekuppelt waren.
Der Triebzug elT 1900 war nach Anlieferung erst auf der Ausstellung „100 Jahre Deutsche Eisenbahnen“ und im Dezember 1935 auf der Fahrzeugparade in Nürnberg.
Die Versuchsfahrten bis ins erste Halbjahr 1936 ergaben, daß die Fahrzeuge den betrieblichen Forderungen vollauf genügten, denn die Höchstgeschwindigkeit wurde nach 150 s erreicht, wobei 4 000 m durchfahren waren. Die mittlere Beschleunigung betrug dabei 0,4 m/s^2 (0 bis 80 km/h) bzw. 0,3 m/s^2 (0 bis 160 km/h). Bei der Höchstgeschwindigkeit war noch eine Endbeschleunigung von 0,16 m/s^2 vorhanden. Bemängelt wurden jedoch die Laufeigenschaften der Drehgestelle bei hohen Geschwindigkeiten.
Die Triebzüge wurden dem Bw München Hbf zugeteilt und verkehrten ab 1. August 1936 im zweitägigen Umlauf als FDt 720/721/722/723 zwischen Stuttgart–München–Berchtesgaden. Im Sommer 1937 wurde wegen zu geringen Verkehrsaufkommens der FDt-Betrieb auf der Strecke München–Berchtesgaden eingestellt. Die Triebzüge waren dann teilweise im normalen Schnellzugverkehr eingesetzt, wie im Sommerfahrplan des Jahres 1938 als Dt 721/722/723/724 zwischen München und Stuttgart. Mit Beginn des Zweiten Weltkrieges endete der planmäßige Einsatz, und sie wurden nur noch zu Sondereinsätzen verwendet. Durch Auslagerung aus dem Großraum München überstanden die Triebzüge die Kriegsereignisse relativ unbeschädigt.
Die Triebzüge gingen in den Bestand der DB über.
Nach dem Einsatz im Sonderverkehr für die amerikanische Besatzungsmacht verkehrten sie 1950/51 als Dt US 716/808 zwischen München und Berchtesgaden, d. h. schon mit einigen Plätzen für den öffentlichen Verkehr. Aus Mangel an

ET 11

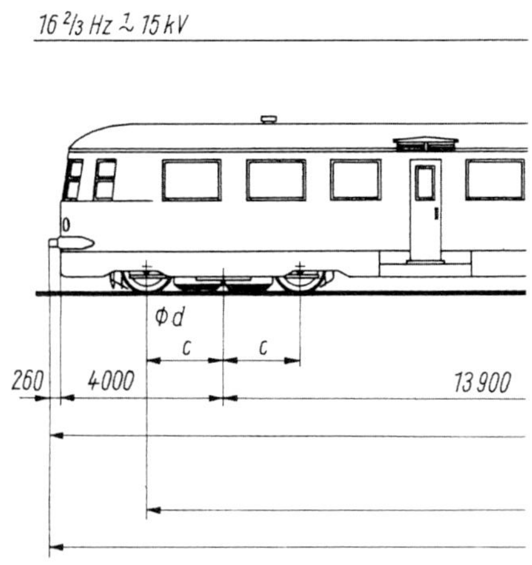

elektrischen Triebwagen setzte die DB diese Triebzüge ab Sommer 1951 in den Sommer- und Winterhauptverkehrszeiten zwischen München und Salzburg, nach Umbau auf normale Zug- und Stoßvorrichtung auch in Doppeltraktion, im regelmäßigen Schnellzugdienst ein. Im Sommer 1951 verkehrten die Triebzüge von München nach Villach über die Tauernbahn, auf der sie eine Reisegeschwindigkeit von 50,5 km/h, damals ein Spitzenwert, erreichten. Die Verschiedenartigkeit des Fahrzeugteils und der elektrischen Ausrüstung wirkten jedoch nachteilig auf den Instandhaltungsaufwand. Deshalb wurden im Jahre 1952 bei der Firma Rathgeber die Triebzüge umgebaut und dabei weitestgehend vereinheitlicht, um einen wirtschaftlichen Betriebseinsatz zu erzielen. So wurden Ausrüstungsteile der Einheitstriebwagen eingebaut und beim ET 11 01 der Buchli-Antrieb durch den Tatzlagerantrieb ersetzt. Dem besseren Betriebseinsatz dienten auch der Umbau auf die Regel-Schraubenkupplung und der Einbau einer Vielfachsteuerung. Außerdem wurden neue Drehgestelle und neue Bremsanlagen eingebaut. Im Jahre 1957 folgte die Veränderung der Fahrgasträume, insbesondere die Einrichtung eines Speiseraumes und die Modernisierung der Beleuchtung.

Ab Sommerfahrplan 1953 erfolgte ein Einsatz als Dt zwischen München und Nürnberg und später als Et von München nach Innsbruck. Aber Probleme bei Steilgefällefahrten mit den Scheibenbremsen beendeten diesen Einsatz. Von September 1957 bis Juni 1958 gehörten die Triebzüge zum Bestand des Bw Frankfurt-Griesheim, dann wieder zum Bw München Hbf.

Als F 29/30 „Münchner Kindl" befuhren die Triebzüge von November 1957 bis Anfang 1959 die Strecke Frankfurt (Main)–Stuttgart–München. Wegen des steigenden Verkehrsaufkommens reichten die zweiteiligen Triebzüge jedoch bald nicht mehr aus, so daß auch in Doppeltraktion gefahren werden mußte. Ab Sommerfahrplan 1959 wurden sie nur noch im Sonderreiseverkehr eingesetzt, im Jahre 1961 abgestellt und letztlich ausgemustert (als letzter Triebzug ET 11 01 a/b Bw München Hbf am 25. September 1961). Der Triebzug ET 11 01 diente von 1961 bis Ende der sechziger Jahre der Elektrotechnischen Versuchsanstalt München im Bundesbahn-Zentralamt München als Bahndienstfahrzeug (ab 1964 Meßwagen Mü 5015, später 723 001, s. S. 245). Danach ging er ohne Transformatoren und Fahrmotoren in die Sammlung der Deutschen Gesellschaft für Eisenbahngeschichte e. V., Karlsruhe (DGEG) über (Standort Neustadt/Weinstraße).

Fahrzeugteil

Laufwerk: Triebdrehgestelle Sonderbauart. Rahmen vollständig ge-

Maß	ET 11 01	ET 11 02	ET 11 03
a	1 100	950	1 100
b	950	950	970
c	1 850	1 800	1 850
d	3 700	3 600	3 700
e	38 765	38 665	38 765

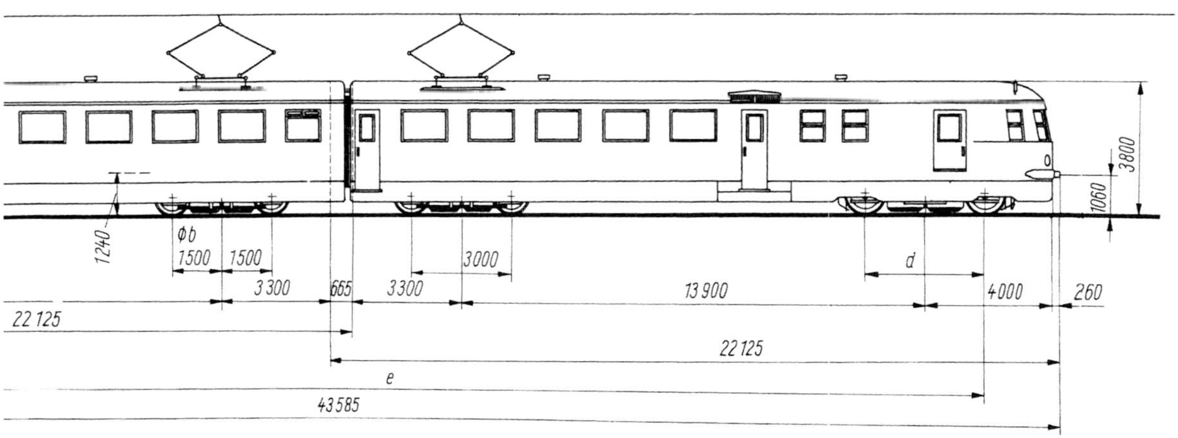

schweißt. Brückenträger der Wiege besonders flach gehalten, da er zwischen Untergestell und Transformator lag. Wälzradsatzlager (ET 11 01 und ET 11 02) bzw. Peyinghaus-Gleitradsatzlager (ET 11 03). Radsatzfederung Schrauben- und Blattfedern. Wiegenfederung Blattfedern. Radsatzstand unterschiedlich. Laufdrehgestelle Bauart Görlitz. Rahmen vollständig geschweißt. Wälzradsatzlager (ET 11 01 und ET 11 02) bzw. Peyinghaus-Gleitradsatzlager (ET 11 03). Radsatzfederung Schrauben- und Blattfedern. Wiegenfederung Blattfedern.

Wagenkasten: Günstigste Wagenform für Luftwiderstand mit Modellen im Windkanal ermittelt. Untergestell aus Blechträgern geschweißt. Hauptquerträger für Triebdrehgestelldrehzapfen besonders kräftig ausgeführt, da er auch den Haupttransformator trägt. Wagenkasten und Dach Schweißkonstruktionen, getrennt hergestellt und beim Zusammenbau verschweißt. Stirnenden stromlinienförmig. Untergestell mit Schürzen verkleidet. Keine vorspringenden Teile (Griffe, Schilder usw.) zur Verringerung des Luftwiderstandes. Türen und Fenster bündig mit Außenhaut. Innerhalb des Triebzuges durch Faltenbalg geschützter Übergang.

Zug- und Stoßvorrichtung: An Stirnenden stromlinienförmig verkleidete Stangenpuffer mit einer Endkraft von nur 80 kN. Zughaken ungefedert. Diese Kupplung war nur für Notfälle vorgesehen. Innerhalb des Triebzugs Schraubenkurzkupplung mit einseitigen Seitenpuffern. Dämpfungseinrichtung im Dach.

Antrieb: Zur Erprobung wurden verschiedene Antriebssysteme ausgeführt.

ET 11 01: BBC-Buchli-Antrieb. Großes Zahnrad mit Antriebsausrüstung auf Hohlwelle angeordnet. Einseitiges Zahnradgetriebe, schrägverzahnt, Großrad gefedert.

ET 11 02: Tatzlagerantrieb. Einseitiges Zahnradgetriebe, schrägverzahnt, Großrad gefedert.

ET 11 03: AEG-Federtopfantrieb. Einseitiges Zahnradgetriebe, schrägverzahnt.

Druckluftanlage: Luftverdichter, Hauptluftbehälter, Hauptluftbehälterleitung. Sandstreueinrichtung.

Bremse: Zur Erprobung verschiedene Bremssysteme eingebaut. Jedes Drehgestell eigene Bremsausrüstung.

ET 11 01 und ET 11 02: Mehrlösige Trommelbremse, Bauart Hikp mit Hikpt-Steuerventil. Bremstrommeln bei Treibradsätzen außen und bei Laufradsätzen innen angeordnet. Magnetschienenbremse. Druckölhandbremse.

ET 11 03: Mehrlösige Klotzbremse Bauart Hikss mit Hikst-Steuerventil. Magnetschienenbremse. Spindelhandbremse.

Fahrgastraum

Gestaltung: Dem Komfort des Schnellverkehrs angepaßt. Aufwendige Gestaltung der Sitzplätze und der Abteilwände (Intarsien). Gepäckablagen über Fenstern an Seitenwänden.

ET a: Führerstand; Gepäckraum; Küche; Anrichte; Einstiegraum; Großraum 2. Klasse mit fünf Abteilen; Einstiegraum.

ET b: Toiletten; Großraum 2. Klasse mit fünf Abteilen; Einstiegraum; Großraum 2. Klasse mit drei Abteilen; Führerstand.

Einstieg: Einfachschiebetüren, lichte Weite 735 mm. Einstieg über vier Trittstufen.

2. Klasse: Großräume mit drei oder fünf Abteilen und Mittelgang. Sitzplatzanordnung 1 + 2; Abteiltiefe 2 000 mm, Sitzplatzbreite 741 mm bzw. 667 mm, Gangbreite 650 mm. Polstersitze.

Gepäckraum: 3 650 mm lang. Beidseitig 1 030 mm breite Einfachschiebetür.

Küche: 1 400 mm lang. Elektrischer Herd, elektrischer Wärmeschrank, elektrischer Warmwasserspeicher. Kühlschrank mit Eiskühlung.

Anrichte: 1 500 mm lang.

Heizung: Selbsttätig regelnde Luftheizung mit Frischluft (ET 11 01) oder mit teilweiser Umluft (ET 11 02 und ET 11 03). Im Sommer zur Belüftung der Fahrgasträume verwendet. Nebenräume Widerstandsheizung.

Beleuchtung: Glühlampen. Zwei Längsleuchtbalken. Spannung =24 V, Batterie mit Hilfsgenerator (ET 11 01), Kupferoxidulgleichrichter (ET 11 02) bzw. Selengleichrichter (ET 11 03) gepuffert.

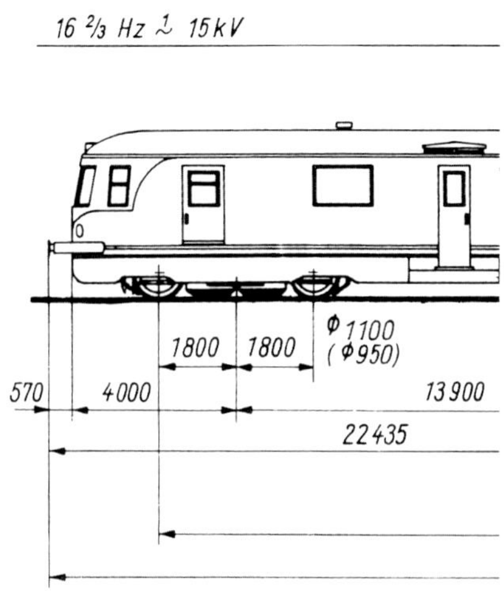

Elektrischer Teil

Anordnung: Gesamte elektrische Ausrüstung außerhalb des Wagenkastens untergebracht. Jeder Wagen eigene Starkstromausrüstung.
Hochspannungsgeräte: Scherenstromabnehmer Sonderbauart HISW (ET 11 01 und ET 11 03), Sonderbauart SBS 36 (ET 11 02). Beide Stromabnehmer über Dachleitung verbunden. Dachtrennschalter. Hochspannungssicherung in Hochspannungskammer am Kurzkupplungsende.
Haupttransformator:
ET 11 01: Öltransformator in Mantelbauweise mit Scheibenwicklung in Sparschaltung (Typ TRB spez.), Ölselbstumlauf mit äußerer Selbstkühlung. Traktionsleistung 410 kVA, Heizleistung 90 kW. Unterspannungsseitig elf Anzapfungen für Motorenstromkreise ($\Delta U = 912$ V) und zwei Anzapfungen für Zugheizung (800 V und 990 V).
ET 11 02: Öltransformator mit liegendem Kern und Scheibenwicklung in Sparschaltung (Typ ELT 12 a), Ölselbstumlauf mit äußerer Selbstkühlung. Traktionsleistung 390 kVA, Heizleistung 90 kW.
ET 11 03: Öltranformator mit liegendem Kern und Scheibenwicklung in Sparschaltung (Typ BLT 109). Ölselbstumlauf mit äußerer Selbstkühlung. Traktionsleistung 390 kVA, Heizleistung 90 kW.
Steuerung: Niederspannungsnokkenschaltwerk, zwölf Fahrstufen, Fortschaltrelais. Schleuderschutz. Drehmagnetantrieb (ET 11 01), Schaltmotor (ET 11 02 und ET 11 03). Steuerspannung $1\sim 16^2/_3$ Hz, 200 V und =24 V. Steuerspannung konnte wahlweise auch dem anderen Triebwagen des Triebzuges entnommen werden. Vielfachsteuerung zwischen Triebzügen nicht vorhanden.
Fahrmotoren:
ET 11 01: Zehnpolige Wechselstromreihenschlußmotoren mit Wendepol- und Kompensationswicklung (Typ EDTM 494 V, später ELM 613 H). Stundenleistung 355 kW. Eigenbelüftet.
ET 11 02 und ET 11 03: Achtpolige Wechselstromreihenschlußmotoren mit Wendepol- und Kompensationswicklung (Typen ELM 10a und ELM 10a[1]). Stundenleistung 255 kW. Eigenbelüftet.
Hilfseinrichtungen: Batterie =24 V, Typ STN 4111, 2 × 190 Ah. Sicherheitsfahrschaltung. Induktive Zugbeeinflussung (teilweise nachträglich eingebaut).

Umbau DB

Fahrzeugteil

Laufwerk: Drehgestellrahmen Schweißkonstruktion. Radsatzlenker, Wälzradsatzlager. Radsatzfederung Blattfedern (bei Triebgestell des ET 11 02 zusätzlich Schraubenfedern). Wiegenfederung Schraubenfedern. Stoßdämpfer.
Zug- und Stoßvorrichtung: An Triebzugenden Schraubenkupplung und Hülsenpuffer.

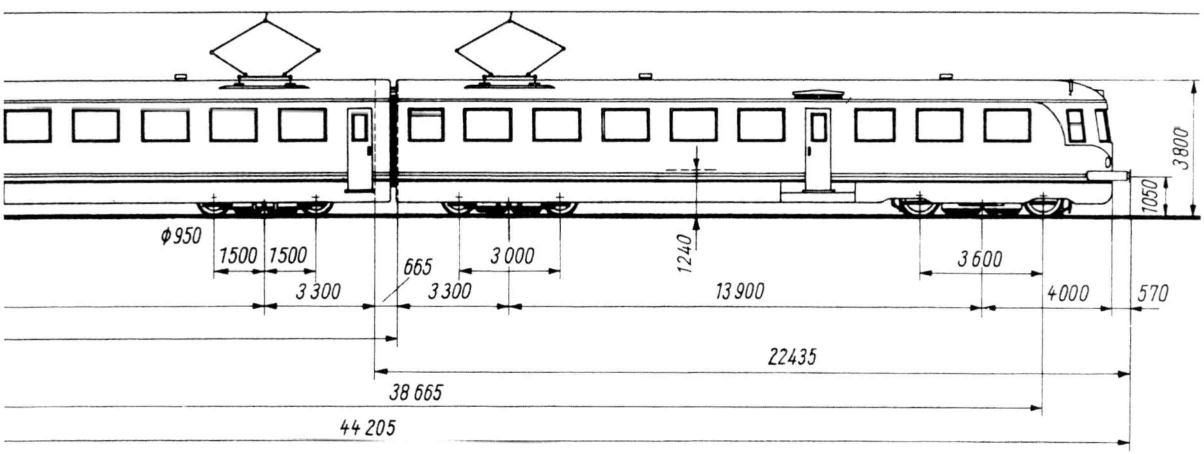

ET 11 01 bis ET 11 03, nach Umbau 1950, Klammerwert für ET 11 02

Antrieb: *ET 11 01:* Ab 1955 Tatzlagerantrieb, einseitiges schrägverzahntes Getriebe, Großrad gefedert.
Bremse: Alle Triebzüge mehrlösige Klotzbremse Bauart Hikss. Spindelhandbremse. Magnetschienenbremse.

Fahrgastraum

Gestaltung: Dem Fernschnellverkehr angepaßt.
Triebwagen a: Führerstand; Gepäckraum; Küche; Einstiegraum; Speiseraum: Großraum 1. Klasse mit zwei Abteilen; Einstiegraum.
Triebwagen b: Toiletten; Großraum 1. Klasse mit fünf Abteilen; Einstiegraum; Großraum 1. Klasse mit drei Abteilen; Führerstand.
1. Klasse: Großräume mit zwei, drei bzw. fünf Abteilen und Mittelgang. Sitzplatzanordnung 1 + 2; Abteiltiefe 2 000 mm, Sitzplatzbreite 741 mm bzw. 667 mm, Gangbreite 650 mm. Polstersitze.
Speiseraum: Großraum mit drei Abteilen und Mittelgang. Sitzplatzanordnung 1 + 2; Abteiltiefe 2 010 mm bis 2 020 mm.
Küche: Mit Anrichte 3 650 mm lang.
Gepäckraum: 2 925 mm lang. Beidseitig Einfachschiebetür, lichte Türweite 1 030 mm.
Heizung: Luftheizung, selbsttätige Regelung. Im Sommer zur Belüftung der Fahrgasträume verwendet. Nebenräume Widerstandsheizung.
Beleuchtung: Leuchtstofflampen, von Turbowechselrichter (100 Hz, 200 V) gespeist.

Elektrischer Teil

Hochspannungsgeräte: Scherenstromabnehmer HISW durch SBS 39 ersetzt, ab 1958 Bauart DBS 54.
Haupttransformator: Einheitsbauart mit 410 kVA (Typen TRB spez, ELT 12 a und BLT 109).
Steuerung: Vielfachsteuerung von drei Triebzügen.
Fahrmotor:
ET 11 01 und ET 11 02: Achtpolige Wechselstromreihenschlußmotoren mit Wendepol- und Kompensationswicklung (Typen EDTM 494 V, ELM 316 H und ELM 10 a). Eigenbelüftet mit Zusatzfremdbelüftung.
ET 11 03: Achtpolige Wechselstromreihenschlußmotoren mit Wendepol- und Kompensationswicklung (Typ ELM 10 a^1). Eigenbelüftet mit Zusatzfremdbelüftung.
Hilfseinrichtungen: Batterie =24 V, 2 × 195 Ah. Zeit-und wegabhängige Sicherheitsfahrschaltung. Induktive Zugbeeinflussung.

ET 25
ET 25^1

DB 425/825
DR 285.0

Bo′2′ + 2′ Bo′
Bo′2′ + 2′2′ + 2′Bo′

1935 bis 1986

Techn. Daten: S. 271 bis 273

1932 entschloß sich die DRG, nach den vielen Bauarten von Wechselstromtriebwagen eine Typenreihe mit Einheitsausrüstungen zu schaffen. Als erste Baureihe wurde der ET 25 in den Jahren 1935 bis 1938 ausgeliefert. Es werden drei Lieferungen innerhalb der Baureihe unterschieden (1935 21 Triebzüge ET 25 und 11 Triebzüge ET 25^1, 1936 4 Triebzüge ET 25, 1938 3 Triebzüge ET 25), wobei die Baureihe ET 25^1 einschließlich ES 25^1 nur die 3. Wagenklasse enthält.

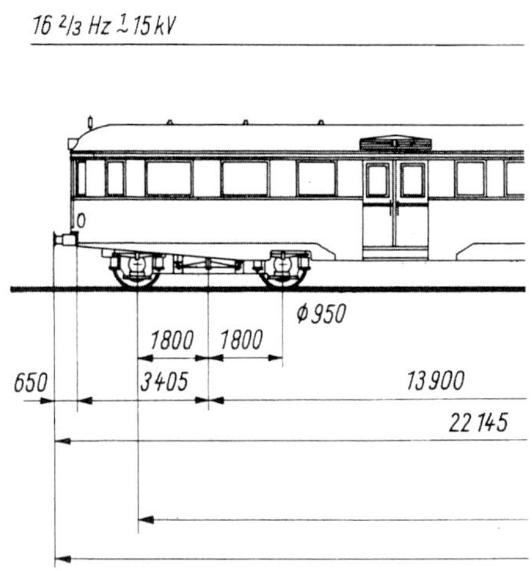

Der Triebzug bestand aus zwei miteinander kurzgekuppelten Triebwagen. Steuerwagen wurden bei der ersten Lieferung mitbeschafft. Der Triebzug sollte im Schnell- und Eilzugdienst mit einer Höchstgeschwindigkeit von 120 km/h verkehren. Bis zu 30 Prozent der Höchstgeschwindigkeit war eine Beschleunigung von 0,65 m/s^2 und bei 70 Prozent eine von 0,4 m/s^2 gefordert. Im Personenzugdienst mußte mit 60 t Anhängemasse (Steuerwagen) je Triebzug bei einer höchsten Fahrgeschwindigkeit von 90 km/h gefahren werden. Die Beschleunigungen waren bei analogen Bezugsgeschwindigkeiten 0,4 m/s^2 und 0,23 m/s^2. Das Betriebsprogramm sah auf der Strecke Stuttgart–Ulm (93,3 km, darin Geislinger Steige mit 22,5 ‰) im Schnellzugdienst bei zwei Zwischenhalten von je 1 min eine kürzeste Reisezeit von 66 min und im Personenzugdienst bei 26 Zwischenhalten 122 min Reisezeit vor.

Die Triebzüge der Baureihe ET 25 erfüllten die Erwartungen und waren richtungweisend für die Entwicklung der folgenden Einheitstriebzüge (ET 31). Augenfällig war das gute Anfahrvermögen infolge der hohen Überlastbarkeit der Fahrmotoren. So wurden im Schnellzugdienst schon nach etwa 90 s die Höchstgeschwindigkeit (durchfahrene Strecke: 1 860 m) und im Personenzugdienst nach 81 s 90 km/h (durchfahrene Strecke: 1 120 m) erreicht. Der Einsatz erfolgte als Einzeltriebzug sowie mit einem oder zwei Steuerwagen wie auch in Doppeltraktion. Auch wurden Regelwagen (z. B. Postwagen) angehängt.

Die Anlieferung erfolgte bei den ET 25 an die Bahnbetriebswerke Basel Badischer Bf (2 Triebzüge), Breslau Freiburger Bf (5), Esslingen (2), Leipzig Hbf West (2), Magdeburg (2), Nürnberg Hbf (3) und Tübingen (12) sowie bei den ET 25^1 an das Bw München Hbf (11). Während des Betriebseinsatzes gab es teilweise häufige Wechsel der Bahnbetriebswerke, wobei auch weitere Bw hinzukamen.

Der Triebzug 1849 a/b war für die Wiesentalbahn der damaligen RBD Karlsruhe bestimmt (Bw Basel Badischer Bf).

Im Jahre 1942 wurden die Triebzüge ET 25 024 (ex 1827 a/b) und ET 25 028 (ex 1849 a/b) zu den Triebzügen ET 55 05 und ET 55 06 umgebaut.

Nach dem Krieg waren nur noch 18 Triebzüge und 26 Steuerwagen vorhanden. Als in den ersten Nachkriegsjahren bei der DB ein großer Mangel an elektrischen Triebwagen bestand, baute man 1945 als Notlösung zwei Triebzüge der Baureihe ET 25 mit nur einem elektrisch betriebsfähigen Triebwagen auf und bezeichnete sie als ET/ES 26 101 und ET/ES 26 102 (s. S. 190). Sie wurden bis 1952 wieder in normale Triebzüge ET 25 umgebaut.

Im Jahre 1948 beschlossen die Südwestdeutschen Eisenbahnen, die 1947 auf dem Territorium der französischen Besatzungszone gegründete „Betriebsvereinigung der Südwestdeutschen Eisenbahnen“, ei-

ET 25 und ET 25^1

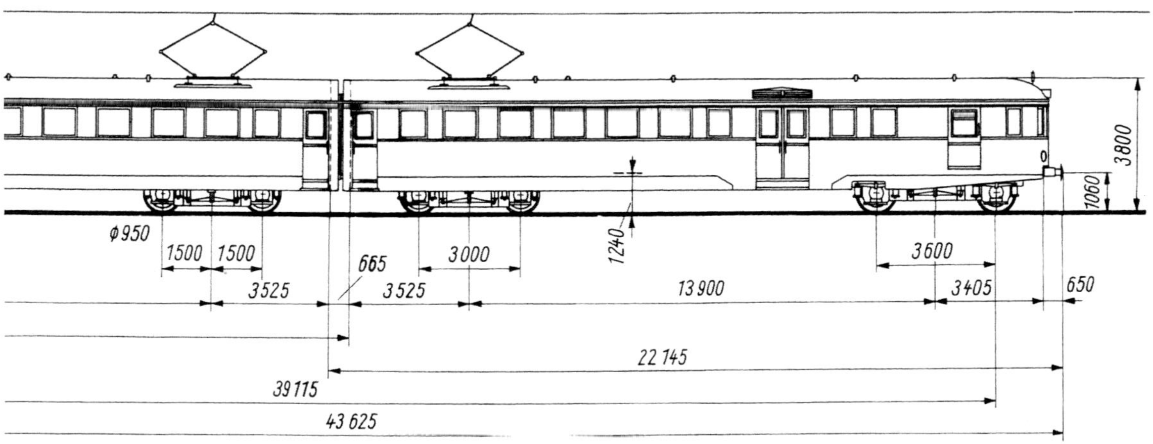

Triebzug der Baureihe ET 25
Foto: Rbd Halle

nen kriegsbeschädigten Triebzug (ET 25 026) zu einem 50-Hz-Triebzug umzurüsten (ET 255 01 der Höllentalbahn; s. S. 196). Einen weiteren Triebzug (ET 25 025) übernahm die SNCF, die ihn für 50-Hz-Versuche umbaute und dann im Jahre 1949 in Savoien einsetzte (Triebzug Z 9053 + Z 9054).
Im Schadwagenpark der DR befanden sich nach dem Zweiten Weltkrieg der Triebzug ET 25 012 und der Steuerwagen ES 25 008. Der Triebzug wurde in den Jahren zwischen 1957 und 1959 wiederhergestellt und der Steuerwagen zu einem Mittelwagen umgebaut; so entstand ein dreiteiliger Triebzug. Die Umbauarbeiten am ehemaligen Steuerwagen waren, insbesondere an beiden Stirnseiten, sehr umfangreich. Die ersten Probefahrten erfolgten als zweiteiliger Triebzug.
Der Triebzug war im Bw Leipzig Hbf West beheimatet und verkehrte vorrangig im Personenzugdienst, aber auch im Schnellzugdienst auf den Strecken von Leipzig nach Erfurt, Magdeburg und Zwickau. Der Fahrzeugkasten war weinrot gespritzt, eine damals noch nicht übliche Farbgebung für Triebwagen, so daß der Triebzug im Volksmund die Bezeichnung „Roter Dessauer" erhielt.
Der Triebzug wurde im Jahre 1972 ausgemustert, da er als Einzelfahrzeug keinen wirtschaftlichen Einsatz ermöglichte. Die Wagenkästen werden heute noch als Lager- und Werkstattraum genutzt.
Die Triebzüge der DB wurden zügig wieder aufgebaut, zum Teil durch die Industrie (z. B. PAW WMD = Privat-Ausbesserungswerk WMD). Dabei wurde der Triebzug ET 25 001″ aus den Wagen ET 25 109 a und ET 25 110 b aufgebaut und mit Abteilen 1. Klasse ausgerüstet. Ab Sommerfahrplan 1950 wurden die Triebzüge ET 25 (d. h. mit 1.-Klasse-Abteilen) im Fernverkehr eingesetzt (München–Salzburg und München–Berchtesgaden), ab Sommer 1951 als Städteschnellverkehrszüge ST 950/951 München–Augsburg. DIe DB baute in den Jahren 1951 und 1955 die Triebzüge ET 25 004 und ET 25 027 zu den Triebzügen ET 55 07 und ET 55 08 um. In den Jahren 1963 bis 1966 wurden die bei der DB verbliebenen 17 Triebzüge der Baureihe ET 25 mit den Steuerwagen im Ausbesserungswerk Stuttgart-Bad Cannstatt zu dreiteiligen Triebzügen umgebaut und modernisiert.

Dabei entstanden

ETa/EM/ETb	aus ETa/ETb	und ES
25 001″	25 001″[1]	25 111
25 002	25 002	25 133
25 003	25 003	25 107
25 006	25 006	25 131
25 007	25 007	25 122
25 008	25 008	25 113
25 010	25 010	25 114
25 015	25 015	25 116
25 016	25 016	25 103
25 017	25 017	25 112
25 018	25 018	25 120
25 019	25 019	25 128
25 020″	25 020″[2]	25 134
25 021″	25 021″[3]	25 124
25 022″	25 022″[4]	25 117
25 023″	25 105″[5]	25 102
25 024″	25 108″	25 130

Die Triebzüge waren in den Bw Heidelberg und Stuttgart und später im Bw Tübingen beheimatet.
Seit September 1963 war der Triebzug ET 25 020 als Versuchsfahrzeug für eine Thyristoranschnitt-

[1] ETa/ETb 25 001″ ex ETa 25 109 + ETb 25 110
[2] ETa/ETb 25 020″ ex ETa/ETb 25 103
[3] ETa/ETb 25 021″ ex ETa/ETb 25 104
[4] ETa/ETb 25 022″ ex ETa/ETb 25 102
[5] ETa/ETb 25 105″ ex ET/ES 26 102 (ex ETa 25 001 + ETb 25 105)

steuerung im regelmäßigen Reisezugdienst eingesetzt.
In den Jahren 1983 bis 1986 wurden die Triebzüge ausgemustert (letzte Triebzüge 425 103 und 425 120 Bw Tübingen am 31. Januar 1986). Der Triebzug ET 25 015 a/EM 25 015/ ET 25 015 b wird als einsatzfähiges Museumsfahrzeug der DB (Verkehrsmuseum Nürnberg; Betreuung Bw Haltingen) erhalten. Den Triebzug 425 120/825 020/425 420 kaufte die Oensingen-Balsthal-Bahn (OeBB) in der Schweiz (dazu den Triebwagen 425 110 als Ersatzteilspender).

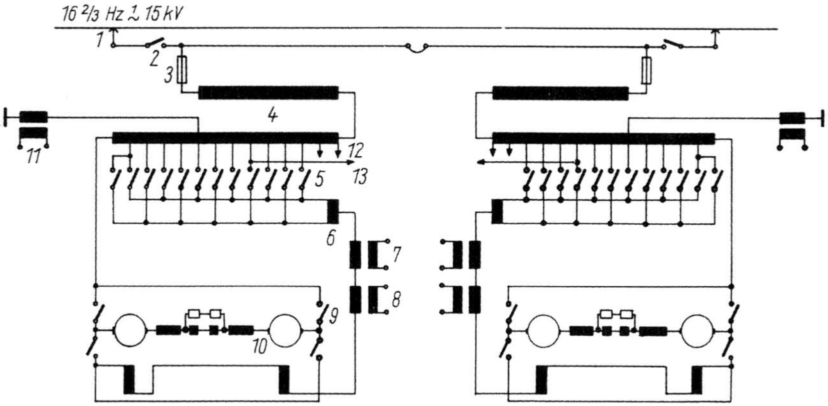

1 – Stromabnehmer
2 – Dachtrennschalter
3 – Hochspannungssicherung
4 – Haupttransformator
5 – Nockenschaltwerk
6 – Stromteiler
7 – Stromwandler
8 – Fortschaltstromwandler
9 – Richtungsschütze
10 – Fahrmotoren
11 – Erdstromwandler
12 – Anzapfungen für Zugheizung
13 – Anzapfung für Hilfsbetriebe

Fahrzeugteil

Laufwerk: Drehgestelle Bauart Görlitz III leicht. Rahmen vollständig geschweißt. Brückenträger der Wiege des Triebdrehgestells besonders flach ausgebildet, da er zwischen Untergestell und Transformator lag. Peyinghaus-Gleitradsatzlager. Radsatzfederung Schrauben- und Blattfedern, Wiegenfederung Blattfedern. Laufradsätze mit Hohlachsen.
Wagenkasten: Untergestell aus Profilträgern geschweißt. Hauptquerträger für Triebdrehgestellzapfen besonders kräftig ausgeführt, da an ihm der Haupttransformator hing. Innenliegende Trittstufen der Einstiege erforderten besondere Rahmenkonstruktion. Wagenkasten aus Profilstahl und Stahlblech geschweißt. Stirnenden abgerundet. Schürzen verkleideten Untergestell. Innerhalb Triebzug durch Faltenbalg geschützter Übergang. An Stirnenden offene Übergangsbrükken für Personal (nur ET 25).
Zug- und Stoßvorrichtung: Schraubenkupplung und Hülsenpuffer. Innerhalb des Triebzugs Schraubenkurzkupplung mit einseitigen Seitenpuffern. Dämpfungseinrichtung aus Blattfedern im Dach.
Antrieb: Tatzlagerantrieb, einseitiges schrägverzahntes Getriebe, Großrad gefedert (nur bei einem Teil der Triebzüge).
Druckluftanlage: Luftverdichter, Hauptluftbehälter, Hauptluftbehälterleitung. Elektropneumatische Sandstreueinrichtung.
Bremse: Mehrlösige Trommelbremse Bauart Hikpt mit acht Bremszylindern je Drehgestell. Bremstrommeln auf Treibradsätzen außen und auf Laufradsätzen innen angeordnet. Zusatzbremse wirkte auf alle Bremszylinder des Triebzuges. Druckölhandbremse.

Fahrgastraum

Gestaltung: Dem Kurzstrecken-Schnellzugverkehr angepaßt.
ETa: Führerstand; Gepäckraum; Traglastenraum; Einstiegraum; Großraum 3. Klasse mit sechseinhalb Abteilen; Einstiegraum.
ETb (ET 25): Einstiegraum; Großraum 3. Klasse mit sechseinhalb Abteilen; Einstiegraum; drei Abteile 2. Klasse; Führerstand.
ET b (ET 25[1]): Einstiegraum; Großraum 3. Klasse mit sechseinhalb Abteilen; Einstiegraum; drei Abteile 3. Klasse; Führerstand.
Einstieg: In Seitenwand Doppelschiebetür und an Kurzkupplungsende Einfachschiebetür, lichte Weite 1 346 mm bzw. 640 mm. Zugang über drei Trittstufen. Zwischen den großen Einstiegräumen und den Fahrgastabteilen eine Trittstufe.
2. Klasse: Geschlossene Abteile und Seitengang. Sitzplatzanordnung 0 + 3; Abteiltiefe 1 810 mm bzw. 1 850 mm, Sitzplatzbreite 675 mm, Gangbreite 780 mm. Polstersitze.
3. Klasse: Großräume mit sechseinhalb Abteilen und Mittelgang. Sitzplatzanordnung 2 + 3; Abteiltiefe 1 550 mm, Sitzplatzbreite

16 2/3 Hz ~ 15 kV

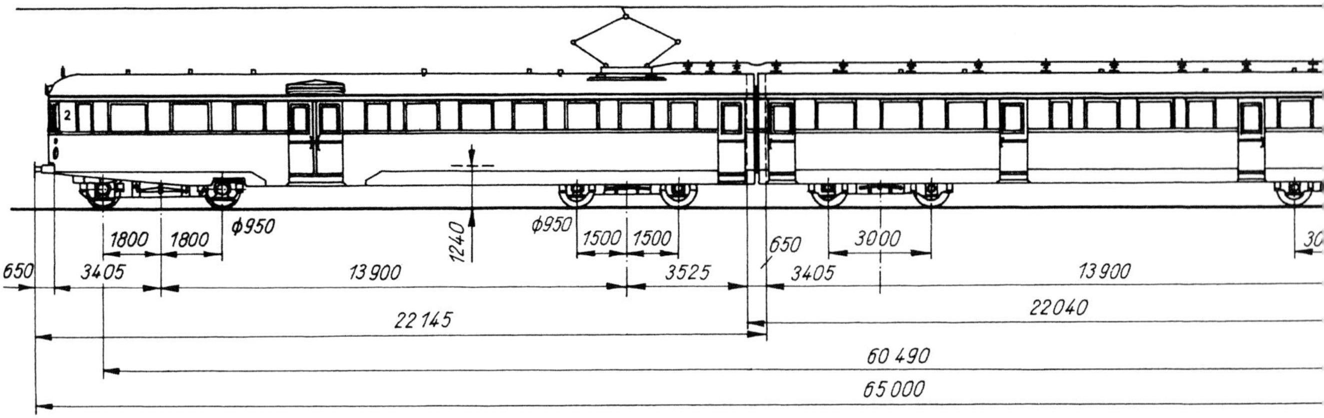

470 mm bzw. 480 mm, Gangbreite 460 mm. Polsterbänke.

Bei ET 25[1] auch geschlossene Abteile und Seitengang. Sitzplatzanordnung 0 + 4; Abteiltiefe 1 810 mm bzw. 1 850 mm, Sitzplatzbreite 508 mm, Gangbreite 780 mm. Polsterbänke.

Traglastenabteil: 2 725 mm lang. Sechs Sitzbänke mit je zwei Sitzplätzen.

Gepäckraum: 2 725 mm lang. Beidseitig breite Einfachschiebetür.

Heizung: Elektrische Widerstandsheizung. Anfangs selbsttätige Regelung, später Steuerung durch Heizschütze.

Beleuchtung: Glühlampen. Spannung =24 V. Batterie mit Hilfsgenerator oder mit Selen- bzw. Kupferoxidulgleichrichtern gepuffert.

Triebzug 1849 a/b: Zu Versuchszwecken mit abweichender Türanordnung und mit größerer Anzahl von Schiebetüren (in Wagenmitte Doppelschiebetüren mit lichter Weite von 850 mm, an Kurzkuppelende Einfachschiebetür mit lichter Weite von 640 mm). Zusätzliche Einstiegräume verringerten Platzangebot. 2. Klasse mit Mittelgang (Sitzplatzanordnung 1 + 2, Abteiltiefe 1 860 mm, Sitzplatzbreite 720 mm, Gangbreite 667 mm).

Elektrischer Teil

Anordnung: Gesamte elektrische Ausrüstung außerhalb des Wagenkastens. Trotz vieler Lieferfirmen einheitliche Bauteile, um technische

16 2/3 Hz ~ 15 kV

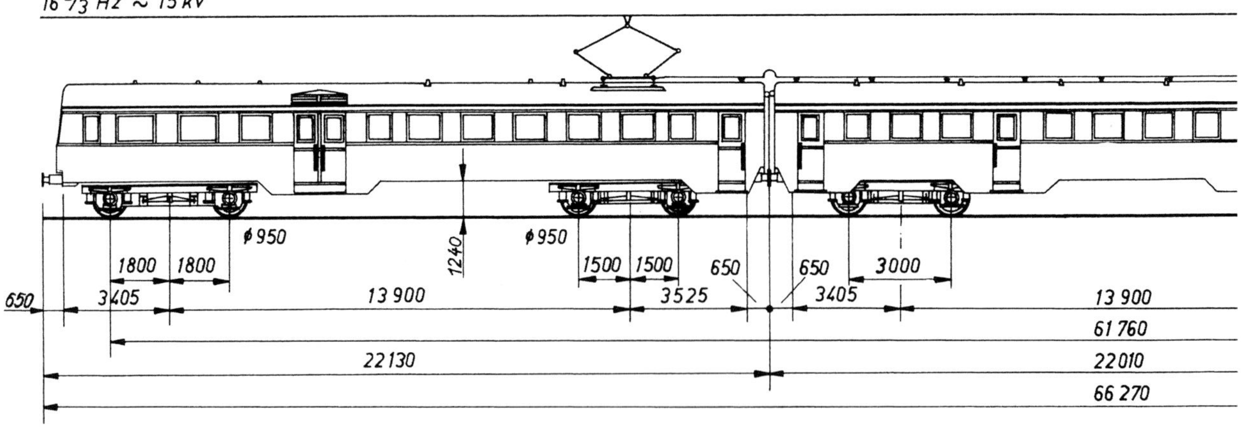

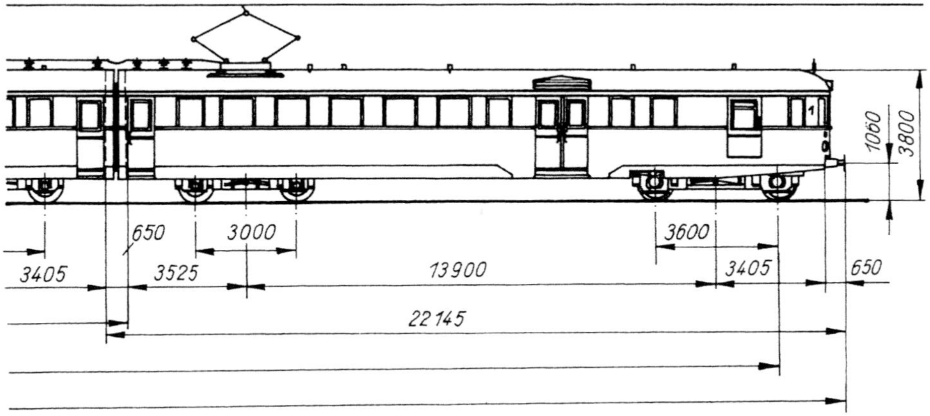

Baureihe 285.0

Zusammenarbeit und Austauschbarkeit zu gewährleisten.
Hochspannungsgeräte: Scherenstromabnehmer SBS 9 bzw. SBS 10. Dachtrenn- bzw. Dachumschalter. Hochspannungssicherung in Hochspannungskammer am Kurzkupplungsende (1. Lieferung) oder auf Dach (2. und 3. Lieferung).
Haupttransformator: Öltransformator in Kernbauweise und Scheibenwicklung in Sparschaltung (Typen ELT 11, ELT 12 und BLT 109) oder Mantelbauweise und Scheibenwicklung in Sparschaltung (Typ TRB). Ölselbstumlauf mit äußerer Selbstkühlung. 12 Anzapfungen für Motorstromkreise (größte Lastspannung 710 V, ab 2. Lieferung 870 V) und zwei Anzapfungen für Zugheizung. Traktionsleistung 330 kVA bis 410 kVA, Heizleistung 90 kW.
Steuerung: Niederspannungsnokkenschaltwerk mit 12 Stufenschaltern, Fortschaltrelais (Einstellwert veränderte sich mit Fahrstufen). Schleuderschutz. Schaltwerkantrieb durch Motor (AEG, SSW) oder Drehmagnet (BBC). Trennschütze (dienten auch als Richtungsschütze). Stromteiler in besonderem ölgekühlten Gefäß. Steuerspannung $\overset{1}{\sim}$ $16^{2}/_{3}$ Hz, 200 V, teilweise auch =24 V (SSW, BBC). Steuerspannung konnte auch dem zweiten Triebwagen des Triebzuges entnommen werden. Vielfachsteuerung von drei Triebzügen.
Fahrmotoren: Achtpolige Wechselstromreihenschlußmotoren mit Wendepol- und Kompensationswicklung. BBC verwendete verbes-

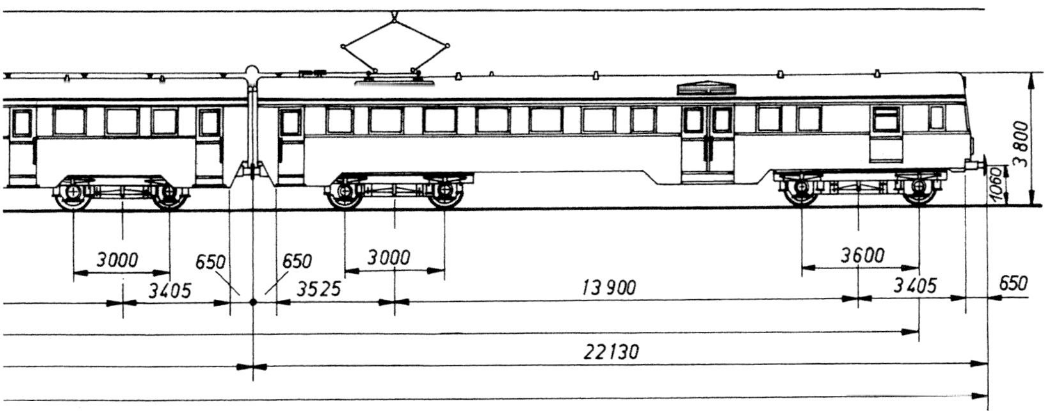

Baureihe 425/825

serte Fahrmotoren der Baureihe ET 65 (Typ EDTM 494), während AEG und SSW eine Neukonstruktion (Typ ELM 10a) einbauten.
Elektrische Bremse: Versuchsweise in einigen Triebzügen eingebaut. Verschiedene Bauformen: Nutzbremse (SSW, ET 25 005), fahrdrahtunabhängige gleichstromerregte Widerstandsbremse (BBC, ET 25 023), fahrdrahtabhängige wechselstromerregte Widerstandsbremse (AEG, ET 25 003).
Hilfseinrichtung: Sicherheitsfahrschaltung.

Steuerwagen ES 25 und ES 25[1]

Techn. Daten: Seite 300

Fahrzeugteil: Analog Triebwagen.
Fahrgastraum: Führerstand nur an einem Wagenende. Ansonsten 2./3. Klasse-Wagen (ES 25) oder reine 3.-Klasse-Wagen (ES 25[1]). Drei Einfachschiebetüren je Wagenseite, lichte Weite 655 mm.
Elektrischer Teil: Auch für Baureihe ET 55 einsetzbar.

Umbau DR

Fahrzeugteil

Wagenkasten: Übergangsbrükken an Stirnenden ausgebaut. Untergestell und Wagenkasten des Mittelwagens an Wagenenden umgestaltet.
Antrieb: Tatzlagerantrieb, einseitiges schrägverzahntes Getriebe, Großrad gefedert.

Fahrgastraum

Gestaltung: Dem Kurzstrecken-Schnellverkehr angepaßt.
ETa: Führerstand; Gepäckraum; Traglastenraum; Einstiegraum; Großraum 2. Klasse mit sechseinhalb Abteilen; Einstiegraum.
EM: Einstiegraum; Großraum 2. Klasse mit drei Abteilen; Einstiegraum; Großraum 2. Klasse mit drei Abteilen; Einstiegraum mit Toiletten; Großraum 2. Klasse mit drei Abteilen; Einstiegraum.
ET b: Einstiegraum; Großraum 2. Klasse mit sechseinhalb Abteilen; Einstiegraum; drei Abteile 1. Klasse; Führerstand.
Einstieg: Bei ET in Seitenwandmitte Doppelschiebetür und an Kurzkupplungsende Einfachschiebetür, bei EM vier Einfachschiebetüren gleichmäßig verteilt. Lichte Türweite 750 mm. Zugang über drei Trittstufen. Zwischen den großen Einstiegräumen und den Fahrgastabteilen ist eine Trittstufe angebracht.
1. Klasse: Geschlossene Abteile mit Seitengang. Sitzplatzanordnung 0 + 3; Abteiltiefe 1 810 mm, Sitzplatzbreite 770 mm, Gangbreite 780 mm. Polstersitze.
2. Klasse: Großräume mit drei und sechseinhalb Abteilen und Mittelgang. Sitzplatzanordnung 2 + 2; Abteiltiefe 1 550 mm bzw. 1 855 mm, Sitzplatzbreite 550 mm, Gangbreite 631 mm. Polsterbänke.
Heizung: Elektrische Widerstandsheizung. Selbsttätige Regelung durch Temperaturfühler.
Beleuchtung: Glühlampen, Spannung =110 V. Batterie mit Umformer gepuffert.

Elektrischer Teil

Anordnung: Gesamte elektrische Ausrüstung außerhalb des Wagenkastens.
Hochspannungsgeräte: Scherenstromabnehmer SBS 10, später RBS 58. Dachtrennschalter. Hochspannungssicherung in Hochspannungskammer am Kurzkupplungsende.
Haupttransformator: Öltransformator in Kernbauweise und Sparschaltung (Typ BLT 109).
Steuerung: Niederspannungsnokkenschaltwerk mit zwölf Stufenschaltern, Fortschaltrelais. Schleuderschutz. Schaltwerkantrieb durch Motor. Steuerspannung =110 V und =24 V. Vielfachsteuerung.
Fahrmotoren: Achtpolige Wechselstromreihenschlußmotoren mit Wendepol- und Kompensationswicklung (Typ ELM 10b). Eigenbelüftet.
Hilfseinrichtungen: Sicherheitsfahrschaltung. Fremdeinspeisung 1~50 Hz, 220 V für Steckdosen der Fahrzeugreinigung und Beleuchtung. Steuerspannungsumformer mit Einphasen-Asynchronmotor und zwei Gleichstromgeneratoren.

Umbau DB

Fahrzeugteil

Laufwerk: Laufradsätze mit Vollachsen.
Wagenkasten: Stirnenden abgeschrägt. An Stirnenden keine Übergangsmöglichkeit. Innerhalb Triebzug durch Gummiwülste geschützte Übergänge.
Zug- und Stoßvorrichtung: Schraubenkupplung, Hülsenpuffer. Innerhalb Triebzug Schraubenkurzkupplung mit einseitigen Puffern.
Antrieb: Tatzlagerantrieb, einseitiges schrägverzahntes Getriebe. Großrad gefedert.
Druckluftanlage: Spurkranzschmierung.
Bremse: Triebzug ET 25 108 ab 1954 versuchsweise Scheibenbremse. Triebzug 425 119/425 419 ab 1977 KE-Bremse.

Triebzug der Baureihe 425/825
Foto: AEG

Fahrgastraum

Gestaltung: Dem Personennahverkehr angepaßt.
Triebwagen 425.1: Führerstand; Gepäckraum; Traglastenraum; Einstiegraum; Großraum 2. Klasse mit sechseinhalb Abteilen; Einstiegraum.
Mittelwagen 825: Einstiegraum; Großraum 2. Klasse mit drei Abteilen; Einstiegraum; Großraum 2. Klasse mit drei Abteilen; Einstiegraum.
Triebwagen 425.4: Einstiegraum; Großraum 2. Klasse mit sechseinhalb Abteilen; Einstiegraum; drei Abteile 1. Klasse; Führerstand.
Einstieg: In Triebwagen eine Doppel- und eine Einfachschiebetür, in Mittelwagen vier Einfachschiebetüren, lichte Türweite 780 mm. Zugang über Trittstufen. Elektropneumatische Türschließeinrichtung sperrt Tür nach Schließvorgang auf einstellbare Dauer (meist 16 s).
1. Klasse: Geschlossene Abteile mit Seitengang. Sitzplatzanordnung 0 + 3; Abteiltiefe 1 810 mm, Sitzplatzbreite 770 mm, Gangbreite 780 mm. Polstersitze.
2. Klasse: Großräume mit drei bzw. sechseinhalb Abteilen und Mittelgang. Sitzplatzanordnung 2 + 2; Abteiltiefe 1 580 mm bis 1 500 mm, Sitzplatzbreite 518 mm, Gangbreite 697 mm. Polsterbänke.
Traglastenabteil: 2 720 mm lang, sechs Sitzbänke mit je zwei Sitzplätzen.
Gepäckraum: 2 580 mm lang. Beidseitig Einfachschiebetür, lichte Türweite 920 mm. Klappsitzbänke.
Heizung: Elektrische Widerstandsheizung. Heizschütze über Heizregler gesteuert.
Beleuchtung: Leuchtstofflampen 100 Hz, 220 V, Speisung von Turbowechselrichter oder Hilfsnetzgerät mit steuerbaren Siliziumgleichrichtern.

Elektrischer Teil

Hochspannungsgeräte: Scherenstromabnehmer DBS 54 oder umgebaute SBS 10 mit eingezogener Oberschere und Wippe DBS 54. Dachtrennschalter. Druckluftschnellschalter DBTF 20i200 (auf ET a).
Haupttransformator: Öltransformator in Kernbauweise und Scheibenwicklung in Sparschaltung (Typ ELT 11) oder Mantelbauweise und Scheibenwicklung in Sparschaltung (Typ TRB). Traktionsleistung 350 bis 470 kVA, Heizleistung 75 kW bis 90 kW.
Steuerung: Vielfachsteuerung von drei Triebzügen (nicht mit Ursprungsbauart kuppelbar).
Fahrmotoren: Achtpolige Wechselstromreihenschlußmotoren mit Wendepol- und Kompensationswicklung (Typen ELM 10a und EDTM 494). Fremdbelüftet.
Hilfseinrichtungen: Fahrmotorenlüfter. Batterie. Hilfsluftverdichter (batteriegespeist). Zeit- und wegabhängige Sicherheitsfahrschaltung. Induktive Zugbeeinflussung. Zugbahnfunk.
Sonderausführung: ET 25 020 zusätzlich und wahlweise einschaltbare Steuerung mit Thyristoren (rd. 2 × 800 kVA) als halbgesteuerte Zwei-Phasen-Brückenschaltung.

Fahrgastraum

Gestaltung: Dem Schnellzugverkehr angepaßt, neu für 3. Klasse Großräume mit Seitengang und halbhohen Zwischenwänden.
ETa: Führerstand; Gepäckraum; Postraum; Einstiegraum; Großräume 3. Klasse mit zwei und vier Abteilen; Einstiegraum.
ETc: Einstiegraum; Großraum 3. Klasse mit sieben Abteilen; drei Abteile 2. Klasse; Einstiegraum.
ETb: Einstiegraum; drei Abteile 2. Klasse; Großraum 3. Klasse mit drei Abteilen; Einstiegraum; Großraum 3. Klasse mit drei Abteilen; Führerstand.
Einstieg: Einfachschiebetüren, lichte Weite 635 mm. Zugang über Trittstufen.
2. Klasse: Geschlossene Abteile mit Seitengang. Sitzplatzanordnung 0 + 3; Abteiltiefe 1 987 mm, Sitzplatzbreite 675 mm, Gangbreite 714 mm. Polsterbänke.
3. Klasse: Großräume mit sieben, vier und drei Abteilen und Seitengang. Sitzplatzanordnung 0 + 4; Abteiltiefe 1 650 und 1 637 mm, Sitzplatzbreite 512 mm, Gangbreite 708 mm. Polsterbänke.
Traglastenabteil: In ETa zwei Abteile mit 1 987 mm Abteiltiefe.
Gepäckraum: 3 175 mm lang. Beidseitig 920 mm breite Einfachschiebetür.
Postraum: 2 175 mm lang. Beidseitig zweiflüglige Drehtüren, lichte Türweite 860 mm.
Heizung: Elektrische Widerstandsheizung. Heizstufen von Führerstand einstellbar. Selbsttätige Regelung durch Wärmeregler im Fahrgastraum.
Beleuchtung: Glühlampen. Leuchtband (2. Klasse) und Einzelleuchten (3. Klasse). Spannung =24 V. Batterie mit Hilfsgenerator gepuffert. Lichtstromkreis 1 von Führerstand schaltbar.

Elektrischer Teil

Anordnung: Keine Neuentwicklung, sondern Bauteile des Einheitstriebwagens Baureihe ET 25. Jeder Wagen eigene elektrotechnische Ausrüstung, jedoch mittlerer Triebwagen ohne Stromabnehmer und Führerstand. Gesamte elektrische Ausrüstung außerhalb des Wagenkastens.
Hochspannungsgeräte: Scherenstromabnehmer HISE bzw. SBS 10. Dachtrennumschalter. Hochspannungssicherung.
Haupttransformator: Öltransformator in Mantelbauweise mit Scheibenwicklung und Sparschaltung (Typ TRB spez). Ölselbstumlauf mit äußerer Selbstkühlung. Zwölf Anzapfungen für Motorstromkreise (größte Lastspannung 810 V) und zwei Anzapfungen für Zugheizung. Traktionsleistung 410 kVA, Heizleistung 90 kW.
Steuerung: Niederspannungsnokkenschaltwerk mit zwölf Stufenschaltern. Fortschaltrelais (Einstellwert ändert sich mit Fahrstufen). Schleuderschutz. Schaltwerkantrieb durch Drehmagnet. Steuerspannung 1~ $16^2/_3$ Hz, 220 V und =24 V. Steuerspannung konnte auch von anderem Triebwagen entnommen werden. Vielfachsteuerung.
Fahrmotoren: Achtpolige Wechselstromreihenschlußmotoren mit Wendepol- und Kompensationswicklung (Typ EDTM 494). Nennleistung 275 kW. Eigenbelüftet.
Hilfseinrichtung: Sicherheitsfahrschaltung.

ET 41

(1 A) (A 1)

1928 bis 1946

Techn. Daten: Seite 274

Mit der Baureihe ET 41 entstanden die ersten elektrischen Ferntriebwagen der DRG. Sie wurden für den Nachbarortsverkehr Leipzig–Halle (Saale) gebaut und im Februar 1928 in Dienst gestellt. Sie wurden als Schnelltriebwagen bezeichnet, da sie eine Höchstgeschwindigkeit von 100 km/h hatten. Diese Geschwindigkeit war nach der damaligen BO die Höchstgeschwindigkeit für Reisezüge (120 km/h durften nur ausnahmsweise gefahren werden). Die Gestaltung der Baureihe wurde darauf abgestimmt, wobei insbesondere durch die symmetrische Verteilung der Ausrüstung und durch den großen Drehzapfenabstand, einschließlich dem asymmetrischen Radsatzstand in den Drehgestellen, gute Laufeigenschaften in beiden Fahrtrichtungen erzielt werden sollten. Die Fahrzeuge wurden eingehenden Untersuchungen unterzogen, in deren Auswertung sich Veränderungen ergaben: Anfangs wurden die Drehgestelle verstärkt und in der Federung verändert, später neue Drehgestelle eingebaut.
Zur Baureihe gehörten neben sechs Triebwagen auch drei vierachsige Steuerwagen und anfangs sechs zweiachsige sowie später drei vier-

Triebwagen der Baureihe ET 41
Foto: Rbd Halle

achsige Beiwagen. Die Steuerwagen sollten die Rangierfahrten vermeiden. Sie wurden im August 1928 in Dienst gestellt. Das Schieben des Steuerwagens mit 100 km/h war nach den damaligen Vorschriften nicht zugelassen. Da bei der späteren Regeleinheit die Steuerwagen zwischen den Triebwagen verkehrten, wurden der Führerstand ausgebaut und die Wagen in EB 41 02 und EB 41 03 umgezeichnet (2063 nach Unfall 1934 ausgemustert). Im Jahre 1932 waren sie in reine 3.-Klasse-Wagen umgebaut worden.

Die ersten Beiwagen waren dem allgemeinen Personenwagenpark entnommen und wurden durch Einbau der Steuer- und Hauptluftbehälterleitung sowie elektrischer Heizung angepaßt. Die Beiwagen wurden sehr selten eingesetzt und deshalb im Jahre 1933 wieder in den Reisezugwagenpark überführt.

Die späteren Beiwagen waren ein vierachsiger Eilzugwagen EB 41 01, dem die Steuer- und Hauptluftbehälterleitung nachgerüstet und der ab Oktober 1938 eingesetzt wurde sowie die beiden ehemaligen Steuerwagen EB 41 02 und EB 41 03.

Als Schnellzug (zwei Triebwagen gekuppelt) sollten die Fahrzeuge die 37,6 km lange Strecke Halle (Saale)–Leipzig in 32 min mit einem Zwischenaufenthalt von 1 min in Schkeuditz (Flughafen) bzw. in 29 min ohne Halt durchfahren. Für den Personenzug waren 50 min mit sieben Zwischenhalten von je 1 min bei einer Zugmasse von 186 t (zwei Triebwagen und zwei Beiwagen) vorgesehen. Bereits am 1. März 1928 forderte die RBD Halle ein neues Betriebsprogramm, das auch den Einsatz auf der Strecke Leipzig–Dessau–Magdeburg beinhaltete. Im Juli 1928 wurden dann Versuchsfahrten zur Ermittlung der höchstmöglichen Belastung unternommen. Unter Anwendung der Fremdlüftung der Fahrmotoren waren folgende Zugbildungen möglich:

Schnellzug ET + ES + ET
(die spätere „Regeleinheit") oder
ET + ES + ET + ES + ET;
Personenzug ET + 4 EB + ET oder
ET + ES.

ET 41, Anlieferungszustand

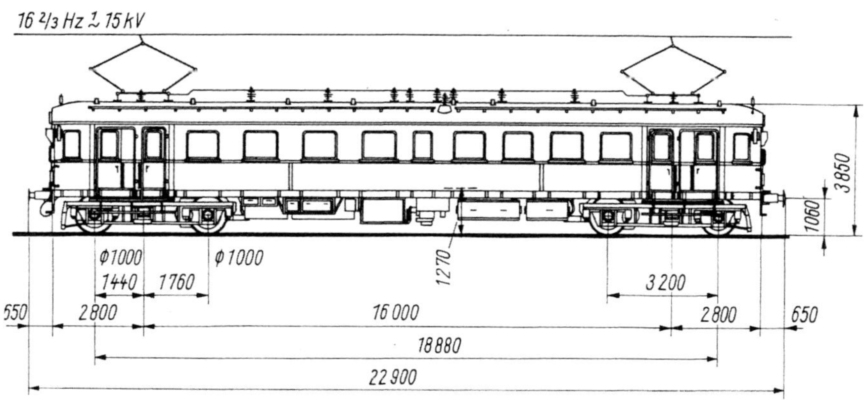

Die Fahrzeiten für die Strecke Leipzig–Halle (Saale) betrugen dabei 34 min bzw. 55 min.

Die Fahrzeuge waren für die damalige Zeit sehr modern. Anfangs hatten sie einen neuartigen Anstrich: unten stahlblaugrau, oben hellfeldgrau; später erhielten sie die übliche Farbgebung der Triebwagen der DRG.

Die Betriebsergebnisse waren sehr zufriedenstellend. Die Aufteilung des Wagenkastens und der Innenräume bewährte sich. Die Wendesitze der Steuerwagen konnten sich bei diesem Nahschnellverkehr nicht durchsetzen.

Die Fahrzeuge waren im Bw Leipzig Hbf West beheimatet. Sie verkehrten vorrangig als Eil- und Personenzüge zwischen Leipzig und Halle (Saale), aber auch als Personen- und Eilzüge auf der Strecke Leipzig–Dessau–Magdeburg.

Der Triebwagen elT 1066 und der Steuerwagen elS 2063 wurden nach einem Unfall im Jahre 1934 ausgemustert. Im Januar 1945 wurde der ET 41 05 schwer beschädigt und ausgemustert. Bei einem Fliegerangriff im Februar 1945 wurden die Fahrzeuge ET 41 02, ET 41 03, ET 41 04, EB 41 01 und EB 41 03 zerstört. Nur der ET 41 01 und der EB 41 02 überstanden die Kriegsereignisse. Sie verkehrten noch bis zur Einstellung des elektrischen Zugbetriebes im Apirl 1946 zwischen Leipzig und Halle (Saale).

Fahrzeugteil

Laufwerk: Drehgestellrahmen aus U-Profilen, genietet. Drehzapfen asymmetrisch. Wälzradsatzlager. Radsatzfederung Schraubenfedern, Ausgleichbalken zwischen beiden Wandungen des Längsträgers oberhalb der Schraubenfedern, bei Teil der Drehgestelle Schwanenhals, Schraubenfedern zwischen Balken und Obergurt. Wiegenfederung Blattfedern. Kastenabstützung über Drehzapfen und seitliche Gleitstücke.

1934/1936 neue Drehgestelle unter Verwendung zahlreicher Bauteile. Rahmen genietet. Drehzapfen asymmetrisch. Wälzradsatzlager. Radsatzfederung Blatt- und Schraubenfedern. Wiegenfederung Blattfedern. Vergrößerter Radsatzstand.

Wagenkasten: Nach Vorbild der damaligen D-Zugwagen. Rahmen U-Profile. Wagenkasten mit Tonnendach in selbsttragender Ganzstahlbauweise, genietet. Seitenwände zum Tragen mitbenutzt. Drehzapfen weit an Wagenenden. Stirnenden gerade. Offene Übergangsbrücken an Stirnenden für Personal. Einstiege in Nischen.

Zug- und Stoßvorrichtung: Schraubenkupplung und Hülsenpuffer.

Antrieb: Tatzlagerantrieb, doppelseitiges geradverzahntes Getriebe, Großrad gefedert. Später z. T. Getriebe schrägverzahnt.

Druckluftanlage: Luftverdichter, Hauptluftbehälter, Hauptluftbehälterleitung (anfangs zugleich für Stromabnehmersteuerung). Elektropneumatischer Sandstreuer.

Bremse: Einlösige Klotzbremse Bauart Kkp. Je Drehgestell eigener Bremszylinder und Hilfsluftbehälter. 1941 Umbau auf mehrlösige Klotzbremse Bauart Hikp. Spindelhandbremse.

Fahrgastraum

Gestaltung: Dem Kurzstreckenschnellverkehr angepaßt.
Führerstand; Gepäckraum; Einstiegraum; Großraum 3. Klasse mit fünf Abteilen; Großraum 3. Klasse mit zweieinviertel Abteilen; Großraum 2. Klasse mit zwei Abteilen; Einstiegraum; Gepäckraum; Führerstand.

Einstiegraum durch Zwischentür unter Einbeziehung des Gepäckraumes für Massenverkehr vergrößerbar.

An Stirnwand rechts kleiner Raum als Führerstand. Linker Raum für Zugbegleiter mit Stirnwandtür für Übergang zu anderem Wagen. Stirnwandtür später als Doppeltür durch Dachlüfter ständig unter geringem Überdruck gehalten (Vermeiden von Zugluft).

Einstieg: Einstiege über Drehgestell. Einflüglige Drehtüren, lichte Weite 650 mm. Zugang über Trittstufen.

2. Klasse: Doppelabteil mit Mittelgang. Sitzplatzanordnung 2 + 2; Abteiltiefe 1 650 mm, Sitzplatzbreite 496 mm, Gangbreite 750 mm. Gepolsterte Sitzbänke mit halbhohen Rückenlehnen.

3. Klasse: Großräume mit vier und zweieinviertel Abteilen, Mittelgang. Sitzplatzanordnung 2 + 2; Abteiltiefe 1 500 mm und 1 650 mm, Sitzplatzbreite 496 mm, Gangbreite 750 mm. Sitzbänke generell mit halbhohen Rückenlehnen, Holzlattenbänke.

Gepäckraum: 1 200 mm lang. Beidseitig Drehtür mit lichter Weite 650 mm, durch Zusatzflügel auf 1 000 mm erweiterbar. Gepäckräume auch als Stehplätze für Reisende verwendbar.

Heizung: Elektrische Widerstandsheizung. Heizschütze, in Vielfachsteuerung einbezogen.

Beleuchtung: Glühlampen in offenen Leuchten, Spannung =24 V. Batterie mit Hilfsgenerator gepuffert, von einem Ölpumpenmotor angetrieben.

Elektrischer Teil

Anordnung: Gesamte elektrische Ausrüstung außerhalb des Wagenkastens, z. T. bis in Sitzbänke ragend.
Hochspannungsgeräte: Scherenstromabnehmer SBS 9, später SBS 10. Dachtrennschalter. Ölschalter mit doppelter Stromunterbrechung und Druckluftantrieb. Ölschalter im Wagenuntergestell.
Haupttransformator: Öltransformator in Kernbauweise mit liegendem Blechpaket und Scheibenspulen in Sparschaltung. Ölzwangsumlauf mit äußerer Selbstkühlung. Zwölf Anzapfungen für Motorstromkreise (126,0 V bis 544,5 V) und drei Anzapfungen für Zugheizung. Traktionsleistung 400 kVA, Heizleistung 55 kW. Schaltdrosselspule in Ölkessel eingebaut.
Steuerung: Niederspannungsschützensteuerung mit zwölf elektromagnetischen Schützen; zwölf Fahrstufen, gleichzeitig Anfahr-und Dauerfahrstufen (Fahrstufen 10 und 11 vor Einbau Fahrmotorfremdlüftung nur bei verminderter Fahrdrahtspannung). Verriegelung über Hilfskontakte. Steuerspannung $\overset{1}{\sim}$ 16 $^2/_3$ Hz, 220 V. Vielfachsteuerung von vier Triebwagen.
Fahrmotoren: Sechspolige Wechselstromreihenschlußmotoren mit Wendepol- und Kompensationswicklung (Typ ELM 8). Anfangs eigenbelüftet, später fremdbelüftet.
Hilfseinrichtungen: Fahrmotorenlüfter (nachträglich eingebaut). Sicherheitsfahrschaltung (Kurbel des Fahrschalters, später Fußpedal).

Steuerwagen ES 41

Techn. Daten: Seite 301

Fahrzeugteil: Analog Triebwagen. Mit Rücksicht auf Wendesitze viele, aber schmale Fenster (nur 700 mm breit). 1941 ebenfalls Umbau Bremse von Kkp auf Hikp.
Fahrgastraum: Führerstand; Gepäckraum; Einstiegraum; zwei Großräume 3. Klasse; Großraum 2. Klasse; Einstiegraum; Gepäckraum. Sitzplatzanordnung in beiden Wagenklassen 2 + 2; Wendesitze. Sitzplatzabstand 880 mm, Sitzplatzbreite 512 mm, Gangbreite 686 mm. Gepäckräume 1 200 mm und 2 602 mm lang. Elektrische Widerstandsheizung. Beleuchtungsspannung von Achsgenerator. Im Jahre 1932 Umbau in reine 3.-Klasse-Wagen, im Jahre 1944 Umbau in Beiwagen.

Beiwagen EB 41 01 bis EB 41 06 (Erstbesetzung)

Techn. Daten: Seite 306

Fahrzeugteil: Zweiachsiger Personenwagen der Einheitsbauart. Lenkradsätze. Gleitradsatzlager. Radsatzfederung Blattfedern. Wagenkasten genietete Ganzstahlbauweise. Tonnendach. Untergestell genietete Konstruktion aus Walzprofilen. Offene Übergangsbrücken. Einstiege über Plattform. Schraubenkupplung und Hülsenpuffer. Einlösige Klotzbremse Bauart Kkp. Spindelhandbremse.
Fahrgastraum: Einstiegplattform; Großraum ehemalige 4. Klasse mit vier Abteilen; Großraum ehemalige 4. Klasse mit drei Abteilen; Einstiegplattform. Sitzplatzanordnung 2 + 3; Abteiltiefe 1 320 mm bzw. 1 300 mm, Sitzplatzbreite 490 mm bzw. 494 mm, Gangbreite 470 mm. Holzlattenbänke. Elektrische Widerstandsheizung. Beleuchtung von Achsgenerator.

Beiwagen EB 41 01 (Zweitbesetzung)

Techn. Daten: Seite 306

Fahrzeugteil: Vierachsiger Eilzugwagen der Einheitsbauart.

Beiwagen EB 41 02 und EB 41 03 (Zweitbesetzung)

Techn. Daten: Seite 306

Fahrzeugteil: Aus Steuerwagen ES 41 entstanden.

ET 51

Bo'Bo'

1934 bis 1962

Techn. Daten: Seite 275

Die Triebwagen der Baureihe ET 51 waren für den Eilzugdienst auf den elektrifizierten Strecken in Schlesien zur Verbesserung des Verkehrs von Breslau ins Riesengebirge bestimmt. Die Konstruktion lehnte sich eng an die der Baureihe ET 65 an, und erstmalig wurde die gesamte elektrische Ausrüstung unterhalb des Wagenkastens angeordnet. Außer den Triebwagen wurden vier Steuerwagen (ES 51 11 bis ES 51 14; ex 2351 bis 2354) und vier Beiwagen (EB 51 01 bis EB 51 04; ex 2501 bis 2504) beschafft.

Die Triebwagen verkehrten mit einem Steuer- und einem Beiwagen oder mit zwei Steuerwagen.

Im Jahre 1939 folgte eine zweite Lieferung, die als Baureihe ET 51[1] bezeichnet wurde.

Die Triebwagen bewährten sich. Sie waren zuerst im Bw Breslau Freiburger Bf und später im Bw Hirschberg beheimatet. Die Wagen ET 51 03, ES 51 13 und ES 51 14 sowie EB 51 03 gingen in den Bestand der DR über und verkehrten bis zur Einstellung des elektrischen Zugbetriebes im Jahre 1946 im Leipziger Raum.

Die Wagen ET 51 01, ES 51 11 sowie EB 51 01 und EB 51 04 wurden in den Bestand der DB übernommen. Sie wurden im Stuttgarter Vorortverkehr eingesetzt und der ET und der ES im Jahr 1949 der Steuerung der Baureihe ET 65 angeglichen. Der EB 51 01 verkehrte von 1948 bis 1954 als Salonwagen 10 203, wurde dann aber in den ES 65 032 umgebaut. Nach den Grundüberholungen waren alle Wagen in die Baureihe ET 65 eingenummert: Triebwagen 465 031 (1962) und Steuerwagen 865 631 bis 865 633 (1951 bis 1961) (s. S. 108).

Fahrzeugteil

Laufwerk: Drehgestellrahmen genietet, Bauart Görlitz III angelehnt. Peyinghaus-Gleitradsatzlager, Radsatzfederung Schrauben- und Blattfedern. Wiegenfederung Blattfedern.

Wagenkasten: Untergestell und Wagenkasten genietet. Untergestell besonders kräftig ausgeführt, da

Triebwagenzug der Baureihe ET 51 (ET 51 03, EB 51 03 und ES 51 13)
Foto: Archiv AEG

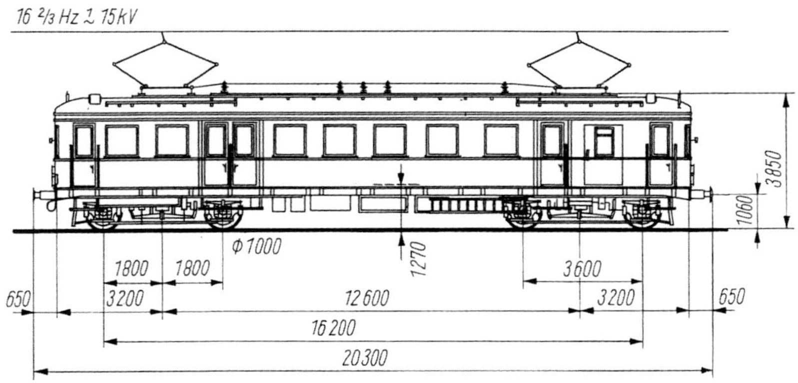

ET 51

Transformator in Wagenmitte unter dem Fußboden aufgehängt war. Wagenkasten Ganzstahlbauweise. Stirnenden gerade. Offene Übergangsbrücken für Personal.
Zug- und Stoßvorrichtung: Schraubenkupplung und Hülsenpuffer.
Antrieb: Tatzlagerantrieb, einseitiges schrägverzahntes Getriebe, Großrad gefedert.
Druckluftanlage: Luftverdichter, Hauptluftbehälter, Hauptluftbehälterleitung, Elektropneumatische Sandstreueinrichtung.
Bremse: Mehrlösige Klotzbremse Bauart Hikp. Spindelhandbremse.

Fahrgastraum

Gestaltung: Da für den grenzüberschreitenden Verkehr ein „kompletter Zug" gefordert wurde, ergab sich eine sehr gedrängte Gestaltung des Triebwagens. Dem Eilzugverkehr angepaßt.
Führerstand; Gepäckraum; Einstieg; zwei Abteile 2. Klasse; Großraum 3. Klasse mit zweieinhalb Abteilen; Einstieg; Großraum 3. Klasse mit zwei Abteilen; Führerstand.
An beiden Stirnenden rechts kleines Abteil als Führerstand, links größeres Abteil für Zugführer.
Einstieg: Einstiege in Nischen über Drehgestellen. Einfach- und Doppeldrehtür. Zugang über Trittstufen. Fahrgasträume von Einstiegräumen durch Schiebetüren getrennt.
2. Klasse: Einzelabteile mit Mittelgang. Sitzplatzanordnung 1 + 3; Abteiltiefe 1 800 mm, Sitzplatzbreite 710 mm und 552 mm, Gangbreite 500 mm, Polstersitze.
3. Klasse: Großräume mit zwei und zweieinhalb Abteilen und Mittelgang. Sitzplatzanordnung 2 + 3; Abteiltiefe 1 528 mm, Sitzplatzbreite 495 mm und 469 mm, Gangbreite 470 mm.
Gepäckraum: 2 342 mm lang. Beidseitig breite Einfachschiebetür. Klappbänke mit acht Sitzplätzen.
Heizung: Elektrische Widerstandsheizung.
Beleuchtung: Glühlampen in Einzelanordnung. Spannung =24 V. Batterie mit Gleichrichter gepuffert.

Elektrischer Teil

Anordnung: Gesamte elektrische Ausrüstung außerhalb des Wagenkastens.
Hochspannungsgeräte: Scherenstromabnehmer, Dachtrennschalter. Ölschalter, unterflur.
Haupttransformator: Öltransformator (Typ TRB 30), Ölzwangsumlauf mit äußerer Selbstkühlung. Traktionsleistung 500 kVA, Heizleistung 100 kW.
Steuerung: Niederspannungssteuermaschine. Fortschaltrelais. Schaltwerkantrieb durch Drehmagnet. Zwölf Fahrstufen (Anfahr- und Dauerfahrstufen). Steuerspannung $\sim 16\,^2/_3$ Hz, 220 V und =24 V. Vielfachsteuerung (auch mit ET 51 11 bis ET 51 14).
Fahrmotoren: Achtpolige Wechselstromreihenschlußmotoren mit Wendepol- und Kompensationswicklung (Typ EDTM 494/0). Eigenbelüftet.
Hilfseinrichtung: Sicherheitsfahrschaltung.

Steuerwagen ES 51 11 bis ES 51 14

Techn. Daten: Seite 301

Fahrzeugteil: Analog Triebwagen. Radsatzgleitlager.
Fahrgastraum: Führerstand; Großraum 3. Klasse mit zwei Abteilen; Einstiegraum; Großraum 3. Klasse mit viereinhalb Abteilen; Einstiegraum; Großraum 3. Klasse mit zwei Abteilen.
Nach Umbau: Führerstand; Großraum 3. Klasse mit zwei Abteilen; Einstiegraum; Großraum 3. Klasse mit viereinhalb Abteilen; Einstiegraum; Gepäckraum. Gepäckraum beidseitig Einfachschiebetür, lichte Weite 1 180 mm. Zwei Sitzbänke mit drei Sitzplätzen.

Elektrischer Teil: Auch für Baureihen ET 25, ET 51^{1} und ET 55 verwendbar.

Beiwagen EB 51 01 bis EB 51 04
Techn. Daten: Seite 306, 307

Fahrzeugteil: Analog Triebwagen. Radsatzgleitlager.
Fahrgastraum: Postraum mit Seitengang; Einstiegraum; Großraum 3. Klasse mit viereinhalb Abteilen; Einstiegraum; zwei Abteile 2. Klasse.

ET 51^{1}

Bo′Bo′

1939 bis 1946

Techn. Daten: Seite 275

Die vier Triebwagen der Baureihe ET 51 hatten sich gut bewährt, das ständig wachsende Verkehrsaufkommen und der abschnittsweise Einsatz von Einzeltriebwagen erforderten jedoch weitere Fahrzeuge. Deshalb wurden 1939 vier Trieb- und vier Steuerwagen (ES 51 01 bis ES 51 04; ex 2355 bis 2358) beschafft, die jedoch in der Ausführung von der ersten Lieferung stark abwichen. Beispielsweise wurde die Länge über Puffer um über 2 000 mm erhöht. Beibehalten wurde die Forderung nach der Ausführung des Fahrgastraumes des Triebwagens als „kompletter Zug", wobei bei diesen Triebwagen außerdem noch ein Postabteil eingebaut war, da er vorwiegend im grenzüberschreitenden Verkehr Halbstadt–Nieder Salzbrunn eingesetzt werden sollte. Die installierte Leistung wurde erhöht, wobei der Triebwagen mit einer spezifischen Leistung von 16,33 kW/t in der damaligen Zeit eine führende Stellung einnahm.
Die Triebwagen wurden im Juni 1939 dem Bw Halbstadt angeliefert und bewährten sich ebenfalls sehr gut.
Der Triebwagen ET 51 14 ging in den Bestand der DR (Bw Leipzig Hbf West) über und verkehrte bis zur Einstellung des elektrischen Betriebes im Jahre 1946.
Der Steuerwagen ES 51 04 ging beschädigt in den Bestand der DB über, verkehrte ab 1949 ohne Führerstand als EB 51 05 und wurde 1951 in den Steuerwagen ES 55 011 umgebaut.

Fahrzeugteil

Laufwerk: Drehgestellrahmen vollständig geschweißt. Peyinghaus-Gleitradsatzlager. Radsatzfederung

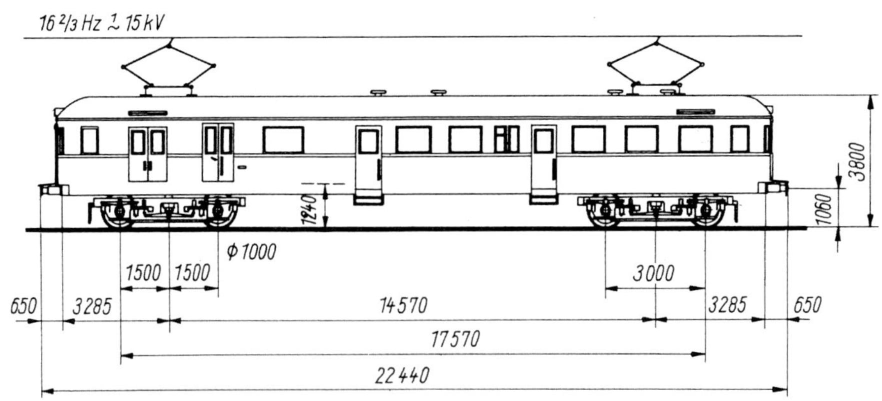

ET 51^{1}

Schrauben- und Blattfedern. Wiegenfederung Blattfedern.
Wagenkasten: Ganzstahlbauweise, geschweißt. Stirnenden abgerundet. Offene Übergangsbrücken für Personal.
Zug- und Stoßvorrichtung: Schraubenkupplung und Hülsenpuffer.
Antrieb: Tatzlagerantrieb, einseitiges schrägverzahntes Getriebe, Großrad gefedert.
Druckluftanlage: Luftverdichter, Hauptluftbehälter, Hauptluftbehälterleitung. Elektropneumatische Sandstreueinrichtung.
Bremse: Mehrlösige Klotzbremse Bauart Hikp. Spindelhandbremse.

Fahrgastraum

Gestaltung: Dem Eilzugverkehr angepaßt.
Führerstand; Gepäckraum; Postabteil; Abteil 2. Klasse; Einstiegraum; Großraum 3. Klasse mit zwei Abteilen; Einstiegraum; Großraum 3. Klasse mit drei Abteilen; Führerstand.
Einstieg: Zwei Einfachschiebetüren in Wagenmitte, lichte Türweite 680 mm. Zugang über Trittstufen. Fahrgasträume von Einstiegräumen durch Schiebetüren getrennt. Führerstände ohne seitliche Türen.
2. Klasse: Geschlossenes Abteil mit Seitengang. Sitzplatzanordnung 0 + 3; Abteiltiefe 1 975 mm, Sitzplatzbreite 675 mm, Gangbreite 695 mm. Polstersitze.
3. Klasse: Großräume mit zwei und drei Abteilen und Mittelgang. Sitzplatzanordnung 2 + 3; Abteiltiefe 1 587 mm, Sitzplatzbreite 458 mm und 478 mm, Gangbreite 417 mm. Ein und ein halbes Abteil mit Klappsitzen.
Gepäckraum: 2 375 mm lang. Beidseitig doppelflüglige Drehtür, lichte Türweite 900 mm. Zum Seitengang Doppelschiebetür.
Heizung: Elektrische Widerstandsheizung, selbsttätige Regelung.
Beleuchtung: Glühlampen in Einzelanordnung. Spannung =24 V. Batterie mit Hilfsgenerator gepuffert.

Elektrischer Teil

Anordnung: Gesamte elektrische Ausrüstung außerhalb des Wagenkastens.
Hochspannungsgeräte: Scherenstromabnehmer. Dachtrennschalter. Ölschalter, unterflur.
Haupttransformator: Öltransformator (Typ TRB 30). Ölselbstumlauf mit Selbstkühlung. Traktionsleistung 625 kVA, Heizleistung 100 kW.
Steuerung: Niederspannungsnokkenschaltwerk. Fortschaltrelais. Schaltwerkantrieb durch Drehmagnet. Zwölf Fahrstufen (Anfahr- und Dauerfahrstufen). Steuerspannung $\overset{1}{\sim}$ 16²/₃ Hz, 220 V und =24 V. Vielfachsteuerung (auch mit ET 51 01 bis ET 51 04).
Fahrmotoren: Achtpolige Wechselstromreihenschlußmotoren mit Wendepol- und Kompensationswicklung. Eigenbelüftet.
Hilfseinrichtung: Sicherheitsfahrschaltung.

Steuerwagen ES 51 01 bis ES 51 04

Techn. Daten: Seite 301

Fahrzeugteil: Analog Triebwagen.
Fahrgastraum: Analog Triebwagen.
Führerstand; Großraum 3. Klasse mit drei Abteilen; Einstiegraum; Großraum 3. Klasse mit vier Abteilen; zwei Abteile 2. Klasse; Einstiegraum. In Einstiegräumen vier Klappsitze.
Elektrischer Teil: Steuerung auch für Baureihen ET 25, ET 51[0] und ET 55 verwendbar.

ET 55

DB 455/458

Bo'2' + 2'Bo'
Bo'2' + 2'2' + 2'Bo'

1939 bis 1984

Techn. Daten: S. 275 bis 277

Die DRG suchte stets nach Möglichkeiten zur weiteren Verbesserung des Vorortverkehrs. Zur Erhöhung der Anfahrbeschleunigung sollten allradsatzangetriebene Fahrzeuge entwickelt werden, jedoch stand der finanzielle Mehraufwand nicht in einem angemessenen Verhältnis zum Reisezeitgewinn. Vielmehr erschien die Baureihe ET 25 auch für dieses Einsatzgebiet geeignet, wenn durch ein geändertes Übersetzungsverhältnis im Tatzlagerantrieb die Höchstgeschwindigkeit auf 90 km/h vermindert würde. Deshalb beschaffte die DRG vier Triebzüge der Baureihe ET 55 für die RBD Karlsruhe (Bw Basel Badischer Bf). Die Anfahrbeschleunigung stieg auf 0,9 m/s^2 (gegenüber 0,7 m/s^2 bei ET 25) und die größere Zugkraft konnte auch auf Gebirgsstrecken genutzt werden. Auch erhielten diese Triebzüge eine Klotzbremse, da bei der Trommelbremse bei längeren Gefällefahrten eine zu große Überhitzung befürchtet wurde. Zu dieser Baureihe wurden auch acht Steuerwagen beschafft, die den Steuerwagen ES 25 entsprachen, jedoch einen größeren Laufkreisdurchmesser hatten.

Da in den RBD Karlsruhe und Stuttgart weitere Triebzüge der Baureihe ET 55 eingesetzt werden sollten, wurde der Umbau von zwei Triebzügen der Baureihe ET 25 (ET 25 024 und ET 25 028) vorgesehen. Aber im Jahre 1942 wurde nur der Triebzug ET 25 024 zu dem Triebzug ET 55 05 umgebaut, während der Triebzug ET 25 028 erst im Jahre 1953 umgebaut wurde und die neue Betriebsnummer ET 55 06 erhielt. Die bei diesem Triebzug vorhandene abweichende Türanordnung (s. S. 104 unten) wurde bei dem Umbau nicht verändert. Zwei weitere Triebzüge der Baureihe ET 25 wurden von der DB in den Jahren 1951 bzw. 1955 zu den Triebzügen ET 55 07 und ET 55 08 (ex ETb 25 004 mit Neubau-ETa und ET 25 027) auf- bzw. umgebaut. Der Triebwagen ETa 55 07 wurde im Jahre 1961 bei einem Unfall schwer beschädigt, so daß der Wagen ETa 55 07 nicht wieder aufgebaut werden konnte und der Wagen ETb 55 07 bis 1964 z-gestellt war.

Die Triebzüge bestanden aus zwei kurzgekuppelten Triebwagen.

Sie wurden im Stuttgarter Vorortverkehr eingesetzt und bewährten sich gut. Dabei befuhren sie bevorzugt die Strecken Stuttgart–Waiblingen und Stuttgart–Weil der Stadt. Ferner liefen sie auf der Wiesen- und Wehratalbahn (Bw Basel Badischer Bf). Bemängelt wurden lediglich die Innenraumgestaltung und die Türanordnung, die den Ansprüchen des Vorortverkehrs nicht genügten.

Als ES 55 011 kam im Frühjahr 1951 noch ein Fahrzeug in diese Baureihe. Diese Betriebsnummer erhielt der bisher als EB 51 05 bezeichnete Steuerwagen ES 51 04, der ohne betriebsfähigen Führerstand eingesetzt war. Der ES 55 011 wurde später als ES 55 0101 und ES 55 08 bezeichnet.

Der Triebzug ET 55 04 diente von Juni 1940 bis Januar 1943 als Erprobungsträger für die Triebwagen der geplanten S-Bahn München und erhielt deshalb z. B. eine elektrische Bremse, neue Fahrmotoren und Scheibenbremsen.

In den Jahren 1964 bis 1966 wurden die bei der DB vorhandenen acht Triebzüge der Baureihe ET 55 mit sieben Steuerwagen der Baureihen ES 55 und dem ES 25 129 im Aw Stuttgart-Bad Cannstatt zu dreiteiligen Triebzügen umgebaut und modernisiert. Beim ET 55 06 wurde dabei die Türanordnung auf die Normalausführung umgebaut. Bei den Triebzügen ET 55 05, ET 55 07 und ET 55 08 wurden die Trommelbremsen auf Klotzbremsen umgebaut, weil diese beim Steilstreckenbetrieb bessere Betriebsergebnisse zeigen. Dabei entstanden:

ETa/EM/ETb	aus ETa/ETb	und ES
55 01	55 01	55 03
55 02	55 02	55 02
55 03	55 03	55 01
55 04	55 04	55 06
55 05	55 05	25 129
55 06	55 06	55 04
55 07	ES 25 001/ETb 55 07 und ES 55 07	
55 08	ETa/ETb 55 08 und ES 55 05	

Der Mittelwagen 855 005 (ex EM 55 05) wurde im Zeitraum der Erprobung eines Versuchsdrehgestelles als 855 105 bezeichnet (vom 1. Januar 1968 bis 31. Dezember 1978).

Alle Triebzüge waren zuerst in Esslingen bzw. Tübingen beheimatet und

Triebzug der Baureihe ET 55 mit Steuerwagen
Foto: BZA München

im Stuttgarter Vorortverkehr eingesetzt. Zum Sommerfahrplan 1981 wurden sie zum Bw Heidelberg umgesetzt und fuhren dort bis 1984, teilweise auch im Eilzugdienst nach Würzburg. Die Triebzüge wurden in den Jahren 1983/1984 ausgemustert (letzte sieben Triebzüge am 31. Juli 1984).

Fahrzeugteil

Laufwerk: Drehgestelle Bauart Görlitz III leicht. Rahmen vollständig geschweißt. Brückenträger der Wiege des Triebgestells besonders flach ausgebildet, da er zwischen Untergestell und Transformator lag. Peyinghaus-Gleitradsatzlager, Radsatzfederung, Schrauben- und Blattfedern. Wiegenfederung Blattfedern. Laufradsätze mit Hohlachsen.
Wagenkasten: Untergestell aus Profilträgern geschweißt. Hauptquerträger für Triebdrehgestelldrehzapfen besonders kräftig ausgeführt, da an ihm der Haupttransformator hing. Innenliegende Trittstufen der Einstiege erforderten besondere Rahmenkonstruktion. Wagenkasten aus Profilstahl und Stahlblech geschweißt. Stirnenden abgerundet. Untergestell mit Schürzen verkleidet. Innerhalb des Triebzuges Übergang mit Faltenbalg. An Stirnenden offene Übergangsbrükken für Personal.
Zug- und Stoßvorrichtung: Schraubenkupplung und Hülsenpuffer. Innerhalb des Triebzugs Schraubenkurzkupplung mit einseitigen Puffern. Dämpfungseinrichtung aus Blattfedern im Dach angebracht.
Antrieb: Tatzlagerantrieb, einseitiges schrägverzahntes Getriebe, Großrad gefedert.
Druckluftanlage: Luftverdichter, Hauptluftbehälter, Hauptluftbehälterleitung, Elektropneumatische Sandstreueinrichtung. Spurkranzschmierung (in einigen Triebzügen später eingebaut).
Bremse: Mehrlösige Klotzbremse Bauart Hikp (ET 55 01 bis ET 55 04) bzw. mehrlösige Trommelbremse Bauart Hikp (ET 55 05 bis ET 55 08) Spindelhandbremse (ET 55 01 bis ET 55 04) bzw. Druckölhandbremse (ET 55 05 bis ET 55 08; bei ET 55 06 später Spindelbremse).

Fahrgastraum

Gestaltung: Dem Vorortverkehr mit geringem Verkehrsaufkommen angepaßt.
ETa: Führerstand; Gepäckraum; Traglastenraum; Einstiegraum; Großraum 3. Klasse mit sechseinhalb Abteilen, Einstiegraum.
ETb: Einstiegraum; Großraum

Umbau 1964/66

Fahrzeugteil

Wagenkasten: Stirnenden abgeschrägt. An Stirnenden keine Übergangsmöglichkeit. Innerhalb Triebzug durch Gummiwülste geschützte Übergänge.
Zug- und Stoßvorrichtung: Schraubenkupplung und Hülsenpuffer. Innerhalb Triebzug Schraubenkurzkupplung mit einseitigen Hülsenpuffern.
Druckluftanlage: Spurkranzschmierung.
Bremse: Mehrlösige Klotzbremse Bauart Hikp. Spindelhandbremse.

Fahrgastraum

Gestaltung: Dem Personennahverkehr angepaßt.
Triebwagen 455.1: Führerstand; Gepäckraum; Traglastenraum; Einstiegraum; Großraum 2. Klasse mit sechseinhalb Abteilen; Einstiegraum.
Mittelwagen 855: Einstiegraum; Großraum 2. Klasse mit drei Abteilen; Einstiegraum; Großraum 2. Klasse mit drei Abteilen; Einstiegraum; Großraum 2. Klasse mit drei Abteilen; Einstiegraum.
Triebwagen 455.4: Einstiegraum; Großraum 2. Klasse mit sechseinhalb Abteilen; Einstiegraum, drei Abteile 1. Klasse; Führerstand.
Einstieg: In Triebwagen eine Doppel- und eine Einfachschiebetür, in Mittelwagen vier Einfachschiebetüren. Lichte Türweite 780 mm. Zugang über Trittstufen. Elektropneumatische Türschließeinrichtung. Tür bleibt nach Schließvorgang für einstellbare Dauer (meist 16 s) gesperrt.
1. Klasse: Geschlossene Abteile mit Seitengang. Sitzplatzanordnung 0 + 3; Abteiltiefe 1 810 mm und 1 700 mm, Gangbreite 750 mm. Bei ET 55 06 Abteiltiefe 1 830 mm und 1 810 mm, Gangbreite 735 mm. Bei ET 55 07 Abteiltiefe 1 810 mm, 1 800 mm und 1 710 mm. Polstersitze.
2. Klasse: Großräume mit drei und sechseinhalb Abteilen und Mittelgang. Sitzplatzanordnung 2 + 2; Abteiltiefe 1 500 mm bis 1 580 mm, bei ET 55 06 1 480 mm bis 1 590 mm. Sitzplatzbreite 518 mm, Gangbreite 697 mm. Bei ET 55 07 Abteiltiefe 1 550 mm und 1 540 mm. Sitzplatzbreite 518 mm, Gangbreite 676 mm und 697 mm. Polsterbänke.
Traglastenraum: 2 720 mm lang, bei ET 55 06 2 740 mm lang, bei ET 55 07 3 140 mm lang. Zwölf Sitzplätze.
Gepäckraum: 2 580 mm lang, bei ET 55 06 2 700 mm lang, bei ET 55 07 2 080 mm lang. Beidseitig Einfachschiebetür, lichte Türweite 920 mm. Vier Klappsitze.
Heizung: Elektrische Widerstandsheizung. Heizschütze.
Beleuchtung: Leuchtstofflampen 100 Hz 220 V. Speisung von Turbowechselrichter bzw. Hilfsnetzgerät mit steuerbaren Siliziumgleichrichtern.

Elektrischer Teil

Hochspannungsgeräte: Scherenstromabnehmer DBS 54. Dachtrennschalter. Druckluftschnellschalter DBTF 20 i 200 (auf ETa).
Steuerung: Vielfachsteuerung

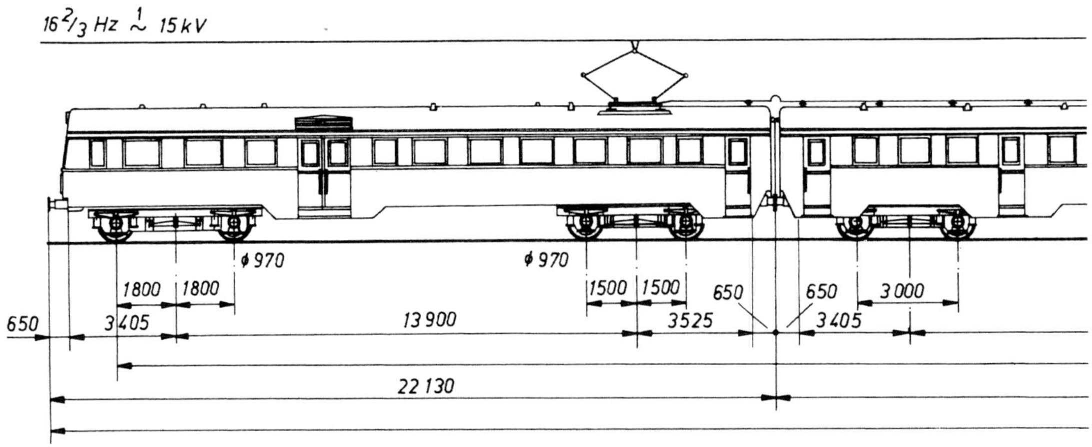

von drei Triebzügen (nicht mit Ursprungsbauart kuppelbar).
Fahrmotoren: Achtpolige Wechselstromreihenschlußmotoren mit Wendepol- und Kompensationswicklung (Typ EDTM 494). Fremdbelüftet.
Hilfseinrichtungen: Fahrmotorlüfter. Batterie. Hilfsluftverdichter (batteriegespeist). Zeit- und wegabhängige Sicherheitsfahrschaltung. Induktive Zugbeeinflussung. Zugbahnfunk.

Triebzug der Baureihe 455/855
Foto: H. Schön

Baureihe 455/855, Klammerwerte für 455 107/855 007/455 407

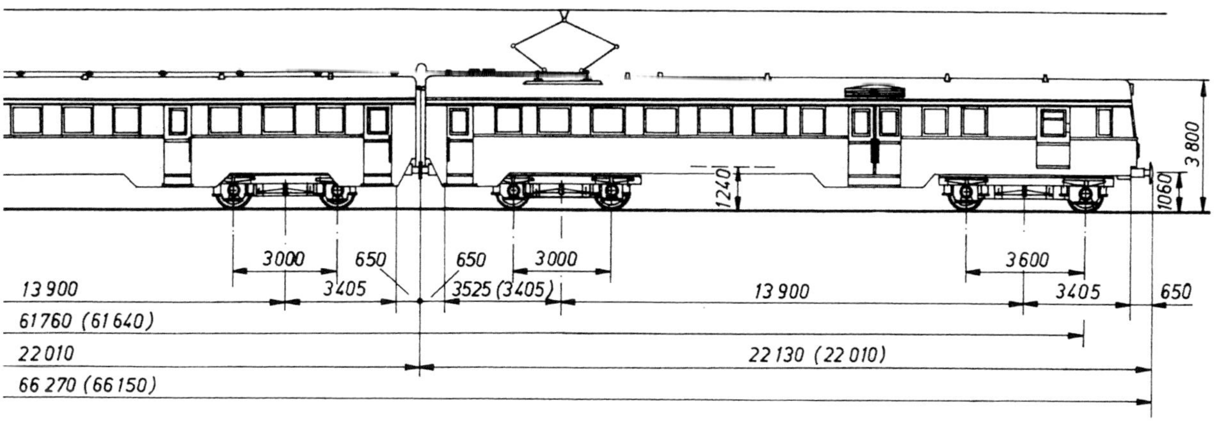

ET 65

DB 465/865

Bo'Bo'
1933 bis 1980
Techn. Daten: S. 277 bis 279

Mit der Elektrifizierung des Stuttgarter Vorortverkehrs (Eröffnung am 15. Mai 1933 auf den Strecken Stuttgart–Esslingen und Stuttgart–Ludwigsburg) mußten neue Triebwagenzüge beschafft werden; es entstand die Baureihe ET 65. Als Beiwagen sollten die in den Jahren 1929 und 1930 für den dampfbetriebenen Stuttgarter Vorortverkehr beschafften Personenwagen stählerner Bauart weiterverwendet werden. Diese zweiachsigen Wagen waren kurzgekuppelt, hatten Mittelgang und viele Einstiege. Sie dienten der wagenbaulichen Konstruktion der Trieb- und Steuerwagen der Baureihe ET 65 und ES 65 als Vorbild, um ein einheitliches Zugbild zu erzielen. Die Beiwagen entstanden durch Umbau von insgesamt 35 Doppelwagen in den Jahren 1933 bis 1941. Dabei wurden die elektrische Heizung sowie Steuerleitungen eingebaut und der Außenanstrich den ET und ES angepaßt. Anfangs war vorgesehen, in den Beiwagen 2650 bis 2693 die 76 Sitzplätze der 2. Klasse beizubehalten, jedoch wurden auch diese Wagen als 3.-Klasse-Wagen mit 88 Sitzplätzen ausgeführt, da die 2. Klasse im Steuerwagen für den Vorortverkehr ausreichte. Nur drei Doppelwagen hatten Fahrgastabteile der 2. Klasse (spätere EB 65 101 a/b bis EB 65 103 a/b). Sie wurden im November 1940 in Dienst gestellt.

Die Steigungen und die dichten Haltestellenabstände (mittlerer Abstand 2,7 km) verlangten leistungsstarke Triebfahrzeuge. Die Höchstgeschwindigkeitt mußte auf 75 km/h beschränkt werden, da damals für geschobene Züge keine größere Geschwindigkeit zugelassen war. Die Lieferungen 1936 und 1938 erhielten jedoch schon eine Höchstgeschwindigkeit von 85 km/h (die erste Serie wurde später durch Änderung der Getriebeübersetzung ebenfalls für diese Höchstgeschwindigkeit zugelassen).

Die Baureihe ET 65 bestand aus Trieb-, Bei- und Steuerwagen, die wahlweise zusammengestellt werden konnten. Die kleinste Einheit bildeten ein Triebwagen und ein Steuerwagen und die größte ein Triebwagen, vier Beiwagen und ein Steuerwagen. Die Erprobung der neuen Fahrzeuge erfolgte vom Bw Leipzig Hbf West aus zwischen Januar und Mai 1933 auf der Strecke Leipzig–Halle (Saale). Ab Sommerfahrplan 1933 bewiesen diese Triebwagenzüge, daß sie wirtschaftlich und dem Vorortverkehr Stuttgarts durchaus gewachsen waren. Besonders gut bewährte sich die Steuerung. Auch der Fahrzeuglauf war zufriedenstellend.

Die Triebwagen der Baureihe ET 65 waren ausschließlich im Stuttgarter Vorortverkehr eingesetzt und haben sich dort gut bewährt. Nahezu der gesamte Wagenpark überstand den Krieg, lediglich die ET 65 004, EB 65 001 b, EB 65 015 a/b, EB 65 029 a, ES 65 009, ES 65 020 und ES 65 023 gingen verloren. Die anderen Fahrzeuge waren aber stark abgewirtschaftet und mußten erst aufgearbeitet werden, so daß zeitweilig nur wenige Fahrzeuge einsatzfähig waren.

In den Jahren 1961 bis 1963 wurde die Baureihe im Aw Stuttgart-Bad Cannstatt grundüberholt und modernisiert. Dabei wurden auch die in den Bestand der DB geratenen Wa-

Triebwagen elT 1201 (später ET 65 001) im Anlieferungszustand
Foto: J. Deppmeyer

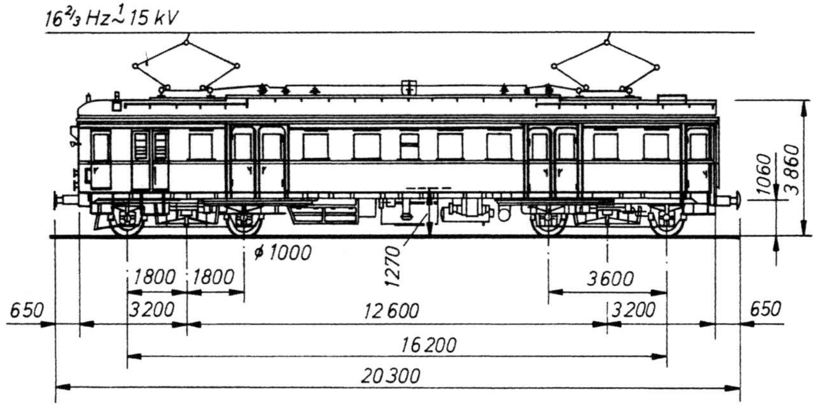

ET 65 001 bis ET 65 021

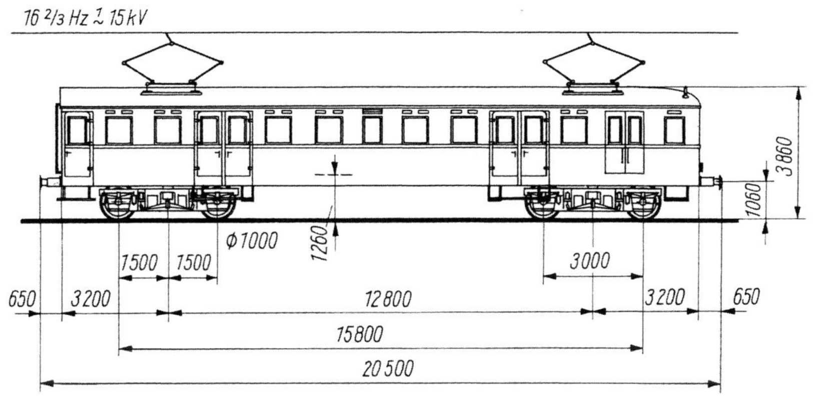

ET 65 022 bis ET 65 025

gen der Baureihe ET 51 (ET 51 01 und ES 51 11) der Baureihe ET 65 bezüglich der Zugsteuerung angeglichen und als ET 65 031 und ES 65 033 eingenummert. Schon in den Jahren 1951 bzw. 1954/55 wurden die Beiwagen EB 51 04 und EB 51 01 in die Steuerwagen ES 65 031 und ES 65 032 umgebaut, denen in den Jahren 1962 und 1963 wegen Mangel an Steuerwagen die zwei Steuerwagen ES 25 002 und ES 25 011 folgten und als ES 65 034 und ES 65 035 eingenummert wurden.

Des weiteren wurden von 1959 bis 1961 die alten Beiwagen durch moderne B4yg-Umbauwagen ersetzt, die als EM 65 (anfangs als EB 65) bezeichnet wurden. Die Betriebsnummern wurden dabei entsprechend den vorhandenen Triebwagen vergeben (der EM 65 018 wurde nach einem Unfall 1973 ausgemustert; als Ersatz wurde ein weiterer B4yg-Wagen im AW Stuttgart-Bad Cannstatt umgebaut und als 865 099 bezeichnet). Im Juli 1961 wurden die letzten zweiachsigen EB 65 aus dem Vorortverkehr gezogen und im Berufsverkehr als Personenwagen noch einige Zeit weiterverwendet (mit Nr. 85 801 bis 85 816 und 85 819 bis 85 858).

Nach der Modernisierung fuhren die Trieb-, Mittel- und Steuerwagen in folgender normaler Zugbildung:

ET 65 001 + EM 65 001 + ES 65 024
ET 65 002 + EM 65 002 + ES 65 021
ET 65 003 + EM 65 003 + ES 65 001
ET 65 005 + EM 65 005 + ES 65 011
ET 65 006 + EM 65 006 + ES 65 006
ET 65 007 + EM 65 007 + ES 65 007
ET 65 008 + EM 65 008 + ES 65 008
ET 65 009 + EM 65 009 + ES 65 004
ET 65 010 + EM 65 010 + ES 65 035
ET 65 012 + EM 65 012 + ES 65 033
ET 65 013 + EM 65 013[x)] + ES 65 013
ET 65 014 + EM 65 014 + ES 65 034
ET 65 015 + EM 65 015 + ES 65 016
ET 65 016 + EM 65 016 + ES 65 031
ET 65 017 + EM 65 017 + ES 65 032
ET 65 018 + EM 65 018[xx)] + ES 65 017
ET 65 019 + EM 65 019 + ES 65 014
ET 65 020 + EM 65 020 + ES 65 005
ET 65 021 + EM 65 021 + ES 65 003
ET 65 022 + EM 65 022 + ES 65 022
ET 65 023 + EM 65 023 + ES 65 002
ET 65 024 + EM 65 024 + ES 65 010
ET 65 025 + EM 65 025 + ES 65 019
ET 65 031 + EM 65 031 + ES 65 015

[x)] ab 1. 2. 1977 (EM) 865 099
[xx)] ab Juni 1973 (EM) 865 099

Diese feste Zugbildung konnte ab Anfang 1978 durch zunehmende Abstellung von Steuerwagen nicht mehr eingehalten werden. Die Einheiten liefen lange Zeit im Stuttgarter Vorortverkehr, bis sie zum Fahrplanwechsel September 1978 bei Inbetriebnahme des S-Bahn-Netzes im mittleren Neckarraum durch sie neuen S-Bahn-Triebzüge der Baureihe 420/421 ersetzt wurden. Dabei wurden die Mittelwagen zu Reisezugwagen zurückgebaut. Die Trieb- und Steuerwagen wurden bis 1980 ausgemustert (letzte vier Triebwagen Bw Stuttgart Hbf 31. 1. 1980). Nur die ET 65 006/EM 65 006/ ES 65 006 werden als Museumsfahrzeuge der DB erhalten und stehen dem Verkehrsmuseum Nürnberg zur Verfügung (Einsatz durch Bw Frankfurt 1), wobei der EM 65 006 erst später wieder eingefügt wurde, um ein größeres Platzangebot zu erzielen. Der ET 65 005 gehört dem Technischen Landesmuseum Baden-Württemberg.

Fahrzeugteil

Laufwerk: Drehgestellrahmen genietet (Baujahre 1933 und 1936) bzw. geschweißt (Baujahr 1938). Peyinghaus-Gleitradsatzlager. Radsatzfederung Schrauben- und Blattfedern. Wiegenfederung Blattfedern. Drehzapfen Stufenzapfen (anfangs vier Triebwagen versuchsweise Kugelzapfen). Radsatzstand unterschiedlich.
Wagenkasten: Untergestell und Wagenkasten Ganzstahlkonstruktion, genietet (Baujahre 1933 und 1936) bzw. geschweißt (Baujahr 1938). Untergestell besonders kräftig ausgeführt, da Transformator in Wagenmitte unter dem Fußboden aufgehängt. Stirnenden nur an den Ecken leicht gerundet. Offene Übergangsbrücken mit seitlichen Scherengittern (später Gummiwülste mit Rolläden), am Führerstandsende offene Übergangsbrücken nur für Personal (außer bei ET 65 018 bis ET 65 025 sowie ET 65 031).
Zug- und Stoßvorrichtung: Schraubenkupplung und Hülsenpuffer. Platz für späteren Einbau der Mittelpufferkupplung Bauart Scharfenberg freigehalten.
Antrieb: Tatzlagerantrieb, einseitiges schrägverzahntes Getriebe. Großrad gefedert. Anfangs Übersetzung 17:70, später 18:69.
Druckluftanlage: Luftverdichter, Hauptluftbehälter, Hauptluftbehälterleitung. Elektropneumatische Sandstreueinrichtung.
Bremse: Einlösige Klotzbremse Bauart Hikp. Zusatzbremse wirkte auf Drehgestell unter dem Führerstand. Spindelhandbremse.

Fahrgastraum

Gestaltung: Dem Vorortverkehr angepaßt.
Führerstand (bei ET 65 001 bis ET 65 021 Führerkabine und Begleiterraum); Gepäckraum; Großraum 3. Klasse mit einem Abteil, Einstiegraum und zwei Abteilen; Maschinenkammer und Toilette; Großraum 3. Klasse mit zwei Abteilen, Einstiegraum, zwei Abteilen und Einstiegraum. Bei ET 65 001 bis ET 65 021 Führerkabine abschließbar, so daß Begleiterraum für Reisende freigegeben werden konnte. Führerstand auf linker Wagenseite von außen betretbar.
Einstieg: Einfach- und Doppelschlagtüren in Nischen gleichmäßig verteilt. Lichte Türweite 650 mm (Baujahre 1933 und 1936) bzw. 655 mm (Baujahr 1938). Zugang über Trittstufen. Zwischen Fahrgastabteilen und Einstiegräumen keine Türen.
3. Klasse: Großräume mit zwei Abteilen sowie ein Abteil mit Mittelgang. Sitzplatzanordnung 2 + 3; Abteiltiefe 1 480 mm, Sitzplatzbreite 488 mm bzw. 466 mm, Gangbreite 465 mm. Holzlattenbänke.
Gepäckraum: 1 644 mm lang. Beidseitig Doppelschiebetür, lichte Türweite 1 150 mm. Acht Klappsitze (bei starkem Verkehrsaufkommen auch zur Personenbeförderung genutzt).
Heizung: Elektrische Widerstandsheizung. Heizstufenschalter für Speisespannung 800 V und 1 000 V. Zugheizungsregler. An Führerstandsenden keine Heizkupplung, um Kuppeln mehrerer Triebwagen auszuschließen.
Beleuchtung: Glühlampen. Spannung =24 V. Batterie mit Hilfsgenerator gepuffert. Beleuchtung vom Führerstand mit Rücksicht auf künftige Streckenführung mit Tunnel-Lichtschalter einschaltbar, wobei sich Licht durch Ölbremse verzögert wieder ausschaltet.

Elektrischer Teil

Anordnung: Kleine Hilfsmaschinenkammer (rd. 1 m^2) in Wagenmitte für Ölschalter, Steuermaschine, Richtungswender und Stromabnehmersteuerung, übrige elektrische Ausrüstung außerhalb des Wagenkastens.
Hochspannungsgeräte: Zwei Scherenstromabnehmer SBS 9 (später SBS 10), zwei Dachtrennschalter, Schmelzsicherung mit Erdungsbügel. Ölschalter mit pneumatischem Antrieb am Untergestell befestigt und in Hilfsmaschinenkammer ragend.
Haupttransformator: Öltransformator in Kernbauweise mit Scheibenwicklung in Sparschaltung (Typ TRB 32 spez.) Ölselbstumlauf mit äußerer Selbstkühlung. Nennleistung 520 kVA, Heizleistung 100 kW.

Triebwagenzug der Baureihe ET 65, bestehend aus einem ET, zwei EB und einem ES
Foto: BZA München

Steuerung: Steuermaschine mit zwölf Stufenschaltern. Zum Abschalten gesonderte Funkenschalter, über Nockenwelle gesteuert. Auf-Ab-Steuerung mit Fortschaltrelais. Schaltwerkantrieb durch Drehmagnet. Anfahrt mit erhöhtem Motorstrom stufenweise möglich. Elektropneumatische Trennschütze. Richtungswender mit Drehmagnetantrieb. Steuerspannung $\overset{1}{\sim}$ 16⅔ Hz, 200 V und =24 V. Vielfachsteuerung bis zu drei Triebwagenzügen.
Fahrmotoren: Achtpolige Wechselstromreihenschlußmotoren mit Wendepol- und Kompensationswicklung (Typ EDTM 494). Anfangs eigenbelüftet, später zusätzliche Fremdbelüftung, die besonders im Stillstand des Triebwagens wirkt.
Hilfseinrichtungen: Fahrmotorenlüfter (später eingebaut). Sicherheitsfahrschaltung.

Steuerwagen ES 65
Techn. Daten: Seite 302, 303

Fahrzeugteil: ES 65 001 bis ES 65 016 analog Triebwagen Baujahr 1933, jedoch Gleitradsatzlager. ES 65 017 bis ES 65 024 analog Triebwagen Baujahr 1938.
Fahrgastraum: Führerstand; Großraum 3. Klasse mit zwei Abteilen, Einstiegraum und dreieinviertel Abteilen; Großraum 2. Klasse mit einem Abteil, Einstiegraum und einem Abteil mit Mittelgang; Großraum 2. Klasse mit einem Abteil mit Mittelgang und Einstiegraum. 2. Klasse Sitzplatzanordnung 2 + 2, Abteiltiefe 1 800 mm, Sitzplatzbreite 588 mm, Gangbreite 490 mm, Polstersitze. 3. Klasse Sitzplatzanordnung 2 + 3, Abteiltiefe 1 480 mm, Sitzplatzbreite 488 mm bzw. 466 mm, Gangbreite 465 mm, Holzlattenbänke. Elektrische Heizung. Beleuchtung durch Glühlampen.

Beiwagen EB 65
Techn. Daten: Seite 307

Fahrzeugteil: Zwei zweiachsige Wagen, kurzgekuppelt. Genietete Stahlkonstruktion. Schraubenkupplung und Hülsenpuffer, Wagen durch Kurzkupplung verbunden. Gleitradsatzlager, später durch Wälzradsatzlager ersetzt. Radsatzfederung Blattfedern. Zwischen beiden Wagen einteiliger Faltenbalg, an äußeren Wagenenden offene Übergangsbrücken mit Scherengitter. Mehrlösige Klotzbremse Bauart Kkp.
Fahrgastraum: Analog Triebwagen. Je zwei Großräume 3. Klasse

Triebzug der Baureihe 465/865 mit dem Triebwagen ET 65 031
Foto: BD Stuttgart

mit drei bzw. zweieinhalb Abteilen und Mittelgang. Mitteltür bei EB 65 001 bis EB 65 028 zweiflüglige Drehtür, bei EB 65 029 bis EB 65 044 einflüglige Drehtür. Sitzplatzanordnung 2 + 3; Abteiltiefe 1 470 mm, Sitzplatzbreite 477 mm bzw. 500 mm; Gangbreite 465 mm, Holzlattenbänke. Türen an Wagenenden anfangs zum Einsteigen und

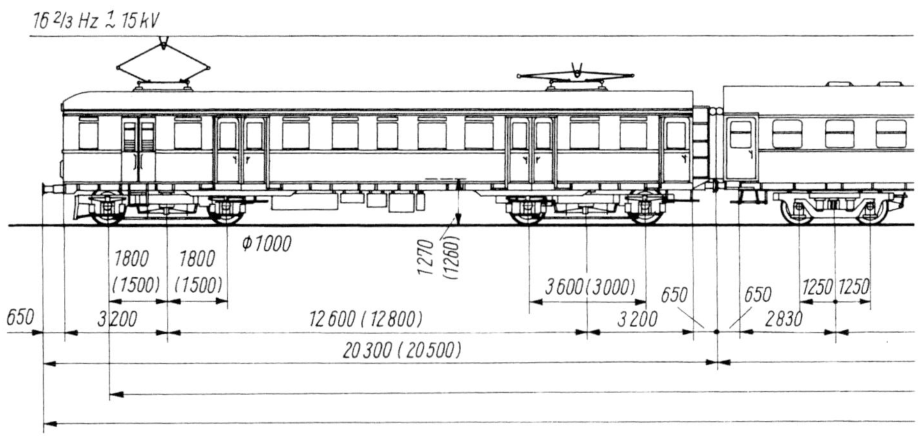

Triebzug, gebildet aus Triebwagen 465 001 bis 465 021 (Klammerwerte für 465 022 bis 465 025), Mittelwagen 865 001 bis 865 025, 865 031 und 865 099 sowie Steuerwagen 865 601 bis 865 616 (Klammerwerte 865 617 bis 865 624), Länge über Puffer und Gesamtradsatzstand je nach Zugbildung

Mitteltüren zum Aussteigen vorgeschrieben, um Fahrgastwechsel zu beschleunigen.
Elektrische Heizung. Beleuchtung durch Glühlampen.

Umbau 1957/63

Fahrzeugteil

Wagenkasten: An Stirnenden keine Übergangsmöglichkeit. Innerhalb Triebzug durch Gummiwülste geschützte Übergänge.
Druckluftanlage: Luftverdichter, Hauptluftbehälter, Hauptluftbehälterleitung. Sandstreueinrichtung. Spurkranzschmierung.

Fahrgastraum ET 65 001 bis ET 65 025

Gestaltung: Dem Vorortverkehr angepaßt.
Führerstand; Gepäckraum; Großraum 2. Klasse mit einem Abteil, Einstiegraum und zweieinviertel Abteile; Hilfsmaschinenkammer; Großraum 2. Klasse mit zwei Abteilen; Einstiegraum, zwei Abteilen und Einstiegraum. Fahrgasträume und Einstiegräume nicht durch Türen getrennt. Keine Toilette.
Einstieg: Einfach- und Doppelschlagtüren, lichte Türweite 620 mm bzw. 655 mm. Zugang über Trittstufen.
2. Klasse: Großräume mit Mittelgang. Sitzplatzanordnung 2 + 2; Abteiltiefe 1 400 mm, Sitzplatzbreite 518 mm, Gangbreite 710 mm bzw. 712 mm. Polstersitzbänke.
Gepäckraum: 1 420 mm (ET 65 001 bis ET 65 021) bzw. 1 484 mm (ET 65 022 bis ET 65 025) lang. Beidseitig doppelfüglige Schiebetür, lichte Türweite 1 150 mm. Vier Klappsitze.
Heizung: Elektrische Widerstandsheizkörper, Heizschütze u. -regler.
Beleuchtung: Leuchtstofflampen, 100 Hz 220 V. Turbowechselrichter. Von Führerstand schaltbar.

Fahrgastraum ET 65 031

Gestaltung: Dem Vorortverkehr angepaßt.
Führerstand; Gepäckraum; Großraum 2. Klasse mit Einstiegraum, viereinhalb Abteilen, Einstiegraum und zwei Abteilen; Einstiegraum.
Fahrgast- und Einstiegräume nicht durch Türen getrennt.
Einstieg: Einfach- und Doppelschlagtüren. Trittstufen.
2. Klasse: Großräume mit Mittelgang. Sitzplatzanordnung 2 + 2; Abteiltiefe 1 530 mm und 1 800 mm, Sitzplatzbreite 518 mm, Gangbreite 737 mm. Polstersitzbänke.
Gepäckraum: 1 960 mm, später 2 022 m lang. Beidseitig einflüglige Schiebetür, lichte Türweite 1 150 mm. Zwei Klappsitze, später vier Klappbänke.
Heizung: Elektrische Widerstandsheizkörper, Heizschütze und Heizregler.
Beleuchtung: Leuchtstofflampen, 100 Hz 220 V. Turbowechselrichter. Von Führerstand schaltbar.

Elektrischer Teil ET 65 001 bis ET 65 025

Hochspannungsgeräte: Zwei Scherenstromabnehmer SBS 10

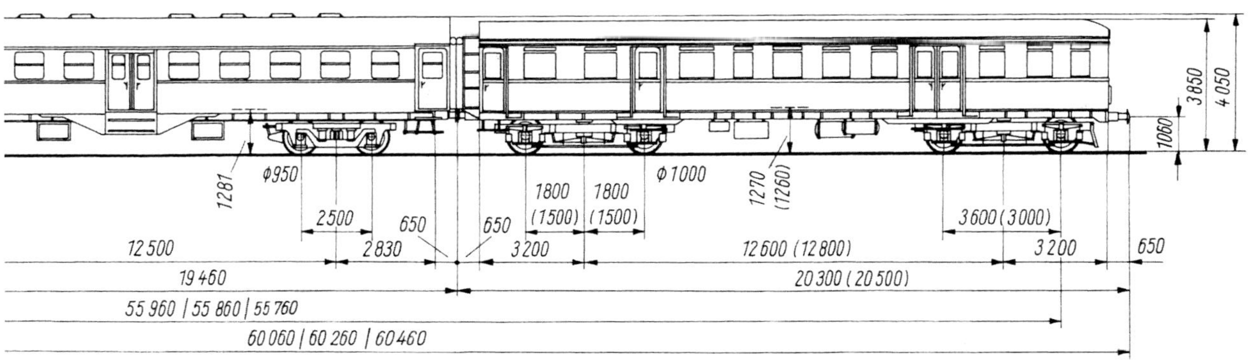

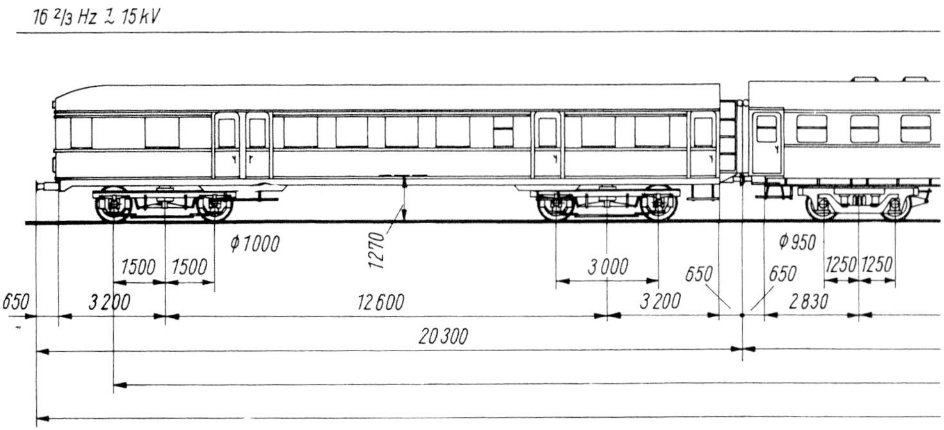

Triebzug mit Triebwagen 465 031 und Steuerwagen 865 631

oder DBS 54. Dachtrennschalter. Ölschalter Typ BT 10.1.
Steuerung: Niederspannungsnokkenschaltwerk mit zwölf Stufenschaltern. Fortschaltrelais. Schaltwerkantrieb Drehmagnet. Elektropneumatische Trennschütze. Richtungswender Drehmagnetantrieb. Steuerspannung ~ $16\,^2/_3$ Hz, 200 V und =24 V. Vielfachsteuerung.
Fahrmotoren: Achtpolige Wechselstromreihenschlußmotoren mit Wendepol- und Kompensationswicklung (Typ EDTM 494). Eigenbelüftet.
Hilfseinrichtungen: Batterie =24 V, gepuffert mit Motor-Generator-Satz. Wegabhängige Sicherheitsfahrschaltung. Induktive Zugbeeinflussung. Zugbahnfunk (später eingebaut).

Elektrischer Teil ET 65 031

Anordnung: Gesamte elektrische Ausrüstung außerhalb des Wagenkastens.
Hochspannungsgeräte: Zwei Scherenstromabnehmer DBS 54. Dachtrennschalter. Druckluftschnellschalter (Typ DBTF 20i 200).
Haupttransformator: Öltransformator in Sparschaltung (Typ ELT 10). Ölselbstumlauf mit äußerer Selbstkühlung. Nennleistung 500 kVA, Heizleistung 100 kW.
Steuerung: Nockenschaltwerk mit zwölf Stufenschaltern. Fortschaltrelais. Schaltwerkantrieb Drehmagnet. Vielfachsteuerung.
Fahrmotoren: Achtpolige Wechselstromreihenschlußmotoren mit Wendepol- und Kompensationswicklung (Typ ELM 10). Eigenbelüftet.
Hilfseinrichtungen: Batterie, gepuffert mit Motor-Generator-Satz. Sicherheitsfahrschaltung. Induktive Zugbeeinflussung.

Steuerwagen ES 65 001 bis ES 65 033

Techn. Daten: Seite 302, 303

Fahrgastraum ES 65 001 bis ES 65 024: Dem Vorortverkehr angepaßt. Führerstand; Großraum 2. Klasse mit zwei Abteilen, Einstiegraum und dreieinviertel Abteilen; Großraum 1. Klasse mit einem Abteil, Einstiegsraum und ein Abteil; Abteil 1. Klasse und Einstiegraum. Fahrgasträume und Einstiegräume nicht durch Türen getrennt.
Einstieg, Heizung und Beleuchtung analog Triebwagen.
1. Klasse: Abteile mit Mittelgang. Sitzplatzanordnung 2 + 2; Abteiltiefe 1 800 mm, Sitzplatzbreite 588 mm, Gangbreite 485 mm (ES 65 001 bis ES 65 016) bzw. 490 mm (ES 65 017 bis ES 65 024). Polstersitzbänke.
2. Klasse: Großräume mit Mittelgang. Sitzplatzanordnung 2 + 2; Abteiltiefe 1 481 mm (ES 65 001 bis ES 65 016) bzw. 1 483 mm (ES 65 017 bis ES 65 024), Sitzplatzbreite 518 mm, Gangbreite 705 mm (ES 65 001 bis ES 65 016) bzw. 712 mm (ES 65 017 bis ES 65 024). Polstersitzbänke.
Fahrgastraum ES 65 031 und ES 65 032: Dem Vorortverkehr angepaßt. Führerstand; Großraum 2. Klasse mit Traglastenabteil, Einstiegraum, viereinhalb Abteilen und Einstiegraum; zwei Abteile 1. Klasse; Einstiegraum.
Einstieg, Heizung und Beleuchtung analog Triebwagen.

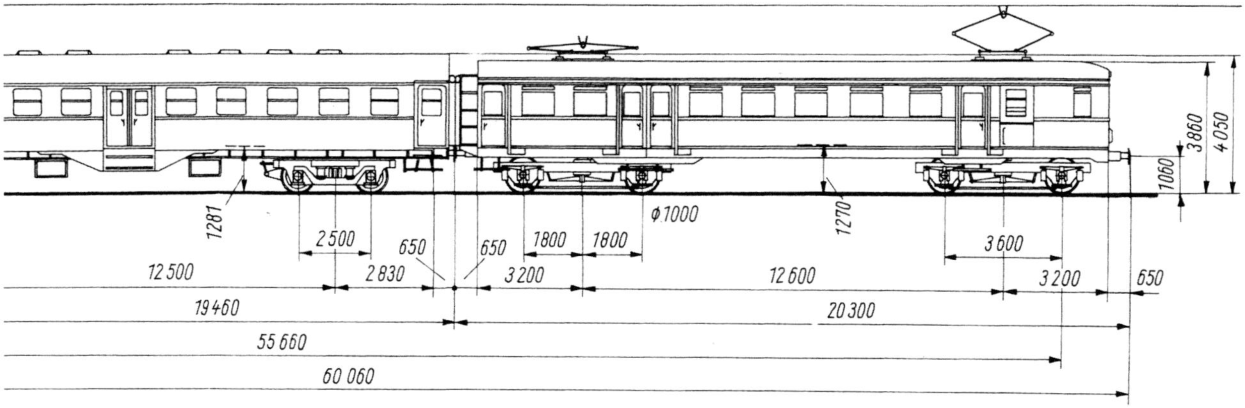

1. Klasse: Abteile mit Mittelgang. Sitzplatzanordnung 2 + 2; Abteiltiefe 1 810 mm (ES 65 031) und 1 840 mm (ES 65 032), Sitzplatzbreite 588 mm, Gangbreite 517 mm (ES 65 031) und 485 mm (ES 65 032). Polstersitzbänke.
2. Klasse: Großräume mit Mittelgang. Sitzplatzanordnung 2 + 2; Abteiltiefe 1 530 mm (ES 65 031) und 1 525 mm (ES 65 032), Sitzplatzbreite 518 mm, Gangbreite 737 mm (ES 65 031) und 705 mm (ES 65 032). Polstersitzbänke.
Traglastenabteil: 2 801 mm (ES 65 031) und 2 625 mm (ES 65 032) lang. Vier Sitzbänke und zwei Klappbänke.
Fahrgastraum ES 65 033: Dem Vorortverkehr angepaßt. Führerstand; Großraum 2. Klasse mit zwei Abteilen, Einstiegraum, viereinhalb Abteilen und Einstiegraum; zwei Abteile 1. Klasse, Einstiegraum.
Einstieg, Heizung und Beleuchtung analog Triebwagen.
1. Klasse: Abteile mit Mittelgang. Sitzplatzanordnung 2 + 2; Abteiltiefe 1 810 mm, Sitzplatzbreite 588 mm, Gangbreite 517 mm. Polstersitzbänke.
2. Klasse: Großräume mit Mittelgang. Sitzplatzanordnung 2 + 2; Abteiltiefe 1 529 mm, Sitzplatzbreite 518 mm, Gangbreite 737 mm. Polstersitzbänke.

Mittelwagen EM 65 001 bis EM 65 099

Fahrzeugteil: Schwanenhals-Drehgestelle. Wälzradsatzlager. Radsatzfederung Schraubenfedern. Kastenfedern Blattfedern.
Wagenkasten geschweißte Ganzstahlkonstruktion. Durch Gummiwülste geschützte Übergänge.
Schraubenkupplung und Hülsenpuffer.
Mehrlösige Klotzbremse Bauart KE. Spindelhandbremse.
Fahrgastraum: Dem Vorortverkehr angepaßt. Einstiegraum; Großraum 2. Klasse mit viereinhalb Abteilen; Einstiegraum; Großraum 2. Klasse mit viereinhalb Abteilen; Einstiegraum. Einstieg Einfach- und Doppelschlagtüren, lichte Weite 906 mm bzw. 1 360 mm. Zugang über Trittstufen.
2. Klasse: Großräume mit Mittelgang. Sitzplatzanordnung 2 + 2; Abteiltiefe 1 540 mm, Sitzplatzbreite 550 mm, Gangbreite 670 mm. Polstersitzbänke.
Elektrische Widerstandsheizung, Heizschütze.
Beleuchtung Leuchtstofflampen, 100 Hz, 220 V. Turbowechselrichter. Von Führerstand schaltbar.

ET 82

(1 A)2′

1926 bis 1945

Techn. Daten: Seite 279

Von der Baureihe ET 82, den ersten Neubautriebwagen der DRG für das Wechselstromsystem, wurden nur zwei Triebwagen im Jahre 1926 für den Berufsverkehr auf der Strecke von Magdeburg nach Rothensee in Dienst gestellt. Für den Spitzenverkehr mußte eine große Zahl von Stehplätzen vorhanden sein. Dafür konnte der hintere Gepäckraum (Führerstandstür verschlossen) bei Bedarf als Fahrgastraum mit Stehplätzen genutzt werden. Diese kurze Strecke eignete sich besonders gut für den Einsatz von Triebwagen. Da sie keine nennenswerten Neigungen hat, genügte der Einbau eines Fahrmotors. Dadurch konnte die elektrotechnische Ausrüstung sehr einfach gehalten werden. Zwei Jahre später kamen noch zwei zweiachsige Beiwagen hinzu.

Mit zwei Beiwagen sollte der Triebwagen in der Ebene und auf neigungsarmen Strecken eine Geschwindigkeit von 80 km/h erreichen.

Im Jahre 1929 wurden eineinviertel Abteile der ehemaligen 4. Klasse in eineinviertel Abteile 2. Klasse umgebaut, ohne die Abmessungen der Sitzplätze zu verändern.

Die später auch auf anderen Kurzstrecken (Magdeburg–Schönebeck-Salzelmen) verkehrenden Triebwagen bewährten sich. Sie hatten insbesondere geringe Instandhaltungs- und Wartungskosten. Beide Triebwagen wurden im Zweiten Weltkrieg zerstört.

Fahrzeugteil

Laufwerk: Drehgestellrahmen genietet. Drehzapfen asymmetrisch angeordnet. Laufkreisdurchmesser der beiden Radsätze unterschiedlich. Gleitradsatzlager. Radsatzfederung Blattfedern.

Wagenkasten: Untergestell und Wagenkasten Ganzstahlkonstruktion, genietet. Hauptrahmen kräftige Profilträgerbauweise. Wagenkasten an Stirnenden fischbauchartig abgeschrägt. Stirnenden kastenförmig. Keine Übergangseinrichtung.

Zug- und Stoßvorrichtung: Schraubenkupplung und Hülsenpuffer.

Antrieb: Tatzlagerantrieb, einseitiges Getriebe, ungefedert.

Druckluftanlage: Luftverdichter, Hauptluftbehälter, Hauptluftbehälterleitung. Sandstreueinrichtung.

Bremse: Einlösige Klotzbremse Bauart Kkp. Spindelhandbremse.

Fahrgastraum

Gestaltung: Dem Personenzugverkehr angepaßt.

Führerstand; Gepäckraum; Großraum 3. Klasse mit zweidreiviertel Abteilen; Großraum ehemalige 4. Klasse mit zweieinhalb Abteilen und Traglastenabteil; Einstiegraum; Gepäckraum; Führerstand. Führerstand an rechter Stirnseite von Gepäckraum abgetrennt.

Einstieg: Über Drehgestellen. Einfachschlagtüren. Zugang über Trittstufen. Fahrgastabteile von Einstiegräumen durch Schiebetüren getrennt.

Triebwagen der Baureihe ET 82
Foto: Sammlung R. Zschech

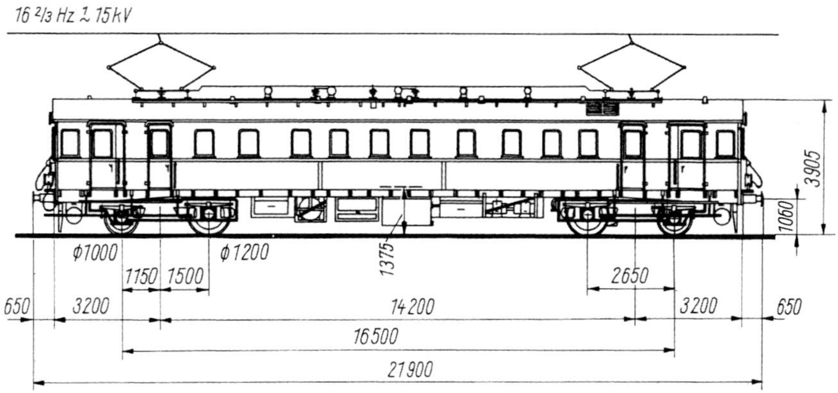

ET 82

3. Klasse: Großraum mit zweidreiviertel Abteilen und Mittelgang. Sitzplatzanordnung 2 + 2, Abteiltiefe 1 560 mm, Sitzplatzbreite 500 mm, Gangbreite 834 mm, Holzbänke.
ehemalige 4. Klasse: Großraum mit zweieinhalb Abteilen und Mittelgang sowie Traglastenteil mit Längsbänken. Sitzplatzanordnung 2 + 2; Abteiltiefe 1 340 mm, Sitzplatzbreite 500 mm, Gangbreite 834 mm, Holzbänke.
Gepäckraum: 2 650 mm lang. Beidseitig Einfachschlagtüren, durch schmalen Flügel erweiterbar. Keine Sitzplätze. Gepäckraum auch für Stehplätze verwendbar.
Heizung: Elektrische Widerstandsheizung. Heizschütze.
Beleuchtung: Glühlampen, Spannung =24 V. Batterie mit Hilfsgenerator gepuffert.
Umbau: Im Jahr 1929 in Wagenmitte eineinhalb Abteile in 2. Klasse umgebaut. Sitzplatzanordnung 2 + 2; Abteiltiefe 1 400 mm.

Elektrischer Teil

Anordnung: Gesamte elektrische Ausrüstung außerhalb des Wagenkastens.
Hochspannungsgeräte: Zwei Scherenstromabnehmer, Dachtrennschalter, Ölschalter am Untergestell hängend, elektropneumatisch ein- und elektromagnetisch ausgeschaltet.
Haupttransformator: Öltransformator in Sparschaltung. Ölselbstumlauf mit äußerer Selbstkühlung. Nennleistung 262 kVA, Heizleistung 50 kW. Sechs Anzapfungen für Fahrmotorenstromkreise, drei Anzapfungen für Heizung der Führerstände und der Fahrgastabteile.
Steuerung: Elektromagnetische Niederspannungsschützensteuerung, sieben Fahrstufen, Fahrtrichtungsschütze, gleichzeitig Motortrennschalter (auch bei unzulässig hohem Motorstrom). Vielfachsteuerung.
Fahrmotor: Sechspoliger Wechselstromreihenschlußmotor mit Wendepolwicklung (Typ WBM 304). Fremdbelüftet.
Hilfseinrichtungen: Sicherheitsfahrschaltung. Fahrmotorlüfter.

Beiwagen EB 82
Techn. Daten: Seite 309

Fahrzeugteil: Zweiachsige Personenwagen der Einheitsbauart. Lenkradsätze. Gleitradsatzlager. Radsatzfederung Blattfedern. Wagenkasten genietete Ganzstahlbauweise. Tonnendach. Untergestell genietete Konstruktion aus Walzprofilen. Offene Übergangsbrücken. Einstiege über Plattform. Schraubenkupplung und Hülsenpuffer. Einlösige Klotzbremse Bauart Kkp. Spindelhandbremse.
Fahrgastraum: Einstiegplattform; Großraum 3. Klasse mit vier Abteilen; Großraum 3. Klasse mit drei Abteilen; Einstiegplattform.
3. Klasse Sitzplatzanordnung 2 + 3; Abteiltiefe 1 320 mm bzw. 1 300 mm, Sitzplatzbreite 490 mm bzw. 494 mm, Gangbreite 470 mm, Holzlattenbänke.
Elektrische Widerstandsheizung. Beleuchtung Glühlampen =24 V, von Triebwagen gespeist.

ET 85

DB 485

Bo'2'
1926 bis 1977
Techn. Daten: S. 279 bis 281

Im Zusammenhang mit der Elektrifizierung der Vorortstrecken von München zum Starnberger See beschloß 1924 die DRG den Umbau von vier der fünf vorhandenen Dampftriebwagen in Elektrotriebwagen, mit denen zunächst Erfahrungen gesammelt werden sollten. Die Dampftriebwagen waren 1906 im Vorortverkehr von München eingesetzt worden, gelangten aber zu keinem größeren Erfolg. Als Dampftriebwagen hatten sie eine verhältnismäßig geringe Laufleistung erreicht und waren deshalb noch in einem so guten Zustand, daß sie als Elektrotriebwagen fast einem Neubau gleichkamen.

Im Jahre 1927 wurden weitere Elektrotriebwagen, jetzt Neubaufahrzeuge, in Dienst gestellt. Die letzte Lieferung erfolgte im Frühjahr 1933.

Als Beiwagen verwendete man dreiachsige bayerische Personenwagen der Bauart 1899. Bei der zweiten Lieferung wurden auch Steuerwagen mitbeschafft.

Ein Trieb-, ein Steuer- und ein bis drei zwischengestellte Beiwagen bildeten einen Normalzug.

Die Triebwagen bewährten sich und leisteten für die damalige Zeit erstaunlich viel. Sie waren im Bw München Hbf, ab 1933 auch in Augsburg und ab 1936 im Bw Nürnberg Hbf stationiert. Sie wurden im Vorortverkehr Münchens und im Personenverkehr zu bayerischen Ausflugorten sowie im Fernverkehr eingesetzt. Dazu dienten die ET 85 05 und ET 85 09 mit einer Höchstgeschwindigkeit von 100 km/h, die im Bw Augsburg beheimatet waren. Zahlreiche Fahrzeuge wurden im Zweiten Weltkrieg zerstört.

Von den ehemaligen Dampftriebwagen gingen zwei Triebwagen in den Bestand der DB über und wurden bis 1958 ausgemustert. Von den Neubautriebwagen gingen 22 Stück in den Bestand der DB.

In den Jahren 1949/1950 wurden die Triebwagen ET 85 13, ET 85 14 und ET 85 16 in die Triebwagen ET 90 01 bis ET 90 03 (spätere Baureihe 490) umgebaut. Die zugehörigen Steuer- und Beiwagen wurden in die Baureihe 85 eingegliedert. Im Jahre 1949 entstand der Steuerwagen ES 85 40 aus einem Reisezugwagen der Müglitztalbahn mit Mitteleinstieg, wobei das Traglastenabteil

Triebwagenzug der Baureihe ET 85, bestehend aus einem ET, zwei EB und einem ES
Foto: Sammlung G. Fiebig

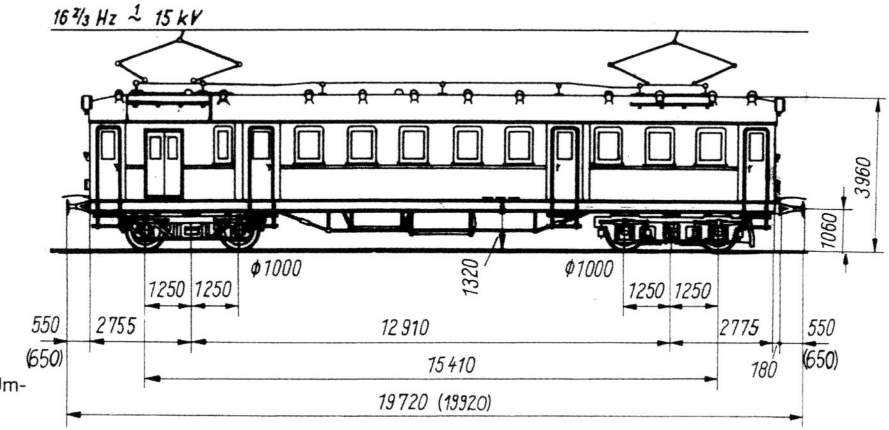

ET 85 01 bis ET 85 04, Klammerwerte für Umbau auf Hülsenpuffer

in einen Gepäckraum umgebaut und ein Führerstand eingebaut wurde. Er wurde 1972 mit Einstellung der Strecke Bad Aibling–Feilnbach ausgemustert. Für den stärkeren Verkehr nach Königssee wurden auch zwei zweiachsige Beiwagen aus bayerischen Personenwagen des Baujahres 1925 umgebaut (EB 85 90 und EB 85 91), die von 1958 bis 1965 eingesetzt waren.
In den Jahren 1951/1952 wurden die Steuerwagen ES 85 03, ES 85 04 und ES 85 16 zu den Wendezugsteuerwagen ESG 01 bis ESG 03 umgebaut, die im Vorortverkehr nach Dachau eingesetzt wurden.
Im Jahre 1955 beschloß die DB die Modernisierung einer größeren Anzahl von Trieb- und Steuerwagen, die 1956 (ET) bzw. 1960 (ES) vorgenommen wurde, während die restlichen Fahrzeuge nur im Fahrgastraum umgebaut wurden. Drei Triebwagen wurden bei diesem Umbau mit 1.-Klasse-Sitzplätzen ausgerüstet, als ET 85 101 bis ET 85 103 bezeichnet und bis 1960 eingesetzt. Sie wurden 1960 wieder in reine 2.-Klasse-Wagen verändert und erhielten dabei ihre ursprüngliche Betriebsnummer wieder, da jetzt umgebaute Steuerwagen ES 85 mit 1.-Klasse-Sitzplätzen zur Verfügung standen.
Im Jahre 1960 wurden die Steuerwagen ES 85 02, ES 85 06, ES 85 08, ES 85 10, ES 85 12, ES 85 14, ES 85 23, ES 85 26 und ES 85 32 mit einem und einem halben Abteil 1. Klasse ausgerüstet und in ES 85 101 bis ES 85 109 umgezeichnet.
In den Jahren 1961/1962 wurden als Ersatz für die inzwischen ausgemusterten alten Beiwagen acht neue Beiwagen beschafft (EB 85 01 bis EB 85 08), die vom Aw Stuttgart-Bad Cannstatt aus Umbauwagen der Baurt B3yg-54 entstanden.
Im Jahre 1960 wurden fünf Triebwagen ins südwestdeutsche Netz abgegeben und verkehrten auf der Höllentalbahn, der Dreiseenbahn Titisee–Seebrugg und auf der Strecke Müllheim (Baden)–Neuenburg (Baden). Andere Fahrzeuge gingen in die BD Hannover und BD Mainz.
Die Triebwagen der Baureihe 485 wurden bis zum Jahre 1977 ausgemustert. Die letzte Garnitur war der Zug 485 005 + 885 709 (Bw Freiburg, Ausmusterung 29. September 1977). Noch betriebsfähig erhalten sind im Fahrzeugmuseum Bochum-Dahlhausen der Deutschen Gesellschaft für Eisenbahngeschichte die Fahrzeuge ET 85 07 und ES 85 15. Der Steuerwagen 885 706 dient als Klubheim im Bw Freiburg.

Fahrzeugteil

Laufwerk: Drehgestelle in Blechträgerbauweise, genietet. Gleitradsatzlager (ET 85 01 bis ET 85 04), Wälzradsatzlager, bei ET 85 31 bis ET 85 36 anfangs Peyinghaus-Gleitradsatzlager. Radsatzfederung Blattfedern. Wiegenfederung Blattfedern.
Wagenkasten: Untergestell und Kasten bilden geschlossenes Tragwerk, genietete Stahlkonstruktion. Untergestell besonders kräftig ausgeführt, da Transformator 6,48 t schwer. Langträger an Einstiegnischen besonders gestaltet. Stirnenden leicht abgeschrägt. Offene Übergangsbrücken für Personal mit seitlichen Scherengittern (bis ET 85 30), später ausgebaut. Dach über Teil des Maschinenraumes abnehmbar.

Triebwagen ET 85 09 nach Umbau
Foto: G. Wiegner

Zug- und Stoßvorrichtung: Schraubenkupplung und Hülsenpuffer. Bei ET 85 01 bis ET 85 04 anfangs Stangenpuffer.
Antrieb: Tatzlagerantrieb, einseitiges geradverzahntes Getriebe. Großrad gefedert (ET 85 31 bis ET 85 36).
Druckluftanlage: Luftverdichter, Hauptluftbehälter, Hauptluftbehälterleitung (zugleich für Stromabnehmersteuerung).
Bremse: Einlösige Klotzbremse Bauart Kp. Zusatzbremse. Spindelhandbremse. Später bei ET 85 10, ET 85 11 und ET 85 15 Klotzbremse Bauart KE, bei ET 85 28 Klotzbremse Bauart Hikp.

Fahrgastraum

Gestaltung: Dem Vorortverkehr angepaßt.
Führerstand; Großraum 3. Klasse mit zwei Abteilen, Einstiegraum und zweieinhalb Abteilen; Großraum 3. Klasse mit drei Abteilen und Einstiegraum mit Sitzbank; Maschinenraum; Führerstand.
Über Laufdrehgestell Maschinenraum, 2 300 mm lang. Maschinenraum beidseitig Doppelschlagtüren (ET 85 01 bis ET 85 04) bzw. einseitig Einfachschlagtür (ET 85 05 bis ET 85 36).
Einstieg: Einfachdrehtür in Nischen, lichte Weite 736 mm (bei ET 85 01 bis ET 85 04 600 mm), Zugang über Trittstufen. Zwischen Fahrgastabteilen und Einstiegräumen keine Türen.
3. Klasse: Großräume mit drei und viereinhalb Abteilen und Mittelgang. Sitzplatzanordnung 2 + 3; bei ET 85 01 bis ET 85 04 Abteiltiefe 1 400 mm, Sitzplatzbreite 457 mm bzw. 447 mm, Gangbreite 500 mm; bei ET 85 05 bis ET 85 36 Abteiltiefe 1 445 mm, Sitzplatzbreite 455 mm bzw. 442 mm, Gangbreite 500 mm. Abteile über Triebdrehgestell Sitzplatzanordnung 2 + 2; bei ET 85 01 bis ET 85 04 Abteiltiefe 1 378 mm, Sitzplatzbreite 564 mm, Gangbreite 500 mm; bei ET 85 05 bis ET 85 36 Abteiltiefe 1 445 mm, Sitzplatzbreite 562 mm, Gangbreite 500 mm. Holzlattenbänke.

ET 85 05 bis ET 85 30

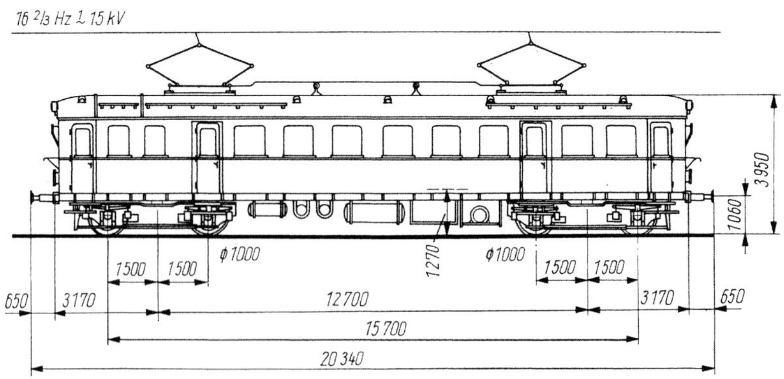

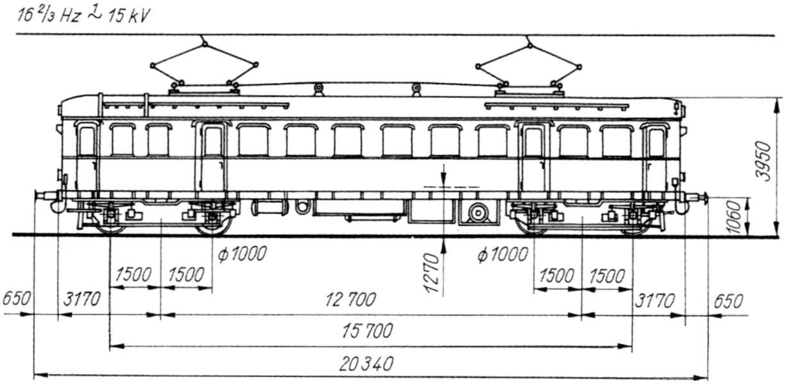

ET 85 31 bis ET 85 36

Heizung: Elektrische Widerstandsheizung, Heizschütze.
Beleuchtung: Glühlampen, Spannung =24 V. Batterie mit Hilfsgenerator gepuffert.
Umbau 1956: Triebwagen ET 85 07 bis ET 85 09, ET 85 19, ET 85 21 bis ET 85 24, ET 85 28, ET 85 30 und ET 85 35 nahezu unverändert. Sitzbänke an Gepäckraum entfallen.
Triebwagen ET 85 05, ET 85 10, ET 85 11, ET 85 15, ET 85 17, ET 85 27, ET 85 29 und ET 85 34 Raumaufteilung nicht verändert, aber Sitzplatzanordnung 2 + 2 und Polsterbänke. Abteiltiefe 1 435 mm bzw. 1 433 mm, Sitzplatzbreite 517 mm, Gangbreite 620 mm. Sitzbänke an Gepäckraum entfallen.
Triebwagen ET 85 101 bis ET 85 103 über Triebdrehgestell Abteil 1. Klasse.

Elektrischer Teil

Anordnung: Maschinenraum über Laufdrehgestell, enthält Transformator, Ölschalter, Schützengerüst und Fahrmotorenlüfter.
Hochspannungsgeräte: Zwei Scherenstromabnehmer Typ SBS 10. Hochspannungssicherung. Dachtrennschalter. Ölschalter.
Haupttransformator: Öltransformator in Mantelbauweise und Scheibenwicklung (Typ TB spez). Sekundärwicklung aus zwei Teilen: ein Teil in Sparschaltung mit Primärwicklung, anderer Teil separate Wicklung. Jeder Teil sechs Anzapfungen (426 V/388 V bis 135 V/116 V). Ölselbstumlauf mit äußerer Fremdlüftung. Nennleistung 500 kVA, Heizleistung 140 kW.
Steuerung: Niederspannungsschützensteuerung, zwölf Fahrstufen. Stromteiler. Elektropneumatische Richtungswender. Trennschütze. Steuerspannung ~ $16\,^2/_3$ Hz, 200 V. Vielfachsteuerung.
Fahrmotoren: Achtpolige Wechselstromreihenschlußmotoren mit Wendepol- und Kompensationswicklung sowie Widerstandsverbindern in Kommutator (Typ EDTM 52/8). Eigenbelüftet, zusätzlich fremdbelüftet.
Hilfseinrichtungen: Fahrmotorenlüfter, Transformatorlüfter, Sicherheitsfahrschaltung.

Steuerwagen ES 85 01 bis ES 85 34

Techn. Daten: Seite 303, 304

Fahrzeugteil: Analog Triebwagen ET 85 05 bis ET 85 36.
Fahrgastraum: Analog Triebwagen, anstelle Maschinenraum Gepäckraum, 2 300 mm lang. Seitliche Schiebetüren, lichte Weite 1 100 mm.
Umbau 1960: Führerstand und dessen Seitentüren entfallen. Stirnwandübergänge ausgebaut.
ES 85 01, ES 85 05, ES 85 07, ES 85 09, ES 85 11, ES 85 13, ES 85 15, ES 85 17, ES 85 24, ES 85 25, ES 85 28, ES 85 30 und ES 85 31 Inneneinrichtung unverändert, neu: fünfsitzige Bank im ehemaligen Führerstand.
ES 85 101 bis ES 85 109 Fahrgastraum: Führerstand, Gepäckraum, Einstiegraum und Großraum 2. Klasse mit drei Abteilen, Großraum 2. Klasse mit zweieinhalb Abteilen und Einstiegraum, halbes Abteil 1. Klasse, Abteil 1. Klasse. 1. Klasse Sitzplatzanordnung 2 + 2; Abteiltiefe 2 395 mm, Sitzplatzbreite 550 mm, Gangbreite 550 mm. 2. Klasse Sitzplatzanordnung 2 + 2; Abteiltiefe 1 445 mm, Sitzplatzbreite 532 mm, Gangbreite 620 mm.

Steuerwagen ES 85 40

Techn. Daten: Seite 304

Fahrzeugteil: Umbau aus Reisezugwagen Baujahr 1936.
Fahrgastraum: Führerstand und Gepäckraum; Großraum 2. Klasse mit zweieinhalb Abteilen; Einstiegraum; Großraum 2. Klasse mit vier

Abteilen; Einstiegraum. Sitzplatzanordnung 2 + 3; Abteiltiefe 1 600 mm, Sitzplatzbreite 475 mm bzw. 480 mm, Gangbreite 477 mm. Gepäckraum 3 671 mm lang, vier Klappsitze.

Beiwagen EB 85 01 bis EB 85 70
Techn. Daten: Seite 309

Fahrzeugteil: Dreiachsige Lokalbahnwagen; offene Plattformen an Wagenenden. Alle Radsätze Klotzbremse.
Fahrgastraum: Zwei Großräume mit zwei und fünf bzw. drei und vier Abteilen. Gasglühlichtbeleuchtung, später in elektrische Beleuchtung umgebaut.

Beiwagen EB 85 01″ bis EB 85 08″
Techn. Daten: Seite 309

Fahrzeugteil: Dreiachsige Umbauwagen. Stirnwandübergang mit Gummiwülsten und Rolläden. Klotzbremse Bauart Wp.
Fahrgastraum: Zwei Großräume 2. Klasse mit vier bzw. zweieinhalb Abteilen. Sitzplatzanordnung 2 + 3.

Beiwagen EB 85 90 und EB 85 91
Techn. Daten: Seite 309

Fahrzeugteil: Umbau aus Reisezugwagen Baujahr 1925.
Fahrgastraum: 61 Sitzplätze 2. Klasse.

ET 87

pr 501 bis 506

2′1 + B′1 + 1 2′

1914 bis 1958

Techn. Daten: Seite 281, 282

Diese Triebzüge entstanden speziell für die damaligen schlesischen Gebirgsstrecken der PrStB unter der Federführung von Wittfeld. Der Stangenantrieb im Triebdrehgestell ließ sie eine Sonderstellung unter den elektrischen Triebwagen der deutschen Länderbahnen einnehmen.
Die im Jahre 1914 gelieferten Triebzüge sollten eine solche installierte Leistung haben, daß ein vollbesetzter Triebzug mit einem Beiwagen (Gesamtmasse 130 t) im Plan der Personenzüge die Strecke Nieder Salzbrunn–Halbstadt (34,5 km, eingleisige Hauptbahn, maximale Neigung 14,3 ‰, minimaler Kurvenradius 300 m) fahren konnte.
Besondere Anforderungen wurden entsprechend den damaligen Bedingungen an die Fahrgastraumaufteilung gestellt. Es mußten in der damaligen 2., 3. und 4. Klasse je getrennte Abteile für Nichtraucher, Raucher und Frauen sowie ein Gepäckraum vorhanden sein. Außerdem sollte später im Mittelwagen noch ein Postabteil eingerichtet werden können.
Der Triebzug bestand aus zwei Steuerwagen und einem zwischengestellten Triebwagen, die miteinander kurzgekuppelt waren. Anfangs gehörten auch einige dreiachsige Beiwagen zu dieser Baureihe.
Die Triebzüge stellten damals einen beachtlichen Entwicklungsstand dar und bewährten sich nach anfänglichen Schwierigkeiten. Diese traten insbesondere bei den Fahrmotoren auf. Durch einen besonderen Schalter wurde eine Verbesserung der Kommutierung bei verschiedenen Geschwindigkeiten erreicht. Da der Abstand der Bürstenhalter in den Motoren sehr klein war und ferner wohl der Kommutierungsschalter nicht immer betätigt wurde, ergaben sich Überschläge, die eine Lockerung der Bandagen nach sich zogen. Erst der Umbau in den Jahren 1925/1926 auf reine Reihenschlußmotoren löste diese Problematik. Der Transformator war thermisch reichlich dimensioniert. Der Antrieb bewährte sich gut, und die Anfahrgeräusche der Fahrmotoren blieben sehr gering.
Allerdings vermochten die Triebzüge die starken Steigungen auf die Dauer nicht zu bewältigen. Deshalb wurden sie durch die Triebwagen der späteren Baureihe ET 88 ersetzt und ab 1922 auf der steigungsärme-

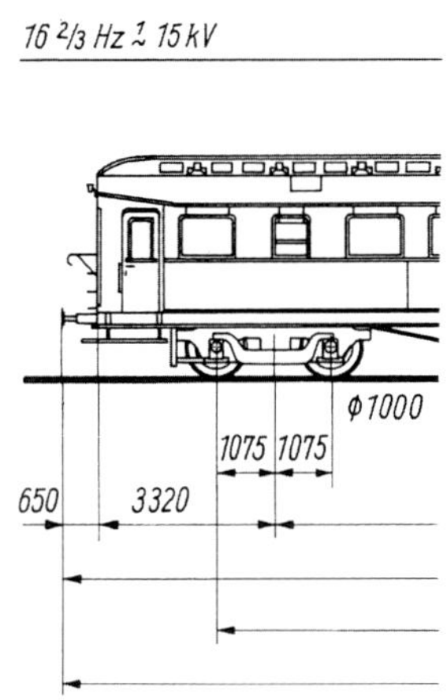

Triebzug Baureihe ET 87
Foto: Sammlung R. Zschech

ren Strecke Ruhbank–Liebau (ebenfalls in Schlesien) eingesetzt.

Nach Wegfall der ehemaligen 4. Klasse wurden in dem Steuerwagen ESb diese Abteile in die 3. Klasse umgebaut.

Im Jahre 1940 wurde der Triebwagen elT 1002 mit den Steuerwagen elS 2002 und elS 2012 bei einem Unfall stark beschädigt und ausgemustert.

Die Triebzüge ET 87 01 und ET 87 02 befanden sich von Ende 1945 bis Mitte 1946 im mitteldeutschen Netz und wurden dann als Reparationsleistung an die UdSSR abgegeben.

Nach dem Zweiten Weltkrieg gingen drei Triebzüge (ET 87 03 bis ET 87 05) in den Bestand der DB über. Sie verkehrten bis 1958 im Nürnberger Vorortverkehr auf der Strecke Nürnberg–Feucht–Altdorf. Die Triebzüge wurden im Jahre 1959 ausgemustert, da sie einem modernen elektrischen Vorortverkehr nicht mehr gerecht werden konnten.

ET 87

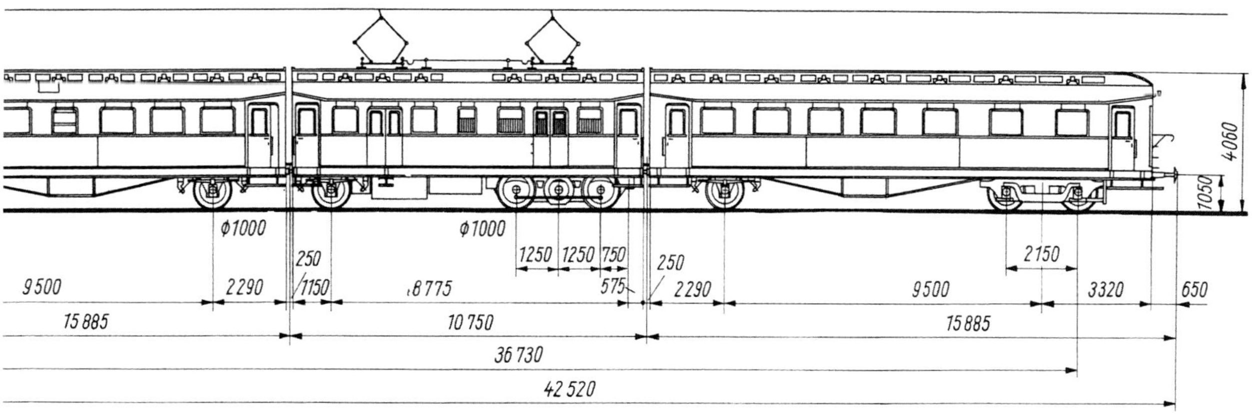

Fahrzeugteil

Laufwerk: Triebdrehgestell mit genietetem Innenrahmen. An einem Ende des Drehgestells kugeliger Drehteller, am anderen Ende zwei Gehänge zur Wagenkastenabstützung. Rückführung des Drehgestelles in Mittellage durch Federn (später ausgebaut). Gleitradsatzlager. Radsatzfederung Schrauben- und Blattfedern. Blattfedern anfangs durch Ausgleichhebel verbunden, später über neue Blattfedern mit Drehgestellrahmen verbunden.
Laufdrehgestell mit Schwanenhalsträger ohne Wiege. Rahmen genietet. Drehzapfen seitlich verschiebbar, durch Federn in Mittelstellung gehalten. Gleitradsatzlager. Radsatzfederung Schraubenfedern (jeweils drei Federn ineinander), später kleine Blattfedern eingebaut.
Einzelradsätze als freie Lenkradsätze. Gleitradsatzlager. Radsatzfederung Schrauben- und Blattfedern.
Wagenkasten: Untergestell aus Walzprofilen, genietet. Langträger in Steuerwagen durch Sprengwerke und in Triebwagen durch angenietete U-Profile und Laschen verstärkt. Wagenkasten Stahl- und Holzkonstruktion entsprechend Richtlinien der PrStB. Oberlichtaufbau. Stirnenden kastenförmig mit eingezogenen Türen. Offene Übergangsbrücken an Stirnenden und innerhalb des Triebzuges.
Zug- und Stoßvorrichtung: Schraubenkupplung und Stangenpuffer, später Hülsenpuffer. Innerhalb Triebzug in Längsrichtung starre und in Querrichtung zur Gleisachse bewegliche Kurzkupplung. Einseitige Stoßpuffer arbeiten auf Blattfedern.
Antrieb: Stangenantrieb mit Schlitzkuppelstangen. Doppelmotor vollständig abgefedert aufgehängt, gemeinsame Vorgelegewelle in Drehgestellrahmen. Motoren um Vorgelegewelle nicht schwingend gelagert, aber auf einer Seite über Kreuzkopf im Drehgestell befestigt, um kleineren Bewegungsabläufen nachgeben zu können.
Druckluftanlage: Luftverdichter, Hauptluftbehälter, Hauptluftbehälterleitung. Elektropneumatische Sandstreueinrichtung.
Bremse: Einlösige Klotzbremse Bauart Kp. Lenkradsätze ungebremst. Spindelhandbremse.

Fahrgastraum

Gestaltung: Für Nebenbahnverkehr.
ESa: Einstiegraum mit Führerstand, drei Abteile 2. Klasse; Abteil 3. Klasse; Großraum 3. Klasse mit drei Abteilen; Einstiegraum mit Sitzplätzen.
ET: Einstiegraum; Großraum 4. Klasse (Gepäckraum); Hochspannungskammer; Großraum 4. Klasse (Postraum); Einstiegraum.
ESb: Einstiegraum mit Sitzplätzen; Großraum 4. Klasse für Traglasten; Großraum 4. Klasse; Abteil 3. Klasse; Großraum 3. Klasse mit eineinhalb Abteilen; Einstiegraum mit Führerstand.
ESb (nach Umbau 1933): Einstiegraum mit Sitzplätzen, Großraum 3. Klasse mit Traglastenabteil und einem Abteil; Großraum 3. Klasse mit zwei Abteilen; Abteil 3. Klasse; Großraum 3. Klasse mit eineinhalb Abteilen; Einstiegraum mit Führerstand.
Einstieg: Einfachschlagtüren an Wagenenden in Nischen. Tür neben Traglastenabteil mit Zusatzflügel.
2. Klasse: Einzelabteile mit Mittelgang. Sitzplatzanordnung 2 + 2; Abteiltiefe 2 000 mm, Sitzplatzbreite 585 mm, Gangbreite 535 mm. Polstersitze.
3. Klasse: Großräume mit drei und eineinhalb Abteilen sowie Einzelabteile mit Mittelgang. Sitzplatzanordnung 2 + 3; Abteiltiefe 1 555 mm, Sitzplatzbreite 485 mm, Gangbreite 450 mm. Holzbänke.
ehem. 4. Klasse: Großräume 3 000 mm und 4 600 mm lang. Bretterbänke.
Gepäckraum: 4 965 mm lang. Auch für Reisende verwendet. Beidseitig doppelflüglige Schlagtür, lichte Weite 1 000 mm.
Postraum: 3 675 mm lang. Auch für Reisende verwendet. Beidseitig doppelflüglige Schlagtür, lichte Weite 1 000 mm.
Toilette: In Triebwagen als Torfmullstuhl mit selbsttätiger Streuung, um elektrotechnische Apparate unter Fußboden nicht zu verschmutzen.
Heizung: Elektrische Widerstandsheizung. Sechs Heizstufen. Metallschlauchheizkörper.
Beleuchtung: Glühlampen, Spannung =60 V. Batterie mit Hilfsgenerator gepuffert. Umformer in ESb.
Umbau 1933: 3. Klasse auch Großräume mit zwei Abteilen und Großraum mit einem Abteil und Traglastenteil. Sitzplatzanordnung 2 + 3; Abteiltiefe 1 530 mm bzw. 1 490 mm, Sitzplatzbreite 435 mm bzw. 451 mm, Gangbreite 430 mm. Holzlattenbänke. Traglastenteil 3 030 mm lang, Holzlattenbänke mit zwei bzw. drei Sitzplätzen.

Elektrischer Teil

Anordnung: Hochspannungszelle für Hauptschalter und andere Apparate in Mitte des Triebwagens. Übrige elektrische Ausrüstung unter dem Wagenfußboden. Triebwagen enthielt gesamte elektrische und pneumatische Ausrüstung.

Hochspannungsgeräte: Zwei Scherenstromabnehmer Bauart AEG, anfangs mit Aluminiumschleifstücken. Ölschalter, mit Druckluft eingeschaltet, mit Federkraft ausgeschaltet, vierfache Unterbrechung und eine Vorstufe (Einschalten des Karbolisitwiderstandes).
Haupttransformator: Öltransformator in Sparschaltung. Ölselbstumlauf mit äußerer Selbstkühlung. Nennleistung 510 kVA, Heizleistung 65 kW.
Steuerung: Elektromagnetische Niederspannungsschützensteuerung. Zehn Fahrstufen.
Fahrmotoren: Doppelmotor in Stahlgußgehäuse, zwölfpoliger Wechselstromreihenschlußmotor mit doppelter Ständerspeisung (Typ EKB 75/75). Eigenbelüftet mit Zusatzfremdbelüftung. Leistung 2 × 184 kW. Zur Verminderung des Bürstenfeuers wurde der Feldwicklung im Ständer regelbare Spannung aufgedrückt. Eine Drosselspule ergab richtige Lage des Hilfsfeldes.
1925/1926 in reine Wechselstromreihenschlußmotoren umgebaut. Dabei Leistung auf 2 × 250 kW gesteigert.
Hilfseinrichtung: Fahrmotorenlüfter.

Beiwagen EB 87
Techn. Daten: Seite 309

Fahrzeugteil: Preußische dreiachsige Abteilwagen.
Fahrgastraum: Zwei Großräume 3. Klasse mit je drei Abteilen. Sitzplatzanordnung 0 + 4. Abteiltiefe 1 627 mm, Gangbreite 525 mm, Sitzplatzbreite 510 mm. Keine Toilette.

ET 88

pr 507 bis 510

(A 1) (1 A)

1920 bis 1959

Techn. Daten: Seite 282

Die PrStB bestellte 1913 vier Triebwagen, die neben anderen als Probetriebfahrzeuge für die Strecken der Berliner S-Bahn dienen sollten, die man damals mit $\overset{1}{\sim}16^2/_3$ Hz, 15 kV elektrifizieren wollte. Die Triebwagen waren vor dem Ersten Weltkrieg bereits fertiggestellt, aber infolge der Kriegsereignisse begann erst im Herbst 1920 der Versuchsbetrieb mit dem ersten Halbzug auf Fernbahnstrecken der DRG.
Als man sich im Jahre 1921 jedoch entschloß, das S-Bahn-Netz Berlins auf Gleichstrombetrieb umzustellen, gingen diese Triebwagen 1921/22 in den Bereich der damaligen Direktion Breslau über und lösten die Triebzüge der Baureihe ET 87 auf der Strecke Nieder Salzbrunn–Halbstadt ab. Im Jahre 1922 wurden die weiteren Triebwagen ausgeliefert. Sie verkehrten dort mit Steuer- und Beiwagen.
Die Beiwagen waren Personenwagen älteren Baudatums. Weitere Steuer- und Beiwagen kamen im Jahre 1923 durch Umbau der Triebgestell-Versuchszüge für die Berliner S-Bahn und im Jahre 1931 durch Anpassung der Fahrzeuge des elektrischen Versuchsbetriebes von Lichterfelde Ost hinzu.
Die Triebwagen zeigten von Anfang an gute Ergebnisse. Bei Versuchsfahrten wurden Anfahrbeschleunigungen von 0,6 m/s² erzielt. Der planmäßige Einsatz ergab Laufleistungen pro Jahr von über 100 000 km (monatlich fast 8 000 km), so daß der Triebwagenbetrieb auf den Gebirgsstrecken der PrStB weiter ausgedehnt werden sollte. Dies führte zur Beschaffung der Baureihe ET 89.
Im Jahre 1925 wurden die Triebwagen umgebaut. Sie erhielten einen zweiten Führerstand, damit sie auch als Einzeltriebwagen verkehren konnten. Gleichzeitig wurde die

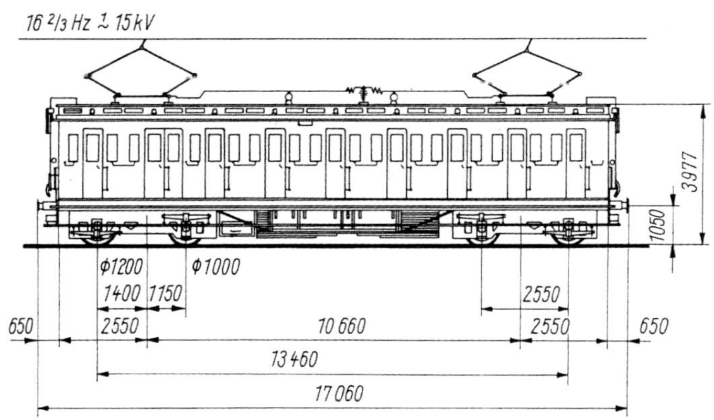

ET 88

Steuerung der Baureihe ET 89 angeglichen.
Die DB übernahm drei Trieb- und einen Steuerwagen, die sie auf Nebenbahnen im süddeutschen Netz, insbesondere im Nahverkehr Regensburg–Neufahrn, einsetzte. Der Steuerwagen wurde im Jahre 1954 durch einen anderen ersetzt (ES 88 02″), der von WMD aus einem sächsischen vierachsigen Abteilwagen umgebaut wurde. Obwohl die Instandhaltungskosten stark anstiegen und die Triebwagen dem modernen Reisekomfort nicht mehr entsprachen, wurde der letzte erst im Jahre 1959 ausgemustert.

Fahrzeugteil

Laufwerk: Triebdrehgestelle Kastenkonstruktion. Rahmen genietet. Drehzapfen asymmetrisch, Laufkreisdurchmesser unterschiedlich. Gleitradsatzlager. Radsatzfederung Blattfedern, bei Treibradsatz unterhalb des Radsatzlagergehäuses.
Wagenkasten: Untergestell aus Walzprofilen, genietet. Langträger durch Sprengwerke verstärkt. Wagenkasten Stahl- und Holzkonstruktion entsprechend Richtlinien der PrStB. Oberlichtaufbau. Stirnenden kastenförmig. Keine Übergangsmöglichkeit.
Zug- und Stoßvorrichtung: Schraubenkupplung und Hülsenpuffer.
Antrieb: Tatzlagerantrieb, einseitiges Getriebe.
Druckluftanlage: Luftverdichter, Hauptluftbehälter, Hauptluftbehälterleitung.
Bremse: Einlösige Klotzbremse Bauart Kp. Spindelhandbremse.

Fahrgastraum

Gestaltung: Für Vorortverkehr. Führerstand (auch als Abteil 3. Klasse verwendbar); Gepäckraum; Großraum 3. Klasse mit drei Abteilen; Großraum 3. Klasse mit drei Abteilen; Führerstand. Keine Toiletten.
Einstieg: Jedes Abteil beidseitig Einfachschlagtüren. Zugang über Trittstufen.
3. Klasse: Großräume mit Seitengang. Sitzplatzanordnung 0 + 4. Abteiltiefe 1 685 mm, Sitzplatzbreite 517 mm, Gangbreite 395 mm. Holzlattenbänke.
Gepäckraum: Abteiltiefe 1 795 mm. Auch als Traglastenabteil verwendbar. Einstiegtür durch Zusatzflügel erweiterbar.
Heizung: Elektrische Widerstandsheizung. Installierte Leistung sehr gering (15 kW).

Triebwagenzug der Baureihe ET 88, bestehend aus zwei ET und zwischengestellten vier EB
Foto: Sammlung R. Zschech

Beleuchtung: Glühlampen, Spannung ~ 16⅔ Hz, 80 V von Hilfstransformator. Speisung der Glühlampen über Beruhigungswiderstände.

Elektrischer Teil

Anordnung: Zelle für Hauptschalter im Wagenkasten, übrige elektrische Ausrüstung außerhalb des Wagenkastens. Einige Apparate im Oberlichtaufbau über Führerstand.
Hochspannungsgeräte: Zwei Scherenstromabnehmer. Drosselspule als Überspannungsschutz. Ölschalter mit Überstromauslösung.
Haupttransformator: Aus baulichen Gründen zwei Transformatoren; Hochspannungswicklungen parallel, Niederspannungswicklungen in Reihe, besondere Wicklung für Steuerspannung (300 V). Öltransformatoren. Ölzwangsumlauf mit äußerer Selbstkühlung. Nennleistung 332 kVA.
Steuerung: Niederspannungsschützensteuerung mit zwölf elektromagnetischen Schützen, elf Dauerfahrstufen. Beide Fahrmotoren stets in Reihe geschaltet. Vielfachsteuerung. Steuerung später der Baureihe ET 89 angepaßt.
Fahrmotoren: Sechspolige Wechselstromreihenschlußmotoren mit Wendepolwicklung (Typ WBM 430). Nennleistung 175 kW. Fremdbelüftet.
Hilfseinrichtungen: Sicherheitsfahrschaltung. Fahrmotorenlüfter.

Steuerwagen ES 88 01 bis ES 88 03 und ES 88 11

Techn. Daten: Seite 305

Fahrzeugteil: Analog Triebwagen. Vierachsig (ES 88 01 bis ES 88 03) bzw. dreiachsig mit einem Drehgestell und einem Radsatz (ES 88 11).
Fahrgastraum:
ES 88 01 bis ES 88 03: Führerstand; Dienstabteil; Großräume 3. Klasse analog Triebwagen. Zwei Großräume 2. Klasse mit 2 Abteilen und Seitengang; Sitzplatzanordnung 0 + 3, Abteiltiefe 2 040 mm.
ES 88 11: Analog Triebwagen.

Steuerwagen ES 88 02″

Techn. Daten: Seite 305

Fahrzeugteil: Analog Triebwagen (Umbau aus sächsischem Abteilwagen).
Fahrgastraum: Führerstand, Großräume 3. Klasse.

Beiwagen EB 88 01, EB 88 11 und EB 88 12, EB 88 21 bis EB 88 23

Techn. Daten. Seite 309

Fahrzeugteil: Analog Triebwagen; dreiachsig (EB 88 01, EB 88 11 und EB 88 12) bzw. vierachsig (EB 88 21 bis EB 88 23).
Fahrgastraum: Analog Triebwagen. Großräume mit Abteilen und Seitengang. 2. Klasse (EB 88 01) oder 3. Klasse (EB 88 11, EB 88 12 und EB 88 21 bis EB 88 23).

ET 89
und
EB 99

(1 A) (A 1)

1926 bis 1961

Techn. Daten: Seite 283

Die DRG beabsichtigte, auf der schwierigsten Strecke im Riesengebirge, Hirschberg–Polaun, mit zahlreichen längeren Neigungen von 25 ‰ den Triebwagenbetrieb einzurichten. Ein Triebwagen sollte vier zweiachsige Beiwagen auf einer Steigung von 10 ‰ mit 60 km/h und auf einer von 25 ‰ mit 40 km/h befördern.
Die Beiwagen (2916 bis 2955, später EB 89 01 bis EB 89 35) erhielten auf Untergestellen einer laufenden Serie bayerischer Lokalbahnwagen einen neuen Aufbau und zugleich elektrische Heizung und Beleuchtung. Im Jahre 1929 wurden fünf Packwagen beschafft (117 501 bis 117 505, später EB 99 01 bis EB 99 05).
1934 kamen außerdem acht vierachsige Steuerwagen hinzu, um die Einsatzfähigkeit der Züge beweglicher gestalten zu können. Die Steuerwagen wichen in der äußeren Gestaltung grundlegend von den Trieb- und Beiwagen ab und ähnelten den im gleichen Jahr beschafften Steuerwagen ES 51 11 bis ES 51 14.
Die Triebwagen, im Volksmund „Rübezahl“ genannt, bewährten sich sehr gut und zeigten deutlich, wie wirtschaftlich ein Triebwagenbe-

Triebwagenzug der Baureihe ET 89, bestehend aus einem ET und einem ES
Foto: Sammlung R. Zschech

trieb bei passendem Einsatz sein kann.

In der Regel bestand der Zug aus zwei Triebwagen und bis zu acht zwischengestellten Beiwagen. In der Hauptreisezeit hatten die Züge drei Trieb- und zwölf Beiwagen. Die schwachbesetzte Endstrecke nach Polaun (Grünthal) im damaligen Böhmen befuhr der Triebwagen allein.

Die DB übernahm die Triebwagen ET 89 01, ET 89 04 und ET 89 07. Sie wurden im Personenzugverkehr sowie für Dienstzüge zwischen München-Allach und Freimann eingesetzt. Der letzte Triebwagen wurde 1961 ausgemustert.

Fahrzeugteil

Laufwerk: Drehgestell Kastenrahmen aus Profilstahl. Drehzapfen asymmetrisch, Laufkreisdurchmesser unterschiedlich. An Laufradsatzende Schneepflug, später ausgebaut. Längsträger des Drehgestellrahmens später verstärkt. Gleitradsatzlager. Radsatzfederung Schrauben- und Blattfedern.

Wagenkasten: Wagenkasten und Untergestell genietete Stahlkonstruktion. Seitenwände zum Tragen mitbenutzt. Stirnenden fischbauchartig abgeschrägt. Tonnendach. An beiden Stirnenden nur über Führerstand erreichbare Aussichtsplattformen. Anfangs offene Übergangsbrücke, später ausgebaut. Über Transformator Dach abnehmbar.

Zug- und Stoßvorrichtung: Schraubenkupplung und Hülsenpuffer.

Antrieb: Tatzlagerantrieb, einseitiges Getriebe. Großrad gefedert.

Druckluftanlage: Luftverdichter, Hauptluftbehälter, Hauptluftbehälterleitung (zugleich für Stromabnehmerbetätigung). Elektropneumatische Sandstreueinrichtung. Druckluftläutewerk.

Bremse: Einlösige Klotzbremse Bauart Kkp. Spindelhandbremse.

Fahrgastraum

Gestaltung: Dem Personenzugverkehr angepaßt. Aussichtsplattform; Führerstand; Gepäckraum; Einstiegraum; Großraum 3. Klasse mit drei Abteilen; Transformator-

ET 89

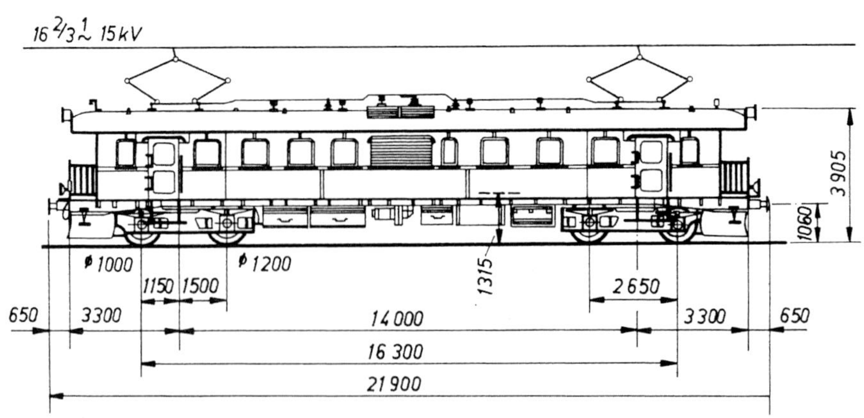

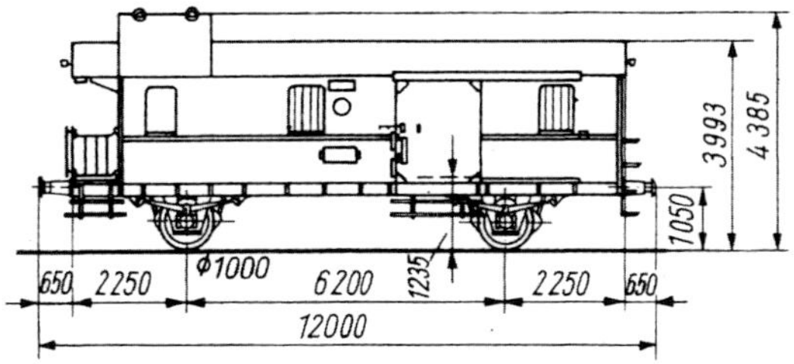

EB 99 (früher 117 501 bis 117 505)

raum mit Kammer für Ölschalter; Großraum 4. Klasse mit zweieinhalb Abteilen und Traglastenteil; Einstiegraum; Gepäckraum; Führerstand; Aussichtsplattform.
Einstieg: Einfachschiebetür über Drehgestell, lichte Weite 1 000 mm. Zugang über Trittstufen. Zwischen Einstieg- und Fahrgasträumen doppelflüglige Schiebetüren.
3. Klasse: Großraum mit drei Abteilen und Mittelgang. Sitzplatzanordnung 2 + 2; Abteiltiefe 1 590 mm, Sitzplatzbreite 510 mm, Gangbreite 800 mm. Holzbänke.
4. Klasse: Großraum mit zweieinhalb Abteilen und Mittelgang sowie Traglastenteil. Sitzplatzanordnung 2 + 2, im Traglastenteil Längsbänke. Abteiltiefe 1 340 mm, Sitzplatzbreite 510 mm, Gangbreite 800 mm. Holzbänke.
Gepäckraum: 1 440 mm lang, als Führerstand, Gepäckabteil oder Fahrgastraum genutzt. Führerpult in abschließbarer Zelle auf rechter Wagenseite.
Heizung: Elektrische Widerstandsheizung. Heizschütze.
Beleuchtung: Glühlampen, Spannung =24 V. Batterie mit Hilfsgenerator gepuffert.
Umbau: Im Jahre 1933 Fahrgastraum umgestaltet. In Wagenmitte Abteil 2. Klasse, Sitzplatzanordnung 2 + 2, Abteiltiefe 1 650 mm, Sitzplatzbreite 550 mm, Gangbreite 600 mm. Polsterbänke. 3. Klasse als Großräume mit zwei und vier Abteilen, Sitzplatzanordnung 2 + 2, Abteiltiefe 1 590 mm und 1 340 mm, Sitzplatzbreite 510 mm und 535 mm, Gangbreite 800 mm und 700 mm. Holzlattenbänke.

Elektrischer Teil

Anordnung: Transformator und Hauptschalter in besonderen Räumen innerhalb des Wagenkastens, übrige elektrische Ausrüstung unterhalb des Wagenkastens.
Hochspannungsgeräte: Zwei Scherenstromabnehmer, anfangs mit Aluminiumschleifstück. Dachtrennschalter. Ölschalter, mit sechsfacher Unterbrechung (nicht für hochspannungsseitige Kurzschlüsse).
Haupttransformator: Öltranformator in Mantelbauweise und Sparschaltung (Typ WBT 480). Zehn Anzapfungen für Motorstromkreise (363 V bis 110 V), drei Anzapfungen für Heizung. Ölzwangsumlauf mit äußerer Fremdkühlung. Nennleistung 435 kVA, Heizleistung 65 kW.
Steuerung: Niederspannungsschützensteuerung, zehn elektromagnetische Schütze, neun Fahrstufen. Vier Schütze für Fahrtrichtungsänderung. Steuerspannung $1\sim 16\frac{2}{3}$ Hz, 200 V. Vielfachsteuerung.
Fahrmotoren: Sechspolige Wechselstromreihenschlußmotoren mit Wendepolwicklung (Typ WBM 430), fremdbelüftet.
Hilfseinrichtungen: Sicherheitsfahrschaltung. Fahrmotorenlüfter. Transformatorölpumpe. Transformatoröllüfter.

Steuerwagen ES 89

Techn. Daten: Seite 305

Fahrzeugteil: Wagenkasten Ganzstahlbauweise, Stirnenden abgerundet. Drehgestellrahmen geschweißt. Gleitradsatzlager, Radsatzfederung Schrauben- und Blattfedern, Wiegenfederung Blattfedern. Offene Übergangsbrücken.
Fahrgastraum: Zur Mitte versetzte Einstiege mit Einfach-und Doppelschlagtüren in Nischen. An einem Wagenende Führerstand, von außen zugänglich. 2. Klasse zwei Einzelabteile mit Mittelgang, Sitzplatzanordnung 1 + 2; Abteiltiefe 1 810 mm. 3. Klasse Großraum mit Mittelgang, Sitzplatzanordnung 2 + 3, Abteiltiefe 1 528 mm. Gepäckraum zwischen Führerstand und Einstiegraum, 3 078 mm lang. Beleuchtung durch Radsatzgenerator.

Beiwagen EB 89

Techn. Daten: Seite 311

Fahrzeugteil: Zweiachsige Personenwagen damaliger Bauart, offene Plattformen und Übergangsbrücken.
Fahrgastraum: Großräume mit Mittelgang. Unterschiedliche Gestaltung. 2. Klasse (2916 bis 2920, später EB 89 01 bis EB 89 03), 2. und 3. Klasse (2921 bis 2925, später EB 89 11 und EB 89 12) und 3. Klasse (2926 bis 2955, später EB 89 21 bis EB 89 25 und EB 89 31 bis EB 89 35). Beleuchtung von Triebwagen.

Beiwagen EB 99
Techn. Daten: Seite 313

Packwagen damaliger Bauart, zweiachsig, Gleitradsatzlager, Ladefläche 19,4 m², Tragfähigkeit 6,0 t. Klotzbremse Bauart Kkp. Beleuchtung von Triebwagen.

ET 91

DB 491
DB/DR 491

Bo'2'

ab 1935

Techn. Daten: Seite 283

Da die bisherigen Eisenbahnfahrzeuge bei Ausflugsfahrten zu geringe Sicht boten, stellte die DRG in den Jahren 1935 und 1936 zwei elektrische Aussichtstriebwagen in Dienst. Sie entsprachen folgenden Grundforderungen:

1. Der Reisende soll von seinem Sitzplatz aus nach allen Seiten ungehindert die Landschaft betrachten können; in Fensterhöhe und im Dach sind deshalb die undurchsichtigen Bauteile möglichst klein zu halten.
2. Die Fahrzeuge müssen regen- und winddicht sein, damit sie bei jedem Wetter, auch im Winter, verkehren können; das wirkt gegenüber dem Omnibus besonders verkehrswerbend.
3. Die Reisenden müssen vor eventuell herabfallenden Teilen von Tunneln, Brücken, Fahrleitungen usw. geschützt sein; alle Dachfenster sind deshalb bruchsicher auszuführen.
4. Außer der Fahrt mit geringer Geschwindigkeit muß auch eine Fahrt mit hoher Geschwindigkeit möglich sein.

Auch diese Triebwagen erhielten bevorzugt Bauteile der Einheitstriebwagen. Anfangs hatten sie eine Höchstgeschwindigkeit von 120 km/h, die aber später durch Veränderung des Übersetzungsverhältnisses des Tatzlagerantriebes auf 110 km/h herabgesetzt wurde. Diese Triebwagen wurden ab Frühjahr 1936 regelmäßig im süddeutschen

Triebwagen der Baureihe ET 91
Foto: Archiv AEG

elektrifizierten Streckennetz eingesetzt. Bereits im Winter 1936/37 wurden auch Strecken Österreichs befahren.
Mechanisch und elektrisch haben sich die Triebwagen sehr gut bewährt.
Der ET 91 02 brannte 1943 bei einem Bombenangriff im Bw München Hbf aus und wurde noch im gleichen Jahr ausgemustert.
Der ET 91 01 ging in den Bestand der DB über, wurde 1949 aufgearbeitet und später als Baureihe 491 bezeichnet. Er ist im Bw München Hbf beheimatet. Als „Gläserner Zug“ wird der Triebwagen zu Ausflugs- und Sonderfahrten, besonders in die bayerischen, österreichischen und schweizerischen Alpen, eingesetzt.
Ursprünglich sollte der Triebwagen bis Ende 1977 ausgemustert werden. Die große Nachfrage nach einem derartigen Fahrzeug (jährliche Laufleistung rd. 90 000 km) bewirkten aber, daß es im Jahre 1977 umfangreich aufgearbeitet wurde und somit für eine längere Zeit noch einsatzfähig ist. Im Jahre 1979 war der Triebwagen bereits 2 Millionen Kilometer gefahren. Zum 31. 12. 1985 schied der Triebwagen erneut aus dem planmäßigen Einsatz aus und wurde abgestellt. Aber auch diesmal wurde positiv über seine Weiterverwendung entschieden, so daß der Triebwagen im Jahre 1986 eine Wiederaufarbeitung erfuhr und seit Mitte August 1986 mindestens für acht Jahre einsatzfähig ist. Dieser Triebwagen ist somit das älteste bei der DB eingesetzte elektrische Triebfahrzeug!
In den Jahren 1952 bis 1959 gehörte zu dem Triebwagen ein einachsiger Anhänger für Gepäck und Ski (VB 141 120). Wegen Schäden am Kupplungsträger und unbefriedigender Laufruhe bei hohen Geschwindigkeiten sowie Problemen beim Rangieren wurde der Anhänger nur selten eingesetzt. Im Oktober 1961 wurde er in einen Bahndienstwagen umgebaut.

Fahrzeugteil

Laufwerk: Drehgestelle Bauart Görlitz III leicht (Triebdrehgestell modifiziert). Rahmen vollständig geschweißt. Brückenträger der Wiege des Triebdrehgestells besonders flach ausgebildet, da er zwischen Untergestell und Transformator lag. Wälzradsatzlager. Radsatzfederung Schrauben- und Blattfedern. Wiegenfederung Blattfedern.
Wagenkasten: Untergestell aus Profilträgern und Blechen geschweißt. Ein Teil der Profile dient als Luftkanal für die Heizanlage. Innenliegende Trittstufen der Einstiege erforderten besondere Rahmenkonstruktion. Hauptquerträger für Triebdrehgestelldrehzapfen besonders kräftig ausgeführt, da an ihm der Haupttransformator hing. Wagenkasten aus Profilstahl und Stahlblech geschweißt, geringe Profilbreite ergab große Aussichtsfläche. Stirnenden abgerundet. Viele Fenster, auch in Dachschräge, Fensterstiele nur 150 mm breit. Seitenfenster 1 450 mm breit, später beschlagfreie Doppelscheiben, Drucklufthebevorrichtung, später Kurbeltrieb. Dach nicht zu öffnen. Untergestell mit Schürze verkleidet. Keine Übergangseinrichtung.
Zug- und Stoßvorrichtung: Notzughaken hinter Stirnwandverkleidung, bei Bedarf herausschwenkbar, leichte Stangenpuffer mit rechteckigem Pufferteller, verkleidet.
Antrieb: Tatzlagerantrieb, einseitiges schrägverzahntes Getriebe. Großrad später gefedert.
Druckluftanlage: Luftverdichter, Hauptluftbehälter. Elektropneumatische Sandstreueinrichtung.
Bremse: Mehrlösige Trommelbremse Bauart Hikpt. Druckölhandbremse, 1950 auf Spindelhandbremse umgebaut.

Fahrgastraum

Gestaltung: Dem Ausflugsverkehr angepaßt. Großraum 3. Klasse; Einstiegraum; Großraum 3. Klasse. Führerpulte von Fahrgastraum nur bei Dunkelheit durch Vorhang wegen ungehinderter Streckenbeobachtung abgeteilt. Freie Sicht von allen Sitzplätzen durch gesamten Wagen.
Einstieg: Zwei Einfachschiebetüren in Wagenmitte, lichte Weite 800 mm, Türen aus Leichtmetall. Einstieg über Trittstufen.
3. Klasse: Großräume mit je acht (später neun) Sitzreihen und Mittelgang. Sitzplatzanordnung 2 + 2; Sitzplatzabstand 800 mm, Sitzplatzbreite 550 mm, Gangbreite 457 mm. Gepolsterte Wendesitze. Sitzgestelle aus Hydronaliumrohren. Gepäckstücke unter Sitz ablegbar, außerdem früher Gepäckablageplätze neben Zugängen (Klappsitzbänke).
Toilette: Im Einstiegraum tief gelegen, um Sicht nicht zu behindern. Von Einstiegplattform zwei Stufen abwärts. Wasserspülung, mit Druckluft betätigt. Wasserbehälter unter Wagenfußboden.
Heizung: Luftheizung, Umluftbetrieb möglich. Automatische Regelung, später durch Abteilschalter ersetzt. Im Sommer zur Frischluftzufuhr verwendbar.
Beleuchtung: Glühlampen, zwei

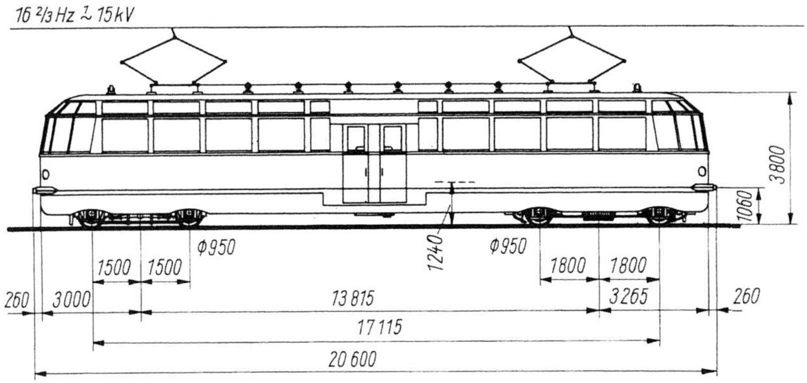

ET 91, Ursprungsausführung

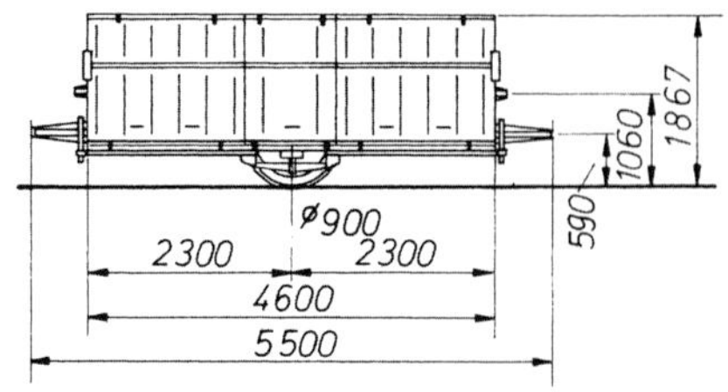

VB 141 120

Leuchtbalken. Spannung $16^2/_3$ Hz, 200 V. Reihenschaltung der Glühlampen (Einzelspannung 4 V). Dicke Glühfäden beseitigten Flimmererscheinung. Später in Decke eingelassene Leuchtstofflampen, 100 Hz, 220 V. Batterie (=6 V, später =24 V) mit Gleichrichter gepuffert für Signal-, Not-, Instrumenten- und Toilettenbeleuchtung.

Elektrischer Teil

Anordnung: Gesamte elektrische Ausrüstung außerhalb des Wagenkastens.
Hochspannungsgeräte: Scherenstromabnehmer Bauart HISE, nach kurzer Zeit ein Stromabnehmer alter Einheitsbauart mit Wippenbreite von 1 950 mm ersetzt (für Strecken der ÖBB). Jetzt ein Stromabnehmer DBS 54 und ein Einholm-Stromabnehmer SBS 65 (leichtes Wechseln der Wippe mit Schleifstükken bei Auslandsfahrten möglich). Handtrennschalter. Zwei Hochspannungssicherungen.
Haupttransformator: Öltransformator in Mantelbauweise und Scheibenwicklung in Sparschaltung (Typ BLT 105). Ölselbstumlauf mit äußerer Selbstkühlung, später auf Fremdbelüftung umgebaut. Traktionsleistung 260 kVA. Heizleistung 40 kW.
Steuerung: Niederspannungsnokkenschaltwerk, neun Fahrstufen. Schaltwerkantrieb durch Motor. Auf-Ab-Steuerung mit Fortschaltrelais. Steuerspannung $\overset{1}{\sim}16^2/_3$ Hz, 200 V. Richtungsschütze dienen zugleich als Hauptschalter (auch bei Überstrom). Stromteiler in Transformatorgehäuse. Notbetrieb mit nur einem Fahrmotor möglich (anfangs nur bis Fahrstufe 4, heute bis Fahrstufe 9 möglich).
Fahrmotoren: Sechspolige Wechselstromreihenschlußmotoren mit Wendepol- und Kompensationswicklung (Typ EKB 400). Eigenbelüftet, später fremdbelüftet.
Elektrische Bremse: Fahrleitungsabhängige elektrische Widerstandsbremse (1938 eingebaut). Elektropneumatischer Fahrbremswender, Bremswiderstand, Bremsschütz, Drossel für Wechselstrom-Fremderregung der Fahrmotoren.
Hilfseinrichtungen: Sicherheitsfahrschaltung. Motorlüfter und Lufterhitzer für Luftheizung. Später Indusi und Zugbahnfunk eingebaut.

Beiwagen VB 141 120

Techn. Daten: Seite 317

Einachsanhänger für Gepäck und Ski. Rahmen vollständig geschweißt, leichte Bauweise. Wälzradsatzlager. Gummigefederte Radscheiben. Radsatzfederung Blattfedern. Wagenkastenlänge 4 600 mm, Fußbodenhöhe über SO 450 mm, seitwärts Be- und Entladen über Klappen. In Wagenmitte schmalerer Raum für Gepäck, an Stirnenden breiterer Raum für Ski, mit Holzrosten. Sonderkupplung. Keine Bremsausrüstung. Im Stillstand als Einzelfahrzeug waagerechte Lage durch eine Stütze auf eine Schiene. 1954 Einbau von Streckenscheinwerfern.

ET/EB 125

Bo′Bo′ + 2′2′

1934 bis 1950

Techn. Daten: Seite 283, 284

Gleichzeitig mit der Elektrifizierung der Wannseebahn der Berliner S-Bahn im Mai 1933 erfolgte auch die Umstellung der Fernbahngleise von Berlin Potsdamer Bahnhof bis Zehlendorf Mitte (heute Berlin-Zehlendorf) auf elektrischen Betrieb mit =0,75 kV. Die S-Bahn-Züge sollten diese Strecke ohne Zwischenhalt durchfahren, um dann von Zehlendorf bis Wannsee wieder die S-Bahngleise zu benutzen. Speziell für diesen Zweck schuf man einen Versuchszug (esT 3796/es 6306 bis esT 3799/es 6309, später ET/EB 125 001 bis ET/EB 125 004), der im Mai 1935 den Liniendienst aufnahm. Die Serienausführung folgte in den Jahren 1936 bis 1938. Die Triebzüge, im Volksmund „Bankier-Züge" genannt, hatten eine Höchstgeschwindigkeit von 120 km/h; vier Triebzüge (ET/EB 125 011 bis ET/EB 125 014) waren sogar für 140 km/h ausgelegt. Es blieb aber bei Versuchen, da sich die Stromabnehmer und Fahrsperren der S-Bahn für diese Geschwindigkeit nicht eigneten.

Der Triebzug bestand aus einem Trieb- und einem Beiwagen, die mit-

Triebzug ET/EB 125 001
Foto: R. Zschech

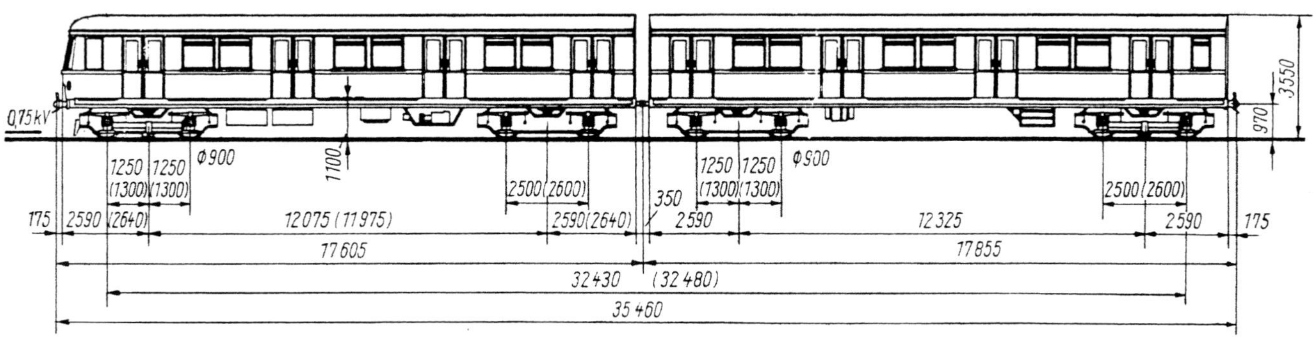

ET/EB 125, Klammerwerte für ET/EB 125 005 bis ET/EB 125 014 (unten)

einander kurzgekuppelt waren und einen Viertelzug bildeten. Vier Viertelzüge ergaben einen Vollzug – die, mit Rücksicht auf die baulichen Anlagen (Bahnsteige, Kehranlagen), maximal zulässige Zugeinheit.
Die Triebzüge bewährten sich gut. Sie befuhren bis etwa 1944 die Strecke Zehlendorf–Berlin Potsdamer Bahnhof ohne Zwischenaufenthalt in 11 min (9,7 min bei ET/EB 125 011 bis ET/EB 125 014). Den Zweiten Weltkrieg überstanden alle Triebzüge und gingen in den Bestand der DR über.
Nach dem Krieg bestand kein Bedarf mehr für diese schnellfahrenden Triebzüge; 1949/50 wurden sie in die Triebzüge ET/EB 166 035 bis ET/EB 166 052 umgebaut (s. Seite 141).

Fahrzeugteil

Laufwerk: Drehgestelle Kastenkonstruktion, Rahmen vollständig geschweißt. Radsatzstand unterschiedlich. Wälzradsatzlager. Radsatzfederung Blattfedern. Wiegenfederung Blattfedern.
Wagenkasten: Untergestell aus Profilträgern geschweißt, Wagenkasten aus Profilstahl und Stahlblech geschweißt; ergab große Festigkeit bei geringer Eigenmasse. Stirnende des ET abgerundet und in oberer Hälfte abgeschrägt. Stirnende des EB glatt. Innerhalb des Triebzuges und an Stirnenden keine Übergangsmöglichkeit.
Zug- und Stoßvorrichtung: Selbsttätige Mittelpufferkupplung Bauart Scharfenberg, pneumatische Leitungen werden mitgekuppelt. Innerhalb Triebzug Hülsenkurzkupplung.
Antrieb: Tatzlagerantrieb, einseitiges geradverzahntes Getriebe.
Druckluftanlage: Luftverdichter, Hauptluftbehälter, Hauptluftbehälterleitung.
Bremse: Einlösige Klotzbremse Bauart Kp, durch elektrische Steuerung mehrlösig. Selbsttätige Lastabbremsung durch Einstellung der Wiegenfederung. Doppelte Bremsklötze. Abbremsung 200 %, unterhalb 50 km/h durch Fliehkraftregler auf 75 % verringert. Spindelhandbremse. Mechanische Fahrsperre.

Fahrgastraum

Gestaltung: Dem S-Bahn-Verkehr angepaßt.
ET: Führerstand; Traglastenraum; Großraum 3. Klasse mit vier und zwei halben Abteilen.
EB: Großraum 3. Klasse mit dreieinhalb Abteilen; Großraum 2. Klasse mit vier Abteilen. Keine Toiletten.
Einstieg: Vier Doppelschiebetüren je Wagenkastenseite, lichte Weite 975 mm. Trittstufenloser Zugang. Elektropneumatische Türschließeinrichtung. Einstiege und Fahrgasträume türlos verbunden.
2. Klasse: Großraum mit vier Abteilen und Mittelgang. Sitzplatzanordnung 2 + 2; Abteiltiefe 1 700 mm, Sitzplatzbreite 538 mm, Gangbreite 665 mm. Polsterbänke.
3. Klasse: Großräume mit vier und zwei halben bzw. dreieinhalb Abteilen und Mittelgang. Sitzplatzanordnung 2 + 2; Abteiltiefe 1 562 mm, Sitzplatzbreite 538 mm, Gangbreite 665 mm. Holzlattenbänke.
Traglastenraum: 4 405 mm lang. Großraum mit Längsbänken und Querbank an Führerstandrückwand.
Heizung: Elektrische Widerstandsheizung. Selbsttätige Regelung durch Thermostate für Außen- und Innentemperatur. Sauglüftung mittels Lüfter. Einige Beiwagen versuchsweise Luftheizung.
Beleuchtung: Glühlampen, Spannung =110 V bzw. =48 V. Batterie mit Hilfsgenerator gepuffert.

Elektrischer Teil

Anordnung: Gesamte elektrische Ausrüstung außerhalb des Wagenkastens.
Oberspannungsgeräte: Je zwei Stromabnehmer an äußeren Drehgestellen zum Bestreichen der Stromschiene von unten und der Leitschiene von der Seite; alle Stromabnehmer verbunden. Wagenhauptsicherung. Hauptschütz und Steuerstromselbstschalter.
Steuerung: Nockenschaltwerk mit 17 Stufenschaltern. 13 Anfahr- und zwei Dauerfahrstufen. Fortschaltrelais. Schaltwerkantrieb durch Motor. Steuerspannung =750 V und =48 V. Vielfachsteuerung von vier Triebzügen.
Fahrmotoren: Vierpolige Gleichstromreihenschlußmotoren mit Wendepolwicklung (Typ GBM 710). Eigenbelüftet. Fahrmotor mit Nennleistung 167 kW wurde unter Beibehaltung der mechanischen Abmessungen aus vorhandener Bauart entwickelt, wobei Leistungserhöhung um 45 % nur Massezunahme von 3 % ergab.

Umbau 1946

2. Klasse in 3. Klasse umgestaltet. In EB nur noch ein Großraum.

ET/ES 165
ET/EB 165

DR 275.0 bis 275.8
DR 276
DB/DR 475/875
DB/DR 476/876

Bo'Bo' + 2'2'

ab 1927

Techn. Daten: S. 284 bis 287

Als die umfangreiche Elektrifizierung der Berliner S-Bahn Ende der zwanziger Jahre vorbereitet wurde, waren sich die Fachleute darüber einig, die elektrischen Triebzüge in der Viertelzugteilung zu bauen. Aber die 1925 ausgelieferte Baureihe ET 168 entsprach noch nicht allen Wünschen und Forderungen, die an einen elektrischen Triebzug des Massenschnellverkehrs zu stellen waren. Nach vorgelegten Entwürfen wurden im September 1926 die Waggonfabriken Wumag sowie Orenstein & Koppel mit dem Bau je eines Halbzuges mit unterschiedlichem wagenbaulichen Teil beauftragt. Nach vier Monaten Bauzeit konnten die Musterfahrzeuge erprobt werden. Die Ausführung von Orenstein & Koppel wurde zur Serienfertigung bestimmt. Bei diesen Triebzügen konnte durch exakte Berechnung des Fahrzeugteils eine Masseneinsparung von 15 % bis 20 % gegenüber der Baureihe ET 168 erzielt werden. Die Auslieferung der Triebzüge, ab 1941 als Baureihe ET 165 bezeichnet, begann im Jahre 1928.

Diese Triebzüge hatten erstmalig eine Fahrsperreneinrichtung, eine elektropneumatische Türschließeinrichtung und eine Notbeleuchtung für Fahrgastraum und Signalleuchten. Auf Forderung der DRG mußten die Triebzüge so konstruiert sein, daß eine Zugbildung nur aus Triebwagen möglich sein konnte.

Während zuerst ein Viertelzug aus Trieb- und Steuerwagen bestand (bis ET/ES 165 465), wurden schon bei Nachlieferungen in den Jahren 1929 und 1930 Triebzüge aus Trieb- und Beiwagen gebildet. Insgesamt wurden 638 Viertelzüge geliefert; damit hat diese Baureihe die größte Stückzahl nach einheitlichen Grundlagen bei den deutschen Staatsbahnen.

Zu Vergleichszwecken wurden im Jahre 1930 von LHB und Wegmann je zwei Viertelzüge mit Wagenkästen aus Leichtmetallegierung hergestellt (ET/ES 165 428 bis ET/ES 165 431, ex esT 3511/esS 5427 bis esT 3514/eSS 5430). Die Dienstmasse konnte um mehrere Tonnen vermindert werden, was bei Triebfahrzeugen im S-Bahn-Verkehr zu einer merklichen Senkung der benötigten Traktionsenergie führt. Wegen starker Korrosion wurden die Fahrzeuge bis 1951 ausgemustert, lediglich ein Steuerwagen (inzwischen EB 165 428) erhielt im Jahre 1952 einen Stahl-Wagenkasten, wurde aber 1971 ebenfalls ausgemustert.

In den Jahren 1942/1945 wurden alle Steuerwagen zu Beiwagen umgebaut.

Der Zweite Weltkrieg hatte große Auswirkungen auf diese Baureihe. Außer einem Triebzug, der von der DB übernommen wurde, gingen alle verbliebenen Triebzüge in den Bestand der DR über. Doch zahlreiche Fahrzeuge wurden im Krieg zerstört und verschrottet, andere als Reparationsleistung an die UdSSR abgegeben. Davon wurden 1952/1953 einige Triebzüge von der UdSSR wieder zurückgegeben und nach einer Instandsetzung wieder im Fahrdienst eingesetzt. Außerdem gingen 56 be-

Triebzug der Baureihe ET/EB 165
Foto: R. Zschech

schädigte Viertelzüge 1945 an die PKP, die sich bei Kriegsende im Raw Lauban befanden und aufgearbeitet werden sollten (bei PKP Einsatz von 54 Viertelzügen auf S-Bahn Gdańsk (früher Danzig), Baureihe EW 90, Oberleitung =750 V, 1951 bis 1976).

Nach dem Zweiten Weltkrieg wurden auf der Strecke Wannsee–Stahnsdorf (z. Z. außer Betrieb) Viertelzüge eingesetzt, so daß 1947 zwei Triebzüge (ET/ES 165 231 und ET/ES 165 358) und 1955 ein Triebzug (ET/ES 165 155) wieder mit Steuerwagen ausgerüstet wurden. In den Jahren 1981/1982 folgten nochmals drei Triebzüge (ex ET/ES 165 028, ET 165 134/ES 165 048 und ET/ES 165 445).

Da inzwischen der Reisekomfort der Triebzüge verbesserungswürdig geworden war, modernisierte man die Fahrzeuge Mitte der sechziger Jahre. Die Umzeichnung im Jahre 1970 geschah nach folgenden Gruppen:

275 001 bis 275 306: Einmann-Viertelzüge mit Fahrgastraumbeleuchtung mit Glühlampen (Gleichstromversorgung),

275 307 bis 275 606: Einmann-Viertelzüge mit Fahrgastraumbeleuchtung mit Leuchtröhren (Wechselstromversorgung),

275 607 bis 275 834: Paß-Viertelzüge (ohne UKW-Funk-Wechselsprechanlage; erst später auf Einmannbetrieb umgebaut),

275 835 bis 275 852: abgestellte Züge (zum Umbau in Bahndienstwagen, U-Bahn-Wagen oder zum Verschrotten vorgesehen).

Seit April 1979 werden die Triebzüge grundlegend im Fahrzeugteil und Fahrgastraum umgebaut und dabei in die Baureihe 276 umgenummert. Die Neubezeichnung erfolgte in der Reihenfolge des Umbaues und nicht nach Bauarten. Im Jahre 1987 wurden nochmals zehn Triebzüge modernisiert. Sie erhielten statische Umformer, elektronische Fahrsperren und Lautsprecher für die Information der Fahrgäste. Einige Triebzüge wurden mit einer mehrlösigen KE-Bremse ausgerüstet und die Steuerleitungen auf =110 V umgestellt. Sie können mit den anderen Fahrzeugen nicht im Zugverband verkehren und werden als Baureihe 276.5 bezeichnet.

Einige Fahrzeuge wurden als S-Bahn-Gerätezüge und als S-Bahn-Materialzüge verwendet:

278 001/278 002/278 003 Gerätezug 2 (Hilfsgerätezug) aus ET 165 459, EB 165 556 und ET 165 345,

278 004 Unkrautsprühwagen aus ET 165 468,

278 101″/278 102″/278 103″/278 104″ Material- und Güterzug aus ET/EB 165 030 und ET/EB 165 121,

278 109/278 110 S-Bahn-Schnellgüterzug aus ET 165 470/EB 165 261,

278 111/278 112 S-Bahn-Schnellgüterzug aus ET/EB 165 574, später umgestellt

278 111/278 114 S-Bahn-Schnellgüterzug aus ET 165 574 und EB 165 470,

278 113/278 112 S-Bahn-Schnellgüterzug ohne Antrieb aus ET 165 363 (ohne Antriebsausrüstung) und EB 165 574.

Einige Triebzüge wurden in den Jahren 1965, 1972 bis 1974 sowie 1986 in Fahrzeuge der U-Bahn Berlin (Großraumprofil) umgebaut. Nicht mehr umbaufähige Fahrzeuge wurden verschrottet.

Und letztlich gingen 115 Triebzüge, einschließlich vier ET/ES-Triebzügen, ab 9. Januar 1984 an die BVG in Berlin (West) für den Einsatz auf der dortigen S-Bahn über. Von Mitte 1984 bis Februar 1987 wurden die Triebzüge generalüberholt und dabei in der Betriebszuverlässigkeit und der Instandhaltungsfreundlichkeit erhöht sowie die Fahrgasträume gegen Vandalismus resistenter. Auch zwölf Paß-Viertelzüge wurden wieder zu ET/ES-Zügen aufgebaut und dabei ebenfalls modernisiert. Der Triebzug 275 747/275 748 (ex ET/ES 165 358) ist dem Verkehrsmuseum Nürnberg als Ausstellungsexponat leihweise übergeben worden; zuvor wurden die Polstersitzbänke gegen Holzlattensitzbänke ausgetauscht.

Die Triebzüge 2303/5447 (ex 275 659/275 660, ET/ES 165 155), 275 815/275 816 (ex ET/EB 165 555) und 275 693/275 694 (ex ET/ES 165 231) gehören zum Bestand der Eisenbahnmuseumsfahrzeuge der DR und werden in der Ursprungsform bzw. in der Ausführung der 50er Jahre betriebsfähig erhalten.

Fahrzeugteil

L a u f w e r k: Drehgestelle Kastenkonstruktion, Träger aus Preßblech, genietet. Wälzradsatzlager, Radsatzfederung Blattfedern. Wiegenfederung Blattfedern.

W a g e n k a s t e n: Untergestell aus Profilträgern genietet. Wagenkasten aus Profilstahl und Stahlblech genietet. Besonders beanspruchte Konstruktionsteile im Untergestell und Obergurt aus hochwertigem siliziumhaltigen Baustahl. Stirnenden gerade, nur seitlich abgeschrägt. Innerhalb des Triebzuges und an Stirnenden keine Übergangsmöglichkeit.

Z u g - u n d S t o ß v o r r i c h t u n g: Selbsttätige Mittelpufferkupplung

Triebzug der Baureihe ET/EB 165 nach dem Umbau 1965
Foto: R. Zschech

Bauart Scharfenberg, pneumatische Leitungen werden mitgekuppelt. Innerhalb Triebzug Hülsenkurzkupplung.
Antrieb: Tatzlagerantrieb, einseitiges geradverzahntes Getriebe.
Druckluftanlage: Luftverdichter, Hauptluftbehälter, Hauptluftbehälterleitung.
Bremse: Einlösige Klotzbremse Bauart Kp, durch elektrische Steuerung mehrlösig. Spindelhandbremse. Mechanische Fahrsperre.
Sonderbauart: ET/ES 165 428 bis ET/ES 165 431 mit Wagenkästen aus Leichtmetallegierung.

Fahrgastraum

Gestaltung: Dem S-Bahn-Verkehr angepaßt.
ET: Führerstand; Traglastenraum; Großraum 3. Klasse mit vier und zwei halben Abteilen.
ES: Großraum 3. Klasse mit dreieinhalb Abteilen; Großraum 2. Klasse mit zwei Abteilen; Großraum 2. Klasse mit eineinhalb Abteilen; Führerstand.
Oder: Großraum 3. Klasse mit dreieinhalb Abteilen; Großraum 2. Klasse mit dreieinhalb Abteilen; Führerstand.
EB (6082 bis 6141, 6162 bis 6218 und 6320): Großraum 3. Klasse mit dreieinhalb Abteilen; Großraum 2. Klasse mit vier Abteilen.
EB (6142 bis 6161 und 6219 bis 6254): Großraum 3. Klasse mit dreieinhalb Abteilen; Großraum 3. Klasse mit vier Abteilen. Keine Toiletten.
Einstieg: Vier Doppelschiebetüren je Wagenkastenseite, lichte Weite 920 mm. Elektropneumatische Türschließeinrichtung. Trittstufenloser Zugang. Einstiege und Fahrgasträume türlos verbunden.
2. Klasse: Großraum mit dreieinhalb, zwei bzw. eineinhalb Abteilen und Mittelgang. Sitzplatzanordnung 2 + 2; Abteiltiefe 1 575 mm, Sitzplatzbreite 530 mm, Gangbreite 605 mm. Polsterbänke.
3. Klasse: Großraum mit vier und zwei halben oder dreieinhalb Abteilen und Mittelgang. Sitzplatzanordnung 2 + 2; Abteiltiefe 1 562 mm

Triebzug der Baureihe 276 (ex ET/EB 165) nach dem Umbau 1979
Foto: R. Zschech

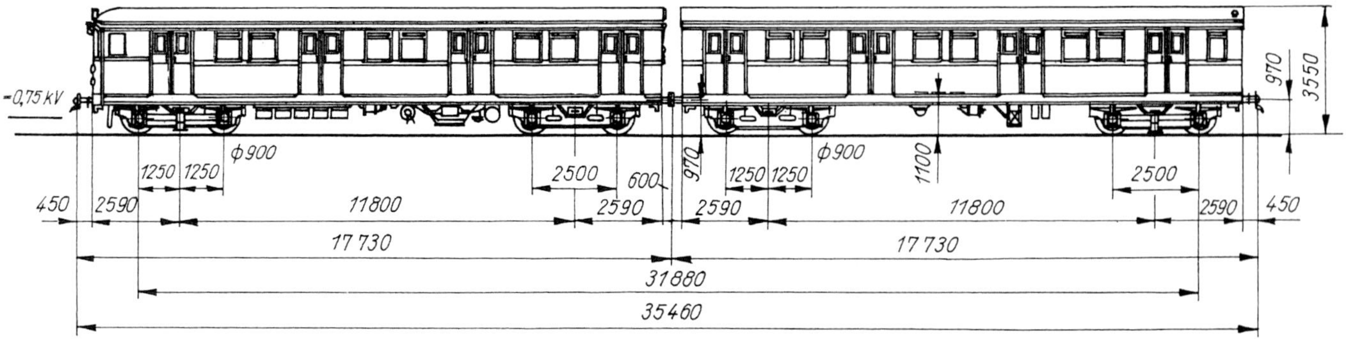

ET/EB 165, Ursprungsausführung

bzw. 1 575 mm, Sitzplatzbreite 514 mm, Gangbreite 665 mm. Holzlattenbänke.
Traglastenraum: 4 405 mm lang. Großraum mit Längsbänken.
Heizung: Elektrische Widerstandsheizung. Drei Heizstufen, Heizschütze.
Beleuchtung: Glühlampen. Fünf Lampen in Reihe über Spannungsregler aus Stromschiene gespeist. Notbeleuchtung Glühlampen =6 V.

Elektrischer Teil

Anordnung: Gesamte elektrische Ausrüstung außerhalb des Wagenkastens. Gleichartige Ausführung der Bauteile und Austauschbarkeit trotz verschiedener Lieferfirmen.
Oberspannungsgeräte: Je zwei Stromabnehmer an äußeren Drehgestellen zum Bestreichen der Stromschiene von unten und der Leitschiene von der Seite; alle Stromabnehmer verbunden. Wagenhauptsicherung. Hauptschütz. Hilfsstromselbstschalter.
Steuerung: Nockenschaltwerk, 13 Anfahr- und zwei Dauerfahrstufen. Fortschaltrelais. Zwei Beschleunigungsstufen. Schaltwerkantrieb durch Klinkwerk, elektropneumatisch, Steuerspannung =750 V. Vielfachsteuerung von vier Triebzügen.
Fahrmotoren: Vierpolige Gleichstromreihenschlußmotoren mit Wendepolwicklung (Typ GBM 700). Eigenbelüftet.

Umbau 1933

In 14 Beiwagen in einer Wagenhälfte Abteile 3. Klasse in Großraum 2. Klasse umgebaut.

Umbau 1938

In 33 Beiwagen in einer Wagenhälfte Abteile 3. Klasse in Großraum 2. Klasse umgebaut.

Umbau 1946

1. Klasse in 2. Klasse umgestaltet. In EB nur noch ein Großraum. Wiederaufbauwagen erhielten Leuchtröhrenbeleuchtung.

Umbau 1965

Fahrgastraum bei Teil der Fahrzeuge modernisiert: alle Abteile 2. Klasse 1 560 mm Abteiltiefe, Sitzbänke teilweise gepolstert. Traglastenraum 4 460 mm lang. Beleuchtung mit Leuchtstofflampen, aus Umformer gespeist (72 Hz, 220 V). Notbeleuchtung =24V. Führerstand umgestaltet. Einbau der Sicherheitsfahrschaltung ermöglicht Einmannbesetzung.

Umbau 1979

Führerstand neuartig gestaltet, Schweißkonstruktion. Mehrlösige Klotzbremse Bauart KE (später in einigen Triebzügen). In Trieb- und Beiwagen je ein Großabteil mit Längsbänken. Stromabnehmer fernbedienbar. Hilfsstromselbstschalter durch Hilfsbetriebeschütz mit Überstromrelais ersetzt. Ausrüstung mit Baureihe 277 vereinheitlicht. UKW-Funkwechselsprechanlage. Seit 1984 mit Bordmikrorechner (BMR) ausgerüstet.

Umbau 1984 (BVG)

Leichtmetalltüren. In ET Wegfall Trennwand zwischen Traglastenraum und Großraum. Holzbänke aufgearbeitet. Polsterbänke durch neue Polstersitze mit Stoff- bzw. Kunstlederbezug ersetzt. Beleuchtung mit Glühlampen oder Leuchtstofflampen in Mittelband. Zweite Antenne für Betriebsfunk.

ET/EB 165[8]

DR 275.9
DR 276.1 bis 276.5
DB/DR 475/875
DB/DR 476/876

Bo'Bo' + 2'2'

ab 1933

Techn. Daten: Seite 287, 288

Die Elektrifizierung der Wannseebahn (Berlin Wannseebahnhof–Zehlendorf Mitte–Wannsee) des Berliner S-Bahn-Netzes Anfang der dreißiger Jahre erforderte eine nochmalige Erweiterung des Fahrzeugparks. Im Jahre 1933 wurden 51 Triebzüge der Baureihe ET 165[8], als Wannsee-Züge bezeichnet, geliefert. Gegenüber den Wagen der Stammbaureihe hatten diese Wagen Neuerungen, wie geschweißter Wagenkasten, motorischer Antrieb der Schaltwalze, tiefer herablaßbare Fenster in den Fahrgasträumen sowie verbesserte Heizungssteuerung und Fahrsperre.

In dieser Lieferung sind zwei Versuchszüge (esT 3768 und esT 3769, es 6304 und es 6305; später ET/EB 165 824 und ET/EB 165 825) enthalten, die einen längeren Wagenkasten bekamen, so daß größere Abteiltiefen im Beiwagen möglich wurden. Ferner wurden breitere Abteilfenster eingebaut und die Führerstandsfenster weitgehend der übrigen Fensterhöhe angepaßt. Erstmalig wurden Längsgepäcknetze oberhalb der Fenster verwendet. Außerdem wurden neue Drehgestelle, eine Sonderbauart der Görlitzer Drehgestelle, eine verbesserte Lüftung und Dachlüfter Bauart Wendler und eine neue Leuchtenanordnung erprobt; diese wurden bald wieder auf die Normalausführung umgebaut.

Der Triebzug besteht aus einem Trieb- und einem Beiwagen. Eine solche Einheit wird betrieblich als Viertelzug bezeichnet.

Die Triebzüge waren anfangs alle im S-Bw Wannsee beheimatet.

Die größte Anzahl der Triebzüge ging in den Bestand der DR über, jedoch gingen im Zweiten Weltkrieg acht Triebzüge verlustig, sechs wurden als Reparationsleistungen an die UdSSR abgegeben, von denen zwei Triebzüge 1952/1953 nach der Rückführung wieder eingesetzt wurden.

Die Triebzüge bewährten sich ebenfalls sehr gut und verkehren noch heute. In der langjährigen Betriebszeit wurden sie mehrfach umgebaut. Bei der Umzeichnung im Jahre 1970 gab es folgende Gruppen: 275 901 bis 275 946: Einmann-Viertelzüge, 275 947 bis 275 972: Paß-Viertelzüge; erst später auf Einmannbetrieb umgebaut.

Bei der letzten Rekonstruktion wurden sie mit der ehemaligen Baureihe ET 165 in die Baureihe 276.1 bis 276.5 umgenummert. Von den Versuchswagen ist nur noch der ET 165 825 (heute 275 959) im Einsatz.

Fahrzeugteil

Laufwerk: Drehgestelle Kastenkonstruktion, Träger aus Preßblech, genietet. Wälzradlager. Radsatzfederung Blattfedern. Wiegenfederung Blattfedern.

Wagenkasten: Untergestell aus Profilträgern genietet. Wagenkasten aus Profilstahl und Stahlblech geschweißt und versenkt genietet. Stirnenden gerade, nur seitlich abgeschrägt. Innerhalb des Triebzuges und an den Stirnenden keine Übergangsmöglichkeit.

Zug- und Stoßvorrichtung: Selbsttätige Mittelpufferkupplung Bauart Scharfenberg, pneumatische Leitungen werden mitgekuppelt. Innerhalb Triebzug Hülsenkurzkupplung.

Triebzug der Baureihe 275.9 (ex ET/EB 165[8]) nach dem Umbau 1965
Foto: K. Kirsch

Versuchstriebzug ET/EB 165 825
Foto: Archiv transpress

Antrieb: Tatzlagerantrieb, einseitiges geradverzahntes Getriebe.
Druckluftanlage: Luftverdichter, Hauptluftbehälter, Hauptluftbehälterleitung.
Bremse: Einlösige Klotzbremse Bauart Kp, durch elektrische Steuerung mehrlösig. Spindelhandbremse. Mechanische Fahrsperre.

Fahrgastraum

Gestaltung: Dem S-Bahn-Verkehr angepaßt.
ET: Führerstand; Traglastenraum; Großraum 3. Klasse mit vier und zwei halben Abteilen.
EB: Großraum 3. Klasse mit dreieinhalb Abteilen; Großraum 2. Klasse mit vier Abteilen.
Keine Toiletten.
Einstieg: Vier Doppelschiebetüren je Wagenkastenseite, lichte Weite 920 mm. Elektropneumatische Türschließeinrichtung. Trittstufenloser Zugang. Einstiege und Fahrgasträume türlos verbunden.
2. Klasse: Großraum mit dreieinhalb Abteilen und Mittelgang. Sitzplatzanordnung 2 + 2; Abteiltiefe 1 575 mm (in Versuchswagen 1 669 mm), Sitzplatzbreite 530 mm, Gangbreite 605 mm, Polsterbänke.
3. Klasse: Großraum mit vier und zwei halben oder dreieinhalb Abteilen und Mittelgang. Sitzplatzanordnung 2 + 2; Abteiltiefe 1 562 mm, Sitzplatzbreite 514 mm, Gangbreite 665 mm. Holzlattenbänke.
Traglastenraum: 4 405 mm lang. Großraum mit Quer- und Längsbänken.
Heizung: Elektrische Widerstandsheizung. Drei Heizstufen, Heizschütze. Automatische Heizregelung (später ausgebaut). Bei Versuchswagen Sauglüfter.
Beleuchtung: Glühlampen. Fünf Lampen in Reihe über Spannungsregler aus Stromschiene gespeist. Notbeleuchtung Glühlampen =6 V.

Elektrischer Teil

Anordnung: Gesamte elektrische Ausrüstung außerhalb des Wagenkastens. Gleichartige Ausführung

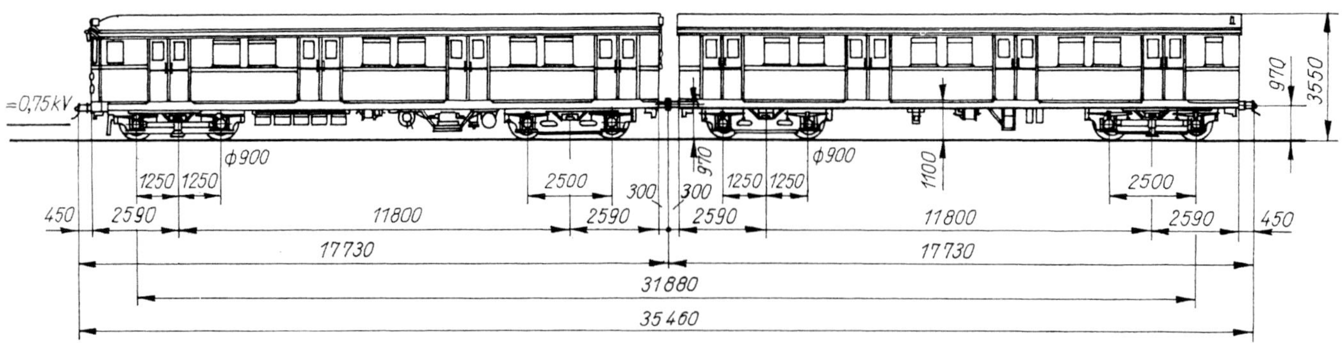

ET/EB 165 801 bis ET/EB 165 823 und
ET/EB 165 826 bis ET/EB 165 851 (unten)

der Bauteile und Austauschbarkeit trotz verschiedener Lieferfirmen.
Oberspannungsgeräte: Je zwei Stromabnehmer an äußeren Drehgestellen zum Bestreichen der Stromschiene von unten und der Leitschiene von der Seite; alle Stromabnehmer verbunden. Wagenhauptsicherung. Hauptschütz. Steuerstromselbstschalter.
Steuerung: Nockenschaltwerk, 13 Anfahr- und zwei Dauerfahrstufen. Fortschaltrelais. Zwei Beschleunigungsstufen. Schaltwerkantrieb durch Elektromotor mit Malteserkreuzvorgelege. Andere Steuerungsbauteile (Hauptschütz, Fahrtwender) elektropneumatisch. Steuerspannung =750 V. Vielfachsteuerung von vier Triebzügen.
Fahrmotoren: Vierpolige Gleichstromreihenschlußmotoren mit Wendepolwicklung (Typ GBM 700). Eigenbelüftet.

Umbau 1946

1. Klasse in 2. Klasse umgestaltet. In EB nur noch ein Großraum.

Umbau 1965

Fahrgastraum modernisiert: alle Abteile 2. Klasse 1 560 mm Abteiltiefe, Sitzbänke gepolstert. Traglastenraum 4 460 mm lang. Beleuchtung mit Leuchtstofflampen, aus Umformer gespeist (72 Hz, 220 V). Notbeleuchtung Glühlampen =24 V. Führerstand umgestaltet. Einbau der Sicherheitsfahrschaltung ermöglicht Einmannbesetzung.

Umbau 1975

Führerstand neuartig gestaltet, Schweißkonstruktion. In Trieb- und Beiwagen je ein Großabteil mit Längsbänken. Stromabnehmer fernbedienbar. Hilfsstromselbstschalter durch Hilfsbetriebeschütz und Überstromrelais ersetzt. Ausrüstung mit Baureihe 277 vereinheitlicht. UKW-Funkwechselsprechanlage. Seit 1984 mit Bordmikrorechner (BMR) ausgerüstet.

ET/EB 166
ET/ES 166
DR 276.0
DR 277
DB/DR 476/876
DB/DR 477/877

Bo'Bo' + 2'2'

ab 1936

Techn. Daten: Seite 290, 291

Als 1936 in Berlin die Olympischen Sommerspiele stattfanden, stellte die DRG 34 Triebzüge der Baureihe ET 166 für die Berliner S-Bahn in Dienst. Die Triebzüge werden deshalb auch als „Olympia-Züge“ bezeichnet.
Der Triebzug besteht aus einem Trieb- und einem Beiwagen, die miteinander kurzgekuppelt sind und als Viertelzug bezeichnet werden.
Die Triebzüge wurden sofort im starken Verkehr zu den Olympischen Spielen eingesetzt und bewährten

Triebzug der Baureihe ET/EB 166
Foto: Archiv transpress

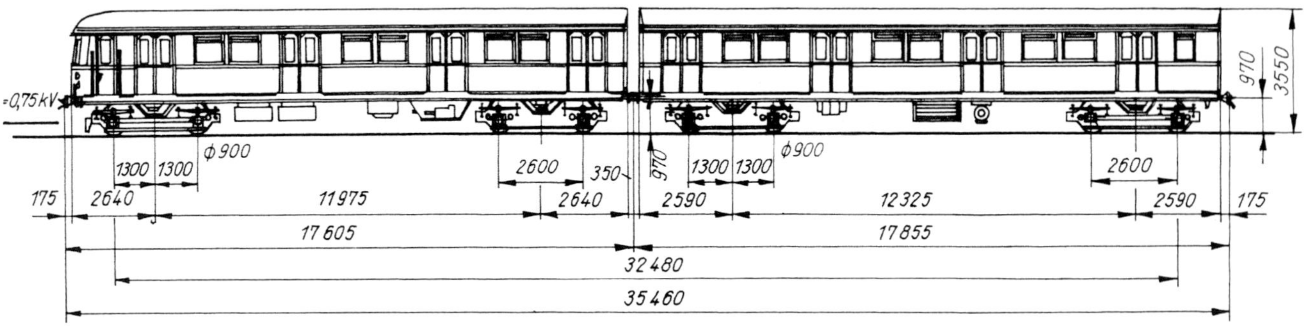

ET/EB 166 001 bis ET/EB 166 034, Ursprungsausführung

sich sehr gut. Die Triebzüge waren meist im Triebwagenschuppen Hundekehle (Grunewald) beheimatet.
18 Triebzüge und ein ET gingen in den Bestand der DR über. Einige Fahrzeuge wurden im Krieg zerstört und verschrottet. Zwei Triebzüge wurden 1946 als Reparationsleistung an die UdSSR abgegeben. Außerdem gingen zehn beschädigte Viertelzüge 1945 an die PKP, die sich bei Kriegsende zur Aufarbeitung im Raw Lauban befanden (bei PKP Einsatz von sechs Viertelzügen als Baureihe EW 92 mit Oberleitung =750 V auf S-Bahn Gdańsk von 1951 bis 1976). Der EB 166 027 wurde im Jahre 1959 im Raw Schöneweide neu aufgebaut, so daß auch dieser Triebzug wieder eingesetzt werden konnte.
Nach dem Zweiten Weltkrieg wurden auch Umbau- bzw. Aufbau-Triebzüge in diese Baureihe eingeordnet.
Die Triebzüge *ET/EB 166 035 bis ET/EB 166 052* entstanden in den Jahren 1949 und 1950 durch Umbau der Triebzüge der Baureihe ET/EB 125. Die Änderungen betrafen die Fahrmotoren, den Tatzlagerantrieb und die Bremsausrüstung, die man der Normalausführung der Baureihe ET/EB 166 anglich, indem man auf Instandhaltungsbestände der Berliner S-Bahn zurückgriff.
Der Triebzug *ET/EB 166 053* entstand 1959 durch Aufbau neuer Wagenkästen auf vorhandene Untergestelle, wobei die Untergestelle des ET 167 168 und des EB 167 267 verwendet wurden. Da die elektrische Ausrüstung der Stamm-Baureihe ET 166 entsprach, wurde dieser Triebzug in diese Baureihe eingeordnet.
Die Triebzüge *ET/ES 166 054 bis ET/ES 166 060* entstanden im Jahre 1965 durch Umbau der Triebzüge ET/EB 167 286 bis ET/EB 167 292, indem der ungenutzte Führerstand im Beiwagen wieder ausgerüstet wurde. Auch hier war die Ausführung der elektrischen Ausrüstung der Grund für die Einordnung in die Baureihe ET 166.
Mitte der sechziger Jahre wurde ein Teil der Triebzüge umgestaltet.
Bei der Umnummerung im Jahre 1970 wurden folgende Gruppen gebildet:

- 276 001 bis 276 038: Einmann-Viertelzüge mit elektrischer Steuerung,
- 276 039 bis 276 064: Einmann-Viertelzüge mit nach dem Krieg eingebauter pneumatischer Steuerung,
- 276 065 bis 276 078: Einmann-Viertelzüge mit Steuerwagen und mit nach dem Krieg eingebauter pneumatischer Steuerung,
- 276 079 bis 276 082: Paß-Viertelzüge mit elektrischer Steuerung,
- 276 083 bis 276 090: Paß-Viertelzüge mit nach dem Krieg eingebauter pneumatischer Steuerung.

Mitte der siebziger Jahre wurde mit einer grundlegenden Modernisierung der Triebzüge begonnen, wobei gleichzeitig viele Ausrüstungsteile mit der Baureihe 277 vereinheitlicht wurden. Gleichzeitig wurden die Umbauzüge in die Baureihe 277 eingenummert:

- 277 361″ bis 277 364″ sowie 277 365 bis 277 398: Einmann-Viertelzüge der Baureihe 276.0 mit elektrischer Steuerung,
- 277 399 bis 277 402: ehemalige Paß-Viertelzüge der Baureihe 276.0 mit elektrischer Steuerung,
- 277 403 bis 277 420: Viertelzüge mit Steuerwagen (ehemalige Peenemünder Wagen) der Baureihen 276.0 und 277,
- 277 421 bis 277 446: Einmann-Viertelzüge der Baureihe 276.0 mit nach dem Krieg eingebauter pneumatischer Steuerung,

277 447 bis 277 454: ehemalige Paß-Viertelzüge der Baureihe 276.0 mit nach dem Krieg eingebauter pneumatischer Steuerung.
Die Prototyp-Fahrzeuge der Bankierzüge wurden im März 1989 ausgemustert.

Fahrzeugteil

Laufwerk: Drehgestelle Kastenkonstruktion, Rahmen vollständig geschweißt. Wälzradsatzlager, Radsatzfederung Blattfedern, Wiegenfederung Blattfedern.
Wagenkasten: Untergestell aus Profilträgern geschweißt. Wagenkasten aus Profilstahl und Stahlblech geschweißt. Stirnende des ET abgerundet und in oberer Hälfte abgeschrägt. Stirnende des EB glatt. Innerhalb des Triebzuges und an den Stirnenden keine Übergangsmöglichkeit.
Zug- und Stoßvorrichtung: Selbsttätige Mittelpufferkupplung Bauart Scharfenberg, pneumatische Leitungen werden mitgekuppelt. Innerhalb Triebzug Hülsenkurzkupplung.
Antrieb: Tatzlagerantrieb, einseitiges geradverzahntes Getriebe.
Druckluftanlage: Luftverdichter, Hauptluftbehälter, Hauptluftbehälterleitung.
Bremse: Einlösige Klotzbremse Bauart Kp, durch elektrische Steuerung mehrlösig. Spindelhandbremse. Mechanische Fahrsperre.

Fahrgastraum

Gestaltung: Dem S-Bahn-Verkehr angepaßt.
ET: Führerstand; Traglastenraum; Großraum 3. Klasse mit vier und zwei halben Abteilen.
EB: Großraum 3. Klasse mit dreieinhalb Abteilen; Großraum 2. Klasse mit vier Abteilen.
Keine Toiletten.
Einstieg: Vier Doppelschiebetüren je Wagenkastenseite, lichte Weite 940 mm. Elektropneumatische Türschließeinrichtung. Trittstufenloser Zugang. Einstiege und Fahrgasträume türlos verbunden.
2. Klasse: Großraum mit vier Abteilen und Mittelgang. Sitzplatzanordnung 2 + 2; Abteiltiefe 1 701 mm, Sitzplatzbreite 570 mm, Gangbreite 475 mm. Polsterbänke.
3. Klasse: Großräume mit vier und zwei halben sowie dreieinhalb Abteilen und Mittelgang. Sitzplatzanordnung 2 + 2; Abteiltiefe 1 604 mm bzw. 1 562 mm, Sitzplatzbreite 528 mm bzw. 537 mm, Gangbreite 645 mm bzw. 665 mm. Holzlattenbänke.
Traglastenabteil: 3 805 mm lang. Großraum mit Längsbänken.
Heizung: Elektrische Widerstandsheizung. Selbsttätige Regelung durch Thermostate für Außen- und Innentemperatur. Sauglüftung mittels Lüfter.
Beleuchtung: Glühlampen, Spannung =48 V. Batterie mit Umformer gepuffert.

Elektrischer Teil

Anordnung: Gesamte elektrische Ausrüstung außerhalb des Wagenkastens.
Oberspannungsgeräte: Je zwei Stromabnehmer an äußeren Drehgestellen zum Bestreichen der Stromschiene von unten und der Leitschiene von der Seite; alle Stromabnehmer verbunden. Wagenhauptsicherung. Hauptschütz. Steuerstromselbstschalter.
Steuerung: Nockenschaltwerk, 13 Anfahr- und zwei Dauersfahrstufen. Stromwächter. Zwei Beschleunigungsstufen. Schaltwerkantrieb durch Elektromotor mit Klinkwerk. Andere Schaltgeräte elektropneumatisch betätigt. Steuerspannung =750 V und =48 V. Vielfachsteuerung von vier Triebzügen.
Fahrmotoren: Vierpolige Gleichstromreihenschlußmotoren mit Wendepolwicklung (Typ GBM 700). Eigenbelüftet.

Umbau 1946

1. Klasse in 2. Klasse umgestaltet. In EB nur noch ein Großraum. Sauglüftung und selbsttätige Regelung der Heizung ausgebaut.

Umbau 1965

Fahrgastraum heutigen Reisekomfortanforderungen angepaßt. Sitzbänke gepolstert. Elektrische Widerstandsheizung, eine Heizstufe von Führerstand steuerbar, übrige Heizstufen an jedem Wagen von Hand schaltbar. Beleuchtung mit Leuchtstofflampen in Mittenband, Umformer. Einbau einer Sicherheitsfahrschaltung ermöglicht Einmannbesetzung.

Umbau 1976

Einsatz neuer Drehgestelle, H-förmiger Rahmen, geschweißte Kastenträgerbauweise. Radsatzfederung Schraubenfedern, Kastenfederung Schrauben- und Gummifedern. Stirnform und Führerstand umgestaltet. Mittelpufferkupplung Bauart Scharfenberg auf vollselbsttätige Ausführung umgestaltet (kuppelt auch elektrische Steuerleitungen).

Fahrgastraum modernisiert, in ET Großraum 2. Klasse mit fünfeinhalb Abteilen, in EB und ES Großraum 2. Klasse mit sechs Abteilen. Sitzplatzanordnung 2 + 2; Abteiltiefe 1 575 mm, 1 600 mm und 1 680 mm, Sitzplatzbreite 515 mm, Gangbreite 665 mm. Polsterbänke. Traglastenraum in ET Abteil mit Längsbänken, in EB in Großraum Längsbänke. Elektrische Widerstandsheizung, Schützensteuerung. Beleuchtung mit Leuchtstofflampen in Mittenband (72 Hz, 220 V), Umformer.
Stromabnehmer fernbedienbar. Hilfsstromselbstschalter durch Hilfsbetriebeschütz mit Überstromrelais ersetzt. Bei ehemaligen ET 166 035 bis ET 166 059 Einbau eines elektromotorischen Schaltwerkantriebes. Steuerspannung =750 V und =110 V. Vielfachsteuerung mit BR 277 möglich. Trieb- und Beiwagen getrennte Hilfsbetriebestromkreise. Hilfsbetriebespannung 220 V Ws. Seit 1984 mit Bordmikrorechner (BMR) ausgerüstet.

ET/EB 167

DR 277
DB/DR 477/877

Bo'Bo' + 2'2'

ab 1938

Techn. Daten: Seite 291, 292

Wegen des ständig zunehmenden Verkehrsaufkommens und der Inbetriebnahme der Nord-Süd-S-Bahn Berlins bestellte die DRG zunächst 80 Triebzüge einer gegenüber der Baureihe ET 166 weiterentwickelten Baureihe, der späteren Baureihe ET 167. Insgesamt wurden 291 Triebzüge bestellt, jedoch bis zum Ende des Zweiten Weltkrieges nicht vollständig geliefert.
Der Triebzug besteht aus einem Trieb- und einem Beiwagen, die miteinander kurzgekuppelt sind und betrieblich als Viertelzug bezeichnet werden.

Es werden drei Bauarten unterschieden (1938 – ET 167 001 bis ET 167 080, 1939 – ET 167 081 bis ET 167 211, 1941 – ET 167 212 bis ET 167 283). Durch die Kriegsereignisse wurden jedoch von der letzten Bauart nur 50 Beiwagen ausgeliefert (dagegen waren alle 72 Triebwagen fertiggestellt worden), so daß nur 50 Triebzüge gebildet werden konnten. Die restlichen 22 Triebwagen wurden im Februar 1944 zu elf Triebzügen zusammengestellt, indem jeweils einem Triebwagen die Fahrmotoren ausgebaut und er als Beiwagen behandelt wurde. Die Beleuchtung der Fahrgasträume mußte von einem normalen Triebzug entnommen werden, da der Umformer unter dem Beiwagen angeordnet und somit nicht vorhanden war. Nach 1945 erhielten diese Triebzüge Hochspannungsröhren zur Beleuchtung der Fahrgasträume und wurden somit freizügig einsetzbar.
Der Zweite Weltkrieg hatte große Auswirkungen auf den Bestand dieser Baureihe. Zwar ging die größte Anzahl der Triebzüge zur DR über, doch zahlreiche Fahrzeuge waren im Krieg zerstört und verschrottet sowie fast 50 Triebzüge (z. T. als Ein-

Triebzug der Baureihe ET/EB 167
Foto: R. Zschech

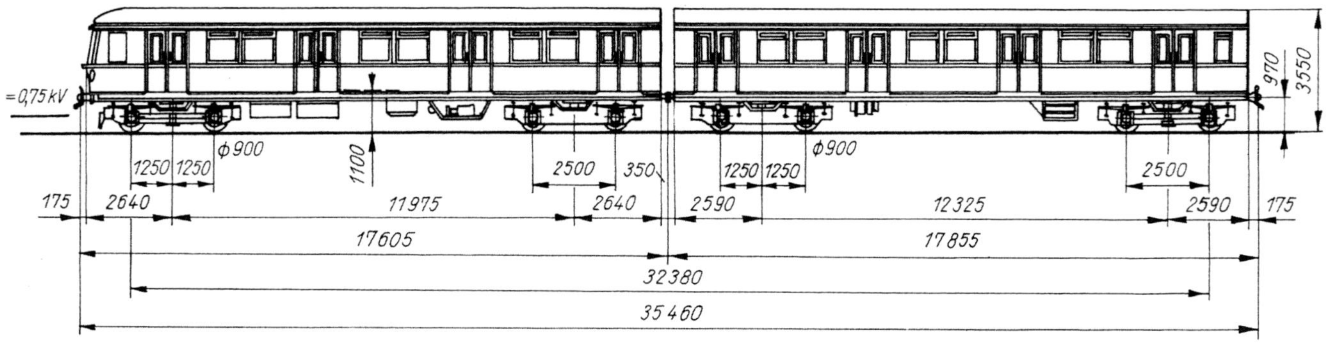

ET/EB 167, Ursprungsausführung

zelwagen) 1946 als Reparationsleistungen an die UdSSR abgegeben worden. Davon wurden 1952/1953 acht Triebzüge von der UdSSR wieder zurückgegeben und nach einer Instandsetzung dann bei der S-Bahn Berlin eingesetzt. Außerdem gingen 21 beschädigte Triebzüge 1945 an die PKP, die sich bei Kriegsende im Raw Lauban befanden und aufgearbeitet werden sollten (bei PKP Einsatz von 20 Viertelzügen auf S-Bahn Gdańsk mit Oberleitung =750 V als Baureihe EW 91 von 1951 bis 1976).

Bei der DR wurden auch andere Fahrzeuge in diese Baureihe eingegliedert. Bei Kriegsende befanden sich im Raw Schöneweide drei Trieb- und ein Beiwagen aus einer Serie von 16 Triebzügen (ET + ES), die in den Jahren 1941/1942 für die Werkbahn der Wehrmachtsversuchsanstalt Peenemünde (Zinnowitz–Peenemünde, =1,1 kV Oberleitung) gebaut wurden und wagenbaulich der Baureihe ET 167 entsprachen. Sie wurden zu Beiwagen EB 167 umgebaut und mit Triebwagen ET 167, deren Beiwagen im Krieg zerstört worden waren, gekuppelt (EB 167 242 mit ET 167 057, EB 167 243 mit ET 167 175, EB 167 284 mit ET 167 203 und EB 167 285 mit ET 167 265). Im Jahre 1958 wurden durch Neubau von Beiwagen EB 167 die zeitweilig als Beiwagen verwendeten Triebwagen *ET 167 284 und ET 167 285* zu Triebzügen der Baureihe ET 167 aufgebaut. Sie entsprechen der Stammbaureihe.

Die *ET/EB 167 286 bis ET/EB 167 292* sind ebenfalls Peenemünder Züge, die jedoch 1946 als Reparationsleistung an die UdSSR gingen und 1952 wieder zurückgegeben wurden. Nach einem Umbau auf die Ausrüstung der Berliner S-Bahn und Einsatz der Steuerwagen als Beiwagen wurden sie im März 1953 in Dienst gestellt. Sie erhielten die Stadtbahnsteuerung (Klinkwerk mit Fortschaltrelais), jedoch blieben die für −1,1 kV ausgelegten Fahrmotoren unter Inkaufnahme einer geringeren Leistung (ca. 60 kW) vorerst eingebaut. Der Triebzug ET/EB 167 290 erhielt später Fahrmotoren der üblichen Bauart (GBM 700).

Ihre Eingliederung erfolgte in die Baureihe ET/EB 167, obwohl steuerungsmäßig wegen der unterschiedlichen Steuerstromkupplung keine Vielfachsteuerung mit der Stammbaureihe möglich war. Erst beim Rückbau der Bei- in Steuerwagen im Jahre 1965 wurden diese Triebzüge richtigerweise in die Baureihe ET 166 (als ET/ES 166 054 bis ET/ES 166 060) eingegliedert (s. Seite 141).

Weitere neun Beiwagen wurden im Jahre 1958 neu gebaut (Untergestell VEB Lokomotivbau Babelsberg, Wagenkasten und Inneneinrichtung Raw Schöneweide), um die Triebwagen ohne Fahrmotoren nach Einbau einer elektrischen Ausrüstung wieder voll nutzen zu können.

Mitte der sechsziger Jahre wurde ein Teil der Triebzüge umgestaltet und modernisiert. Bei der Umnummerung im Jahre 1970 gab es folgende Gruppen:

277 001 bis 277 296: Reko-Viertelzüge (einschließlich vier ehemaliger Peenemünder Wagen als ET/EB),

277 297 bis 277 364: nicht rekonstruierte Viertelzüge.

Mitte der siebziger Jahre begann eine grundlegende Modernisierung der Triebzüge, wobei neue Ausrüstungsteile mit anderen Baureihen vereinheitlicht wurden. Die Baureihe 277 besteht bei aus der Baureihe ET 167 hervorgegangenen Fahrzeugen aus folgenden Gruppen:

Triebzug der Baureihe 277 nach dem Umbau 1976
Foto: K. Kirsch

277 001 bis 277 296: Reko-Viertelzüge,

277 297 bis 277 360: in sechziger Jahren nicht rekonstruierte Viertelzüge,

277 403 bis 277 420: Viertelzüge mit Steuerwagen (ehemalige Peenemünder Wagen) der bisherigen Baureihen 276.0 und 277.

Neben der Baureihe 275 (bzw. 276 Reko) ist die Baureihe 277 noch heute ein wesentlicher Bestandteil des Fahrzeugparks der Berliner S-Bahn. Die Triebzüge sind heute in den S-Bahnbetriebswerken Grünau und Erkner beheimatet.

Fahrzeugteil

Laufwerk: Drehgestelle Blechträgerbauweise, Rahmen vollständig geschweißt. Bei ET 167 001 bis ET 167 080 Drehgestellseitenwange mit stark durchgekröpftem Hauptquerträger, ab ET 167 081 Hauptquerträger nicht durchgekröpft. Wälzradsatzlager. Radsatzfederung Blattfedern. Wiegenfederung Blattfedern.

Wagenkasten: Untergestell aus Profilträgern geschweißt. Wagenkasten aus Profilstahl und Stahlblech geschweißt. Wagenzwischenraum verkleinert, dadurch längere Wagenkästen. Stirnende des ET abgerundet und in oberer Hälfte abgeschrägt. Stirnenden des EB glatt. Innerhalb des Triebzuges und an Stirnenden keine Übergangsmöglichkeit.

Zug- und Stoßvorrichtung: Selbsttätige Mittelpufferkupplung Bauart Scharfenberg, elektrische und pneumatische Leitungen werden mitgekuppelt. Kupplung vom Führerstand und von Wagenlängsseite pneumatisch lösbar. Innerhalb des Triebzuges Hülsenkurzkupplung, bei ET 167 129 bis ET 167 160 und ET 167 211 bis ET 167 283 mit einseitigen Dämpfungspuffern.

Antrieb: Tatzlagerantrieb, einseitiges geradverzahntes Getriebe.

Druckluftanlage: Luftverdichter, Hauptluftbehälter, Hauptluftbehälterleitung.

Bremse: Einlösige Klotzbremse Bauart Kp, durch elektrische Steuerung mehrlösig. Spindelhandbremse. Mechanische Fahrsperre.

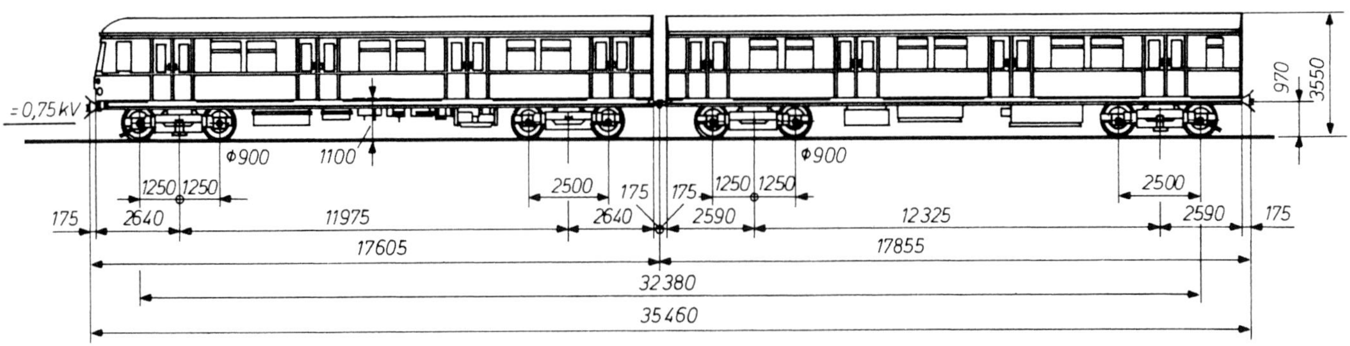

Baureihe 277.0, Umbau 1976 (unten)

Fahrgastraum

Gestaltung: Dem S-Bahn-Verkehr angepaßt.
ET: Führerstand; Traglastenraum; Großraum 3. Klasse mit vier und zwei halben Abteilen.
EB: Großraum 3. Klasse mit dreieinhalb Abteilen; Großraum 2. Klasse mit vier Abteilen.
Keine Toiletten.
Einstieg: Vier Doppelschiebetüren je Wagenkastenseite, lichte Weite 940 mm. Elektropneumatische Türschließeinrichtung. Trittstufenloser Zugang. Einstiege und Fahrgasträume türlos verbunden.
2. Klasse: Großraum mit vier Abteilen und Mittelgang. Sitzplatzanordnung 2 + 2; Abteiltiefe 1 712 mm, Sitzplatzbreite 586 mm, Gangbreite 475 mm. Polsterbänke.
3. Klasse: Großräume mit vier und zwei halben sowie dreieinhalb Abteilen. Sitzplatzanordnung 2 + 2; Abteiltiefe 1 615 mm und 1 616 mm, Sitzplatzbreite 538 mm und 540 mm, Gangbreite 645 mm bzw. 665 mm. Holzlattenbänke.
Traglastenraum: 3 805 mm lang. Großraum mit Längsbänken.
Heizung: Elektrische Widerstandsheizung. Selbsttätige Regelung durch Thermostate für Außen- und Innentemperatur. Sauglüftung mittels Lüfter.
Beleuchtung: Glühlampen, Spannung =48 V. Batterie mit Umformer gepuffert.

Elektrischer Teil

Anordnung: Gesamte elektrische Ausrüstung außerhalb des Wagenkastens. Gleichartige Ausführung der Bauteile und Austauschbarkeit trotz verschiedener Lieferfirmen.
Oberspannungsgeräte: Je zwei Stromabnehmer an äußeren Drehgestellen zum Bestreichen der Stromschiene von unten und der Leitschiene von der Seite, alle Stromabnehmer verbunden. Wagenhauptsicherung. Hauptschütz. Steuerstromselbstschalter.
Steuerung: Nockenschaltwerk, 13 Anfahr- und zwei Dauerfahrstufen. Stromwächter. Zwei Beschleunigungsstufen (0,5 und 0,3 m/s^2) Schaltwerkantrieb durch Elektromotor und Klinkwerk. Alle Schaltgeräte elektromagnetisch betätigt. Steuerspannung =750 V und =48 V. Vielfachsteuerung von vier Triebzügen.
Fahrmotoren: Vierpolige Gleichstromreihenschlußmotoren mit Wendepolwicklung (Typ GBM 700). Eigenbelüftet.

Umbau 1946

1. Klasse in 2. Klasse umgestaltet. In EB nur noch ein Großraum. Ausbau der selbsttätigen Regelung der Heizung und der Sauglüftung.

Umbau 1965

Fahrgastraum den Reisekomfortanforderungen angepaßt. Sitzbänke gepolstert. Elektrische Widerstandsheizung, eine Heizstufe von Führerstand steuerbar, übrige Heizstufen an jedem Wagen von Hand schaltbar. Beleuchtung mit Leuchtstofflampen in Mittenband, Umformer. Einbau einer Sicherheitsfahrschaltung ermöglicht Einmannbesetzung.

Umbau 1976

Einsatz neuer Drehgestelle, H-förmiger Rahmen, geschweißte Kastenträgerbauweise. Radsatzfederung Schraubenfedern, Kastenfederung Schraubenfedern und Gummifedern. Stirnform und Führerstand umgestaltet. Fahrgastraum modernisiert, in ET Großraum 2. Klasse mit fünfeinhalb Abteilen, in EB Großraum 2. Klasse mit sechs Abteilen. Sitzplatzanordnung 2 + 2; Abteiltiefe 1 575 mm, 1 600 mm und 1 680 mm, Sitzplatzbreite 515 mm, Gangbreite 665 mm. Polsterbänke. Traglastenraum im ET, Abteil mit Längsbänken, in EB im Großraum Längsbänke. Elektrische Widerstandsheizung, Schützensteuerung. Beleuchtung mit Leuchtstofflampen in Mittenband (72 Hz, 220 V), Umformer. Stromabnehmer fernbedienbar. Hilfsstromselbstschalter durch Hilfsbetriebeschütz mit Überstromrelais ersetzt. Steuerspannung =750 V und =110 V. Vielfachsteuerung mit Baureihe 276 möglich.
Trieb- und Beiwagen getrennte Hilfsbetriebestromkreise. Hilfsbetriebespannung 220 V Ws. Seit 1984 mit Bordmikrorechner (BMR) ausgerüstet.

ET/ES 168 ET/EB 168

Bo'Bo' + 2'2'

1926 bis 1964

Techn. Daten: Seite 293, 294

Die Erfahrungen mit der ersten Baureihe für die Berliner S-Bahn (ET 169) beim Einsatz auf den Nordstrecken (Oranienburg, Velten, Bernau) standen Pate bei der Beschaffung weiterer Triebzüge für den Ausbau des elektrifizierten Streckennetzes. Die zu geringe Anfahrbeschleunigung, die nicht zufriedenstellende Laufruhe der zweiachsigen Beiwagen, die Verschiedenartigkeit der Trieb- und der Beiwagen sowie die unzureichenden Möglichkeiten der Zugbildung bei unterschiedlichem Verkehrsaufkommen (Voll- oder Halbzug) waren die wesentlichen Gründe, bei der im Jahre 1925 bestellten Baureihe ET 168 als kleinste Zugeinheit den sogenannten Viertelzug einzuführen, der bei Ausführung Triebwagen + Steuerwagen die kleinste betriebliche Einheit darstellt. Die Grundkonzeption wurde von der Waggonfabrik Görlitz erarbeitet. An der Lieferung des wagenbaulichen Teils waren 14 Waggonfabriken beteiligt, die in der Deutschen Wagenbau-Vereinigung (DWV) zusammengeschlossen waren. Die elektrische Ausrüstung wurde im Raw Tempelhof eingebaut.
Die Grundgedanken dieser Baureihe erwiesen sich als richtungsweisend und wurden bei allen Baureihen der DRG für die Berliner S-Bahn beibehalten.
Der Triebzug besteht aus einem Trieb- und einem Steuerwagen, die miteinander kurzgekuppelt sind. Im Jahre 1936 wurden alle Steuerwagen zu Beiwagen umgebaut, wobei jedoch ein Rangierführerstand (ohne Einrichtung für Fahrsteuerung) eingebaut blieb. Dabei wurde auch ein Teil der Beiwagen in reine 3.-Klasse-Wagen umgebaut.
Die Triebzüge bewährten sich sehr gut.
Durch den Zweiten Weltkrieg hatte diese Baureihe große Verluste. 1945 befanden sich nur noch 19 Triebzüge im Reiseverkehr. Zwei Beiwagen wurden 1945 in EB 165 151 und EB 165 228 umgezeichnet, da sie mit Triebwagen der Baureihe ET 165 verkehrten. Die verbliebenen Triebzüge wurden ab 1946 der Baureihe ET 165 angeglichen und verkehrten vorrangig auf dem Vollring. In den Jahren 1962 bis 1964 wurden 19 Triebzüge ausgemustert, an die Berliner Verkehrsbetriebe abgegeben und nach völliger Modernisierung als Trieb- und Beiwagen Typ E III auf der Linie E der U-Bahn Berlin eingesetzt, wobei 1972 nochmals ein Wagen folgte. Vier Triebzüge wurden zu Gepäckzügen umgebaut (ET/EB 168 016, später 278 101/278 102, und ET/EB 168 030, später 278 103/278 104, sowie ET 168 029, ET 168 043, EB 168 033 und EB 168 035), wobei die erstgenannten Triebzüge aber in den Jahren 1971 und 1972 verschrottet wurden. Der andere Gepäckzug wurde 1963 verändert und die beiden Beiwagen EB 168 verschrottet. Der Triebwagen ET 168 029 wurde dann bis Januar 1973 mit den Beiwagen EB 169 006 a und EB 169 017 c (ab 1970 Baureihe 278.1) eingesetzt. Heute gehört der Triebwagen 278 107 (ex ET 168 029) zum Bestand der Eisenbahnmuseumsfahrzeuge. Er ist zur Zeit abgestellt und soll später wieder betriebsfähig vorgehalten werden.
Der Triebwagen 278 105 (ex ET 168 043) ist seit 1963 als Rangier-Triebwagen im Raw Schöneweide eingesetzt und erhielt deshalb zwei Führerstände sowie neben der Scharfenberg-Kupplung auch Hülsenpuffer. Außerdem wurde er mit allen Bauformen der Steuerstromkupplungen ausgerüstet.

Fahrzeugteil

Laufwerk: Drehgestelle Kastenkonstruktion, genietet. Wälzradsatzlager. Radsatzfederung Blattfedern. Wiegenfederung Blattfedern.
Wagenkasten: Untergestell aus Profilträgern genietet. Wagenkasten aus Profilstahl und Stahlblech genietet. Holzdach. Stirnenden abgeschrägt. Innerhalb des Triebzuges und an Stirnenden keine Übergangsmöglichkeit.
Zug- und Stoßvorrichtung: An Stirnenden und innerhalb des Triebzuges selbsttätige Mittelpufferkupplung Bauart Scharfenberg, pneumatische Leitungen werden mitgekuppelt. Anfangs Mittelpufferkupplung Bauart Willison.
Antrieb: Tatzlagerantrieb, einseitiges geradverzahntes Getriebe.
Druckluftanlage: Luftverdichter, Hauptluftbehälter, Hauptluftbehälterleitung.
Bremse: Anfangs mehrlösige Klotzbremse Bauart Kkp. Später einlösige Klotzbremse Bauart Kp, durch elektrische Steuerung mehrlösig. Spindelhandbremse. Mechanische Fahrsperre (nachträglich).

Fahrgastraum

Gestaltung: Dem S-Bahn-Verkehr angepaßt.
ET: Führerstand; Traglastenraum; Großraum 3. Klasse mit vier und zwei halben Abteilen.
ES: Großraum 3. Klasse mit dreieinhalb Abteilen; Großraum 2. Klasse mit dreieinhalb Abteilen; Führerstand.
Keine Toiletten.
Einstieg: Vier Doppelschiebetüren je Wagenkastenseite. Elektropneumatische Türschließeinrichtung (nachträglich eingebaut). Trittstufenloser Zugang. Einstiege und Fahrgasträume türlos verbunden.

Triebwagen ET 168 im Anlieferungszustand
Foto: Archiv transpress

Triebzug der Baureihe ET/EB 168, Zustand 1958
Foto: K. Kirsch

2. Klasse: Großraum mit dreieinhalb Abteilen und Mittelgang. Sitzplatzanordnung 2 + 2; Polstersitzbänke.
3. Klasse: Großräume mit vier und zwei halben sowie dreieinhalb Abteilen und Mittelgang. Sitzplatzanordnung 2 + 2; Holzlattenbänke.
Traglastenabteil: Großraum mit Längsbänken.
Heizung: Elektrische Widerstandsheizung. Heizschütze, drei Heizstufen. Dachlüfter (später ausgebaut).
Beleuchtung: Glühlampen. Fünf Lampen in Reihe über Spannungsregler aus Stromschiene gespeist. Anfangs Schalter auch an Wagen-

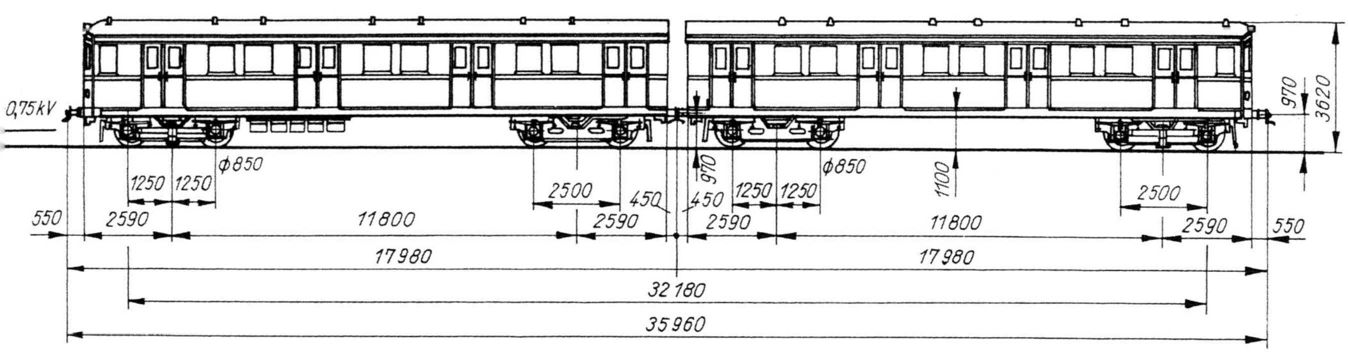

ET/ES 168, Anlieferungszustand

längsträger für Wagenwärter. Notbeleuchtung Glühlampen =6 V (nachträglich eingebaut).

Elektrischer Teil

Anordnung: Gesamte elektrische Ausrüstung außerhalb des Wagenkastens. Gleiche Bauteile und Austauschbarkeit trotz verschiedener Lieferfirmen.
Oberspannungsgeräte: Je zwei Stromabnehmer an äußeren Drehgestellen zum Bestreichen der Stromschiene von unten und der Leitschiene von der Seite; alle Stromabnehmer verbunden. Wagenhauptsicherung. Hauptschütz. Steuerstromselbstschalter.
Steuerung: Nockenschaltwerk, 15 Anfahr- und zwei Dauerfahrstufen, Fortschaltrelais. Zwei Beschleunigungsstufen. Schaltwerkantrieb Klinkwerk. Elektropneumatische Betätigung. Steuerspannung =750 V. Vielfachsteuerung von vier Triebzügen.
Fahrmotoren: Vierpolige Gleichstromreihenschlußmotoren mit Wendepolwicklung (Typen GDTM 42 und GBM 750). Eigenbelüftet.

Umbau 1936

Steuerwagen zu Beiwagen umgestaltet, ein Teil der Beiwagen in reine 3.-Klasse-Wagen umgebaut.
EB (5001 bis 5032, außer 5011 und 5025): Großraum 3. Klasse mit dreieinhalb Abteilen; Rangierführerstand.
EB (5011, 5025 und 5033 bis 5050): Großraum 2. Klasse mit dreieinhalb Abteilen; Großraum 3. Klasse mit dreieinhalb Abteilen; Rangierführerstand.

Umbau 1946

1. Klasse in 2. Klasse umgestaltet. In Beiwagen Wegfall des Rangierführerstandes und nur noch ein Großraum.

Triebwagen 278 105 (ex ET 168 043) als Rangiertriebwagen des Raw Berlin-Schöneweide (oben und unten)
Fotos: R. Zschech

ET/EB 169

DR 278.0

Bo'2' + 2 + 2 + 2 + 2'Bo'
Bo'Bo' + 2 + 2 + 2 + Bo'Bo'

1925 bis 1971

Techn. Daten: Seite 294, 295

Triebzug der Baureihe ET 169
Foto: ZBDR

In Auswertung der Erprobungsergebnisse der sechs Versuchszüge für die Elektrifizierung der Berliner Stadt-, Ring- und Vorortbahnen wurden 17 Triebzüge der späteren Baureihe ET/EB 169 im Jahre 1925 geliefert. Für den wagenbaulichen Teil war die Wumag verantwortlich, und der elektrische Teil wurde auf Wunsch der DRG von den Firmen AEG und SSW gemeinsam entworfen. Die Triebzüge wurden auf den Vorortstrecken nach Bernau, Oranienburg und Velten eingesetzt. Nach Eröffnung der Nord-Süd-S-Bahn verkehrten sie überwiegend im Berufsverkehr auf dem Nordring und nach Gartenfeld. Wegen des Profils der Nord-Süd-S-Bahn waren die Triebzüge auf der Tunnelstrecke nicht einsetzbar.

Der Triebzug bestand aus zwei vierachsigen Trieb- und drei zweiachsigen Beiwagen. Er wurde als Halbzug bezeichnet, der mit einem weiteren Halbzug einen Vollzug bildete. Die Triebzüge nahmen stets eine Sonderstellung ein. Eigentlich galten sie bereits bei der Anlieferung als überholt, so daß bereits nach kurzer Zeit eine neue Konzeption (spätere Baureihe ET/ES 168) verwirklicht wurde. Die Baureihe ET 169 hatte eine zu geringe Anfahrbeschleunigung, außerdem waren die Wagen äußerlich und innerlich wenig ansprechend. Auch wiesen die Beiwagen eine schlechte Laufgüte auf. Außerdem war der Triebzug für schwache Verkehrszeiten zu groß; eine kleinere anpassungsfähigere Zugeinheit erschien daher zweckmäßiger.

Infolge des Zweiten Weltkrieges wurden fünf Halbzüge verschrottet, und drei Halbzüge gelten als Kriegsverlust. Anfang der fünfziger Jahre wurden acht Triebzüge aufgearbeitet. In den Jahren 1956/1957 wurden die Triebzüge umgebaut und dabei weitestgehend der Baureihe ET 165 angepaßt. Dabei erhielten die Triebwagen die Radsatzanordnung Bo' Bo'. Auch wurde die Inneneinrichtung modernisiert und die elektropneumatische Türschließeinrichtung eingebaut.

Etwa ab 1962 wurden die Triebzüge abgestellt und sind inzwischen ausgemustert. 14 Triebwagen wurden in den Jahren 1966 bis 1968 zu U-Bahn-Fahrzeugen Typ E III für die U-Bahn Berlin (Linie E) umgebaut. Einige Beiwagen wurden als Bahndienstwagen oder Bauwagen verwendet.

Im Jahre 1965 wurden zwei Trieb- und zwei Beiwagen zu einem Gerätezug umgebaut, der im S-Bw Friedrichsfelde beheimatet ist. Er besteht aus einem ET 169 017 a (Mannschaftswagen), ET 169 006 c (Maschinenwagen), ET 169 017 b (Gerätewagen) und ET 169 017 b (Materialwagen), ab 1970 als 278 005 bis 278 008 bezeichnet. Alle Wagen haben jetzt an beiden Stirnseiten die Scharfenberg-Kupplung. Innerhalb des Triebzuges wurden offene Übergangsbühnen eingebaut.

Als 278 010/278 012/278 014 sollten für die BVG Gerätewagen aus den EB 169 013 a bis EB 169 013 c

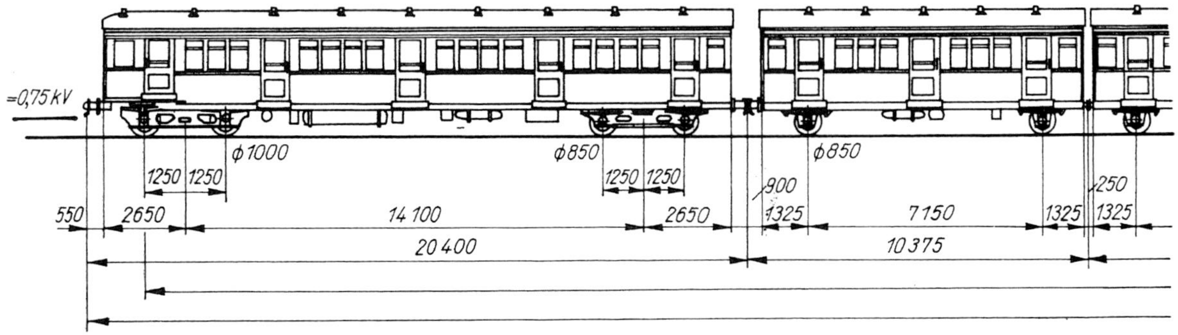

ET/EB 169, Ursprungsausführung

umgebaut werden, was jedoch nicht realisiert wurde.
Als 278 016 ist der Beiwagen EB 169 015 a mit Schraubenkupplung versehen als Rangierfahrzeug im Triebwagenschuppen Velten eingesetzt. Er ist für eine museumsgerechte Aufstellung vorgesehen, gehört aber derzeitig nicht zum Bestand der Eisenbahnmuseumsfahrzeuge.
Die Wagen EB 169 006 a/ ET 168 029/ EB 169 017 c wurden zu einem Materialzug 278 106/ 278 107/278 108 umgebaut, der aber inzwischen ausgemustert ist.

Fahrzeugteil

Laufwerk: Drehgestelle Kastenkonstruktion, genietet. Triebdrehgestelle Gleitradsatzlager, Laufdrehgestelle Wälzradsatzlager. Radsatzfederung Blattfedern. Wiegenfederung Blattfedern.
Einzelradsätze Wälzradsatzlager. Radsatzfederung Blattfedern.
Wagenkasten: Trieb- und Beiwagen verschieden lange Wagenkästen. Untergestell aus Profilträgern genietet. Langträger bei Triebwagen über Triebdrehgestell nach oben gekröpft. Wagenkasten aus Profilstahl und Stahlblech genietet. Holzdach. Wagenkasten der Triebwagen an Führerstandsende abgeschrägt. Stirnenden gerade. Innerhalb des Triebzuges und an Stirnenden keine Übergangsmöglichkeit.
Zug- und Stoßvorrichtung: An Stirnenden und zwischen Trieb-und Beiwagen selbsttätige Mittelpufferkupplung Bauart Willison, später durch Bauart Scharfenberg ersetzt. Pneumatische Leitungen werden mitgekuppelt. Zwischen Beiwagen ungefederte Bolzenkurzkupplung.
Antrieb: Tatzlagerantrieb, zweiseitiges schrägverzahntes Getriebe, anfangs z. T. auch geradverzahnt.
Druckluftanlage: Luftverdichter, Hauptluftbehälter, Hauptluftbehälterleitung.
Bremse: Mehrlösige Klotzbremse Bauart Kkp. Spindelhandbremse. Mechanische Fahrsperre (nachträglich eingebaut).

Fahrgastraum

Gestaltung: Dem S-Bahn-Verkehr angepaßt.
ETa: Führerstand; Traglastenraum; Großraum 3. Klasse mit 7 Abteilen.
EBa: Großraum 2. Klasse mit eineinhalb Abteilen; Großraum 2. Klasse mit einem und drei halben Abteilen.
EBb: Großraum 2. Klasse mit eineinhalb Abteilen; Großraum 3. Klasse mit einem und drei halben Abteilen.
EBc: Großraum 3. Klasse mit eineinhalb Abteilen; Großraum 3. Klasse mit einem und drei halben Abteilen.
ETb: Großraum 3. Klasse mit sieben Abteilen; Traglastenraum; Führerstand.
Keine Toiletten.
Einstieg: Fünf Einfachschiebetüren je Triebwagenseite und drei Einfachschiebetüren je Beiwagenseite. Trittstufenloser Zugang. Traglastenabteil über Trittstufe zugänglich, da hier Fußboden 150 mm höher. Einstiege und Fahrgasträume türlos verbunden, Sitze teilweise dem Einstiegraum zugekehrt.
2. Klasse: Großräume mit einem und drei halben sowie eineinhalb Abteilen und Mittelgang. Sitzplatzanordnung 2 + 2; Polsterbänke.
3. Klasse: Großräume mit sieben, einem und drei halben sowie eineinhalb Abteilen und Mittelgang. Sitzplatzanordnung 2 + 2; Holzlattenbänke.
Traglastenabteil: Großraum mit einer Querbank mit sechs Sitzplätzen.
Heizung: Elektrische Widerstands-

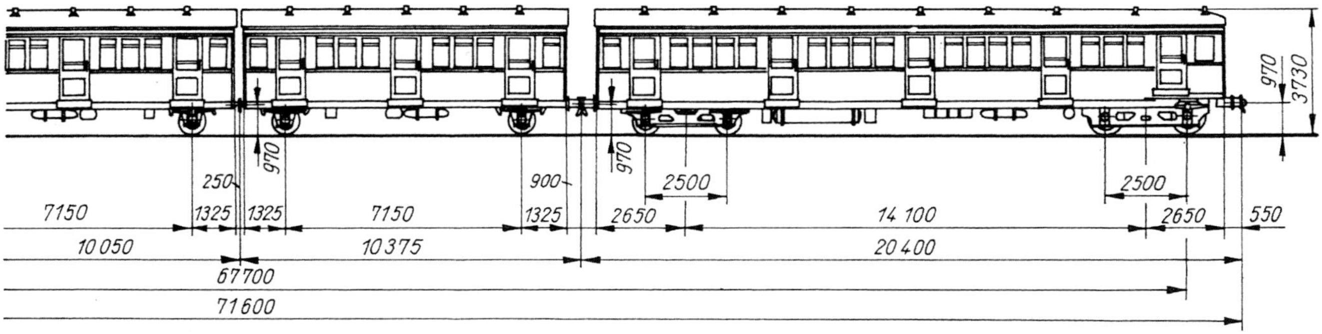

heizung. Heizschütze. Zuschaltung der Heizung bei Spannungsausfall über Verzögerungsrelais nach einigen Minuten. Dachlüfter.
Beleuchtung: Glühlampen. Fünf Lampen mit je =110 V in Reihe über Eisenvorwiderstand aus Stromschiene gespeist. Keine Notbeleuchtung.

Elektrischer Teil

Anordnung: Gesamte elektrische Ausrüstung außerhalb des Wagenkastens. Gleichartige Ausführung der Bauteile und Austauschbarkeit trotz verschiedener Lieferfirmen.
Oberspannungsgeräte: Stromabnehmer, anfangs Stromschiene von unten oder von oben (Sonderfälle, z. B. Brücken) bestrichen; später umgebaut, dabei Stromschiene von unten und bei Profileinengung Leitschiene seitlich bestrichen. Je zwei Stromabnehmer an äußeren Drehgestellen, alle Stromabnehmer des Triebzuges über Ausgleichsleitung verbunden. Wagenhauptsicherung. Hauptschütz. Steuerstromselbstschalter.
Steuerung: Nockenschaltwerk, 15 Anfahr- und zwei Dauerfahrstufen. Fortschaltrelais. Schaltwerkantrieb durch Klinkwerk (Bauart Bergmann, Maffei-Schwartzkopff) oder zwei Druckluftkolben mit Zahnstange (Bauart AEG, SSW). Elektropneumatische Schütze. Fahrschalter mit Totmannkurbel. Steuerspannung =750 V. Vielfachsteuerung.
Anfangs Bauart Wasseg halbautomatische Steuerung mit elektropneumatischen Schützen, hatte fünf Vorwärts- und fünf Rückwärts-Dauerfahrstufen; Bauart BMS, vollautomatische Steuerung mit elektropneumatischen Schützen, hatte drei Vorwärts- und eine Rückwärts-Dauerfahrstufe. Vielfachsteuerung nur innerhalb jeder Bauart möglich.
Fahrmotoren: Vierpolige Gleichstromreihenschlußmotoren (Typen GBM 1620, BMS 80 und GBR 132/725). Eigenbelüftet.

Gerätezug der S-Bahn Berlin, entstanden aus Wagen der Baureihe ET 169 und EB 169
Foto: R. Zschech

Umbau 1946

1. Klasse in 2. Klasse umgestaltet. Dachlüfter ausgebaut.

Umbau 1954/1955

Triebwagenstirnende Baureihe ET 165 angepaßt, dabei entfällt Kröpfung des Langträgers. Drehgestelle und Antrieb sowie elektrischer Teil der Baureihe ET 165 angepaßt. Traglastenabteile erhielten Doppelschiebetüren sowie zwei Längsbänke mit je drei Sitzplätzen. Elektropneumatische Türschließeinrichtung eingebaut.

ET/EM 171 061 bis ET/EM 171 086

ET/EM 171

DB 471/871
DB/DR 471/871

Bo'Bo' + 2'2' + Bo'Bo'

ab 1939

Techn. Daten: Seite 295

Bei der Umgestaltung Hamburgs in den dreißiger Jahren war auch die Modernisierung des städtischen Nahverkehrs vorgesehen. Auf Grund nochmaliger Untersuchungen über das zweckmäßigste Energiesystem wurde beschlossen, von dem Wechselstromsystem mit Oberleitung (1~ 25 Hz, 6,3 kV) auf das Gleichstromsystem mit Stromschiene (=1,2 kV) überzugehen, so daß die bisherigen Triebzüge durch neue ersetzt werden mußten. Bei der Gestaltung der neuen Triebzüge sollten internationale Erkenntnisse und die Erfahrungen mit der Berliner S-Bahn verwertet werden. Ab 1939 wurden dann die ersten neuen Triebzüge in Dienst gestellt. Der Zweite Weltkrieg verhinderte die Fortführung des Modernisierungsprogramms der DRG. Deshalb mußte der Wechselstrombetrieb bis 1955 parallel bestehenbleiben.

Der Triebzug besteht aus zwei Trieb- und einem Mittelwagen (anfangs als Beiwagen bezeichnet), die miteinander kurzgekuppelt sind und betrieblich als Halbzug bezeichnet werden. Neuartig war die Kombination der Bremssysteme (Nutz-, Widerstands- und Luftbremse). Mit der elektrischen Bremse konnte im Bereich von 80 km/h bis 25 km/h eine mittlere Verzögerung von 0,7 m/s^2 erreicht werden. Durch die elektrische Bremse konnte der Bremsklotzwechsel von 5 000 km auf 22 500 km heraufgesetzt werden, jedoch zeigten die Fahrmotoren Schäden, insbesondere durch Rundfeuer. Deshalb wurde zeitweilig sogar die Nutzbremse außer Betrieb genommen. Insgesamt kann jedoch festgestellt werden, daß sich die Triebzüge bei der Hamburger S-Bahn gut bewährt haben. Sie sind im Bw Hamburg-Ohlsdorf beheimatet.

Im Jahre 1943 wurden acht Triebzüge durch Kriegseinwirkungen bzw. durch Unfall beschädigt. Davon konnten durch Umstellungen von Triebwagen vier Triebzüge wieder

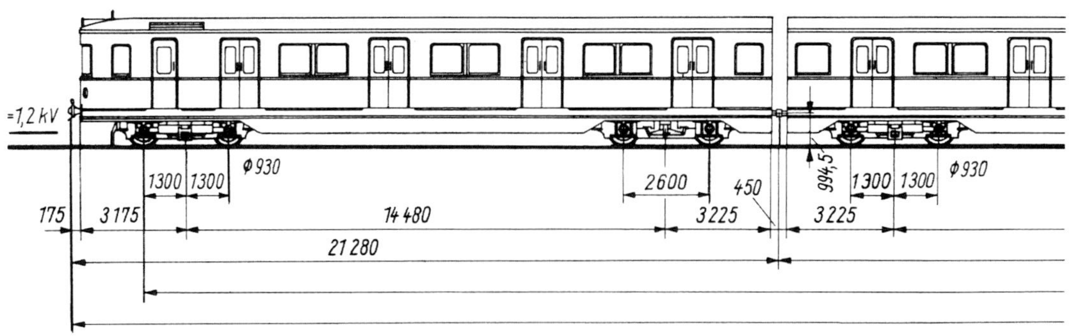

Triebzug der Baureihe ET/EM 171
Foto: J. Deppmeyer

im Jahre 1943 bzw. 1944 in Betrieb genommen werden. (Die Umnummerung erfolgte jedoch erst im Jahre 1952.) Die Wagen ETa 171 017, ETa 171 038 und EM 171 038 mußten verschrottet werden.

Die verbliebenen Fahrzeuge gingen alle in den Bestand der DB über. Die beschädigten Fahrzeuge wurden, zum Teil mit erheblichem Aufwand, in den Nachkriegsjahren wieder aufgebaut, neu zusammengestellt und im Jahre 1952 umgenummert. Durch die Umnummerung entfielen die Triebzugnummern ET 171 045 bis ET 171 047.

Im Jahre 1950 wurden die Triebzüge ET 171 036 und ET 171 047 auf Scheibenbremse zu Versuchszwekken umgebaut (1952 bzw. 1953 in ET 171 051 und ET 171 052 umgenummert).

In den Jahren 1954 bis 1958 beschaffte die DB weitere Triebzüge, die teilweise schon technische Verbesserungen erhielten (1954: ET 171 061 bis ET 171 081, 1958: ET 171 082 bis ET 171 086).

Einige Triebzüge wurden inzwischen ausgemustert, jedoch sollten noch 42 Triebzüge im Aw Stuttgart-Bad Cannstatt umgebaut werden, um sie noch eine geraume Zeit einsetzen zu können. Der Umbau begann im April 1985 und wurde bei 22 Triebzügen im November 1987 beendet. Er umfaßte insbesondere eine moderne Bestuhlung mit Systemsitzen, gummigefaßte Fenster und Türen sowie getrennte Scheinwerfer und Schlußleuchten.

Der Triebzug 471 139/871 039/471 439, der nicht modernisiert wurde, ist als Museumsfahrzeug für das Verkehrsmuseum Nürnberg bestimmt und ging als Leihgabe an den Verein Verkehrsamateure und Museumsbahn, Hamburg.

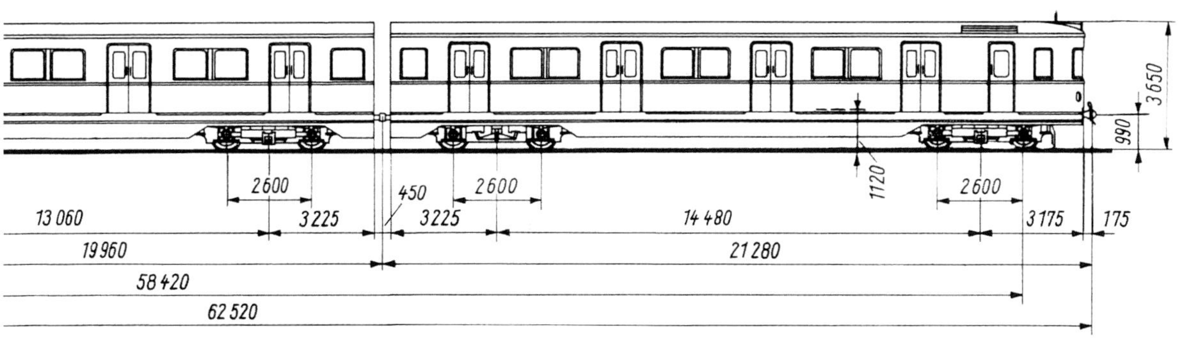

Fahrzeugteil

Laufwerk: Drehgestelle Blechträgerbauweise, Rahmen genietet, Bauart Görlitz, dem speziellen Verwendungszweck angepaßt. Wälzradsatzlager. Radsatzfederung Schrauben- und Blattfedern. Wiegenfederung Schrauben- und Blattfedern.
Wagenkasten: Untergestell und Wagenkasten aus Abkantprofilen und Blechen geschweißt. Untergestell durch Wellblechfußboden verstärkt. Bodenwanne für elektrische Ausrüstungsteile konstruktiv in Spantenbauweise einbezogen. Stirnenden des ET abgerundet, Stirnenden am Kurzkupplungsende glatt. Innerhalb des Triebzuges und an Stirnenden keine Übergangsmöglichkeit.
Zug- und Stoßvorrichtung: Selbsttätige Mittelpufferkupplung Bauart Scharfenberg, elektrische und pneumatische Leitungen werden mitgekuppelt. Innerhalb Triebzug Hülsenkurzkupplung, einseitige Dämpfungspuffer.
Antrieb: Tatzlagerantrieb, einseitiges schrägverzahntes Getriebe, Großrad gefedert. Im Jahre 1959 Umbau auf ungefedertes Großrad.
Druckluftanlage: Luftverdichter, Hauptluftbehälter, Hauptluftbehälterleitung.
Bremse: Einlösige Klotzbremse Bauart Kp, durch elektrische Steuerung mehrlösig. Spindelhandbremse. Mechanische Fahrsperre (später durch Indusi ersetzt).

Fahrgastraum

Gestaltung: Dem S-Bahn-Verkehr angepaßt.
ETa: Führerstand; Traglastenraum; Großraum 3. Klasse mit drei Abteilen; Großraum 3. Klasse mit vier Abteilen.
EB bzw. EM: Großraum 2. Klasse mit vier Abteilen; Großraum 2. Klasse mit vier Abteilen.
ETb: Großraum 3. Klasse mit vier Abteilen; Großraum 3. Klasse mit drei Abteilen; Traglastenraum; Führerstand.
Keine Toiletten. Trennwand zwischen beiden Großräumen in allen Wagen später ausgebaut.
Einstieg: Vier Doppelschiebetüren je Wagenseite, lichte Türweite 965 mm. In Traglastenabteil beidseitig eine Doppelschiebetür und linksseitig eine Einfachschiebetür. Elektropneumatische Türschließeinrichtung. Trittstufenloser Zugang. Einstiegräume 1 275 mm in beiden Wagenklassen. Einstiege und Fahrgasträume türlos verbunden.
2. Klasse: Großräume mit vier Abteilen und Mittelgang. Sitzplatzanordnung 2 + 2; Abteiltiefe 1 730 mm, Sitzplatzbreite 541 mm, Gangbreite 536 mm. Polsterbänke.
3. Klasse: Großräume mit vier bzw. drei Abteilen und Mittelgang. Sitzplatzanordnung 2 + 2, Abteiltiefe 1 575 mm, Sitzplatzbreite 514 mm, Gangbreite 644 mm. Holzlattenbänke (später Polsterbänke).
Traglastenabteil: 3 768 mm lang. Großraum mit Klappbänken an den Seitenwänden (später nur links) und an der Führerstandrückwand. Schiebetür zu Großraum 3. Klasse, später türloser Durchgang.
Heizung: Warmluftheizung. Selbsttätige Regelung durch Thermostate für Innen- und Außentemperatur.
Beleuchtung: Glühlampen, Spannung =110 V. Mittelwagen je zur Hälfte von benachbartem Triebwagen versorgt. Batterie mit Umformer gepuffert.

Elektrischer Teil

Anordnung: Gesamte elektrische Ausrüstung außerhalb des Wagenkastens. Bodenwanne unter Luftüberdruck, verhindert Staubeindringen.
Oberspannungsgeräte: Stromabnehmer, bestreichen Stromschiene seitlich. Je zwei Stromabnehmer am ersten und vierten Drehgestell für jeden Triebwagen, diese miteinander verbunden. Stromabnehmer von Druckluft und von Hand anlegbar. Als Hauptschalter diente Fahrbremsumschalter, später Gleichstromsicherung bzw. Schnellschalter Typ TS 600.
Steuerung: Nockenschaltwerk, 16 Anfahr- und zwei Dauerfahrstufen. Stromwächter. Eine Beschleunigungsstufe. Schaltwerkantrieb durch zwei Drehmagnete. Steuerspannung =110 V und =24 V. Vielfachsteuerung.
Fahrmotoren: Vierpolige Gleichstromreihenschlußmotoren mit Wendepol- und Kompensationswicklung (Typ GDTM 2463). Eigenbelüftet (bis 1942/1943 ergänzt durch Fremdbelüftung). Ab 1955 Kommutatorbahnen mit axialen Luftkanälen.
Elektrische Bremse: Kombinierte Nutzbremse und fremderregte Gleichstromwiderstandsbremse.
Nutzbremse wird bei Nichtaufnahmebereitschaft der Stromschienenanlage oder bei zu geringer Fahrgeschwindigkeit (bei etwa 35 km/h) selbsttätig auf Widerstandsbremse umgeschaltet. Erregerumformer für Fremderregung. Zwei Bremsstufen.
Hilfseinrichtungen: Hilfsumformer in ETa, dessen Hauptgenerator =110 V für Steuerung und Beleuchtung und dessen Nebengenerator =24 V für Batterieladung. Zeitabhängige Sicherheitsfahrschaltung. Später induktive Zugbeeinflussung.

Triebzug der Baureihe 471/871 nach der Modernisierung
Foto: R. Zschech

Triebzüge ET 171 051 und ET 171 052

Umbau aus ET 171 036 und ET 171 047 zu Versuchen mit Scheibenbremsen.

Triebzüge ET 171 061 bis ET 171 086

Nachbauten mit einzelnen Verbesserungen. Drehgestellrahmen geschweißt. Scheibenbremse. Spurkranzschmierung Bauart de Limon. Einstiegräume in 1. Klasse 1 275 mm und in 2. Klasse 1 200 mm breit. In Traglastenraum beidseitig eine Doppel- und eine Einfachschiebetür. Abteiltiefe 1. Klasse 1 730 mm, 2. Klasse 1 625 mm. In 2. Klasse teilweise Polsterbänke. Stromabnehmer mit Schleifstücken aus Kupfer.

Umbau 1985

Einbau moderner Bestuhlung mit Polstersitzen.

ET 183

(1 A) (A 1)
1899 bis 1962
Techn. Daten: Seite 296

Zur Bewältigung des gestiegenen Reiseverkehrs auf der Isartalbahn elektrifizierte die LAG den Streckenabschnitt München Isartalbahnhof–Grünwald (Inbetriebnahme 15. Dezember 1899) und beschaffte vierachsige Triebwagen, die einen schnellen Fahrgastwechsel ermöglichten. Aus Profilgründen wurden im Mittelteil die Schlagtüren eingezogen.
Mit der Verstaatlichung der LAG übernahm die DRG 1938 die Triebwagen (ET 183 01 bis ET 183 05, ex LAG 501 bis 505) und Beiwagen (EB 183 01 bis EB 183 03, ex LAG 210, 211 und 535). Die Wagen gingen alle in den Bestand der Deutschen Bundesbahn über. Die ET 183 01 bis ET 183 04 wurden später auf der Strecke Bad Aibling–Feilnbach eingesetzt und im Jahre 1959 ausgemustert.
Der Triebwagen ET 183 05 verkehrte ab 1949 auf der Strecke Meckenbeuren–Tettnang (Bw Friedrichshafen) bis zur Umstellung auf Schienenomnibusse am 1. Februar 1962. Er wurde am 28. März 1962 ausgemustert und ist seit August 1986 im Museum für Verkehr und Technik Berlin aufgestellt.

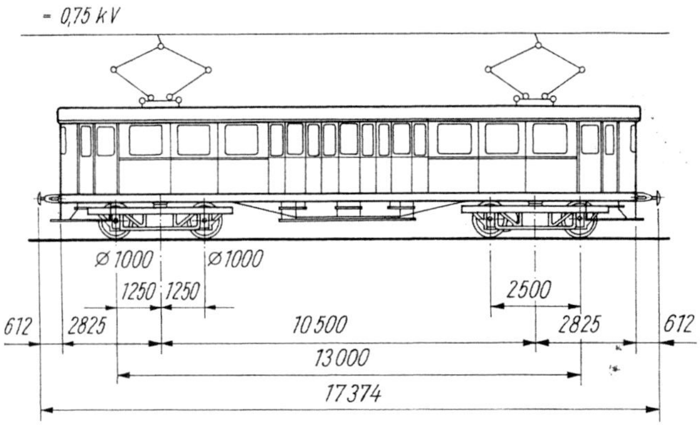

ET 183 01 bis ET 183 05

Fahrzeugteil

Laufwerk: Drehgestellrahmen Nietkonstruktion. Radsatzlager Gleitlager. Radsatzfederung Blattfedern.
Wagenkasten: Untergestell Stahlkonstruktion, genietet. Wagenkasten Holzkonstruktion, außen mit Blech verkleidet. Abteile mit Einstiegen in Wagenmitte, Einstiege an Wagenenden eingezogen. Offene Übergangsbühnen.
Zug- und Stoßvorrichtung: Schraubenkupplung und Stangenpuffer.
Antrieb: Tatzlagerantrieb, einseitiges ungefedertes Getriebe.
Druckluftanlage: Verdichter vom Radsatz angetrieben, später Luftverdichter mit Motorantrieb. Hauptluftbehälter.
Bremse: Einlösige Klotzbremse Bauart Wp, bei ET 183 05 mehrlösige Klotzbremse Bauart Hikpt. Spindelhandbremse.
Umbau ET 183 05: Eingezogene Einstiege in Wagenmitte außenwandbündig.

Fahrgastraum

Gestaltung: Dem Lokalbahnverkehr angepaßt. Einstiegraum mit Führerstand; Großraum 3. Klasse mit drei Abteilen: Doppelabteil 3. Klasse; Einzelabteil 3. Klasse; Großraum 3. Klasse mit drei Abteilen; Einstiegraum mit Führerstand.
Einstieg: An Wagenende und in Wagenmitte Einfachschlagtüren. Bei ET 183 05 in Wagenmitte Doppelschiebetür. Zugang über Trittstufen.
3. Klasse: Großräume mit drei Abteilen und Mittelgang. Sitzplatzanordnung 3 + 3. Einzel- und Doppelabteile.
Heizung: Elektrische Widerstandsheizung.
Beleuchtung: Glühlampen, aus Fahrleitung gespeist.

Elektrischer Teil

Anordnung: Gesamte elektrische Ausrüstung außerhalb des Fahrgastraumes.
Oberspannungsgeräte: Anfangs zwei Lyrastromabnehmer, später zwei Scherenstromabnehmer. Überspannungsableiter. Hauptsicherung.
Steuerung: Fahrschalter. Vorwiderstände, Reihen-Parallel-Schaltung der Fahrmotoren, Feldschwächung.
Fahrmotoren: Vierpolige Gleichstrom-Reihenschlußmotoren. Eigenbelüftet.
Elektrische Bremse: Eigenerregte Gleichstrom-Widerstandsbremse.

Triebwagen ET 183 04
Foto: G. Illner

ET 184^0

bayr 501 bis 509

Bo
1908 bis 1942
Techn. Daten: Seite 296, 297

Diese Trieb- und Beiwagen stammen von der Nebenbahn Berchtesgaden–Reichsgrenze–(Salzburg) der BayStB, die am 15. Januar 1908 mit vier Triebwagen (ET 184 01 bis ET 184 04, ex 501 bis 504) eröffnet wurde. Diese Triebwagen hatten als erste eine elektrische Heizung des Fahrgastraumes.
Für die Strecke Berchtesgaden–Königssee (eröffnet 25. Mai 1909) wurden von der BayStB vier Triebwagen (ET 184 05 bis ET 184 09, ex 505 bis 509) beschafft, die mit einer Zugsteuerung über Fahrschalter ausgerüstet waren.
Zu diesen Triebwagen gehörten auch Beiwagen (EB 184 01 bis EB 184 08, ex 5001 bis 5008, EB 184 11 bis EB 184 26, ex 6001 bis 6016 sowie EB 184 31 und EB 184 32, ex 7001 und 7002; Techn. Daten: Seite 313, 314), die von 1907 bis 1910 in Dienst gestellt wurden.
Die DRG stellte 1938 den Betrieb auf dem Streckenabschnitt Reichsgrenze–Berchtesgaden ein und stellte 1942 die Strecke Berchtesgaden–Königssee auf das System $16^2/_3$ Hz, 15 kV um, so daß die Trieb- und Beiwagen 1942/1943 verkauft bzw. anderweitig eingesetzt wurden.

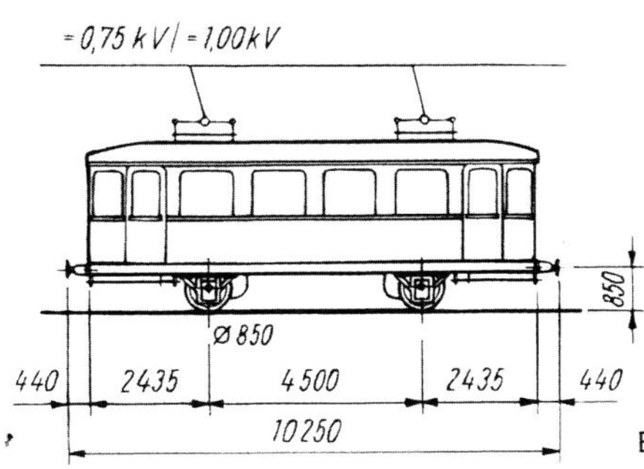

ET 184 01 bis ET 184 09

Fahrzeugteil

Laufwerk: Radsatzlager Gleitlager. Radsatzfederung Blattfedern, schräg aufgehängt.
Wagenkasten: Untergestell Stahlkonstruktion, genietet, Wagenkasten Holzkonstruktion, außen mit Blech verkleidet. An Stirnseiten offene Übergangsbühnen.
Zug- und Stoßvorrichtung: Steifkupplung (Kurzkupplung). Mittelpuffer. Bei DRG Schraubenkupplung und Hülsenpuffer.
Antrieb: Tatzlagerantrieb; einseitiges ungefedertes Getriebe.
Druckluftanlage: Luftverdichter. Hauptluftbehälter.
Bremse: Einlösige Klotzbremse Bauart Kp. Spindelhandbremse.

Fahrgastraum

Gestaltung: Dem Lokalbahnverkehr angepaßt. Einstiegraum mit Führerstand; Abteil 2. Klasse; Großraum 3. Klasse mit drei Abteilen; Einstiegraum mit Führerstand. Fahrschalter auf linker Wagenseite.
Einstieg: An Wagenenden Einfachschiebetüren, lichte Weite 775 mm. Zugang über Trittstufen.
2. Klasse: Abteil mit Mittelgang. Sitzplatzanordnung 2 + 2. Abteiltiefe 1 620 mm, Sitzplatzbreite 505 mm, Gangbreite 510 mm. Polsterbänke.
3. Klasse: Großraum mit drei Abteilen und Mittelgang. Sitzplatzanordnung 2 + 2. Abteiltiefe 1 450 mm, Sitzplatzbreite 505 mm, Gangbreite 510 mm. Holzlattenbänke.
Heizung: Elektrische Widerstandsheizung.
Beleuchtung: Glühlampen, aus Fahrleitung gespeist.

Elektrischer Teil

Anordnung: Gesamte elektrische Ausrüstung außerhalb des Wagenkastens.
Oberspannungsgeräte: Zwei Stromabnehmer mit Schleifbügel, Bauart HAS II. Überspannungsableiter. Hauptsicherung.
Steuerung: Fahrschalter. Vorwiderstände, Reihen-Parallel-Schaltung der Fahrmotoren, Feldschwächung. Vielfachsteuerung (nur bei ET 184 05 bis ET 184 09).
Fahrmotoren: Vierpolige Gleichstrom-Reihenschlußmotoren. Eigenbelüftet.
Elektrische Bremse: Eigenerregte Gleichstrom-Widerstandsbremse; bei Vielfachsteuerung nicht im gesteuerten Triebwagen.

ET 184[4]

Bo

1895 bis 1959

Techn. Daten: Seite 297

Für die Lokalbahn Meckenbeuren–Tettnang, die die erste elektrische Vollbahn Europas ist (eröffnet 3. Dezember 1895, Länge 4,5 km), beschaffte die LAG zwei zweiachsige „Motorwagen", die neben Personenabteilen 3. Klasse auch ein Abteil für die Beförderung von Gepäck und Post enthielten. Die Triebwagen waren in der Lage, einen Beiwagen oder bis zu zwei Güterwagen zu befördern, so daß auf eine zusätzliche Beschaffung von elektrischen Lokomotiven verzichtet werden konnte. Entsprechend den damaligen Ansprüchen waren der Fahrschalter und die Handbremskurbel auf den offenen Plattformen angeordnet. Anfangs hatten die Triebwagen einen Rollenstromabnehmer, der bei Fahrtrichtungsänderung mittels Seil umgehängt werden mußte.

Diese beiden Triebwagen (ex LAG 360 und 361) und der Beiwagen (EB 184 42, ex LAG 362; Techn. Daten: Seite 314, 315) kamen 1938 mit der Verstaatlichung der LAG zur DRG.

Als EB 184 51 kam bei der DB noch der umgebaute ehemalige AEG-Benzoltriebwagen der Kreis Oldenburger Eisenbahn (KOE) zu dieser Strecke zum Einsatz. Er wurde im Jahre 1962 ausgemustert.

Einer der Triebwagen wurde erst 1959 ausgemustert, nachdem er zuletzt bei der DB als Fahrleitungsuntersuchungswagen eingesetzt war.

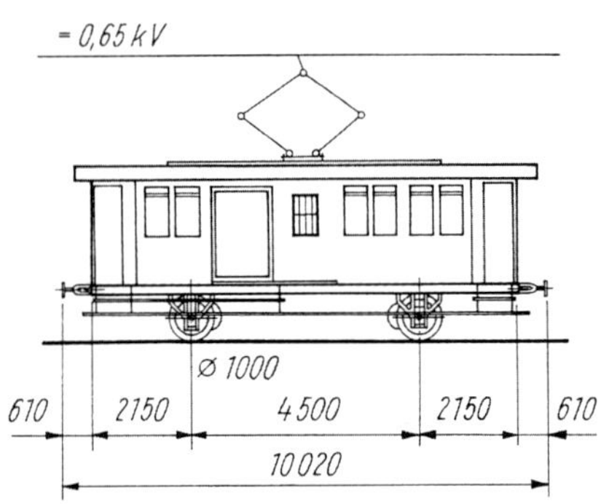

ET 184 41 und ET 184 42

Fahrzeugteil

Laufwerk: Radsatzlager Gleitlager. Radsatzfederung Blattfedern.
Wagenkasten: Untergestell Stahlkonstruktion, genietet. Wagenkasten Holzkonstruktion, außen mit Blech verkleidet. Offene Plattformen an beiden Wagenenden, später geschlossen und mit Vorbau in Fensterhöhe für Führerpult.
Zug- und Stoßvorrichtung: Schraubenkupplung. Stangenpuffer.
Antrieb: Tatzlagerantrieb, einseitiges ungefedertes Getriebe.
Druckluftanlage: Luftverdichter. Hauptluftbehälter.
Bremse: Einlösige Klotzbremse Bauart Wp. Spindelhandbremse.

Fahrgastraum

Gestaltung: Dem Lokalbahnverkehr angepaßt. Plattform; Abteil 3. Klasse; Gepäckraum; Großraum 3. Klasse; Plattform.
Einstieg: An Wagenenden Einfachschlagtüren, Zugang über Trittstufen.
3. Klasse: Einzelabteil und Großraum mit zwei Abteilen. Mittelgang.
Gepäckraum: Beidseitig breite einflüglige Schiebetür, außen laufend.
Heizung: Elektrische Widerstandsheizung. Drei Heizkörper je 225 V in Reihe geschaltet. Heizleistung gesamt nur 4,5 kW.
Beleuchtung: Glühlampen. Fünf Lampen je 125 V in Reihe geschaltet, aus Fahrleitung gespeist.

Elektrischer Teil

Anordnung: Gesamte elektrische Ausrüstung außerhalb des Wagenkastens.
Oberspannungsgeräte: Anfangs ein Rollenstromabnehmer, später ein Scherenstromabnehmer in Wagenmitte. Überspannungsableiter. Hauptsicherung.
Steuerung: Fahrschalter. Vorwiderstände, Reihen-Parallel-Schaltung der Fahrmotoren, Feldschwächung.
Fahrmotoren: Vierpolige Gleichstrom-Reihenschlußmotoren. Eigenbelüftet.

ET 185

(1 A) (A 1)

1906 bis 1962

Techn. Daten: Seite 297

Das ständig wachsende Verkehrsaufkommen auf der Lokalbahn Mekkenbeuren–Tettnang konnte durch die beiden zweiachsigen Triebwagen der späteren Baureihe ET 184[4] (s. S. 160) nicht mehr bewältigt werden, so daß von der LAG im Jahre 1906 ein vierachsiger Triebwagen in Dienst gestellt wurde. Auch er hatte in Wagenmitte einen Gepäckraum mit seitlichen Schiebetüren.
Dieser Triebwagen (ex LAG 772) kam im Jahre 1938 mit der Verstaatlichung der LAG zur DRG. Er ging in den Bestand der DB über, gehörte zum Bw Friedrichshafen und wurde am 28. März 1962 ausgemustert.

Fahrzeugteil

Laufwerk: Drehgestellrahmen. Radsatzlager Gleitlager. Radsatzfederung Blattfedern.
Wagenkasten: Untergestell Stahlkonstruktion, genietet. Wagenkasten Holzkonstruktion, außen mit Blech verkleidet. Einstiegbereich verringerte Wagenbreite. Keine Übergangsmöglichkeit.
Zug- und Stoßvorrichtung: Schraubenkupplung. Stangenpuffer.
Antrieb: Tatzlagerantrieb, einseitiges ungefedertes Getriebe.
Druckluftanlage: Luftverdichter. Hauptluftbehälter.
Bremse: Einlösige Klotzbremse Bauart Wp. Spindelhandbremse.

Fahrgastraum

Gestaltung: Dem Lokalbahnverkehr angepaßt. Einstiegraum mit Führerstand; Abteil 3. Klasse; Gepäckraum; Großraum 3. Klasse mit zwei Abteilen; Großraum 3. Klasse mit zwei Abteilen; Einstiegraum mit Führerstand.
Einstieg: An Wagenenden Einfachschlagtüren. Zugang über Trittstufen.
3. Klasse: Großräume mit zwei Abteilen und Einzelabteil.
Gepäckraum: Beidseitig breite einflüglige Schiebetür, außen laufend.
Heizung: Elektrische Widerstandsheizung. Drei Heizkörper je 225 V in Reihe geschaltet. Heizleistung gesamt nur 6,75 kW.
Beleuchtung: Glühlampen, fünf Lampen je 125 V in Reihe geschaltet, aus Fahrleitung gespeist.

Elektrischer Teil

Anordnung: Gesamte elektrische Ausrüstung außerhalb des Wagenkastens.
Oberspannungsgeräte: Ein Scherenstromabnehmer in Wagenmitte. Überspannungsableiter. Wagenhauptsicherung.
Steuerung: Fahrschalter. Vorwiderstände, Reihen-Parallel-Schaltung der Fahrmotoren, Feldschwächung.
Fahrmotoren: Vierpolige Gleichstrom-Reihenschlußmotoren. Eigenbelüftet.

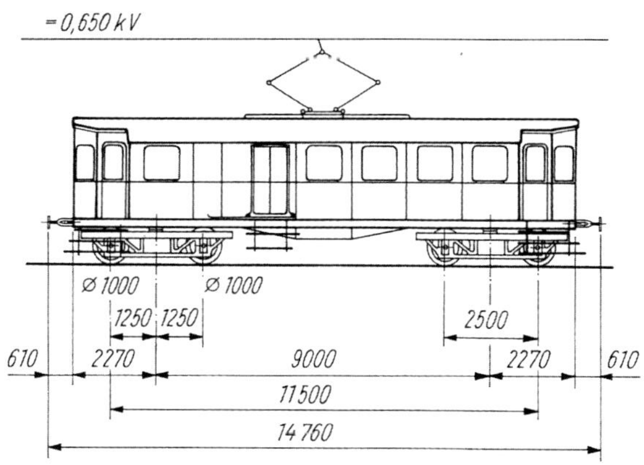

ET 185 01

ET 186^0

A 1 A

1896 bis 1960

Techn. Daten: Seite 297

Diese Triebwagen (ex LAG 761 und 762) und Beiwagen (EB 186 01 und EB 186 02, ex 8966 und 46470; Techn. Daten: Seite 315) wurden 1938 in den Bestand der DRG durch die Verstaatlichung der LAG aufgenommen. Sie verkehrten auf der Strecke Türkheim–Bad Wörishofen, auf der der elektrische Betrieb am 15. August 1896 aufgenommen worden war.
Der Triebwagen ET 186 01 erlitt kurz nach der Übernahme einen Unfall und wurde ausgemustert.
Der Triebwagen ET 186 02 wurde nach 1939 auf anderen ehemaligen Strecken der LAG eingesetzt, ging in den Bestand der DB über und wurde um 1960 ausgemustert.

Fahrzeugteil

Laufwerk: Radsatzlager Gleitlager. Radsatzfederung Blattfedern.
Wagenkasten: Untergestell Stahlkonstruktion, genietet. Wagenkasten aus Holz, außen mit Blech verkleidet. Einstiegbereich an Wagenenden verringerte Wagenbreite. Keine Übergangsmöglichkeit.
Zug- und Stoßvorrichtung: Schraubenkupplung. Stangenpuffer.
Antrieb: Tatzlagerantrieb, einseitiges ungefedertes Getriebe.
Druckluftanlage: Luftverdichter. Hauptluftbehälter.
Bremse: Einlösige Klotzbremse Bauart Wp. Spindelhandbremse.

Fahrgastraum

Gestaltung: Dem Lokalbahnverkehr angepaßt. Einstiegraum mit Führerstand; Abteil 2. Klasse; Gepäckraum; Großraum 3. Klasse mit drei Abteilen; Einstiegraum mit Führerstand.
Einstieg: An Wagenenden Einfachschlagtüren. Zugang über Trittstufen.
2. Klasse: Abteil mit Mittelgang. Sitzplatzanordnung 2 + 2.
3. Klasse: Großraum mit drei Abteilen und Mittelgang. Sitzplatzanordnung 2 + 3.
Gepäckraum: Beidseitig Einfachschlagtür, durch Zusatzflügel verbreiterbar.
Heizung: Elektrische Widerstandsheizung.
Beleuchtung: Glühlampen, aus Fahrleitung gespeist.

Elektrischer Teil

Anordnung: Gesamte elektrische Ausrüstung außerhalb des Wagenkastens.
Oberspannungsgeräte: Ein Scherenstromabnehmer in Wagenmitte. Überspannungsableiter. Wagenhauptsicherung.
Steuerung: Fahrschalter. Vorwiderstände, Reihen-Parallel-Schaltung der Fahrmotoren, Feldschwächung.
Fahrmotoren: Vierpolige Gleichstrom-Reihenschlußmotoren. Eigenbelüftet.

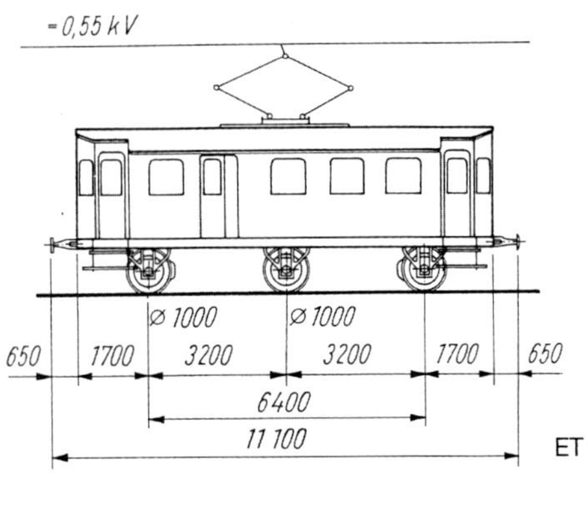

ET 186 01 und ET 186 02

ET 186^1

A 1 A

1891 bis 1954

Techn. Daten: Seite 298

Die LAG beschaffte im Jahre 1891 zwei dreiachsige Triebwagen, die hauptsächlich auf der Nebenbahn Bad Aibling–Feilnbach, auf der der elektrische Zugbetrieb am 29. Mai 1897 eröffnet wurde, verkehrten. Entsprechend den Verkehrsbedürfnissen hatten diese Triebwagen zwischen den beiden Fahrgasträumen ein Dienstabteil, das zur Gepäckbeförderung genutzt werden konnte, und einen kleinen Postraum.

Mit der Verstaatlichung der LAG im Jahre 1938 kamen diese Triebwagen (ex LAG 181 und 182) und Beiwagen (EB 186 11 und EB 186 12, ex LAG 183 und 186; Techn. Daten: Seite 315) in den Bestand der DRG. Die Fahrzeuge gingen noch zur DB über und wurden zu Beginn der fünfziger Jahre ausgemustert.

Fahrzeugteil

Laufwerk: Radsatzlager Gleitlager. Radsatzfederung Blattfedern.
Wagenkasten: Untergestell Stahlkonstruktion, genietet. Wagenkasten Holzkonstruktion, außen mit Blech verkleidet. Ursprünglich offene Bühnen an Stirnenden, später an den Stirnenden in Fensterhöhe Vorbauten für Fahrschalter. Keine Übergangsmöglichkeit.
Zug- und Stoßvorrichtung: Schraubenkupplung. Stangenpuffer.
Antrieb: Tatzlagerantrieb, einseitiges ungefedertes Getriebe.
Druckluftanlage: Luftverdichter. Hauptluftbehälter.
Bremse: Einlösige Klotzbremse Bauart Wp. Spindelhandbremse.

Fahrgastraum

Gestaltung: Dem Lokalbahnverkehr angepaßt. Einstiegraum mit Führerstand; Abteil 3. Klasse; Gepäckraum; Großraum 3. Klasse; Einstiegraum mit Führerstand.
Einstieg: An Wagenenden Einfachschlagtüren. Zugang über Trittstufen.
3. Klasse: Abteil und Großraum mit Mittelgang. Sitzplatzanordnung 2 + 2.
Gepäckraum: Beidseitig Einfachschlagtür, durch Zusatzflügel verbreiterbar (später ausgebaut).
Postraum: Von Gepäckraum (Dienstabteil) abgetrennt.
Heizung: Elektrische Widerstandsheizung.
Beleuchtung: Glühlampen, aus Fahrleitung gespeist.

Elektrischer Teil

Anordnung: Gesamte elektrische Ausrüstung außerhalb des Wagenkastens.
Oberspannungsgeräte: Ein Scherenstromabnehmer in Wagenmitte. Überspannungsableiter. Wagenhauptsicherung.
Steuerung: Fahrschalter. Vorwiderstände, Reihen-Parallel-Schaltung der Fahrmotoren, Feldschwächung.
Fahrmotoren: Vierpolige Gleichstrom-Reihenschlußmotoren. Eigenbelüftet.

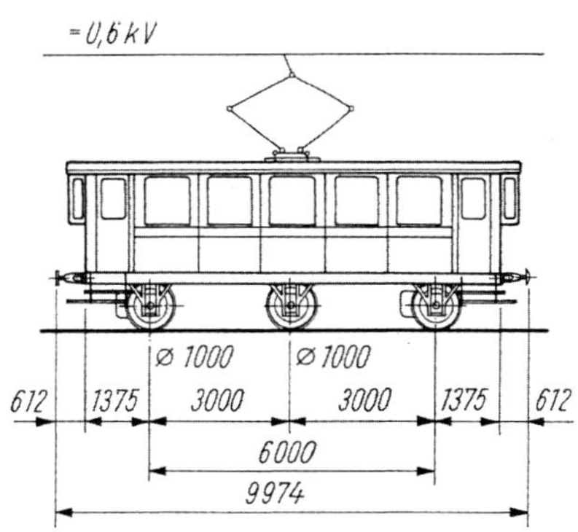

ET 186 11 und ET 186 12

ET 194

Bo

1892 bis 1942

Techn. Daten: Seite 298, 299

Für die Strecke Berchtesgaden–Salzburg beschaffte die BayStB im Jahre 1908 einen zweiachsigen Gütertriebwagen mit der Betriebsnummer 601 (später ET 194 01). Neben dem Gepäckraum verlief auf einer Wagenseite ein durchgehender Seitengang mit halbhohen Seitengittern. Der Triebwagen war bis zur Einstellung des elektrischen Zugbetriebes im Jahre 1942 im Einsatz.

Auf den elektrifizierten Nebenbahnen der LAG war auch ein nennenswerter Güterverkehr abzuwickeln, weshalb einfache zweiachsige Gütertriebwagen beschafft wurden. Die Wagen hatten die gleiche Bauweise wie die damaligen Güterwagen. Bei der Verstaatlichung der LAG im Jahre 1938 wurden die von der DRG übernommenen zwei Gütertriebwagen auch in die Baureihe ET 194 aufgenommen.

Der Triebwagen ET 194 11 (ex LAG 895) stammt von der Strecke Türkheim–Bad Wörishofen.

Der Triebwagen ET 194 21 (ex LAG 891) befuhr die Strecke Bad Aibling–Feilnbach bis Ende der vierziger Jahre.

Triebwagen ET 194 01

Fahrzeugteil

Laufwerk: Radsatzlager Gleitlager. Radsatzfederung Blattfedern.

Wagenkasten: Untergestell Stahlkonstruktion, genietet. Wagenkasten Holzkonstruktion, außen mit Blech verkleidet. An Gepäckraum und Zugführerabteil Seitengang auf einer Wagenseite, überdacht, zu Abteilen geschlossene Wand, nach außen offen, mit Streben und Geländer gesichert. An Stirnenden offene Übergangsbrücken.

Zug- und Stoßvorrichtung: Schraubenkupplung und Stangenpuffer. Außerdem Steifkupplung (ungefederte Kurzkupplung) mit Mittelpuffer.

Antrieb: Tatzlagerantrieb, einseitiges ungefedertes Getriebe.

Druckluftanlage: Luftverdichter. Hauptluftbehälter.

Bremse: Einlösige Klotzbremse Bauart Kp. Spindelhandbremse.

Innenraum

Gestaltung: Dem Gepäckverkehr auf Lokalbahn angepaßt. Einstiegraum mit Führerstand; Gepäckraum; Zugführerabteil; Einstiegraum mit Führerstand. Fahrschalter auf linker Wagenseite.

Einstieg: An Wagenende Einfachschlagtüren, nach innen öffnend. Zugang über Trittstufen.

Gepäckraum: 4 250 mm lang, 1 965 mm breit. Beidseitig breite einflüglige Schiebetür, zum Seitengang 1 400 mm breit, in Seitenwand 800 mm breit.

Heizung: Elektrische Widerstandsheizung. Heizleistung 2,25 kW.

Beleuchtung: Glühlampen.

ET 194 01

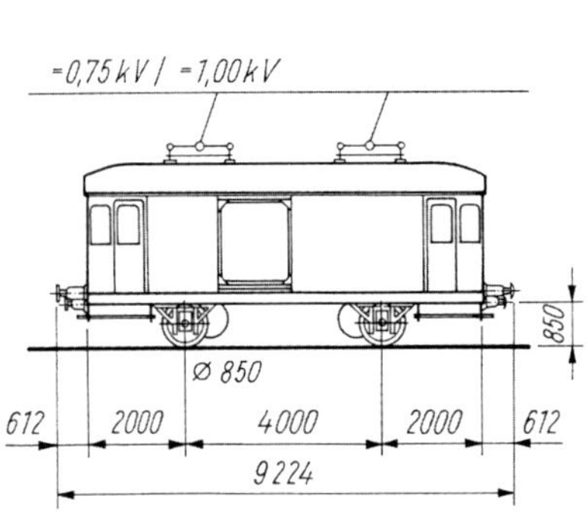

ET 194 11

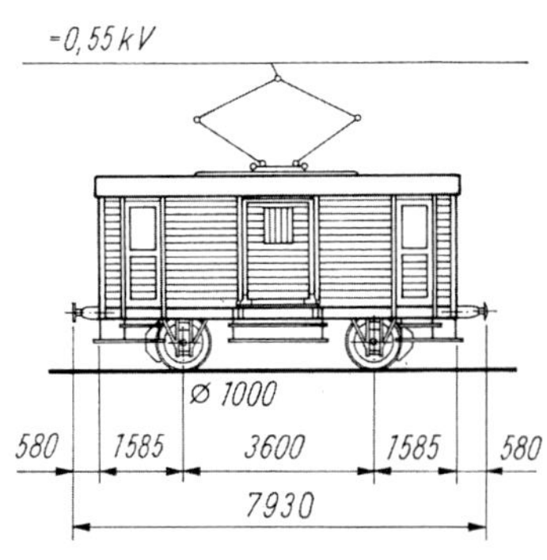

ET 194 21

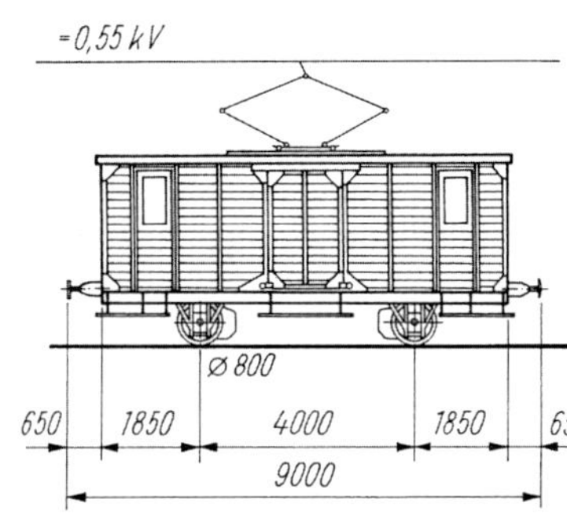

Elektrischer Teil

Anordnung: Gesamte elektrische Ausrüstung außerhalb des Wagenkastens.
Oberspannungsgeräte: Zwei Stromabnehmer mit Schleifbügel, Bauart HAS II. Überspannungsableiter. Hauptsicherung.
Steuerung: Fahrschalter. Vorwiderstände, Reihen-Parallel-Schaltung der Fahrmotoren, Feldschwächung.
Fahrmotoren: Vierpolige Gleichstrom-Reihenschlußmotoren. Eigenbelüftet.
Elektrische Bremse: Eigenerregte Gleichstrom-Widerstandsbremse.

Triebwagen ET 194 11 und ET 194 21

Fahrzeugteil

Laufwerk: Radsatzlager Gleitlager. Radsatzfederung Blattfedern.
Wagenkasten: Untergestell Stahlkonstruktion, genietet. Wagenkasten Stahl- und Holzkonstruktion, außen mit Brettern verkleidet. Keine Übergangsmöglichkeit.
Zug- und Stoßvorrichtung: Schraubenkupplung. Stangenpuffer.
Antrieb: Tatzlagerantrieb, einseitiges ungefedertes Getriebe.
Druckluftanlage: Luftverdichter. Hauptluftbehälter.
Bremse: Einlösige Klotzbremse Bauart Wp. Spindelhandbremse.

Innenraum

Gestaltung: Dem Gepäckverkehr auf Lokalbahn angepaßt. Einstiegraum mit Führerstand; Laderaum; Einstiegraum mit Führerstand.
Einstieg: An Wagenenden einflüglige Schlagtür. Zugang über Trittstufen.
Laderaum: In Wagenmitte großer Laderaum, beidseitig einflüglige breite Schiebetür.
Heizung: ET 194 11 keine Heizung; ET 194 21 elektrische Widerstandsheizung, Heizleistung 3 kW.
Beleuchtung: Glühlampen, aus Fahrleitung gespeist.

Elektrischer Teil

Anordnung: Elektrische Ausrüstung überwiegend außerhalb des Wagenkastens. Anfahrwiderstände und Verdichter in zwei Kästen im Laderaum.
Oberspannungsgeräte: Ein Scherenstromabnehmer in Wagenmitte, später über einem Radsatz. Überspannungsableiter. Hauptsicherung.
Steuerung: Fahrschalter. Vorwiderstände, Reihen-Parallel-Schaltung der Fahrmotoren, Feldschwächung.
Fahrmotor: Vierpolige Gleichstrom-Reihenschlußmotoren. Eigenbelüftet.

ET 196

(A 1) (1 A)

1908 bis 1961

Techn. Daten: Seite 299

Die Triebwagen ET 196 01 bis ET 196 05 (ex LAG 800 bis 804) und die Beiwagen EB 196 01 und EB 196 02 (ex LAG 921 und 922; Techn. Daten: Seite 315) verkehrten auf der schmalspurigen Überland-Straßenbahn Ravensburg–Baienfurt, auf der am 1. September 1910 der elektrische Zugbetrieb aufgenommen wurde (1888 bis 1911 Dampflokomotiven eingesetzt). Die Triebwagen hatten ein gefälliges Äußeres. Sie verkehrten mit zweiachsigen Beiwagen (spätere Baureihe EB 197, s. S. 166). Drei Beiwagen (später EB 197 05 bis EB 197 07) wurden im gleichen Zeitraum neu

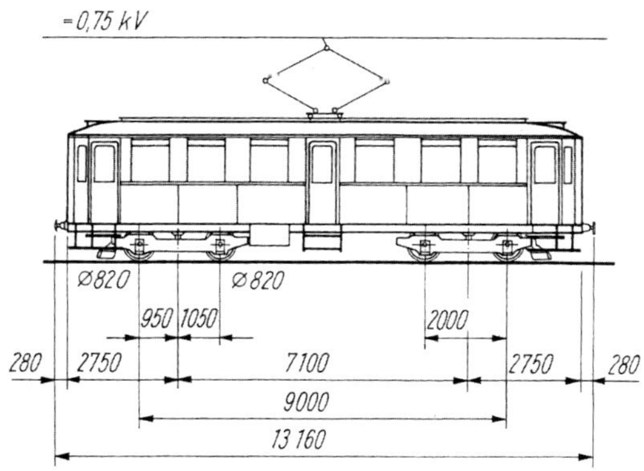

ET 196 01 bis ET 196 05

beschafft, während die anderen Beiwagen (später EB 197 01 bis EB 197 04 sowie EB 197 11 und EB 197 12) von der Dampfstraßenbahn übernommen wurden.
Diese Straßenbahn wurde 1938 von der DRG übernommen, da sie ebenfalls zur LAG gehörte.
Die Fahrzeuge gingen noch in den Bestand der DB über (Bw Friedrichshafen) und wurden nur noch gelegentlich eingesetzt, als die Neubautriebwagen der Baureihe ET 195 zur Verfügung standen. Nach der Betriebseinstellung im Jahre 1959 wurden die fünf Triebwagen am 23. Mai 1961 ausgemustert.

Fahrzeugteil

Laufwerk: Drehgestellrahmen mit gepreßten Seitenwangen, genietet. Radsatzlager Gleitlager. Radsatzfederung Blattfedern. Asymmetrischer Radsatzstand.
Wagenkasten: Untergestell Stahlkonstruktion, genietet. Wagenkasten Holzkonstruktion, außen mit Blech verkleidet. Keine Übergangsmöglichkeit.
Zug- und Stoßvorrichtung: Steifkupplung (ungefederte Kurzkupplung).
Antrieb: Tatzlagerantrieb, einseitiges ungefedertes Getriebe.
Druckluftanlage: nicht vorhanden.
Bremse: Klotzbremse für Handbremse. Magnetschienenbremse. Spindelhandbremse.

Fahrgastraum

Gestaltung: Dem Lokalbahnverkehr angepaßt. Einstiegraum mit Führerstand; Großraum 3. Klasse mit drei Abteilen; Einstiegraum; Großraum 3. Klasse mit drei Abteilen; Einstiegraum mit Führerstand.
Einstieg: An Wagenenden und in Wagenmitte Einfachschlagtür. Zugang über Trittstufen.
3. Klasse: Großräume mit drei Abteilen und Mittelgang. Sitzplatzanordnung 2 + 2.
Heizung: Elektrische Widerstandsheizung.
Beleuchtung: Glühlampen, aus Fahrleitung gespeist.

Elektrischer Teil

Anordnung: Gesamte elektrische Ausrüstung außerhalb des Wagenkastens.
Oberspannungsgeräte: Ein Scherenstromabnehmer in Wagenmitte. Überspannungsableiter. Hauptsicherung.
Steuerung: Fahrschalter. Vorwiderstände, Reihen-Parallel-Schaltung der Fahrmotoren, Feldschwächung.
Fahrmotoren: Vierpolige Gleichstrom-Reihenschlußmotoren. Eigenbelüftet.
Elektrische Bremse: Eigenerregte Gleichstrom-Widerstandsbremse.

ET 197^{0}

Bo

1888 bis 1954

Techn. Daten: Seite 299

Der Triebwagen ET 197 01 (ex LAG 875) und die Beiwagen EB 197 01 und EB 197 04 (ex LAG 2, 3, 8, 16; Techn. Daten: Seite 316), EB 197 05 bis EB 197 07 (ex LAG 832 bis 834; Techn. Daten: Seite 316) sowie EB 197 11 und EB 197 12 (ex LAG 4 und 5; Techn. Daten: Seite 317) stammen ebenfalls von der schmalspurigen Überland-Straßenbahn Ravensburg–Baienfurt, die im Jahre 1938 von der DRG übernommen wurde.
Der Triebwagen ET 197 01 wurde im Jahre 1912 in Dienst gestellt und war zweiachsig.

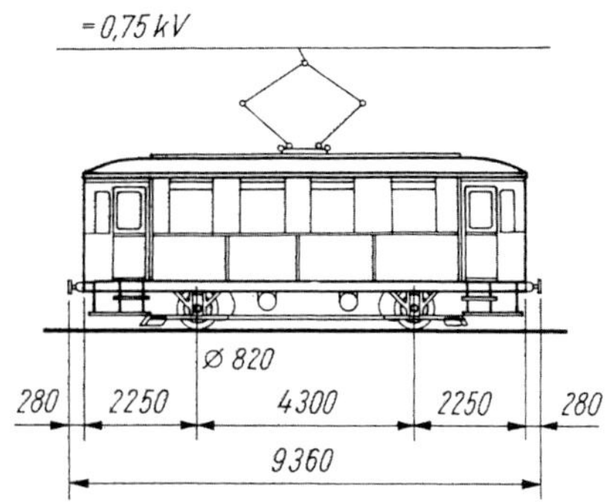

ET 197 01

Die Beiwagen waren ebenfalls zweiachsig und stammen zum Teil noch aus dem Eröffnungsjahr der Dampfstraßenbahn (Baujahr 1888). Zwei Beiwagen (später EB 197 11 und EB 197 12) hatten ein Abteil zur Postbeförderung.
Alle Fahrzeuge sind inzwischen ausgemustert.

Fahrzeugteil

Laufwerk: Radsatzlager Gleitlager. Radsatzfederung Blattfedern.
Wagenkasten: Untergestell Stahlkonstruktion, genietet. Wagenkasten Holzkonstruktion, außen mit Blech verkleidet. Keine Übergangsmöglichkeit.
Zug- und Stoßvorrichtung: Steifkupplung (ungefederte Kurzkupplung).
Antrieb: Tatzlagerantrieb, einseitiges ungefedertes Getriebe.
Druckluftanlage: nicht vorhanden.
Bremse: Klotzbremse für Handbremse. Magnetschienenbremse. Spindelhandbremse.

Fahrgastraum

Gestaltung: Dem Lokalbahnverkehr angepaßt. Einstiegraum mit Führerstand; Großraum 3. Klasse mit zwei Abteilen; Abteil 3. Klasse; Großraum 3. Klasse mit Längsbänken; Einstiegraum mit Führerstand.
Einstieg: An Wagenenden einflüglige Einfachschlagtür. Zugang über Trittstufen.
3. Klasse: Abteil und Großraum mit zwei Abteilen und Mittelgang. Sitzplatzanordnung 2 + 2.
Großraum mit Längsbänken, je drei Sitzplätze.
Heizung: Elektrische Widerstandsheizung. Heizleistung 4,5 kW.
Beleuchtung: Glühlampen, aus Fahrleitung gespeist.

Elektrischer Teil

Anordnung: Gesamte elektrische Ausrüstung außerhalb des Wagenkastens.
Oberspannungsgeräte: Ein Scherenstromabnehmer in Wagenmitte. Überspannungsableiter. Hauptsicherung.
Steuerung: Fahrschalter. Vorwiderstände, Reihen-Parallel-Schaltung der Fahrmotoren, Feldschwächung.
Fahrmotoren: Vierpolige Gleichstrom-Reihenschlußmotoren. Eigenbelüftet.
Elektrische Bremse: Eigenerregte Gleichstrom-Widerstandsbremse.

ET 197^2

sä 1 MET und 2 MET

Bo
1917 bis 1963
Techn. Daten: Seite 299

Von der SäStB übernahm die DRG die Triebwagen ET 197 21 und ET 197 22 sowie die Beiwagen EB 197 21 und EB 197 22 (ex sä 1 und 2; Techn. Daten: Seite 317), die auf der meterspurigen straßenbahnähnlichen Nebenbahn Klingenthal–Sachsenberg-Georgenthal eingesetzt waren. Die Trieb- und Beiwagen hatten Druckluftbremse und nur auf einer Wagenseite Einstiege. Der Beiwagen EB 197 23 wurde durch die DRG im Jahre 1926 beschafft.
Alle Fahrzeuge gingen in den Bestand der DR über. Nach Beschaffung von Neubaufahrzeugen wurden die Triebwagen 1956 und die Beiwagen 1963 ausgemustert.

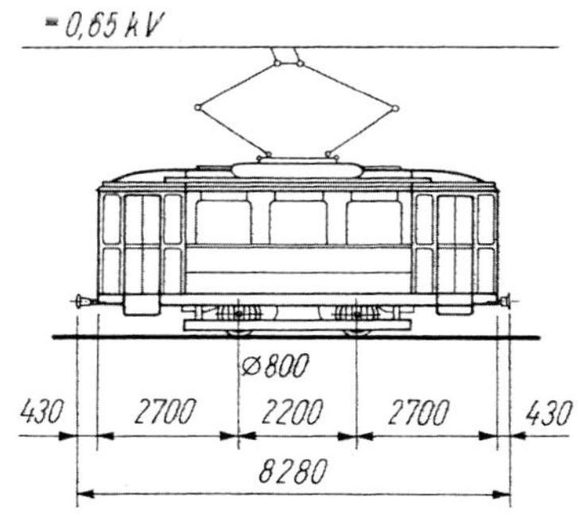

ET 197 21 und ET 197 22

ET 198

Bo

1939 bis 1964

Techn. Daten: Seite 299

Am 31. März 1932 hatte die erste Straßenbahn Österreichs Mödling–Hinterbrühl (eröffnet 1883) ihren Betrieb eingestellt und die Fahrzeuge abgestellt. Nach der Besetzung Österreichs im Jahre 1938 wurden die Triebwagen 20 bis 23 von der DRG übernommen und nach einem Umbau (z. B. Einstiege nur auf einer Wagenseite, Einbau der Druckluftbremse Bauart Kzp) ab 1939 bzw. 1940 auf der meterspurigen straßenbahnähnlichen Nebenbahn von Klingenthal nach Sachsenberg-Georgenthal eingesetzt. Die Beiwagen EB 198 (Techn. Daten: Seite 317) entstanden aus den damaligen Triebwagen 22 und 23. Auffallend war die Sitzplatzanordnung von Querbänken (zwei Sitzplätze) und einer Seitenbank (3 × 3 Sitzplätze).
Die Fahrzeuge gingen in den Bestand der DR über. Der Triebwagen ET 198 02 wurde im Jahre 1946 im Raw Dessau neu aufgebaut, da er im Krieg stark beschädigt wurde (nur Rahmen und Fahrwerk blieben erhalten). Die Beiwagen wurden im Jahre 1948 und der Triebwagen ET 198 01 im Jahre 1956 ausgemustert. Der ET 198 02 wurde noch im Berufsverkehr bis zur Streckenstillegung im Jahre 1964 eingesetzt und

Fahrzeugteil

Laufwerk: Radsatzlager Gleitlager. Radsatzfederung Blattfedern.
Wagenkasten: Untergestell Stahlkonstruktion, genietet. Wagenkasten Holzkonstruktion, außen mit Blech verkleidet. An Stirnenden keine Übergangsmöglichkeit.
Zug- und Stoßvorrichtung: Steifkupplung (ungefederte Kurzkupplung).
Antrieb: Tatzlagerantrieb, einseitiges ungefedertes Getriebe.
Druckluftanlage: Luftverdichter. Hauptluftbehälter. Druckluftpfeife.
Bremse: Einlösige Klotzbremse Bauart Wp. Spindelhandbremse.

Fahrgastraum

Gestaltung: Dem straßenbahnähnlichen Nebenbahnverkehr angepaßt. Einstiegraum mit Führerstand; Großraum 3. Klasse mit drei Abteilen; Einstiegraum mit Führerstand.
Einstieg: An Wagenenden doppelflüglige Schlagtür, nach innen öffnend. Nur auf einer Wagenseite. Zugang über Trittstufen.
3. Klasse: Großraum mit drei Abteilen und Mittelgang. Sitzplatzanordnung 1 + 2. Abteiltiefe 1 400 mm, Sitzplatzbreite 500 mm, Gangbreite 510 mm.
Heizung: Elektrische Widerstandsheizung.
Beleuchtung: Glühlampen, aus Fahrleitung gespeist.

Elektrischer Teil

Anordnung: Gesamte elektrische Ausrüstung außerhalb des Wagenkastens.
Oberspannungsgeräte: Ein Scherenstromabnehmer mit Doppelschleifstück in Wagenmitte. Überspannungsableiter. Hauptsicherung.
Steuerung: Fahrschalter. Vorwiderstände, Reihen-Parallel-Schaltung der Fahrmotoren, Feldschwächung.
Fahrmotoren: Vierpolige Gleichstrom-Reihenschlußmotoren. Eigenbelüftet.

ET 198 01 und ET 198 02

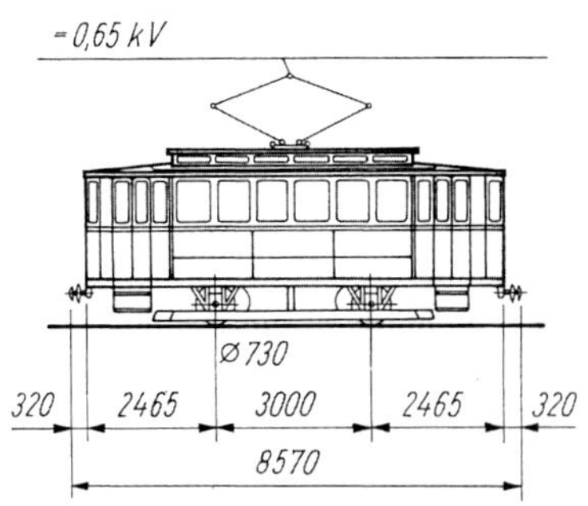

im Jahre 1967 als Denkmals-Triebwagen nach Hinterbrühl (Österreich) überführt.

Fahrzeugteil

Laufwerk: Radsatzlager Gleitlager. Radsatzfederung Blattfedern.
Wagenkasten: Untergestell Stahlkonstruktion, genietet. Wagenkasten Holzkonstruktion, außen mit Blech verkleidet. Oberlichtaufbau. Im Einstiegbereich Seitenwand etwas eingezogen. Stirnwand abgerundet. Keine Übergangsmöglichkeit.
Zug- und Stoßvorrichtung: Steifkupplung (ungefederte Kurzkupplung).
Antrieb: Tatzlagerantrieb, einseitiges ungefedertes Getriebe.
Druckluftanlage: nicht vorhanden.
Bremse: Klotzbremse für Handbremse. Magnetschienenbremse. Hebelhandbremse.
Umbau: Triebwagen ET 198 02 neuer Wagenkasten, veränderte Fensteraufteilung. Einbau Druckluftbremse.

Fahrgastraum

Gestaltung: Dem straßenbahnähnlichen Nebenbahnverkehr angepaßt. Einstiegraum mit Führerstand; Großraum 3. Klasse mit drei Abteilen; Einstiegraum mit Führerstand.
Einstieg: An Wagenenden doppelflüglige Schlagtür, nach innen öffnend. Nur auf einer Wagenseite. Zugang über Trittstufen.
3. Klasse: Großraum mit drei Abteilen und Mittelgang, eine Seite Abteile mit Sitzplatzanordnung 2, andere Seite Längsbänke mit je drei Sitzplätzen. Abteiltiefe 1 500 mm, Sitzplatzbreite 500 mm, Gangbreite 605 mm.
Heizung: Elektrische Widerstandsheizung.
Beleuchtung: Glühlampen, aus Fahrleitung gespeist.

Elektrischer Teil

Anordnung: Gesamte elektrische Ausrüstung außerhalb des Wagenkastens.
Oberspannungsgeräte: Ein Scherenstromabnehmer in Wagenmitte. Überspannungsableiter. Hauptsicherung.
Steuerung: Fahrschalter. Vorwiderstände, Reihen-Parallel-Schaltung der Fahrmotoren, Feldschwächung.
Fahrmotoren: Vierpolige Gleichstrom-Reihenschlußmotoren. Eigenbelüftet.
Elektrische Bremse: Eigenerregte Gleichstrom-Widerstandsbremse.

ET 188 501 bis ET 188 503

279.0
DB/DR 479

Bo

ab 1930

Techn. Daten: Seite 318

Mit der Übernahme der Buckower Kleinbahn im Jahre 1949 kamen diese Trieb- und Beiwagen in den Bestand der DR. Sie stammen von der normalspurigen Nebenbahn Müncheberg–Buckow, auf der am 15. Mai 1930 der elektrische Betrieb (=800 V, Oberleitung) aufgenommen wurde. Sie hatten vorher die Betriebsnummern 1 bis 3 (ET) und 11 bis 13 (EB; Techn. Daten: Seite 325). Alle Wagen hatten 50 Sitzplätze 2. Klasse, nur der ET 188 501 besaß 40 Sitzplätze 2. Klasse und ein Packabteil. Die normale Zugbildung war ET + EB + ET, wobei der hintere Triebwagen zur Traktion mit herangezogen werden konnte, indem die Steuerung des Motorstro-

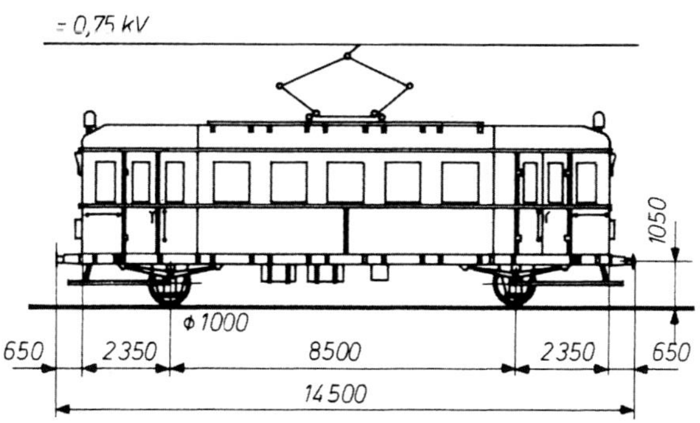

ET 188 502 und ET 188 503 (vor Umbau)

Triebwagen ET 188 501 (vor Umbau)
Foto: ZBDR

mes des „geführten ET“ vom Fahrschalter des „führenden ET“ erfolgte und der Fahrmotorstrom über zwei durchgehende Starkstromleitungen dem „geführten ET“ zugeführt wurde – eine sehr einfache und ökonomische Zweiwagen-Zugsteuerung.
Der Beiwagen 12 wurde 1949 von der Oderbruchbahn übernommen, auf der er nach dem Kriege als VB 121 eingesetzt war. Dieser Wagen wurde 1963 wieder ausgegliedert und als VB 140 603 (ab 1970 190 852) bezeichnet.
Im Jahre 1970 erhielten die Wagen die Betriebsnummern 279 001 bis 279 005. Sie wurden meist in der Zugbildung ET + EB + ET eingesetzt, wobei nur der vordere Triebwagen als Triebfahrzeug verwendet wurde. Die maximale Zugbildung war ET + 3 EB + ET, dann jedoch mit Vielfachsteuerung der beiden Triebwagen. Im Laufe der Betriebszeit nahmen die elektrischen Schäden in den Fahrzeugen zu, und die Instandhaltung wurde durch fehlende Ersatzteile erschwert.

Deshalb wurde die Rekonstruktion dieser Fahrzeuge beschlossen, wobei auch die Bahnenergieversorgung auf die Nennspannung von =600 V umgestellt wurde, um Bauteile der Straßenbahn einsetzen zu können. Bei der Rekonstruktion wurden auch die ehemaligen Beiwagen zu Steuerwagen umgestaltet, einschließlich des früheren Beiwagen 12, der zwischenzeitlich als Beiwagen 190 852 (ex VB 140 603) anderweitig eingesetzt war.
Die Rekonstruktion erfolgte in den Jahren 1980 bis 1982. Der erste modernisierte ET-ES-Zug ist seit 15. Juni 1981 im Reisezugdienst eingesetzt.
Die Einstellung des elektrischen Betriebes auf der Nebenbahn war für den 30. Mai 1992 vorgesehen, da die Umstellung der Einspeisung des Unterwerkes für die Bahnenergieversorgung auf eine höhere Nennspannung eine neue Ausrüstung erforderte. Bürgerproteste erbrachten die Weiterführung des Betriebs.

Fahrzeugteil

Laufwerk: Stählerner Fahrzeugrahmen. Lenkradsätze. Gleitradsatzlager, später Wälzlager. Radsatzfederung Blattfedern.
Wagenkasten: Genietete Stahlkonstruktion, Langträger ab Einstiegbereich bis Stirnwand abgeschrägt. Tonnenförmiges Holzdach. Keine Übergangseinrichtungen.
Zug- und Stoßvorrichtung: Schraubenkupplung und Hülsenpuffer.
Antrieb: Tatzlagerantrieb, einseitiges schrägverzahntes Getriebe.
Druckluftanlage: Luftverdichter. Hauptluftbehälter. Druckluftläutewerk. Sandstrahler für vorderen Radsatz.
Bremse: Einlösige Klotzbremse Bauart Kp.

Fahrgastraum

Gestaltung: Dem Nebenbahnverkehr angepaßt.
ET 188 501: Führerstand, Einstiegraum, Großraum 2. Klasse mit vier Abteilen, Gepäckraum, Einstiegraum, Führerstand.
ET 188 502 und ET 188 503: Führerstand, Einstiegraum, Großraum 2. Klasse mit fünf Abteilen, Einstiegraum, Führerstand.
Einstieg: An einem Wagenende einflüglige Drehtür, am anderen Wagenende durch Zusatzflügel verbreiterbar. Zugang über zwei Trittstufen.
2. Klasse: Großraum mit vier bzw. fünf Abteilen und Mittelgang. Sitzplatzanordnung 2 + 3. Holzlattenbänke.

Heizung: Elektrische Widerstandsheizung. Dachlüfter.
Beleuchtung: Glühlampen, aus Batterie gespeist.

Elektrischer Teil

Anordnung: Gesamte elektrische Ausrüstung außerhalb des Fahrgastraumes.
Oberspannungsgeräte: Scherenstromabnehmer. Überspannungsableiter. Hauptschütz mit Überstrom- und Nullspannungsauslöser.
Steuerung: Fahrschalter. Reihen-Parallel-Schaltung. Zehn Fahrstufen. Direkte Motorstromversorgung des „geführten Triebwagens" vom Schleifringfahrschalter des „führenden Triebwagens" über durchgehende Starkstromleitungen.
Fahrmotoren: Vierpolige Gleichstrom-Reihenschlußmotoren mit Wendepolwicklung. Eigenbelüftet.
Hilfseinrichtungen: Totmannkurbel.

Beiwagen EB 188 501 und EB 188 502

Techn. Daten: Seite 325

Fahrzeugteil: Analog Triebwagen.

Triebwagenzug der Baureihe 279.0 nach der Rekonstruktion im Jahre 1981
Foto: R. Zschech

Triebwagen Baureihe 279.0

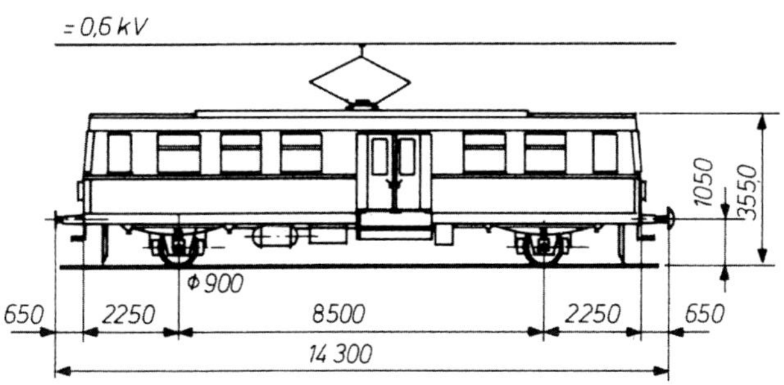

Fahrgastraum: Einstiegraum, Großraum 2. Klasse mit fünf Abteilen, Einstiegraum. Holzlattenbänke. Heizung und Beleuchtung von Triebwagen aus.

Umbau 1980

Fahrzeugteil

Laufwerk: Stählerner Fahrzeugrahmen. Lenkradsätze, Radsatzhalter. Wälzradsatzlager. Radsatzfederung Blattfedern.
Wagenkasten: Stahlkonstruktion. Äußere Langträger bis Pufferbohle gerade, im Einstiegbereich eingezogen. Alte Seitenwandsektionen wiederverwendet. Dach in kantiger Bauweise. Keine Übergangseinrichtungen.
Zug- und Stoßvorrichtung: Schraubenkupplung und Hülsenpuffer.
Antrieb: Tatzlagerantrieb.

Druckluftanlage: Luftverdichter. Hauptluftbehälter. Hauptluftbehälterleitung.
Bremse: Einlösige Klotzbremse Bauart Kp.

Fahrgastraum

Gestaltung: Dem Nebenbahnverkehr angepaßt. Führerstand; Großraum 2. Klasse mit zweieinhalb Abteilen; Einstiegraum; Traglastenabteil; Führerstand.
Einstieg: In Wagenmitte, doppelflüglige Drehfalttür. Einstieg über zwei Trittstufen.
2. Klasse: Großraum mit zweieinhalb Abteilen und Mittelgang. Sitzplatzanordnung 2 + 2; Abteiltiefe 1 550 mm, Sitzplatzbreite 500 mm, Gangbreite 860 mm. Polstersitzbänke.
Traglastenraum: 2 620 mm lang. Längssitzbänke. Auch als Gepäckraum nutzbar.
Heizung: Elektrische Widerstandsheizung.
Beleuchtung: Leuchtstofflampen, Mittenband.

Elektrischer Teil

Anordnung: Gesamte elektrische Ausrüstung außerhalb des Fahrgastraumes.
Oberspannungsgeräte: Scherenstromabnehmer. Hauptschalter.
Steuerung: Fahrschalter. Reihen-Parallel-Schaltung. Vielfachsteuerung, auch Einsatz ES – ET – ES möglich.
Fahrmotor: Vierpoliger Gleichstrom-Reihenschlußmotor mit Wendepolwicklung (Typ EM 60/600). Eigenbelüftet.
Hilfseinrichtungen: Hilfsbetriebe =24 V, gespeist aus Umformer, Batterie gepuffert. Sicherheitsfahrschaltung.

Steuerwagen 279.0 (DB/DR 879.6)
Techn. Daten: Seite 318

Fahrzeugteil: Analog Triebwagen.
Fahrgastraum: Führerstand; Großraum 2. Klasse mit zweieinhalb Abteilen; Einstiegraum; Großraum 2. Klasse mit zweieinhalb Abteilen. Ansonsten analog Triebwagen.

ET 188 511 und ET 188 512 ET 188 521 und ET 188 522

Bo
1932 bis 1969
Techn. Daten: Seite 318, 319

Die DR übernahm 1949 die elektrisch betriebene Nebenbahn Schleiz–Saalburg (Saale) der ehemaligen „Schleizer Kleinbahn A.-G.". Diese Bahn wurde für den Bau der Bleilochtalsperre errichtet und bestand aus den Strecken Schleiz–Gräfenwarth–Sperrmauer sowie Gräfenwarth–Saalburg. Nach Abschluß des Talsperrenbaues wurden die Strecken elektrifiziert und Triebwagenverkehr eingerichtet.

Triebwagen ET 188 521 im aufgearbeiteten Zustand
Foto: R. Zschech

Die übliche Zugbildung war ET + EB + ET, um ein Umsetzen der Triebwagen an den Endbahnhöfen zu ersparen. Die Personentriebwagen waren so leistungsfähig, daß bis zu drei Beiwagen mitgeführt werden konnten. Die Gütertriebwagen erhielten Ballastzuladung, um die notwendige Radsatzfahrmasse zu erreichen.
Alle Fahrzeuge wurden von der DR übernommen:
ET 188 511 und ET 188 512,
ex PT 1 und PT 2,
ET 188 521 und ET 188 522,
ex GT 1 und GT 2,
EB 188 511 bis EB 188 514,
ex Bw 1 und Bw 4.
Sie waren bis zur Einstellung des elektrischen Zugbetriebes am 31. Mai 1969 eingesetzt.
Daneben wurde noch ein Beiwagen (ex Bw 5) übernommen, der aus einem Personenwagen Ci Pr 91 umgebaut worden war; er erhielt aber keine DR-Betriebsnummer.
Der ET 188 521 blieb erhalten und wurde im Jahre 1979 im Raw Dessau äußerlich aufgearbeitet, gehört jedoch nicht zur derzeitigen Aufstellung der Eisenbahnmuseumsfahrzeuge.
Der EB 188 513 wurde auf die Oberweißbacher Bergbahn umgesetzt und wird dort bei starkem Personenverkehr als Bergbahnwagen 2 auf der Regelspur-Wagenplattform eingesetzt.
Die anderen Wagen wurden ausgemustert und als Heizprüfstände oder Lagerfahrzeuge weitergenutzt (nur ET 188 522 wurde zerlegt).

ET 188 511 und ET 188 512

Fahrzeugteil

Laufwerk: Stählerner Fahrzeugrahmen. Lenkradsätze. Gleitradsatzlager.
Wagenkasten: Stahlgerippe, genietet. Im Einstiegbereich abgeschrägt. Wände Stahlblech. Tonnenförmiges Holzdach. Keine Übergangseinrichtung.
Zug- und Stoßvorrichtung: Albert-Kupplung.
Antrieb: Tatzlagerantrieb.
Druckluftanlage: Luftverdichter. Hauptluftbehälter.
Bremse: Einlösige Klotzbremse Bauart Kp.

Fahrgastraum

Gestaltung: Dem Nebenbahnverkehr angepaßt. Führerstand und Einstiegraum, Großraum 2. Klasse mit Abteil mit Längssitzbänken, drei Abteilen und Abteil mit Längssitzbänken; Einstiegraum und Führerstand.
Einstieg: An Wagenenden Einfachschiebetür, Zugang über zwei Trittstufen. Zwischen Einstiegraum und Fahrgastraum Trittstufe.
2. Klasse: Großraum mit drei Abteilen mit Mittelgang, Sitzplatzanordnung 2 + 2, beidseitig anschließend Längssitzbänke.
Heizung: Elektrische Widerstandsheizung.
Beleuchtung: Glühlampen.

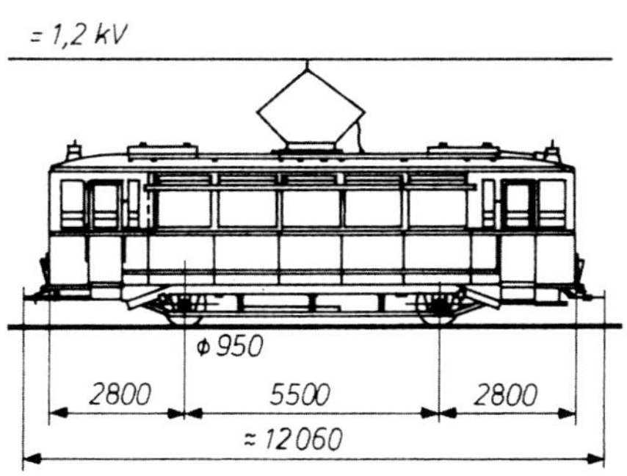

ET 188 511 und ET 188 512

Elektrischer Teil

Anordnung: Gesamte elektrische Ausrüstung außerhalb des Fahrgastraumes.
Oberspannungsgeräte: Scherenstromabnehmer. Überspannungsableiter. Hauptschalter.
Steuerung: Fahrschalter. Reihen-Parallel-Schaltung. Elf Fahrstufen, zwei Dauerfahrstufen.
Fahrmotor: Vierpoliger Gleichstromreihenschlußmotor. Eigenbelüftet.

ET 188 521 und ET 188 522

Fahrzeugteil

Laufwerk: Stählerner Fahrzeugrahmen. Lenkradsätze. Wälzradsatzlager. Jeder Triebwagen andere Wagenlänge.
Wagenkasten: Stahlgerippe, genietet, Holzbeplankung. Flaches Holzdach. Keine Übergangseinrichtung.
Zug- und Stoßvorrichtung: Albert-Kupplung sowie Schraubenkupplung und Hülsenpuffer.
Antrieb: Tatzlagerantrieb.
Druckluftanlage: Luftverdichter. Hauptluftbehälter.
Bremse: Einlösige Klotzbremse Bauart Kp.

Innenraum

Gestaltung: Dem Güterverkehr angepaßt.

ET 188 521: Führerstand, Gepäckraum und Abteil 2. Klasse, Führerstand.
ET 188 522: Führerstand, Gepäckraum, Führerstand.
Einstieg: In Wagenmitte einflüglige Drehtür, nach außen aufschlagend, durch Zusatzflügel verbreiterbar. Zugang über zwei Trittstufen.
Gepäckraum: Ladefläche 10 m^2.
Heizung: Elektrische Widerstandsheizung.
Beleuchtung: Glühlampen.

Elektrischer Teil

Anordnung: Gesamte elektrische Ausrüstung außerhalb des Fahrgastraumes.
Oberspannungsgeräte: Scherenstromabnehmer. Überspannungsableiter. Hauptsicherung.
Steuerung: Fahrschalter. Reihen-Parallel-Schaltung. Elf Fahrstufen, zwei Dauerfahrstufen. Befehlsschaltung für zweiten Triebwagen (durch Kontrollampen Anzeige für Wagenführer auf zweitem Triebwagen der einzulegenden Fahrstufe).
Fahrmotor: Vierpoliger Gleichstromreihenschlußmotor (Typ D 721). Eigenbelüftet.

Beiwagen EB 188 511 bis EB 188 514
Techn. Daten: Seite 325

Fahrzeugteil: Analog Triebwagen ET 188 511 und ET 188 512.
Fahrgastraum: Analog Triebwagen ET 188 511 und ET 188 512.

ET 188 531

Bo
1923 bis 1969
Techn. Daten: Seite 319, 321

Im Jahre 1949 kam bei der Übernahme von Privatbahnen auch die „Oberweißbacher Bergbahn Aktiengesellschaft“ zur DR. Wenn auch die Standseilbahn von Obstfelderschmiede nach Lichtenhain bekannter ist, so ist der zweite Abschnitt dieser Bahn, die 2,6 km lange Nebenbahn von Lichtenhain nach Cursdorf, ebenfalls interessant. Anfangs stand nur ein elektrischer Triebwagen (bei der Übernahme durch die DR als ET 188 531 bezeichnet) zur Verfügung, der auch die zweiachsigen Güterwagen, die mit der Standseilbahn zugeführt wurden, beförderte. Interessant war der an den Fahrzeugrand versetzte Stromabnehmer, um eine kostengünstigere Fahrleitung (kürzere Ausleger, dadurch Einsatz von Holzmasten) zu ermöglichen. Des weiteren ist die Hochlage der Bahnsteige erwähnenswert, die einen trittstufenlosen Zugang zu dem Triebwagen ermöglicht.
Der Triebwagen wurde im Jahre 1970 ausgemustert.

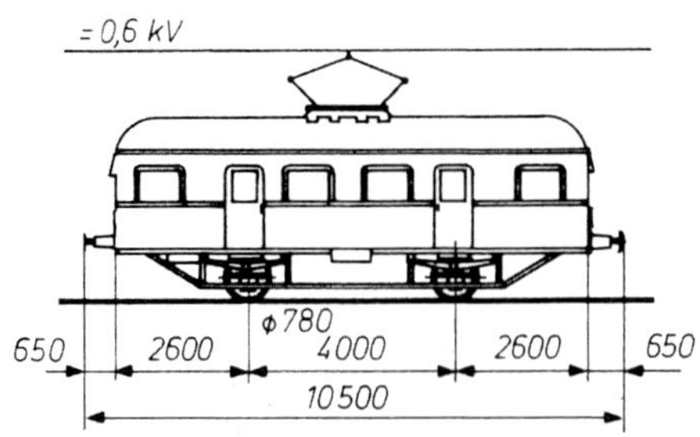

ET 188 531

ET 188 701

Bo
1955 bis 1963
Techn. Daten: Seite 319, 321

Da auf der kurzen Nebenbahn Lichtenhain–Cursdorf nur ein Triebwagen zur Verfügung stand, wurde im Jahre 1955 ein zweiter Triebwagen von der DR beschafft, der anfangs nur als Reservefahrzeug genutzt wurde. Der Triebwagen wurde von den Leipziger Verkehrsbetrieben beschafft (ex Nr. 939, Baujahr 1909, P. Herbrandt, Köln-Ehrenfeld, und AEG, Berlin) und im Raw Gotha 1955 umgebaut, d. h. Anpassen der Spurweite, Anbau von Pufferbohlen mit Hülsenpuffern und Schraubenkupplung, Anpassen der Einstiege sowie seitlich versetzter Stromabnehmer.

Der Triebwagen wurde im Jahre 1963 grundlegend umgebaut und erhielt später die Betriebsnummer 279 203 (s. S. 183).

ET 198 03 bis ET 198 06

Bo
1956 bis 1964
Techn. Daten: Seite 319, 320

Für die schmalspurige Nebenbahn Klingenthal–Sachsenberg-Georgenthal (4,96 km, Spurweite 1 000 mm) war der Ersatz der alten Fahrzeuge dringend notwendig. Da diese Nebenbahn im weiteren Sinne einer Straßenbahn entsprach, andererseits die DR aber keine Neuentwicklung von Trieb- und Beiwagen betreiben wollte, war es sinnvoll, aus der beim VEB Waggonbau Gotha laufenden Straßenbahn-Fahrzeugproduktion Fahrzeuge angepaßt für diese Strecke zu verwenden.

Im Jahre 1956 wurden zwei Trieb- und zwei Beiwagen (ET 198 03 und ET 198 04, EB 198 03 und EB 198 04) geliefert, die den Straßenbahntyp ET 54 und EB 54 zur Grundlage haben. Für die im Jahre 1958 folgenden zwei Trieb- und zwei Beiwagen (ET 198 05 und ET 198 06, EB 198 05 und EB 198 06) waren die Typen T 57 und B 57 der Ursprung.

Alle Fahrzeuge hatten anstelle der Warnglocke eine Hupe und den bei der DR üblichen rot-cremefarbenen Anstrich.

Die Fahrzeuge waren bis zur Betriebseinstellung dieser Strecke am 4. April 1964 eingesetzt. Da keine weitere Einsatzmöglichkeit bei der DR bestand, wurden die Trieb- und Beiwagen an die Verkehrsbetriebe Plauen abgegeben und dort ab Ende 1964 eingesetzt. Inzwischen sind die ehemaligen Triebwagen

Triebwagenzug der Baureihe ET 198, bestehend aus dem Triebwagen ET 198 04 und einem EB
Foto: Meyer

ET 198 03 und ET 198 04 bei der Naumburger Straßenbahn als Triebwagen 22 und 23 eingesetzt, und die ehemaligen Beiwagen EB 198 03 und EB 198 04 verkehren als Beiwagen 234 und 235 auf der Straßenbahn in Gera.

Fahrzeugteil ET 198 03 und ET 198 04

Laufwerk: Fahrgestell geschweißte Stahlkonstruktion. Radsatzhalter. Wälzradsatzlager. Radsatzfederung Blattfedern.
Wagenkasten: Geschweißte Stahlkonstruktion aus Leichtbauprofilen. Bodenrahmen durch Längsträger verstärkt. Fußboden nach den Einstiegräumen schräg abfallend.
Zug- und Stoßvorrichtung: Leichte selbsttätige Mittelpufferkupplung, Bauart Scharfenberg, elektrische Leitungen werden mitgekuppelt.
Antrieb: Tatzlagerantrieb, einseitiges schrägverzahntes Getriebe.
Druckluftanlage: Signalpfeife.
Bremse: Betriebsbremse elektrisch. Magnetschienenbremse. Handbremse auf Bremsscheiben.

Fahrzeugteil ET 198 05 und ET 198 06

Laufwerk: Fahrgestell geschweißte Stahlkonstruktion. Radsatzhalter. Wälzradsatzlager. Radsatzfederung Blattfedern.
Wagenkasten: Geschweißte Stahlkonstruktion aus Leichtbauprofilen. Abstützung auf Fahrgestell über Schraubenfedern und Stoßdämpfer. Fußboden nach Einstiegräumen schräg verlaufend.
Zug- und Stoßvorrichtung: Leichte selbsttätige Mittelpufferkupplung, Bauart Scharfenberg, elektrische Leitungen werden mitgekuppelt.
Antrieb: Tatzlagerantrieb, einseitiges schrägverzahntes Getriebe.
Druckluftanlage: Signalpfeife.
Bremse: Betriebsbremse elektrisch. Magnetschienenbremse. Handbremse auf Bremsscheiben.

Fahrgastraum

Gestaltung: Dem Straßenbahnverkehr angepaßt. Zweirichtungsfahrzeuge. Führerstand; Großraum 2. Klasse mit Einstiegraum, Abteilen und Einstiegraum; Führerstand.
Einstiege: An Wagenenden zweiflüglige Schiebetür. Zugang über Trittstufen.
2. Klasse: Großraum mit vier Abteilen und Mittelgang. Sitzplatzanordnung 1 + 2; Abteiltiefe 1 940 mm, Sitzplatzbreite 650 mm, Gangbreite 760 mm. Polstersitzbänke.
Heizung: Elektrische Widerstandsheizung, gespeist aus Fahrleitung und elektrischer Bremse.
Beleuchtung: Leuchtstofflampen als Mittenband.

Elektrischer Teil

Anordnung: Gesamte elektrische Ausrüstung außerhalb des Wagenkastens.
Oberspannungsgeräte: Scherenstromabnehmer. Überstromausschalter. Überspannungsschutz.
Steuerung: Nockenfahrschalter mit 18 Fahr- und 13 Bremsstufen, betätigt durch Handkurbel.
Fahrmotoren: Vierpolige Gleichstromreihenschlußmotoren mit Wendepolen (Typ EM 60/600). Eigenbelüftet.

ET 198 03 und ET 198 04

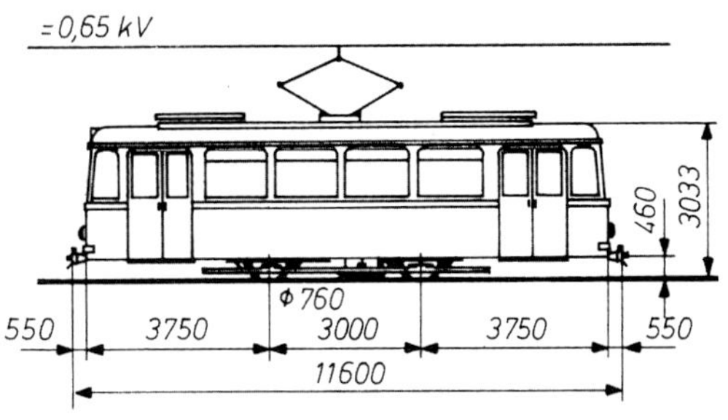

ET 198 05 und ET 198 06

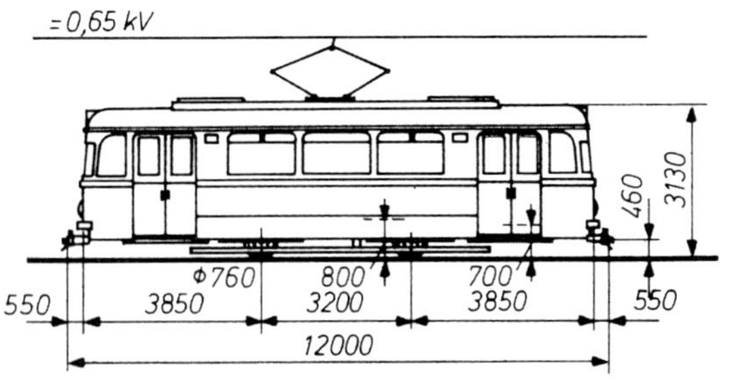

Elektrische Bremse: Eigenerregte Gleichstrom-Widerstandsbremse. Bremsenergie kann zur Fahrgastraumheizung genutzt werden.
Hilfseinrichtungen: Umformer für Kleinspannungsanlage (=12 V) für Fahrzeugaußenbeleuchtung, Signalanlage und Scheibenwischer, bei ET 198 05 und ET 198 06 gepuffert mit NC-Batterie 60 Ah, auch für Notbeleuchtung, Türschließanlage, Lautsprecheranlage, Stirnfensterheizung.

Beiwagen EB 198 03 und EB 198 04

Techn. Daten: Seite 325

Fahrzeugteil: Wagenkasten, geschweißte Stahlkonstruktion aus Leichtbauprofilen. Radsatzhalter an Bodenrahmen des Wagenkastens. Wälzradsatzlager. Radsatzfederung Blattfedern. Leichte Mittelpufferkupplung Bauart Scharfenberg. Solenoidbremse. Magnetschienenbremse. Handbremse.
Fahrgastraum: wie Triebwagen ET 198 03. Elektrische Heizung nur aus Fahrleitung gespeist. Beleuchtung, auch Kleinspannungsanlage, von Triebwagen aus.

Beiwagen EB 198 05 und EB 198 06

Techn. Daten: Seite 325

Fahrzeugteil: Fahrgestell selbsttragende Schweißkonstruktion. Wälzradsatzlager. Radsatzfederung Blattfedern, unterhalb Radsatzlager. Wagenkasten geschweißte Stahlkonstruktion aus Leichtbauprofilen, stützt sich über vier einseitig eingespannte Blattfedern auf Fahrgestell ab. Leichte Mittelpufferkupplung Bauart Scharfenberg. Solenoidbremse. Magnetschienenbremse.
Fahrgastraum: wie Triebwagen ET 198 05. Elektrische Heizung nur aus Fahrleitung gespeist. Innenbeleuchtung von Triebwagen gespeist. Eigene 24-V-Anlage mit NC-Batterie, von Umformer in Triebwagen geladen.

270.0

DB/DR 485/885

Bo'Bo' + 2'2'

ab 1979

Techn. Daten: Seite 320

Ende 1979 wurden der erste Triebzug und Anfang 1980 die anderen drei Triebzüge als Prototypen der Baureihe 270 fertiggestellt. Der Betriebseinsatz begann im September 1980. Die Triebzüge wurden vom Kombinat LEW Hennigsdorf konstruiert und gebaut. Die Form- und Farbgestaltung wurde von der Hochschule für industrielle Formgestaltung entwickelt. Der Musterzug hat sich prinzipiell bewährt, jedoch ergaben sich einige Veränderungen für die Serienausführung. Die Lieferung der Nullserie von acht Triebzügen erfolgte im Jahre 1987, und die Serienlieferung begann im Januar 1990.
Das Grundprinzip der älteren Baureihen (275, 277) hat sich bei der Berliner S-Bahn so gut bewährt, daß es eine Vorgabe für die Neukonstruktion war. Auch die rationelle Verwendung der Elektroenergie war eine Grundforderung, weshalb dem Leichtbau, der Nutzbremse und der Leistungselektronik besondere Bedeutung zukam. Die Gleichstromstellertechnik wurde bereits ab 1975 in zwei Versuchstriebwagen (275 657, ex ET 165 151, und 275 731, ex ET 165 325) erprobt. Außerdem mußten eine einfache Pflege und Wartung sowie Instandhal-

Baumuster-Triebzug der Baureihe 270
Foto: R. Zschech

tung der Triebzüge möglich sein. Für das Fahrprogramm wurden die Leistungsfähigkeit der Bahnenergieversorgungsanlagen, eine Maximalgeschwindigkeit von 70 km/h für die Innenstrecken bei einem Haltestellenabstand von 1 070 m bis 1 350 m sowie eine Höchstgeschwindigkeit von 90 km/h auf den Außenstrecken bei einem mittleren Haltestellenabstand von 2,2 km zugrunde gelegt. Dadurch ergibt sich eine Reisegeschwindigkeit von rd. 45 km/h. Die maximale Anfahrbeschleunigung beträgt 0,7 m/s^2.
Jeder Triebzug besteht aus einem Trieb- und einem Beiwagen, der betrieblich als Viertelzug bezeichnet wird. Er ist die kleinste im Rangierbetrieb mit eigener Kraft fahrbare Einheit. Es können Züge aus zwei, drei oder vier Viertelzügen gebildet werden, die dann als Halbzug, Dreiviertelzug bzw. Vollzug bezeichnet werden.
Der Baumusterzug, der mit den Serienfahrzeugen nicht im Zugverband verkehren konnte, wurde im Jahre 1991 ausgemustert.

Fahrzeugteil

Laufwerk: Drehgestellrahmen Stahlleichtbau, vollständig geschweißt. Drehgestellrahmen zwei Längsträger und ein mittlerer Querträger. Wiege mit Nachstellmöglichkeit für stufenlose Höhenkorrektur. Wälzradsatzlager. Radsatzfederung Schrauben- und Gummifedern. Wiegenfederung Schraubenfedern. Radsatzführung durch Winkelhebellenker verschleißfrei.
Wagenkasten: Selbsttragende geschweißte Leichtbaukonstruktion aus hochfesten Aluminiumlegierungen. Für Grundrahmen, Seitenwände, Stirnwände und Dach Strangpreßprofile und stranggepreßte Integralbleche. Senkrechte

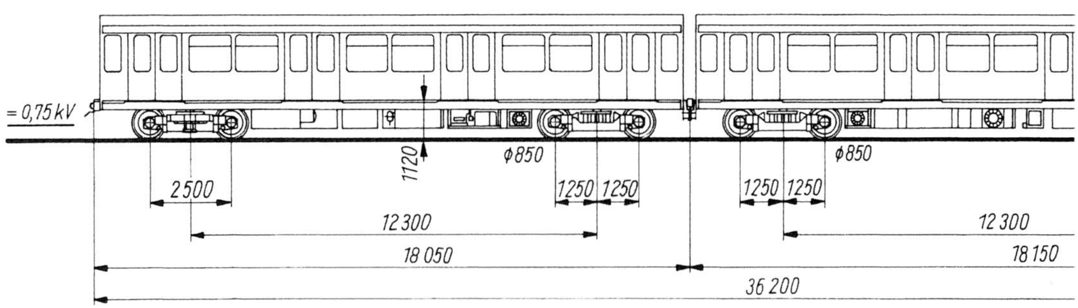

270.0

Seitenwände, Führerstandsende abgeschrägt. Bei Baumustertriebzügen Dach gesickt (außer über Führerstand). Innerhalb des Triebzuges und an Stirnenden keine Übergangsmöglichkeit.
Zug- und Stoßvorrichtung: Selbsttätige Mittelpufferkupplung Bauart Scharfenberg. Elektrische und pneumatische Leitungen werden mitgekuppelt. Innerhalb Triebzug Hülsenkurzkupplung.
Antrieb: Tatzlagerantrieb, einseitiges schrägverzahntes Getriebe. Bei Serienfahrzeugen Großrad gefedert.
Druckluftanlage: Luftverdichter Hauptluftbehälter, Hauptluftbehälterleitung. Spurkranzschmierung.
Bremse: Mehrlösige Scheibenbremse Bauart KE. Bremsscheibe der Treibradsätze auf Motorwelle und bei Laufradsätzen auf Radsatzwelle. Elektronischer Gleitschutz. Lastabhängige Steuerung. Spindelhandbremse. Mechanische Fahrsperre.
Betriebsbremse kombinierte elektrische Nutz- und Widerstandsbremse, bei Erfordernis durch pneumatische Bremsung des Beiwagens ergänzt.

Fahrgastraum

Gestaltung: Dem üblichen Stadtschnellbahnverkehr angepaßt.
Triebwagen: Führerstand; Traglastenraum; Großraum 2. Klasse mit vier und einem halben Abteil und drei Einstiegräumen.
Beiwagen: Großraum 2. Klasse mit Traglastenabteil, fünf (Baumuster) bzw. vier (Serienfahrzeuge) und zwei halben Abteilen und vier Einstiegräumen. Keine Toiletten.
Einstieg: Je Wagen vier Doppelschiebetüren, an Wagenaußenwand laufend, lichte Türweite 1 200 mm. Elektropneumatische Türschließeinrichtung. Trittstufenloser Zugang. Einstiege und Fahrgasträume türlos verbunden.
2. Klasse: Großräume mit vier Abteilen mit Mittelgang. Sitzplatzanordnung 2 + 2; Abteiltiefe 1 600 mm, Sitzplatzbreite 500 mm, Gangbreite 740 mm. Polsterbänke.
Traglastenraum: Mit Einstiegraum 3 220 mm lang. Zwei Längssitzbänke mit je vier Sitzplätzen, Sitzplatzbreite 425 mm.
Traglastenabteil: Baumuster und Nullserie mit Einstiegraum ca. 3 400 mm lang. Zwei Längssitzbänke mit je vier Sitzplätzen und einer Quersitzbank mit sechs Sitzplätzen. Serienfahrzeuge mit Einstiegraum ca. 7 200 mm lang. Zwei Längssitzbänke mit je acht Sitzplätzen und einer Quersitzbank mit sechs Plätzen.
Heizung: Elektrische Widerstandsheizung, drei Heizstufen. Führerstand und Stirnscheiben Luftheizung.
Beleuchtung: Leuchtstofflampen als Mittenband (Baumuster) bzw. seitlich (Nullserie und Serienfahrzeuge).
Sonderausführung: Je Triebzug eine Überfahrrampe für Rollstuhl, vom Triebfahrzeugführer bedienbar. Sprechfunkanlage mit Tonbandgerät für Haltestellenansage.

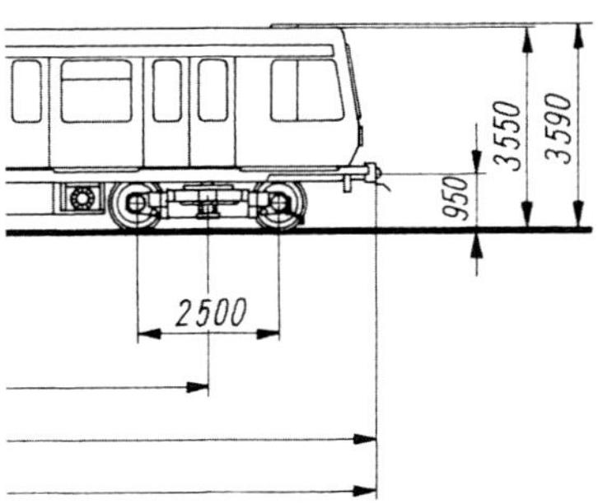

Elektrischer Teil

Anordnung: Gesamte elektrische Ausrüstung in Schränken im Führerstand und außerhalb des Wagenkastens.
Oberspannungsgeräte: Stromabnehmer an äußeren Drehgestellen, bestreichen Stromschiene von unten und Leitschiene seitlich. Überstromschnellschalter. Kurzschließer. Elektronischer Überspannungsableiter mit Thyristor.
Steuerung: Gleichstromsteller und elektropneumatische Schütze. Stellen der Motorspannung (Stellbereich 5 bis 97 %) und des Erregerstromes (Stellbereich 20 bis 100 %) der Fahrmotoren erfolgt unabhängig voneinander. Beide Fahrmotoren eines Drehgestelles in Reihe geschaltet. Beide Motorgruppen um 180° versetzt betrieben. Impulsbreitensteuerung mit Schaltfrequenz 300 Hz. Glättungsdrossel. Netzfilter. Schleuderschutz. Steuerung vollelektronisch. Fahr-Brems-Hebel für Steuerung des Fahr- und Bremsvorganges, verbunden mit Geschwindigkeits-Bremskraft-Wähler. Gleiche Beschleunigungs- und Verzögerungswerte unabhängig vom Belastungszustand durch Lasterfassung. Steuerspannung =110 V. Vielfachsteuerung von vier Triebzügen.
Fahrmotoren: Vierpolige Mischstromreihenschlußmotoren mit Wendepol- und Kompensationswicklung. Eigenbelüftet.
Elektrische Bremse: Kombinierte Nutz- und Widerstandsbremse, netzunabhängig und selbsterregt. Geringe Vorerregung aus Fahrzeugbatterie. Steuerung durch Gleichstromsteller. In Bremswiderständen wird nur die Bremsleistung umgewandelt, die vom Bahnenergienetz nicht aufgenommen wird.

Hilfseinrichtungen: Hilfsbetriebe Drehstromasynchronmotoren aus Bordnetz 50 Hz, 220/380 V. Hilfsbetriebeumformer. Außerdem Hilfsbetriebe mit =110 V. Nur Motor des Luftverdichters =750 V. Über Transformator und Drehstromgleichrichterbrücke Gleichstrom für Steuerung, Batterie gepuffert.
Fremdbelüftung für Gleichstromsteller. Zeitabhängige Sicherheitsfahrschaltung. Bordmikrorechner.

278.2

ET 170

Bo′2′Bo′ + Bo′2′Bo′

1959 bis 1972

Techn. Daten: Seite 322, 323

Die DR bezog in den fünfziger Jahren zahlreiche Vorortstrecken in den elektrischen S-Bahnbetrieb Berlins ein. In diesem Zusammenhang wurde auch der Bau eines Probezuges beschlossen. Eingehende Untersuchungen für die durch die baulichen Anlagen vorgegebene maximale Zuglänge von ca. 150 m bezüglich des Einsatzes von Drittelzügen mit verkürztem Mittelwagen oder Viertelzügen (Vollzug dann neun bzw. acht Wagen) ergaben, daß die Zugaufteilung der vorangegangenen Baureihen beibehalten werden sollte, wobei jedoch als kleinste Einheit der Vier-Wagen-Zug gewählt wurde. Fahrzeugtechnisch neu war, daß der Viertelzug Jakobs-Drehgestelle erhielt. Durch die ungleiche Radsatzanordnung sollte der Fahrzeuglauf verbessert werden, wobei man jedoch schlechtere Bedingungen für die Instandhaltung erhielt.
Bei der elektrotechnischen Ausrüstung wurde im wesentlichen auf Reservebestände der Baureihe ET 165 zurückgegriffen. Nur die Fahrmotoren waren neu konstruiert, da die größere Anfahrbeschleunigung von 0,7 m/s² und die für später vorgesehene elektrische Bremse eine höhere Leistungsfähigkeit erforderten. Während der Erprobung sollten dann nach und nach alle elektrischen Ausrüstungsteile durch neue ersetzt werden.
Der Triebzug bestand aus zwei Doppeltriebwagen mit einem gemeinsamen Jakobs-Drehgestell (ET a + ET b), die durch eine Kurzkupplung verbunden waren.
Die Triebzüge waren im S-Bw Erkner beheimatet und fuhren auf Einsatzlinien.
Die Triebzüge wurden nach Abschluß der Erprobung Ende 1960 abgestellt, da sie sich technisch und betrieblich nicht bewährt hatten. Insbesondere war die Fahrsteuerung zu grobstufig, so daß ein 20stufiges Schaltwerk eingesetzt werden sollte. Die Druckbelüftung und ihre automatische Temperaturregelung be-

Baureihe 278.2

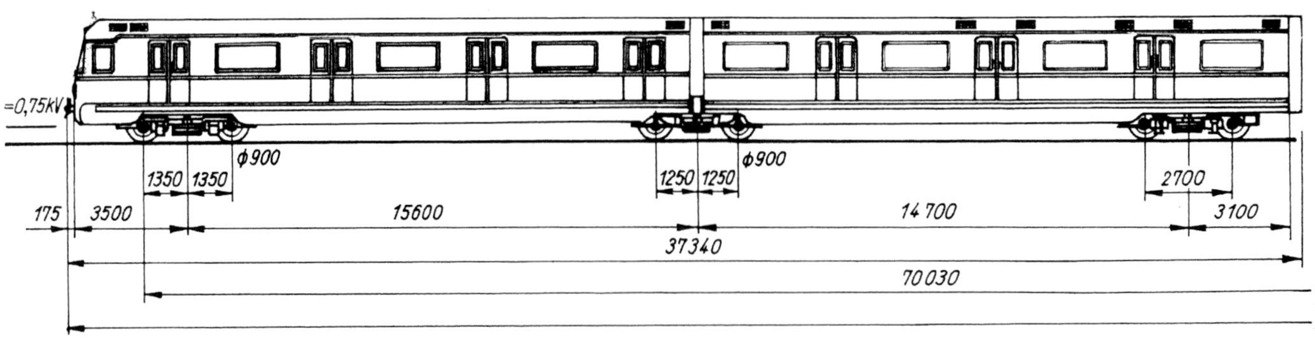

Triebzug der Baureihe ET 170 bei der Werkserprobung
Foto: H. Dieck

währten sich nicht. Letztlich gab es Probleme mit den Bremswegen. Der Halbzug ET 170 003 a bis ET 170 004 b wurde nach einer Aufarbeitung von 1966 bis 1970 im Betriebsdienst eingesetzt. Beide Halbzüge wurden 1969 bzw. 1972 ausgemustert und 1973 bzw. 1974 verschrottet.

Fahrzeugteil

Laufwerk: Drehgestelle Kastenkonstruktion, Rahmen vollständig geschweißt. Radsatzlager durch Radsatzlenker geführt. Wälzradsatzlager. Radsatzfederung Schraubenfedern. Wiegenfederung Schraubenfedern. Hydraulische Stoßdämpfer.
Laufdrehgestell Jakobsgestell.
Wagenkasten: Geschweißte Stahlleichtbaukonstruktion in Spantenausführung. Untergestell und Wagenkasten bilden gemeinsame, tragende Konstruktion. Seitenwände aus abgekanteten Blechprofilen und Wandblechen. Stirnenden abgerundet. Innerhalb des Triebzuges und am führerstandslosen Triebzugende durch Faltenbalg (innen) und Gummiband (außen) geschützte Übergänge. Am Führerstandsende keine Übergangsmöglichkeit. Ver-

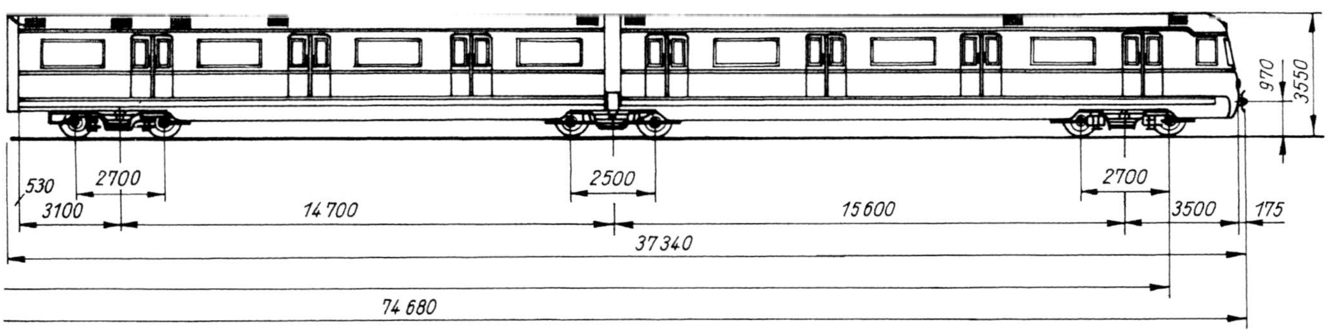

schiedene Drehzapfenabstände für bessere Laufruhe.
Zug- und Stoßvorrichtung: Am Stirnende selbsttätige Mittelpufferkupplung Bauart Scharfenberg, elektrische und pneumatische Leitungen werden mitgekuppelt. Kupplung vom Führerstand pneumatisch lösbar. Innerhalb Triebzug Hülsenkurzkupplung, einseitige Dämpfungspuffer.
Antrieb: Tatzlagerantrieb, zweiseitiges schrägverzahntes Getriebe.
Druckluftanlage: Luftverdichter, Hauptluftbehälter, Hauptluftbehälterleitung.
Bremse: Einlösige Klotzbremse Bauart Kp, durch elektrische Steuerung mehrlösig. Doppelte Bremssohlen. Spindelhandbremse. Mechanische Fahrsperre.

Fahrgastraum

Gestaltung: Dem S-Bahn-Verkehr angepaßt.
ETa: Führerstand; Traglastenraum; Großraum 2. Klasse mit vier und zwei halben Abteilen und drei Einstiegräumen.
ETb: Großraum 2. Klasse mit acht Abteilen und drei Einstiegräumen.
Keine Toiletten.
Einstieg: Vier bzw. drei Doppelschiebetüren je Wagenkastenseite, lichte Türweite 980 mm. Elektropneumatische Türschließeinrichtung. Trittstufenloser Zugang. Einstiegräume 1 600 mm breit. Einstiege und Fahrgasträume türlos verbunden.
2. Klasse: Großräume mit vier und zwei halben bzw. acht Abteilen und Mittelgang. Sitzplatzanordnung 2 + 2; Abteiltiefe 1 560 mm, Sitzplatzbreite 525 mm, Gangbreite 660 mm. Polsterbänke.
Traglastenabteil: Großraum mit Quer- und Längsbänken. Polsterbänke. Längsbänke mit je vier Sitzplätzen. Querbänke nach Umbau auf Einmannbetrieb entfallen.
Heizung: Druckbelüftung, als Zusatzheizung elektrische Widerstandsheizung. Selbsttätige Regelung durch Thermostate für Innen- und Außentemperatur.
Beleuchtung: Leuchtstofflampen, durchgehendes Leuchtenband, Speisung aus Umformer (500 Hz, 220 V). Notbeleuchtung mit Glühlampen =110 V.
Zusatzeinrichtung: Sprechanlage.

Elektrischer Teil

Anordnung: Gesamte elektrische Ausrüstung außerhalb des Wagenkastens. Im ETa vorwiegend elektrische Ausrüstung für Fahrmotorstromkreise, im ETb vorwiegend Ausrüstung für Hilfsstromkreise.
Oberspannungsgeräte: Stromabnehmer zum Bestreichen der Stromschiene von unten und der Leitschiene von der Seite. Je vier (später nur zwei) Stromabnehmer an den Triebdrehgestellen, untereinander verbunden. Wagenhauptsicherung. Hauptschütz (zwei Stück in Reihe geschaltet). Hilfsstromschütz.
Steuerung: Nockenschaltwerk, 13 Anfahr- und zwei Dauerfahrstufen. Fortschaltrelais. Zwei Beschleunigungsstufen. Schaltwerkantrieb durch Klinkwerk. Elektropneumatische Schaltgeräte. Steuerspannung =110 V. Vielfachsteuerung.
Fahrmotoren: Vierpolige Gleichstromreihenschlußmotoren mit Wendepol- und Kompensationswicklung (Typ GBM 150/800). Eigenbelüftet.
Elektrische Bremse: Später Einbau einer elektrischen Widerstandsbremse vorgesehen.
Hilfseinrichtungen: Steuerstromumformer =110 V, mit Batterie gepuffert. Steuerung später auf Einmannbetrieb umgebaut.

279.2
DB/DR 479

Bo
ab 1963
Techn. Daten: Seite 321

Im Thüringer Wald unterhält die DR in Fortsetzung der weltbekannten Oberweißbacher Bergbahn eine 2,6 km lange, elektrisch betriebene Nebenbahn von Lichtenhain nach Cursdorf. Diese Strecke dient heute ausschließlich dem Personenverkehr. Im Jahre 1979 wurde die Fahrleitungsanlage mit Hubschraubereinsatz völlig neu aufgebaut. Auch alle Fahrzeuge sind rekonstruiert und ermöglichen so noch einen langen Betriebseinsatz.
Der Triebwagen 279 201 (ex ET 188 531 in Zweitbesetzung) wurde im Jahre 1970 im Raw Schöneweide als Ersatz des Triebwagens mit gleicher Betriebsnummer aufgebaut.
Der Triebwagen 279 203 (ET 188 701 von 1963 bis 1970; s. S. 175) entstand im Jahre 1963 im Raw Schöneweide durch einen grundlegenden Umbau des ehemaligen Straßenbahn-Triebwagens ET 188 701.
Der Einsatz erfolgte je nach Verkehrsaufkommen als Einzelfahrzeug oder von beiden Triebwagen gekuppelt (dabei zog nur der jeweils vordere Triebwagen und der hintere Triebwagen lief als „Beiwagen"). Da bei Revisionsarbeiten nur ein Triebwagen zur Verfügung stand, der den Verkehr nicht allein bewältigen konnte, erhielt das Raw Schöneweide im Jahre 1973 den Auftrag, einen passenden Steuerwagen aus einem geeigneten Wagen des DR-Fahrzeugparkes aufzubauen. Gleichzeitig wurden beide Triebwagen auf Steuerwagenbetrieb umgebaut.
Der Steuerwagen 279 202 entstand 1974 durch Umbau des Beiwagens 190 840 (ex VB 140 518, ex VB 256 der Niederbarnimer Eisenbahn) im Raw Schöneweide. Der Steuerwagen wurde bis 1983 eingesetzt.
Der Triebwagen 279 205 entstand im Jahre 1984 als zweiter modernisierter Triebwagen im Raw Schöneweide aus dem Steuerwagen 279 202.

Fahrzeugteil

Laufwerk: Stählerner Fahrzeugrahmen. Lenkradsätze (bei 279 203 anfangs feste Radsatzführung), Radsatzhalter. Wälzradsatzlager (bei 279 203 anfangs Gleitradsatzlager). Radsatzfederung Blattfedern.
Wagenkasten: Geschweißte Stahlkonstruktion. Stirnenden bei 279 203 leicht abgeschrägt. Keine Übergangsmöglichkeit.
Zug- und Stoßvorrichtung: Schraubenkupplung und Hülsenpuffer.
Antrieb: Tatzlagerantrieb.
Druckluftanlage: Luftverdichter. Hauptluftbehälter. Hauptluftbehälterleitung.
Bremse: Klotzbremse Bauart Hikp.

Fahrgastraum

Gestaltung: Dem Nebenbahnverkehr angepaßt.

Triebwagen 279 201 (ex ET 188 531)
Foto: R. Zschech

Triebwagen
ET 188 701
(später 279 203)
Foto: K. Stiehler

Führerstand; Großraum 2. Klasse mit eineinhalb Abteilen; Einstiegraum; Großraum 2. Klasse mit eineinhalb Abteilen; Führerstand.
Einstieg: In Wagenmitte, doppelflüglige Schiebetür. Trittstufenloser Zugang.
2. Klasse: Großraum mit eineinhalb Abteilen und Mittelgang. Sitzplatzanordnung 2 + 2; Polstersitzbänke, 279 203 mit Holzlattenbänken ausgestattet.
Heizung: Elektrische Widerstandsheizung.
Beleuchtung: Glühlampen, in Reihenschaltung geregelt aus Oberleitung gespeist.

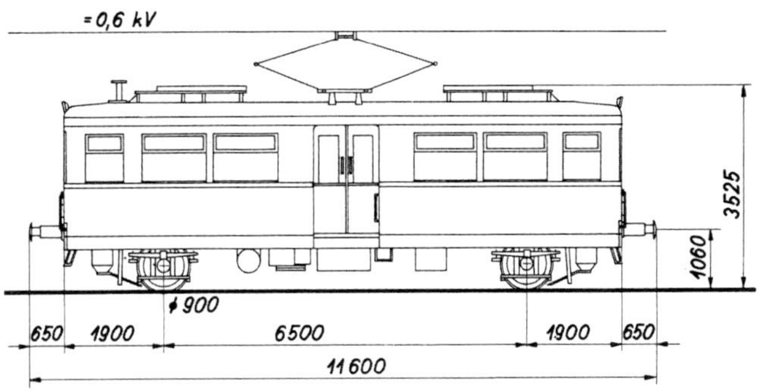

Triebwagen 279 201

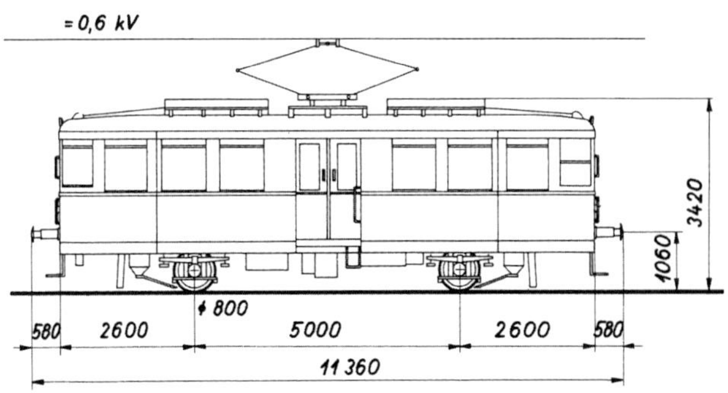

Triebwagen 279 203

Elektrischer Teil

Anordnung: Gesamte elektrische Ausrüstung außerhalb des Fahrgastraumes.
Oberspannungsgeräte: Scherenstromabnehmer mit Doppelschleifstück (bis 1979 von Fahrzeuglängsachse seitlich versetzt angeordnet).
Steuerung: Fahrschalter. Reihen-Parallel-Schaltung. Vielfachsteuerung (bei 279 201 und 279 203 ab 1975). Bei Steuerwagenbetrieb arbeiteten Anfahrwiderstände des Steuerwagens.
Fahrmotor: Vierpoliger Gleichstromreihenschlußmotor mit Wendepolwicklung (Typ USL 253a, später GFM 3127). Eigenbelüftet.
Elektrische Bremse: Eigenerregte Gleichstromwiderstandsbremse (nur von ET bedienbar).
Hilfseinrichtungen: Hilfsbetriebe =24 V, Umformer mit Batterie gepuffert. Sicherheitsfahrschaltung.

Steuerwagen 279.2
Techn. Daten: Seite 321

Fahrzeugteil: Triebwagen angepaßt.
Fahrgastraum: Einstiegraum; Großraum 2. Klasse mit fünf Abteilen und Traglastenraum; Einstiegraum. Einstiege an Wagenenden, trittstufenlos. Führerstand an einem Wagenende, mit Einstiegraum vereinigt, nur durch Geländer abgeteilt. Für Bordanlagen Umformer 600 V/24 V und Batterie =24 V.

Proto-Triebzug der Baureihe 280.0
Foto: Archiv transpress

280.0

Bo'Bo' + Bo'Bo' + Bo'Bo' + Bo'Bo'
1973 bis 1983
Techn. Daten: Seite 323

Mit dem Wachsen der Großstädte, häufig in Form von Satellitensiedlungen, vergrößert sich auch das Verkehrsbedürfnis in diesen Ballungsgebieten. So ist zur Bedienung dieser von der Innenstadt weiter entfernten Einzugsgebiete meist die Neubildung von S-Bahn-Strecken bzw. -Netzen unausbleiblich. Deshalb wurde für den S-Bahn-Verkehr der Bezirksstädte der DDR im mit Wechselstrom von 16 $^{2}/_{3}$ Hz elektrifizierten Streckennetz der DR die Triebzugbaureihe 280.0 entwickelt. Der erste Halbzug wurde der DR im Oktober 1973 übergeben. Anfang 1976 waren alle Erprobungen abgeschlossen, und ab 1977 wäre eine Serienfertigung eines wirtschaftlichen Triebzuges der sogenannten zweiten Fahrzeuggeneration möglich gewesen, die aber aus volkswirtschaftlichen Gründen nicht erfolgte (Vorrang des Baues von elektrischen Lokomotiven). Die Serienfahrzeuge sollten nach den damaligen Plänen im S-Bahn-Verkehr von Magdeburg, Leipzig, Halle (Saale) und Dresden eingesetzt werden.
Für die Triebzüge wurden zwei Fahrprogramme gefordert: bei einem durchschnittlichen Haltestellenabstand von 2 km eine Reisegeschwindigkeit von 50 km/h bei 80 km/h Höchstgeschwindigkeit und bei einem Haltestellenabstand von 5 km eine Reisegeschwindigkeit von 80 km/h bei 120 km/h Höchstgeschwindigkeit. Daraus resultiert eine maximale Anfahrbeschleunigung von 1,3 m/s^2. Bei der Konstruktion der Triebzüge waren ein geringer Wartungs- und Instandhaltungsaufwand sowie eine weitgehende Vereinheitlichung von Bauteilen und Ausrüstungsgruppen mit vorhandenen oder vorgesehenen elektrotechnischen Triebfahrzeugen zu berücksichtigen. Außerdem wurde dem Leichtbau große Aufmerksamkeit

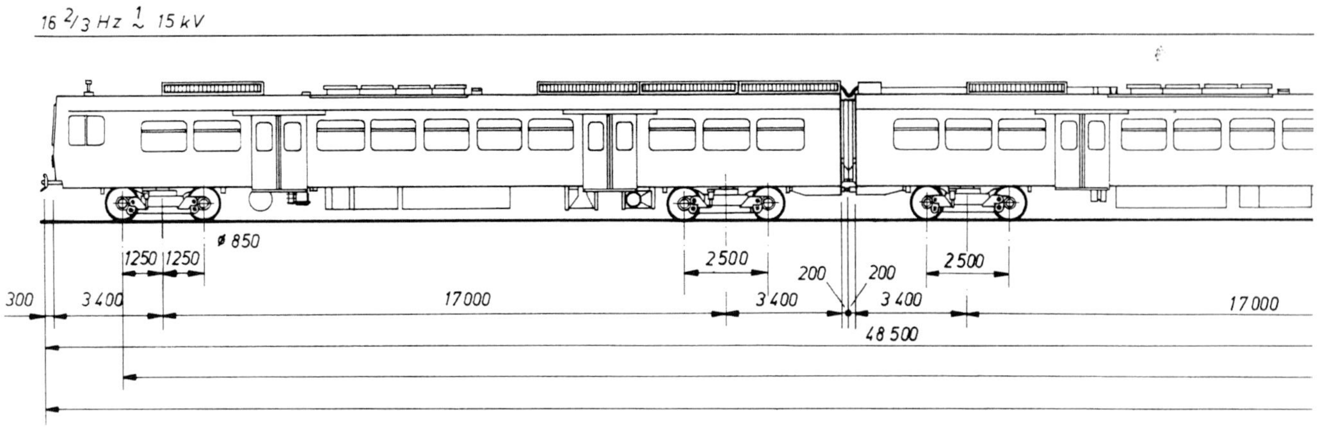

gewidmet, um den Energieverbrauch gering zu halten.
Ein Triebzug bestand aus vier kurzgekuppelten Wagen (kleinste Betriebseinheit), wobei je zwei Wagen eine Funktionseinheit bildeten.
Die Prototriebwagen wurden im Bw Leipzig Hbf West beheimatet. Der Probebetrieb erfolgte in Leipzig ab April 1975 auf der S-Bahn-Linie B (Leipzig Hbf–Wurzen) und in Magdeburg.
Die Triebwagen wurden 1983 ausgemustert. Ein Triebzug sollte noch als Erprobungsträger für die Drehstromantriebstechnik verwendet werden. Inzwischen werden sie als Bahndienstwagen für die Bahnstromwerke verwendet.

Fahrzeugteil

Laufwerk: Drehgestelle geschweißte Leichtbaukonstruktion, H-förmig ausgebildet. Drehzapfen verschleißarm und wartungsfrei gelagert. Radsatzlenker. Wälzradsatzlager. Radsatzfederung Schraubenfedern. Wiegenfederung Schraubenfedern. Erprobung von querbelastbaren Schraubenfedern (Flexicoilwirkung) zur Oberrahmenabfederung sowie von Luftfedern vorgesehen.
Wagenkasten: Geschweißte Stahlleichtbaukonstruktion, vorzugsweise aus Abkantprofilen. Innenliegende Trittstufen der Einstiege erforderten besondere Rahmenkonstruktion. Stirnenden abgerundet. Große Führerstandsfenster. Apparatekästen unterhalb Untergestell. Durch Gummiwülste geschützte Übergänge.
Zug- und Stoßvorrichtung: Selbsttätige Mittelpufferkupplung Bauart Scharfenberg, elektrische und pneumatische Leitungen werden mitgekuppelt. Innerhalb des Triebzuges Hülsenkurzkupplung mit seitlichen Dämpfungspuffern.
Antrieb: Tatzlagerantrieb, einseitiges geradverzahntes Getriebe. Erprobung von ungefedertem und gefedertem Großrad.
Druckluftanlage: Luftverdichter. Hauptluftbehälter. Hauptluftbehälterleitung.
Bremse: Mehrlösige Scheibenbremse Bauart KE, elektrisch steuerbar. Bremsscheibe auf freiem Wellenende der Fahrmotoren. Spindelhandbremse.

Fahrgastraum

Gestaltung: Dem S-Bahn-Verkehr mit schnellem Fahrgastwechsel und kurzen Reisezeiten angepaßt.
Triebwagen a: Führerstand; Großraum 2. Klasse mit Traglastenraum und acht Abteilen.
Triebwagen b: Großraum 2. Klasse mit elf Abteilen.
Keine Toiletten.
Einstieg: Gleichmäßig über Triebzug verteilt. Doppelflüglige Außenschiebetüren, lichte Weite 1 200 mm. Elektropneumatische Türschließeinrichtung. Einstieg über eine oder mehrere Trittstufen (wahlweise einrichtbar). Breite Einstiegräume, mit Fahrgasträumen türlos verbunden.
2. Klasse: Großräume mit acht und elf Abteilen und Mittelgang. Sitzplatzanordnung 2 + 2; Abteiltiefe 1 600 mm, Sitzplatzbreite 500 mm, Gangbreite 600 mm. Polsterbänke.
Heizung: Elektrische Widerstandsheizung, automatische Regelung. Nutzung der Bremsenergie.
Beleuchtung: Leuchtstofflampen als Leuchtband. Speisung aus Thyristorwechselrichter, 425 Hz, 220 V.

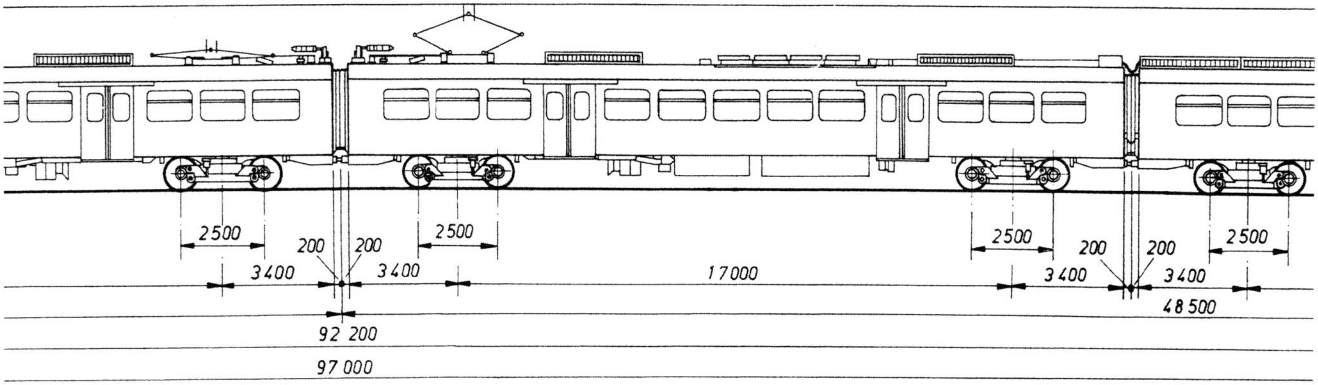

Elektrischer Teil

Baureihe 280.0

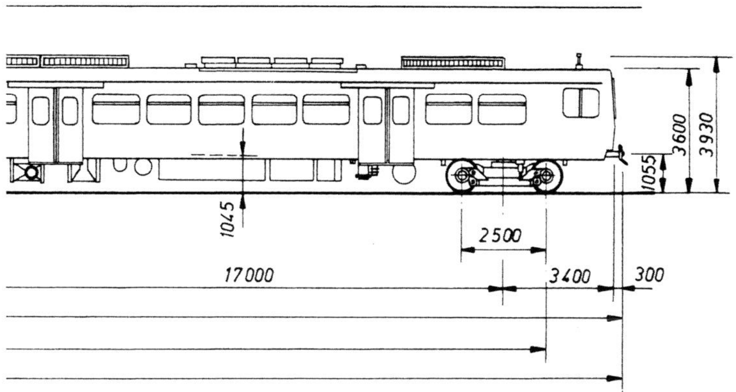

Anordnung: Elektrische Ausrüstung überwiegend außerhalb des Wagenkastens angeordnet. Je zwei Wagen des Triebzuges haben in sich abgeschlossene elektrotechnische Ausrüstung.
Oberspannungsgeräte: Auf führerstandslosem Wagen Scherenstromabnehmer Bauart RBS 58 mit Doppelschleifstück. Hauptschalter. Überspannungsableiter. Dachtrennschalter.
Haupttransformator: Öltransformator in Kernbauweise mit Scheibenwicklung (Typ BKWRBF 2001/15). Getrennte Oberspannungs-, Traktions-, Heizungs- und Hilfsbetriebewicklungen. Ölselbstumlauf mit äußerer Fremdkühlung. Fünf Anzapfungen für Fahrmotorstromkreise, eine Anzapfung für Heizung, zwei Anzapfungen für Hilfsbetriebe, Traktionsleistung 1 100 kVA, Heizleistung 80 kW, Hilfsbetriebeleistung 30 kVA.
Steuerung: Niederspannungsschaltwerk (vier Stufen) und Gleichrichterschaltungen mit Siliziumdioden und -thyristoren. Schaltwerk motorisch angetrieben. Kombinierte Amplitudenanschnittsteuerung ergibt kontinuierliches Stellen der Fahrmotorenspannung. Elektronische Übertragungssteuerung ermöglicht halbautomatischen Betrieb nach vorgegebenen Geschwindigkeits-Zeit-Funktionen.
Fahrt mit konstanter Geschwindigkeit sowie mit Auslauf. Steuerspannung =110 V. Vielfachsteuerung von drei Triebzügen.
Fahrmotoren: Vierpolige Wellenstromreihenschlußmotoren mit Wendepol- und Kompensationswicklung (Typ WMFB 0407-148). Fremdbelüftet. Feldglättungswiderstand.
Elektrische Bremse: Fahrdrahtabhängige elektrische Widerstandsbremse (für normalen Betriebslauf), die im unteren Geschwindigkeitsbereich und beim Halten durch Druckluftbremse ergänzt wird.
Hilfseinrichtungen: Sicherheitsfahrschaltung. Schleuderschutz. Gleitschutz. Fremdeinspeisung $\overset{1}{\sim}$ 50 Hz, 220 V für Steckdosen der Fahrzeugreinigung und für Beleuchtung. Funkeinrichtung. Fremdbelüftung für Drossel- und Gleichrichterschrank. Für Hilfsbetriebe Drehstromnetz $\overset{3}{\sim}$ 50 Hz, 380 V, von Umformer erzeugt. Steuerspannung =110 V von Thyristorgerät, gepuffert mit 100-Ah-Batterie.

285.2

ET 25 201

Bo′2′ + 2′2′ + 2′2′ + 2′Bo′
Bo′2′ + 2′2′ + 2′Bo′

1964 bis 1972

Techn. Daten: Seite 323

Der Triebzug war anfangs als dreiteilige Einheit gedacht, wurde jedoch noch vor dem Betriebseinsatz um einen weiteren Mittelwagen erweitert. Er entstand aus ehemaligen niederländischen Gleichstromtriebzügen, die sich bei Kriegsende in Mecklenburg befanden. Sie waren 1937/1938 geliefert worden. Verwendet wurden die Wagen ET 628 (ET 25 201 a), ET 615 (ET 25 201 b), EM 628 (EM 25 201 c) und EM 602 (EM 25 201 d). Später verkehrte der Triebzug nur dreiteilig.

Der Triebzug war im Bw Leipzig Hbf West beheimatet. Er war für den gemischten Schnell- und Personenzugdienst bestimmt. Als Schnellzug befuhr er die Strecken Magdeburg–Leipzig–Zwickau und später auch Leipzig–Erfurt sowie Magdeburg–Halle (Saale)–Erfurt. Der Triebzug wurde im Jahre 1972 ausgemustert, da er als Einzelfahrzeug keinen wirtschaftlichen Einsatz ermöglichte. Er diente dann als stationäres Lehrlingsausbildungskabinett im Bw Halle (Saale) P.

Als sich in den sechziger Jahren der elektrische Zugbetrieb bei der DR ausdehnte, war auch der verstärkte Einsatz von Triebzügen im Städteschnellverkehr vorgesehen. Bevor man Neubaufahrzeuge in Dienst stellen konnte, sollten Wagen des Schadparks zu Triebzügen umgebaut und modernisiert werden. Aus verschiedenen Gründen wurde jedoch nur ein Triebzug hergestellt. Durch die Rekonstruktion, die von den Raws Berlin-Schöneweide und Dessau durchgeführt wurde, entstand Ende 1964 ein moderner Triebzug, der im Sommer 1965 erstmals im planmäßigen Verkehr fuhr.

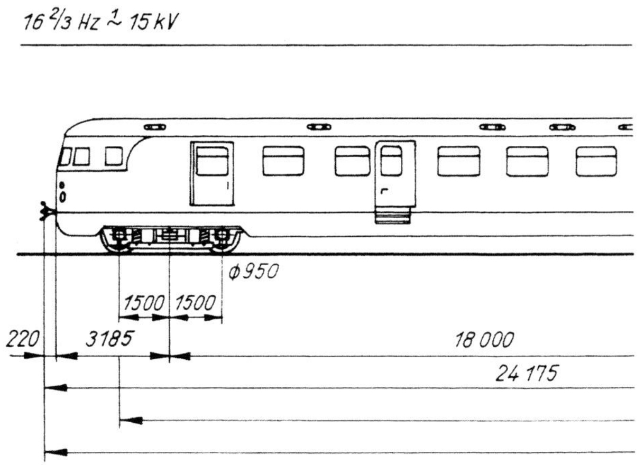

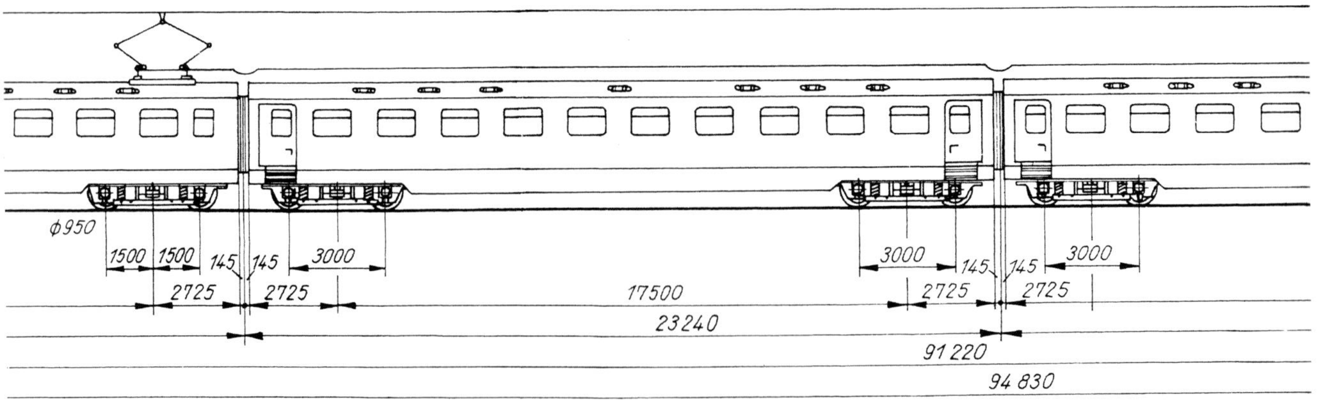

Baureihe 285.2, vierteilig

Triebzug der Baureihe 285.2 vierteilig (ex ET 25 201)
Foto: G. Fiebig

Fahrzeugteil

Laufwerk: Drehgestellrahmen vollständig geschweißt. Pendelwälzradsatzlager. Radsatzfederung zwei ineinandergesteckte Schraubenfedern, Gummischeibe und Gummidämpfer. Wiegenfederung Blattfedern mit Dämpfungsfedern.
Wagenkasten: Untergestell und Wagenkasten Schweißkonstruktion aus Profileisen und Blechen. Stirnenden abgerundet. Untergestell durch Schürzen verkleidet, abschnittweise als Bodenwanne ausgeführt. Am Kurzkupplungsende Blechverkleidungen zur Verringerung des Wagenabstandes. Innerhalb des Triebzuges durch Faltenbalg geschützte Übergänge.
Zug- und Stoßvorrichtung: Selbsttätige Mittelpufferkupplung Bauart Scharfenberg, die elektrische und pneumatische Leitungen mitkuppelte. Innerhalb des Triebzuges Schraubenkurzkupplung.
Antrieb: Tatzlagerantrieb, einseitiges schrägverzahntes Getriebe. Großrad gefedert.
Druckluftanlage: Luftverdichter, Hauptluftbehälter, Hauptluftbehäl-

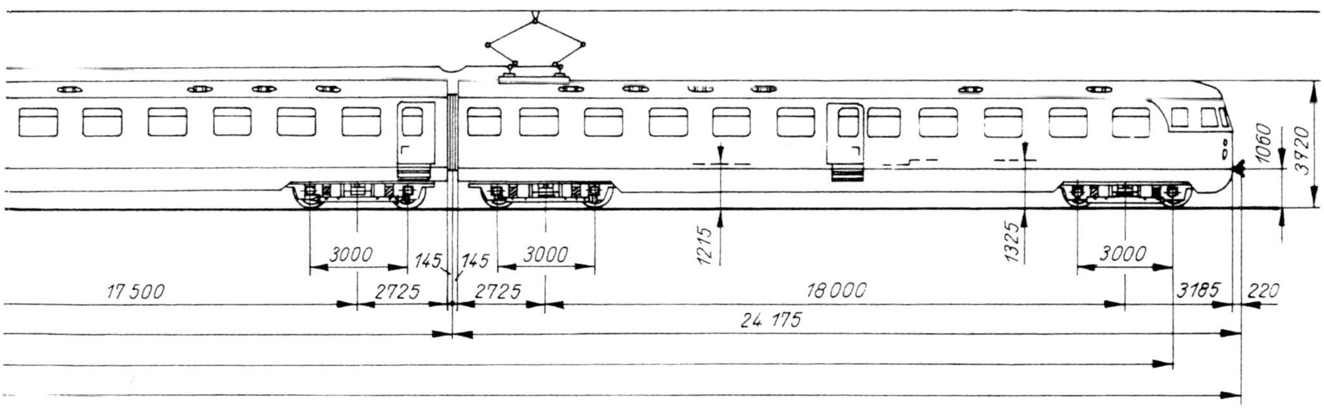

terleitung. Elektropneumatische Sandstreueinrichtung.
Bremse: Mehrlösige Klotzbremse Bauart KE-T, elektrisch steuerbar. Jedes Drehgestell hat eigenen Bremszylinder. Handbremse. Schleuderschutzbremse.

Fahrgastraum

Gestaltung: Dem Schnellzugverkehr angepaßt.
ETa: Führerstand; Gepäckraum; Wirtschaftsabteil; Einstiegraum; Großraum 2. Klasse mit sechs Abteilen; Toilette.
EMc: Einstiegraum; Großraum 2. Klasse mit fünf Abteilen; Großraum 2. Klasse mit fünf Abteilen; Einstiegraum.
EMd: Einstiegraum; Großraum 2. Klasse mit fünf Abteilen; Toiletten; Großraum 2. Klasse mit vier Abteilen; Einstiegraum.
ETb: Toilette; Großraum 2. Klasse mit viereinhalb Abteilen; Einstiegraum; zwei Großräume 1. Klasse mit je zwei Abteilen; Führerstand.
Einstieg: Gleichmäßig über Triebzug verteilt. Drehtüren mit verlagertem Drehpunkt. Zugang über drei Trittstufen. Im Triebwagen zwischen Einstiegraum und Wirtschaftsabteil bzw. 1.-Klasse-Großraum eine Trittstufe.
1. Klasse: Doppelabteile mit Mittelgang. Sitzplatzanordnung 1 + 2; Abteiltiefe 2 000 mm, Sitzplatzbreite 670 mm, Gangbreite 550 mm. Polstersitze.
2. Klasse: Großräume mit sechs, fünf, vier und viereinhalb Abteilen und Mittelgang. Sitzplatzanordnung 2 + 2; Abteiltiefe 1 960 mm, Sitzplatzbreite 515 mm, Gangbreite 540 mm. Polstersitzbänke.
Gepäckraum: 3 055 mm lang. Beidseitig breite Drehtür.
Wirtschaftsabteil: 2 840 mm lang.
Heizung: Elektrische Widerstandsheizung. Raumthermostate.
Beleuchtung: Leuchtstofflampen. Speisung aus Umformer.

Elektrischer Teil

Anordnung: Gesamte elektrische Ausrüstung außerhalb des Wagenkastens.
Oberspannungsgeräte: Scherenstromabnehmer RBS 58 mit Doppelschleifstück. Dachtrennschalter. Hochspannungssicherung.
Haupttransformator: Öltransformator in Kernbauweise und Sparschaltung (Typen ELT 11, ELT 12 oder BLT 109) oder Mantelbauweise und Sparschaltung (Typ TRB). Ölselbstumlauf mit äußerer Selbstkühlung. Zwölf Anzapfungen für Motorstromkreise (-435 V bis +480 V) und zwei Anzapfungen für Zugheizung. Traktionsleistung 330 kVA bis 410 kVA. Heizleistung 90 kW.
Steuerung: Niederspannungsnokkenschaltwerk mit zwölf Stufenschaltern, Fortschaltrelais. Steuerspannung =110 V. Vielfachsteuerung.
Fahrmotoren: Achtpolige Wechselstromreihenschlußmotoren mit Wendepol- und Kompensationswicklung (Typen ELM 10a oder ELM 10b). Eigenbelüftet.
Hilfseinrichtungen: Sicherheitsfahrschaltung. Fremdeinspeisung $\overset{1}{\sim}$ 50 Hz, 220 V für Steckdosen der Fahrzeugreinigung und Beleuchtung. UV-Strahler für Führerstandsinstrumente.

ET/ES 26[1]

Bo'2' + 2'2'

1945 bis 1952

Techn. Daten: Seite 326

Nach dem Ende des Zweiten Weltkrieges waren zahlreiche Triebzüge der Baureihe ET 25 schwer beschädigt. Da aber bei der DB ein dringender Bedarf an elektrischen Triebwagen bestand, wurde im Juni 1945 verfügt, betriebsfähige a- und b-Teile der Triebzüge ET 25 zu neuen Triebzügen zusammenzustellen. Aber die Schäden waren größer und Ersatzteile fehlten, so daß man zwei Triebzüge mit b-Wagen mit unvollständiger, d. h. nicht betriebsfähiger, elektrischer Ausrüstung als Steuerwagen einsetzte.
Diese „neue Baureihe" erhielt die Bezeichnung ET/ES 26[1]. Es wurden folgende Triebzüge zusammengestellt:
ET/ES 26 101 aus ETa 25 107 und ETb 25 102,
ET/ES 26 102 aus ETa 25 001 und ETb 25 105.
Zwei weitere Triebzüge waren noch geplant, aber die Wiederinstandsetzung wurde vorgezogen:
ET/ES 26 103 aus ETa 25 109 und ETb 25 110,
ET/ES 26 104 aus ETa 25 015 und ETb 25 004.
In den Jahren 1950 bis 1952 wurden die Triebzüge in ihrer elektrischen Ausrüstung komplettiert und als

ET 25 102″ und ET 25 105″ eingesetzt.

Fahrzeugteil

Unverändert von ET 25, ET 25¹ (s. S. 84)

Fahrgastraum

Unverändert von ET 25, ET 25¹ (s. S. 84), nur Fahrgasträume 2. Klasse.

Elektrischer Teil

Triebwagen unverändert von ET 25, ET 25¹ (s. S. 84), auf Steuerwagen Stromabnehmer beibehalten, übrige elektrische Ausrüstung unvollständig und nicht funktionsfähig, Führerstand als Steuerwagen arbeitsfähig.

ET/ES 174

Bo′ 2′2′
1954 bis 1967
Techn. Daten: Seite 326

Für den Gepäckverkehr auf Bahnhöfen der elektrisch betriebenen Hamburger S-Bahn wurde ab 1946 ein umgebauter Wechselstromtriebzug eingesetzt, der jedoch im Jahre 1952 ausgemustert wurde. Da der Wechselstrombetrieb bei der Hamburger S-Bahn im Auslaufen war, andererseits aber weiterhin ein Bedarf an einem Gepäcktriebzug bestand, wurde im Jahre 1954 der Wechselstromtriebzug 1643a/b (s. S. 76) in den Gepäcktriebzug ET/ES 174 001 umgebaut, nun für Stromschienenbetrieb mit =1,2 kV.

Im Jahre 1958 folgte noch ein weiterer Triebzug (ET/ES 174 002, ex 1642a/b; s. S. 76)

Beide Triebzüge waren bis zum Jahre 1966 im Bw Hamburg-Ohlsdorf auf den Strecken nach Blankenese und Bergedorf im Einsatz und wurden am 15. März 1967 ausgemustert.

Fahrzeugteil

Laufwerk: Trieb- und Laufdrehgestelle genieteter Rahmen. Mitteldrehgestell Jakobs-Drehgestell, trägt beide Wagenkästen. Wälzradsatzlager. Radsatzfederung Schrauben- und Blattfedern. Wiegenfederung Blattfedern.

Wagenkasten: Untergestell aus Profilträgern genietet. Wagenkasten genietete Stahlkonstruktion. Blechverkleidung mit zur Versteifung herangezogen. Tonnendach. Einbau breiter zweiflügliger Schiebetür in Wagenmitte; nicht benötigte alte Abteiltüren stillgelegt. Keine Übergangsmöglichkeit an Enden des Triebzuges. Innerhalb Triebzug offene Übergangsbrücke.

Triebzug der Baureihe ET/ES 174
Foto: H. Troche

Zug- und Stoßvorrichtung: Selbsttätige Mittelpufferkupplung Bauart Scharfenberg. Innerhalb Triebzug Kurzkupplung (keine Übertragung von Zugkräften über Jakobs-Drehgestell).
Antrieb: Tatzlagerantrieb.
Druckluftanlage: Luftverdichter. Hauptluftbehälter, Hauptluftbehälterleitung.
Bremse: Einlösige Klotzbremse Bauart Kp. Spindelhandbremse. Mechanische Fahrsperre.

Innenraum

Gestaltung: Dem Gepäckverkehr angepaßt.
ET: Führerraum; Gepäckraum.
ES: Gepäckraum; Führerraum.
Einstieg: Einfachschlagtüren, lichte Türweite 624 mm. Zugang über Trittstufen.
In Wagenmitte Doppelschiebetür, lichte Türweite 2 682 mm. Zugang trittstufenlos.
Gepäckraum: Länge 12 145 mm (ET) bzw. 12 328 mm (ES).
Heizung: Elektrische Widerstandsheizkörper, nur im Führerraum.
Beleuchtung: Glühlampen, Speisung =110 V aus Motorgenerator.

Elektrischer Teil

Anordnung: Elektrische Ausrüstung außerhalb der Gepäckräume.
Oberspannungsgeräte: Stromabnehmer, bestreichen Stromschiene seitlich. Je zwei Stromabnehmer an äußeren Drehgestellen, miteinander verbunden. Hauptsicherung. Kurzschließer.
Steuerung: Nockenschaltwerk, zehn Fahrstufen, davon eine Dauerfahrstufe. Stromwächter. Schaltwerkantrieb durch Drehmagneten. Beide Fahrmotoren ständig in Reihe geschaltet.
Fahrmotoren: Vierpolige Gleichstromreihenschlußmotoren mit Wendepol- und Kompensationswicklung (Typ GDTM 2463 a). Eigenbelüftet.

ET/ES 174

ET/ES 182

(1 A) (A 1) + 2′2′

1946 bis 1955

Techn. Daten: Seite 326, 327

Die Isartalbahn von München Isartalbahnhof nach Höllriegelskreuth-Grünwald, 1938 von der LAG durch die DRG übernommen, war eine Gleichstrombahn mit starkem Verkehrsaufkommen, dem die überalterten Triebwagen nicht mehr gerecht wurden. Da in den Nachkriegsjahren mit geringstem Aufwand eine Verbesserung der Verkehrsverhältnisse erreicht werden mußte, kam eine Neuentwicklung nicht in Frage, vielmehr prüfte man die Anpassung von Schadfahrzeugen, die sich im Bereich der heutigen DB befanden. Dies waren Trieb- und Steuer- bzw. Beiwagen der Berliner S-Bahn bzw.

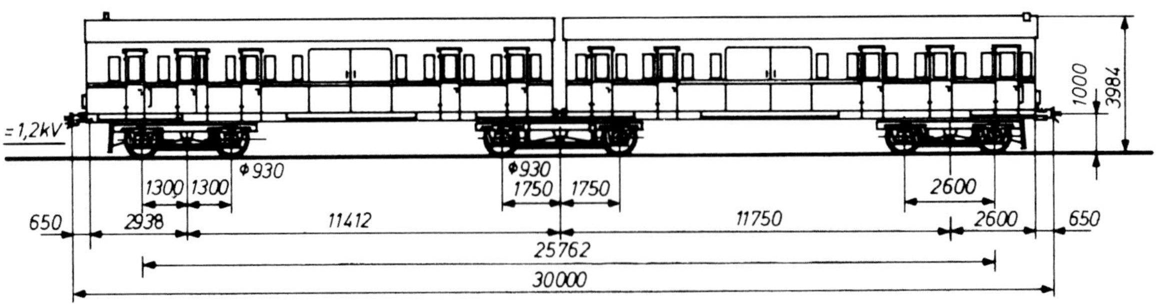

von der Werkbahn Peenemünde, die einen gleichartigen Fahrzeugteil hatten. Die Umbauarbeiten betrafen im wesentlichen die Einstiege und die elektrische Ausrüstung.

Der erste Triebzug, ET/ES 182 01, der ab 31. Juli 1946 auf der Isartalbahn eingesetzt wurde, entstand aus einem Triebzug der Werkbahn Peenemünde–Zinnowitz (Fahrzeugteil wie Baureihe ET 167, anstelle EB aber ES, 1941 gebaut, =1,2 kV Oberleitung). Im April 1950 ging er nach umfangreicher Modernisierung und Anpassung an die anderen Triebzüge erneut in Betrieb.

Die ET/ES 182 11 und ET/ES 182 12 entstanden aus Untergestellen und Wagenkästen für Beiwagen EB 167 (s. S 144), deren Fertigung bei der Firma Wegmann im Krieg eingestellt wurde. Sie wurden ab 7. Dezember 1949 bzw. 22. Dezember 1950 eingesetzt.

Der Triebzug ET/ES 182 21 entstand aus dem Triebzug ET/EB 165 636 (s. S. 135) der Berliner S-Bahn, der ohne elektrische Ausrüstung einer niederländischen Waggonfabrik zur Beseitigung von Kriegsschäden übergeben worden war, aber dem Raw Schöneweide nicht mehr zurückgeführt werden konnte. Bei Kriegsende war er in der Rbd Köln abgestellt. Er wurde ab 31. Mai 1949 eingesetzt.

Alle vier Triebzüge verkehrten auf der Isartalbahn bis zum Betriebsende am 22. März 1955 (Ausfall des Gleichrichters im Kraftwerk Maria Einsiedel). Diese Strecke wurde am 18. Mai 1955 mit dem Einheitssystem der DB ($1\sim 16\,^2/_3$ Hz, 15 kV) wieder in Betrieb genommen und später in das S-Bahn-Netz München eingegliedert.

Die Triebzüge waren zweiteilig und bestanden aus einem Trieb- und einem Steuerwagen.

Die Triebzüge wurden 1956/57 in $16\,^2/_3$-Hz-Triebzüge der Baureihe 426/826 (s. S. 214) umgebaut.

Fahrzeugteil

Laufwerk: Drehgestelle Kastenkonstruktion. Rahmen genietet bzw. geschweißt. Wälzradsatzlager. Radsatzfederung Blattfedern.

Wagenkasten: Untergestell aus Profilträgern und Wagenkasten aus Profilträgern und Blechen genietet bzw. geschweißt. Stirnenden abgerundet. Innerhalb des Triebzuges und an Stirnenden keine Übergangsmöglichkeit.

Zug- und Stoßvorrichtung: Schraubenkupplung und Hülsenpuffer, innerhalb Triebzug Hülsenkurzkupplung. ET/ES 182 01 anfangs am Triebzugende selbsttätige Mittelpufferkupplung Bauart Scharfenberg.

Antrieb: Tatzlagerantrieb.

Druckluftanlage: Luftverdichter. Hauptluftbehälter. Hauptluftbehälterleitung.

Bremse: Mehrlösige Klotzbremse Bauart Hikp. Spindelhandbremse.

Fahrgastraum

Gestaltung: Dem Vorortverkehr angepaßt. Großräume 2. Klasse. Einstieg und Fahrgasträume türlos verbunden.

Einstieg: Doppelschiebetüren, lichte Weite 920 mm bzw. 940 mm. Zugang über Trittstufen.

2. Klasse: Großraum mit Abteilen und Mittelgang. Sitzplatzanordnung 2 + 2; Abteiltiefe unterschiedlich.

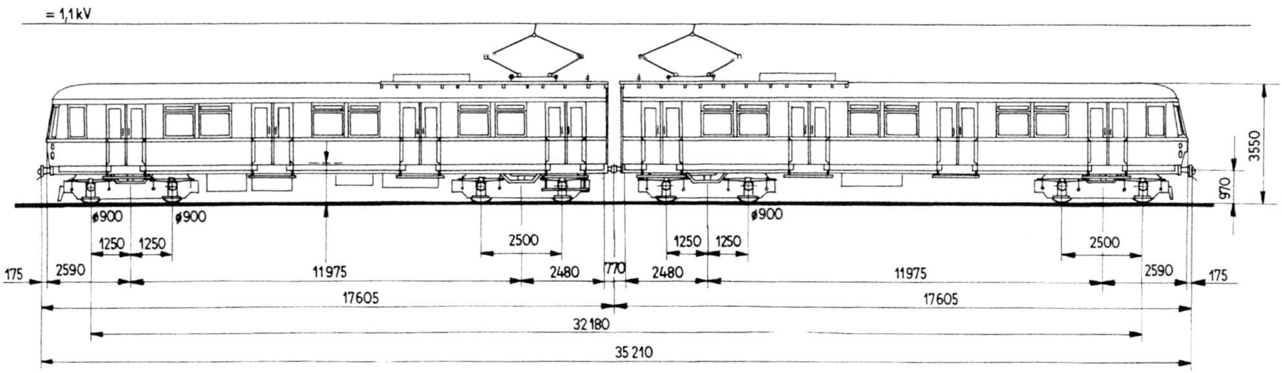

ET/ES 182 01, Erstausführung

Heizung: Elektrische Widerstandsheizung.
Beleuchtung: Glühlampen.

Elektrischer Teil

Anordnung: Gesamte Ausrüstung außerhalb des Fahrgastraums.
Oberspannungsgeräte: Zwei Scherenstromabnehmer auf ET (bei ET/ES 182 01 anfangs auf ET und ES).
Steuerung: Nockenschaltwerk. Stromwächter. Schaltwerkantrieb durch zwei Drehmagnete.
Fahrmotoren: Vierpolige Gleichstromreihenschlußmotoren mit Wendepolwicklung. Eigenbelüftet.
Hilfseinrichtungen: Sicherheitsfahrschaltung.

ET 195

B'2'

1954 bis 1961

Techn. Daten: Seite 327

Bis zum Jahre 1959 unterhielt die DB die elektrisch betriebene schmalspurige Strecke Ravensburg–Baienfurt (6,6 km). Ihrem Charakter nach zunächst eine Überlandstraßenbahn, wandelte sie sich jedoch durch das Ausdehnen dieser Gemeinden immer mehr zu einer innerstädtischen Straßenbahn. Da die eingesetzten Triebwagen der Baureihen ET 196 und ET 197 wegen Überalterung dem Verkehr nicht mehr gerecht werden konnten, beschaffte die DB im Jahre 1954 zur Ergänzung zwei Triebwagen, die den Gesichtspunkten des modernen Straßenbahnwagenbaus entsprachen.

Im Entwurfsheft wurden gefordert: Höchstgeschwindigkeit mindestens 40 km/h, möglichst 60 km/h, Zweirichtungswagen mit einseitigem Einstieg, Anfahrbeschleunigung mindestens 1,0 m/s², maßgebende Neigung 5 ‰ und maximale Neigung 30 ‰ auf 5 % der Streckenlänge, Vielfachsteuerung, elektrische Bremse neben Druckluft- und Magnetschienenbremse. Fassungsvermögen der Zugeinheit bei Doppeltraktion 200 Personen. Diese Forderungen zeigen, daß es sich bei diesen Triebwagen nicht um einen konventionellen Straßenbahnwagen handelte.
Beide Triebwagen waren bis zum Jahre 1959 im Einsatz (Bw Friedrichshafen), als der Betrieb wegen der schwierigen Straßenverhältnisse auf Bahn-Bus-Betrieb umgestellt wurde. Nach der Ausmusterung am 30. Juni 1961 waren die Wagen in verändertem Zustand bei der Rotterdamsche Tramweg Maatschappij (R. T. M.) auf der 1 067-mm-Schmalspurstrecke Rotterdam Zuid–Oostvoorne eingesetzt. Man hatte sie zu Motorwagen eines dreiteiligen dieselelektrischen Zuges umgebaut und dabei die elektrotechnische Ausrüstung (außer Stromabneh-

ET 195

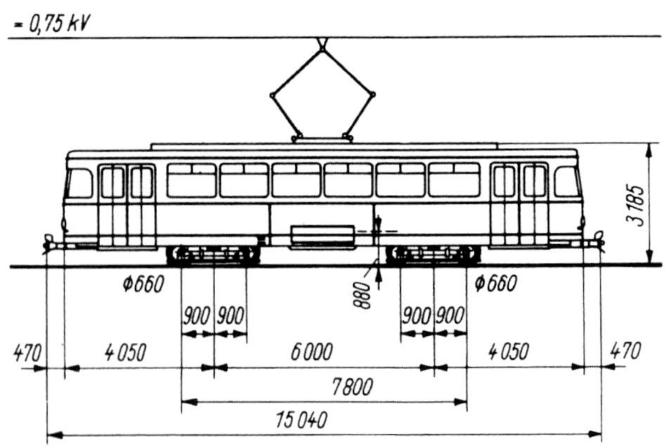

mer) unverändert beibehalten. Der Dieselmotor (155 kW) befand sich im Mittelwagen, der auch als Steuerwagen verwendet werden konnte. Seit 1967 verkehrt dieser Zug auf der Zillertalbahn in Österreich als Triebwagenzug VT 1.

Triebwagen ET 195 01
Foto: J. Deppmeyer

Fahrzeugteil

Laufwerk: Drehgestellrahmen geschweißte Stahlkonstruktion. Wälzradsatzlager. Kastenfederung Schraubenfedern.
Wagenkasten: Geschweißte leichte Stahlkonstruktion. Stirnenden fischbauchartig eingezogen. Stirnenden abgerundet. Keine Übergangsmöglichkeit.
Zug- und Stoßvorrichtung: Selbsttätige Mittelpufferkupplung, Bauart Bergische Stahl-Industrie. Elektrische und pneumatische Leitungen werden mitgekuppelt.
Antrieb: Radsatzgetriebe, Bauart Düwag, Kegelräder. Ein Fahrmotor im Triebdrehgestell in Fahrzeuglängsachse.
Druckluftanlage: Luftverdichter, Hauptluftbehälter, Hauptluftbehälterleitung.
Bremse: Scheibenbremse. Ratschenhandbremse. Magnetschienenbremse. Elektrische Bremse.

Fahrgastraum

Gestaltung: Dem straßenbahnähnlichen Nahverkehr angepaßt. Wagenkasten nur ein Großraum, bestehend aus Führerstand, Einstiegraum, sechs Abteilen 2. Klasse, Einstiegraum und Führerstand.
Einstieg: An Wagenenden, nur auf einer Wagenseite, doppelflüglige Drehtür, nach innen öffnend. Zugang über Trittstufen.
2. Klasse: Großraum mit sechs Abteilen und Mittelgang. Sitzplatzanordnung 1 + 2; Abteiltiefe 1 447 mm, Sitzplatzbreite 485 mm bzw. 460 mm, Gangbreite 629 mm. Polstersitzbänke.
Heizung: Elektrische Widerstandsheizkörper.
Beleuchtung: Glühlampen =110 V, in Reihe geschaltet, aus Fahrleitung gespeist.

Elektrischer Teil

Anordnung: Gesamte elektrische Ausrüstung außerhalb Fahrgastraum.
Oberspannungsgeräte: Scherenstromabnehmer leichter Bauart mit Doppelschleifstück. Hauptschütz, elektropneumatisch betätigt.
Steuerung: Schützensteuerung, elektropneumatisch von Fahrschalter betätigt. Zwölf Anfahr- und drei Shuntierungsstufen. Feldschwächung auf 20 %. Keine Reihen-Parallel-Schaltung (nur ein Motor). Steuerspannung =24 V. Vielfachsteuerung.
Fahrmotor: Vierpoliger Gleichstromreihenschlußmotor mit Wendepol- und Kompensationswicklung. Eigenbelüftet.
Elektrische Bremse: Eigenerregte Gleichstromwiderstandsbremse, durch Batterie auch fremderregt; bei elektrischer Bremse Laufdrehgestell luftgebremst.
Hilfseinrichtungen: Umformer mit Batterie gepuffert, =24 V für Steuerspannung.

ET 255

Bo′2′ + 2′Bo′

1950 bis 1960

Techn. Daten: Seite 327

Der ET 255 01 war der einzige Triebzug auf der 50-Hz-Großversuchsstrecke, der Höllentalbahn. Er war 1948 von der damaligen Südwestdeutschen Eisenbahn (SWDE) auf Veranlassung der französischen Besatzungsmacht (und später in Zusammenarbeit mit der SNCF) in Auftrag gegeben worden, um auch für Triebwagen Erfahrungen mit 50-Hz-Ausrüstungen zu sammeln. Auf Grund der guten Betriebsergebnisse mit der Lokomotive E 244 21 wurden der Triebzug und die gleichzeitig gefertigte Lokomotive E 244 22 mit 50-Hz-Kommutatormotoren ausgerüstet. Die elektrische Ausrüstung lieferten die SSW, während den Fahrzeugteil die Waggonfabrik Rastatt aus dem kriegsbeschädigten Triebzug ET a/ET b 25 026 (s. S. 84) herstellte.

Das Betriebsprogramm forderte für den vollbesetzten Triebzug (131 t) auf einer Steigung von 55 ‰ noch 60 km/h. Um die Radreifen bei Gefällefahrten zu schonen, sollte eine elektrische Bremse im Bereich von 90 km/h bis 35 km/h wirksam sein. Die maximale Neigung der Höllentalbahn beträgt 55 ‰, die bergwärts mit 60 km/h und talwärts mit 40 km/h befahren werden durfte.

Erschwerend auf die Konstruktion des elektrischen Teils wirkten sich die Wiederverwendung eines vorhandenen Fahrzeugs, das vorgesehene starke Betriebsprogramm auf der Strecke, der Einbau einer elektrischen Bremse und die besonderen bremstechnischen Einrichtungen aus. Trotzdem konnten alle Ausrüstungsteile außerhalb des Wagenkastens unter dem Wagenfußboden untergebracht werden.

Der Triebzug bestand aus zwei kurzgekuppelten Triebwagen. Im November 1950 begannen die Probefahrten und ab Januar 1951 der planmäßige Dienst.

Der Einsatz erfolgte vorrangig auf der Dreiseenbahn, aber auch als Eilzug Freiburg (Breisgau)–Seebrugg verkehrte er. Der Triebzug bewährte sich gut. Er zeigte immer wieder, wie vorteilhaft sich beim Triebwagenverkehr der 50-Hz-Kommutator wegen der günstigen Motorleistung anwenden läßt. Anlaufschwierigkeiten hatten lediglich die einphasigen Induktionsmotoren der Hilfsbetriebe bei sinkender Fahrdrahtspannung. Mit einer verbesserten Lüftung der Fahrmotoren konnte die Leistungsfähigkeit des Triebzugs weiter erhöht werden, um auf Steigungsstrecken noch Anhängemassen von 20 t befördern zu können.

Die Außerdienststellung des Triebzuges im Jahre 1960 war durch die Systemumstellung der Höllentalbahn bedingt. Der Triebzug wurde in einen $16^2/_3$-Hz-Triebzug umgebaut und als ET 45 01 (s. S. 229) bezeichnet.

ET 255 (Ursprungsausführung)

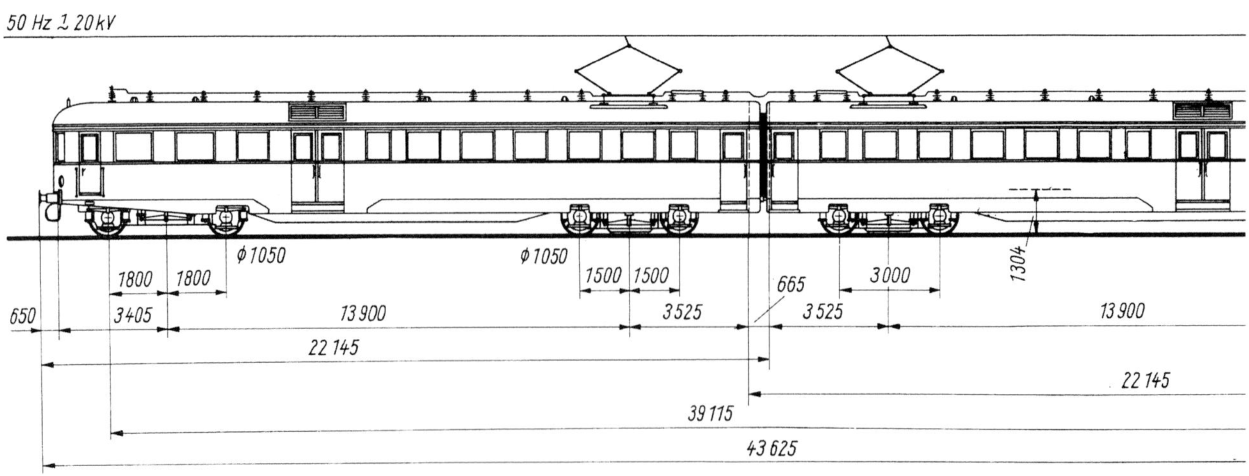

Fahrzeugteil

Laufwerk: Drehgestelle geschweißte Profilträgerkonstruktion. Brückenträger der Wiege der Triebdrehgestelle besonders flach. Peyinghaus-Gleitradsatzlager. Radsatzfederung Blatt- und Schraubenfedern. Wiegenfederung Blatt- und Schraubenfedern.
Wagenkasten: Schweißkonstruktion aus Profilstahl und Stahlblech. Hauptquerträger für Triebdrehgestelldrehzapfen besonders kräftig, da an ihm der Haupttransformator hing. Innenliegende Trittstufen der Einstiege erforderten besondere Rahmenkonstruktion. Stirnenden abgerundet. An Stirnenden keine Übergangsmöglichkeit. Innerhalb Triebzug durch Faltenbalg geschützter Übergang.
Zug- und Stoßvorrichtung: Schraubenkupplung und Hülsenpuffer. Innerhalb Triebzug Schraubenkurzkupplung mit einseitigen Puffern.
Antrieb: Tatzlagerantrieb, zweiseitiges schrägverzahntes Getriebe. Großrad gefedert.
Druckluftanlage: Luftverdichter. Hauptluftbehälter. Hauptluftbehälterleitung. Sandstreueinrichtung. Spurkranzschmierung.
Bremse: Mehrlösige Klotzbremse Bauart Hikp. Magnetschienenbremse. Elektrische Bremse. Öldruckhandbremse.

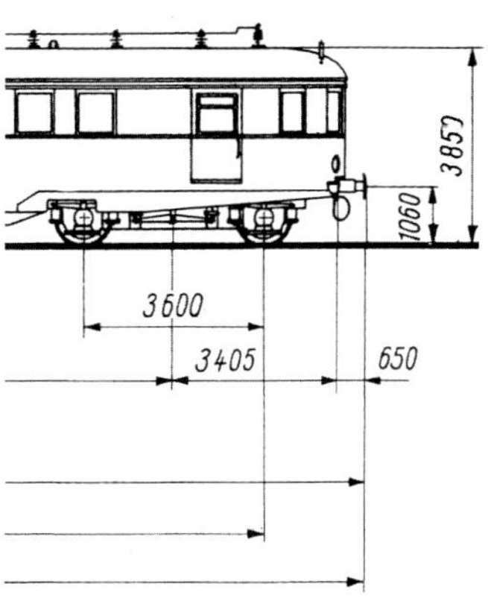

Triebzug ET 255 01
Foto: BZA München

Fahrgastraum

Gestaltung: Dem Personenverkehr angepaßt.
Triebwagen a: Führerstand; Gepäckraum; Traglastenraum; Einstiegraum; Großraum 2. Klasse mit sechseinhalb Abteilen; Einstiegraum.
Triebwagen b: Einstiegraum; Großraum 1. Klasse mit zwei Abteilen; Großraum 2. Klasse mit viereinhalb Abteilen; Einstiegraum; Traglastenraum; Führerstand.
Einstieg: Je Wagen eine Doppel- und eine Einfachschiebetür, lichte Türweite 780 mm. Zugang über Trittstufen.
1. Klasse: Großraum mit zwei Abteilen und Mittelgang. Sitzplatzanordnung 2 + 3; Abteiltiefe 1 550 mm. Polstersitzbänke.
2. Klasse: Großräume mit viereinhalb und sechseinhalb Abteilen und Mittelgang. Sitzplatzanordnung 2 + 3; Abteiltiefe 1 550 mm. Polstersitzbänke.
Traglastenabteil: In ETa zehn Klappsitze, in ETb 20 Klappsitze.
Gepäckraum: Beidseitig einflüglige Schiebetür.
Heizung: Elektrische Widerstandsheizkörper, Heizschütze, Abteilschalter.
Beleuchtung: Glühlampen 1~ 50 Hz, 220 V; Notbeleuchtung Glühlampen =24 V. Speisung aus Batterie.

Elektrischer Teil

Anordnung: Gesamte elektrische Ausrüstung außerhalb Wagenkasten.
Hochspannungsgeräte: Scherenstromabnehmer SBS 38 mit verringerter Wippenbreite der Höllentalbahn. Dachumschalter. Zwei Hochspannungssicherungen.

Haupttransformator: Öltransformator mit liegendem Kern und Scheibenwicklung in Sparschaltung (Typ WBT 394). Ölselbstumlauf mit äußerer Selbstkühlung. Zwölf Anzapfungen für Traktion (0, 135 V bis 567 V) und zwei Anzapfungen für Heizung (800 V und 1 000 V). 216-V-Klemme auch für Steuerung und Hilfsbetriebe. Traktionsleistung 700 kVA.
Steuerung: Niederspannungsnokkenschaltwerk mit elf Stufen- und zwei Lastschaltern. Fortschaltrelais. Schaltwerkantrieb durch Motor. Elf Fahr- und elf Bremsstufen. Richtungsschütze. Fahrbremswender (elektropneumatisch). Steuerspannung 1~50 Hz 200 V und =24 V, wahlweise dem ETa oder dem ETb entnehmbar. Vielfachsteuerung.
Fahrmotor: Zwölfpoliger Wechselstromreihenschlußmotor mit Wendepol- und Kompensationswicklung (Typ WBM 244). Parallel zur Wendefeldwicklung ohmsche Widerstände zur Verbesserung der Kommutierung im Fahrbetrieb. Später fremdbelüftet, dann nochmals verstärkt.
Elektrische Bremse: Fahrdrahtabhängige fremderregte Wechselstrom-Widerstandsbremse. Bremswiderstände fremdbelüftet, unterhalb Wagenkasten.
Hilfseinrichtungen: Antriebe der Hilfsbetriebe 50-Hz-Einphasen-Asynchronmotoren. Lüfter für Fahrmotoren und Bremswiderstände. Batterie =24 V, 2 × 120 Ah, gepuffert mit Trockengleichrichter und Gleichrichtertransformator. Handluftverdichter in ETa für Stromabnehmer. Stromteiler, Bremserregertransformator, Kommutierungstransformator und Kommutierungsdrosselspulen in besonderem Ölkessel. Schleuderschutz. Sicherheitsfahrschaltung.

401/801/802/803/804

DB/DR 401/801/802/803/804

Bo'Bo'+max. 14·2'2'+Bo'Bo'

ab 1991

Techn. Daten: Seite 327, 328

Mit dem Fahrplanwechsel am 2. Juni 1991 begann bei der DB der planmäßige Hochgeschwindigkeitsverkehr mit dem neuen „Flaggschiff" des ICE-Triebzuges (ICE = Intercity-Expreß) auf der IC-Linie 6 zwischen Hamburg und München über Frankfurt/Main–Mannheim–Stuttgart im Stundentakt.
Der Triebzug ist für den Schnellverkehr bis zu einer Geschwindigkeit von 280/300 km/h vorgesehen und eine Weiterentwicklung des Erprobungsträgers (Baureihe 410/810, s. S. 207). Noch während der letzten Erprobungsabschnitte gab die DB im Sommer 1988 die ersten Aufträge zum Bau des Serientriebzuges. Zahlreiche Probleme mußten überwunden werden, bevor alle Züge komplett zusammengestellt und nach eingehenden Erprobungsfahrten den planmäßigen Verkehr aufnehmen konnten. Zahlreiche Hochgeschwindigkeitsfahrten (bis zu 310 km/h) fanden statt, um die Betriebssicherheit nachzuweisen und zu verbessern. Ein Triebzug kostet ca. 50 Millionen DM.
Der Betriebseinsatz erfolgt vom neugebauten ICE-Betriebswerk Hamburg-Eidelstedt aus, in dem alle Fahrzeuge beheimatet sind und gewartet werden. Nach jedem Umlauf wird der Triebzug im Bw kontrolliert und gereinigt. Die Betriebszuverlässigkeit konnte inzwischen weiter verbessert werden. Bei Ausfall eines Triebkopfes ist die Einsatzfähigkeit stark eingeschränkt, da z. B. die Geislinger Steige zwischen Stuttgart und Ulm mit nur einem Triebkopf nicht bewältigt wird. Andererseits ist der ICE, für den ein erhöhter Fahrpreis erhoben wird, von den Reisenden schnell aufgenommen worden und stellt eine Alternative zum Pkw und zum Flugzeug dar, getreu dem Einführungsmotto „Doppelt so schnell wie das Auto, halb so schnell wie das Flugzeug".
Die Serientriebzüge bestehen aus 2 Triebköpfen und 9 bis maximal 14 Mittelwagen. Die Einheit ist im Betrieb nicht trennbar. Sie bildet ein geschlossenes Zugbild, lediglich der

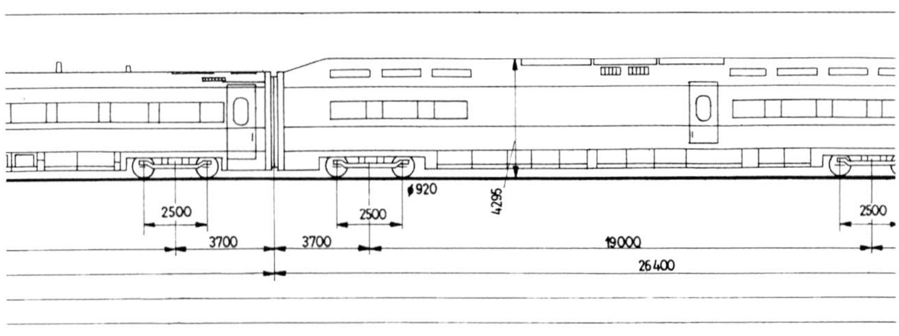

ICE-Triebzüge beim Systemhalt in Mannheim Hbf
Foto: R. Zschech

Bordrestaurant-Wagen ragt höher hinaus („Buckelwagen"). Das erste Verkehrskonzept für die IC-Linie 6 sieht zwischen den Triebköpfen 4 Wagen 1. Klasse, das Bordrestaurant, den Wagen mit Sondereinrichtungen und 7 Wagen 2. Klasse vor. Deshalb umfaßte die erste Lieferung 41 Triebzüge mit
82 Triebköpfen Baureihen 401.0 und 401.5,
105 Mittelwagen Avmz, Baureihe 801,
41 Mittelwagen Avmz mit Telefon, Baureihe 801.8,
246 Mittelwagen Bvmz, Baureihe 802,
41 Mittelwagen BSmz, Baureihe 803 und
41 Mittelwagen WSmz, Baureihe 804.

Die Züge haben folgende Zugbildung:
401 (TK 1) – 802.8 (Wagen 1, Bvmz) – 802.6 (Wagen 2, Bvmz) – 802.3 (Wagen 3 bis 5, Bvmz) – 802.0 (Wagen 6 und 7, Bvmz) – Wagen 8 nicht besetzt – 803.0 (Wagen 9, BSmz) – 804.0 (Wagen 10, WSmz) – 801.0 (Wagen 11 und 12, Avmz) – 801.4 (oder 801.0) (Wagen 13, Avmz) – 801.8 (Wagen 14, Avmz) – 401 (TK 2).

Auf der IC-Linie 4 (Hamburg–Würzburg–Nürnberg–München, seit Sommerfahrplan 1992) verkehrt der Triebzug mit elf Mittelwagen. Daran

ICE-Serientriebzug (401/801/802/803/804)

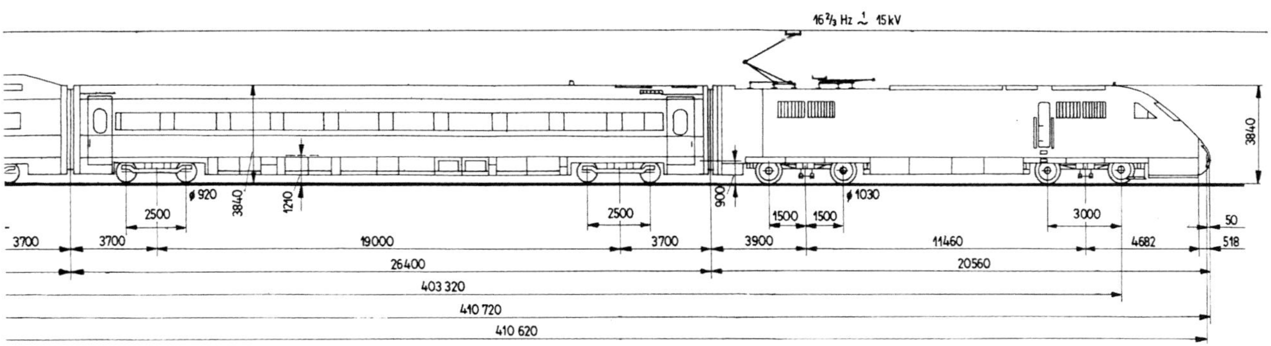

schloß sich seit Herbst 1992 die Relation Hamburg–Frankfurt/Main–Basel (–Zürich) (neue IC-Linie 3) an.
Auf der Linie 6 (Hamburg–Frankfurt/Main–München) legt der Triebzug die 950 km lange Strecke in 7 h 27 min zurück. Enthalten sind zwei Abschnitte der Neubaustrecken, die eine Höchstgeschwindigkeit von 250 km/h ermöglichen, sowie Abschnitte von Ausbaustrecken mit einer Fahrgeschwindigkeit von 200 km/h, aber auch zwei Kopfbahnhöfe, auf denen dank der beiden Triebköpfe Aufenthaltszeiten einschließlich Personalwechsel von nur 4 min notwendig sind.
Mit 14 Mittelwagen hat der Triebzug folgende Fahrleistungen:
Anfahrt von 0 auf 100 km/h in 1 min 6 s und einem Weg von 900 m,
Anfahrt von 0 auf 200 km/h in 3 min 20 s und einem Weg von 6 850 m,
Anfahrt von 0 auf 250 km/h in 6 min 20 s und einem Weg von 18 350 m.
Der Bremsweg beträgt bei Betriebsbremsung ($b = 0{,}5\ m/s^2$) 4 820 m und bei Schnellbremsung ($b = 1{,}05\ m/s^2$) noch 2 300 m.
Für den grenzüberschreitenden Verkehr in Länder mit anderen Bahnenergiesystemen (z. B. Frankreich, Belgien, Niederlande) ist ab 1995 der Einsatz eines Mehrsystem-Triebzuges (ICE-M, Baureihe 411/811) vorgesehen, der in sechs Mittelwagen 350 bis 370 Reisenden Platz bieten soll und in einigen technischen Ausführungen abweichen wird.

Fahrzeugteil

Laufwerk: Triebdrehgestelle geschweißte Stahlkonstruktion. Kraftübertragung über Zug-Druck-Stangen in Tiefanlenkung. Schraubenfedern für primäre und sekundäre Abfederung. Einseitige Radsatzlenker mit Gummilagern. Radsatzwellen hohlgebohrt. Monobloc-Radscheiben. Wälzlager.
Laufdrehgestelle geschweißte Stahlkonstruktion mit Wiege und einseitiger längselastischer Radsatzanlenkung über Doppelblattlenker, Bauart MD 530. Monobloc-Radscheiben. Primär- und Sekundärfederung Schraubenfedern. Wälzlager. Doppelte Drehhemmung durch Kunststoffreibflächen. Einbau zusätzlicher Wankstützen möglich.
Wagenkasten: Triebkopf geschweißte Stahlleichtbauweise mit Beblechung aus nichtrostendem Stahlblech. Aerodynamisch optimierte Formgebung ($c_w = 0{,}27$). Seitenwand geknickt, unten um 5,2° und oben um 2,9° nach innen geneigt. An Stirnende Klappe aus glasfaserverstärktem Verbundwerkstoff zur Abdeckung der Schleppkupplung (dient bei Auflauf, z. B. auf Gleisabschluß, als Verschleißteil). Fenster und Türen von Führerraum druckdicht. Im Maschinenraum durchgehender Mittelgang, gute Zugänglichkeit zu Gerätegerüsten und Aggregaten.
Mittelwagen Untergestell verwindungssteif, aus Hohlkammerprofilen mit Tragschienen für Fußboden und Unterflurausrüstung. Wagenkasten selbsttragende geschweißte Leichtbaukonstruktion in Aluminiumintegralbauweise mit Großstrangprofilen aus Aluminium-Silizium-Legierung. Ebenfalls geknickte Seitenwand. An Stirnenden Windleitprofil aus Gummi. Außenhautbündiges durchlaufendes Fensterband aus Sicht- und Blindfenstern in isolierender Verbundverglasung. In Speisewagen im Dachbereich gebogene Fenster. Geschlossene Bodenwanne. Wagenübergänge druckdicht, mit Doppelwellenbalg, lichte Weite 1 100 mm, während der Fahrt nicht durch Stirnwandtüren geschlossen. Wagenkastenhöhe von Trieb- und Mittelwagen gleich, lediglich Speisewagen 455 mm höher. Wagenkastenbreite 3 020 mm, erfüllt nicht Fahrzeugbegrenzung nach UIC 505 (ergibt auf älteren Strecken Einsatzbeschränkungen).
Zug- und Stoßvorrichtung: Innerhalb Triebzug halbautomatische Mittelpufferkupplung mit seitlichen Bügelverschlüssen, alle pneumatischen und elektrischen Leitungen (einschließlich 1-kV-Zugsammelschienen und Lichtwellenleiter) werden mitgekuppelt. Am Triebzugende im Regelbetrieb keine Zug- und Stoßvorrichtung; für Notfall Mittelpufferkupplung Bauart Scharfenberg hinter hochklappbarer Verkleidung.
Antrieb: Antriebssystem UMAn (umkoppelbare Antriebsmasse). Gesamter Antriebsblock an Drehgestellkopfträger pendelnd gelagert, zwei Massendrittel über Drehgestellmitte an Wagenkasten aufgehängt. Getriebe mit Pfeilverzahnung und mit Zwischenrad. Gummigelenk-Kardanantrieb und Hohlwelle. Übersetzungsverhältnis 1:2,586.
Druckluftanlage: Luftverdichter. Hauptluftbehälter. Hauptluftbehälterleitung.
Bremse: Drei unabhängige Systeme: Elektrische Nutzbremse, elektropneumatisch betätigte Scheibenbremse Bauart KE, Magnetschienenbremse (nur Mittelwagen). Intelligente Bremssteuerung über Mikroprozessoren. Elektronischer Gleitschutz. Feststellbremse Federspeicherbremse (Triebkopf) bzw. Spindelhandbremse (Mittelwagen). Magnetschienenbremse gegen lineare Wirbelstrombremse tauschbar.

Fahrgastraum

Gestaltung: Dem Hochgeschwindigkeits-Fernschnellverkehr angepaßt. Triebköpfe baugleich. Mittelwagen einheitlicher Aufbau mit komplett ausgestattetem Vorraum. Jeder Sitzwagen geschlossene Abteile und Großraum. Separate Raucher- und Nichtraucherwagen. Umrüstung der Großräume nach Markterfordernis möglich. Geschlossenes Sanitärsystem von Toilette und Waschgelegenheit. Sitze stufenlos einstellbare Rückenlehnen- und Sitzneigung.
Triebkopf 401.0 und 401.5: Führerraum; Maschinenraum.
Mittelwagen 801.0: Einstiegraum; Toilette; Schließfächer; drei Abteile 1. Klasse (Modul A); Großraum 1. Klasse mit Reihenbestuhlung und zum Teil drehbaren Einzel- und Doppelsitzen (Modul B), Garderobe und Sitzen in Abteilanordnung mit Tischen (Modul C); Einstiegraum. Grundton der Inneneinrichtung blau.
Mittelwagen 801.4: wie Mittelwagen 801.0, aber Grundton der Inneneinrichtung rot.
Mittelwagen 801.8: Einstiegraum; Toilette; Telefonzelle; drei Abteile 1. Klasse (Modul A) mit Schließfächern zwischen erstem und zweitem Abteil; Großraum 1. Klasse mit Reihenbestuhlung und zum Teil drehbaren Einzel- und Doppelsitzen (Modul B), Garderobe und Sitzen in Abteilanordnung mit Tischen (Modul C); Einstiegraum. Grundton Inneneinrichtung rot, außerdem Video-Ausstattung.
Mittelwagen 802.0: Einstiegraum; Toiletten und Schließfächer; vier Abteile 2. Klasse (Modul A); Großraum 2. Klasse mit Reihenbestuhlung und zum Teil drehbaren Doppelsitzen (Modul B), Garderoben und Sitzen in Abteilanordnung mit Tischen (Modul C); Einstiegraum. Grundton Inneneinrichtung orange.
Mittelwagen 802.3: wie Mittelwagen 802.0, aber Grundton der Inneneinrichtung grün.
Mittelwagen 802.6: wie Mittelwagen 802.0, aber Grundton der Inneneinrichtung blau.
Mittelwagen 802.8: wie Mittelwagen 802.0, aber Grundton der Inneneinrichtung blau, außerdem Video-Ausstattung.
Mittelwagen 803: Einstiegraum; Raum mit behindertengerechter Toilette und ausklappbarem Wickeltisch; PC-Terminal; Toilette für DSG-Personal; Telefonzelle; DSG-Abteil mit Depot für Minibar; Zugbegleiterabteil; Konferenzraum; Großraum mit zwei Stellplätzen für Rollstuhlfahrer, Reihenbestuhlung mit zum Teil drehbaren Doppelsitzen (Modul B), Garderoben und Sitzen in Abteilanordnung mit Tischen (Modul C); Einstiegraum. Grundton Inneneinrichtung orange.
Mittelwagen 804: Vorraum mit Garderobe; Bord-Treff in Bistrostil; Bedienungstheke; Küche; Speisegroßraum mit vier Abteilen; Vorraum mit Garderobe. Grundton Inneneinrichtung rosa.
Einstiege: An Wagenenden Schwenkschiebetüren, druckdicht, lichte Weite 800 mm (Rollstuhlzugang 900 mm). Zugang über Trittstufen, unterste Trittstufe während Fahrt außenhautbündig eingeklappt. Fenster in Schwenkschiebetür Notausstieg.
1. Klasse: Geschlossene Abteile mit Sitzplatzanordnung 0 + 3 und 0 + 2. Abteiltiefe 2 266 mm, Sitzplatzbreite 640 mm, Gangbreite 781 mm. Polstersitze.
Großraum mit Sitzplatzanordnung 1 + 2. Sitzteilung bei Reihenbestuhlung 1 094 mm, bei vis-à-vis-Anordnung Abteiltiefe 2 288 mm, Sitzplatzbreite 700 mm, Gangbreite 636 mm. Polstersitze.
2. Klasse: Geschlossene Abteile mit Sitzplatzanordnung 0 + 3. Abteiltiefe 1 878 mm, Gangbreite 781 mm. Polstersitze.
Großraum mit Sitzplatzanordnung 2 + 2. Sitzteilung bei Reihenbestuhlung 1 025 mm, bei vis-à-vis-Anordnung Abteiltiefe 2 075 mm und 2 050 mm, Gangbreite 506 mm. Polstersitze.
Bordrestaurant: Großraum mit Sitzplatzanordnung 1 + 2, vier Abteile, Polstersitzbänke und Einzelstühle. 24 Sitzplätze.
Bord-Treff: Großraum im Bistrostil mit Tischen an Sitzbänken für 16 Sitzplätze sowie für acht (bis zehn) Stehplätze.
Konferenzraum: 2 518 mm lang, Tisch und vier Sessel, Funktelefon, Fernkopierer, Kopiergerät, Schreibmaschine und Computeranschluß.
Sonderausrüstung: Rollstuhlgerechte Ausstattung. Seitengang um 100 mm verbreitert. Telefonzellen mit Kartentelefon für Funknetz C.
Heizung: Klimaanlage, zugfrei mit Obeneinblasung und Abluft im Fußbodenbereich, Druckschutzventilatoren und Druckwellenschutzventil. Frischluft- und Umluftbetrieb. Außerdem elektrische Fußbodenheizung und Konvektionsheizkörper in Seitenwänden. Klimarechner.
Beleuchtung: Leuchtstofflampen, direkte und indirekte Beleuchtung an Fenster und hinter Gepäckablage in Abteilen, an Seitenwand hinter Gepäckablage in Großräumen.
Zusatzeinrichtungen: Zugtelefon von und zum Zug. Fahrgast-Informationssystem für Information und Kommunikation: im Vorraum Anzeigetafel im Wechsel Zuglauf, Fahrgeschwindigkeit, Ankunftszeit

und Istzeit, außerdem im Vorraum Bordinformationsprogramme; an jedem Sitzplatz über Kopfhörer sechs Audio-Programme (drei Bordprogramme mit Klassik, Rock-Pop und Kinderprogramm sowie drei UKW-Sender); in den Wagen 1 und 14 kann auf einem Flachbildschirm im Vorderplatz ein Videoprogramm mit Informations- und Spielfilm eingeschaltet werden. PC-Terminal als Mailbox für Vorbestellungen (z. B. Übernachtung in IC-Hotel, Taxi am Aussteigebahnhof).

Elektrischer Teil

Anordnung: Jeder Triebkopf in sich abgeschlossene elektrische Anlage.
Hochspannungsgeräte: Einholm-Stromabnehmer Sonderbauart mit geringer Bauhöhe aus Stahl-Aluminium-Verbundbauweise (Typ DS 350/S) auf Triebkopf. Trennschalter. Druckluftschnellschalter (Vakuumschalter). Netzfilter. Zweiter Stromabnehmer für ausländische Anschlußstrecken (z. B. SBB mit schmalerem Schleifstück) nachrüstbar (serienmäßig Ausrüstung für Triebzüge der neuen IC-Linie 3).
Haupttransformator: Zweischenkliger Kerntrafo (Typ EFAT 7042), in Triebkopfmitte unter Fahrzeugboden an starken Querträgern befestigt. Dauerleistung 5 220 kVA (vier Wicklungen für Traktion mit je 1 127 kVA, eine Wicklung für Batterieladung und Fußbodenheizung 200 V Ws mit 176 kVA, eine Wicklung für Hilfsbetriebeumrichter 884 V Ws mit 36 kVA und eine Wicklung für Zugsammelschiene 1 000 V Ws mit 500 kVA).
Stromrichter: Drehstromleistungsübertragung mit ölgekühlten Thyristor-Leistungstromrichtern (401 001 bis 401 020 und 401 501 bis 401 520) bzw. siedegekühlten Abschaltthyristoren (GTO = gate turn off) (ab 401 051 und ab 401 551) mit Vierquadrantensteller, Gleichspannungszwischenkreis und maschinenseitigem Pulswechselrichter. Drehstromkreise variable Spannung und variable Frequenz. Maximal- und Dauerleistung 7 600 kVA.
Steuerung: Zentrales Zugsteuergerät mit digitaler Mikroprozessortechnik, erhält Führungsgrößen von automatischer Fahr- und Bremssteuerung oder vom Triebfahrzeugführer. Erstmalig auch für niedrige Geschwindigkeiten (2 km/h für Waschgang, 5 km/h bei Einfahrt in Hallengleis, 10 km/h bei Ausfahrt aus Hallengleis und 25 km/h bei Rangierfahrten). Lichtwellenleiter zur Datenübertragung für Fahr- und Bremssteuerung.
Bei Ausfall der Traktionsanlage im führenden Triebkopf Weiterfahrt als „Steuerwagen" möglich.
Fahrmotor: Vierpoliger Drehstromasynchronmotor (Typ BAZ 1096/4), kollektorlos. Dauerleistung 1 250 kW, Maximalleistung 1 400 kW. Leichtbauweise. Fremdbelüftet.
Elektrische Bremse: Nutzbremse.
Hilfseinrichtungen: Bordnetz $16^2/_3$ Hz 430 V, $16\,^2/_3$ Hz 230 V und =110 V. Energieversorgung der Mittelwagen aus zwei (jeweils von einem Triebkopf gespeisten) Zugsammelschienen $16^2/_3$ Hz, 1 000 V (Heizung direkt gespeist, Nebenverbraucher über Transformator 230/460 V) und aus Batteriesammelschiene =110 V.
Zugsteuer- und Diagnosesystem gegliedert in Leitebene, Zugsteuerebene und Zugbus, Fahrzeugsteuerebene und nachfolgende Untersysteme. Baugruppen für Hauptfunktionen redundant vorhanden. Elektronisches Diagnosesystem für Zustandsanalyse vor Fahrtantritt, während der Fahrt und in Werkstatt. Neben Angabe Ursache und Ort der Störung wird auch Empfehlung für weiteres Verhalten des Triebfahrzeugführers gegeben. Schadensvormeldung zur Werkstatt über Datenfernübertragung möglich. Zehn Rechnersysteme je Triebkopf arbeiten auf zwei Bildschirme auf dem Steuerpult.
Drei Hilfsbetriebeumrichter. Ölkühler- und Fahrmotorlüfter entsprechend aktueller Kühlleistungsanforderung spannungs- und drehzahlgeregelt betrieben.
Sicherheitfahrschaltung. Linienzugbeeinflussung. Induktive Zugbeeinflussung. Elektrische Notbremsschleife. Zugsicherheitseinrichtungen für SBB und ÖBB vorbereitet.

403/404

DB/DR 403/404

Bo′Bo′ + Bo′Bo′ + Bo′Bo′ + Bo′Bo′
ab 1973
Techn. Daten: Seite 328

Für den Einsatz im Intercity-Verkehr beschaffte die DB neue elektrische Triebzüge, an deren Bau zahlreiche Firmen beteiligt waren.
Die Triebzüge sind für eine Höchstgeschwindigkeit von 200 km/h ausgelegt und stellen eine neue Entwicklungsstufe von Triebwagen der DB dar.

Die drei Triebzüge wurden im Sommer 1973 ausgeliefert und eingehend erprobt.
Formgebung und Ausstattung des Triebzuges erfolgten nach verkehrswerbenden Gesichtspunkten. Der Fahrzeugteil entspricht modernsten Erkenntnissen des Fahrzeugbaues. Für die elektrische Ausrüstung wurden die Erfahrungen mit bewährten Bauteilen der Baureihe 420 berücksichtigt. Der Triebzug ist auch für den Einsatz auf den Strecken der ÖBB und der SBB vorbereitet.
Der Triebzug besteht aus vier Triebwagen:

- Endtriebwagen mit Abteilen 1. Klasse (403 001 bis 403 006),
- Mitteltriebwagen mit Großraum 1. Klasse (404 001 bis 404 003),
- Mitteltriebwagen mit Speiseraum (404 101 bis 404 103),
- Endtriebwagen mit Abteilen 1. Klasse (403 001 bis 403 006).

Es sind auch fünf Wagen möglich.

Es werden alle Radsätze angetrieben. Eine mittlere Radsatzmasse von nur 14,7 t (maximale Radsatzmasse 16,0 t) ergibt bei den vorgesehenen Fahrgeschwindigkeiten eine starke Minderung der Gleisbeanspruchung. Die hohe Antriebsleistung ermöglicht es, den Triebzug innerhalb von 2 min auf die Geschwindigkeit von 200 km/h zu beschleunigen. Ähnliche Werte ergeben sich auch beim Bremsen: Beim Zusammenwirken aller Bremssysteme wird eine Verzögerung von 1,25 m/s^2 erzielt (Bremsweg 1,5 km aus 200 km/h).
Die Versuchsfahrten mit Geschwindigkeiten bis 226 km/h zeigten, daß der Triebzug die gestellten Forderungen voll erfüllt.
Seit Mai 1974 wurde die Baureihe im Intercity-Verkehr auf der Strecke Bremen–München eingesetzt. Im Raum München–Donauwörth und nördlich von Hannover wurde fahr-

Triebzug 403/404 im Bf Wuppertal-Steinbeck
Foto: B. v. Mitzlaff

planmäßig mit 200 km/h gefahren. Die Triebzüge waren im Bw München Hbf beheimatet. Seit Ende Mai 1979 werden die Triebzüge nicht mehr im Plandienst eingesetzt, sondern für Charter-Dienste verwendet, da für den IC-Verkehr bei der DB eine große Platzzahl in beiden Wagenklassen angeboten werden muß. Seit dem 27. März 1982 werden die Triebzüge als „Lufthansa Airport Express" zwischen Düsseldorf-Flughafen und Frankfurt (Main)-Flughafen täglich mit zwei bis vier Zugpaaren eingesetzt. Dafür wurden die Triebzüge äußerlich und innerlich umgestaltet. Der nur für ein Jahr befristete Versuch verlief so positiv, daß der Kooperationsvertrag mehrmals verlängert wurde. Die Triebzüge wurden ab Mai 1982 dem Bw Hamm und später dem Bw Düsseldorf zugeteilt.

Fahrzeugteil

Laufwerk: Drehgestellrahmen geschweißte Hohlkastenkonstruktion. Hydraulische Stabilisierungseinrichtung des Rahmens. Federblattlenker. Wälzradsatzlager. Radsatzfederung Schraubenfedern. Stoßdämpfer. Kastenfederung Luftfederung, gleisbogenabhängige Wagenkastensteuerung, elektronisch gesteuert. Vertikal- und Horizontalstoßdämpfer.

Wagenkasten: Extremer Leichtbau durch hochwertige Leichtmetalllegierungen. Schweißkonstruktion in Integralbauweise mit Großstrangpreßprofilen. Untergestellangträger und Dachobergurt in Großprofilbauweise. Seitenwände nach oben um 2° nach innen geneigt. Besondere Qualität der Wärme- und Geräuschisolation. Kopfform aerodynamisch

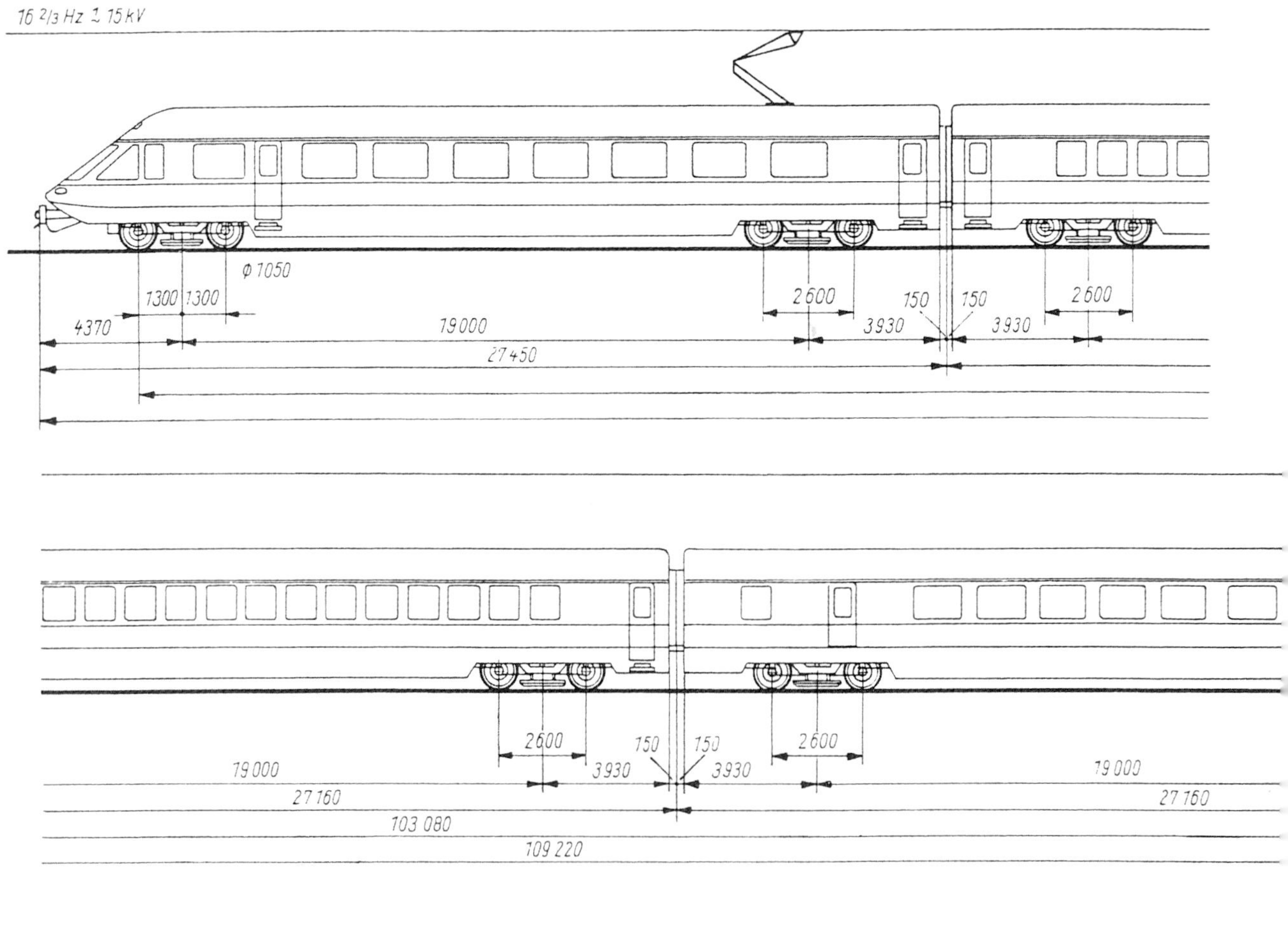

ausgebildet, sehr stark abgeschrägt. An Stirnenden keine Übergangsmöglichkeit. Innerhalb Triebzug durch Gummiwülste geschützte Übergänge.
Zug- und Stoßvorrichtung: Selbsttätige Mittelpufferkupplung Bauart Scharfenberg. Elektrische und pneumatische Leitungen werden mit gekuppelt. Elektrische Kontakte seitlich vom Kupplungskopf.
Antrieb: Gummiringkardanantrieb, einseitiges schrägverzahntes Getriebe.
Druckluftanlage: Luftverdichter, Hauptluftbehälter. Hauptluftbehälterleitung. Sandstreueinrichtung. Spurkranzschmierung.
Bremse: Fahrdrahtabhängige Widerstandsbremse, ergänzt von Druckluftbremse. Mehrlösige Scheibenbremse Bauart KE, automatische Lastabbremsung. Magnetschienenbremse. Handbremse. Elektronische Gleitschutzregler.

Fahrgastraum

Gestaltung: Dem Luxusfernschnellverkehr angepaßt.
Endwagen 403: Führerstand; Abteil 1. Klasse; Einstiegraum; sieben Abteile 1. Klasse; Einstiegraum.
Mittelwagen 404.0: Einstiegraum; Großraum 1. Klasse mit 17 Sitzreihen; Einstiegraum.
Mittelwagen 404.1: Vorratsraum; Küche; Anrichte; Speiseraum mit vier Abteilen; Großraum 1. Klasse mit drei Abteilen (durch Einstecktischeauch als Speiseraum nutzbar); Zugsekretariat; Telefonzelle; Einstiegraum.
Endwagen 403: Einstiegraum; sieben Abteile 1. Klasse; Einstiegraum; Abteil 1. Klasse; Führerstand.

Lufthansa Airport Express (403/404 in dreiteiliger Zugbildung) bei der Einfahrt in Köln Hbf
Foto: R. Zschech

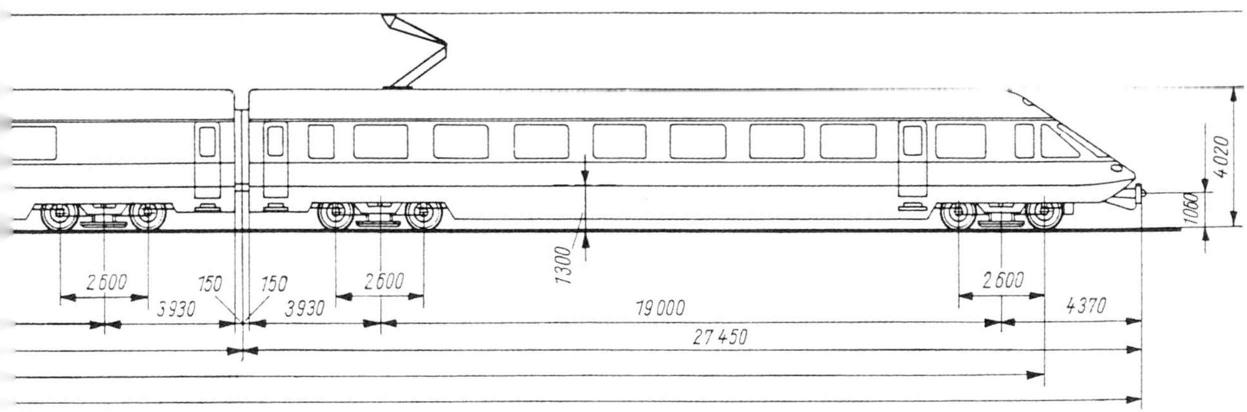

Baureihe 403/404

Einstiege: Einflüglige Schwenkschiebetüren, lichte Türweite 800 mm. Elektropneumatisch betätigt, vom Führerstand fernbedient schließbar. Zugang über drei Trittstufen, unterste Trittstufe beweglich (wird vor Abfahrt weggeschwenkt), dadurch bequemer Zugang bei Bahnsteighöhe von 380 mm über SO.
1. Klasse: Geschlossene Abteile mit Seitengang. Sitzplatzanordnung 0 + 3; Abteiltiefe 2 306 mm, Sitzplatzbreite 606 mm, Gangbreite 711 mm. Endabteile der Endwagen Sitzplatzanordnung 0 + 2; Polstersitze.
Großraum mit 17 Sitzreihen und Mittelgang. Sitzplatzanordnung 1 + 2; Polstersitze, dreh- und schwenkbar.
Speiseraum: 7 040 mm lang, Sitzplatzanordnung 1 + 2.
Küche: 3 320 mm lang. Vollständig elektrische Ausrüstung; Mikrowellenherde, Elektroherd, Auftauherde, Kaffeemaschine, Kühlschränke. Zum Laden auf Gangseite einflüglige Schwenkschiebetür, auf Gegenseite im Vorratsraum.
Heizung: Klimaanlage, automatisch gesteuert in Abhängigkeit von der Außentemperatur. Zweikanalanlage.
Beleuchtung: Leuchtstofflampen =110 V, Speisung aus Batterie. In Großräumen durchgehendes Lichtband mit direktem und indirektem Lichtaustritt; Leseleuchten im Längsgepäcknetz. Im Speiseraum indirekte Beleuchtung.
Zusatzeinrichtung: Zugsekretariat. Zugtelefon. Lautsprecheranlage.
Umbau: Zum Einsatz für Lufthansa Fahrgasträume und Küche modernisiert, Sitzbezüge in Lufthansa-Design, für jeden Sitzplatz besonderer Stecktisch.

Elektrischer Teil

Anordnung: Jeder Triebwagen in sich abgeschlossene elektrische Anlage. Gesamte elektrische Ausrüstung außerhalb des Wagenkastens in Bodenwanne und auf Fahrzeugdach untergebracht. Nur Geräte für Steuerung und Regelung in Schaltschränken im Wagenkasten eingebaut.
Hochspannungsgeräte: Einholmstromabnehmer mit Doppelschleifstück (Typ SBS 70). Einbau von SBB-Stromabnehmer vorbereitet. Dachtrennschalter. Hochspannungskupplung zwischen End- und Mittelwagen, vollautomatisch trenn- und kuppelbar. Druckluftschnellschalter (Typ DBTF 20i200). Überspannungsableiter.
Haupttransformator: Öltransformator (Typ ABS-TLFB 1145). Zwei Sekundärwicklungen für Traktion, eine Wicklung für Fremderregung der Fahrmotoren und Hilfsbetriebe. An Primärwicklung Anschluß für Klimaanlage (1 000 V, 100 kVA). Ölselbstumlauf mit äußerer Fremdkühlung. Nennleistung 1 175 kVA.
Steuerung: Automatische Fahr- und Bremssteuerung (Vorgabe eines Geschwindigkeitssollwertes durch Fahrzeugführer oder Linienzugbeeinflussung). Elektronische Thyristoranschnittsteuerung. Vielfachsteuerung von drei Triebzügen möglich.
Fahrmotor: Vierpoliger Mischstromreihenschlußmotor mit Wendepol- und Kompensationswicklung, zusätzliche Fremderregung (Typ ABS 370 G). Eigenbelüftet.
Elektrische Bremse: Fahrdrahtabhängige Widerstandsbremse. Fahrtwindbelüftete Widerstände auf Dach.
Hilfseinrichtungen: Drehstrombordnetz (50 Hz, 220 V) über Gleichstromzwischenkreis von Hilfsbetriebewicklung des Haupttransformators gespeist. Hilfsbetriebsnetz = 110 V.
In Speisewagen gesonderter Transformator für Kücheneinrichtung (1 000 V/220 V, 35 kVA).
Linienzugbeeinflussung, Sicherheitsfahrschaltung, Indusi. Zugbahnfunk, Zugpostfunk. Brandwarnanlage mit Wärmefühlern in Bodenwanne. Radsatzlagertemperaturüberwachung.

410/810

DB/DR 410/810

Bo'Bo' + 2'2' + 2'2' +
2'2' + Bo'Bo'

ab 1985

Techn. Daten: Seite 328

ICE – Intercity Experimental – das ist der Erprobungsträger für die Hochgeschwindigkeitszüge der DB. Er ist das Ergebnis zahlreicher Studien für einen Hochleistungsschnellbahnverkehr. Ein moderner Schnellverkehr war nicht mit der ausschließlichen Verwendung vorhandener Technik zu erzielen. Die eigentlichen Entwicklungsarbeiten für den ICE begannen Mitte 1983 unter der Projektleitung durch das BZA München. Die Höchstgeschwindigkeit im Betriebseinsatz sollte 250 km/h betragen, jedoch sollten Demonstrationsfahrten bis 300 km/h und Versuche bis 350 km/h durchgeführt werden.

Der erste Triebkopf wurde am 19. März 1985 der DB übergeben, und im August 1985 war der Erprobungszug komplett. An der Konstruktion und Fertigung waren zahlreiche Firmen beteiligt. Die Drehstromleistungsübertragung wurde nahezu identisch von der Elektrolokomotive der Baureihe 120 übernommen. Ein umfangreiches Versuchs-, Erprobungs- und Demonstrationsprogramm wurde durchgeführt. Dabei wurde am 1. Mai 1988 auf einer Vorführfahrt mit zwei Triebköpfen und zwei Mittelwagen eine Geschwindigkeit von 406,9 km/h erreicht.

Der Triebzug besteht aus zwei Triebköpfen mit Allradsatzantrieb und zwischengestellten Wagen. Beim Erprobungszug sind die Mittelwagen zwei Demonstrationswagen für eine zukünftige Ausstattungsmöglichkeit (810 001 und 810 002) sowie der Meßwagen (810 003). Besonderes Augenmerk wurde der aerodynamischen Gestaltung gewidmet, um den Energieverbrauch zu senken und um auch die Druckstöße bei Zugbegegnungen und Tunneleinfahrten zu minimieren.

Der Triebzug erhielt eine weißgraue Farbe mit pinkfarbigem Streifen. Die Schürzen und Drehgestelle sind quarzgrau.

ICE, Intercity Experimental, bestehend aus 410 001 und 002 sowie 810 001 bis 003, im Versuchseinsatz
Foto: B. v. Mitzlaff

Der Triebzug wurde dem Bw Frankfurt (Main) 1 zugeteilt und vom BZA München bzw. BZA Minden betreut. Der Triebzug wurde ab Herbst 1990 als Abnahmefahrzeug für die Neubau- und Ausbaustrecken eingesetzt. Ein weiterer Einsatz ist nach einem Umbau für Geschwindigkeiten bis 380 km/h vorgesehen, um für den ICE 400 noch Versuche für die Druckprobleme bei der Begegnung der Züge im Tunnel sowie den unterbrechungsfreien Lauf der Stromabnehmer vornehmen zu können.

Fahrzeugteil

Laufwerk: Triebdrehgestelle geschweißte Stahlkonstruktion. Antriebssystem am Kopfträger über zwei Pendel aufgehängt.
Laufdrehgestelle Mittelwagen 810 001 Koppelrahmen-Drehgestell, wiegenlos, ermöglicht relative Querverschiebung und relative Wendebewegung der beiden Radsätze. Luftfederung.
Laufdrehgestelle Mittelwagen 810 002 und 810 003 geschweißte Drehgestelle mit Wiege und einseitiger längselastischer Radsatzanlenkung über Doppelblattlenker. Primär- und Sekundärfederung Schraubenfedersätze. Gummi-Metall-Elemente an Radsatzlager, Sekundärfederung, Pendellagerung und Drehzapfen.
Beide Drehgestellbauarten gegeneinander tauschbar.
Wagenkasten: Fahrzeugkasten Triebkopf geschweißter Stahlleichtbau, für nichttragende Bauteile Aluminium und glasfaserverstärkte Verbundwerkstoffe.
Wagenkasten Mittelwagen einschließlich Gerätegerüste im Unterflurraum, Luftkanäle der Klimaanlage und Außentüren Aluminium, optimale Leichtbauweise. Innenverkleidung, Bodenwannenverkleidung Faserverbundwerkstoffe.
Geringere Wagenhöhe zur Senkung des Luftwiderstandes. Türen und Fenster außenhautbündig, Fenster geklebt.
Wagenübergänge glatt und druckdicht, äußerer Schutz aus Faserverbundwerkstoff. Innerer Wagenübergang 1 100 mm breit, während Fahrt nicht durch Stirnwandtüren geschlossen.
Zug- und Stoßvorrichtung: Innerhalb Triebzug selbsttätige Mittelpufferkupplung Bauart Scharfenberg, elektrische und pneumatische Leitungen werden mitgekuppelt. Zusätzliche Koppelelemente zur Dämpfung der Schwingungen zwischen den Wagen.
Am Triebzugende Schleppkupplung (Mittelpufferkupplung) hinter Klappe.
Antrieb: Motor vollständig abgefedert an Fahrzeugzelle und an Drehgestellkopfträger aufgehängt. Getriebe, Gummigelenk-Kardan-Antrieb.
Druckluftanlage: Luftverdichter, Hauptluftbehälter. Hauptluftbehälterleitung.
Bremse: Drei unabhängige Systeme: Elektrische Nutzbremse, lineare Wirbelstrombremse unmittelbar über geringen Luftspalt auf Schienen wirkend (je Drehgestell zwei Bremsmagnete), mehrlösige Scheibenbremse Bauart KE. Intelligente Bremssteuerung über Mikroprozessoren. Federspeicher-Feststellbremse.

Fahrgastraum

Gestaltung: Dem Luxusfernschnellverkehr angepaßt. Triebköpfe baugleich. Mittelwagen einheitlicher Aufbau mit komplett ausgestatteten Vorräumen; Fahrgastraum unterschiedlichen Komfortstufen und Sitzanordnungen anpaßbar. Geschlossene Gepäckboxen über den Sitzen. Geschlossenes Sanitärsystem von Toilette und Waschgelegenheit.
Triebkopf 1: Führerraum; Maschinenraum.
Demonstrationswagen D 1: Gesellschaftsraum; Großraum 1. Klasse mit zehn Sitzreihen;
Demonstrationswagen D 2: Großraum 2. Klasse mit sieben Sitzreihen; Anrichte; Großraum 1. Klasse mit Konferenzraum und sechs Sitzreihen.
Meßwagen M: Küche und Speiseabteil; Auswerteraum und Meßraum; Geräteraum. Enthält umfangreiche Versuchsmeßanlage. Mikroprozessoren für Erfassung, Weiterleitung, Speicherung und Verarbeitung.
Triebkopf 2: Maschinenraum; Führerraum.
Einstiege: An Wagenenden Schwenkschiebetüren, lichte Weite 800 mm, verbessertes Dichtlippensystem. Zugang über Trittstufen.
1. Klasse: Einzelsitze als Reise- und Ruhesitze. Sitzplatzanordnung 1 + 2 als Abteile, Großraum, Kleingruppen und Klubraum möglich.

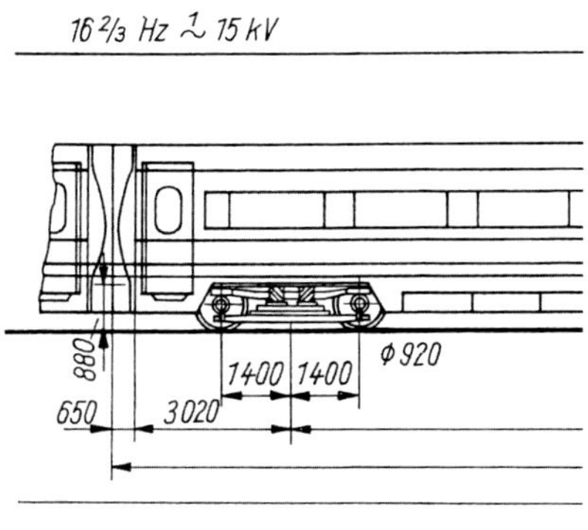

2. Klasse: Einzelsitze als Reise- und Ruhesitze. Sitzplatzanordnung 2 + 2 als Abteile, Großraum, Kleingruppen und Klubraum möglich.
Heizung: Klimaanlage, zugfrei mit Einblasung oben und Abluft im Fußbodenbereich. Dazu elektrische Fußbodenheizung.
Beleuchtung: Leuchtstofflampen, indirekte Beleuchtung.
Zusatzeinrichtungen: Jeder Sitzplatz integriertes Fahrgast-Informationssystem, bei 1. Klasse außerdem Telefon und Bildschirm. Zugtelefon.

Elektrischer Teil

Anordnung: Jeder Triebkopf in sich abgeschlossene elektrische Anlage.
Hochspannungsgeräte: Einholm-Stromabnehmer auf Triebkopf, Sonderbauart mit sehr geringer Höhe; durch Hochspannungskabel im Dach verbunden, dazu an Wagenenden Kupplungen. Druckluftschnellschalter.
Haupttransformator: Maximalleistung 5 120 kVA, Dauerleistung 3 200 kVA, an starken Querträgern in Mitte unter Fahrzeugboden des Triebkopfes befestigt.
Stromrichter: Maximalleistung 7 600 kVA. Drehstromleistungsübertragung mit Gleichspannungszwischenkreis. Drehstromkreise variable Spannung und variable Frequenz.
Steuerung: Zentrales Zugsteuergerät, erhält Führungsgrößen von automatischer Fahr- und Bremssteuerung oder vom Triebfahrzeugführer. Lichtwellenleiter zur Datenübertragung für Fahr- und Bremssteuerung.
Fahrmotor: Drehstrom-Asynchronmotor (Typ QD 646), kollektorlos. Maximalleistung 1 400 kW, bei Experimentalzug für 700 kW ausgelegt. Leichtbau. Fremdbelüftet.
Elektrische Bremse: Nutzbremse.
Hilfseinrichtungen: Elektronisches Diagnosesystem für Einsatz vor, während und nach der Fahrt. Sicherheitsfahrschaltung. Linienzugbeeinflussung. Elektrische Notbremsschleife. 1-kV-Zugsammelschiene.

Baureihe 410/810

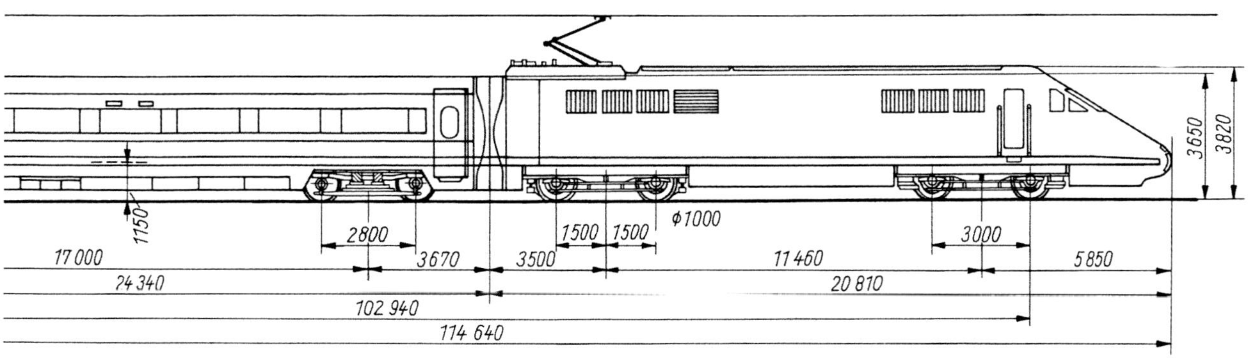

420/421

DB/DR 420/421

Bo'Bo' + Bo'Bo' + Bo'Bo'

ab 1969

Techn. Daten: Seite 329, 330

Speziell für den S-Bahn-Verkehr Münchens wurde Mitte der sechziger Jahre der Triebzug der Baureihe 420 entwickelt. 13 Vorortstrecken mit insgesamt 412 km Länge und eine neugebaute 4,2-km-Tunnelstrecke als innerstädtische Verbindung zwischen Hauptbahnhof und Ostbahnhof bilden das Netz der Münchener S-Bahn. Für die Triebzüge wurde eine Höchstgeschwindigkeit von 120 km/h auf den Außenstrecken und 80 km/h im Tunnel vorgeschrieben. Im Tunnelabschnitt betragen der mittlere Haltestellenabstand nur 813 m und die Bahnsteiglänge 210 m. Die ersten drei Triebzüge (Vorausbauart) wurden im Jahre 1969 beschafft. Der Triebzug besteht aus drei miteinander kurzgekuppelten Triebwagen.

Drei Einheiten können zusammen verkehren und bilden den Langzug. Langzüge haben ein Fassungsvermögen von 1 200 Fahrgästen und bieten 600 Sitzplätze.

Die installierte Leistung ermöglicht bis zu einer Geschwindigkeit von 60 km/h eine Anfahrbeschleunigung von 1,0 m/s². Die Reisebeschleunigung bis zur Höchstgeschwindigkeit beträgt 0,9 m/s². Die elektrische Bremse erreicht eine Bremsverzögerung von 0,9 m/s².

Die Triebzüge haben sich sehr gut bewährt. Der Massenverkehr zu den Olympischen Spielen 1972 verlief störungsfrei. Die Triebzüge sind inzwischen auch auf anderen S-Bahn-Netzen der DB eingesetzt (Stuttgart, Rhein-Main/Großraum Frankfurt (Main), Rhein-Ruhr/Großraum Köln und Ruhrgebiet).

Es werden folgende Bauserien unterschieden:

Vorausbauart, 3 Triebzüge, Lieferzeitraum November 1969 bis Februar 1970,

1. Bauserie, 117 Triebzüge, Dezember 1970 bis August 1972,
2. Bauserie, 80 Triebzüge, Juli 1972 bis Dezember 1975,
3. Bauserie, 60 Triebzüge, November 1976 bis Juni 1978,
4. Bauserie, 64 Triebzüge, Januar 1978 bis Mai 1979,
5. Bauserie, 46 Triebzüge, Mai 1979 bis Juli 1980,
6. Bauserie, 20 Triebzüge, Juli 1980 bis Juli 1981,
7. Bauserie, 25 Triebzüge, Oktober 1989 bis Mitte 1990,
8. Bauserie, 46 Triebzüge, vorgesehen 1994.

Außerdem wurden zerstörte Fahrzeuge durch Nachbauten ersetzt. Im S-Bahn-Verkehr Rhein-Ruhr wurden sie ab 1982 durch neugebaute Wendezüge mit Elektrolokomotiven der Baureihe 111 abgelöst, aber ab Ende 1990 auch dort wieder eingesetzt.

Da die 1. Wagenklasse nicht im vorgesehenen Maß erforderlich ist, ist heute bei der S-Bahn München nur die 2. Wagenklasse vorhanden, und bei den anderen S-Bahn-Netzen genügen zwei Abteile je Mittelwagen.

Anfangs war die Farbgebung der Triebzüge für die S-Bahn-Netze un-

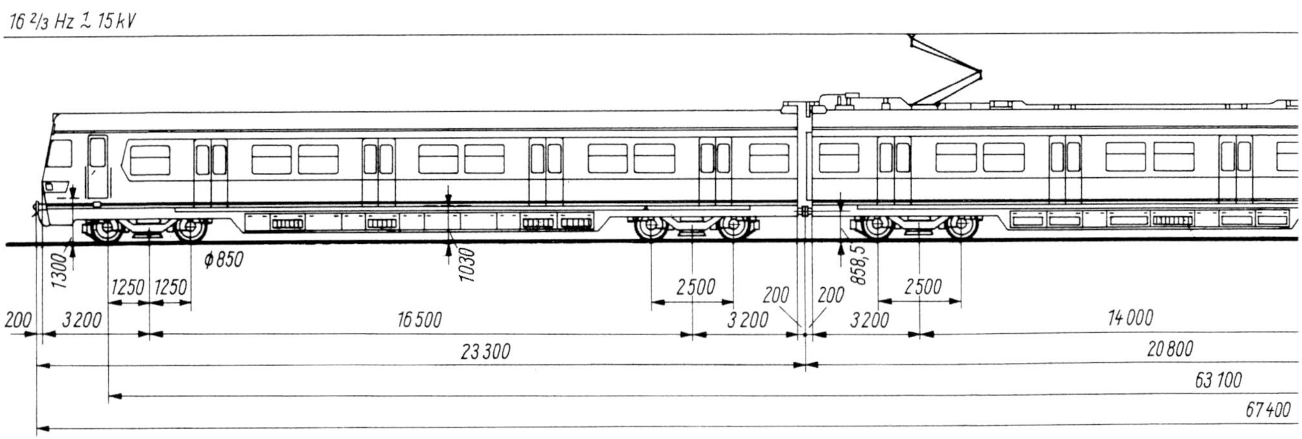

terschiedlich (München blau/kieselgrau; Stuttgart, Frankfurt (Main) und Rhein-Ruhr orange/kieselgrau), aber ab 1985 erhielten alle Fahrzeuge die einheitliche Farbgebung orange/kieselgrau. Für den Einsatz auf der Münchener Linie S 8 seit Mai 1992 zum neuen Münchner Flughafen II haben die Triebzüge, von denen einige von der Flughafen GmbH angemietet sind, eine hellblaue Farbgebung mit weißem Stirnband sowie eine besondere Inneneinrichtung mit größeren Abstellflächen für Gepäck erhalten. Die dafür benötigten Fahrzeuge sind sechs Neubautriebzüge und 15 Umbautriebzüge.
Die Triebzüge sind im Bw Frankfurt (Main), im Bw München, im Bw Plochingen und im Bw Düsseldorf beheimatet.
Obwohl der Triebzug in großer Stückzahl im Einsatz ist und sich sehr gut bewährt, wird derzeitig in einer Projektstudie im BZA München ein Nachfolge-Triebzug (vorgesehene Baureihe 422/423) untersucht. Wesentliche Neuerung soll die GTO-Antriebstechnik sein. Die dreiteilige Ausführung mit Allradsatzantrieb soll beibehalten werden. Die ersten Triebzüge könnten Ende der 90er Jahre vorliegen.

Fahrzeugteil

Laufwerk: Drehgestellrahmen geschweißte Hohlkastenträger mit Kopfträgern. Federblattlenker. Wälzradsatzlager. Radsatzfederung Schraubenfedern. Kastenfederung Luftfedern, niveaugeregelt. Stoßdämpfer. Übertragung der Zug- und Bremskräfte zwischen Drehgestell und Wagenkasten zweiarmiger Mitnehmerhebel, Stoßdämpfer. Für Kastenfederung Notfedern vorhanden.
Wagenkasten: Endtriebwagen Stahlleichtbau, ab 2. Bauserie Leichtmetallbauweise. Mitteltriebwagen Leichtmetallbauweise. Untergestell und Wagenkasten geschweißte, selbsttragende, verwindungssteife Röhrenkonstruktion in kombinierter Spanten- und Schalenbauweise. Endtriebwagen vorrangig aus abgekanteten Profilen. Mitteltriebwagen vorwiegend Strangpreßprofile. Bodenwanne überwiegend unten geschlossen, zum Tragen mit herangezogen. Stirnende abgerundet und abgeschrägt. An Stirnenden und innerhalb Triebzug keine Übergangsmöglichkeit.
Zug- und Stoßvorrichtung: Selbsttätige Mittelpufferkupplung Bauart Scharfenberg. Elektrische und pneumatische Leitungen werden mitgekuppelt. Elektrische Kontakte seitlich vom Kupplungskopf. Innerhalb Triebzug Kurzkupplung Bauart Scharfenberg, nur 800 mm über SO. Einseitige Dämpfungspuffer.
Antrieb: Tatzlagerantrieb. Einseitiges Getriebe, Großrad gefedert.
Druckluftanlage: Luftverdichter, Hauptluftbehälter. Hauptluftbehälterleitung. Sandstreueinrichtung. Spurkranzschmierung.
Bremse: Elektrische Widerstandsbremse, kombiniert mit elektropneumatisch gesteuerter Druckluftergänzungsbremse. Mehrlösige Scheibenbremse Bauart KE, automatische Lastabbremsung. Gleitschutz, Spindelhandbremse, ab 7. Bauserie Federspeicherbremse.

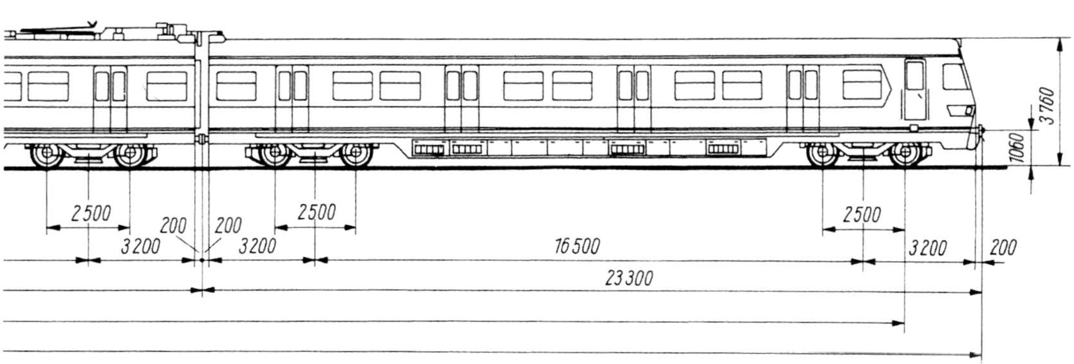

Baureihe 420/421, bis 6. Bauserie

Triebzug der Baureihe 420/421
Foto: MAN

420/421, ab 7. Bauserie

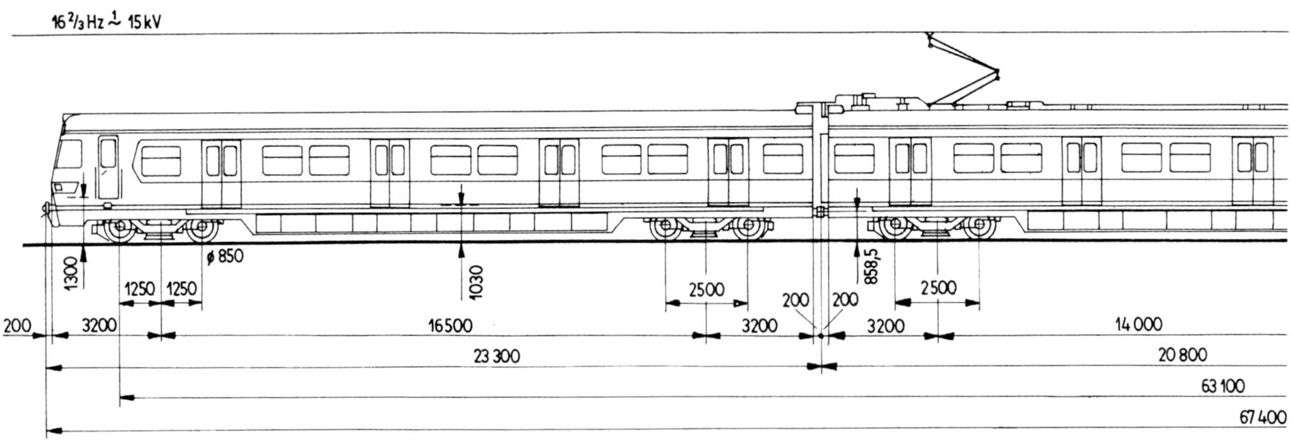

Fahrgastraum

Gestaltung: Dem S-Bahn-Verkehr angepaßt.
Endtriebwagen 420.1: Führerstand; Großraum 2. Klasse mit drei Abteilen, zwei Einstiegräumen und Traglastenabteil; Großraum 2. Klasse mit vier Abteilen und zwei Einstiegräumen. Ab 7. Bauserie Großräume nicht mehr getrennt.
Mitteltriebwagen 421: Großraum 2. Klasse mit vier Abteilen und zwei Einstiegräumen; Großraum 1. Klasse mit zwei Abteilen und einem Einstiegraum; Großraum 1. Klasse mit zwei Abteilen und einem Einstiegraum.
Jetzt für S-Bahn München: Großraum 2. Klasse mit vier Abteilen und zwei Einstiegräumen; Großraum 2. Klasse mit vier Abteilen und zwei Einstiegräumen.
Jetzt für übrige S-Bahnen: Großraum 2. Klasse mit vier Abteilen und zwei Einstiegräumen; Großraum 2. Klasse mit zwei Abteilen und einem Einstiegraum; Großraum 1. Klasse mit zwei Abteilen und einem Einstiegraum.
Endtriebwagen 420.5: Großraum 2. Klasse mit vier Abteilen und zwei Einstiegräumen; Großraum 2. Klasse mit vier Abteilen und zwei Einstiegräumen (ab 7. Baureihe anstelle eines Abteils Traglastenabteil); Führerstand. Ab 7. Bauserie Großräume nicht mehr getrennt.
Abteile und Einstiegräume türlos verbunden. Keine Toiletten.
Einstiege: Gleichmäßig über Triebzug verteilt. Zweiflüglige Schiebetür, lichte Türweite 1 000 mm, elektropneumatische Öffnungs- und Schließeinrichtung, Schließvorgang vom Führerstand aus. Ab 7. Bauserie zweiflüglige Schwenkschiebetüren, lichte Türweite 1 300 mm. Zugang trittstufenlos, bei Bahnsteighöhe 760 mm über Schienenoberkante eine Trittstufe.
1. Klasse: Großräume mit zwei Abteilen und Mittelgang. Sitzplatzanordnung 2 + 2; Abteiltiefe 1 850 mm, Sitzplatzbreite 485 mm, Gangbreite 500 mm. Polstersitze.
2. Klasse: Großräume mit zwei, drei bzw. vier Abteilen und Mittelgang. Sitzplatzanordnung 2 + 2; Abteiltiefe 1 850 mm bzw. 1 650 mm, Sitzplatzbreite 500 mm, Gangbreite 540 mm. Polstersitze.
Traglastenabteil: Längssitzbänke, klappbar.
Heizung: Luftheizung, gespeist von Bremswiderständen der elektrischen Bremse. Widerstände auch aus Transformator direkt speisbar. Heizung durch Thermostate geregelt. Als Belüftungsanlage verwendbar.
Beleuchtung: Leuchtstofflampen, 100 Hz, durchgehendes Lichtband, gespeist aus Turbowechselrichter. Ausführung der Beleuchtung berücksichtigt häufigen Tunnelbetrieb. Besondere Einstiegleuchte.
Zusatzeinrichtung: Lautsprecheranlage.

Elektrischer Teil

Anordnung: Elektrische Ausrüstung außerhalb des Wagenkastens in Bodenwanne und auf Dach. Triebzug enthält zwei in sich abgeschlossene Traktionsanlagen; zwei Fahrmotoren des Mittelwagens werden vom jeweilig anschließenden Endwagen versorgt. Großbauteile auf Einschüben in Bodenwanne untergebracht.

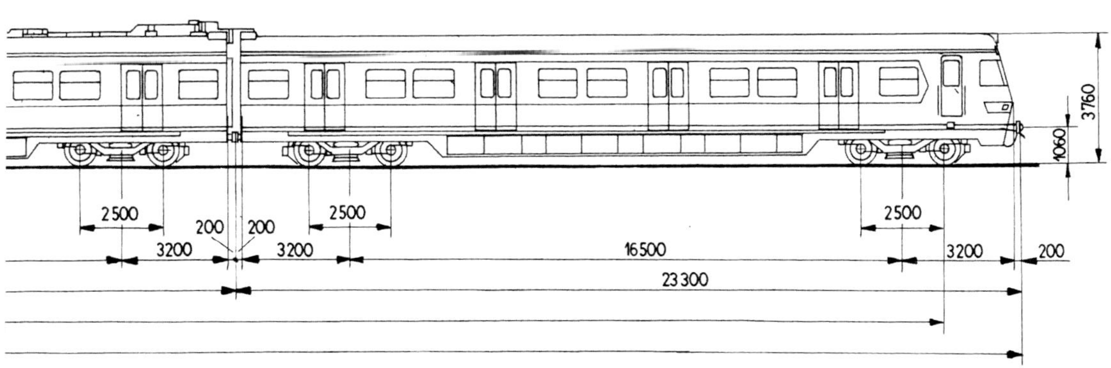

Hochspannungsgeräte: Zwei (ab 7. Bauserie ein) Einholm-Stromabnehmer mit Doppelwippe. Dachtrennschalter. Dachleitung. Druckluftleistungsschalter DBTF 20i200. Überspannungsableiter.
Haupttransformator: Öltransformator in Kernbauweise (Typ ABS-TLFB 1252). Zwei Sekundärwicklungen für Traktionsstromkreise, eine Sekundärwicklung für Fremderregung der Fahrmotoren, Heizung und Hilfsbetriebe. Ölzwangsumlauf mit äußerer Fremdkühlung. Nennleistung 1 125 kVA für Traktion, 110 kVA für Hilfsbetriebe und Heizung.
Steuerung: Automatische Fahr- und Bremssteuerung, gewünschte Zug- oder Bremskraft einstellbar (nur bis Triebzug 420 200). Thyristoranschnittsteuerung mit je zwei unsymmetrisch halbgesteuerten Gleichrichterbrücken in Folgeschaltung. Glättungsdrosseln für je zwei Fahrmotoren. Vielfachsteuerung von drei Triebzügen.
Fahrmotor: Vierpoliger Mischstromreihenschlußmotor mit Wendepol- und Kompensationswicklung (Typ ABS 370). Zusätzliche Fremderregung. Eigenbelüftet.
Elektrische Bremse: Elektrische Widerstandsbremse.
Hilfseinrichtungen: Drehstrombordnetz (3× 220 V, 50 Hz), gespeist aus statischem Umrichter. Batterie =110 V, 70 Ah je Endtriebwagen. Linienzugbeeinflussung (nur bis Triebzug 420 200). Induktive Zugbeeinflussung. Sicherheitsfahrschaltung. Zugbahnfunk. Brandmeldeanlage.

426/826

ET 26

Bo'2' + 2'2'

1957 bis 1978

Techn. Daten: Seite 330, 331

Die Isartalbahn (München Isartalbahnhof – Höllriegelskreuth – Grünwald) wurde am 18. Mai 1955 von =0,7 kV auf $\overset{1}{\sim}$ 16²/₃ Hz, 15 kV umgestellt, so daß für die dort eingesetzten Triebzüge der Baureihe ET 182 (s. S. 192) keine Verwendung mehr bestand. Da auch auf anderen Gleichstromstrecken der DB kein Bedarf vorhanden bzw. zu erwarten war, wurde ein Umbau in Reisezugwagen oder in Wechselstromtriebzüge in Erwägung gezogen. Da der Triebwagenbestand der DB sehr knapp war, Fahrmotoren und Transformatoren aus Reservebeständen der DB zur Verfügung standen und das $\overset{1}{\sim}$ 16²/₃-Hz-Streckennetz weiter ausgedehnt werden sollte, entschloß man sich für den Umbau in Wechselstromtriebwagen. Die wagenbaulichen Arbeiten führte Wegmann aus, die elektrische Ausrüstung lieferte BBC, die Transformatoren und Fahrmotoren steuerte die Deutsche Bundesbahn aus Lagerbeständen bei.
Es entstanden der ET 26 001 aus dem ET 182 12, der ET 26 002 aus dem ET 182 01, der ET 26 003 aus dem ET 182 21 und der ET 26 004 aus dem ET 182 11.
Der Triebzug war zweiteilig und bestand aus einem Trieb- und einem Steuerwagen.
Die Triebzüge waren zuerst im Bw München Hbf beheimatet und wurden auf der Isartalbahn und nach Garmisch-Partenkirchen eingesetzt. Später gehörten die Triebzüge dem Bw Regensburg an, von wo sie auf den Strecken Nürnberg–Regensburg–Landshut und Regensburg–Straubing verkehrten. Ab 1972/73 wurden sie dem Bw Koblenz zugeteilt und in den Jahren 1977/1978 ausgemustert (letzte Triebzüge 426 001 und 426 002 am 26. Oktober 1978). Der Triebzug 426 002/826 002 gehört zum Bestand des Verkehrsmuseums Nürnberg, ist im Bw München Ost abgestellt und soll später wieder betriebsfähig aufgearbeitet werden.
Im Dezember 1964 erhielt der Zug 426 004 zu Versuchszwecken eine Thyristoranschnittsteuerung. Die Steuerung arbeitete von Anfang an ohne Störungen, so daß der Triebzug ab Januar 1965 im planmäßigen Reisezugdienst eingesetzt werden konnte. Im Jahre 1972 wurde die elektronische Steuerung wieder ausgebaut.

Fahrzeugteil

Laufwerk: Triebdrehgestell Bauart München-Kassel. Rahmen geschweißte Blechträgerbauweise. Wälzradsatzlager. Radsatzfederung Schraubenfedern. Wiegenfederung Schraubenfedern. Stoßdämpfer.
Laufdrehgestellrahmen geschweißte Kastenkonstruktion. Wälzradsatzlager. Radsatzfederung Blattfedern. Wiegenfederung Blattfedern.
Wagenkasten: Schweißkonstruktion aus Profilträgern und abgekanteten Blechen. Am Stirnende des Triebwagens wurden Untergestell

und Wagenkasten verlängert, geschweißter Kastenrahmen. Dachaufbau über Triebdrehgestell (Ausgleich für Stromabnehmerfußpunkt). Stirnenden abgeschrägt. An Stirnenden und innerhalb Triebzug keine Übergangsmöglichkeit.
Zug- und Stoßvorrichtung: Schraubenkupplung. Hülsenpuffer. Innerhalb Triebzug Schraubenkurzkupplung mit einseitigen Hülsenpuffern.
Antrieb: BBC-Gummiantrieb. Stirnradgetriebe einseitig und schrägverzahnt.

Druckluftanlage: Luftverdichter, Hauptluftbehälter, Hauptluftbehälterleitung. Sandstreueinrichtung.
Bremse: Mehrlösige Klotzbremse Bauart Hikp. Spindelhandbremse.

Fahrgastraum

Gestaltung: Dem Personennahverkehr angepaßt.
Triebwagen: Führerstand; Gepäck-

Triebzug der Baureihe 426/826
Foto: H. Schön

Baureihe 426/826

Maß	426 001	426 002	426 003	426 004
a	2 360	2 635	2 670	2 385
b	12 325	11 975	11 800	12 325
c	2 410	2 450	2 545	2 410
d	2 445	2 480	2 540	2 410
e	12 800	12 625	12 600	12 800
f	18 102,5	18 067,5	18 022,5	18 127,5
g	19 402,5	19 262,5	19 297,5	19 367,5
h	33 445	32 995	32 950	33 410
i	37 505	37 330	37 320	37 495

Baureihe 426/826

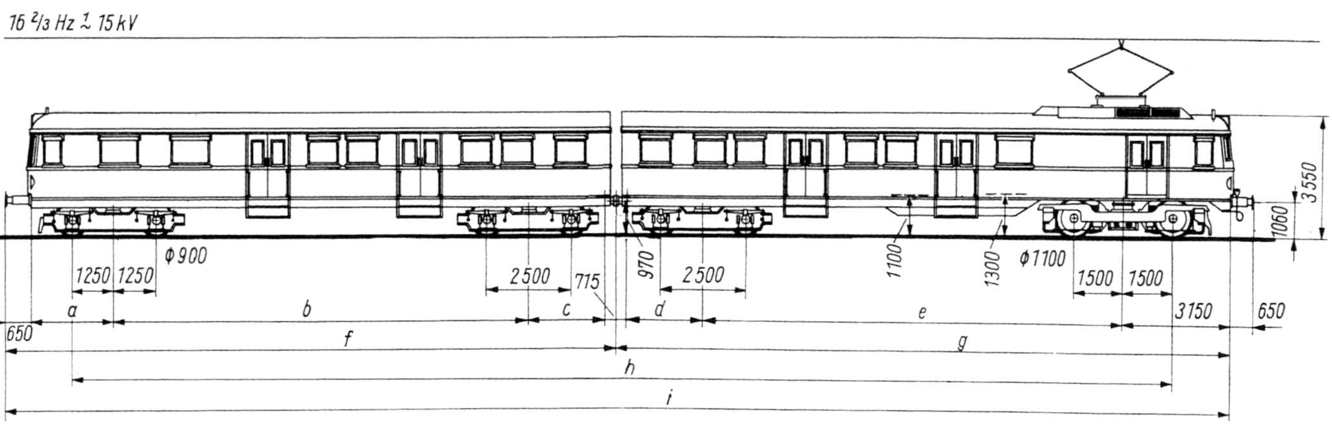

raum; Abteil 2. Klasse; Einstiegraum; Großraum 2. Klasse mit zwei Abteilen; Einstiegraum; Großraum 2. Klasse mit zweieinhalb Abteilen.
Steuerwagen: Großraum 2. Klasse mit drei Abteilen; Einstiegraum; Großraum 2. Klasse mit eineinhalb Abteilen; Einstiegraum; zwei Abteile 1. Klasse; Führerstand.
Fahrgasträume 2. Klasse von Einstiegräumen nicht durch Türen getrennt. Fußbodenhöhe in Führerstand und Gepäckraum 1 300 mm gegenüber 1 100 mm im übrigen Triebwagen.
Einstiege: In Wagenmitte zwei Doppelschiebetüren. Zugang über Trittstufen.
1. Klasse: Abteile mit Mittelgang. Sitzplatzanordnung 2 + 2; Abteiltiefe 2 000 mm, Sitzplatzbreite 527 mm, Gangbreite 620 mm. Polstersitze.
2. Klasse: Einzelabteil und Großräume mit eineinhalb, zwei, zweieinhalb bzw. drei Abteilen und Mittelgang. Abteiltiefe 1 573 mm bis 1 748 mm, Sitzplatzbreite 552 mm, Gangbreite 617 mm. Polstersitzbänke.
Gepäckraum: 8 m^2. Beidseitig doppelflüglige Schiebetür.
Heizung: Elektrische Widerstandsheizung. Heizregler.
Beleuchtung: Glühlampen =24 V. Umformer mit gepufferter Batterie.

Elektrischer Teil

Anordnung: Wegen des vorgegebenen Wagenkastens auch ein Teil der Ausrüstung im Wagenkasten untergebracht, da Einbau einer günstigeren Bodenwanne zu aufwendig. Im Gepäckraum Wandschränke mit 3 m^2 Grundfläche. Transformator, Batterie und Hilfsluftverdichter unter Wagenfußboden des ET. Luftverdichter unter Fußboden des ES.
Hochspannungsgeräte: Ein Scherenstromabnehmer Typ DBS 54. Überspannungsableiter. Druckluftschnellschalter Typ DBTF 20 i 200.
Haupttransformator: Öltransformator in Mantelbauweise mit Scheibenwicklung in Sparschaltung (Typ TRB spez). Ölselbstumlauf mit äußerer Selbstkühlung (bei 426 003 äußere Fremdkühlung). Zusatztransformator ergibt Spannungen 80 V, 140 V und 177 V. Traktionsleistung 410 kVA. Heizleistung 90 kW.
Steuerung: Niederspannungsschaltwerk mit Kreisbahnstufenwähler und Lastschalter. Fortschaltrelais. Antrieb Luftmotor mit mechanischer Steuerung der Ventile. Steuerspannung =24 V und $\overset{1}{\sim}$ $16^2/_3$ Hz, 200 V. Vielfachsteuerung (auch mit Baureihe 425 kuppelbar). Im Herbst 1957 zur Verbesserung der Anfahreigenschaften Einbau eines Stromteilers.
Notfahrbetrieb mit nur einem Fahrmotor möglich, dann Schaltwerk auf Stufe 11 blockiert.
Fahrmotoren: Zehnpolige Wechselstromreihenschlußmotoren mit Wendepol- und Kompensationswicklung (Typen ELM 613 H und ELM 613 H[1]). Eigenbelüftet und Zusatzfremdbelüftung.
Elektrische Bremse: Nutzbremse (in 426 004 ab 1969).
Hilfseinrichtungen: Fahrmotorenlüfter, Hilfsluftverdichter. Wegabhängige Sicherheitsfahrschaltung. Induktive Zugbeeinflussung. Schleuderschutz. Transformatorlüfte (nur 426 003). Zugbahnfunk (nur 426 004).
Sonderausführung: 426 004 von 1969 bis 1972 als zweite Steuerung Thyristoranschnittsteuerung zu Versuchszwecken. Vier Transformatoranzapfungen, Thyristoren und Dioden bilden kombinierte Stromrichterbrücke mit teilgesteuerter und ungesteuerter Brücke, 256 Fahrstufen, elektronisch gesteuert.

Triebzug der Baureihe 427/827
Foto: MAN Werkfoto

427/827

ET 27

Bo'Bo' + 2'2' + Bo'Bo'

1964 bis 1986

Techn. Daten: Seite 331

Zur Verbesserung des S-Bahn-Verkehrs entschloß sich die DB zum Bau neuer Wechselstromtriebzüge. Anfang Dezember 1961 vergab sie die Aufträge für die Entwicklung und Fertigung von fünf dreiteiligen Probetriebzügen (Fahrzeugteil MAN, Drehgestelle Wegmann, elektrischer Teil AEG und BBC), die ab Oktober 1964 den Probebetrieb aufnahmen.

Der Triebzug ist dreiteilig und besteht aus zwei Trieb- und einem Mittelwagen, die miteinander kurzgekuppelt sind. Das Betriebsprogramm ist auf einen Haltestellenabstand von 2,5 km bezogen. Die Höchstgeschwindigkeit sollte 120 km/h betragen. Um den Aufenthalt an den Haltestellen erheblich verkürzen zu können, forderte man außer vielen Einstiegen auch eine Fußbodenhöhe von nur etwa 900 mm über Schienenoberkante.

Die niedrige Fußbodenhöhe beeinflußte die Konstruktion des Fahrzeugteils wesentlich. Auch die elektrische Ausrüstung mußte entsprechend gestaltet werden; beispielsweise durften die Fahrmotoren nur einen Außendurchmesser von 600 mm haben. Außerdem sollte die grundsätzliche Gestaltung der Triebzüge denen der Berliner und Hamburger S-Bahn entsprechen, da diese sich in jahrzehntelangem Betrieb sehr gut bewährt hatten. Ferner wurde eine elektrische Bremse gefordert.

Der Triebzug sollte anfangs nur aus zwei Triebwagen bestehen. Damit wäre eine Anfahrbeschleunigung von 0,6 m/s^2 möglich gewesen. Da die Triebzüge vorrangig aber im Raum Stuttgart eingesetzt werden sollten, wo Fahrgeschwindigkeiten von 120 km/h selten erforderlich sind, wurden die Triebzüge durch Einfügen eines Mittelwagens dreiteilig, wodurch sich eine Anfahrbeschleunigung von nur 0,42 m/s^2 ergab. Im Nahverkehr mit einem Haltestellenabstand bis zu 5 km ist eine höchste Fahrgeschwindigkeit von 100 km/h ausreichend.

Sowohl die Rohbauten der Probetriebzüge als auch die fertigen Fahrzeuge wurden eingehend erprobt. Die Laufgüte aller Wagen erwies sich als gut und mit denen von Reisezugwagen vergleichbar. Der Bremsweg beträgt 565 m aus 120 km/h für den leeren und den vollbesetzten Triebzug. Als Reisegeschwindigkeiten ermittelte man für einen Haltestellenabstand von 4,5 km 67,5 km/h und für 2,5 km 50,0 km/h.

Im Stuttgarter Vorortverkehr befuhren die Triebzüge zunächst die Strekke Plochingen–Tübingen. Dann wur-

den sie kurzzeitig bei der S-Bahn Düsseldorf zusätzlich zu den Wendezügen eingesetzt. Zuletzt waren alle Triebzüge im Stuttgarter Vorortverkehr eingesetzt (Bw Tübingen).
Die Triebzüge haben sich gut bewährt, nachdem einige Unzulänglichkeiten an den Türen beseitigt worden waren. Zu einer Serienfertigung dieser Baureihe kam es nicht, aber sie stellte eine wertvolle Vorstufe für den S-Bahn-Triebzug 420/421 dar.
Die Triebzüge wurden inzwischen ausgemustert (letzte Triebzüge 427 101, 427 102, 427 104 und 427 105 Bw Tübingen am 24. Dezember 1986), da die Kosten für eine weitere Ausbesserung zu hoch waren. Die Triebzüge wurden nicht verschrottet, da ein Schweizer Zwischenhändler sie verschiedenen schweizerischen Bahnverwaltungen, u. a. auch der Bern-Lötschberg-Simplon-Bahn, verkaufen wollte.

Fahrzeugteil

Laufwerk: Drehgestelle angepaßte Konstruktion der Bauart München-Kassel. Rahmen geschweißte Kastenträger. Radsatzlenker, in Silentblöcken gelagert. Wälzradsatzlager. Radsatzfederung Schrauben- und Gummifedern. Wiegenfederung Schrauben- und Gummifedern. Stoßdämpfer. Lenker befreien Wiegenfederung von Querkräften. Gleisbogenabhängige Wiegensteuerung. In Laufdrehgestellen doppeltgewellte Leichtradscheiben.
Wagenkasten: Geschweißte Stahlkonstruktion in Leichtbauweise, vorwiegend Abkantprofile und Bleche. Hauptquerträger nur 120 mm hoch. Wellblechfußboden zum Tragen herangezogen. Bodenwanne mit Wagenkasten verschweißt, dadurch tragendes Konstruktionsteil. Auf Dach angeordnete Geräte durch seitliche Leichtmetallschürze verkleidet. Stirnende abgerundet. An Stirnende keine Übergangsmöglichkeit. Innerhalb Triebzug Übergänge mit Gummiwülsten.
Zug- und Stoßvorrichtung: Selbsttätige Mittelpufferkupplung Bauart Scharfenberg. Innerhalb Triebzug Schraubenkurzkupplung, 800 mm über SO, damit trittstufenloser Übergang möglich.
Antrieb: Tatzlagerantrieb, einseitiges schrägverzahntes Getriebe.
Druckluftanlage: Luftverdichter, Hauptluftbehälter, Hauptluftbehälterleitung. Sandstreueinrichtung. Spurkranzschmierung.
Bremse: Elektrische Widerstandsbremse als Betriebsbremse. Mehrlösige Scheibenbremse Bauart KE, selbsttätige Lastabbremsung. Triebzug 427 001 zusätzlich Druckluft-Festhaltebremse. Übrige Wagen über Spezialluftventil bei sinkender Geschwindigkeit fehlende elektrische Bremskraft durch Druckluftbremse ausgeglichen.

Fahrgastraum

Gestaltung: Dem S-Bahn-Verkehr angepaßt. Zwischen Fahrgastabteilen und Einstiegräumen meist keine Tür. Toiletten nur im Mittelwagen.
Triebwagen 427.1: Führerstand; Gepäckraum; Großraum 2. Klasse mit zwei Abteilen, Einstiegraum und zwei Abteilen; Großraum 2. Klasse mit Einstiegraum, zwei Abteilen, Einstiegraum und einem Abteil.
Mittelwagen 827: Großraum 2. Klasse mit einem Abteil, Einstiegraum und einem Abteil; Großraum 1. Klasse mit zwei Abteilen; Einstiegraum;

Baureihe 427/827, Höhenmaße im leeren Zustand des Triebzuges

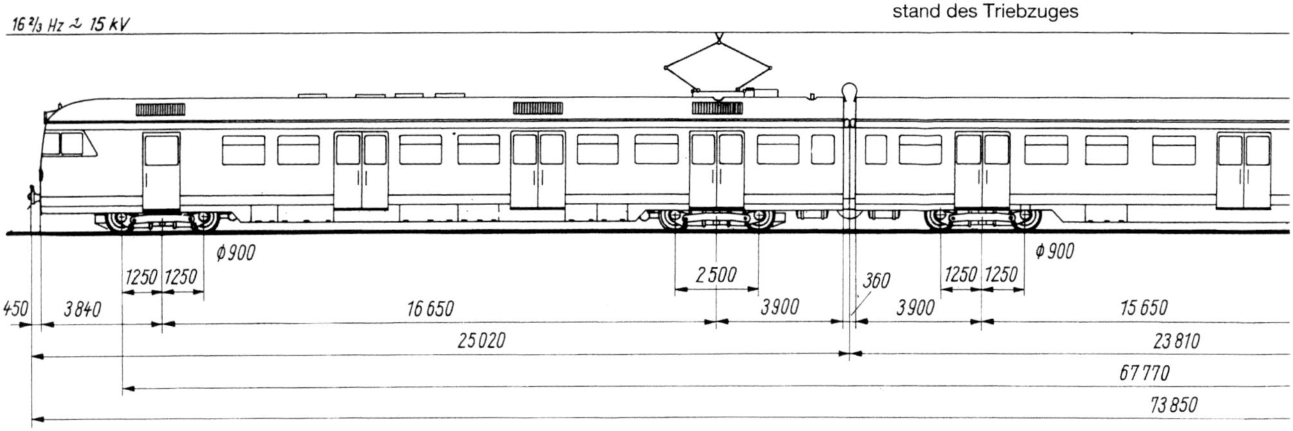

Großraum 1. Klasse mit zwei Abteilen; Großraum 2. Klasse mit einem Abteil, Einstiegraum und einem Abteil.

Triebwagen 427.4: Großraum 2. Klasse mit einem Abteil, Einstiegraum und zwei Abteilen; Großraum 2. Klasse mit zwei Abteilen, Einstiegraum und zwei Abteilen; Traglastenraum; Führerstand.

Einstiege: Einstiege über Triebzug gleichmäßig verteilt. Doppelflüglige Schwenkschiebetüren, von jedem Einstieg und vom Führerstand ferngesteuert schließbar. Lichte Türweite 2 × 770 mm. Zugang über eine Trittstufe (kann in Netzen mit hohen Bahnsteigen verdeckt werden, dann trittstufenloser Zugang), 615 mm über SO (±35 mm bei leerem bzw. besetztem Triebzug).

1. Klasse: Großräume mit zwei Abteilen und Mittelgang. Sitzplatzanordnung 1 + 2; Abteiltiefe 2 100 mm, Sitzplatzbreite 738 mm bzw. 669 mm, Gangbreite 650 mm. Polstersitze.

2. Klasse: Großräume mit zwei, drei bzw. vier Abteilen mit Mittelgang. Sitzplatzanordnung 2 + 2; Abteiltiefe 1 670 mm, Sitzplatzbreite 525 mm, Gangbreite 628 mm. Polstersitze.

Traglastenraum: 3 760 mm lang. Längssitzbänke, beidseitig einflüglige Schiebetür, lichte Türweite 1 100 mm. Auch als Gepäckraum verwendbar.

Gepäckraum: 3 760 mm lang. Längssitzbänke, beidseitig einflüglige Schiebetür, lichte Türweite 1 100 mm. Auch als Traglastenraum verwendbar.

Heizung: Elektrische Widerstandsheizkörper. Selbsttätige Regelung. Frischlufteinblasung durch Lüfter.

Beleuchtung: Leuchtstofflampen 100 Hz, 220 V, von Turbowechselrichter gespeist.

Elektrischer Teil

Anordnung: Elektrische Ausrüstung außerhalb des Fahrgastraumes. Jeder Triebwagen in sich abgeschlossene elektrische Ausrüstung. Mittelwagen keine elektrischen Ausrüstungsteile, somit auch Zugbildung aus zwei Triebwagen möglich. Ein Teil der unterflur angeordneten Geräte nur von unten zugänglich.

Hochspannungsgeräte: Scherenstromabnehmer DBS 54. Dachtrennschalter, Dachleitung. Druckluftschnellschalter DBTF 20 i 200. Überspannungsableiter.

Haupttransformator: Öltransformator in Kernbauweise mit Scheibenwicklung in Sparschaltung. Ölzwangsumlauf mit äußerer Fremdkühlung. 29 Anzapfungen (0 bis 601 V) für Motorstromkreise, eine Anzapfung (1 000 V) für Zugheizung. Gesonderte Wicklung (200 V) für Hilfsbetriebe. Traktionsleistung 500 kVA. Heizleistung 60 kW. Hilfsbetriebeleistung 48 kVA.

Steuerung: Niederspannungsschaltwerk, 28 Stufen, Stufenwähler auf vier Kontaktbahnen, zugeordnet Lastschalter. Antrieb Luftmotor. Stromteiler. Anfahrstromwächter. Zwei Beschleunigungsstufen. Vielfachsteuerung von vier Triebzügen.

Fahrmotoren: Vierpolige Wechselstromreihenschlußmotoren mit Wendepol- und Kompensationswicklung (Typ EKB 330). Eigen- und fremdbelüftet.

Elektrische Bremse: Kombinierte eigen- und fremderregte Widerstandsbremse. Fremderregung über Thyristoren aus 50-Hz-Bordnetz.

Hilfsbetriebe: Drehstrombordnetz (380 V, 50 Hz) aus 21-kVA-Umformer gespeist. Sicherheitsfahrschaltung. Induktive Zugbeeinflussung.

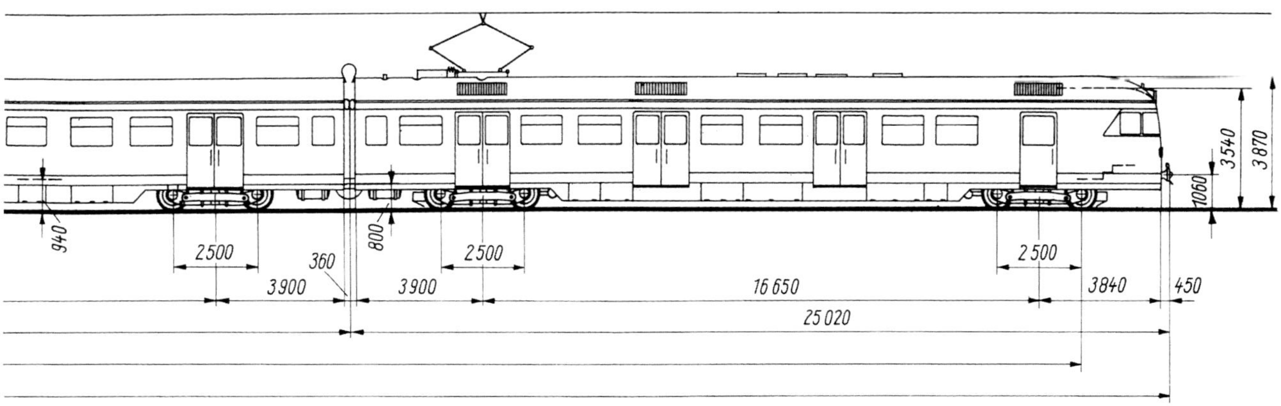

430/830

ET 30

Bo'2' + 2'2' + 2'Bo'

1956 bis 1984

Techn. Daten: Seite 331

Ein speziell für den Städtenahverkehr im Ruhrgebiet mit S-Bahn-ähnlichem Betrieb bestimmte Neuentwicklung (wenn auch teilweise mit mechanischer Ausrüstung von Vorläufern) ist die Baureihe 430/830. Diese Triebzüge bezeichnete man von Anfang an als Hochleistungstriebzüge, was das Betriebsprogramm und die Kenndaten belegen. Für den Städtenahverkehr wurde bei einer Aufenthaltsdauer von jeweils 30 s auf den Haltestellen gefordert:

60,0 km/h Reisegeschwindigkeit bei 2,5 km Haltestellenabstand,
76,5 km/h Reisegeschwindigkeit bei 4,5 km Haltestellenabstand,
80,0 km/h Reisegeschwindigkeit bei 5,0 km Haltestellenabstand.

Im Nah- und Bezirksverkehr sowie im Fernverkehr mit mittlerer Geschwindigkeit sollten die Triebzüge ebenfalls verwendbar sein und folgende Daten aufweisen:

120 km/h Fahrgeschwindigkeit bei Steigungen ≦12 ‰;
95 km/h Fahrgeschwindigkeit bei Steigungen ≦25 ‰ über 5 km;
50 km/h Fahrgeschwindigkeit bei Steigungen ≦40 ‰ über 6 km.

Die geforderten Reisegeschwindigkeiten durften nicht merklich gemindert werden, wenn der Triebzug auf vier Wagen verstärkt wurde.

Der dreiteilige Triebzug bestand aus zwei Trieb- und einem Mittelwagen, die miteinander kurzgekuppelt waren. Die Triebzüge entstanden als Gemeinschaftsarbeit führender Firmen, wobei die Waggonfabrik Fuchs für den mechanischen und BBC für den elektrischen Teil federführend waren.

Probefahrten fanden bereits im Herbst 1955 statt, bevor die ersten Triebzüge 1956 in Süddeutschland fuhren. Es wurden 24 Triebzüge geliefert. Die Fahrzeuge bewährten sich gut. Kleinere Mängel hatten hauptsächlich darin ihre Ursache, daß die Serie ohne Probemuster ausgeliefert worden war. Nur einige Ausrüstungsteile hatte man vorher auf dem Prüffeld bzw. in Triebwagen der Baureihe ET 32 erprobt, wobei jedoch nicht die tatsächlichen Beanspruchungen wie später im ET 30 erzielt werden konnten.

Im Sommer 1957 nahmen 18 Triebzüge im Ruhrgebiet (Bw Dortmund Hbf) ihren Betrieb auf. Dort erbrachten sie spürbare Zeitgewinne. So wurden beispielsweise auf der Strecke Düsseldorf–Hamm bei 23 Halten 38 min (rund 24 %) gegenüber den früheren Dampf-Nahverkehrszügen eingespart. Der mittlere Haltestellenabstand beträgt 4,3 km. Die Triebzüge erzielten den-

Baureihe 430/830

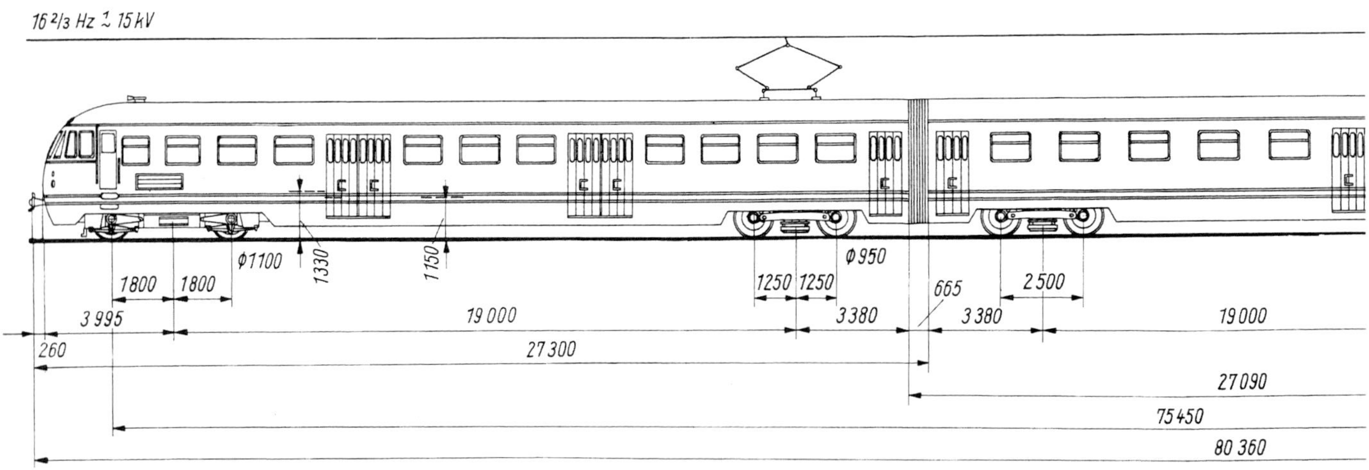

Triebzug der Baureihe 430/830
Foto: G. Illner

noch nahezu die gleiche Reisegeschwindigkeit wie die vier- bis fünfmal haltenden Schnellzüge. Die restlichen sechs Triebzüge verblieben vorerst im Bw Nürnberg.
Die Beanspruchungen bei diesem Schnellverkehr verursachten Mängel, die Zuglaufstörungen zur Folge hatten. Da der Zwischenkühler in der Bodenwanne unzureichend bemessen war (zu großer Wassergehalt ergab Schäden an Bremse und Türschließeinrichtung und zu große Wärme ergab Undichtigkeiten in Rohrleitungen), mußte ein Nachkühler in den Druckluftkreislauf eingebaut werden. Dazu kamen ein äußerst hoher Bremsklotz- und Radreifenverschleiß; die Klötze mußten alle 4 000 km gewechselt werden.

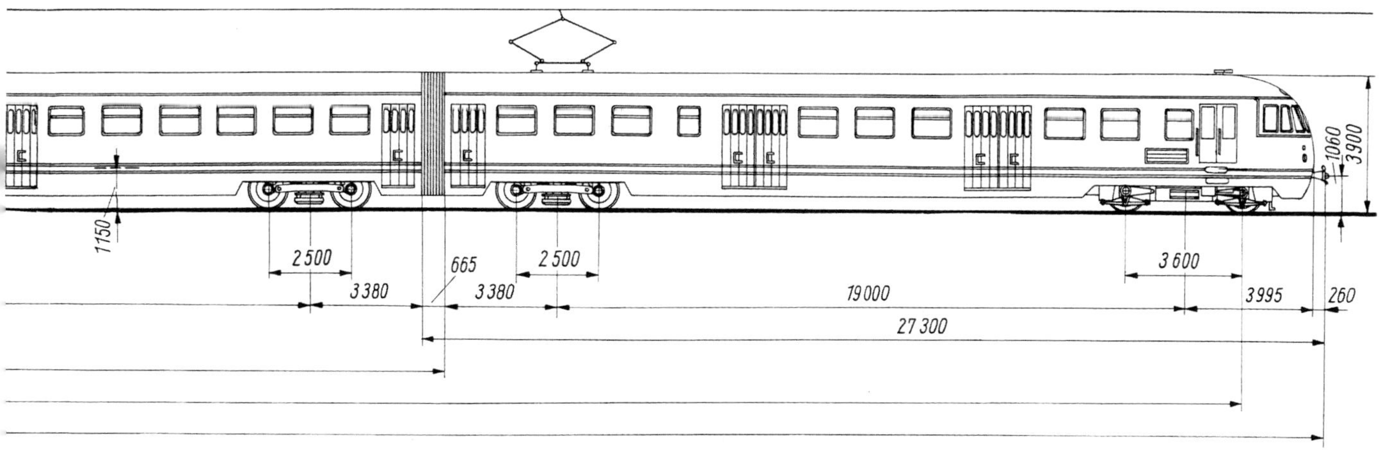

Bewährt hatte sich die Schleuderschutzbremse. Außerdem wurde nachträglich die Transformator-Fremdbelüftung eingebaut.
Im ersten Fahrplanabschnitt (Sommer 1957) erzielten die Triebzüge im Ruhrgebiet tägliche Laufleistungen von 675 km (Spitze 796 km) und monatlich 20 000 km bis 24 000 km. Zuletzt waren alle Triebzüge im Ruhrgebiet (Bw Hamm) eingesetzt.
Von 1980 bis 1984 wurden alle Triebzüge ausgemustert (letzte acht Triebzüge am 31. Juli 1984). Der ursprünglich dreiteilige Triebzug ET 30 014 a/EM 30 014/ET 30 014 b sowie der Mittelwagen EM 30 012 werden als Museumstriebfahrzeuge der DB erhalten (Verkehrsmuseum Nürnberg) und vierteilig vom Bw Hamm eingesetzt. Außerdem ist der Triebwagen ET 30 003 a bei den Hammer Eisenbahnfreunden aufgestellt.

Fahrzeugteil

Laufwerk: Triebdrehgestell Bauart Fuchs, Schweißkonstruktion aus Hohlträgern. Tiefangelenkter Drehzapfen. Radsatzlenker. Wälzradsatzlager. Radsatzfederung Blattfedern. Wiegenfederung doppelte Schraubenfedern. Stoßdämpfer. Laufdrehgestell Bauart München-Kassel, Schweißkonstruktion. Radsatzlenker. Wälzradsatzlager. Radsatzfederung Schraubenfedern. Wiegenfederung Schraubenfedern. Stoßdämpfer.
Wagenkasten: Selbsttragende und verwindungssteife Röhrenkonstruktion in Spanten- und Schalenbauweise. Schweißkonstruktion. Wellblechfußboden erhöht Längssteifigkeit. Bodenwanne. Stirnenden abgerundet. An Stirnenden keine Übergangsmöglichkeit. Innerhalb Triebzug durch innere und äußere Gummihaut geschützte Übergänge.
Zug- und Stoßvorrichtung: Selbsttätige Mittelpufferkupplung Bauart Scharfenberg. Elektrische und pneumatische Leitungen werden mitgekuppelt. Innerhalb Triebzug Schraubenkurzkupplung mit seitlichen Dämpfungspuffern.
Antrieb: Tatzlagerantrieb. Einseitiges, schrägverzahntes Getriebe. Großrad gefedert. Versuchsweise Gestellmotoren mit BBC-Federantrieb (430 111) bzw. SSW-Kardanhohlwellenantrieb (430 411).
Druckluftanlage: Luftverdichter. Hauptluftbehälter. Hauptluftbehälterleitung. Schleuderschutzeinrichtung (in ET 30 011 später durch Putzklötze ersetzt). Spurkranzschmierung.
Bremse: Einlösige Klotzbremse Bauart K, durch elektrische Steuerung mehrlösig. Spindelhandbremse. In ET 30 011 versuchsweise Scheibenbremse und Magnetschienenbremse.

Fahrgastraum

Gestaltung: Dem Stadtschnellverkehr angepaßt; auch für Fernschnellverkehr geeignet.
Triebwagen 430.1: Führerstand; Gepäckraum; Großraum 2. Klasse mit zwei Abteilen; Einstiegraum; Großraum 2. Klasse mit drei Abteilen; Einstiegraum; Großraum 2. Klasse mit dreieinhalb Abteilen; Einstiegraum.
Mittelwagen 830: Einstiegraum; Großraum 2. Klasse mit fünfeinhalb Abteilen; Einstiegraum; Großraum 1. Klasse mit zwei Abteilen; Großraum 1. Klasse mit drei Abteilen; Einstiegraum.
Triebwagen 430.4: Einstiegraum; Großraum 2. Klasse mit dreieinhalb Abteilen; Einstiegraum; Großraum 2. Klasse mit drei Abteilen; Einstiegraum; Großraum 2. Klasse mit dreieinhalb Abteilen; Führerstand.
Einstiege: In Wagenmitte doppelte und am Wagenende einfache vierflüglige Falttür mit hintereinanderliegender Außen- und Innentür. Lichte Türweite 800 mm. Zugang über Trittstufen. Türen elektropneumatisch schließbar, von Hand oder mit Druckluft von Ort bedienbar.
1. Klasse: Großräume mit zwei bzw. drei Abteilen und Mittelgang. Sitzplatzanordnung 1 + 2; Abteiltiefe 2 126 mm, Sitzplatzbreite 625 mm, Gangbreite 739 mm. Polstersitze.
2. Klasse: Großräume mit zwei, drei, dreieinhalb bzw. fünfeinhalb Abteilen und Mittelgang. Sitzplatzanordnung 2 + 2; Abteiltiefe 1 700 mm, Sitzplatzbreite 532 mm, Gangbreite 564 mm. Polstersitzbänke.
Gepäckraum: 3 070 mm lang. Beidseitig doppelflüglige Drehtür, nach innen öffnend.
Heizung: Elektrische Widerstandskörper, Heizschütze.
Beleuchtung: Leuchtstofflampen 100 Hz 220 V. Turbowechselrichter.

Elektrischer Teil

Anordnung: Jeder Triebwagen in sich abgeschlossene elektrische Ausrüstung. Ausrüstungsteile sind in einer Bodenwanne geschützt untergebracht.
Hochspannungsgeräte: Scherenstromabnehmer mit Doppelwippe (Typ DBS 54). Überspannungsableiter. Druckluftschnellschalter (Typ DBTF 20 i 200).
Haupttransformator: Öltransformator mit liegendem Kern und Scheibenwicklung in Sparschal-

tung (Typ BLT 115). Ölselbstumlauf mit äußerer Selbstkühlung, nachträglich Fremdbelüftung eingebaut. 26 Anzapfungen für Motorstromkreise (83,2 V bis 582,4 V) und zwei Anzapfungen für Heizung. Traktionsleistung 800 kVA. Heizleistung 80 kW.
Steuerung: Niederspannungsschaltwerk mit Stufen- und Lastschaltern. Stromwächter (drei Beschleunigungsstufen: Auf 1 = 0,4 m/s² bei vollbesetztem Zug, Auf 2 = 0,7 m/s² bei leerem Zug, Auf 3 = 0,7 m/s² bei vollbesetztem Zug). Antrieb Schaltmotor mit Magnetkupplungen und Malteserkreuz, in ET 30 007 und ET 30 017 Luftmotor. Steuerspannung =110 V. Vielfachsteuerung von vier Triebzügen.
Fahrmotoren: Zehnpolige Wechselstromreihenschlußmotoren mit Wendepol- und Kompensationswicklung (Typ ABEM 665-G). Eigenbelüftung mit Zusatzfremdbelüftung.
Hilfseinrichtungen: Motorumformer, mit Batterie gepuffert. Lüfter für Fahrmotoren und Transformatoren. Hilfsluftverdichter. Geschwindigkeitsbegrenzungsrelais. Sicherheitsfahrschaltung. Induktive Zugbeeinflussung. Zugbahnfunk (später eingebaut).

432/832

ET 32
ET 32²

Bo′2′ + Bo′2′ + 2′2′
Bo′2′ + 2′Bo′
Bo′2′ + 2′2′ + 2′Bo′

1950 bis 1984

Techn. Daten: Seite 332, 333

In den Nachkriegsjahren machte sich ein Mangel an elektrischen Triebwagen im Betriebsablauf der DB bemerkbar. Da eine hohe Anfahrbeschleunigung nicht unbedingt erforderlich war, wurden 1950 die leistungsstarken Triebzüge der Baureihe ET 31 umgebaut. Aus den bei der DB verbliebenen vier dreiteiligen Triebzügen ET 31 002, ET 31 005, ET 31 010 und ET 31 012 entstanden vier dreiteilige Triebzüge der neuen Baureihenbezeichnung ET 32 mit der Radsatzanordnung Bo′2′ + Bo′2′ + 2′2′, indem ein Endtriebwagen durch einen Steuerwagen ersetzt wurde. Es enstanden:

ET 32 001 a/c + ES 32 001 b aus ET 31 005 a/c und ES 25 132,
ET 32 002 a/c + ES 32 002 b aus ET 31 002 a/c und ES 25 135,
ET 32 021 b/c + ES 32 021 a aus ET 31 010 b/c und ES 25 108 (oder ES 25 109),
ET 32 022 b/c + ES 32 022 a aus ET 31 012 b/c und ES 25 108 (oder ES 25 109).

Die gewonnenen Endtriebwagen wurden zu der zweiteiligen Ausführung der Baureihe ET 32² mit der Radsatzanordnung Bo′2′ + 2′Bo′ zusammengestellt. Es entstanden:

ET 32 201 a/b aus ET 31 010 a und ET 31 005 b,
ET 32 202 a/b aus ET 31 012 a und ET 31 002 b.

Gleichzeitig wurden auch zwei Steuerwagen ES 25 in Steuerwagen ES 32² umgebaut, indem die Steuerung angepaßt wurde.
Ein weiterer Umbau erfolgte ab 1959, wobei die Stirnwand verändert, die Innenausstattung modernisiert und die Betriebstüchtigkeit durch kleine Verbesserungen erhöht wurden.
In den Jahren 1963/64 erhielten alle Triebzüge eine Grundüberholung. Dabei entstanden aus den beiden zweiteiligen Triebzügen durch Einfügen eines Mittelwagens (EM 32 201 aus ES 32 201, ex ES 25 003, EM 32 202 aus ES 32 202, ex ES 25 010) ebenfalls dreiteilige Triebzüge.
Die Triebzüge waren im süddeutschen Netz eingesetzt und in Nürnberg (zeitweise auch Bw München Hbf) beheimatet. Auch in der neuen Gestaltung hatten sie sich sehr gut bewährt.
Die Triebzüge wurden 1983/1984 ausgemustert (letzte Triebzüge 432 121, 432 201 und 432 202 Bw Nürnberg Hbf am 30. November 1984).

Fahrzeugteil

Laufwerk: Triebdrehgestellrahmen vollständig geschweißt. Brükkenträger der Wiege besonders flach, da er zwischen Untergestell und Transformator liegt. Peyinghaus-Gleitradsatzlager. Radsatzfederung Schrauben- und Blattfedern. Wiegenfederung Blattfedern.
Laufdrehgestelle Bauart Görlitz III leicht. Rahmen geschweißt. Peyinghaus-Gleitradsatzlager. Radsatzfe-

derung Schrauben- und Blattfedern. Wiegenfederung Blattfedern.
Wagenkasten: Untergestell, Wagenkasten und Dach Schweißkonstruktion aus Profilen und Blechen. Mitteleinstiege erforderten besondere Untergestellkonstruktion. Hauptquerträger für Triebdrehgestellzapfen besonders kräftig, da an ihm der Haupttransformator hängt. Stirnenden abgerundet, später abgeschrägt. An Kurzkuppelenden Blechverkleidungen zur Verringerung des Wagenabstandes. An Stirnenden keine Übergangsmöglichkeit. Innerhalb Triebzug durch Faltenbalg (später Gummiwülste) geschützte Übergänge.
Zug- und Stoßvorrichtung: Schraubenkupplung und Hülsenpuffer. Innerhalb Triebzug Schraubenkurzkupplung mit je einem tellerlosen Seitenpuffer. Im Dach Dämpfungseinrichtung aus Blattfedern.
Druckluftanlage: Luftverdichter. Hauptluftbehälter. Hauptluftbehälterleitung. Sandstreueinrichtung.
Bremse: Einlösige Klotzbremse Bauart Kp, durch elektrische Steuerung mehrlösig. Steuerspannung =24 V. Spindelhandbremse.

Triebzüge 432 101 und 432 102

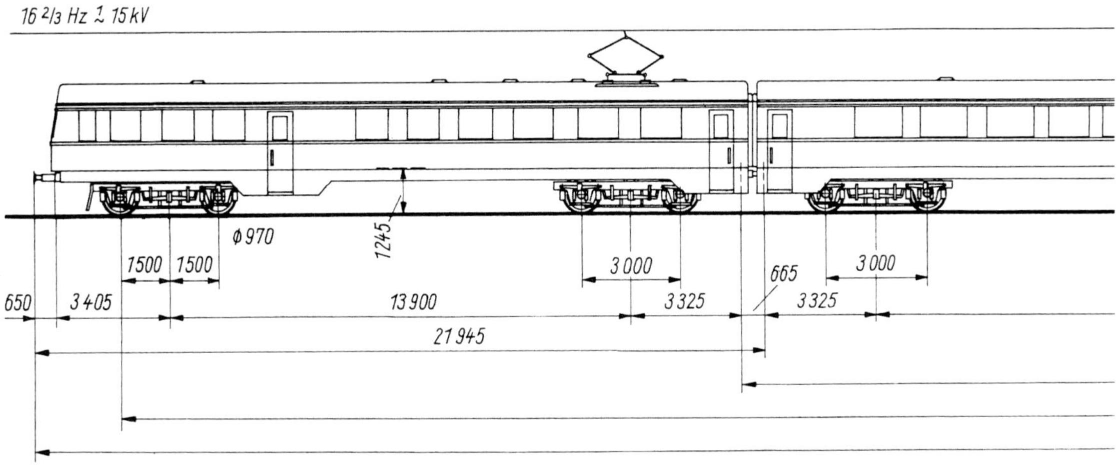

Triebzüge 432 121 und 432 122

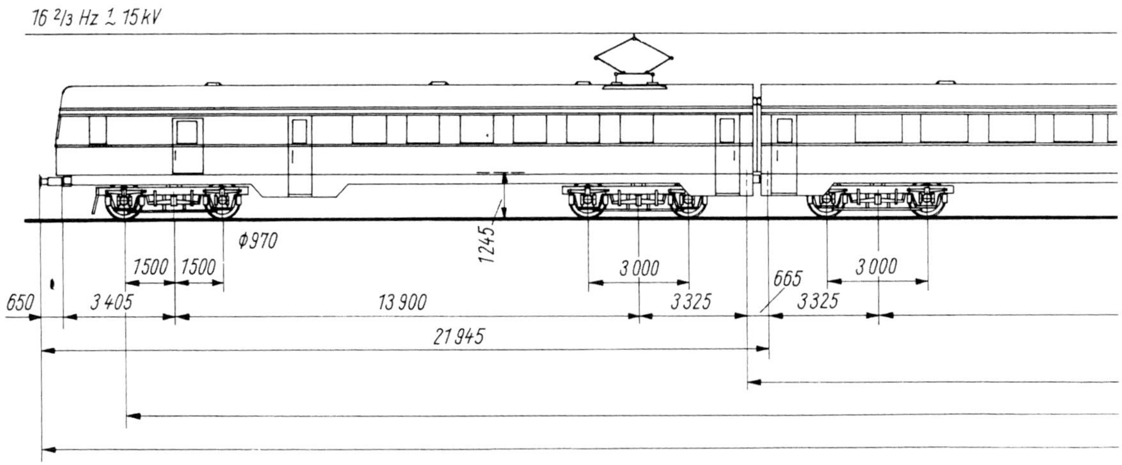

Fahrgastraum ET 32 001 und ET 32 002 (Umbau 1950)

Gestaltung: Dem Schnellzugdienst angepaßt.
Triebwagen a: Führerstand; Gepäckraum; Einstiegraum, Großraum 2. Klasse mit zwei Abteilen; Großraum 2. Klasse mit vier Abteilen; Einstiegraum.
Triebwagen c: Einstiegraum; Großraum 2. Klasse mit sieben Abteilen; drei Abteile 2. Klasse; Einstiegraum.
Steuerwagen: Einstiegraum; drei Abteile 1. Klasse; Großraum 2. Klasse mit drei Abteilen; Einstiegraum; Großraum 2. Klasse mit drei Abteilen; Führerstand.
Einstieg: Einfachschiebetüren, lichte Türweite 635 mm (ET) bzw. 753 mm (ES). Trittstufen.
1. Klasse: Geschlossene Abteile mit Seitengang. Sitzplatzanordnung 0 + 3; Abteiltiefe 1 900 mm, Sitzplatzbreite 671 mm, Gangbreite 776 mm. Polstersitze.
2. Klasse: Großräume mit zwei, drei, vier bzw. sieben Abteilen und Seitengang. Sitzplatzanordnung 0 + 4; Abteiltiefe 1 580 mm, 1 625 mm und 1 975 mm. Sitzplatzbreite 512 mm und 510 mm, Gangbreite 708 mm und 771 mm. Polstersitzbänke.
Geschlossene Abteile mit Seitengang.

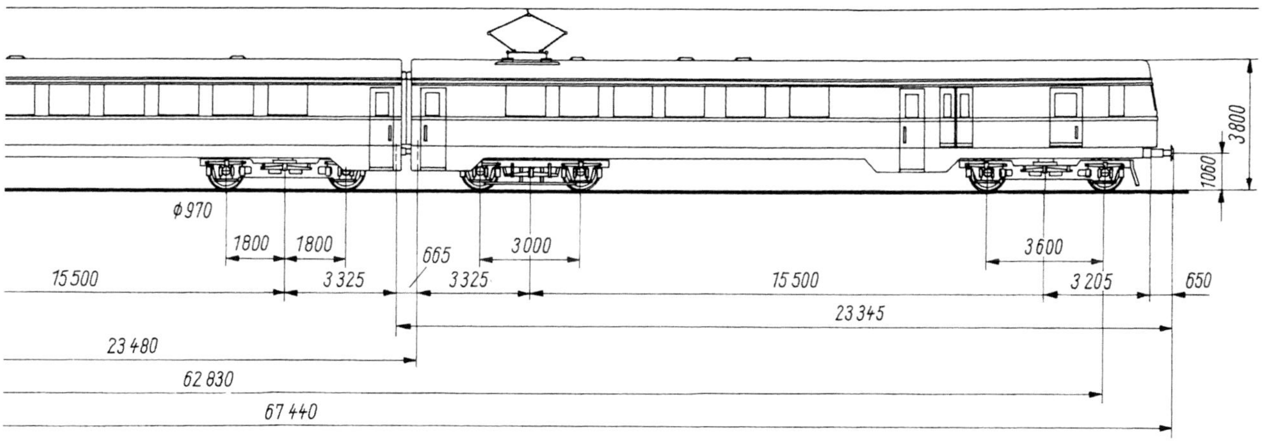

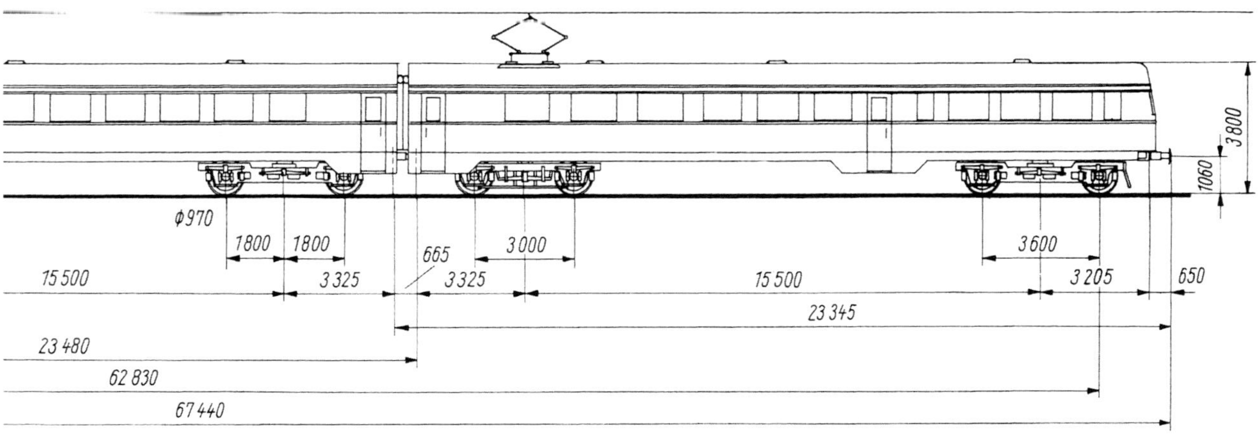

Triebzug ET 32 002 a/ET 32 002 c/ES 32 002 b nach dem Umbau 1950
Foto: G. Wiegner

Sitzplatzanordnung 0 + 4; Abteiltiefe 1 975 mm, Sitzplatzbreite 512 mm, Gangbreite 708 mm. Polstersitzbänke.
Gepäckraum: 5165,5 mm lang. Beidseitig einflüglige Schiebetür, lichte Türweite 920 mm, und beidseitig doppelflüglige Drehtür, nach außen öffnend, lichte Türweite 860 mm.
Heizung: Elektrische Widerstandsheizkörper, Heizschütze.
Beleuchtung: Glühlampen =24 V, Batterie mit Lichtumformer gepuffert. Vom Führerstand schaltbar.

Fahrgastraum ET 32 001 und ET 32 002 (Umbau 1963)

Gestaltung: Dem Schnellzugdienst angepaßt.
Triebwagen 432.1: Führerstand; Gepäckraum, Einstiegraum; Großraum 2. Klasse mit sechs Abteilen; Einstiegraum.
Triebwagen 432.4: Einstiegraum; drei Abteile 1. Klasse; Großraum 2. Klasse mit sieben Abteilen; Einstiegraum.
Steuerwagen 832.6: Einstiegraum; Großraum 2. Klasse mit sechs Abteilen, Einstiegraum; Großraum 2. Klasse mit drei Abteilen; Führerstand.
Einstieg: Einfachschiebetüren,

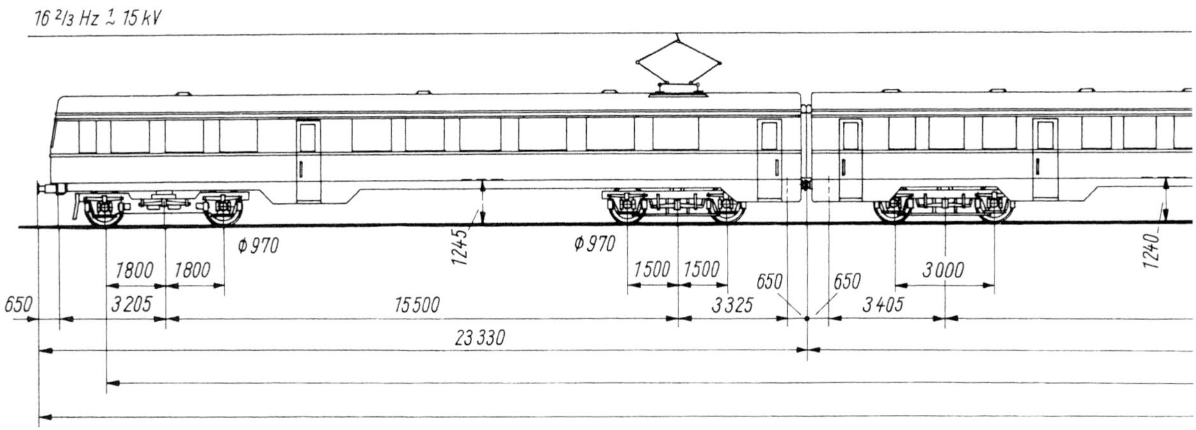

lichte Türweite 753 mm. Zugang über Trittstufen. Elektropneumatische Türschließeinrichtung.
1. Klasse: Geschlossene Abteile mit Seitengang. Sitzplatzanordnung 0 + 3; Abteiltiefe 1 980 mm, Sitzplatzbreite 675 mm, Gangbreite 714 mm. Polstersitze.
2. Klasse: Großräume mit drei, sechs bzw. sieben Abteilen und Seitengang. Sitzplatzanordnung 0 + 4; Abteiltiefe 1 637 mm bis 1 987 mm, Sitzplatzbreite 512 mm, Gangbreite 708 mm. Polstersitzbänke.
Gepäckraum: 5 225 mm lang. Beidseitig einflüglige Schiebetür, lichte Türweite 920 mm, und doppelflüglige Drehtür, nach außen öffnend, lichte Türweite 860 mm.
Heizung: Elektrische Widerstandsheizkörper, Heizschütze.
Beleuchtung: Leuchtstofflampen 100 Hz, 220 V, gespeist von Umformer und Turbowechselrichter. Vom Führerstand schaltbar.
Zusatzeinrichtung: Lautsprecheranlage.

Fahrgastraum ET 32 021 und ET 32 022 (Umbau 1950)

Gestaltung: Dem Schnellzugdienst angepaßt.
Triebwagen b: Führerstand; Großraum 2. Klasse mit drei Abteilen; Einstiegraum; Großraum 2. Klasse mit drei Abteilen; drei Abteile 1. Klasse; Einstiegraum.
Triebwagen c: Einstiegraum; Großraum 2. Klasse mit sieben Abteilen; drei Abteile 2. Klasse; Einstiegraum.
Steuerwagen: Einstiegraum; Großraum 2. Klasse mit drei Abteilen; Einstiegraum; Gepäckraum; Führerstand.
Einstieg: Einfachschiebetüren, lichte Türweite 635 mm. Zugang über Trittstufen.
1. Klasse: Geschlossene Abteile mit Seitengang. Sitzplatzanordnung 0 + 3; Abteiltiefe 1 975 mm, Sitzplatzbreite 675 mm, Gangbreite 714 mm. Polstersitze.
2. Klasse: Großräume mit drei bzw. sieben Abteilen und Seitengang. Sitzplatzanordnung 0 + 4; Abteiltiefe 1 590 mm bis 1 625 mm, Sitzplatzbreite 512 mm, Gangbreite 708 mm. Polstersitzbänke.
Geschlossene Abteile mit Seitengang. Sitzplatzanordnung 0 + 4; Abteiltiefe 1 975 mm, Sitzplatzbreite 506 mm, Gangbreite 714 mm. Polstersitzbänke.
Gepäckraum: 5 216 mm (ES 32 021) lang bzw. 4 628 mm (ES 32 022) lang. Beidseitig einflüglige Schiebetür.
Heizung: Elektrische Widerstandsheizung. Heizschütze.
Beleuchtung: Glühlampen =24 V, Batterie mit Lichtumformer gepuffert. Vom Führerstand schaltbar.

Fahrgastraum ET 32 021 und ET 32 022 (Umbau 1963)

Gestaltung: Dem Schnellzugdienst angepaßt.
Triebwagen 432.1: Führerstand; Großraum 2. Klasse mit zweieinhalb Abteilen; Einstiegraum; Großraum 2. Klasse mit sechs Abteilen; Einstiegraum.
Triebwagen 432.4: Einstiegraum; Großraum 2. Klasse mit sieben Abteilen; drei Abteile 1. Klasse; Einstiegraum.
Steuerwagen 832.6: Einstiegraum; Großraum 2. Klasse mit sechs Abteilen; Einstiegraum; Gepäckraum; Führerstand.
Einstieg: Einfachschiebetüren mit

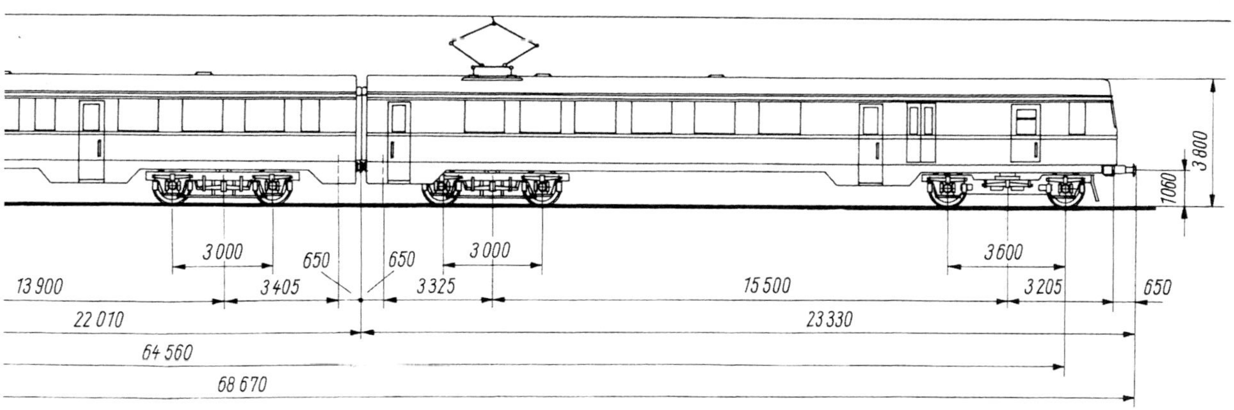

Triebzüge 432 201 und 432 202, dreiteilig

Triebzug der Baureihe 432/832 nach dem Umbau 1963/1964
Foto: Archiv alba

einer lichten Türweite von 753 mm. Zugang über Trittstufen. Elektropneumatische Türschließeinrichtung.
1. Klasse: Geschlossene Abteile mit Seitengang. Sitzplatzanordnung 0 + 3; Abteiltiefe 1 980 mm, Sitzplatzbreite 675 mm, Gangbreite 714 mm. Polstersitze.
2. Klasse: Großräume mit zweieinhalb, sechs bzw. sieben Abteilen und Mittelgang. Sitzplatzanordnung 2 + 2; Abteiltiefe 1 595 mm bis 2 000 mm. Polstersitzbänke.
Gepäckraum: 5 250 mm (832 621) bzw. 4 687 mm (832 622) lang. Beidseitig einflüglige Schiebetür.
Heizung: Elektrische Widerstandsheizung. Heizschütze.
Beleuchtung: Leuchtstofflampen, 100 Hz, 220 V, gespeist von Umformer und Turbowechselrichter.
Zusatzeinrichtung: Lautsprecheranlage.

Fahrgastraum ET 32 201 und ET 32 202 (Umbau 1950)

Gestaltung: Dem Schnellzugdienst angepaßt.
Triebwagen a: Führerstand; Gepäck- und Postraum; Einstiegraum; Großraum 2. Klasse mit sechs Abteilen; Einstiegraum.
Triebwagen b: Einstiegraum; drei Abteile 1. Klasse; Großraum 2. Klasse mit drei Abteilen; Einstiegraum: Großraum 2. Klasse mit drei Abteilen; Führerstand.
Einstieg: Einfachschiebetüren, lichte Türweite 753 mm. Zugang über Trittstufen.
1. Klasse: Geschlossene Abteile mit Seitengang. Sitzplatzanordnung 0 + 3; Abteiltiefe 1 980 mm, Sitzplatzbreite 675 mm, Gangbreite 714 mm. Polstersitze.
2. Klasse: Großräume mit drei bzw. sechs Abteilen und Seitengang. Sitzplatzanordnung 0 + 4; Abteiltiefe 1 637 mm bis 1 650 mm, Sitzplatzbreite 512 mm, Gangbreite 708 mm. Polstersitzbänke.
Gepäckraum: 5 225 mm lang, mit Postraum vereinigt. In Gepäckraum beidseitig einflüglige Schiebetür, lichte Türweite 920 mm. In Postraum beidseitig doppelflüglige Drehtür, nach außen öffnend, lichte Türweite 860 mm.
Heizung: Elektrische Widerstandsheizung. Heizschütze.
Beleuchtung: Glühlampen =24 V, Batterie mit Lichtumformer gepuffert. Vom Führerstand schaltbar.

Fahrgastraum ET 32 201 und ET 32 202 (Umbau 1963/1964)

Gestaltung: Dem Schnellzugdienst angepaßt.
Triebwagen 432.2: Führerstand; Gepäckraum; Einstiegraum; Großraum 2. Klasse mit sechs Abteilen; Einstiegraum.
Mittelwagen 832.2: Vorraum mit vier Notsitzen; Großraum 2. Klasse mit drei Abteilen; Einstiegraum; Großraum 2. Klasse mit drei Abteilen; Einstiegraum.
Triebwagen 432.5: Einstiegraum; drei Abteile 1. Klasse; Großraum 2. Klasse mit zweidreiviertel Abteilen; Einstiegraum; Großraum 2. Klasse mit zweieinhalb Abteilen; Führerstand.
Einstieg: Einfachschiebetüren, lichte Türweite 753 mm. Zugang über Trittstufen. Elektropneumatische Türschließeinrichtung.
1. Klasse: Geschlossene Abteile mit Seitengang. Sitzplatzanordnung 0 + 3; Abteiltiefe 1 980 mm,

Sitzplatzbreite 675 mm, Gangbreite 714 mm. Polstersitze.
2. Klasse: Großräume mit zweieinhalb, zweidreiviertel, drei bzw. sechs Abteilen und Mittelgang. Sitzplatzanordnung 2 + 2; Abteiltiefe 1 560 mm bis 2 000 mm. Polstersitzbänke.
Gepäckraum: 5 225 mm lang. Beidseitig einflüglige Schiebetür, lichte Türweite 930 mm; beidseitig doppelflüglige Drehtür, lichte Türweite 930 mm.
Heizung: Elektrische Widerstandsheizung. Heizschütze.
Beleuchtung: Leuchtstofflampen, 100 Hz, 220 V, gespeist aus Umformer und Turbowechselrichter.
Zusatzeinrichtung: Lautsprecheranlage.

Elektrischer Teil

Anordnung: Jeder Triebwagen in sich abgeschlossene elektrische Ausrüstung, jedoch mittlerer Triebwagen ohne Stromabnehmer und Führerstand. Elektrische Ausrüstung außerhalb Wagenkasten.
Hochspannungsgeräte: Je ein Scherenstromabnehmer SBS 10 mit eingezogener Oberschere und Wippe DBS 54 auf Endwagen. Trennschalter. Hochspannungssicherung, später durch Druckluftschnellschalter (Typ DBTF 20 i 200) ersetzt.
Haupttransformator: Öltransformator in Mantelbauweise mit Scheibenwicklung und Sparschaltung (Typ TRB spez.). Ölselbstumlauf mit äußerer Selbstkühlung. Zwölf Anzapfungen für Motorstromkreis (größte Lastspannung 810 V) und zwei Anzapfungen für Heizung. Traktionsleistung 410 kVA. Heizleistung 90 kW.
Steuerung: Niederspannungsnokkenschaltwerk, zwölf Fahrstufen, Schaltwerkantrieb Drehmagnet. Steuerspannung $\overset{1}{\sim}$ 16 $^2/_3$ Hz, 200 V und =24 V. Fortschaltrelais. Schleuderschutz. Vielfachsteuerung.
Fahrmotoren: Achtpolige Wechselstromreihenschlußmotoren mit Wendepol- und Kompensationswicklung (Typ EDTM 494). Eigenbelüftet.
Hilfseinrichtungen: Motorgenerator, mit Batterie gepuffert. Sicherheitsfahrschaltung. Induktive Zugbeeinflussung. Zugbahnfunk (später eingebaut).

Steuerwagen ES 32^2

Techn. Daten: Seite 337

Fahrzeugteil: Analog Steuerwagen ES 25 (s. S. 84).
Fahrgastraum: Führerstand; drei Abteile 1. Klasse; Einstiegraum; Großraum 2. Klasse mit drei Abteilen; Einstiegraum; Großraum 2. Klasse mit drei Abteilen; Einstiegraum. Einstiege Einfachschiebetüren, lichte Weite 655 mm.
Elektrischer Teil: Steuerung nur für Baureihe ET 32^{2}einsetzbar.

445
ET 45

Bo′2′ + 2′Bo′
1962 bis 1972
Techn. Daten: Seite 333

Der Triebzug war ein Einzelfahrzeug und diente zu Versuchen. Er hat eine wechselvolle Betriebsgeschichte. Im Jahr 1937 wurde er als 16 $^2/_3$-Hz-Triebzug der Baureihe ET 25 geliefert (ET 25 026), 1950 aus kriegszerstörtem Zustand zu einem 50-Hz-Triebzug (ET 255 01; s. S. 196) für die Höllental- und Dreiseenbahn aufgebaut und schließlich nach Umstellung des 50-Hz-Betriebs auf diesen Bahnen 1962 durch das Aw Stuttgart-Bad Cannstatt wieder zu einem 16 $^2/_3$-Hz-Triebzug umgestaltet und bis 1966 im Betrieb eingesetzt (ET 45 01).
Bei dem Umbau blieb der mechanische Teil nahezu unverändert. Die Fahrgasträume wurden grundlegend modernisiert, und fast alle elektrischen Ausrüstungsteile ersetzte man durch 16 $^2/_3$-Hz-Bauteile. Die Fahrmotoren wurden jedoch aufgearbeitet weiterverwendet. Der vorgesehene Steilstreckenbetrieb mit Steuerwagen forderte einen größeren Kühlluftbedarf für Fahrmotoren und Transformator, so daß besondere Dachaufbauten mit Luftkanälen und Filtern notwendig wurden. Anfangs war der Triebzug im Bw Freiburg/Br beheimatet und wurde vorrangig auf der Höllentalbahn einge-

setzt. Hier bewährte er sich im Betriebseinsatz nur zufriedenstellend, so daß er sich sehr häufig im Ausbesserungswerk befand. Später ging er in das Bw Heidelberg über und befuhr die Strecke Baden Oos–Baden-Baden.

Im Jahre 1966 wurde er als Versuchsfahrzeug für die Erprobung der Anschnittsteuerung und der Nutzbremse freigegeben. Im Ausbesserungswerk Stuttgart-Bad Cannstatt wurde von Siemens eine neue elektrische Ausrüstung eingebaut, die seinerzeit die modernste Bauform darstellte. Die neueinzubauenden Stromrichter und Glättungsdrosseln wurden in Schränken im Gepäck- und Traglastenraum untergebracht, da ein Unterflureinbau in den durch Ausbau nicht mehr benötigter Ausrüstungsteile freigewordenen Räumen zu aufwendig war. Am 15. Juni 1967 speiste der Triebzug erstmalig in das $16\,^2/_3$-Hz-Fahrleitungsnetz Strom zurück. Um technische und ökonomische Vergleiche anstellen zu können, hat man die beiden Triebwagen des Triebzugs unterschiedlich ausgerüstet. Der Triebzug absolvierte dann ein umfangreiches Meßprogramm, dessen Ergebnisse auch eine Vorarbeit für den Nahverkehrstriebzug der Baureihe 420 bildeten. Nach Abschluß der Versuche wurde der Triebzug auf der Strecke Titisee–Seebrugg der Höllental- und Dreiseenbahn im planmäßigen Dienst und später vom Bw Offenburg aus zwischen Baden Oos und Baden-Baden eingesetzt. Der Triebzug wurde im Jahre 1971 z-gestellt und am 31. Mai 1972 (Bw Heidelberg) ausgemustert.

Fahrzeugteil

Laufwerk: Drehgestelle Bauart Görlitz III leicht. Rahmen geschweißt. Brückenträger der Wiege in den Triebdrehgestellen flach. Peyinghaus-Gleitradsatzlager. Radsatzfederung Blatt- und Schraubenfedern. Wiegenfederung Blattfedern.
Wagenkasten: Untergestell und Wagenkasten Schweißkonstruktion aus Profilstahl und Stahlblech. Dachaufbauten für Kühlluftzuführung. Innenliegende Trittstufen der Einstiege erforderten besondere Untergestellkonstruktion. Schürzen, Stirnenden abgerundet. An Stirnenden keine Übergangsmöglichkeit. Innerhalb Triebzug durch Faltenbalg geschützter Übergang.
Zug- und Stoßvorrichtung: Schraubenkupplung und Hülsenpuffer. Innerhalb Triebzug Schraubenkurzkupplung mit einseitigen Seitenpuffern. Dämpfungseinrichtung aus Blattfedern im Dach.
Antrieb: Tatzlagerantrieb, zweiseitiges schrägverzahntes Getriebe, Großrad gefedert.
Druckluftanlage: Luftverdichter, Hauptluftbehälter, Hauptluftbehälterleitung. Sandstreueinrichtung. Spurkranzschmierung.
Bremse: Mehrlösige Klotzbremse Bauart Hikp. Spindelhandbremse. Magnetschienenbremse (später eingebaut). Elektrische Bremse (später eingebaut).

Fahrgastraum (bis 1966)

Gestaltung: Dem Personenzugdienst angepaßt.
Triebwagen a: Führerstand; Gepäckraum; Traglastenraum; Einstiegraum; Großraum 2. Klasse mit sechseinhalb Abteilen; Einstiegraum.

Baureihe 445

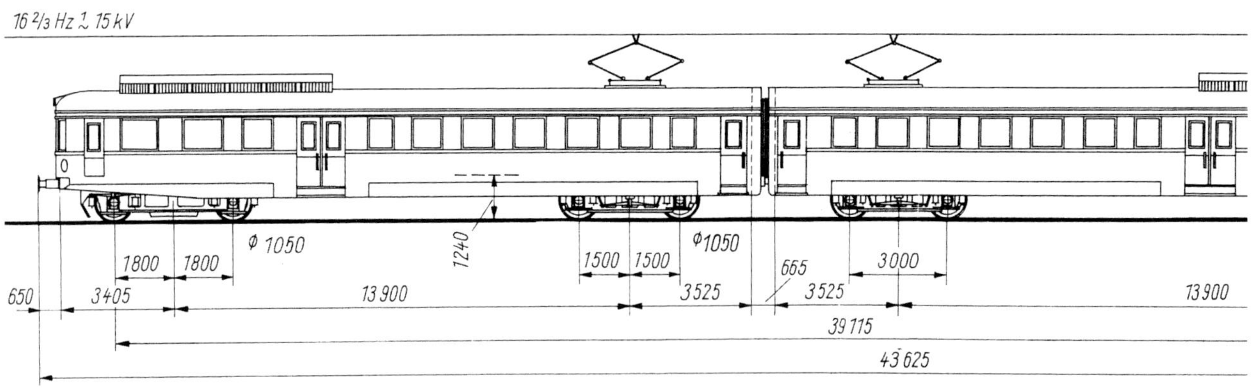

Triebzug ET 45 01 auf dem Bahnhof Seebrugg
Foto: M. Spiller

Triebwagen b: Einstiegraum; Großraum 1. Klasse mit zwei Abteilen; Großraum 2. Klasse mit viereinhalb Abteilen; Einstiegraum; Traglastenraum; Führerstand.
Einstieg: In Wagenmitte doppelflüglige und an Kurzkuppelende einflüglige Schiebetür, lichte Türweite 640 mm. Zugang über Trittstufen.
1. Klasse: Großraum mit zwei Abteilen und Mittelgang. Sitzplatzanordnung 2 + 2; Abteiltiefe 1 550 mm. Polstersitzbänke.
2. Klasse: Großräume mit viereinhalb und sechseinhalb Abteilen und Mittelgang. Sitzplatzanordnung 2 + 3; Abteiltiefe 1 550 mm, Sitzplatzbreite 450 mm bzw. 467 mm, Gangbreite 531 mm. Polstersitzbänke.
Traglastenraum: In ETa 2 725 mm lang, neun Klappsitze, in ETb 5 590 mm lang, zwölf Klappsitze.
Gepäckraum: 2 725 mm lang. Beidseitig einflüglige Schiebetür, lichte Türweite 920 mm.

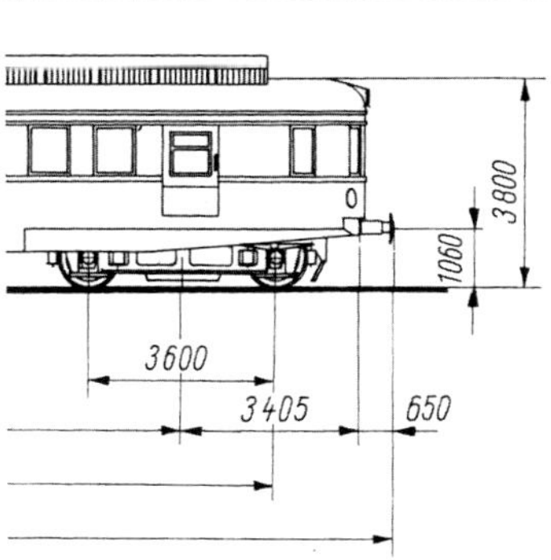

Heizung: Elektrische Widerstandsheizung. Heizschütze.
Beleuchtung: Leuchtstofflampen. Turbowechselrichter.

Fahrgastraum (ab 1967)

Gestaltung: Dem Personenzugdienst angepaßt. Nutzung der Räume der Anordnung der elektrotechnischen Versuchsausrüstung untergeordnet.
Triebwagen 445.1: Führerstand; Dienstabteil (Gepäckraum); Einstiegraum; Großraum 2. Klasse mit sechseinhalb Abteilen; Einstiegraum.
Triebwagen 445.4: Einstiegraum; Großraum 1. Klasse mit zwei Abteilen; Großraum 2. Klasse mit viereinhalb Abteilen; Einstiegraum; Traglastenraum; Führerstand.
Einstieg: In Wagenmitte doppelflüglige und an Kurzkuppelende einflüglige Schiebetür, lichte Türweite 640 mm. Zugang über Trittstufen.
1. Klasse: Großraum mit zwei Abteilen und Mittelgang. Sitzplatzanordnung 2 + 2; Abteiltiefe 1 550 mm.
2. Klasse: Großräume mit viereinhalb und sechseinhalb Abteilen und Mittelgang. Sitzplatzanordnung 2 + 3; Abteiltiefe 1 550 mm, Sitzplatzbreite 450 mm bzw. 467 mm, Gangbreite 531 mm. Polstersitzbänke.
Traglastenraum: 5 590 mm lang, zwölf Klappsitze.
Gepäckraum: 5 475 mm lang, beidseitig einflüglige Schiebetür, lichte Türweite 920 mm. Auch als Dienstabteil genutzt.
Heizung: Elektrische Widerstandsheizung. Heizschütze.
Beleuchtung: Leuchtstofflampen. Turbowechselrichter.

Elektrischer Teil (bis 1966)

Anordnung: Gesamte elektrische Ausrüstung außerhalb Wagenkasten.

Hochspannungsgeräte: Scherenstromabnehmer DBS 54 mit Doppelwippe. Dachtrennschalter. Druckluftschnellschalter DBTF 20i200.
Haupttransformator: Öltransformator mit liegendem Kern und Scheibenwicklung in Sparschaltung. Ölselbstumlauf mit äußerer Fremdkühlung.
Steuerung: Niederspannungsnokkenschaltwerk, Stufenschalter. Fortschaltrelais. Antrieb Stellmotor. Vielfachsteuerung.
Fahrmotoren: Zwölfpolige Wechselstromreihenschlußmotoren mit Wendepol- und Kompensationswicklung (Typ WBM 244). Fremdbelüftet.
Elektrische Bremse: Widerstandsbremse.
Hilfseinrichtungen: Lüfter für Transformator und Fahrmotoren. Zeit- und wegabhängige Sicherheitsfahrschaltung. Induktive Zugbeeinflussung.

Elektrischer Teil (ab 1967)

Anordnung: Bauteile der Thyristorsteuerung in Schränken im Dienstabteil; übrige elektrische Ausrüstung außerhalb Wagenkasten.
Hochspannungsgeräte: Scherenstromabnehmer DBS 54 mit Doppelwippe. Dachtrennschalter. Druckluftschnellschalter DBTF 20i200.
Haupttransformator: Öltransformator mit liegendem Kern und Scheibenwicklung in Sparschaltung (Typ EFR 811 V/15). Ölselbstumlauf mit äußerer Fremdkühlung.
Steuerung: Thyristoranschnittsteuerung. Thyristoren steckbar in Schränken, fremdbelüftet. Elektronische Regel- und Steuereinrichtung. Glättungsdrosel. In 445 101 vollgesteuerte Gleichrichter, Fremderregung der Fahrmotoren; in 445 401 halbgesteuerte Gleichrichter, Reihenschlußmotoren. Fahrschalter stufenlos. Steuerspannung $1\sim 16\,^{2}/_{3}$ Hz, 220 V. Zugkraft-, Beschleunigungs- und Geschwindigkeitsregelung. Vielfachsteuerung.
Fahrmotoren: Zwölfpolige Wechselstromreihenschlußmotoren mit Wendepol- und Kompensationswicklung (Typ WBM 244). Fremdbelüftet.
Elektrische Bremse: In 445 101 Nutzbremse, in 445 401 Gleichstromwiderstandsbremse.
Beide Bremsarten bis Fahrzeugstillstand wirksam, stufenlos einstellbar, fahrdrahtabhängig fremderregt. Bei Nutzbremse erstmalig zum Schutz der Halbleiter gegen Überströme vollelektronische Einrichtung zur Umerregung der Fahrmotoren, nach 0,5 s wird Bremsvorgang automatisch fortgesetzt, wenn Störungsursache (z. B. Stromabnehmerspringen) inzwischen beseitigt ist.
Hilfseinrichtungen: Lüfter für Transformator und Fahrmotoren. Zeit- und wegabhängige Sicherheitsfahrschaltung. Induktive Zugbeeinflussung.

456/856

ET 56

Bo'2' + 2'2' + 2'Bo'

1952 bis 1986

Techn. Daten: Seite 334, 335

Die Triebzüge der Baureihe ET 56 waren die ersten elektrischen Wechselstrom-Neubautriebzüge der DB. Sie waren für den Vorort- und Städtenahverkehr im Raum Stuttgart und Nürnberg bestimmt, und 1952 wurden sieben Triebzüge in Dienst gestellt. Die elektrische Ausrüstung stammte zum größten Teil aus kriegsbeschädigten ausgemusterten Triebzügen der Baureihen ET 25 und ET 31 und aus Reservebeständen der DB. Weiteres wurde von BBC neu geliefert. Der mechanische Teil war Neubau, den die Firmen Fuchs (ETa), Esslingen (EM) und Rathgeber (ETb) fertigten. Die Triebzüge waren dreiteilig und bestanden aus zwei Trieb- und einem Mittelwagen.
Die Triebzüge der Baureihe ET 56 stellten, zumindest in elektrotechnischer Hinsicht, einen modernisierten Einheitstriebwagen dar. Die Triebzüge waren im Stuttgarter Nahverkehr und im Personenzug- und Eilzugdienst eingesetzt (Bw Tübingen). Nach einem kurzen Einsatz im Bw Nürnberg Hbf waren sie im Bw Heidelberg beheimatet. Sie haben sich gut bewährt, nur die Schwenkschiebetüren wurden anfangs den Anforderungen nicht gerecht.

Triebzug der Baureihe 456/856
Foto: B. v. Mitzlaff

Bei einem Haltestellenabstand von 5 km wurde eine Reisegeschwindigkeit von 65 km/h und bei einem Haltestellenabstand von 2,5 km eine Reisegeschwindigkeit von 51 km/h erzielt.
Später wurde die Höchstgeschwindigkeit von 90 km/h auf 110 km/h heraufgesetzt.
Die Triebzüge wurden bis 1986 ausgemustert (letzte Triebzüge 456 101, 456 103 und 456 106 am 28. August 1986).

Fahrzeugteil

Laufwerk: Triebdrehgestelle Bauart Fuchs. Rahmen Schweißkonstruktion aus Blechträgern. Tiefangelenkter Drehzapfen. Radsatzlenker. Wälzradsatzlager. Radsatzfederung Blattfedern. Kastenfederung Schraubenfedern. Stoßdämpfer.
Laufdrehgestelle wiegenlos. Wälzradsatzlager innenliegend, Radsatzfederung Schraubenfedern. Kastenfederung Schraubenfedern. Stoßdämpfer.
Wagenkasten: Selbsttragende und verwindungssteife Röhrenkonstruktion in kombinierter Spanten- und Schalenbauweise. Weitgehend Schweißkonstruktion. Wellblechfußboden erhöht Längssteifigkeit. Bodenwanne. Stirnenden abgerundet. An Stirnenden keine Übergangsmöglichkeit. Innerhalb Triebzug durch innere und äußere Gummihaut geschützte Übergänge.
Zug- und Stoßvorrichtung: An Stirnenden selbsttätige Mittelpufferkupplung Bauart Scharfenberg. Elektrische und pneumatische Leitungen werden mitgekuppelt. Innerhalb Triebzug Hülsenkurzkupplung.
Antrieb: Tatzlagerantrieb, einseitiges schrägverzahntes Vorgelege. Großrad gefedert.
Druckluftanlage: Luftverdichter. Hauptluftbehälter. Hauptluftbehälterleitung. Spurkranzschmierung.
Bremse: Einlösige Klotzbremse Bauart Kp, durch elektrische Steuerung mehrlösig. Spindelhandbremse.

Fahrgastraum

Gestaltung: Dem Vorortverkehr angepaßt.
Triebwagen 456.1: Führerstand; Gepäckraum; Abteil 2. Klasse; Einstiegraum; Großraum 2. Klasse mit drei Abteilen; Einstiegraum; Großraum 2. Klasse mit fünfeinhalb Abteilen; Einstiegraum.
Mittelwagen 856: Einstiegraum; Großraum 2. Klasse mit fünfeinhalb Abteilen; Einstiegraum; Großraum 2. Klasse mit dreieinhalb Abteilen; Großraum 1. Klasse mit drei Abteilen (später Abteil 1. Klasse und Großraum 1. Klasse mit zwei Abteilen); Einstiegraum.
Triebwagen 456.4: Einstiegraum; Großraum 2. Klasse mit fünfeinhalb Abteilen; Einstiegraum; Großraum 2. Klasse mit drei Abteilen; Einstiegraum; Großraum 2. Klasse mit zweidreiviertel Abteilen; Führerstand.
Einstieg: In Wagenmitte doppelflüglige und an Wagenenden einflüglige Schwenkschiebetür, lichte Türweite 750 mm. Zugang über Trittstufen. Vom Führerstand elektropneu-

matisch schließbar. Unterste Trittstufe klappt in Schürze ein; ergibt glatte Außenhaut.

1. Klasse: Großraum mit drei Abteilen und Mittelgang, später Einzelabteil und Großraum mit zwei Abteilen und Mittelgang, Sitzplatzanordnung 2 + 2; Abteiltiefe 2 000 mm, später 1 990 mm, Sitzplatzbreite 550 mm, Gangbreite 494 mm. Polstersitze.

2. Klasse: Einzelabteil und Großräume mit zweidreiviertel, drei, dreieinhalb bzw. fünfeinhalb Abteilen und Mittelgang. Abteiltiefe 1 600 mm, Sitzplatzbreite 548 mm, Gangbreite 500 mm. Polstersitzbänke.

Gepäckraum: 3 650 mm lang. Doppelflüglige Klapptüren.

Heizung: Elektrische Widerstandsheizung, Heizschütze.

Beleuchtung: Glühlampen =24 V. Einschalten vom Führerstand möglich.

Elektrischer Teil

Anordnung: Gesamte elektrische Ausrüstung außerhalb Wagenkasten. Ab Transformator jeder Triebwagen in sich abgeschlossene elektrische Ausrüstung.

Hochspannungsgeräte: Scherenstromabnehmer SBS 39, später SBS 39 mit eingezogener Oberschere und Wippe DBS 54. Dachtrennschalter. Druckluftschnellschalter auf ETa (Typ DBT 20h 150, später DBTF 20i200).

Haupttransformator: Öltransformator in Mantelbauweise und Scheibenwicklung in Sparschaltung (Typ TRB). Ölselbstumlauf mit äußerer Selbstkühlung. Zwölf Anzapfungen für Motorstromkreise (-435 V bis +475 V) und zwei Anzapfungen für Zugheizung. Traktionsleistung 410 kVA. Heizleistung 90 kW.

Steuerung: Niederspannungsnokkenschaltwerk. Zwölf Fahrstufen. Schaltwerkantrieb Drehmagnet. Fortschaltrelais.

Steuerspannung $\overset{1}{\sim}$ $16\,^2/_3$ Hz, 220 V bzw. =24 V. Schleuderschutz. Trennschütze, zugleich Richtungsschütze. Vielfachsteuerung von drei Triebzügen.

Fahrmotoren: Achpolige Wechselstromreihenschlußmotoren mit Wendepol- und Kompensationswicklung (Typen ELM 10b, bei ET 56 006 und ET 56 007 EDTM 494). Nennleistung 255 kW bzw. 275 kW. Eigenbelüftet. Bei ET 56 001 nachträglich Zusatzfremdbelüftung eingebaut.

Hilfseinrichtungen: Fahrmotorlüfter (bei ET 56 001). Batterie. Hilfsluftverdichter, batteriegespeist. Selbsttätige Feuerlöschanlage in Bodenwanne. Wegabhängige Sicherheitsfahrschaltung (in ET 56 003 elektronische Sicherheitsfahrschaltung). Induktive Zugbeeinflussung. Zugbahnfunk (später eingebaut).

Baureihe 456/856

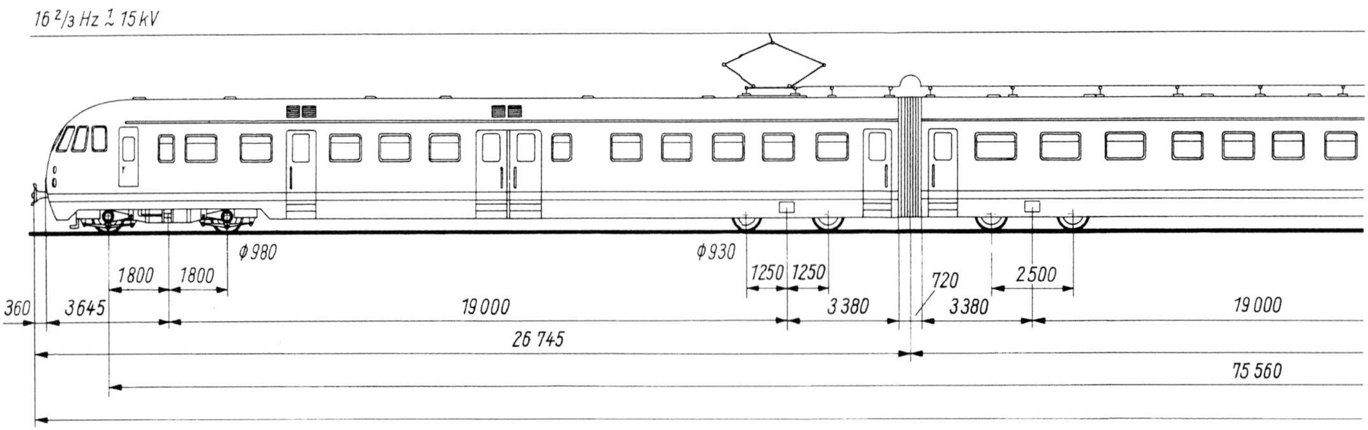

470/870

ET 170^1
DB/DR 470/870

Bo'Bo' + 2'2' + Bo'Bo'
ab 1959
Techn. Daten: Seite 335

Auch in Hamburg erweiterte sich nach dem Zweiten Weltkrieg der elektrische S-Bahn-Betrieb und erforderte neue Triebzüge. Die bisher verwendete Baureihe ET 171 hatte sich gut bewährt und war zunächst auch nach dem Krieg noch beschafft worden. Bei der Erweiterung des Streckennetzes wurde aber der Haltestellenabstand auf den Außenstrecken größer, so daß eine Geschwindigkeitserhöhung auf 100 km/h wünschenswert war.

Die neue Baureihe ET 170^1 wurde ab Mai 1959 beschafft. Den Fahrzeugteil lieferten MAN und OK, die Drehgestelle Wegmann, die Fahrmotoren SSW und die übrige elektrische Ausrüstung BBC. In den Jahren 1959/1960 wurden 16 Triebzüge geliefert, denen 1967 acht und 1969/1970 21 Triebzüge folgten.

Jeder Triebzug besteht aus zwei Trieb- und einem Mittelwagen. Dieser Zug wird als Kurzzug bezeichnet. Zwei bzw. drei Triebzüge sind Voll- bzw. Langzüge.

Die Triebzüge haben sich nach Beseitigung der Anfangsschäden gut bewährt. Insbesondere war noch der Einbau von Schnellschaltern und Haftwertkontrollgeräten erforderlich. In der Anfangszeit blieb die elektrische Bremse ausgeschaltet.

Die Triebzüge sind im Bw Hamburg-Ohlsdorf beheimatet.

Fahrzeugteil

Laufwerk: Drehgestelle angepaßte Bauart München-Kassel. H-förmiger Rahmen in Blechträgerbauweise. Tiefangelenkter Drehzapfen. Radsatzlenker. Wälzradsatzlager. Radsatzfederung Schraubenfedern. Kastenfederung Schraubenfedern. Stoßdämpfer.

Wagenkasten: Untergestell und Wagenkasten Schweißkonstruktion aus Stahlprofilen und abgekanteten Blechen. Leichtbau. Bodenwanne. Stirnenden abgerundet. An Stirnenden und innerhalb Triebzug keine Übergangsmöglichkeit.

Zug- und Stoßvorrichtung: Selbsttätige Mittelpufferkupplung Bauart Scharfenberg, ab ET 170 117 heizbar. Elektrische und pneumatische Leitungen werden mitgekuppelt. Innerhalb Triebzug Hülsenkurzkupplung mit tellerlosen Dämpfungspuffern.

Antrieb: Tatzlagerantrieb, einseitiges schrägverzahntes Getriebe. Versuchsweise in einem Drehgestell ein SSW-Gummiringpendelantrieb eingebaut.

Druckluftanlage: Luftverdichter, Hauptluftbehälter, Hauptluftbehälterleitung. Spurkranzschmierung.

Bremse: Einlösige Scheibenbremse Bauart Kp, durch elektrische Steuerung mehrlösig. Spindelhandbremse. Mechanische Fahrsperre (später durch induktive Zugbeeinflussung ersetzt).

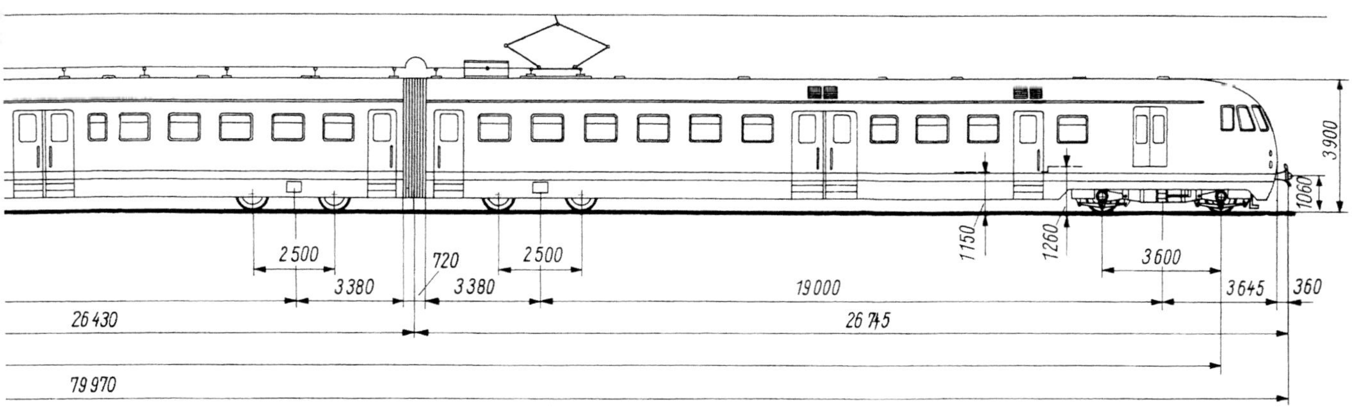

Triebzug der Baureihe 470/870
Foto: MAN

Fahrgastraum

Gestaltung: Dem S-Bahn-Verkehr angepaßt.
Triebwagen 470.1: Führerstand; Traglastenabteil; Großraum 2. Klasse mit zwei Abteilen, Einstiegraum und einem Abteil; Großraum 2. Klasse mit einem Abteil, Einstiegraum, zwei Abteilen, Einstiegraum und einem Abteil.
Mittelwagen 870: Großraum 1. Klasse mit einem Abteil, Einstiegraum, zwei Abteilen, Einstiegraum und einem Abteil; Großraum 1. Klasse mit einem Abteil, Einstiegraum, zwei Abteilen, Einstiegraum und einem Abteil.
Triebwagen 470.4: Großraum 2. Klasse mit einem Abteil, Einstiegraum, zwei Abteilen, Einstiegraum und einem Abteil; Großraum 2. Klasse mit einem Abteil, Einstiegraum und zwei Abteilen; Führerstand.
Fahrgast- und Einstiegräume türlos verbunden. Keine Toiletten. Später Trennwand zwischen beiden Großräumen in allen Wagen ausgebaut.
Einstieg: Vier doppelflüglige Schiebetüren je Wagenseite, lichte Türweite 965 mm. Zugang trittstufenlos. Elektropneumatische Türschließeinrichtung.
1. Klasse: Großräume mit vier Abteilen und Mittelgang. Sitzplatzanordnung 2 + 2; Abteiltiefe

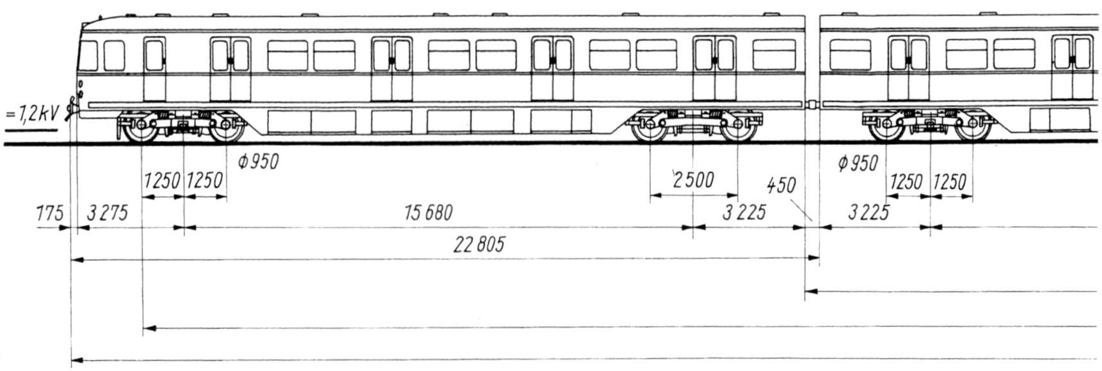

Baureihe 470/870

1 751 mm, Sitzplatzbreite 536 mm, Gangbreite 536 mm. Polstersitzbänke.
2. Klasse: Großräume mit drei bzw. vier Abteilen und Mittelgang. Sitzplatzanordnung 2 + 2; Abteiltiefe 1 588 mm, Sitzplatzbreite 501 mm, Gangbreite 646 mm. Polstersitzbänke.
Traglastenabteil: 4 027 mm lang. Klappbänke. Beidseitig doppelflüglige Schiebetür. Zwei Sitzbänke.
Heizung: Warmluftheizung; Erwärmung der Luft durch Anfahr- und Bremswiderstände mit Fahr- bzw. Bremsstrom oder Frischstrom. Selbsttätige Regelung durch Thermostate. Teilweise Umluft.
Beleuchtung: Leuchtstofflampen, 100 Hz, 220 V, vom Umformer gespeist.

Elektrischer Teil

Anordnung: Gesamte elektrische Ausrüstung außerhalb Wagenkasten. Bodenwanne unter Luftüberdruck, verhindert Staubeindringen.
Oberspannungsgeräte: Stromabnehmer (Typ HK 200) bestreichen Stromschiene seitlich. Je zwei Stromabnehmer an erstem und viertem Drehgestell für jeden Triebwagen, untereinander verbunden. Stromabnehmer mit Druckluft und von Hand bedienbar. Gleichstromschnellschalter (Typ TS 600).
Steuerung: Nockenschaltwerk, 25 Anfahr- und zwei Dauerfahrstufen. Fahrstromregelung. Zwei Beschleunigungsstufen. Schaltwerkantrieb Motor, dessen Spannung durch Steuergerät verändert wird. Steuerspannung =110 V und 100 Hz, 220 V. Vielfachsteuerung. Zusammenarbeiten mit Baureihe 472/473 möglich.
Fahrmotoren: Vierpolige Gleichstromreihenschlußmotoren mit Wendepol- und Kompensationswicklung (Typen GB 207/22, GB 207/22a bzw. GB 207/22b). Eigenbelüftet.
Elektrische Bremse: Kombinierte Nutz- und fremderregte Gleichstromwiderstandsbremse. Bremsstromregelung.
Nutzbremse wird bei Nichtaufnahmebereitschaft der Stromschienenanlage oder bei zu geringer Fahrgeschwindigkeit selbsttätig auf Widerstandsbremse umgeschaltet. Drei Bremsstufen.
Hilfseinrichtungen: Umformer für Steuerung und Batterieladung. Batterie =110 V. Umformer für Regelgeräte, Wächter und Beleuchtung. Sicherheitsfahrschaltung. Induktive Zugbeeinflussung (später eingebaut). Zugbahnfunk (später eingebaut).

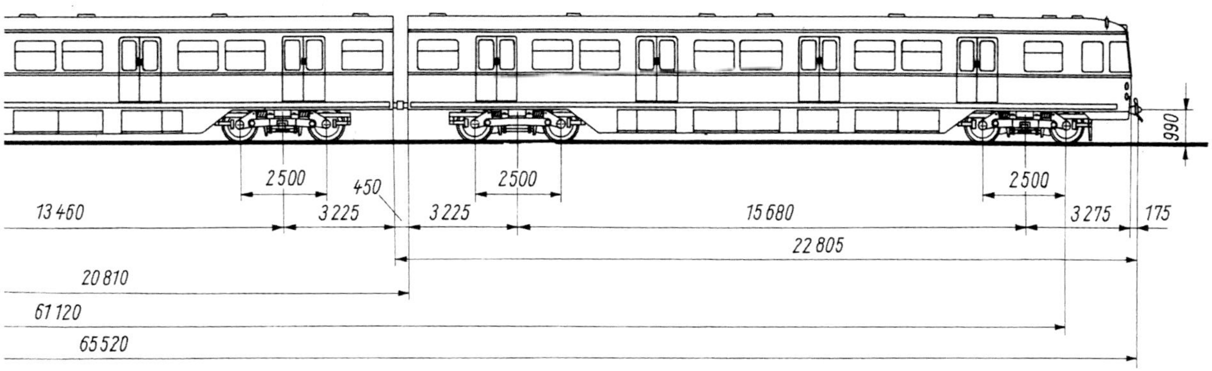

472/473

DB/DR 472/473

Bo'Bo' + Bo'Bo' + Bo'Bo'

ab 1974

Techn. Daten: Seite 335

Im Rahmen des Ausbaues der Hamburger S-Bahn wurde im Mai 1975 die neue City-Linie Hamburg Hbf–Hamburg-Altona auf dem Teilabschnitt Hamburg Hbf–Bahnhof Landungsbrücken dem Verkehr übergeben. Speziell für diese Strecke mit ihren langen Neigungsstrecken (ca. 0,7 km 31 ‰, maximal 40 ‰) und Tunnelabschnitten waren neue Triebzüge erforderlich. Dabei sollte durch leichtere Wagenkästen Energie gespart und durch eine stärkere Antriebsleistung die Reisegeschwindigkeit verbessert werden. Die erste Lieferung umfaßte 30 Triebzüge, die in den Jahren 1974 bis 1976 ausgeliefert wurden.
Die zweite Bauserie umfaßte 32 Triebzüge, die in den Jahren 1982 bis 1984 beschafft und für den zusätzlichen Verkehr nach Harburg benötigt wurden. Sie wiesen einige Verbesserungen auf.
Bei der Konstruktion und Fertigung (LHB, MBB, WMD, SSW und BBC) wurde auf bewährte Konstruktionselemente der Triebzüge 420 und 403/404 zurückgegriffen, wie auch die Erfahrungen der Baureihen 470 und 471 der Hamburger S-Bahn ausgewertet wurden. Form- und Farbgebung stammen vom Design-Center der DB. Dabei wurde der Kopfform und der Gestaltung des Führerstandes sowie dem verkehrswerbenden Aussehen besondere Aufmerksamkeit gewidmet.
Der Triebzug besteht aus drei Triebwagen; der mittlere Triebwagen ist führerstandslos. Bei der S-Bahn Hamburg werden damit wie bisher Kurzzüge (ein Triebzug), Vollzüge (zwei Triebzüge) oder Langzüge (drei Triebzüge) gebildet, die ein Fassungsvermögen (Sitz- und Stehplätze) von 698, 1 396 bzw. 2 094 Reisenden haben.
Die Antriebsleistung ermöglicht eine Anfahrbeschleunigung von 1,15 m/s^2. Durch die maximale Betriebsbremsverzögerung von 0,9 m/s^2 ist eine sehr dichte Zugfolge gegeben. Die Höchstgeschwindigkeit beträgt mit Rücksicht auf das Gesamtnetz 100 km/h.
Die Triebzüge sind im Bw Hamburg-Ohlsdorf beheimatet.

Fahrzeugteil

Laufwerk: Drehgestellrahmen geschweißte Hohlkastenträger mit Kopfträgern. Federblattlenker. Wälzradsatzlager. Radsatzfederung Schraubenfedern. Kastenfederung Gummifedern und Luftfedern. Stoßdämpfer. Übertragung der Zug- und Bremskräfte zwischen Drehgestell und Wagenkasten zweiarmiger Mitnehmerhebel. Stoßdämpfer. Für Kastenfederung Notfedern vorhanden.
Wagenkasten: Totale Leichtmetallschweißkonstruktion; Kombination von Großstrangpreßprofilen und Sektionsbauweise. Kopfformteile weitgehend glasfaserverstärkte Polyesterbaugruppe. Bodenwanne, seitlich durch Schwenkschiebeklappen verschlossen. Stirnende abgeschrägt. An Stirnenden und innerhalb Triebzug keine Übergangsmöglichkeit.

Baureihe 472/473, 1. Bauserie

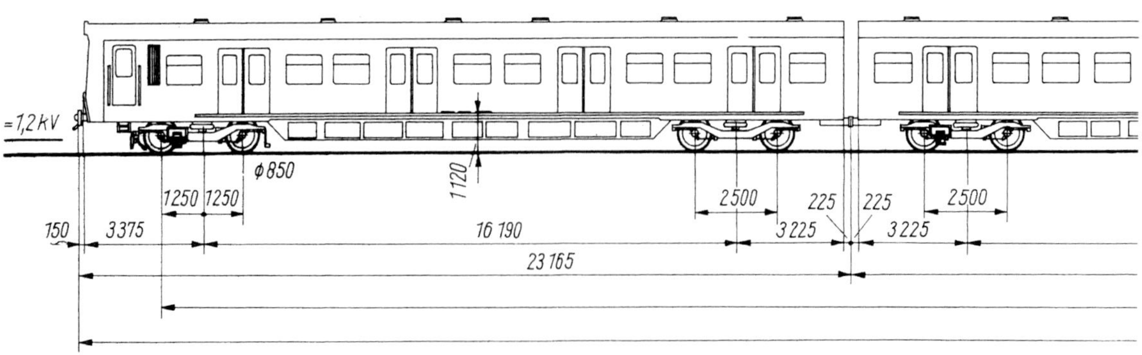

Triebzug der Baureihe 472/473
Foto: BD Hamburg

Zug- und Stoßvorrichtung: Selbsttätige Mittelpufferkupplung Bauart Scharfenberg. Elektrische und pneumatische Leitungen werden mitgekuppelt. Innerhalb Triebzug Hülsenkurzkupplung.
Antrieb: Tatzlagerantrieb. Einseitiges schrägverzahntes Getriebe. Großrad gefedert.
Druckluftanlage: Luftverdichter, Hauptluftbehälter, Hauptluftbehälterleitung. Sandstreueinrichtung. Spurkranzschmierung.
Bremse: Mehrlösige Scheibenbremse Bauart KE. Elektronischer Gleitschutz. Spindelhandbremse. Betriebsbremse elektrisch; Druckluftbremse als Ergänzungs- und Sicherheitsbremse.

Fahrgastraum

Gestaltung: Dem S-Bahn-Verkehr angepaßt.
Endtriebwagen 472.0: Führerstand; Großraum 2. Klasse mit einem Abteil, Einstiegraum, zwei Abteilen, Einstiegraum, zwei Abteilen, Einstiegraum, zwei Abteilen, Einstiegraum und einem Abteil.
Mitteltriebwagen 473: Großraum 1. Klasse mit einem Abteil, Einstiegraum, drei Abteilen, Einstiegraum, drei Abteilen, Einstiegraum und einem Abteil.
Endtriebwagen 472.5: Großraum 2. Klasse mit einem Abteil, Einstiegraum, zwei Abteilen, Einstiegraum, zwei Abteilen, Einstiegraum, zwei

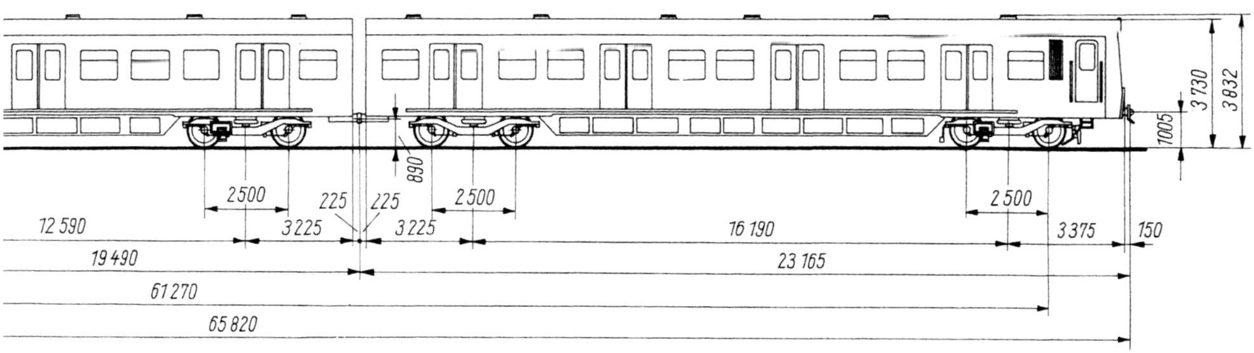

Abteilen, Einstiegraum und einem Abteil; Führerstand.
Einstiegräume und Fahrgastabteile türlos verbunden. Keine Toiletten. Nur Nichtraucherabteile.
Einstieg: Je Endwagen vier und in Mittelwagen drei doppelflüglige Schwenkschiebetüren, lichte Türweite 1 300 mm. Elektropneumatische Türschließeinrichtung. Öffnen durch Knopfdruck bei Unterschreiten einer Geschwindigkeit von 5 km/h. Jede Tür auch einzeln elektropneumatisch schließbar. In einigen Triebzügen versuchsweise Türen mit Druckwelleneinrichtung.
1. Klasse: Großraum mit insgesamt acht Abteilen und Mittelgang. Sitzplatzanordnung 2 + 2; Abteiltiefe 1 710 mm, Sitzplatzbreite 520 mm, Gangbreite 600 mm. Polstersitzbänke.
2. Klasse: Großraum mit insgesamt acht Abteilen und Mittelgang. Sitzplatzanordnung 2 + 2; Abteiltiefe 1 594 mm, Sitzplatzbreite 493 mm, Gangbreite 650 mm. Polstersitzbänke.
Heizung: Luftheizung, Heizelemente über Raumthermostate elektrisch geregelt. In 2. Bauserie vergrößerter Umluftanteil. Dachlüfter.
Beleuchtung: Leuchtstofflampen. Mittelbandanordnung.
Zusatzeinrichtungen: Lautsprecheranlage (auch nach außen schaltbar).

Elektrischer Teil

Anordnung: Gesamte elektrische Ausrüstung außerhalb Wagenkasten. Ab Stromabnehmerverbindungsleitung jeder Triebwagen abgeschlossene elektrische Traktionsausrüstung.
Oberspannungsgeräte: Acht Stromabnehmer (Typ HK 200) je Triebzug, jeweils Stromabnehmer von 1. und 4. Drehgestell verbunden. Stromabnehmer bestreichen Stromschiene seitlich, mit Druckluft und von Hand anlegbar. Gleichstromschnellschalter (Typ TS 600).
Steuerung: Nockenschaltwerk, 29 Anfahr- und zwei Dauerfahrstufen. Fahrstromregelung. Zwei Beschleunigungsstufen. Schaltwerkantrieb Motor, dessen Spannung durch Steuergerät verändert. Reihen-Parallel-Schaltung, Feldschwächung. Vielfachsteuerung. Zusammenarbeit mit Baureihe 470 möglich.
Fahrmotor: Vierpoliger Gleichstromreihenschlußmotor mit Wendepol- und Kompensationswicklung (Typ 1 KB 2122). Eigenbelüftet.
Elektrische Bremse: Fremderregte Widerstandsbremse. Erregung über Gleichstrom-Drehstrom-Umformersatz, regelbaren Thyristorgleichrichter und Verbundwiderstand. Bremsstromregelung, stufenlos. Je zwei Fahrmotoren bilden einen Bremsstromkreis.
Hilfseinrichtungen: Hilfsbetriebestromversorgung bestehend aus Hilfsumformer =1 200 V/Drehstrom mit nachgeschalteter ungesteuerter Gleichrichterbrücke, Ausgangsspannung =119 V. Lüfter für Luftheizung. Sicherheitsfahrschaltung. Induktive Zugbeeinflussung. Zugbahnfunk. Brandmeldeanlage.

480

DB/DR 480

Bo′Bo′ + Bo′Bo′

ab 1986

Techn. Daten: Seite 335

Am 9. Januar 1984 wurde die Betriebsführung der S-Bahn in Berlin (West) von der DR an die Berliner Verkehrs-Betriebe (BVG) übergeben. Die S-Bahn wurde nun in das System des öffentlichen Personennahverkehrs in Berlin (West) integriert. Waren am 9. Januar 1984 nur zwei Strecken in Betrieb [S 2 Anhalter Bahnhof–Lichtenrade, S 3 (Friedrichstraße–) Lehrter Stadtbahnhof–Charlottenburg], so wurden ab 1. Februar 1985 wieder drei Linien [S 1 Anhalter Bahnhof–Wannsee, S 2 Frohnau–Lichtenrade, S 3 (Friedrichstraße–) Lehrter Stadtbahnhof–Wannsee] mit insgesamt 71,49 km Länge betrieben.
Nach einem Beschluß des Berliner Abgeordnetenhauses im Jahre 1984 ist die S-Bahn mit dem vorhandenen System in Berlin kompatibel zu halten, das betrifft Spurweite, Fahrzeugumgrenzung, Zuglänge, Art und Lage der Kupplungen, Stromart und Spannung sowie Form und Anordnung der Stromschiene. Außerdem wurde festgelegt, daß für die S-Bahn weiterhin die Eisenbahn-Bau- und Betriebsordnung gilt (damit keine Angleichung an U-Bahn; letztere nach Bau- und Betriebsordnung der Straßenbahn).

Triebzug der Baureihe 480, Prototyp
Foto: Waggon Union

Für den Aufbau eines attraktiven und modernen S-Bahn-Verkehrs als integrierter Bestandteil des öffentlichen Personennahverkehrs war auch die Beschaffung einer neuen Triebzugbaureihe erforderlich. Deshalb schlossen die BVG mit einer Firmen-Arbeitsgemeinschaft einen Entwicklungsvertrag ab. Es sollte der modernste technische Entwicklungsstand eingearbeitet werden.

Der Prototyp, bestehend aus vier Triebzügen, wurde im Jahre 1986 ausgeliefert und ab Oktober 1987 eingesetzt.

Nummernmäßig wurden die Fahrzeuge in den Triebfahrzeugnummernplan der DB eingegliedert. Mit einer maximalen Anfahrbeschleuni-

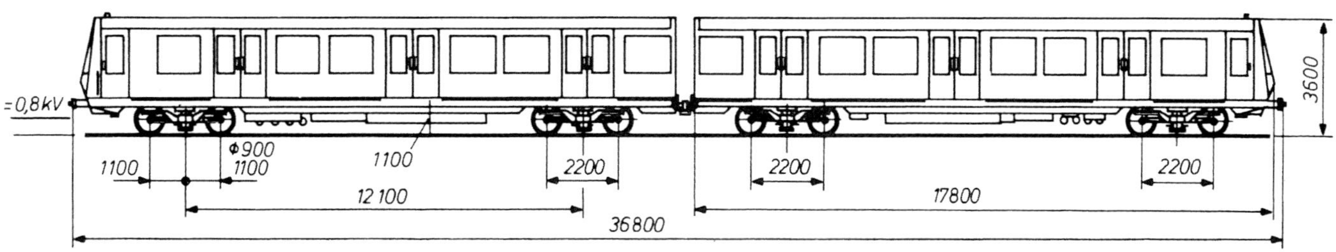

Baureihe 480, Prototriebzug

gung von 1,0 m/s^2 ermöglicht der Triebzug eine Reisegeschwindigkeit von 45 km/h bis 50 km/h. Die Farbgebung von vier Wagen ist kristallblau/nachtblau und von vier Wagen rot/creme. Die vier Vorserientriebzüge werden der Serienausführung angepaßt.
Die Serienfahrzeuge werden seit November 1990 eingesetzt. Sie haben die bisher übliche Farbgebung rot/creme. Bis Sommer 1992 waren ca. 40 Triebzüge ausgeliefert. Durch die veränderte politische Situation ist künftig die Beschaffung einer neuen, weiterentwickelten Baureihe vorgesehen.
Jeder Triebzug besteht aus zwei Triebwagen, die miteinander kurzgekuppelt sind.

Fahrzeugteil

Laufwerk: Drehgestelle verwindungsweicher H-förmiger Stahlrahmen in geschweißter Kastenausführung. Schallabsorber auf Rädern. Radsatzlager Wälzlager. Radsätze über Federblattlenker geführt. Primärfederung Metall/Gummi-Schichtfeder. Luftfederung. Stoßdämpfer. Über Drehzapfen, Mitnehmertraverse und zwei Anlenkstangen mit Gummigelenken mit Wagenkasten verbunden. Gleisbogenabhängige Querspielbegrenzung.
Wagenkasten: Form-Leichtbau, weitestgehender Einsatz von Edelstahl als Profile und Bleche, für Rahmen Längsprüfkraft 800 kN durch optimale Energieverzehreinrichtungen. Übergangseinrichtung für Personal innerhalb Triebzug.
Zug- und Stoßvorrichtung: Selbsttätige Mittelpufferkupplung Bauart Scharfenberg, pneumatische und elektrische Leitungen werden mitgekuppelt. Elektrische Kontaktleisten seitlich. Innerhalb Triebzug Kurzkupplung. An Stirnenden Seitenpuffer mit irreversiblen Stoßverzehrgliedern.
Antrieb: Läuferhohlwellenantrieb Bauart Sécheron, Lamellenkupplung, schrägverzahntes Getriebe. Motor voll abgefedert aufgehängt.
Druckluftanlage: Luftverdichter, Hauptluftbehälter, Hauptluftbehälterleitung. Sandstreueinrichtung.
Bremse: Einlösige Scheibenbremse Bauart Kp, elektrisch gesteuert. Gleitschutz durch Mikrocomputer. Handbremse Federspeicherbremse. Betriebsbremse ist elektrisch.

Fahrgastraum

Gestaltung: Dem S-Bahn-Verkehr angepaßt.
Triebwagen 480.0: Führerraum; Großraum 2. Klasse mit einem Abteil, Einstiegraum, zwei Abteilen, Einstiegraum, zwei Abteilen, Einstiegraum und Mehrzweckabteil.
Triebwagen 480.5: Großraum 2. Klasse mit Mehrzweckabteil, Einstiegraum, zwei Abteilen, Einstiegraum, zwei Abteilen, Einstiegraum und einem Abteil; Führerraum.
Keine Toiletten. Keine Gepäckraufen.
Einstieg: Zweiflüglige Teleskopschwenkschiebetüren, lichte Türweite 1 300 mm. Elektropneumatische Türschließeinrichtung, Tür kann auch vom Fahrgast durch Knopfdruck geschlossen werden. Einstiegraum 1 900 mm lang. An Mehrzweckabteil automatische Klappen für Rollstuhlfahrer.
2. Klasse: Großraum mit Mittelgang. Sitzplatzanordnung 2 + 2; Abteiltiefe 1 700 mm, Gangbreite 860 mm. Polstersitze.
Mehrzweckabteil: Für Behinderte, Kinderwagen, Fahrräder, Traglasten. Längsbänke (Prototyp) bzw. Halbabteil und Klappbank (Serienfahrzeuge).
Heizung: Luftheizung, im Sommer zur Belüftung verwendet. Heizung vorrangig aus Bremsenergie. Elektronische Regelung.
Beleuchtung: Leuchtstofflampen, oberhalb Fenster angeordnet.
Sonderausrüstung: Selbstabfertigung vom Triebfahrzeugführer über Außenspiegel und Bahnsteigspiegel. Optische Anzeige vom nächsten Bahnhof an Querwänden. Deckennetzspinne, befahrene Linie und nächster Bahnhof gekennzeichnet (nur in Prototypfahrzeugen). Lautsprecheranlage.

Elektrischer Teil

Anordnung: Gesamte elektrische Ausrüstung außerhalb Fahrgastraum. Stark- und Steuerstromausrüstung im Triebzug weitgehend redundant. Elektrische Geräte in Gerätekasten zusammengefaßt.
Oberspannungsgeräte: Vier Stromabnehmer, an äußeren Drehgestellen, untereinander verbunden, druckluftbetätigt. Druckluftschnellschalter. Netzfilter (Drossel und Kondensator).
Steuerung: Wagen- und Vielfachsteuerung in Mikrocomputertechnik. Mikrorechner ermittelt energiesparendste Fahrweise. Jeder Triebwagen eigenen Umrichter. Drehstrom-Antriebstechnik, Gleichstromsteller (GTO-Thyristoren im Löschkreis) zur Spannungsverstellung, stromgeführter Zwischenkreis und Phasenfolgewechselrichter zur Frequenzverstellung. Vielfachsteuerung. Aufrüstprogramm, Fehlerüberwachung und Störungsmeldung in serieller Datenübertragung.
Fahrmotor: Drehstrom-Asyn-

chronmotor, kollektorlos. Aluminiumgehäuse. Eigenbelüftet.
Elektrische Bremse: Kombinierte Nutz- und Widerstandsbremse.
Hilfseinrichtungen: Statische Umrichter für Drehstrombordnetz 50 Hz, 380 V für Hilfsbetriebe und Steuerstrombordnetz =110 V. Elektronische Zugsicherung mit Führerstands-Signalisierung (vorgerüstet, vorerst noch mechanische Fahrsperre). Induktive Zugbeeinflussung. Batterieladespannung von Temperatur abhängig. Funkverbindung zu Betriebsleitstelle.

490
ET 90

Bo'2'

1949 bis 1972

Techn. Daten: Seite 335, 336

Die Triebwagen der Baureihe ET 85 hatten sich beim Einsatz auf den bayerischen Strecken zwar sehr gut bewährt, jedoch war die Baureihe für stärkere Neigungsstrecken weniger geeignet, da die Leistung für die Geschwindigkeit zu gering war. Speziell für die Strecke Berchtesgaden–Königssee wurden in den Jahren 1949 und 1950 die Triebwagen ET 85 13, ET 85 14 und ET 85 16 (s. S. 118) durch Änderung der Getriebeübersetzung zur Baureihe ET 90 umgebaut. Dadurch ergab sich eine Höchstgeschwindigkeit von 53 km/h (auf 50 km/h festgelegt).
Der Umbau hatte sich als eine geglückte Lösung erwiesen, zumal er sich nach der etwa 20jährigen Betriebszeit bei angestrengtem Vorortverkehr bezahlt gemacht hat. Die Triebwagen waren in den Bws Rosenheim und Berchtesgaden beheimatet. Sie wurden mit Steuerwagen der Baureihe ES 85 (s. S. 118) eingesetzt.
Gleichzeitig mit dem Umbau der ET 85 in die ET 90 wurde auch der vierachsige Mitteleinstiegwagen B4i 73 525 der Müglitztalbahn (Dresden–Altenberg) zum Steuerwagen ES 85 40 umgebaut und mit den Triebwagen ET 90 eingesetzt. Bei stärkerem Verkehr wurden ihnen auch die Beiwagen EB 85 90 und EB 85 91 beigestellt, die speziell dafür aus ehemaligen zweiachsigen Personenwagen umgebaut und von 1958 bis 1965 eingesetzt wurden.
Die Triebwagen der Baureihe ET 90 befuhren auch die Strecke Murnau–Oberammergau und Bad Aibling–Feilnbach.
Die Triebwagen wurden von 1969 bis Ende 1972 ausgemustert (letzter Triebwagen 490 003 Bw Rosenheim 1. November 1972).

Fahrzeugteil

Laufwerk: Drehgestelle Blechträgerbauweise, genietet. Wälzradsatzlager. Radsatzfederung Blattfedern. Wiegenfederung Blattfedern.
Wagenkasten: Untergestell und Wagenkasten genietete Stahlkonstruktion. Untergestell besonders kräftig. Langträger an Einstiegnischen eingezogen. Bei ET 90 03 glatte Beblechung des Langträgers. Stirnenden gerade. Keine Übergangsmöglichkeit. Dach über Teil des Maschinenraumes abnehmbar.
Zug- und Stoßvorrichtung: Schraubenkupplung und Hülsenpuffer.
Antrieb: Tatzlagerantrieb, einseitiges geradverzahntes Getriebe. Großrad gefedert (bei ET 90 01 und bei ET 90 02).
Druckluftanlage: Luftverdichter, Hauptluftbehälter, Hauptluftbehälterleitung. Sandstreueinrichtung.
Bremse: Mehrlösige Klotzbremse Bauart Hik. Spindelhandbremse.

Fahrgastraum

Gestaltung: Dem Nebenbahnverkehr angepaßt.

Führerstand; Großraum 2. Klasse mit zwei Abteilen, Einstiegraum und zweieinhalb Abteilen; Großraum 2. Klasse mit drei Abteilen und Einstiegraum; Maschinenraum; Führerstand.
Zwischen Fahrgastabteilen und Einstiegräumen keine Türen.
Über Laufdrehgestell Maschinenraum, 2 300 mm lang, einseitig Einfachschlagtür.
Einstiege: Einfachschlagtüren in Nischen, lichte Weite 736 mm. Zugang über Trittstufen.
2. Klasse: Großräume mit Mittelgang. Sitzplatzanordnung 2 + 3; Abteiltiefe 1 445 mm, Sitzplatzbreite 455 bzw. 442 mm, Gangbreite 500 mm. Abteile über Triebdrehgestell Sitzplatzanordnung 2 + 2; Abteiltiefe 1 445 mm, Sitzplatzbreite 562 mm, Gangbreite 500 mm.

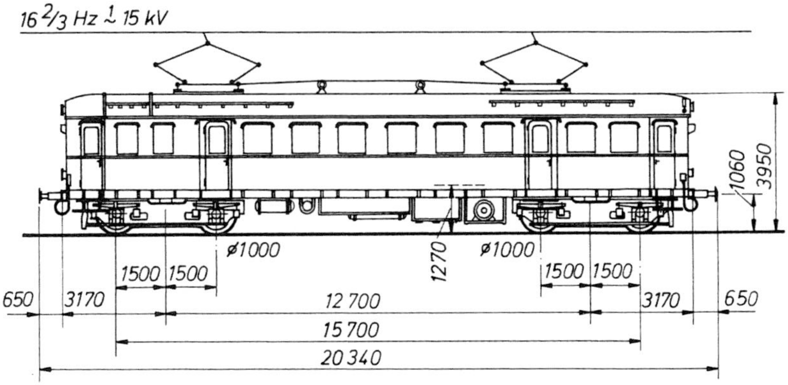

Baureihe 490

Heizung: Elektrische Widerstandsheizung, Heizschütze.
Beleuchtung: Glühlampen =24 V. Batterie mit Generator gepuffert.

Elektrischer Teil

Anordnung: Maschinenraum über Laufdrehgestell, enthält Transformator, Ölschalter und Schützengerüst.
Hochspannungsgeräte: Zwei

Triebwagen der Baureihe ET 90
Foto: J. Deppmeyer

Scherenstromabnehmer, Hochspannungssicherung, Dachtrennschalter, Ölschalter.
Haupttransformator: Öltransformator in Mantelbauweise und Scheibenwicklung (Typ TB spez.). Sekundärwicklung bestand aus zwei Teilen, in Sparschaltung ein Teil, anderer Teil separate Wicklung. Jeder Teil sechs Anzapfungen. Ölselbstumlauf mit äußerer Fremdlüftung. Nennleistung 500 kVA. Heizleistung 140 kW.
Steuerung: Schützensteuerung, zwölf elektromagnetische Stufenschütze. Zwölf Fahrstufen. Steuerspannung $\overset{1}{\sim} 16\frac{2}{3}$ Hz, 200 V. Vielfachsteuerung.
Fahrmotoren: Achtpolige Wechselstromreihenschlußmotoren mit Wendepol- und Kompensationswicklung und Widerstandsverbindern im Kommutator (Typ EDTM 52/8). Eigenbelüftet, zusätzlich Fremdbelüftung.
Hilfseinrichtungen: Fahrmotorenlüfter. Batterie =24 V, 60 Ah, gepuffert mit Generator, der mit Lüftermotor gekuppelt ist. Wegabhängige Sicherheitsfahrschaltung.

723
Mü 5015
ET 11 01 a/b

Bo′2′ + 2′Bo′

1964 bis 1971

Techn. Daten: Seite 336

Der Triebzug ET 11 01 a/b (s. S. 79), obwohl bereits am 25. September 1961 ausgemustert, kam am 11. Dezember 1961 wieder in den Betriebseinsatz und wurde als Bahndienstfahrzeug für die Elektrotechnische Versuchsanstalt des Bundesbahn-Zentralamtes München von 1964 bis 1971 eingesetzt.

Diensttriebzug
Mü 5015, später
723 001
Foto: B. v. Mitzlaff

Er erhielt ab 1964 die Betriebsnummer Mü 5015 und später als Bahndiensttriebfahrzeug die Nummer 723 001.
Im wagenbaulichen Teil und in der elektrischen Ausrüstung wurden keine Veränderungen vorgenommen. Lediglich ein Teil der Innenraumaufteilung wurde dem Verwendungszweck angepaßt (Einbau eines Meßraumes), jedoch blieb die übrige Ausstattung erhalten.
Ende der sechziger Jahre wurde der Triebzug, da er als Meßtriebzug nicht mehr benötigt wurde, als Personaltriebzug zwischen München Hbf und München-Pasing West eingesetzt, bis Anfang 1970 ein Motor schadhaft wurde. Nach einem nochmaligen Einsatz als Meßwagen Anfang 1971 wurde der Triebzug am 25. Februar 1971 endgültig ausgemustert.
Der Triebzug entging der Verschrottung und gehört heute, ohne Fahrmotoren und Transformatoren, zur Sammlung der Deutschen Gesellschaft für Eisenbahn-Geschichte e. V., Karlsruhe (DGEG). Der Triebzug wurde inzwischen restauriert.

730/731

Bo'Bo' + 2'2' + Bo'Bo'

1981 bis 1990

Techn. Daten: Seite 336

Für die Enteisung der oberirdischen Stromschienenanlagen der S-Bahn Hamburg wurden im Jahre 1981 zwei Triebzüge aus der Baureihe 471/871 verwendet, die die Betriebsnummern
730 001/731 001/730 401 (ex 471 141/871 003/471 403) und
730 002/731 002/730 402 (ex 471 133/871 033/471 433) erhielten.
Die Triebzüge brachten nicht den gewünschten Erfolg und wurden im Oktober 1990 ausgemustert. Ersatz ist das Fahrzeug 723 001 (s. S. 52).

Hauptkenndaten

Baureihennummer DB/DR ab 1992	–	–	–	–
DB 1968 bis 1991	–	–	–	–
Betriebsnummer DB 1952 bis 1967	–	–	–	–
DB 1947 bis 1951	–	ETA 178 001[7])	ETA 180 002 bis 025	ETA 180 101 bis 108
bis 1947/1970	–	223 bis 234[1])	245 bis 354[1])[2])	247 bis 250[3])
Radsatzanordnung	–	2 A + A 2	2 A + A 2	2 A + A 2
Gattungszeichen bis 1955	–	BC3üeaT/C3ütreaT	BC3üeaT/C3ütreaT	C3üeaT/C3ütreaT
1956 bis 1966	–	AB3y/B3ytr	AB3y/B3ytr	B3y/B3ytr
ab 1967	–	–	–	–
Hersteller mechanischer Teil	–	Gast, VdZ, Wumag	Gast, LHW, VdZ, Wumag	LHW, VdZ, Gast
Hersteller elektrischer Teil	–	AEG, SSW	AEG, FGL, SSW, BEW	AEG, SSW
Hersteller Batterie	–	AFA	AFA	AFA
Höchstgeschwindigkeit	km/h	60	60	60
Spurweite	mm	1 435	1 435	1 435
Größte Anfahrzugkraft	kN			
Stundenleistung (bei Geschwindigkeit)	kW (km/h)	125	118	140
Dauerleistung (bei Geschwindigkeit)	kW (km/h)	46	44	50
Dienstmasse	t	63,8	63,8	62,8
Größte Radsatzfahrmasse	t	12,3	12,3	12,3
Länge über Puffer/Kupplung	mm	25 950	26 150	26 150
Drehzapfenabstand	mm	–	–	–
Triebdrehgestellradsatzstand	mm	–	–	–
Laufdrehgestellradsatzstand	mm	–	–	–
Treibraddurchmesser	mm	1 000	1 000	1 000
Laufraddurchmesser	mm	1 000	1 000	1 000
Fahrbatterie	–			
Kapazität	kWh/3 h	358	358	358
Steuerung	–	Fsch	Fsch, Schü	Fsch, Schü
Anfahrstufen	–			
Dauerfahrstufen	–			
Elektrische Bremse	–	–	–	–
Fahrmotor	–	GR	GR	GR
Antrieb	–	T	T	T
Übersetzung	–	1:4,316	1:3,941/1:4,316	1:4,316
Sitzplätze 2. Klasse	–	8	8	–
Sitzplätze 3. Klasse	–	72	78	87
Spez. Metereigenmasse	t/m	2,46	2,44	2,40
Spez. Antriebsleistung	kW/t	1,96	1,85	2,23
Spez. Sitzplatzmasse	kg	797	742	722
Indienststellung	–	1925/28 U	1929/43 U	1929/43 U
Verbleib	–	A, U	A, U	A, U

1) Angaben für häufigste Umbauvariante, andere Triebzüge z. T. erhebliche Abweichungen
2) außer 247 bis 250, 315 bis 318, 325 bis 328, 341 bis 350
3) und 315 bis 318, 325 bis 328, 341 bis 350
4) außer 383/384 und 393/394

–	–	–	–	–	–
–	–	–	–	–	–
–	–	–	ETA 180 017 und 018	–	–
ETA 180 026 bis 032 und 040	ETA 178 013a	–	ETA 178 002 bis 011[5])	ETA 178 051[6])	–
355 bis 418[1])[4])	383/384	393/394	431 bis 532[1])	533 bis 536	537 bis 546
2 A + A 2	2 A + A 2	2 A + A 2	2 A + A 2	3 + Bo + 3	2 A + A 2
BC3üeaT/C3ütreaT	C3üeaT/C3ütreaT	BC3üeaT/C3ütreaT	BC3üeaT/C3ütreaT	BC3üeaS/CüeaT/ C3üeaS	BC3ieaT/ CPw3ieaT
AB3y/B3ytr	B3y/B3ytr	–	AB3y/B3ytr	AB3y/By/B3ytr	AB3i/BD3i
–	–	–	–	–	–
Gast, LHW, VdZ, Wumag	VdZ	VdZ	Gast, LHW, VdZ, Wumag	VdZ	VdZ, Wumag
AEG, BEW, SSW	SSW	SSW	AEG, BEW, SSW	SSW	BEW, SSW
AFA	AFA	AFA	AFA	AFA	AFA
60	60	60	60	60	60
1 435	1 435	1 435	1 435	1 435	1 435
40	118	118	118	172	118
50	40	40	40	120	40
63,8	60,3	60,3	63,8	81,0	62,1
12,8	12,4	12,4	12,4	13,0	
26 150	26 150	26 150	26 150	35 900	25 950
–	–	–	–	–	–
–	–	–	–	–	–
–	–	–	–	–	–
1 000	1 000	1 000	1 000	1 000	1 000
1 000	1 000	1 000	1 000	1 000	1 000
358	358		358	358	204
Fsch, Schü	Schü	Schü	Fsch, Schü	Schü	Schü, Fsch
	10	10		11	
	6	6		6	
–	–	–	–	–	–
GR	GR	GR	GR	GR	GR
T	T	T	T	T	T
1:4,316	1:3,384	1:3,384	1:3,384	1:4,25	1:3,384
8	–	8	8	12	8
74	92	71	71	110	74
2,44	2,31	2,31	2,44	2,26	2,39
2,19	1,96	1,96	1,85	2,12	1,90
778	655	763	808	664	757
1929/43 U	1929/43 U	1929/30 U	1929/43 U	1929/30 U	1913
A	A	A	A	A, U	A, U

[5]) und ETA 178 014, ETA 180 001 b, ETA 180 033 bis ETA 180 037, außer ETA 178 004 b
[6]) und ETA 178 004 b
[7]) und ETA 180 001 a

Baureihennummer DB/DR ab 1992	–	–	–	–
DB 1968 bis 1991	–	–	–	–
Betriebsnummer DB 1952 bis 1967	–	–	–	–
DB 1947 bis 1951	–	ETA 178 012	–	–
bis 1947/1970	–	539 bis 546	547 bis 554	555/556
Radsatzanordnung	–	2 A + A 2	3 + Bo + 3	2 A + A 2
Gattungszeichen bis 1955	–	BC3üeaT/C3ütreaT	BC3üeaS/CPostüeaT/ C3üeaT	BC3ieaT/CPw3ieaT
1956 bis 1966	–	AB3y/B3ytr	–	–
ab 1967	–	–	–	–
Hersteller mechanischer Teil	–	VdZ, Wumag	Wumag	Wumag
Hersteller elektrischer Teil	–	BEW, SSW	BEW	BEW
Hersteller Batterie	–	AFA	AFA	AFA
Höchstgeschwindigkeit	km/h	60	60	60
Spurweite	mm	1 435	1 435	1 435
Größte Anfahrzugkraft	kN			
Stundenleistung (bei Geschwindigkeit)	kW (km/h)	125	160	125
Dauerleistung (bei Geschwindigkeit)	kW (km/h)	74	120	74
Dienstmasse	t	64,5	84,0	62,1
Größte Radsatzfahrmasse	t	12,5	13,0	
Länge über Puffer/Kupplung	mm	26 150	39 150	25 950
Drehzapfenabstand	mm	–	–	–
Triebdrehgestellradsatzstand	mm	–	–	–
Laufdrehgestellradsatzstand	mm	–	–	–
Treibraddurchmesser	mm	1 000	1 000	1 000
Laufraddurchmesser	mm	1 000	1 000	1 000
Fahrbatterie	–			
Kapazität	kWh/3h	293	293	204
Steuerung	–	Fsch, Schü	Fsch	Fsch
Anfahrstufen	–			
Dauerfahrstufen	–			
Elektrische Bremse	–	–	–	–
Fahrmotor	–	GR	GR	GR
Antrieb	–	T	T	T
Übersetzung	–	1:4,316	1:4,70	1:4,316
Sitzplätze 2. Klasse	–	12	16	8
Sitzplätze 3. Klasse	–	64	109	74
Spez. Metereigenmasse	t/m	2,47	2,15	2,39
Spez. Antriebsleistung	kW/t	1,94	1,90	2,01
Spez. Sitzplatzmasse	kg	849	672	757
Indienststellung	–	1929/30 U	1930 U	1914
Verbleib	–	A	A, U	U

[1]) auch ETA 178 013 b

–	–	–	–	–	–
–	–	–	–	–	–
–	–	–	–	–	–
–	–	ETA 180 038	–	–	–
		und 039[1])			
555/556	557 bis 564	557 bis 564	565 bis 568	565 bis 568	579/580
2 A + A 2	2 A + A 2	2 A + A 2	3 + Bo + 3	3 + Bo + 3	2 A + A 2
BC3üeaT/	BC3ieaT/	BC3üeaT/C3ütreaT	BC3ieaS/	BC3üeaS/	BC3ieaT/
C3trüeaT	CPw3iaeT		CPwPostieaT/C3ieaS	CPostüeaT/C3üeaS	CPw3ieaT
–	–	AB3y/B3ytr	–	–	–
–	–	–	–	–	–
Wumag	Gast, Wumag	Gast, Wumag	VdZ	VdZ	LHW
BEW	BBC, MSW	BBC, MSW	SSW	SSW	AEG
AFA	AFA	AFA	AFA	AFA	AFA
60	60	60	60	60	60
1 435	1 435	1 435	1 435	1 435	1 435
125	120	120	132	172	
74	50	50		120	
64,5	62,1	62,5	83,9	83,0	62,1
13,0		13,1	13,0	13,0	
26 150	25 950	26 150	38 950	39 150	25 950
–	–	–	–	–	–
–	–	–	–	–	–
–	–	–	–	–	–
1 000	1 000	1 000	1 000	1 000	1 000
1 000	1 000	1 000	1 000	1 000	1 000
293	160	293	160	293	204
Fsch	Fsch	Fsch	Schü	Schü	Fsch
			11	11	26
			6	6	
–	–	–	–	–	N
GR	GR	GR	GR	GR	GV
T	T	T	T	T	T
1:4,316			1:4,70	1:4,25	
20	8	8	16	16	8
52	74	69	76	104	74
2,47	2,39	2,39	2,15	2,12	2,39
1,94	1,93	1,92	1,57	2,07	
896	757	812	912	692	757
1929/30 U	1913/14	1929/30 U	1913/14	1929/30 U	1914
U	U	A	U	A	U

Baureihennummer DB/DR ab 1992	–	–	–	–
DB 1968 bis 1991	–	–	–	–
Betriebsnummer DB 1952 bis 1967	–	–	ETA 177 001[1])	ETA 177 002[2])
DB 1947 bis 1951	–	–	–	–
bis 1947/1970	–	579/580	–	–
Radsatzanordnung	–	2 A + A 2	2 A + A 2	2 A + A 2
Gattungszeichen bis 1955	–	BC3üeaT/C3ütreaT	BC3üeaT/C3üeaT	BC3üeaT/C3üeaT
1956 bis 1966	–	–	AB3y/B3ytr	AB3y/B3ytr
ab 1967	–	–	–	–
Hersteller mechanischer Teil	–	LHW	Gast, LHB, VdZ	Gast, LHB, Wumag
Hersteller elektrischer Teil	–	AEG, SSW	AEG, BBC	AEG, BBC
Hersteller Batterie	–	AFA	AFA	AFA
Höchstgeschwindigkeit	km/h	60	75	75
Spurweite	mm	1 435	1 435	1 435
Größte Anfahrzugkraft	kN		34	34
Stundenleistung (bei Geschwindigkeit)	kW (km/h)	172	192 (35)	192 (35)
Dauerleistung (bei Geschwindigkeit)	kW (km/h)	120	135 (31)	135 (31)
Dienstmasse	t	67,0	68,3	69,3
Größte Radsatzfahrmasse	t	13,5	10,5	10,5
Länge über Puffer/Kupplung	mm	26 150	26 020	26 320
Drehzapfenabstand	mm	–	–	–
Triebdrehgestellradsatzstand	mm	–	–	–
Laufdrehgestellradsatzstand	mm	–	–	–
Treibraddurchmesser	mm	1 000	930	930
Laufraddurchmesser	mm	1 000	1 000	1 000
Fahrbatterie	–		7 TM 645	7 TM 645
Kapazität	kWh/3 h	293	397	397
Steuerung	–	Fsch	N, Str, V	N, Str, V
Anfahrstufen	–		18	18
Dauerfahrstufen	–		4	4
Elektrische Bremse	–	–	–	–
Fahrmotor	–	GR	GR	GR
Antrieb	–	T	T	T
Übersetzung	–	1:4,25	1:4,25	1:4,25
Sitzplätze 2. Klasse	–	12	8	8
Sitzplätze 3. Klasse	–	56	72	72
Spez. Metereigenmasse	t/m	2,56	2,62	2,63
Spez. Antriebsleistung	kW/t	2,57	2,81	2,77
Spez. Sitzplatzmasse	kg	985	854	866
Indienststellung	–	1928 U	1950/52 U	1950/51 U
Verbleib	–	A	A, U	A, U

[1]) und ETA 177 003, 005 bis 008, 010, 012, 013, 016, 017, 019, 021 bis 023, 025, 026
[2]) und ETA 177 004, 009, 011, 014, 015, 018, 020, 024
[3]) und ETA 177 107, 110, 112, 117, 119, 121, 122 und 126
[4]) und ETA 177 104, 109, 111, 115 und 124
[5]) außer ETA 178 003, 005

–	–	–	–	–	–
–	–	–	–	–	–
ETA 177 101[3])	ETA 177 102[4])	ETA 178 001 bis 014[5])	ETA 178 003,005, 015	ETA 178 016	ETA 178 051
–	–	–	–	–	–
–	–	–	–	–	–
2 A + A 2	2 A + A 2	2 A + A 2	2 A + A 2	2 A + A 2	3 + Bo + 3
C3üeaT/C3üeaT	C3üeaT/C3üeaT	BC3üeaT/C3ütreaT	BC3üeaT/C3ütreaT	BC3üeaT/ C3ütreaT	BC3üeaS/CüeaT/ C3ütreaS
B3y/B3ytr	B3y/B3ytr	AB3y/B3ytr	AB3y/B3ytr	AB3y/B3ytr	AB3y/By/B3ytr
–	–	–	–	–	–
Gast, LHB, VdZ	Gast, LHB, Wumag	VdZ, Wumag	VdZ	VdZ	VdZ
AEG, BBC	AEG, BBC	MSW, SSW	SSW	SSW	SSW
AFA	AFA	AFA	AFA	AFA	AFA
75	75	70	75	75	75
1 435	1 435	1 435	1 435	1 435	1 435
34	34	32			
192 (35)	192 (35)	172 (27)	192 (35)	192 (35)	192 (35)
135 (31)	135 (31)	117 (33)			
68,3	69,3	67,0	67,0	64,9	77,9
10,5	10,5	10,5	10,5	10,5	13,0
26 020	26 320	26 320	26 320	26 020	36 340
–	–	–	–	–	–
–	–	–	–	–	–
–	–	–	–	–	–
930	930	1 000	930	930	930
1 000	1 000	1 000	1 000	1 000	1 000
7 TM 645	7 TM 645	8 TM 645	8 TM 645	8 TM 645	8 TM 645
397	397	358	358	358	358
N, Str, V	N, Str, V	Schü, V	Schü, V	Schü, V	Schü, V
18	18	11	11	11	11
4	4	6	6	6	6
–	–	–	–	–	–
GR	GR	GR	GR	GR	GR
T	T	T	T	T	T
1:4,25	1:4,25	1:4,25	1:4,25	1:4,25	1:4,25
–	–	8	8	8	12
68–92	68–92	72	72	72	112
2,64	2,63	2,54	2,54	2,49	2,14
2,81	2,77	2,57	2,87	2,96	2,46
1004 bis 742	1019 bis 753	837	837	811	628
1955 U	1955 U	1949/50 U	1950/52 U	1954 U	1953 U
1964 A	1963 A	A, U	U	1956 A	A

Baureihennummer DB/DR ab 1992	–	–	–	–
DB 1968 bis 1991	–	–	–	–
Betriebsnummer DB 1952 bis 1967	–	ETA 178 102, 104[1])	ETA 178 103, 105, 115	ETA 180 002, 004[2])
DB 1947 bis 1951	–	–	–	–
bis 1947/1970	–	–	–	–
Radsatzanordnung	–	2 A + A 2	2 A + A 2	2 A + A 2
Gattungszeichen bis 1955	–	C3üeaT/C3ütreaT	C3üeaT/C3ütreaT	BC3üeaT/C3ütreaT
1956 bis 1966	–	B3y/B3ytr	B3y/B3ytr	AB3y/B3ytr
ab 1967	–	–	–	–
Hersteller mechanischer Teil	–	VdZ	VdZ	Gast, LHW
Hersteller elektrischer Teil	–	SSW	SSW	AEG, FGL
Hersteller Batterie	–	AFA	AFA	AFA
Höchstgeschwindigkeit	km/h	70	75	70
Spurweite	mm	1 435	1 435	1 435
Größte Anfahrzugkraft	kN	32	32	
Stundenleistung (bei Geschwindigkeit)	kW (km/h)	172 (27)	192 (35)	140 (34)
Dauerleistung (bei Geschwindigkeit)	kW (km/h)	117 (33)	117 (33)	
Dienstmasse	t	67,0	67,0	63,6
Größte Radsatzfahrmasse	t	10,5	10,5	
Länge über Puffer/Kupplung	mm	26 320	26 320	26 020
Drehzapfenabstand	mm	–	–	–
Triebdrehgestellradsatzstand	mm	–	–	–
Laufdrehgestellradsatzstand	mm	–	–	–
Treibraddurchmesser	mm	1 000	930	1 000
Laufraddurchmesser	mm	1 000	1 000	1 000
Fahrbatterie	–	8 TM 645	8 TM 645	8 TM 645
Kapazität	kWh/3 h	358	358	345
Steuerung	–	Schü, V	Schü, V	Fsch
Anfahrstufen	–	11	11	39
Dauerfahrstufen	–	6	6	5
Elektrische Bremse	–	–	–	–
Fahrmotor	–	GR	GR	GR
Antrieb	–	T	T	T
Übersetzung	–	1:4,25	1:4,25	1:4,316
Sitzplätze 2. Klasse	–	–	–	8
Sitzplätze 3. Klasse	–	80	80	72
Spez. Metereigenmasse	t/m	2,55	2,55	2,44
Spez. Antriebsleistung	kW/t	2,57	2,87	2,20
Spez. Sitzplatzmasse	kg	837	837	795
Indienststellung	–	1955 U	1955 U	1952/53 U
Verbleib	–	1962 A	A	U

[1]) und ETA 178 107, 108, 110, 112
[2]) und ETA 180 009, 012, 020

–	–	–	–	–	–
–	–	–	–	–	–
ETA 180 002, 004[2])	ETA180013, 014, 016	ETA 180 013, 014, 016	ETA 180 021	–	–
–	–	–	–	–	–
–	–	–	–	581 bis 584	585 bis 592
2 A + A 2	2 A + A 2	2 A + A 2	2 A + A 2	2 A + A 2	
–	BC3üeaT/C3ütreaT	–	BC3üeaT/ C3ütreaT	BCPost3üeaT/ C3ütreaT	CPost3üeaT/ C3ütreaT
B3y/B3ytr	AB3y/B3ytr	B3y/B3ytr	–	–	–
–	–	–	–	–	–
Gast, LHW	Gast	Gast	VdZ	Wumag	Wumag
AEG, FGL	FGL	FGL	SSW	SSW	BEW
AFA	AFA	AFA	AFA	AFA	AFA
70	70	70	70	60	60
1 435	1 435	1 435	1 435	1 435	1 435
140 (34)	140 (34)	140 (34)		142 (30)	160 (30)
				98	
63,6	64,2	64,2	64,0	70,0	70,0
				15,5	15,1
26 020	26 320	26 320	26 150	29 220	29 220
–	–	–	–	–	–
–	–	–	–	–	–
–	–	–	–	–	–
1 000	1 000	1 000	1 000	1 000	1 000
1 000	1 000	1 000	1 000	1 000	1 000
8 TM 645	8 TM 645	8 TM 645	8 TM 645	9 TM 450/11 TM 450	9 TM 450/11 TM 450
345	345	345	345		
Fsch	Fsch	Fsch	Schü	Schü	Fsch
39	39	39		11	10
5	5	5			3
–	–	–	–	EGW	–
GR	GR	GR	GR	GR	GR
T	T	T	T	T	T
1:4,316	1:4,316	1:4,316		1:4,06	1:4,69
–	8	–	8	12	–
80	72	80	72	94	114
2,44	2,44	2,44	2,45	2,40	2,40
2,20	2,18	2,18		2,03	2,29
795	802	802	800	660	614
1955/58 U	1952/53 U	1955/58 U	1952 U	1929/37 U	1927
1962 A	U	1962 A	U	A	U

Baureihennummer DB/DR ab 1992	–	–	–	–
DB 1968 bis 1991	–	–	–	–
Betriebsnummer DB 1952 bis 1967	–	–	–	–
DB 1947 bis 1951	–	–	–	–
bis 1947/1970	–	585 bis 592	593 bis 616	593 bis 600
Radsatzanordnung	–	2 A + A 2	2 A + A 2	2 A + A 2
Gattungszeichen bis 1955	–	BCPost3üeaT/C3ütreaT	CPost3üeaT/C3ütreaT	BCPost3üeaT/ C3ütreaT
1956 bis 1966	–	ABPost3ü/B3ü	–	–
ab 1967	–	–	–	–
Hersteller mechanischer Teil	–	Wumag	Weg, Wumag	Weg
Hersteller elektrischer Teil	–	BEW	SSW	SSW
Hersteller Batterie	–	AFA	AFA	AFA
Höchstgeschwindigkeit	km/h	60	60	60
Spurweite	mm	1 435	1 435	1 435
Größte Anfahrzugkraft	kN			
Stundenleistung (bei Geschwindigkeit)	kW (km/h)	160 (30)	172 (30)	172 (30)
Dauerleistung (bei Geschwindigkeit)	kW (km/h)	120		120
Dienstmasse	t	70.0	70,0	70,0
Größte Radsatzfahrmasse	t	15,0	15,1	15,1
Länge über Puffer/Kupplung	mm	29 220	29 220	29 220
Drehzapfenabstand	mm	–	–	–
Triebdrehgestellradsatzstand	mm	–	–	–
Laufdrehgestellradsatzstand	mm	–	–	–
Treibraddurchmesser	mm	1 000	1 000	1 000
Laufraddurchmesser	mm	1 000	1 000	1 000
Fahrbatterie	–	9 TM 450/11 TM 450	9 TM 450/11 TM 450	9 TM 450/11 TM 450
Kapazität	kWh/3h			
Steuerung	–	Fsch	Fsch	Fsch
Anfahrstufen	–	10	10	10
Dauerfahrstufen	–	3	3	3
Elektrische Bremse	–	–	–	–
Fahrmotor	–	GR	GR	GR
Antrieb	–	T	T	T
Übersetzung	–	1:4,69	1:4,25	1:4,25
Sitzplätze 2. Klasse	–	14	–	14
Sitzplätze 3. Klasse	–	76	114	74
Spez. Metereigenmasse	t/m	2,40	2,40	2,40
Spez. Antriebsleistung	kW/t	2,29	2,46	2,46
Spez. Sitzplatzmasse	kg	777	614	795
Indienststellung	–	U	1927/28	U
Verbleib	–	A, Mn	U	U

[1]) auch 615/616
[2]) außer ETA 179 004

–	–	–	–	–	–
–	–	–	–	–	–
–	–	–	–	ETA 179 101 bis 007[2])	ETA 179 101 bis 107
–	–	–	–	–	–
601 bis 604	605 bis 608	609 bis 612[1])	613/614	–	–
2 A + A 2	2 A + A 2	2 A + A 2	2 A + A 2	2 A + A 2	2 A + A 2
CPost3üeaT/ C3trüeaT	BCPost3üeaT/ C3ütreaT	BCPost3üeaT/ C3ütreaT	BCPost3üeaT/ C3ütreaT	BCPost3üeaT/ C3ütreaT	CPost3üeaT/ C3ütreaT
–	–	–	ABPost3ü/B3ü	ABPost3y/B3ytr	BPost3y/B3ytr
–	–	–	–	–	–
Gast	Gast	Gast	Gast	Wumag, Weg	Wumag, Weg
SSW	SSW	SSW	SSW	SSW	SSW
AFA	AFA	AFA	AFA	AFA	AFA
60	60	60	60	70	70
1 435	1 435	1 435	1 435	1 435	1 435
				32	32
172 (30)	172 (30)	172 (30)	172 (30)	166 (28)	166 (28)
120	120	120	120	117 (33)	117 (33)
70,0	70,0	70,0	70,0	70,8	70,8
15,0	15,0	15,0	15,0	12,0	12,0
29 220	29 220	29 220	29 220	29 220	29 220
–	–	–	–	–	–
–	–	–	–	–	–
–	–	–	–	–	–
1 000	1 000	1 000	1 000	1 000	1 000
1 000	1 000	1 000	1 000	1 000	1 000
9 TM 450/11 TM 450	9 TM 450/11 TM 450	9 TM 450/11 TM 450	9 TM 450/11 TM 450		
Fsch	Fsch	Fsch	Fsch	Fsch	Fsch
10	10	10	10	10	10
3	3	3	3	3	3
–	–	–	–	–	–
GR	GR	GR	GR	GR	GR
T	T	T	T	T	T
1:4,25	1:4,25	1:4,25	1:4,25	1:4,25	1:4,25
–	19	14	20	14	–
103	74	74	75	74	110
2,42	2,42	2,42	2,42	2,42	2,42
2,46	2,46	2,46	2,46	2,34	2,34
680	753	795	737	804	643
U	U	U	U	1952/53 U	1952/53 U
U	U	U	U	A	1960 A

Baureihennummer DB/DR ab 1992	–	–	–	–	–	–	–	–
DB 1968 bis 1991	–	–	–	–	–	–	–	–
Betriebsnummer DB bis 1967	–	ESA 177 001 und 002	ESA 177 011 bis 019[1])	ESA 177 014	ESA 177 022, 023 und 025	ESA 177 122 und 125	ESA 178 001 bis 004	ESA 178 005 und 006
Radsatzanordnung	–	2	2	2	2	2	2	2
Gattungszeichen bis 1955	–	C	BC	BC	C	–		C
1956 bis 1966	–	B	AB	AB	–	BPw		B
Hersteller mechanischer Teil	–	Weg		Weg	Weg +	Weg +		OK
Hersteller elektrischer Teil	–	SSW	–	–	–	–		–
Höchstgeschwindigkeit	km/h							
Spurweite	mm	1 435	1 435	1 435	1 435	1 435	1 435	1 435
Dienstmasse	t	10,3		14,8	14,8	14,8		13,25
Größte Radsatzfahrmasse	t			9,1	9,3	9,3		9,1
Länge über Puffer/Kupplung	mm	11 900		12 956	12 956	12 956		12 240
Drehzapfenabstand	mm	–		–	–	–		–
Laufdrehgestellradsatzstand	mm	–		–	–	–		–
Laufraddurchmesser	mm	900		900	900	900		950
Sitzplätze 2. Klasse	–	–		14	–	–		–
Sitzplätze 3. Klasse	–	38		30	54			44
Spez. Metereigenmasse	t/m	0,87		1,14	1,14	1,14		1,08
Spez. Sitzplatzmasse	kg	271		336	274			301
Indienststellung	–	1952 U	1952/53 U	1953 U	1953 U	1956 U	1953 U	1953/54 U
Verbleib	–	A, U	A, U	A	A, U	A, U	A, U	A, U

[1]) und ESA 177 024, außer ESA 177 014

Baureihennummer DB/DR ab 1992	–	–	–	–	–	–	–
DB 1968 bis 1991	–	–	–	–	–	–	–
Betriebsnummer DB bis 1967	–	EBA 177 001 bis 015[1])	EBA 177 012	EBA 177 021 bis 028	EBA 177 031 bis 044	EBA 177 077	EBA 177 091 und 092
Radsatzanordnung	–	2	2	2	2	2	2
Gattungszeichen bis 1955	–	C	C	C	C	BC	CPw
1956 bis 1966	–	B	B	B	Bi	–	–
Hersteller mechanischer Teil	–	OK	Weg	Weg +		Weg	OK
Hersteller elektrischer Teil	–	–	–	–	–	–	–
Höchstgeschwindigkeit	km/h						
Spurweite	mm	1 435	1 435	1 435	1 435	1 435	1 435
Dienstmasse	t	13,25	14,8	14,8	15,0	14,8	13,25
Größte Radsatzfahrmasse	t	9,1	9,3	9,3	9,3	9,1	9,1
Länge über Puffer/Kupplung	mm	12 240	12 956	12 956	12 956	12 956	12 240
Drehzapfenabstand	mm	–	–	–	–	–	–
Laufdrehgestellradsatzstand	mm	–	–	–	–	–	–
Laufraddurchmesser	mm	950	900	900	900	900	950
Sitzplätze 2. Klasse	–	–	–	–	–	14	–
Sitzplätze 3. Klasse	–	54	54	54	56	30	44
Spez. Metereigenmasse	t/m	1,08	1,14	1,14	1,16	1,14	1,08
Spez. Sitzplatzmasse	kg	245	274	274	268	336	301
Indienststellung	–	1949/53 U	1953 U	1950/52 U	1950/51 U	1951 U	1950 U
Verbleib	–	U, A	A	U	A, U	U	U

[1]) außer EBA 177 010 und 012

Baureihennummer DB/DR ab 1992	–	–	–	–
DB 1968 bis 1991	–	515.0	515.0	515.0
Betriebsnummer DB bis 1967	–	ETA 150 001 und 002	ETA 150 003 bis 018	ETA 150 019 bis 033
Radsatzanordnung	–	Bo'2'	Bo'2'	Bo'2'
Gattungszeichen bis 1955	–	CPw4	CPw4	CPw4
1956 bis 1966	–	BD4	BD4	BD4
ab 1967	–	BD	BD	BD
Hersteller mechanischer Teil	–	Rath, Weg	Rath, OK, DWM, Weg	Rath, OK, DWM, Weg
Hersteller elektrischer Teil	–	Schalt, SSW	Schalt, SSW	Schalt, SSW
Hersteller Batterie	–	AFA	AFA	AFA
Höchstgeschwindigkeit	km/h	100	100	100
Spurweite	mm	1 435	1 435	1 435
Größte Anfahrzugkraft	kN	47,6	47,6	47,6
Stundenleistung (bei Geschwindigkeit)	kW (km/h)	200 (36,0)	200 (35,0)	200 (35,0)
Dauerleistung (bei Geschwindigkeit)	kW (km/h)	165 (39,0)	165 (39,0)	165 (39,0)
Dienstmasse	t	49,0	48,0	48,0
Größte Radsatzfahrmasse	t	15,5	15,5	15,5
Länge über Puffer/Kupplung	mm	23 400	23 400	23 400
Drehzapfenabstand	mm	15 200	15 200	15 200
Triebdrehgestellradsatzstand	mm	2 500	2 500	2 500
Laufdrehgestellradsatzstand	mm	2 500	2 500	2 500
Treibraddurchmesser	mm	980	950	950
Laufraddurchmesser	mm	980	950	950
Fahrbatterie	–	9 TM 450c	9 TM 450c	9 TM 450d
Kapazität	Ah/3h	846	846	936
Steuerung	–	N, Str, V	N, Str, V	N, Str, V
Anfahrstufen	–	84	84	84
Dauerfahrstufen	–	6	6	6
Elektrische Bremse	–	–	–	–
Fahrmotor	–	GR	GR	GR
Antrieb	–	T	T	T
Übersetzung	–	13:81	13:81	13:81
Sitzplätze 1. Klasse	–	–	–	–
Sitzplätze 2. Klasse	–	93	93	93
Spez. Metereigenmasse	t/m	2,09	2,05	2,05
Spez. Antriebsleistung	kW/t	4,08	4,17	4,17
Spez. Sitzplatzmasse	kg	527	516	516
Indienststellung	–	1954	1955	1955/56
Verbleib	–	A	A	A

–	–	–	515.5	515.5	515.5 und 515.6
515.1	515.1	515.1	515.5	515.5	515.5 und 515.6
ETA 150 101 bis 112	ETA 150 113 bis 119	ETA 150 120 bis 138	ETA 150 501 bis 508	ETA 150 509 bis 580	ETA 150 581 bis 603
Bo'2'	Bo'2'	Bo'2'	Bo'2'	Bo'2'	Bo'2'
–	–	–	–	–	–
ABD4	ABD4	ABD4	ABD4	ABD4	ABD4
ABD	ABD	ABD	ABD	ABD	ABD
MAN, Weg	MAN, Weg	DWM, Weg	OK, DWM, Weg	OK, DWM, Weg	OK, DWM, Weg
Schalt, SSW	Schalt, SSW	Schalt, SSW	Schalt, SSW, DWM	Schalt, SSW, DWM	Schalt, SSW, DWM
AFA	AFA	AFA	AFA	AFA	AFA
100	100	100	100	100	100
1 435	1 435	1 435	1 435	1 435	1 435
47,6	47,6	47,6	47,6	47,6	47,6
200 (35,0)	200 (35,0)	200 (35,0)	200 (34,5)	200 (34,5)	200 (34,5)
165 (39,0)	165 (39,0)	165 (39,0)	165 (39,0)	165 (39,0)	165 (39,0)
49,0	49,0	49,0	57,0	57,0	57,0
15,5	14,9	15,5	16,6	16,9	16,6
23 400	23 400	23 400	23 400	23 400	23 400
15 200	15 200	15 200	15 200	15 200	15 200
2 500	2 500	2 500	2 500	2 500	2 500
2 500	2 500	2 500	2 500	2 500	2 500
950	950	950	950	950	950
950	950	950	950	950	950
9 TM 450d	9 TM 450d	9 TM 450d	12 TM 5 und 25 TM 2	12 TM 5 und 25 TM 2	12 TM 5 und 25 TM 2
936	936	936	1 248	1 248	1 248
N, Str, V	N, Str, V	N, Str, V	N, Str, V	N, Str, V	N, Str, V
84	84	84	84	84	84
6	6	6	6	6	6
–	–	–	–	–	–
GR	GR	GR	GR	GR	GR
T	T	T	T	T	T
13:81	13:81	13:81	13:81	13:81	13:81
8	19	8	19	6	19
66	47	66	47	65	47
2,09	2,09	2,09	2,44	2,44	2,44
4,08	4,08	4,08	3,51	3,51	3,51
662	742	622	864	803	864
1957	1957	1958	1959	1959/61	1962
(A)	A	(A)	(A)	(A)	(A)

Baureihennummer DB/DR ab 1992	–	515.6	515.6	515.6
DB 1968 bis 1991	–	515.6	515.6	515.6
Betriebsnummer DB bis 1967	–	ETA 150 604 bis 627	ETA 150 628 bis 638	ETA 150 639 bis 651
Radsatzanordnung	–	Bo'2'	Bo'2'	Bo'2'
Gattungszeichen bis 1955	–	–	–	–
1956 bis 1966	–	ABD4	ABD4	ABD4
ab 1967	–	ABD	ABD	ABD
Hersteller mechanischer Teil	–	OK, DWM, Weg	OK, DWM, Weg	OK, DWM, Weg
Hersteller elektrischer Teil	–	Schalt, SSW, DWM	Schalt, SSW, DWM	Schalt, SSW, DWM
Hersteller Batterie	–	AFA	AFA	AFA
Höchstgeschwindigkeit	km/h	100	100	100
Spurweite	mm	1 435	1 435	1 435
Größte Anfahrzugkraft	kN	47,6	47,6	47,6
Stundenleistung (bei Geschwindigkeit)	kW (km/h)	200 (34,5)	200 (34,5)	200 (34,5)
Dauerleistung (bei Geschwindigkeit)	kW (km/h)	165 (39,0)	165 (39,0)	165 (39,0)
Dienstmasse	t	57,0	57,0	57,0
Größte Radsatzfahrmasse	t	16,9	16,9	16,9
Länge über Puffer/Kupplung	mm	23 400	23 400	23 400
Drehzapfenabstand	mm	15 200	15 200	15 200
Triebdrehgestellradsatzstand	mm	2 500	2 500	2 500
Laufdrehgestellradsatzstand	mm	2 500	2 500	2 500
Treibraddurchmesser	mm	950	950	950
Laufraddurchmesser	mm	950	950	950
Fahrbatterie	–	12 TM 5 und 25 TM 2	13 TM 5 und 25 TM 2	13 TM 5 und 25 TM 2
Kapazität	Ah/3h	1 248	1 356	1 356
Steuerung	–	N, Str, V	N, Str, V	N, Str, V
Anfahrstufen	–	84	84	84
Dauerfahrstufen	–	6	6	6
Elektrische Bremse	–	–	–	–
Fahrmotor	–	GR	GR	GR
Antrieb	–	T	T	T
Übersetzung	–	13:81	13:81	13:81
Sitzplätze 1. Klasse	–	6	6	19
Sitzplätze 2. Klasse	–	65	65	47
Spez. Metereigenmasse	t/m	2,44	2,44	2,44
Spez. Antriebsleistung	kW/t	3,51	3,51	3,51
Spez. Sitzplatzmasse	kg	803	803	864
Indienststellung	–	1963	1963	1963/65
Verbleib	–	(A)	(A)	(A)

[1]) September 1963 bis September 1970 versuchsweise Pulssteuerung zusätzlich

515.6	–	–	–	–	–
515.6	517.0	517.0	517.0	517.0	517.0
ETA 150 652 bis 661	ETA 176 001	ETA 176 001	ETA 176 002	ETA 176 002	ETA 176 002
Bo′2′	Bo′2′	Bo′2′	Bo′2′	Bo′2′	Bo′2′
–	BCPw4	BCPw4	BCPw4	BCPw4	–
ABD4	ABD4m	ABD4m	ABD4m	ABD4m	ABD4m
ABD	(ABDm)	ABDm	(ABDm)	(ABDm)	ABDm
OK, DWM, Weg	Weg	Weg	Weg	Weg	Weg
Schalt, SSW, DWM	Schalt, SSW	Schalt, SSW	AEG	AEG, SSW	AEG, SSW
AFA	AFA	AFA	AFA	AFA	AFA
100	90	100	90	100	100
1 435	1 435	1 435	1 435	1 435	1 435
47,6	43,5	47,6	46,0	47,6	47,6
200 (34,5)	192 (36,6)	200 (36,0)	204 (36,5)	200 (36,0)	200 (36,0)
165 (39,0)	136 (42,5)	165 (39,0)	165 (39,0)	165 (39,0)	165 (39,0)
57,0	56,0	56,0	57,0	57,0	59,0
16,9	17,3	17,3	17,5	17,5	17,5
23 400	27 000	27 000	27 000	27 000	27 000
15 200	19 000	19 000	19 000	19 000	19 000
2 500	2 500	2 500	2 500	2 500	2 500
2 500	2 500	2 500	2 500	2 500	2 500
950	980	980	980	980	980
950	930	930	930	930	930
8 TR 5 und 25 TM 2	9 TMD 450	10 TMD 450c	9 TMD 450	10 TMD 450c	10 TMD 450c
1 317		940		940	940
N, Str, V	N, Str, V	N, Str, V	Stu, Str, V	N, Str, V	P, V | N, Str, V
84	70	84	339	84	∞ | 84
6	4	6	4	6	∞ | 6
–	–	–	–	–	N | –
GR	GR	GR	GR	GR	GR
T	T	T	T	T	T
13:81	16:68	13:81	12:75	13:81	13:81
6	12	12	12	12	12
65	60	60	60	60	60
2,44	2,06	2,06	2,11	2,11	2,19
3,51	3,45	3,57	3,58	3,51	3,39
803	772	772	792	792	819
1959/61	1952	U	1952	U[1])	1963 U
A	U	1982 A, Mn	U	1983 A	1970 U

Baureihennummer DB/DR ab 1992	–	–	–	–
DB 1968 bis 1991	–	517.0	517.0	517.0
Betriebsnummer DB bis 1967	–	ETA 176 003 bis 008	ETA 176 003 bis 008	ETA 176 003 bis 008
Radsatzanordnung	–	Bo'2'	Bo'2'	Bo'2'
Gattungszeichen bis 1955	–	BCPw4	BCPw4	BCPw4
1956 bis 1966	–	–	–	ABD4m
ab 1967	–	(ABDm)	(ABDm)	(ABDm)
Hersteller mechanischer Teil	–	Weg, WMD	Weg, WMD	Weg, WMD
Hersteller elektrischer Teil	–	Schalt, SSW	Schalt, SSW	Schalt, SSW
Hersteller Batterie	–	AFA	AFA	AFA
Höchstgeschwindigkeit	km/h	90	100	100
Spurweite	mm	1 435	1 435	1 435
Größte Anfahrzugkraft	kN	47,6	47,6	47,6
Stundenleistung (bei Geschwindigkeit)	kW (km/h)	200 (36,0)	200 (36,0)	200 (36,0)
Dauerleistung (bei Geschwindigkeit)	kW (km/h)	165 (39,0)	165 (39,0)	165 (39,0)
Dienstmasse	t	55,6	55,6	55,6
Größte Radsatzfahrmasse	t	16,4	16,4	16,4
Länge über Puffer/Kupplung	mm	27 000	27 000	27 000
Drehzapfenabstand	mm	19 000	19 000	19 000
Triebdrehgestellradsatzstand	mm	2 500	2 500	2 500
Laufdrehgestellradsatzstand	mm	2 500	2 500	2 500
Treibraddurchmesser	mm	980	980	980
Laufraddurchmesser	mm	980	980	980
Fahrbatterie	–	10 TMD 450c	10 TMD 450c	7 TR 5b
Kapazität	Ah/3 h	940	940	
Steuerung	–	N, Str, V	N, Str, V	N, Str, V
Anfahrstufen	–	84	84	84
Dauerfahrstufen	–	6	6	6
Elektrische Bremse	–	–	–	–
Fahrmotor	–	GR	GR	GR
Antrieb	–	T	T	T
Übersetzung	–	13:81	13:81	13:81
Sitzplätze 1. Klasse	–	12	12	12
Sitzplätze 2. Klasse	–	60	60	60
Spez. Metereigenmasse	t/m	2,06	2,06	2,06
Spez. Antriebsleistung	kW/t	3,60	3,60	3,60
Spez. Sitzplatzmasse	kg	772	772	772
Indienststellung	–	1953/54	U	1967 U
Verbleib	–	U	U	1984 A

[1]) Tunnel-Untersuchungswagen
[2]) Beleuchtungswagen und Tunnel-Gleisüberwachungswagen
[3]) Stromschienen-Enteisungsfahrzeug
[4]) anfangs 90 km/h
[5]) Pufferung durch 50-kW-Dieselaggregat möglich

–	–	732
711	713/714	732 001[II]
–	–	–
Bo'2'	A 1 + 2	2'2'
–	–	–
[1])	[2])	–
[1])	–	[3])
Weg		OK
Schalt		–
AFA	AFA	–
100[4])	25	90
1 435	1 435	1 435
25		–
192 (25,0) + 25	19	–
		–
58,0	14,6 + 10,0	48,0
15,2		
21 200		27 000
13 000		19 000
2 500		–
2 500		2 500
		–
		930
[5])		–
624		–
		–
		–
		–
		–
GR │ GN		–
T │ T		–
		–
–	–	–
–	–	–
2,74		1,78
3,31 (3,74)		–
–	–	–
1958	1929	1990 U
1984 A	1979 A	

Baureihennummer DB/DR ab 1992	–	815.6	815.6 bis 815.8
DB 1968 bis 1991	–	815.6	815.6 bis 815.8
Betriebsnummer DB bis 1967	–	ESA 150 001 bis 020	ESA 150 021 bis 216
Radsatzanordnung	–	2'2'	2'2'
Gattungszeichen bis 1955	–	C4tr	–
1956 bis 1966	–	B4tr	B4tr
ab 1967	–	Btr	Btr
Hersteller mechanischer Teil	–	OK, Rath, DWM, Weg	OK, MAN, DWM, Weg
Hersteller elektrischer Teil	–	Schalt	Schalt
Höchstgeschwindigkeit	km/h	100	100
Spurweite	mm	1 435	1 435
Dienstmasse	t	23,0	23,0
Größte Radsatzfahrmasse	t	7,5	7,1
Länge über Puffer/Kupplung	mm	23 400	23 400
Drehzapfenabstand	mm	15 200	15 200
Laufdrehgestellradsatzstand	mm	2 500	2 500
Laufraddurchmesser	mm	950	950
Sitzplätze 1. Klasse	–	–	–
Sitzplätze 2. Klasse	–	100	81
Spez. Metereigenmasse	t/m	0,98	0,98
Spez. Sitzplatzmasse	kg	230	284
Indienststellung	–	1955/56	1957/64
Verbleib	–	(A)	(A)

–	–
817.6	817.6
ESA 176 001	ESA 176 002 bis 008
2′2′	2′2′
C4	C4
B4m	B4m
Bm	Bm
WMD, Weg	ME, Weg, WMD
Schalt	Schalt
100	100
1 435	1 435
28,0	26,0
8,3	8,3
27 000	27 000
19 000	19 000
2 500	2 500
900	900
–	–
96	96
1,04	0,96
292	271
1954	1955/58
1983 A	1984 A

Baureihennummer DB/DR ab 1992	–	–	–	–
DR 1970 bis 1991	–	–	–	–
DB 1968 bis 1991	–	–	–	–
Betriebsnummer ab 1941	–	–	–	–
1932 bis 1940	–	–	1501 bis 1588[1])	1520[1])
bis 1931	–	501/5001 bis 640/5140	501/5001 bis 640/5140	–
Radsatzanordnung	–	Bo'1 + 1 2'	Bo'1 + 1 2'	Bo'1 + 1 2'
Gattungszeichen bis 1955	–	BCPw3elT/BC3elS	BCPw3elT/BC3elS	Pw3elT/Pw3elS
1956 bis 1966	–	–	–	–
ab 1967	–	(ABDaoe/ABaoe)	(ABDaoe/ABaoe)	(Daoe/Daoe)
Hersteller mechanischer Teil	–	LHB, VdZ	LHB, VdZ	
Hersteller elektrischer Teil	–	AEG, BBC, SSW	AEG, BBC, SSW	
Stromsystem	Hz, kV	1~ 25,6	1~ 25,6	1~ 25,6
Höchstgeschwindigkeit	km/h	50	60[2])	60
Spurweite	mm	1 435	1 435	1 435
Größte Anfahrzugkraft	kN	67	67	67
Stundenleistung (bei Geschwindigkeit)	kW (km/h)	300	300	300
Dauerleistung (bei Geschwindigkeit)	kW (km/h)	235	235	235
Dienstmasse	t	71,1/64,9	71,1/64,9	
Größte Radsatzfahrmasse	t	16,3	16,3	
Länge über Puffer/Kupplung	mm	29 650	29 450	29 650
Drehzapfenabstand	mm	–	–	–
Triebdrehgestellradsatzstand	mm	2 500	2 500	2 500
Laufdrehgestellradsatzstand	mm	2 500	2 500	2 500
Treibraddurchmesser	mm	1 000	1 000	1 000
Laufraddurchmesser	mm	1 000	1 000	1 000
Hauptumspannertypenleistung	kVA	200/240	200/240	
Steuerung	–	Schü, V	Schü, V	Schü, V
Dauerfahrstufen	–	5	5	5
Elektrische Bremse	–	–	–	–
Fahrmotor	–	WR	WR	WR
Antrieb	–	T	T	T
Übersetzung	–	1:3,88/1:4,56	1:3,88/1:4,56	
Sitzplätze 2. Klasse	–	44/36	44/36	–
Sitzplätze 3. Klasse + Speiseraum	–	80/84	80/84	–
Spez. Metereigenmasse	t/m	2,19 bis 2,40	2,21 bis 2,41	
Spez. Antriebsleistung	kW/t	4,62 bis 4,22	4,62 bis 4,22	
Spez. Sitzplatzmasse	kg	573 bis 541	572 bis 541	
Indienststellung	–	1923/25 U	1928 U	1946 U
Verbleib	–	U	1954 A, U, Mn	1952 A

[1]) Betriebsnummer bis Ausmusterung
[2]) bis 1931 50 km/h, 1932 55 km/h, ab 1933 60 km/h
[3]) Klammerwert für Teil der Triebzüge

–	–	–	–	–	–	–
–	–	–	–	–	–	–
–	–	–	–	–	–	–
–	–	–	–	–	ET 11 01	ET 11 01
1589 bis 1623[1])	1589 bis 1623[1])	1624 bis 1640[1])	1641 bis 1643[1])	1644 bis 1645[1])	1900	–
641 bis 675	641 bis 675	676 bis 692	693 bis 695	–	–	–
Bo'2'2'	Bo'2'2'	Bo'2'2'	Bo'2'2'	Bo'2'2'	Bo'2' + 2'Bo'	Bo'2' + 2'Bo'
BCPw6elT	BCPw6elT	BCPw6elT	BCPw6elT	BCPw6elT	BPw4ükelT/B4üelT	BRPw4y/B4y
–	–	–	–	–	–	ARD4y/A4y
(ABDoe)	(ABDoe)	(ABDoe)	(ABDoe)	(ABDoe)	(ADRe/Ae)	ADRe/Ae
Wis, Wumag	Wis, Wumag	Wis, Wumag	Wis	Wis	ME	ME, Rath
BBC, Wasseg	BBC, Wasseg	Wasseg	Wasseg	Wasseg	BBC	BBC
1~ 25,6	1~ 25,6	1~ 25,6	1~ 25,6	1~ 25,6	1~ $16\frac{2}{3}$, 15	1~ $16\frac{2}{3}$, 15
60	60	60	60	60	160	160
1 435	1 435	1 435	1 435	1 435	1 435	1 435
67	67	67	67	67	74	60
300	300	300	300	300	1 413 (144)	1 020 (136)
250	250	250	250	250	1 250 (159)	990 (143)
66,3	66,3	66,3	66,3	66,3	104,0	107,0
15,1	15,1	15,1	15,1	15,1	18,5	18,5
30 000	29 770	29 940	30 000	30 000	43 585	44 205
11 412/11 750	11 412/11 750	11 430/11 760	11 412/11 750	11 412/11 750	13 900	13 900
2 500 (2 600)[3])	2 500 (2 600)[3])	2 600	2 600	2 700	3 700	3 600
2 500 (2 600)[3])/3 500	2 500 (2 600)[3])/2 500	2 600/3 500	2 600/3 500	2 700/3 500	3 000	3 000
1 000	1 000	1 000	1 000	1 000	1 100	1 100
1 000	1 000	1 000	1 000	1 000	950	950
200/240	200/240	240	260	260	2 · 410	2 · 410
Schü, V	Schü, V	Schü, V	Schü, V	Schü, V	N, Str, V	N, Str, V
5	5	5	5	5	12	12
–	–	–	–	–	–	–
WR	WR	WR	WR	WR	WR	WR
T	T	T	T	T	Bg	Tg
1:3,88/1:4,56	1:3,88/1:4,56	1:4,56	1:4,56	1:4,56	33:76	29:61
34/26	34/26	34	34	34	77	59
73/78	73/78	71	71	71	–	– + 18
2,21	2,22	2,22	2,21	2,21	2,39	2,46
4,52	4,52	4,52	4,52	4,52	13,6	9,53
620/637	620/637	632	632	632	1 350	1 810 (1 390)
1924/52	1928 U	1927	1931	1933	1935	1950/1957 U
U	1954 A	1954 A, Mn	1954 A, U	1954 A	1950 U	1961 A, U, Mn

Baureihennummer DB/DR ab 1992	–	–	–	–
DR 1970 bis 1991	–	–	–	–
DB 1968 bis 1991	–	–	–	–
Betriebsnummer ab 1941	–	ET 11 02	ET 11 02	ET 11 03
1932 bis 1940	–	1901	–	1902
bis 1931	–	–	–	–
Radsatzanordnung	–	Bo'2' + 2'Bo'	Bo'2' + 2'Bo'	Bo'2' + 2'Bo'
Gattungszeichen bis 1955	–	BPw4ükelT/B4üelT	BRPw4y/B4y	BPw4ükelT/B4üelT
1956 bis 1966	–	–	ARD4y/A4y	–
ab 1967	–	(ADRe/Ae)	ADRe/Ae	(ADRe/Ae)
Hersteller mechanischer Teil	–	MAN	MAN, Rath	MAN
Hersteller elektrischer Teil	–	SSW	SSW	AEG
Stromsysteme	Hz, kV	1~ $16\frac{2}{3}$, 15	1~ $16\frac{2}{3}$, 15	1~ $16\frac{2}{3}$, 15
Höchstgeschwindigkeit	km/h	160	160	160
Spurweite	mm	1 435	1 435	1 435
Größte Anfahrzugkraft	kN	60	60	60
Stundenleistung (bei Geschwindigkeit)	kW (km/h)	1 020 (136)	1 020 (139)	1 020 (139)
Dauerleistung (bei Geschwindigkeit)	kW (km/h)	920 (143)	920 (143)	920 (146)
Dienstmasse	t	107,7	106,2	113,5
Größte Radsatzfahrmasse	t	18,8	18,8	20,0
Länge über Puffer/Kupplung	mm	43 585	44 205	43 585
Drehzapfenabstand	mm	13 900	13 900	13 900
Triebdrehgestellradsatzstand	mm	3 600	3 600	3 700
Laufdrehgestellradsatzstand	mm	3 000	3 000	3 000
Treibraddurchmesser	mm	950	950	1 100
Laufraddurchmesser	mm	950	950	970
Hauptumspannertypenleistung	kVA	2 · 390	2 · 410	2 · 390
Steuerung	–	N, Str, V	N, Str, V	N, Str, V
Dauerfahrstufen	–	12	12	12
Elektrische Bremse	–	–	–	–
Fahrmotor	–	WR	WR	WR
Antrieb	–	Tg	Tg	F
Übersetzung	–	29:61	29:61	28:66
Sitzplätze 2. Klasse	–	77	59	77
Sitzplätze 3. Klasse + Speiseraum	–	–	– +18	–
Spez. Metereigenmasse	t/m	2,46	2,43	2,60
Spez. Antriebsleistung	kW/t	9,5	9,60	8,98
Spez. Sitzplatzmasse	kg	1 395	1 795 (1 375)	1 475
Indienststellung	–	1936	1950/1957 U	1937
Verbleib	–	1950 U	A	1950 U

[1]) ET 25 003 WW zeitweise
[2]) ET 25 005 N zeitweise
[3]) ET 25 023 EGW

–	–	–	–	–	–
–	–	–	–	–	–
–	–	–	–	–	–
ET 11 03	ET 25 001 bis 003	ET 25 004 bis 010	ET 25 011 bis 014	ET 25 015 bis 021	ET 25 022 bis 024
–	1815 bis 1817	1818 bis 1824	1832 bis 1835	1801 bis 1807	1825 bis 1827
–	–	–	–	–	–
Bo′2′ + 2′Bo′	Bo′2′ + 2′Bo′	Bo′2′ + 2′Bo′	Bo′2′ + 2′Bo′	Bo′2′ + 2′Bo′	Bo′2′ + 2′Bo′
BRPw4y/B4y	CPw4iütrelT/	CPw4iütrelT/	CPw4iütrelT/	CPw4iütrelT/	CPw4iütrelT/
	BC4iüelT	BC4iüelT	BC4iüelT	BC4iüelT	BC4iüelT
ARD4y/A4y	–	–	–	–	–
ADRe/Ae	(BDtre/ABe)	(BDtre/ABe)	(BDtre/ABe)	(BDtre/ABe)	(BDtre/ABe)
MAN, Rath	MAN	MAN	MAN	ME	ME
AEG	AEG	SSW	SSW	BBC	BBC
1~ 16 2/3, 15	1~ 16 2/3, 15	1~ 16 2/3, 15	1~ 16 2/3, 15	1~ 16 2/3, 15	1~ 16 2/3, 15
160	120	120	120	120	120
1 435	1 435	1 435	1 435	1 435	1 435
60	80	80	80	80	80
1 020 (139)	920 (88)	920 (88)	1 020 (103)	920 (88)	920 (88)
920 (146)	840 (94)	840 (94)	920 (108)	840 (94)	840 (94)
115,1	90,2	92,3	94,8	88,3	89,0
20,0	16,7	17,3	17,6	16,5	16,6
44 205	43 625	43 625	43 625	43 625	43 625
13 900	13 900	13 900	13 900	13 900	13 900
3 600	3 600	3 600	3 600	3 600	3 600
3 000	3 000	3 000	3 000	3 000	3 000
1 100	950	950	950	950	950
950	950	950	950	950	950
2 · 410	2 · 330	2 · 330	2 · 390	2 · 350	2 · 350
N, Str, V	N, Str, V	N, Str, V	N, Str, V	N, Str, V	N, Str, V
12	12	12	12	12	12
–	–1)	–2)	–	–	–3)
WR	WR	WR	WR	WR	WR
F	Tg	Tg	Tg	Tg	Tg
28:66	24:66	24:66	24:66	24:63	24:63
59	18	18	18	18	18
– +18	142	142	142	142	142
2,64	2,08	2,12	2,18	2,02	2,04
8,86	10,20	9,95	10,75	10,4	10,3
1 951 (1 495)	564	577	593	552	556
1950/1957 U	1935	1935	1937	1935	1935
A	A, 1965 U	A, 1964 U	A, 1959 U	A, 1965 U	A, 1942 U

Baureihennummer DB/DR ab 1992	–	–	–	–
DR 1970 bis 1991	–	–	–	–
DB 1968 bis 1991	–	–	–	–
Betriebsnummer ab 1941	–	ET 25 025 bis 027	ET 25 028	ET 25 101 bis 107
1932 bis 1940	–	1836 bis 1838	1849	1808 bis 1814
bis 1931	–	–	–	–
Radsatzanordnung	–	Bo'2' + 2'Bo'	Bo'2' ü 2'Bo'	Bo'2' + 2'Bo'
Gattungszeichen bis 1955	–	CPw4iüelT/ BC4iüelT	CPw4iütreT/ BC4iüelT	CPw4iüelT/ C4iüelT
1956 bis 1966	–	–	–	–
ab 1967	–	(BDtre/ABe)	(BDtre/ABe)	(BDtre/Be)
Hersteller mechanischer Teil	–	MAN	Fu	MAN
Hersteller elektrischer Teil	–	BBC	BBC	AEG
Stromsystem	Hz, kV	$\overset{1}{\sim}16^2/_3$, 15	$\overset{1}{\sim}16^2/_3$, 15	$\overset{1}{\sim}16^2/_3$, 15
Höchstgeschwindigkeit	km/h	120	120	120
Spurweite	mm	1 435	1 435	1 435
Größte Anfahrzugkraft	kN	80	80	80
Stundenleistung (bei Geschwindigkeit)	kW (km/h)	1 020 (103)	920 (88)	920 (88)
Dauerleistung (bei Geschwindigkeit)	kW (km/h)	920 (108)	840 (94)	840 (94)
Dienstmasse	t	94,3	94,5	89,6
Größte Radsatzfahrmasse	t	17,1	17,2	16,7
Länge über Puffer/Kupplung	mm	43 625	43 625	43 625
Drehzapfenabstand	mm	13 900	13 900	13 900
Triebdrehgestellradsatzstand	mm	3 600	3 600	3 600
Laufdrehgestellradsatzstand	mm	3 000	3 000	3 000
Treibraddurchmesser	mm	950	950	950
Laufraddurchmesser	mm	950	950	950
Hauptumspannertypenleistung	kVA	2 · 410	2 · 350	2 · 330
Steuerung	–	N, Str, V	N, Str, V	N, Str, V
Dauerfahrstufen	–	12	12	12
Elektrische Bremse	–	–	–	–
Fahrmotor	–	WR	WR	WR
Antrieb	–	Tg	Tg	Tg
Übersetzung	–	24:63	24:63	24:66
Sitzplätze 2. Klasse	–	18	18	–
Sitzplätze 3. Klasse	–	142	122	170
Spez. Metereigenmasse	t/m	2,16	2,16	2,06
Spez. Antriebsleistung	kW/t	10,8	9,74	10,35
Spez. Sitzplatzmasse	kg	590	643	527
Indienststellung	–	1937	1935	1935
Verbleib	–	A, 1950/55 U	1953 U	A, 1964 U

[1]) für Endnummern 01 bis 03, 06 bis 08 und 10
[2]) für Endnummern 15, 16 und 18
[3]) für Endnummern 17 und 19
[4]) für Endnummern 20 bis 24

–	–	–	–	–	–
–	–	–	–	–	285.0
–	425.1/825.0/425.4[1])	425.1/825.0/425.4[2])	425.1/825.0/425.4[3])	425.1/825.0/425.4[4])	–
ET 25 108 bis 111	ET 25 001 bis 010	ET 25 015 bis 018	ET 25 017 und 019	ET 25 020 bis 024	ET 25 012
1828 bis 1831	–	–	–	–	–
–	–	–	–	–	–
Bo'2' + 2'Bo'	Bo'2' + 2'2' + 2'Bo'	Bo'2' + 2'2' + 2'Bo'	Bo'2' + 2'2' + 2'Bo'	Bo'2' + 2'2' + 2'Bo'	Bo'2'+2'2'+2'Bo'
CPw4iütrelT/C4iüelT	–	–	–	–	–
–	BD4yg/B4yg/AB4ygs	BD4yg/B4yg/AB4ygs	BD4yg/B4yg/AB4ygs	BD4yg/B4yg/ AB4ygs	BD4ümpe/ B4ümpe/ AB4ümpe
(BDtre/Be)	BDyg/Byg/ABygs	BDyg/Byg/ABygs	BDyg/Byg/ABygs	BDyg/Byg/ABygs	BDe/Be/ABe
MAN AEG	MAN, Bau, Fu + AEG, BBC, SSW	ME, LHW, Bau + AEG, BBC, SSW	ME, LHW, Bau + AEG, BBC, SSW	MAN, Bau, Fu + AEG, BBC, SSW	MAN, Raw Des SSW, LEW
$\overset{1}{\sim}$ 16 2/3, 15	$\overset{1}{\sim}$ 16 2/3, 15	$\overset{1}{\sim}$ 16 2/3, 15	$\overset{1}{\sim}$ 16 2/3, 15	$\overset{1}{\sim}$ 16 2/3, 15	$\overset{1}{\sim}$ 16 2/3, 15
120	120	120	120	120	120
1 435	1 435	1 435	1 435	1 435	1 435
80	112	112	112	112	80
1 020 (103)	920 (88)	920 (88)	920 (88)	920 (88)	1 020 (103)
920 (108)	840 (94)	840 (94)	840 (94)	840 (94)	920 (108)
93,2	124,0	123,0	123,0	124,0	126,3
17,1	17,6	17,6	17,6	17,6	17,6
43 625	66 270	66 270	66 270	66 270	65 000
13 900	13 900	13 900	13 900	13 900	13 900
3 600	3 600	3 600	3 600	3 600	3 600
3 000	3 000	3 000	3 000	3 000	3 000
950	950	950	950	950	950
950	950	950	950	950	950
2 · 390	2 · 390	2 · 350	2 · 410	2 · 390	2 · 390
N, Str, V	N, Str, V	N, Str, V	N, Str, V	N, Str, V	N, Str, V
12	12	12	12	12	12
–	–	–	–	–	–
WR	WR	WR	WR	W	WR
Tg	Tg	Tg	Tg	Tg	Tg
24:66	24:66	24:63	24:63	24:66	24:66
–	18	18	18	18	18
170	188	188	188	188	188
2,14	1,87	1,86	1,86	1,87	1,94
10,95	7,42	7,48	7,48	7,42	8,06
547	602	597	597	602	614
1936	1963/65 U	1964/65 U	1964/66 U	1963/65 U	1959 U
A, 1964 U	1986 A	1984 A, M	1985 A	1986 A	A

Baureihennummer DB/DR ab 1992	–	–	–	–
DR 1970 bis 1991	–	–	–	–
DB 1968 bis 1991	–	–	–	–
Betriebsnummer ab 1941	–	ET 31 001 bis 013	–	ET 41 01 bis 05
1932 bis 1940	–	1301 bis 1313	–	1061 bis 1066
bis 1931	–	–	601 bis 606	–
Radsatzanordnung	–	Bo'2 + Bo'2' + 2'Bo'	(1 A) (A 1)	(1 A) (A 1)
Gattungszeichen bis 1955	–	CPwPost4ütrelT/BC4üelT BC4üelT	BC4elT	BC4ielT
1956 bis 1966	–	–	–	–
ab 1967	–	(BDPostütre/ABüe/ABüe)	(ABioe)	(ABioe)
Hersteller mechanischer Teil	–	LHW	Weg	Weg, Wumag
Hersteller elektrischer Teil	–	BBC	SSW	SSW
Stromsystem	Hz, kV	$1\sim 16^2/_3$, 15	$1\sim 16^2/_3$, 15	$1\sim 16^2/_3$, 15
Höchstgeschwindigkeit	km/h	120	100	100
Spurweite	mm	1 435	1 435	1 435
Größte Anfahrzugkraft	kN	116	52	52
Stundenleistung (bei Geschwindigkeit)	kW (km/h)	1 650 (104)		570 (81)
Dauerleistung (bei Geschwindigkeit)	kW (km/h)	1 460 (112)	280 (100)	480 (88)
Dienstmasse	t	145,1	62,0	66,0
Größte Radsatzfahrmasse	t	17,5		19,1
Länge über Puffer/Kupplung	mm	68 840	22 900	22 900
Drehzapfenabstand	mm	15 500	16 000	16 000
Triebdrehgestellradsatzstand	mm	3 600	3 200	3 350
Laufdrehgestellradsatzstand	mm	3 000	–	–
Treibraddurchmesser	mm	970	1 000	1 000
Laufraddurchmesser	mm	970	1 000	1 000
Hauptumspannertypenleistung	kVA	3 · 410	400	400
Steuerung	–	N, Str, V	Schü, V	Schü, V
Dauerfahrstufen	–	12	12	12
Elektrische Bremse	–	–	–	–
Fahrmotor	–	WR	WR	WR
Antrieb	–	Tg	Tg	Tg
Übersetzung	–	24:63	21:69	21:69[1])
Sitzplätze 2. Klasse	–	36	16	16
Sitzplätze 3. Klasse	–	152	50 + 10	60
Spez. Metereigenmasse	t/m	2,11	2,82	2,88
Spez. Antriebsleistung	kW/t	11,36	4,33	8,64
Spez. Sitzplatzmasse	kg	772	850	868
Indienststellung	–	1936	1928	1934/36 U
Verbleib	–	U	U	A

1) später teilweise 19:62
2) ET 55 04 N
3) 455 101/855 001/455 401 bis 455 104/855 004/455 404

–	–	–	–	–	–
–	–	–	–	–	–
–	–	–	455.1/855.0/455.4[3]	–	455 105/855 005/445 405
ET 51 01 bis 04	ET 51 11 bis 14	ET 55 01 bis 04	ET 55 01 bis 04	ET 55 05	ET 55 05
1701 bis 1704	1705 bis 1708	1731 bis 1734	–	–	–
–	–	–	–	–	–
Bo'Bo'	Bo'Bo'	Bo'2' + 2'Bo'	Bo'2' + 2'2' + 2'Bo'	Bo'2' + 2'Bo'	Bo'2' + 2'2' + 2'Bo'
BCPw4ielT	BCPwPost4itrelT	CPw4iütrelT/ BC4iüelT	–	CPw4iütrelT/ BC4iüelT	–
–	–	BD4ytr/AB4ys	BD4yg/B4yg/AB4ygs	BD4ytr/AB4ys	BD4yg/B4yg/AB4ygs
(ABDioe)	(ABDPostitre)	(BDtre/ABe)	BDyg/Byg/ABygs	(BDtre/ABe)	BDyg/Byg/ABygs
LHW	LHW	MAN	MAN, Fu, LHB, Aw Ct	ME	MAN, ME, LHB, Rath, Aw Ct
Wasseg, BBC	BBC	BBC	BBC	BBC	BBC, SSW
$1\sim 16\frac{2}{3}$, 15	$1\sim 16\frac{2}{3}$, 15	$1\sim 16\frac{2}{3}$, 15	$1\sim 16\frac{2}{3}$, 15	$1\sim 16\frac{2}{3}$, 15	$1\sim 16\frac{2}{3}$, 15
90	90	90	90	90	90
1 435	1 435	1 435	1 435	1 435	1 435
80	105	105	76,0	105	76
812 (66)	924 (63)	1 100 (77)	1 100 (77)	1 100 (78)	1 100 (77)
664 (73)	804 (69)	975 (83)	975 (83)	975 (84)	975 (83)
59,6	56,6	96,2	126,0	89,0	125,0
17,5	16,8	18,4	16,5	16,6	16,0
20 300	22 440	43 625	66 270	43 625	66 270
12 600	14 570	13 900	13 900	13 900	13 900
3 600	3 000	3 000	3 600	3 600	3 600
–	–	3 000	3 000	3 000	3 000
1 000	1 000	970	970	950	970
–	–	970	970	950	970
500	625	2 · 410	2 · 410	2 · 350	2 · 350
St, Str, V	N, Str, V	N, Str, V	N, Str, V	N, Str, V	N, Str, V
12	12	12	12	12	12
–	–	–[2]	–	–	–
WR	WR	WR	WR	WR	WR
Tg	Tg	Tg	Tg	Tg	Tg
19:71	19:68	19:68	19:68	19:68	19:68
15	6	18	18	18	18
48	35	144	192	146	192
2,94	2,52	2,21	1,90	2,04	1,89
13,62	16,33	11,45	8,73	12,36	8,80
946	945	594	600	543	595
1934	1939	1939/40	1964/65 U	1942 U	1966 U
A, U	A	1964/65 U	1984 A	1966 U	1984 A

Baureihennummer DB/DR ab 1992	–	–	–	–
DR 1970 bis 1991	–	–	–	–
DB 1968 bis 1991	–	–	455 106/855 006/455 406	–
Betriebsnummer ab 1941	–	ET 55 06	ET 55 06	ET 55 07
1932 bis 1940	–	–	–	–
bis 1931	–	–	–	–
Radsatzanordnung	–	Bo′2′ + 2′Bo′	Bo′2′ + 2′2′ + 2′Bo′	Bo′2′ + 2′Bo′
Gattungszeichen bis 1955	–	CPw4iütrelT/BC4iüelT	–	CPw4iütrelT/BC4iüelT
1956 bis 1966	–	BD4ytr/AB4y	BD4yg/B4yg/AB4ygs	BD4ytr/AB4ys
ab 1967	–	(BDtre/ABe)	BDyg/Byg/ABygs	(BDtre/ABe)
Hersteller mechanischer Teil	–	Fu	MAN, Fu, LHB, Aw Ct	MAN
Hersteller elektrischer Teil	–	BBC	BBC	SSW
Stromsysteme	Hz, kV	$\stackrel{1}{\sim} 16^2/_3$, 15	$\stackrel{1}{\sim} 16^2/_3$, 15	$\stackrel{1}{\sim} 16^2/_3$, 15
Höchstgeschwindigkeit	km/h	90	90	90
Spurweite	mm	1 435	1 435	1 435
Größte Anfahrzugkraft	kN	105	76	
Stundenleistung (bei Geschwindigkeit)	kW (km/h)	1 100 (78)	1 100 (77)	920 (66)
Dauerleistung (bei Geschwindigkeit)	kW (km/h)	975 (84)	975 (83)	840 (85)
Dienstmasse	t	94,5	126,0	92,3
Größte Radsatzfahrmasse	t	17,2	16,5	17,3
Länge über Puffer/Kupplung	mm	43 625	66 270	43 625
Drehzapfenabstand	mm	13 900	13 900	13 900
Triebdrehgestellradsatzstand	mm	3 600	3 600	3 600
Laufdrehgestellradsatzstand	mm	3 000	3 000	3 000
Treibraddurchmesser	mm	950	970	950
Laufraddurchmesser	mm	950	970	950
Hauptumspannertypenleistung	kVA	2 · 350	2 · 410	2 · 330
Steuerung	–	N, Str, V	N, Str, V	N, Str, V
Dauerfahrstufen	–	12	12	12
Elektrische Bremse	–	–	–	–
Fahrmotor	–	WR	WR	WR
Antrieb	–	Tg	Tg	Tg
Übersetzung	–	19:68	19:68	19:68
Sitzplätze 2. Klasse	–	18	18	18
Sitzplätze 3. Klasse	–	129	192	142
Spez. Metereigenmasse	t/m	2,16	1,90	2,12
Spez. Antriebsleistung	kW/t	11,64	8,73	9,97
Spez. Sitzplatzmasse	kg	644	600	577
Indienststellung	–	1942 U	1964/65 U	1951 U
Verbleib	–	1964/65 U	1984 A	1964 U

–	–	–	–	–
–	–	–	–	–
455 107/855 007/455 407	–	455 108/855 008/455 408	–	–
ET 55 07	ET 55 08	ET 55 08	ET 65 001 bis 017	ET 65 018 bis 021
–	–	–	1201 bis 1217	1218 bis 1221
–	–	–	–	–
Bo'2' + 2'2' + 2'Bo'	Bo'2' + 2'Bo'	Bo'2' + 2'2' + 2'Bo'	Bo'Bo'	Bo'Bo'
–	CPw4iütrelT/BC4iüelT	–	CPw4ielT	CPw4ielT
BD4yg/B4yg/AB4ygs	BD4ytr/AB4ys	BD4yg/B4yg/AB4ygs	BD4i	BD4i
BDyg/Byg/ABygs	(BDtre/ABe)	BDyg/Byg/ABygs	(BDioe)	(BDioe)
MAN, ME, LHB, Aw Ct	MAN	MAN, ME, LHB, Aw Ct	ME	ME
BBC, SSW	BBC	BBC, SSW	BBC	BBC
1~ $16\frac{2}{3}$, 15	1~ $16\frac{2}{3}$, 15	1~ $16\frac{2}{3}$, 15	1~ $16\frac{2}{3}$, 15	1~ $16\frac{2}{3}$, 15
90	90	90	75	85
1 435	1 435	1 435	1 435	1 435
76		76	127	113
1 100 (77)	1 020 (77)	1 100 (77)	924 (51)	924 (58)
975 (83)	920 (81)	975 (83)	804 (57)	804 (64)
125,0	94,3	125,0	63,7	65,0
16,0	17,1	16,0	18,6	19,2
66 150	43 625	66 270	20 300	20 300
13 900	13 900	13 900	12 600	12 600
3 600	3 600	3 600	3 600	3 600
3 000	3 000	3 000	–	–
970	950	970	1 000	1 000
970	950	970	–	–
2 · 350	2 · 410	2 · 350	520	520
N, Str, V	N, Str, V	N, Str, V	St, Str, V	St, Str, V
12	12	12	12	12
–	–	–	–	–
WR	WR	WR	WR	WR
Tg	Tg	Tg	Tg	Tg
19:68	19:68	19:68	17:70	18:69
18	18	18	–	–
192	142	192	73	73
1,89	2,16	1,88	3,13	3,20
8,80	10,82	8,80	14,5	14,2
595	589	595	872	890
1964 U	1955 U	1964 U	1933/35	1937
A	1964 U	1984 A	U	U

Baureihennummer DB/DR ab 1992	–	–	–	–
DR 1970 bis 1991	–	–	–	–
DB 1968 bis 1991	–	465.0	–	465.0
Betriebsnummer ab 1941	–	ET 65 001 bis 021	ET 65 022 bis 025	ET 65 022 bis 025
1932 bis 1940	–	–	1222 bis 1225	–
bis 1931	–	–	–	–
Radsatzanordnung	–	Bo'Bo'	Bo'Bo'	Bo'Bo'
Gattungszeichen bis 1955	–	–	CPw4ielT	–
1956 bis 1966	–	BD4yg	BD4i	BD4yg
ab 1967	–	BDyg	(BDioe)	BDyg
Hersteller mechanischer Teil	–	ME	ME	ME
Hersteller elektrischer Teil	–	BBC	BBC	BBC
Stromsystem	Hz, kV	1~ $16^2/_3$, 15	1~ $16^2/_3$, 15	1~ $16^2/_3$, 15
Höchstgeschwindigkeit	km/h	85	85	85
Spurweite	mm	1 435	1 435	1 435
Größte Anfahrzugkraft	kN	68	113	68
Stundenleistung (bei Geschwindigkeit)	kW (km/h)	924 (58)	924 (58)	924 (58)
Dauerleistung (bei Geschwindigkeit)	kW (km/h)	804 (64)	804 (64)	804 (64)
Dienstmasse	t	63,0	51,9	52,0
Größte Radsatzfahrmasse	t	19,2	16,1	19,2
Länge über Puffer/Kupplung	mm	20 300	20 500	20 500
Drehzapfenabstand	mm	12 600	12 800	12 800
Triebdrehgestellradsatzstand	mm	3 600	3 000	3 000
Laufdrehgestellradsatzstand	mm	–	–	–
Treibraddurchmesser	mm	1 000	1 000	1 000
Laufraddurchmesser	mm	–	–	–
Hauptumspannertypenleistung	kVA	520	520	520
Steuerung	–	N, Str, V	St, Str, V	N, Str, V
Dauerfahrstufen	–	12	12	12
Elektrische Bremse	–	–	–	–
Fahrmotor	–	WR	WR	WR
Antrieb	–	Tg	Tg	Tg
Übersetzung	–	16:61	18:69	16:61
Sitzplätze 2. Klasse	–	–	–	–
Sitzplätze 3. Klasse	–	62	73	62
Spez. Metereigenmasse	t/m	3,10	2,53	2,54
Spez. Antriebsleistung	kW/t	14,67	17,8	17,77
Spez. Sitzplatzmasse	kg	1 016	711	839
Indienststellung	–	1961/63 U	1939	1962/63 U
Verbleib	–	1980 A, M	1960 U	1980 A

[1]) 19 720 mit Stangenpuffer

–	–	–	–	–	–
–	–	–	–	–	–
–	465 031	–	–	–	–
ET 65 031	ET 65 031	–	ET 82 01 und 02	ET 85 01 bis 04	ET 85 05
–	–	–	1031 und 1032	1101 bis 1104	1105
–	–	551 und 552	551 und 552	701 bis 704	705
Bo'Bo'	Bo'Bo'	(1 A) 2'	(1 A) 2'	Bo'2'	Bo'2'
–	–	CD4elT	BC4elT	C4ielT	C4ielT
ABD4	BD4yg	–	–	B4	B4
–	BDyg	(Boe)	(ABoe)	(Bioe)	(Bioe)
LHW	LHW	Des	Des	Fu	Fu
Wasseg, BBC	Wasseg, BBC	SSW	SSW	BBC	BBC
1~ $16^{2}/_{3}$, 15	1~ $16^{2}/_{3}$, 15	1~ $16^{2}/_{3}$, 15	1~ $16^{2}/_{3}$, 15	1~ $16^{2}/_{3}$, 15	1~ $16^{2}/_{3}$, 15
90	85	80	80	75	100
1 435	1 435	1 435	1 435	1 435	1 435
76	68,0	24	24	70,5	53
812 (66)		254 (61)	254 (61)	550 (49)	550 (65)
664 (63)	664 (73)	205 (72)	205 (72)	500 (52)	500 (69)
60,0	57,0	59,3	59,3	56,3	61,4
16,4	15,5	19,0	19,0	16,3	17,7
20 300	20 300	21 900	21 900	19 920[1])	20 340
12 600	12 600	14 200	14 200	12 910	12 700
3 600	3 600	2 650	2 650	2 500	3 000
–	–	2 650	2 650	2 500	3 000
1 000	1 000	1 200	1 200	1 000	1 000
–	–	1 000/1 200	1 000/1 200	1 000	1 000
500	500	262	262	500	500
N, Str, V	N, Str, V	Schü, V	Schü, V	Schü, V	Schü, V
12	12	7	7	12	12
–	–	–	–	–	–
WR	WR	WR	WR	WR	WR
Tg	Tg	T	T	T	T
19:71	19:71	22:71	22:71	21:64	26:59
15	–	–	10	–	–
40	58	54	44	74	75
2,96	2,81	2,71	2,71	2,83	3,02
13,53	11,65	4,28	4,28	9,77	8,96
1 091	983	1 098	1 098	761	818
1962 U	1965 U	1926	1929 U	1926 U	1927
1965 U	1977 A	1929 U	1945 A	1958 A	U, 1977 A

Baureihennummer DB/DR ab 1992	–	–	–	–
DR 1970 bis 1991	–	–	–	–
DB 1968 bis 1991	–	485	485	485
Betriebsnummer ab 1941	–	ET 85 06 bis 08	ET 85 09	ET 85 10 bis 30
1932 bis 1940	–	1106 bis 1108	1109	1110 bis 1130
bis 1931	–	706 bis 708	709	710 bis 730
Radsatzanordnung	–	Bo'2'	Bo'2'	Bo'2'
Gattungszeichen bis 1955	–	C4ielT	C4ielT	C4ielT
1956 bis 1966	–	B4	B4	B4
ab 1967	–	(Bioe)	(Bioe)	(Bioe)
Hersteller mechanischer Teil	–	Fu	Fu	Fu
Hersteller elektrischer Teil	–	BBC	BBC	BBC
Stromsystem	Hz, kV	$\overset{1}{\sim}$ $16^2/_3$, 15	$\overset{1}{\sim}$ $16^2/_3$, 15	$\overset{1}{\sim}$ $16^2/_3$, 15
Höchstgeschwindigkeit	km/h	75	100	75
Spurweite	mm	1 435	1 435	1 435
Größte Anfahrzugkraft	kN	70,5	53	70,5
Stundenleistung (bei Geschwindigkeit)	kW (km/h)	550 (49)	550 (65)	550 (49)
Dauerleistung (bei Geschwindigkeit)	kW (km/h)	500 (52)	500 (69)	500 (52)
Dienstmasse	t	61,4	61,4	61,4
Größte Radsatzfahrmasse	t	17,7	17,7	17,7
Länge über Puffer/Kupplung	mm	20 340	20 340	20 340
Drehzapfenabstand	mm	12 700	12 700	12 700
Triebdrehgestellradsatzstand	mm	3 000	3 000	3 000
Laufdrehgestellradsatzstand	mm	3 000	3 000	3 000
Treibraddurchmesser	mm	1 000	1 000	1 000
Laufraddurchmesser	mm	1 000	1 000	1 000
Hauptumspannertypenleistung	kVA	500	500	500
Steuerung	–	Schü, V	Schü, V	Schü, V
Dauerfahrstufen	–	12	12	12
Elektrische Bremse	–	–	–	–
Fahrmotor	–	WR	WR	WR
Antrieb	–	T	T	T
Übersetzung	–	21:64	26:59	21:64
Sitzplätze 2. Klasse	–	–	–	–
Sitzplätze 3. Klasse	–	75	75	75
Spez. Metereigenmasse	t/m	3,02	3,02	3,02
Spez. Antriebsleistung	kW/t	8,96	8,96	8,96
Spez. Sitzplatzmasse	kg	818	818	818
Indienststellung	–	1927	1927	1927/28
Verbleib	–	1976 A, M	1974 A	1977 A, U

–	–	–	–	–	–
–	–	–	–	–	–
485	–	–	–	–	–
ET 85 31 bis 36	ET 85 101 und 102	ET 85 103	–	–	ET 87 01 bis 05
1131 bis 1136	–	–	–	1 001 bis 1 006	1 001 bis 1 006
731 bis 736	–	–	501 bis 506	501 bis 506	–
Bo'2'	Bo'2'	Bo'2'	2'1 + B'1 + 12'	2'1 + B'1 + 12'	2'1 + B'1 + 12'
C4elT	–	–	BC3ielS/C3ielT/ C3ielS	BC3ielS/CDPost3-ielT/C3itrelS	BC3ielS/DPost3-ielT/C3itrelS
B4	AB4	AB4	–	–	–
(Boe)	(ABoe)	(ABoe)	(ABaie/Baie/Baitre)	(ABaie/DPostaie/ Baitre)	(ABaie/DPostaie/ Baitre)
Fu	Fu	Fu	LHW	LHW	LHW
BBC	BBC	BBC	AEG	AEG	AEG
$1\sim 16^2/_3$, 15	$1\sim 16^2/_3$, 15	$1\sim 16^2/_3$, 15	$1\sim 16^2/_3$, 15	$1\sim 16^2/_3$, 15	$1\sim 16^2/_3$, 15
75	75	100	60/65	70	70
1 435	1 435	1 435	1 435	1 435	1 435
70,5	70,5	53	60	76	76
550 (49)	550 (49)	550 (65)	350 (40)	500 (40)	500 (40)
500 (52)	500 (52)	500 (69)	258	376 (48)	376 (48)
61,4	61,4	61,4	98,5	99,1	99,1
17,7	17,7	17,7	15,2	17,1	17,1
20 340	20 340	20 340	42 520	42 520	42 520
12 700	12 700	12 700	–	–	–
3 000	3 000	3 000	2 500	2 500	2 500
3 000	3 000	3 000	2 150	2 150	2 150
1 000	1 000	1 000	1 000	1 000	1 000
1 000	1 000	1 000	1 000	1 000	1 000/980
500	500	500		510	510
Schü, V	Schü, V	Schü, V	Schü, V	Schü, V	Schü, V
12	12	12	10	10	10
–	–	–	–	–	–
WR	WR	WR	WR	WR	WR
Tg	T	T	K	K	K
21:64	21:64	26:59	19:71	19:71	19:71
–	8	8	20	20	20
75	48	48	118	111	93
3,02	3,02	3,02	2,31	2,32	2,32
8,96	8,96	8,96	3,55	5,05	5,05
818	1 096	1 096	713	756	877
1933	1956 U	1956 U	1914	1925/26 U	1932/33 U
1978 A, U	1960 U	1960 U	1926 U	1933 U	U, A

Baureihennummer DB/DR ab 1992	–	–	–	–
DR 1970 bis 1991	–	–	–	–
DB 1968 bis 1991	–	–	–	–
Betriebsnummer ab 1941	–	ET 87 03 bis 05	–	ET 88 01 bis 04
1932 bis 1940	–	–	–	1007 bis 1010
bis 1931	–	–	507 bis 510	507 bis 510
Radsatzanordnung	–	2′1 + B′1 + 12′	(A 1) (1 A)	(A 1) (1 A)
Gattungszeichen bis 1955	–	–	C4elT	C4elT
1956 bis 1966	–	B3i/BD3i/B3itr	–	–
ab 1967	–	(Baie/BDaie/Baitre)	(Boe)	(Boe)

Hersteller mechanischer Teil	–	LHW	LHW	LHW
Hersteller elektrischer Teil	–	AEG	SSW	SSW
Stromsystem	Hz, kV	$1{\sim}\,16^{2}/_{3}$, 15	$1{\sim}\,16^{2}/_{3}$, 15	$1{\sim}\,16^{2}/_{3}$, 15
Höchstgeschwindigkeit	km/h	60	65	65
Spurweite	mm	1 435	1 435	1 435
Größte Anfahrzugkraft	kN	76	80	80
Stundenleistung (bei Geschwindigkeit)	kW (km/h)	500 (40)	468 (38)	468 (38)
Dauerleistung (bei Geschwindigkeit)	kW (km/h)	376 (48)	360 (43)	360 (43)
Dienstmasse	t	99,1	61,5	61,5
Größte Radsatzfahrmasse	t	17,1	17,1	17,1
Länge über Puffer/Kupplung	mm	42 520	17 060	17 060
Drehzapfenabstand	mm	–	10 660	10 660
Triebdrehgestellradsatzstand	mm	2 500	2 550	2 550
Laufdrehgestellradsatzstand	mm	2 150	–	–
Treibraddurchmesser	mm	1 000	1 200	1 200
Laufraddurchmesser	mm	1 000	1 000	1 000
Hauptumspannertypenleistung	kVA	510	332	332
Steuerung	–	Schü, V	Schü, V	Schü, V
Dauerfahrstufen	–	10	11	11
Elektrische Bremse	–	–	–	–
Fahrmotor	–	WR	WR	WR
Antrieb	–	K	T	T
Übersetzung	–	19:71	23:96	23:96
Sitzplätze 2. Klasse	–	–	–	–
Sitzplätze 3. Klasse	–		71	68
Spez. Metereigenmasse	t/m	2,33	3,6	3,6
Spez. Antriebsleistung	kW/t	5,05	7,6	7,6
Spez. Sitzplatzmasse	kg		866	905
Indienststellung	–	U	1920	1925 U
Verbleib	–	1959 A	1925 U	1959 A

–	–	–	491	–	–
–	–	–	–	–	–
–	–	–	491	–	–
–	ET 89 01 bis 11	–	ET 91 01 bis 02	ET 125 001 bis 004	ET 125 005 b. 010
1011 bis 1021	1011 bis 1021	1998 und 1999	1998 und 1999	4501 bis 4504	4505 bis 4510
511 bis 521	–	–	–	–	–
(1 A) (A 1)	(1 A) (A 1)	Bo'2'	Bo'2'	Bo'Bo' + 2'2'	Bo'Bo' + 2'2'
C4ielT	BC4elT	C4elT	C4elT	C4tresT/BC4es	C4tresT/BC4es
–	AB4	–	B4	–	–
(Bioe)	(ABoe)	(Be)	(Be)	(Btre/ABe)	(Btre/ABe)
LHW, Wumag	LHW, Wumag	Fu	Fu	OK, Weg	OK, Weg
SSW	SSW	AEG	AEG	AEG, SSW	AEG, SSW
$\overset{1}{\sim}16\,^{2}/_{3}$, 15	$\overset{1}{\sim}16\,^{2}/_{3}$, 15	$\overset{1}{\sim}16\,^{2}/_{3}$, 15	$\overset{1}{\sim}16\,^{2}/_{3}$, 15	=0,75	=0,75
65	65	120	110	120	120
1 435	1 435	1 435	1 435	1 435	1 435
80	80		32,2	69	69
468 (38)	468 (38)	390 (79)	390 (72)	670 (55)	670 (55)
360 (43)	360 (43)	350 (81)	350 (74)	550 (66)	550 (66)
70,0	70,0	44,6	45,4	72,3	70,1
20,0	20,0	15,0	15,0	13,1	12,6
21 900	21 900	20 600	20 600	35 460	35 460
14 000	14 000	13 815	13 815	12 075/12 325	11 975/12 325
2 650	2 650	3 600	3 600	2 500	2 600
–	–	3 000	3 000	2 500	2 600
1 200	1 200	950	950	900	900
1 000	1 000	950	950	900	900
435	435	256	256	–	–
Schü, V	Schü, V	N, Str	N, Str	N, Str, V	N, Str, V
9	9	9	9	2	2
–	–	–	WW	–	–
WR	WR	WR	WR	GR	GR
Tg	Tg	T	Tg	T	T
18:75	18:75	19:64	17:66	16:68	16:68
–	8	–	–	33	34
53	44	72	72	88	86
3,2	3,2	2,16	2,24	2,04	1,98
6,7	6,7	8,74	8,58	9,26	9,55
1 320	1 345	619	631	598	584
1926	1933 U	1935	U	1934	1936
1933 U	1961 A	U	(A)	1949/50 U	1949/50 U

Baureihennummer DB/DR ab 1992	–	–	–	–
DR 1970 bis 1991	–	–	–	–
DB 1968 bis 1991	–	–	–	–
Betriebsnummer ab 1941	–	ET 125 011 bis 014	ET 125 015 bis 018	ET 165 001 b. 036
1932 bis 1940	–	4511 bis 4514	4515 bis 4518	3232 bis 3673
bis 1931	–	–	–	–
Radsatzanordnung	–	Bo'Bo' + 2'2'	Bo'Bo' + 2'2'	Bo'Bo' + 2'2'
Gattungszeichen bis 1955	–	C4tresT/BC4es	C4tresT/BC4es	C4tresT/BC4esS
1956 bis 1966	–	–	–	–
ab 1967	–	(Btre/ABe)	(Btre/ABe)	(Btre/ABe)
Hersteller mechanischer Teil	–	OK, Weg	Weg, Des	DWV
Hersteller elektrischer Teil	–	AEG, SSW	AEG, SSW	AEG, BEW, MSW, SSW
Stromsystem	Hz, kV	=0,75	=0,75	=0,75
Höchstgeschwindigkeit	km/h	140	120	80
Spurweite	mm	1 435	1 435	1 435
Größte Anfahrzugkraft	kN	69	69	72
Stundenleistung (bei Geschwindigkeit)	kW (km/h)	670 (55)	670 (55)	440 (46)
Dauerleistung (bei Geschwindigkeit)	kW (km/h)	550 (66)	550 (66)	308 (51)
Dienstmasse	t	70,1	67,3	65,5
Größte Radsatzfahrmasse	t	12,6	12,3	12,5
Länge über Puffer/Kupplung	mm	35 460	35 460	35 460
Drehzapfenabstand	mm	11 975/12 325	12 075/12 325	11 800
Triebdrehgestellradsatzstand	mm	2 600	2 500	2 500
Laufdrehgestellradsatzstand	mm	2 600	2 500	2 500
Treibraddurchmesser	mm	900	900	900
Laufraddurchmesser	mm	900	900	900
Hauptumspannertypenleistung	kVA	–	–	–
Steuerung	–	N, Str, V	N, Str, V	N, Str, V
Dauerfahrstufen	–	2	2	2
Elektrische Bremse	–	–	–	–
Fahrmotor	–	GR	GR	GR
Antrieb	–	T	T	T
Übersetzung	–	16:68	16:68	16:68
Sitzplätze 2. Klasse	–	34	34	31
Sitzplätze 3. Klasse	–	86	85	86 bis 92
Spez. Metereigenmasse	t/m	1,98	1,89	1,84
Spez. Antriebsleistung	kW/t	9,55	9,95	6,72
Spez. Sitzplatzmasse	kg	584	565	580 bis 542
Indienststellung	–	1936	1938	1928/29
Verbleib	–	1949/50 U	1949/50 U	U

–	–	–	–	–	–
–	–	–	–	–	–
–	–	–	–	–	–
ET 165 037 bis 040	ET 165 041 bis 412	ET 165 413 bis 427	ET 165 428 bis 431	ET 165 432 bis 465	ET165466 bis 525
3107 bis 3110	3111 bis 3494	3497 bis 3510	3511 bis 3514	3516 bis 3623	3253 bis 3630
–	–	–	–	–	–
Bo'Bo' + 2'2'	Bo'Bo' + 2'2'	Bo'Bo' + 2'2'	Bo'Bo' + 2'2'	Bo'Bo' + 2'2'	Bo'Bo' + 2'2'
C4tresT/BC4esS	C4tresT/BC4esS	C4tresT/BC4esS	C4tresT/BC4esS	C4tresT/BC4esS	C4tresT/BC4es
–	–	–	–	–	–
(Btre/ABe)	(Btre/ABe)	(Btre/ABe)	(Btre/ABe)	(Btre/ABe)	(Btre/ABe)
OK, Wumag	DWV	DWV	LHB, Weg	DWV	DWV
AEG, BEW, MSW	AEG, BEW, MSW,	AEG, BEW, MSW,	AEG, BEW, MSW,	AEG, BEW,	AEG, BEW, MSW,
SSW	SSW	SSW	SSW	MSW, SSW	SSW
=0,75	=0,75	=0,75	=0,75	=0,75	=0,75
80	80	80	80	80	80
1 435	1 435	1 435	1 435	1 435	1 435
72	72	72	72	72	72
440 (46)	440 (46)	440 (46)	440 (46)	440 (46)	440 (46)
308 (51)	308 (51)	308 (51)	308 (51)	308 (51)	308 (51)
54,6	65,0	65,4	58,9/57,5/60,8	65,4	65,2
	12,4	12,4		12,4	12,4
35 460	35 460	35 460	35 460	35 460	35 460
11 800	11 800	11 800	11 800	11 800	11 800
2 500	2 500	2 500	2 500	2 500	2 500
2 500	2 500	2 500	2 500	2 500	2 500
900	900	900	900	900	900
900	900	900	900	900	900
–	–	–	–	–	–
N, Str, V	N, Str, V	N, Str, V	N, Str, V	N, Str, V	N, Str, V
2	2	2	2	2	2
–	–	–	–	–	–
GR	GR	GR	GR	GR	GR
T	T	T	T	T	T
16:68	16:68	16:68	16:68	16:68	16:68
28	28	29	29	29	33
64	84	92	86	92	92
1,54	1,83	1,84	1,62 bis 1,71	1,84	1,84
8,06	6,77	6,73	7,65 bis 7,25	6,73	6,75
488	580	540	500 bis 528	540	521
1927	1928/29	1929	1930/31	1929/30	1929
U	U, M	U	A	U	U, M

Baureihennummer DB/DR ab 1992	–	–	–	–
DR 1970 bis 1991	–	–	–	–
DB 1968 bis 1991	–	–	–	–
Betriebsnummer ab 1941	–	ET 165 526 bis 582	ET 165 583 bis 602	ET 165 603 bis 638
1932 bis 1940	–	3631 bis 3693	3694 bis 3713	3590 bis 3744
1932 bis 1931	–	–	–	–
Radsatzanordnung	–	Bo'Bo' + 2'2'	Bo'Bo' + 2'2'	Bo'Bo' + 2'2'
Gattungszeichen bis 1955	–	C4tresT/BC4es	C4tresT/C4es	C4tresT/C4es
1956 bis 1966	–	–	–	–
ab 1967	–	(Btre/ABe)	(Btre/Be)	(Btre/Be)
Hersteller mechanischer Teil	–	DWV	DWV	DWV
Hersteller elektrischer Teil	–	AEG, BEW, MSW, SSW	AEG, BEW, MSW, SSW	AEG, BEW, MSW, SSW
Stromsystem	Hz, kV	=0,75	=0,75	=0,75
Höchstgeschwindigkeit	km/h	80	80	80
Spurweite	mm	1 435	1 435	1 435
Größte Anfahrzugkraft	kN	72	72	72
Stundenleistung (bei Geschwindigkeit)	kW (km/h)	440 (46)	440 (46)	440 (46)
Dauerleistung (bei Geschwindigkeit)	kW (km/h)	308 (51)	308 (51)	308 (51)
Dienstmasse	t	67,0	64,8	65,8
Größte Radsatzfahrmasse	t	12,6	12,4	12,4
Länge über Puffer/Kupplung	mm	35 460	35 460	35 460
Drehzapfenabstand	mm	11 800	11 800	11 800
Triebdrehgestellradsatzstand	mm	2 500	2 500	2 500
Laufdrehgestellradsatzstand	mm	2 500	2 500	2 500
Treibraddurchmesser	mm	900	900	900
Laufraddurchmesser	mm	900	900	900
Hauptumspannertypenleistung	kVA	–	–	–
Steuerung	–	N, Str, V	N, Str, V	N, Str, V
Dauerfahrstufen	–	2	2	2
Elektrische Bremse	–	–	–	–
Fahrmotor	–	GR	GR	GR
Antrieb	–	T	T	T
Übersetzung	–	16:68	16:68	16:68
Sitzplätze 2. Klasse	–	33	–	–
Sitzplätze 3. Klasse	–	92	127	127
Spez. Metereigenmasse	t/m	1,89	1,83	1,86
Spez. Antriebsleistung	kW/t	6,57	6,79	6,69
Spez. Sitzplatzmasse	kg	536	510	518
Indienststellung	–	1930	1929	1930
Verbleib	–	U, M	U	U

475/875	476/876	475/875	476/876	–	–
275.0 bis 275.8	276.1	275.0 bis 275.8	276.1	–	–
–	–	–	–	–	–
ET 165 001 bis 638	–	ET 165 028, 134, 155, 231, 358 und 445	ET 165 028, 134, 155, 231, 358 und 445	ET 165 801 bis 823	ET 165 824 und 825
–	–	–	–	3745 bis 3767	3768 und 3769
–	–	–	–	–	–
Bo'Bo' + 2'2'	Bo'Bo' + 2'2'	Bo'Bo' + 2'2'	Bo'Bo' + 2'2'	Bo'Bo' + 2'2'	Bo'Bo' + 2'2'
C4tresT/C4es	–	C4tresT/C4esS	–	C4tresT/BC4es	C4tresT/BC4es
B4tr/B4	–	B4tr/B4	–	–	–
Btre/Be	Btre/Be	Btre/Be	Btre/Be	(Btre/ABe)	(Btre/ABe)
DWV	DWV	DWV	DWV	DWV	OK, Weg
AEG, BEW, MSW, SSW	AEG, BEW, MSW, SSW	AEG, BEW, MSW, SSW	AEG, BEW, MSW, SSW	AEG, BEW, MSW, SSW	AEG, BEW, MSW, SSW
=0,75	=0,75	=0,75	=0,75	=0,75	=0,75
80	80	80	80	80	80
1 435	1 435	1 435	1 435	1 435	1 435
72	72	72	72	72	72
360 (46)	360 (46)	360 (46)	360 (46)	440 (46)	440 (46)
252	252	252	252	308 (51)	308 (51)
65,5	65,5	65,5	65,5	66,6	66,6
12,5	12,5	12,5	12,5	12,6	12,6
35 460	35 460	35 460	35 460	35 460	35 460
11 800	11 800	11 800	11 800	11 800	11 800
2 500	2 500	2 500	2 500	2 500	2 500
2 500	2 500	2 500	2 500	2 500	2 500
900	900	900	900	900	900
900	900	900	900	900	900
–	–	–	–	–	–
N, Str, V	N, Str, V	N, Str, V	N, Str, V	N, Str, V	N, Str, V
2	2	2	2	2	2
–	–	–	–	–	–
GR	GR	GR	GR	GR	GR
T	T	T	T	T	T
16:68	16:68	16:68	16:68	16:68	16:68
–	–	–	–	33	33
108/112	108/112	108	103	92	92
1,85	1,85	1,85	1,85	1,87	1,87
5,50	5,50	5,50	5,50	6,51	6,51
606/585	606/585	606	636	533	533
1946 U	1979 U	1947/82 U	1979 U	1932	1932
(U)		(U)		U	U

Baureihennummer DB/DR ab 1992	–	–	475/875	476/876
DR 1970 bis 1991	–	–	275.9	276.1
DB 1968 bis 1991	–	–	–	–
Betriebsnummer ab 1941	–	ET 165 826 bis 851	ET 165 801 bis 851	–
1932 bis 1940	–	3770 bis 3795	–	–
bis 1931	–	–	–	–
Radsatzanordnung	–	Bo'Bo' + 2'2'	Bo'Bo' + 2'2'	Bo'Bo' + 2'2'
Gattungszeichen bis 1955	–	C4tresT/BC4es	C4tresT/C4es	–
1956 bis 1966	–	–	B4tr/B4	–
ab 1967	–	(Btre/ABe)	Btre/Be	Btre/Be
Hersteller mechanischer Teil	–	DWV	DWV	DWV
Hersteller elektrischer Teil	–	AEG, BEW, MSW, SSW	AEG, BEW, MSW, SSW	AEG, BEW, MSW, SSW
Stromsystem	Hz, kV	=0,75	=0,75	=0,75
Höchstgeschwindigkeit	km/h	80	80	80
Spurweite	mm	1 435	1 435	1 435
Größte Anfahrzugkraft	kN	72	72	72
Stundenleistung (bei Geschwindigkeit)	kW (km/h)	440 (46)	360 (46)	360 (46)
Dauerleistung (bei Geschwindigkeit)	kW (km/h)	308 (51)	252	252
Dienstmasse	t	66,6	66,6	66,6
Größte Radsatzfahrmasse	t	12,6	12,6	12,6
Länge über Puffer/Kupplung	mm	35 460	35 460	35 460
Drehzapfenabstand	mm	11 800	11 800	11 800
Triebdrehgestellradsatzstand	mm	2 500	2 500	2 500
Laufdrehgestellradsatzstand	mm	2 500	2 500	2 500
Treibraddurchmesser	mm	900	900	900
Laufraddurchmesser	mm	900	900	900
Hauptumspannertypenleistung	kVA	–	–	–
Steuerung	–	N, Str, V	N, Str, V	N, Str, V
Dauerfahrstufen	–	2	2	2
Elektrische Bremse	–	–	–	–
Fahrmotor	–	GR	GR	GR
Antrieb	–	T	T	T
Übersetzung	–	16:68	16:68	16:68
Sitzplätze 2. Klasse	–	33	–	–
Sitzplätze 3. Klasse	–	92	117	112
Spez. Metereigenmasse	t/m	1,87	1,88	1,88
Spez. Antriebsleistung	kW/t	6,51	5,41	5,41
Spez. Sitzplatzmasse	kg	533	569	595
Indienststellung	–	1932	1946 U	1979 U
Verbleib	–	U	(U)	

[1]) Gerätezug 2 (Hilfsgerätezug)
[2]) Unkrautsprühwagen
[3]) Material- und Güterzug
[4]) S-Bahn-Schnellgüterzug
[5]) und 278 103^{II}/104^{II}

478/878	478	478/878	478/878	478/878	418/878
278 001/002/003	278 004	278 101^{II}/102^{II} 5)	278 109/110	278 111/112	278 111/114
–	–	–	–	–	–
–	–	–	–	–	–
–	–	–	–	–	–
–	–	–	–	–	–
Bo'Bo'+2'2'+Bo'Bo'	Bo'Bo'	Bo'Bo' + 2'2'	Bo'Bo' + 2'2'	Bo'Bo' + 2'2'	Bo'Bo' + 2'2'
–	–	–	–	–	–
–	–	–	–	–	–
1)	2)	3)	4)	4)	4)
LHB, Weg	DWV	LHB, VdZ	VdZ, Wumag	Weg, Wumag	Weg, Wumag
AEG, BEW, MSW, SSW	–	AEG, BEW, MSW, SSW	AEG, BEW, MSW, SSW	AEG, BEW, MSW, SSW	AEG, BEW, MSW, SSW
=0,75	–	=0,75	=0,75	=0,75	=0,75
80	80	80	80	80	80
1 435	1 435	1 435	1 435	1 435	1 435
144	–	72	72	72	72
880 (46)	–	440 (46)	360 (46)	360 (46)	360 (46)
616 (51)	–	308 (51)	252	252	252
52 890	17 880	35 460	35 460	35 460	35 460
11 800	11 800	11 800	11 800	11 800	11 800
2 500	–	2 500	2 500	2 500	2 500
2 500	2 500	2 500	2 500	2 500	2 500
900	–	900	900	900	900
900	900	900	900	900	900
–	–	–	–	–	–
N, Str, V	N, Str	N, Str, V	N, Str, V	N, Str, V	N, Str, V
2	2	2	2	2	2
–	–	–	–	–	–
GR	GR	GR	GR	GR	GR
T	T	T	T	T	T
16:68	16:68	16:68	16:68	16:68	16:68
–	–	–	–	–	–
–	–	–	–	–	–
–	–	–	–	–	–
1971 U	1971 U	1990 U	1973 U	1973 U 1989 U	1989 U

Baureihennummer DB/DR ab 1992	–	478/878	–	476/876
DR 1970 bis 1991	–	278 113/112	–	276.0, 277.3 und 277.4
DB 1968 bis 1991	–	–	–	–
Betriebsnummer ab 1941	–	–	ET 166 001 bis 034	ET 166 001 b. 034
1932 bis 1940	–	–	3800 bis 3833	–
bis 1931	–	–	–	–
Radsatzanordnung	–	2'2' + 2'2'	Bo'Bo' + 2'2'	Bo'Bo' + 2'2'
Gattungszeichen bis 1955	–	–	C4tresT/BC4es	C4tresT/C4es
1956 bis 1966	–	–	–	B4tr/B4
ab 1967	–	[1])	(Btre/ABe)	Btre/Be
Hersteller mechanischer Teil	–	LHB, Weg	OK, Weg, LHB	OK, Weg, LHB
Hersteller elektrischer Teil	–	AEG, BEW, MSW, SSW	AEG, SSW	AEG, SSW
Stromsystem	Hz, kV	=0,75	=0,75	=0,75
Höchstgeschwindigkeit	km/h	80	80	80
Spurweite	mm	1 435	1 435	1 435
Größte Anfahrzugkraft	kN	–	72	72
Stundenleistung (bei Geschwindigkeit)	kW (km/h)	–	440 (46)	360 (46)
Dauerleistung (bei Geschwindigkeit)	kW (km/h)	–	308 (51)	252
Dienstmasse	t		68,7	68,7
Größte Radsatzfahrmasse	t		12,5	12,5
Länge über Puffer/Kupplung	mm	35 460	35 460	35 460
Drehzapfenabstand	mm	11 800	1 975/12 325	11 975/12 325
Triebdrehgestellradsatzstand	mm	–	2 600	2 600
Laufdrehgestellradsatzstand	mm	2 500	2 600	2 600
Treibraddurchmesser	mm	–	900	900
Laufraddurchmesser	mm	900	900	900
Hauptumspannertypenleistung	kVA	–	–	–
Steuerung	–	–	N, Str, V	N, Str, V
Dauerfahrstufen	–	–	2	2
Elektrische Bremse	–	–	–	–
Fahrmotor	–	–	GR	GR
Antrieb	–	–	T	T
Übersetzung	–	–	16:68	16:68
Sitzplätze 2. Klasse	–	–	34	–
Sitzplätze 3. Klasse	–	–	84	118
Spez. Metereigenmasse	t/m		1,93	1,93
Spez. Antriebsleistung	kW/t	–	6,40	5,24
Spez. Sitzplatzmasse	kg	–	572	572
Indienststellung	–	1989 U	1936	1946 U
Verbleib	–		U	–

[1]) S-Bahn-Schnellgüterzug ohne eigenen Antrieb

[2]) außer ET 167 212 bis 218, 220, 222, 228, 229, 231, 234, 238, 242, 243

[3]) ES ist ET ohne Fahrmotoren

476/876	476/876, 477/877	476/876, 477/877	–	–	477/877
276.0, 277.3 u. 277.4	276.0 und 277.4	276.0 und 277.4	–	–	277.0 bis 277.3
–	–	–	–	–	–
ET 166 035 bis 052	ET 166 053	ET 166 054 bis 060	ET 167 001 bis 277[2])	ET 167 212 bis 282[3])	ET 167 001 b. 283
–	–	–	3834 bis 4044	–	–
–	–	–	–	–	–
Bo'Bo' + 2'2'	Bo'Bo' + 2'2'	Bo'Bo' + 2'2'	Bo'Bo' + 2'2'	Bo'Bo' + 2'2'	Bo'Bo' + 2'2'
C4tresT/C4es	–	–	C4tresT/BC4es	C4tresT/C4tresS	C4tresT/C4es
B4tr/B4	B4tr/B4	B4tr/B4	–	–	B4tr/B4
Btre/Be	Btre/Be	Btre/Be	(Btre/ABe)	(Btre/Btre)	Btre/Be
OK, Weg, Des	OK, Weg, Sw	Des	OK, Weg, Des	Des	OK, Weg, Sw
AEG, SSW	AEG, SSW	AEG, SSW	AEG, SSW	AEG, SSW	AEG, SSW
=0,75	=0,75	=0,75	=0,75	=0,75	=0,75
80	80	80	80	80	80
1 435	1 435	1 435	1 435	1 435	1 435
72	72	72	72	72	72
360 (46)	360 (46)	360 (46)	440 (46)	440 (46)	360 (46)
252	252	252	308 (51)	308 (51)	252
67,3 bis 72,3	65,3	68,0	67,4	69,8	67,4
12,3 bis 13,1			12,3	12,3	12,3
35 460	35 460	35 460	35 460	35 210	35 460
12 075/11 975/12 325	11 975/12 325	11 975/12 325	11 975/12 325	11 975	11 975/12 325
2 500/2 600	2 500	2 500	2 500	2 500	2 500
2 500/2 600	2 500	2 500	2 500	2 500	2 500
900	900	900	900	900	900
900	900	900	900	900	900
–	–	–	–	–	–
N, Str, V	N, Str, V	N, Str, V	N, Str, V	N, Str, V	N, Str, V
2	2	2	2	2	2
–	–	–	–	–	–
GR	GR	GR	GR	GR	GR
T	T	T	T	T	T
16:68	16:68	16:68	16:68	16:68	16:68
–	–	–	34	–	–
120	118	106	85	110	119
1,89 bis 2,04	1,84	1,92	1,90	1,98	1,90
5,35 bis 4,98	5,51	5,29	6,53	6,30	5,34
560 bis 602	553	642	565	635	565
1949/50 U	1959	1965 U	1937	1944	1946 U/1958
–	–	–	U	U	U

Baureihennummer DB/DR ab 1992	–	477/877	–	477/877
DR 1970 bis 1991	–	277.2	–	277.0
DB 1968 bis 1991	–	–	–	–
Betriebsnummer ab 1941	–	ET 167 284 und 285	ET 167 286 bis 292	–
1932 bis 1940	–	–	–	–
bis 1931	–	–	–	–
Radsatzanordnung	–	Bo'Bo' + 2'2'	Bo'Bo' + 2'2'	Bo'Bo' + 2'2'
Gattungszeichen bis 1955	–	–	C4tresT/C4es	–
1956 bis 1966	–	B4tr/B4	B4tr/B4	–
ab 1967	–	Btre/Be	(Btre/Be)	Btre/Btre
Hersteller mechanischer Teil	–	Des, Sw	Des	OK, Weg, Sw, LEW
Hersteller elektrischer Teil	–	AEG, SSW	AEG, SSW	AEG, SSW, LEW
Stromsystem	Hz, kV	=0,75	=0,75	=0,75
Höchstgeschwindigkeit	km/h	80	80	80
Spurweite	mm	1 435	1 435	1 435
Größte Anfahrzugkraft	kN	72		72
Stundenleistung (bei Geschwindigkeit)	kW (km/h)	360 (46)	260 (31)	360 (46)
Dauerleistung (bei Geschwindigkeit)	kW (km/h)	252		252
Dienstmasse	t	67,4	65,25	68,2
Größte Radsatzfahrmasse	t	12,3	12,4	12,3
Länge über Puffer/Kupplung	mm	35 460	35 460	35 460
Drehzapfenabstand	mm	11 975/12 325	11 975/12 325	11 975/12 325
Triebdrehgestellradsatzstand	mm	2 500	2 500	2 500
Laufdrehgestellradsatzstand	mm	2 500	2 500	2 500
Treibraddurchmesser	mm	900	900	900
Laufraddurchmesser	mm	900	900	900
Hauptumspannertypenleistung	kVA	–	–	–
Steuerung	–	N, Str, V	N, Str, V	N, Str, V
Dauerfahrstufen	–	2	2	2
Elektrische Bremse	–	–	–	–
Fahrmotor	–	GR	GR	GR
Antrieb	–	T	T	T
Übersetzung	–	16:68	14:69	16:68
Sitzplätze 2. Klasse	–	–	–	–
Sitzplätze 3. Klasse	–	119	114	112
Spez. Metereigenmasse	t/m	1,90	1,84	1,92
Spez. Antriebsleistung	kW/t	5,34	3,99	5,28
Spez. Sitzplatzmasse	kg	565	572	609
Indienststellung	–	1958 (U)	1953 U	1976 U
Verbleib	–	U	U	–

[1]) Gepäckzug, später Werkstattzug
[2]) Rangiertriebwagen

–	–	–	–	–	478
–	–	–	–	278 101 bis 104	278 105
–	–	–	–	–	–
–	ET 168 001 bis 020	ET 168 001 bis 020	ET 168 021 bis 050	ET/EB 168 016 und 030	ET 168 043
3057 bis 3106	3057 bis 3076	–	3077 bis 3106	–	–
2135 bis 2184	–	–	–	–	–
Bo'Bo' + 2'2'	Bo'Bo' + 2'2'	Bo'Bo' + 2'2'	Bo'Bo' + 2'2'	Bo'Bo' + 2'2'	Bo'Bo'
C4tresT/BC4esS	C4tresT/BC4es	C4tresT/C4es	C4tresT/C4es	[1])	–
–	–	B4tr/B4	B4tr/B4	–	[2])
(Btre/ABe)	(Btre/ABe)	Btre/Be	Btre/Be	–	–
DWV	DWV	DWV	DWV	DWV	DWV
AEG, BBC, BEW, MSW, SSW	AEG, BBC, BEW, MSW, SSW	AEG, BBC, BEW, MSW, SSW	AEG, BBC, BEW, MSW, SSW	AEG, BBC, BEW, MSW, SSW	AEG, BBC, BEW, MSW, SSW
=0,75	=0,75	=0,75	=0,75	=0,75	=0,75
80	80	80	80	80	80
1 435	1 435	1 435	1 435	1 435	1 435
83	83	83	83	83	83
380	460 (38)	380 (46)	460 (38)	460 (38)	460 (38)
292	332 (43)	292	332 (43)	332 (43)	332 (43)
78,2	78,2	78,2	78,2		
14,1	14,1	14,1	14,1		
35 960	35 960	35 960	35 960	35 960	17 980
11 800	11 800	11 800	11 800	11 800	11 800
2 500	2 500	2 500	2 500	2 500	2 500
2 500	2 500	2 500	2 500	2 500	–
850	850	850	850	850	850
850	850	850	850	850	–
–	–	–	–	–	–
N, Str, V	N, Str, V	N, Str, V	N, Str, V	N, Str, V	N, Str, V
2	2	2	2	2	2
–	–	–	–	–	–
GR	GR	GR	GR	GR	GR
T	T	T	T	T	T
17:67	17:67	17:67	17:67	17:67	17:67
28	28	–	–	–	–
84	84	112	112	–	–
2,17	2,18	2,18	2,18	–	–
4,86	5,90	4,86	5,90	–	–
698	698	698	698	–	–
1926	1936 U	1946 U	1936 U	1950 U	1963 U
U	U	A, U	A, U	A	

Baureihennummer DB/DR ab 1992	–	–	–	–
DR 1970 bis 1991	–	278 106 bis 108	–	–
DB 1968 bis 1991	–	–	–	–
Betriebsnummer ab 1941	–	ET 168 029/EB 169 006/017	ET 169 001 bis 017	ET 169 001 b. 017
1932 bis 1940	–	–	3023 bis 3056	–
bis 1931	–	–	2101 bis 2134	–
Radsatzanordnung	–	2 + Bo'Bo' + 2	Bo'2' + 2 + 2 + 2 + 2'Bo'	Bo'Bo'+2+ 2+2+Bo'Bo'
Gattungszeichen bis 1955	–	–	C4esT/Bes/BCes/ Ces/C4esT	C4tr/C/C/C/C4tr
1956 bis 1966	–	[1])	–	B4tr/B/B/B/B4tr
ab 1967	–	[1])	(Btre/Aaae/ABaae/ Baae/Btre)	Btre/Baae/Baae/ Baae/Btre
Hersteller mechanischer Teil	–	DWV	DWV, LHW, Weg	DWV, LHW, Weg
Hersteller elektrischer Teil	–	AEG, BBC, BEW, MSW, SSW	AEG, BEW, MSW, SSW	AEG, BEW, MSW, SSW
Stromsystem	Hz, kV	=0,75	=0,75	=0,75
Höchstgeschwindigkeit	km/h	80	70	80
Spurweite	mm	1 435	1 435	1 435
Größte Anfahrzugkraft	kN	83	152	144
Stundenleistung (bei Geschwindigkeit)	kW (km/h)	460 (38)	832 (38)	880 (46)
Dauerleistung (bei Geschwindigkeit)	kW (km/h)	332 (43)	560 (43)	616 (51)
Dienstmasse	t		140,9	130,4
Größte Radsatzfahrmasse	t		16,9	13,8
Länge über Puffer/Kupplung	mm		71 600	71 600
Drehzapfenabstand	mm	11 800	14 100	14 100
Triebdrehgestellradsatzstand	mm	2 500	2 500	2 500
Laufdrehgestellradsatzstand	mm	–	2 500	–
Treibraddurchmesser	mm	850	1 000	900
Laufraddurchmesser	mm	900	850	900
Hauptumspannertypenleistung	kVA	–	–	–
Steuerung	–	N, Str, V	N, Str, V	N, Str, V
Dauerfahrstufen	–	2	2	2
Elektrische Bremse	–	–	–	–
Fahrmotor	–	GR	GR	GR
Antrieb	–	T	T	T
Übersetzung	–	17:67	19:72	16:68
Sitzplätze 2. Klasse	–	–	50	–
Sitzplätze 3. Klasse	–	–	190	229
Spez. Metereigenmasse	t/m		1,97	1,82
Spez. Antriebsleistung	kW/t		5,90	6,75
Spez. Sitzplatzmasse	kg	–	586	569
Indienststellung	–	1966 U	1924	1956/57 U
Verbleib	–	1973 A	U	A

[1]) Materialzug
[2]) Gerätezug 1 (Hilfsgerätezug)

478/878	–	471/871	–	471/871	471/871
278 005 bis 008	–	–	–	–	–
–	–	471.1/871/471.4	–	471.1/871/471.4	471.1/871/471.4
ET/EB 169 017/006	ET 171 001 bis 047	ET 171 001 bis 044	ET 171 051 und 052	ET 171 051 und 052	ET 171 061 b. 086
–	1501 bis 1547	–	–	–	–
–	–	–	–	–	–
Bo'Bo' + 2 + 2 +	Bo'Bo' + 2'2' +	Bo'Bo' + 2'2' +	Bo'Bo' + 2'2' +	Bo'Bo' + 2'2' +	Bo'Bo'+2'2'+
Bo'Bo'	Bo'Bo'	Bo'Bo'	Bo'Bo'	Bo'Bo'	Bo'Bo'
–	C4tresT/B4es/	–	C4tresT/B4es/	–	C4tresT/B4es/
	C4tresT		C4tresT		C4tresT
[2])	B4tr/A4/B4tr	B4tr/A4/B4tr	–	B4tr/A4/B4tr	B4tr/A4/B4tr
[2])	(Btre/Ae/Btre)	Btr/Ae/Btre	(Btre/Ae/Btre)	Btre/Ae/Btre	Btre/Ae/Btre
DWV, LHW, Weg	LHW, Weg, MAN	LHW, Weg, MAN	LHW, Weg, MAN	LHW, Weg, MAN	
AEG, BEW, MSW,	BBC	BBC	BBC	BBC	BBC
SSW					
=0,75	=1,2	=1,2	=1,2	=1,2	=1,2
70	80	80	80	80	80
1 435	1 435	1 435	1 435	1 435	1 435
144	170	140	170	140	140
880 (46)	1 160 (27)	1 160 (27)	1 160 (27)	1 160 (27)	1 160 (27)
616 (51)	896 (30)	896 (30)	896 (30)	896 (30)	896 (30)
	131,2	131,2	131,2	131,2	131,2
	15,5	15,5	15,5	15,5	15,5
	62 520	62 520	62 520	62 520	62 520
14 100	14 480/13 060	14 480/13 060	14 480/13 060	14 480/13 060	14 480/13 060
2 500	2 600	2 600	2 600	2 600	2 600
–	2 600	2 600	2 600	2 600	2 600
900	930	930	930	930	930
900	930	930	930	930	930
–	–	–	–	–	–
N, Str, V	N, Str, V	N, Str, V	N, Str, V	N, Str, V	N, Str, V
2	2	2	2	2	2
–	N, FGW	N, FGW	N, FGW	N, FGW	N, FGW
GR	GR	GR	GR	GR	GR
T	Tg	T	Tg	T	T
16:68	16:69	16:69	16:69	16:69	16:69
–	68	68	68	68	68
–	134	134	134	134	134
	2,19	2,19	2,19	2,19	2,19
	8,84	8,84	8,84	8,84	8,84
–	649	649	649	649	649
1965 U	1940	1956 U	1950 U	1956 U	1954/58
	U	–	U	–	–

Baureihennummer DB/DR ab 1992	–	–	–	–
DR 1970 bis 1991	–	–	–	–
DB 1968 bis 1991	–	–	–	–
Betriebsnummer ab 1941	–	ET 183 01 bis 04	ET 183 05	ET 184 01 bis 04
1932 bis 1940	–	501 bis 504 (LAG)	505 (LAG)	1481 bis 1484
bis 1931	–	–	–	501 bis 504
Radsatzanordnung	–	(1 A) (A 1)	(1 A) (A 1)	Bo
Gattungszeichen bis 1955	–	C4LelT	C4LelT	BCiLelT
1956 bis 1966	–	B4	B4	–
1956 ab 1967	–	(Boe)	(Boe)	(ABaaioe)
Hersteller mechanischer Teil	–	MAN	MAN	MAN
Hersteller elektrischer Teil	–	BBC	BBC, SSW	AEG
Stromsystem	Hz, kV	=0,75	=0,75	=1,0
Höchstgeschwindigkeit	km/h	50	50	40
Spurweite	mm	1 435	1 435	1 435
Größte Anfahrzugkraft	kN	26	22,4	18
Stundenleistung (bei Geschwindigkeit)	kW (km/h)	96 (34)	90 (37,5)	88 (40)
Dauerleistung (bei Geschwindigkeit)	kW (km/h)	70 (41)	64 (44)	74 (40)
Dienstmasse	t	28,8	29,7	17,2
Größte Radsatzfahrmasse	t	9,6	9,6	10,5
Länge über Puffer/Kupplung	mm	17 374	17 374	10 250
Drehzapfenabstand	mm	10 500	10 500	–
Triebdrehgestellradsatzstand	mm	2 500	2 500	–
Laufdrehgestellradsatzstand	mm	–	–	–
Treibraddurchmesser	mm	1 000	1 000	850
Laufraddurchmesser	mm	1 000	1 000	–
Hauptumspannertypenleistung	kVA	–	–	–
Steuerung	–	Fsch	Fsch	Fsch
Dauerfahrstufen	–	4	4	4
Elektrische Bremse	–	EGW	EGW	EGW
Fahrmotor	–	GR	GR	GR
Antrieb	–	T	T	T
Übersetzung	–	13:70	15:72	1:4,4
Sitzplätze 2. Klasse	–	–	–	8
Sitzplätze 3. Klasse	–	82	69	24
Spez. Metereigenmasse	t/m	1,66	1,71	1,68
Spez. Antriebsleistung	kW/t	3,33	3,03	5,12
Spez. Sitzplatzmasse	kg	285	430	538
Indienststellung	–	1926 U	1926 U	1907
Verbleib	–	A	1962 A, Mn	U, A

–	–	–	–	–	–
–	–	–	–	–	–
–	–	–	–	–	–
ET 184 05 bis 09	ET 184 41	ET 184 42	ET 185 01	ET 186 01	ET 186 02
1485 bis 1489	360 (LAG)	361 (LAG)	772 (LAG)	761 (LAG)	762 (LAG)
505 bis 509	–	–	–	–	–
Bo	Bo	Bo	(1 A) (A 1)	A 1 A	A 1 A
BCiLeIT	CPwLeIT	CPwLeIT	CPw4LeIT	BC3LeIT	BC3LeIT
–	–	–	–	–	–
(ABaaioe)	(BDaaoe)	(BDaaoe)	(BDoe)	(ABaoe)	(ABaoe)
MAN	MAN	MAN	MAN	MAN	MAN
AEG	SSW	Oer	SSW	BBC	SSW
=1,0	=0,65	=0,65	=0,65	=0,55	=0,55
40	40	40	40	40	40
1 435	1 435	1 435	1 435	1 435	1 435
18	27,2	24	27	22	11
88 (40)	90 (31)	90 (31)	90 (31)	82 (40)	52 (40)
74 (40)	64 (35)	64 (35)	64 (35)	58 (40)	36 (40)
17,2	16,2	14,1	24,7	16,2	16,2
10,5	10,7	9,7	8,4	7,3	7,3
10 250	10 020	10 020	14 750	11 100	11 100
–	–	–	9 000	–	–
–	–	–	2 500	–	–
–	–	–	–	–	–
850	1 000	1 000	1 000	1 000	1 000
–	–	–	1 000	1 000	1 000
–	–	–	–	–	–
Fsch, V	Fsch	Fsch	Fsch	Fsch	Fsch
4	2	2	2	2	2
EGW	–	–	–	–	–
GR	GR	GR	GR	GR	GR
T	T	T	T	T	T
1:4,4	1:5,82	1:5,82	1:5,82	15:83	15:83
8	–	–	–	8	8
24	30	30	44	30	30
1,68	1,62	1,41	1,68	1,44	1,44
5,12	5,55	6,38	3,64	5,06	3,21
538	540	470	562	427	427
1909	1895	1895	1906	1896	1896
U, A	A	A	1962 A	A	A

Baureihennummer DB/DR ab 1992	–	–	–	–	–
DR 1970 bis 1991	–	–	–	–	–
DB 1968 bis 1991	–	–	–	–	–
Betriebsnummer ab 1941	–	ET 186 11	ET 186 12	ET 194 01	ET 194 11
1932 bis 1940	–	181 (LAG)	182 (LAG)	601	895 (LAG)
bis 1931	–	–	–	601	–
Radsatzanordnung	–	A 1 A	A 1 A	Bo	Bo
Gattungszeichen bis 1955	–	C3LelT	C3LelT	PwLelT	PwLelT
1956 bis 1966	–	–	–	–	–
ab 1967	–	(Baoe)	(Baoe)	(Daa)	(Daa)
Hersteller mechanischer Teil	–	MAN	MAN	MAN	MAN
Hersteller elektrischer Teil	–	Kum	BBC	AEG	SSW
Stromsystem	Hz, kV	=0,6	=0,6	=1,0	=0,55
Höchstgeschwindigkeit	km/h	40	40	40	40
Spurweite	mm	1 435	1 435	1 435	1 435
Größte Anfahrzugkraft	kN	14	22	18	24
Stundenleistung (bei Geschwindigkeit)	kW (km/h)	44 (40)	44 (40)	88 (40)	86 (40)
Dauerleistung (bei Geschwindigkeit)	kW (km/h)	32 (40)	32 (40)	74 (40)	60 (40)
Dienstmasse	t	16,2	16,2	17,4	14,2
Größte Radsatzfahrmasse	t	7,1	7,1	10,6	9,5
Länge über Puffer/Kupplung	mm	9 974	9 974	9 224	7 930
Drehzapfenabstand	mm	–	–	–	–
Triebdrehgestellradsatzstand	mm	–	–	–	–
Laufdrehgestellradsatzstand	mm	–	–	–	–
Treibraddurchmesser	mm	1 000	1 000	850	1 000
Laufraddurchmesser	mm	1 000	1 000	–	–
Hauptumspannertypenleistung	kVA	–	–	–	–
Steuerung	–	Fsch	Fsch	Fsch	Fsch
Dauerfahrstufen	–	2	2	4	2
Elektrische Bremse	–	–	–	EGW	–
Fahrmotor	–	GR	GR	GR	GR
Antrieb	–	T	T	T	T
Übersetzung	–	15:76	15:76	1:4,4	14:73
Sitzplätze 2. Klasse	–	–	–	–	–
Sitzplätze 3. Klasse	–	40	40	–	–
Spez. Metereigenmasse	t/m	1,63	1,63	1,88	1,79
Spez. Antriebsleistung	kW/t	2,72	2,72	5,06	6,06
Spez. Sitzplatzmasse	kg	406	406	–	–
Indienststellung	–	1891	1891	1908	1892
Verbleib	–	A	A	A	A

–	–	–	–	–	–
–	–	–	–	–	–
–	–	–	–	–	–
ET 194 21	ET 196 01 bis 05	ET 197 01	ET 197 21 und 22	ET 198 01 und 02	ET 198 02
891 (LAG)	800 bis 804 (LAG)	875 (LAG)	1MET und 2MET	20 und 21	–
–	–	–	–	–	–
Bo	(A 1) (1 A)	Bo	Bo	Bo	Bo
PwLelT	KC4LelT	KCLelT	KCLelT	KCLelT	KCLelT
–	–	–	KBe	KBe	KB
(Daa)	(KBe)	(KBaaoe)	KBaaoe	(KBaaoe)	(KBaaoe)
MAN	ME	ME	Baut	Graz	Raw Des
SSW	SSW	Oer	SSW	Ganz	Ganz
=0,55	=0,75	=0,75	=0,65	=0,65	=0,65
40	30	30	30	25	30
1 435	1 435	1 000	1 000	1 000	1 000
	25	19	17	14,88	14,88
86 (40)	66 (30)	55 (30)	66 (19)	50 (15)	110
	46 (30)	36 (30)	48 (19)	38 (15)	
16,2	17,5	13,2	11,2	9,4	9,2
10,5	6,4	8,7	7,5	6,6	
9 000	13 160	9 360	8 280	8 570	8 570
–	7 100	–	–	–	–
–	2 000	–	–	–	–
–	–	–	–	–	–
800	820	820	800	730	730
–	820	–	–	–	–
–	–	–	–	–	–
Fsch	Fsch	Fsch	Fsch	Fsch	Fsch
2	2	2	2	4	4
–	EGW	EGW	–	EGW	EGW
GR	GR	GR	GR	GR	GR
T	T	T	T	T	T
14:73	1:5,21	1:5,21	1:5,88	1:4,875	1:4,875
–	–	–	–	–	–
–	48	30	18	21	24
1,80	1,33	1,41	1,35	1,10	1,07
5,31	3,77	4,17	5,90	5,32	11,96
–	365	440	622	448	183
1912	1908/10	1914	1917	1939 U	1946 U
A	1961 A	A	A	1956 A, 1946 U	1956 A

Baureihennummer DB/DR ab 1992	–	–	–	–
DR 1970 bis 1991	–	–	–	–
DB 1968 bis 1991	–	–	–	–
Betriebsnummer ab 1941	–	ES 25 001 bis 013	ES 25 101 bis 135	–
1932 bis 1940	–	2401 bis 2405[1])	2406 bis 2422[2])	2061 bis 2063
bis 1931	–	–	–	5001 bis 5003
Radsatzanordnung	–	2'2'	2'2'	2'2'
Gattungszeichen bis 1955	–	BC4ielS	C4ielS	BC4ielS
1956 bis 1966	–	–	–	–
ab 1967	–	(ABioe)	(Bioe)	(ABioe)
Hersteller mechanischer Teil	–	Rath, LHW	Rath, LHW, Fu, Baut	Weg
Hersteller elektrischer Teil	–	AEG, SSW	AEG, BBC, SSW	AEG, SSW
Höchstgeschwindigkeit	km/h	120	120	100
Spurweite	mm	1 435	1 435	1 435
Dienstmasse	t	32,5	32,1	42,6
Größte Radsatzfahrmasse	t	10,8	10,7	12,65
Länge über Puffer/Kupplung	mm	22 010	22 010	22 900
Drehzapfenabstand	mm	13 900	13 900	15 500
Laufdrehgestellradsatzstand	mm	3 000	3 000	3 200
Laufraddurchmesser	mm	950	950	1 000
Sitzplätze 2. Klasse	–	17	–	16
Sitzplätze 3. Klasse	–	59	89	54
Spez. Metereigenmasse	t/m	1,48	1,46	1,86
Spez. Sitzplatzmasse	kg	427	361	609
Indienststellung	–	1935	1935	1928
Verbleib	–	U	U	U

[1]) und 2423 bis 2426 und 2441 bis 2444
[2]) und 2427 bis 2440 und 2445 bis 2448
[3]) später umgezeichnet in ES 55 01 und ES 55 08''

–	–	–	–	–	–
–	–	–	–	–	–
–	–	–	–	–	–
ES 41 01 und 02	ES 51 01 bis 04	–	ES 51 11 bis 14	ES 55 01 bis 08	ES 55 011[3])
2061 bis 2063	2355 bis 2358	2351 bis 2354	2351 bis 2354	2449 bis 2456	–
–	–	–	–	–	–
2′2′	2′2′	2′2′	2′2′	2′2′	2′2′
C4ielS	BC4ielS	C4ielS	CPw4ielS	C4ielS	BC4ielS
–	–	–	–	B4i	–
(Bioe)	(ABioe)	(Bioe)	(BDioe)	(Bioe)	(ABioe)
Weg	LHW	LHW	LHW	Baut	LHW
AEG, SSW	BBC	AEG, BBC, SSW	AEG, BBC, SSW	BBC	BBC
100	90	90	90	90	90
1 435	1 435	1 435	1 435	1 435	1 435
42,6	28,7	33,0	33,7	32,1	28,7
12,65	9,7	11,1	11,1	10,8	9,7
22 900	22 150	20 300	20 300	22 010	22 150
15 500	14 190	12 600	12 600	13 900	14 190
3 200	3 000	3 000	3 000	3 000	3 000
1 000	1 000	1 000	1 000	970	1 000
–	12	–	–	–	12
70	69	78	64	89	69
1,86	1,30	1,63	1,66	1,46	1,30
532	338	423	527	360	338
1932 U	1939	1934	1936 U	1938	1951 U
U	A, U	U	A, 1961 U	U	1970 A

Baureihennummer DB/DR ab 1992	–	–	–	–
DR 1970 bis 1991	–	–	–	–
DB 1968 bis 1991	–	–	865 601 bis 616	–
Betriebsnummer ab 1941	–	ES 65 001 bis 016	ES 65 001 bis 016	ES 65 017 bis 024
1932 bis 1940	–	2201 bis 2216	–	2217 bis 2224
bis 1931	–	–	–	–
Radsatzanordnung	–	2'2'	2'2'	2'2'
Gattungszeichen bis 1955	–	BC4ielS	–	BC4ielS
1956 bis 1966	–	AB4yg	AB4yg	AB4yg
ab 1967	–	(ABioe)	AByg	(ABioe)
Hersteller mechanischer Teil	–	ME	ME	ME
Hersteller elektrischer Teil	–	BBC	BBC	BBC
Höchstgeschwindigkeit	km/h	75	85	85
Spurweite	mm	1 435	1 435	1 435
Dienstmasse	t	40,4	38,0	27,4
Größte Radsatzfahrmasse	t	12,4	10,75	9,1
Länge über Puffer/Kupplung	mm	20 300	20 300	20 500
Drehzapfenabstand	mm	12 600	12 600	12 800
Laufdrehgestellradsatzstand	mm	3 600	3 600	3 000
Laufraddurchmesser	mm	1 000	1 000	1 000
Sitzplätze 2. Klasse	–	24	24	24
Sitzplätze 3. Klasse	–	49	42	49
Spez. Metereigenmasse	t/m	1,99	1,87	1,34
Spez. Sitzplatzmasse	kg	554	576	375
Indienststellung	–	1933/35	1961 U	1938/39
Verbleib	–	U	A, M	U

–	–	–	–	–	–
–	–	–	–	–	–
865 617 bis 624	–	865 631 und 632	865 633	865 634 und 635	885.6
ES 65 017 bis 024	ES 65 031 und 032	ES 65 031 und 032	ES 65 033	ES 65 035 und 035	ES 85 01 bis 30
–	–	–	–	–	2101 bis 2130
–	–	–	–	–	8001 bis 8030
2′2′	2′2′	2′2′	2′2′	2′2′	2′2′
–	BC4ielS	–	–	–	CPw4ielS
AB4yg	AB4ygtr	AB4ygtr	AB4yg	AB4	BD4
AByg	(AByg)	AByg	AByg	AB	(BDioe)
ME	LHB, WMD	LHB, WMD	LHW, AW Ct	Rath, LHW, AW Ct	Fu, MAN
BBC	BBC	BBC	BBC	AEG, SSW	BBC
85	85	85	90	120	75
1 435	1 435	1 435	1 435	1 435	1 435
27,0	32,0	32,0	35,0	32,5	39,7
8,0	9,25	9,25	10,0	10,8	12,5
20 500	20 300	20 300	20 300	22 010	20 340
12 800	12 600	12 600	12 600	13 900	12 700
3 000	3 000	3 000	3 000	3 000	3 000
1 000	1 000	1 000	1 000	950	1 000
24	14	16	16	17	–
42	51	48	52	50	79
1,32	1,58	1,58	1,72	1,48	1,95
409	492	500	515	485	502
1961 U	1951/55 U	1965 U	1961 U	1962/63 U	1927/28
A	1965 U	1979 A	1979 A	1977 A	1952/60 U, 1977 A, M

Baureihennummer DB/DR ab 1992	–	–	–	–
DR 1970 bis 1991	–	–	–	–
DB 1968 bis 1991	–	885.6	885.6	885.7
Betriebsnummer ab 1941	–	ES 85 31 bis 34	ES 85 40	ES 85 101 bis 109
1932 bis 1940	–	2131 bis 2134	(73 525)	–
bis 1931	–	–	–	–
Radsatzanordnung	–	2′2′	2′2′	2′2′
Gattungszeichen bis 1955	–	CPw4elS	CPw4	–
1956 bis 1966	–	BD4	BD4	ABD4
ab 1967	–	(BDioe)	BDioe	ABDioe
Hersteller mechanischer Teil	–	Fu, MAN	LHW, MWD	Fu, MAN
Hersteller elektrischer Teil	–	BBC	BBC	BBC
Höchstgeschwindigkeit	km/h	75	85	75
Spurweite	mm	1 435	1 435	1 435
Dienstmasse	t	39,7	26,7	38,0
Größte Radsatzfahrmasse	t	12,5	7,8	10,5
Länge über Puffer/Kupplung	mm	20 340	19 130	20 300
Drehzapfenabstand	mm	12 700	12 000	12 700
Laufdrehgestellradsatzstand	mm	3 000	3 000	3 000
Laufraddurchmesser	mm	1 000	900	1 000
Sitzplätze 2. Klasse	–	–	–	12
Sitzplätze 3. Klasse	–	79	64	42
Spez. Metereigenmasse	t/m	1,95	1,40	1,87
Spez. Sitzplatzmasse	kg	502	417	704
Indienststellung	–	1932	1949 U	1960 U
Verbleib	–	1960 U/1976 A	1974 A	1977 A

–	–	–	–	–	–	–
–	–	–	–	–	–	–
–	–	–	–	–	–	–
–	ES 88 01	ES 88 02	ES 88 02^{II}	ES 88 03	ES 88 11	ES 89 01 bis 08
2017 bis 2019	2017	2018	–	2019	2010	2021 bis 2028
5073 bis 5075	5073	5074	(42 227)	5075	5026	–
2′2′	2′2′	2′2′	2′2′	2′2′	2′1	2′2′
BC4elS	BC4elS	BC4elS	–	BC4elS	C3elS	BCPwielS
–	–	–	CPw4	–	–	–
(ABoe)	(ABoe)	(ABoe)	(BDoe)	(ABoe)	(Baoe)	(ABDoe)
LHB	LHB	LHB	WMD	LHW	VdZ	LHW
SSW	SSW	SSW		SSW	SSW	SSW
65	65	65		65	65	65
1 435	1 435	1 435	1 435	1 435	1 435	1 435
35,6	35,8	35,8		35,8	24,7	35,3
	10,7	10,7		10,7	10,1	11,4
19 300	19 300	19 300	20 000	19 300	15 300	20 700
13 200	13 200	13 200	13 500	13 200	–	12 600
2 500	1 000	2 500	2 150	2 500	2 500	3 000
1 000	1 000	1 000		1 000	1 000	1 000
30	23	23	–	23	–	14
37	35	37	67	45	57/63	42
1,84	1,85	1,85		1,85	1,61	1,70
531	617	596		526	433/392	630
1931/32 U	U	U	1954 U	U	1923 U	1934
U	A	A	A	A	A	A

Baureihennummer DB/DR ab 1992	–	–	–	–	–
DR 1970 bis 1991	–	–	–	–	–
DB 1968 bis 1991	–	–	–	–	–
Betriebsnummer ab 1941	–	–	EB 41 01	EB 41 02 und 03	EB 51 01 bis 04
1932 bis 1940	–	2981 bis 2986	72 753	–	2501 bis 2504
bis 1931	–	5261 bis 5266	–	–	–
Radsatzanordnung	–	2	2′2′	2′2′	2′2′
Gattungszeichen bis 1955	–	Cidel	C4iel	C4iel	BCPost4iel
1956 bis 1966	–	–	–	–	
ab 1967	–	(Baaoe)	(Bioe)	(Bioe)	(ABPostioe)
Hersteller mechanischer Teil	–	Kil		Weg	LHB
Hersteller elektrischer Teil	–	AEG, SSW		AEG, SSW	AEG, BBC, SSW
Höchstgeschwindigkeit	km/h	100	100	100	90
Spurweite	mm	1 435	1 435	1 435	1 435
Dienstmasse	t	20,6	37,0	43,0	33,0
Größte Radsatzfahrmasse	t	13,6		12,7	11,0
Länge über Puffer/Kupplung	mm	13 920	20 960	22 900	20 300
Drehzapfenabstand	mm	–	13 300	15 500	12 600
Laufdrehgestellradsatzstand	mm	–	3 000	3 200	3 000
Laufraddurchmesser	mm	1 000	1 000	1 000	1 000
Sitzplätze 2. Klasse	–	–	–	–	14
Sitzplätze 3. Klasse	–	66	84	60	52
Spez. Metereigenmasse	t/m	1,48	1,77	1,88	1,63
Spez. Sitzplatzmasse	kg	312	440	717	500
Indienststellung	–	1928	1938 U	1944 U	1934
Verbleib	–	U	A	A	A, 1955 U

[1]) EB 65 023a/b am 16. 3. 1956 in EB 65 123a/b umgezeichnet
[2]) anfangs Betriebsnummer EB 65 045/046 bis EB 65 049/050

–	–	–	–	–	–
–	–	–	–	–	–
–	–	–	–	–	–
EB 51 05	EB 65 001a bis 013b	EB 65 014a/b	ES 65 015a bis 022b	EB65023a bis 031b[1])	EB65101a bis 103b[2])
–	2650 bis 2675	2676/77	2678 bis 2693	–	–
–	–	–	–	–	–
2'2'	2 + 2	2 + 2	2 + 2	2 + 2	2 + 2
BC4iel	CCiel	CCiel	CCiel	CCiel	BBiel
–	Biü + Biü	Biü + Biü	Biü + Biü	Biü + Biü	–
(ABioe)	(Baaioe + Baaioe)	(Baaioe + Baaioe)	(Baaioe + Baaioe)	(Baaioe + Baaioe)	(Aaaioe + Aaaioe)
LHW	ME	ME	ME	ME	M
BBC	–	–	–	–	–
90	85	85	85	85	85
1 435	1 435	1 435	1 435	1 435	1 435
28,7	43,2	43,0	43,0	43,0	43,0
9,7	14,1	14,0	14,0	14,0	14,0
22 150	26 600	26 600	26 600	26 600	26 600
14 190	–	–	–	–	–
3 000	–	–	–	–	–
1 000	1 000	1 000	1 000	1 000	1 000
12	–	–	–	–	76
69	104	96	88	88	–
1,30	1,63	1,62	1,62	1,62	1,62
338	416	448	488	488	566
1949 U	1933 U	1933 U	1933/37 U	1941 U	1940 U
1951 U	U	U	U	A	U

Baureihennummer DB/DR ab 1992	–	–	–	–
DR 1970 bis 1991	–	–	–	–
DB 1968 bis 1991	–	–	865 001 bis 025²)	865 099
Betriebsnummer ab 1941	–	EB 65 101a bis 103b	EM¹) 65 001 bis 025³)	–
1932 bis 1940	–	–	–	–
bis 1931	–	–	–	–
Radsatzanordnung	–	2 + 2	2′2′	2′2′
Gattungszeichen bis 1955	–	Ciü + Ciü	–	–
1956 bis 1966	–	Biü + Biü	B4yg	–
ab 1967	–	(Baaoie + Baaioe)	Byg	Byg
Hersteller mechanischer Teil	–	ME	AW Kar, AW Ct	AW Ct
Hersteller elektrischer Teil	–	–	AW Kar, AW Ct	AW Ct
Höchstgeschwindigkeit	km/h	85	85	85
Spurweite	mm	1 435	1 435	1 435
Dienstmasse	t	43,0	32,0	32,0
Größte Radsatzfahrmasse	t	14,0	9,25	9,25
Länge über Puffer/Kupplung	mm	26 600	19 460	19 460
Drehzapfenabstand	mm	–	12 500	12 500
Laufdrehgestellradsatzstand	mm	–	2 500	2 500
Laufraddurchmesser	mm	1 000	950	950
Sitzplätze 2. Klasse	–	–	–	–
Sitzplätze 3. Klasse	–	88	72	72
Spez. Metereigenmasse	t/m	1,62	1,64	1,64
Spez. Sitzplatzmasse	kg	488	444	444
Indienststellung	–	1945/46 U	1959/61 U	1973 U
Verbleib	–	A	1979 U, M	1979 U

¹) bis 25. 8. 1964 als EB bezeichnet
²) und 865 031
³) und EM 65 031

–	–	–	–	–	–
–	–	–	–	–	–
–	–	885	–	–	–
EB 82 01 und 02	EB 85 01 bis 70	EB 85 01^{II} bis 08^{II}	EB 85 90 und 91	(EB 87)	(EB 88)
2991 und 2992	2801 bis 2870	–	–	2901 bis 2903	2904
52 646 und 52 647	6501 bis 6570	–	–	2522, 2523 und 2525	5001
2	3	3	2	3	3
Cidel	C3iel	–	–	C3el	B3el
–	B3i	B3y	Bie	–	–
(Baaioe)	(Baioe)	Bage	(Baaioe)	(Baoe)	(Aaoe)
Kil	MAN	AW Ct		VdZ	LHB
AEG, SSW	BBC	AW Ct		SSW	SSW
80	75			65	
1 435	1 435	1 435	1 435	1 435	1 435
20,9	20,0	18,3	16,7	16,7	17,9
13,7	8,8			6,8	6,7
13 920	13 650	13 300	12 876	11 400	11 800
–	–	–	–	–	–
–	–	–	–	–	–
1 000	1 000			1 000	980
–	–	–	–	–	38
66	66	62	61	50	–
1,50	1,46	1,38	1,30	1,46	1,52
316	303	295	274	334	471
1928	1927/28 U	1961/62 U	1958 U	1914 U	1914 U
A	A	A	1965 A	A	A

Baureihennummer DB/DR ab 1992	–	–	–	–
DR 1970 bis 1991	–	–	–	–
DB 1968 bis 1991	–	–	–	–
Betriebsnummer ab 1941	–	(EB 88)	EB 88 01	EB 88 11
1932 bis 1940	–	2908	2909 und 2910	2905 bis 2907
bis 1931	–	5005	5006 und 5007	5002 bis 5004
Radsatzanordnung	–	3	3	3
Gattungszeichen bis 1955	–	B3el	B3el	C3el
1956 bis 1966	–	–	–	–
ab 1967	–	(Aaoe)	(Aae)	(Baoe)
Hersteller mechanischer Teil	–	Stein	Hof	VdZ, Kil
Hersteller elektrischer Teil	–	SSW	SSW	SSW
Höchstgeschwindigkeit	km/h		65	65
Spurweite	mm	1 435	1 435	1 435
Dienstmasse	t	17,6	18,0	16,1
Größte Radsatzfahrmasse	t	6,6	7,0	6,8
Länge über Puffer/Kupplung	mm	11 650	11 800	11 400
Drehzapfenabstand	mm	–	–	–
Laufdrehgestellradsatzstand	mm	–	–	–
Laufraddurchmesser	mm	980	1 000	980/1 000
Sitzplätze 2. Klasse	–	38	28	–
Sitzplätze 3. Klasse	–	–	–	44
Spez. Metereigenmasse	t/m	1,51	1,52	1,42
Spez. Sitzplatzmasse	kg	463	642	366
Indienststellung	–	1914 U	1914 U	1914 U
Verbleib	–	A	A	A

–	–	–	–	–	–
–	–	–	–	–	–
–	–	–	–	–	–
EB 88 12	(EB 88)	EB 88 21 bis 23	EB 89 01 bis 03	EB 89 11 und 12	(EB 89)
2911	2912	2913 bis 2915	2916 bis 2920	2921 bis 2925	2926 bis 2930
5008	5027	5076 bis 5078	5029 bis 5033	5034 bis 5038	5039 bis 5043
3	2′1	2′2′	2	2	2
C3el	C3el	C4el	Biel	BCiel	Cidel
–	–	–	–	–	–
(Baoe)	(Baoe)	(Boe)	(Aaae)	(ABaaioe)	(Baaioe)
Wumag	VdZ	LHW	Weg	LHW	Wumag
SSW	SSW	AEG	SSW	SSW	SSW
65	65	65	65	65	65
1 435	1 435	1 435	1 435	1 435	1 435
17,0	24,5	35,1	17,9	17,4	16,2
7,0	9,5	10,7	10,9	11,1	11,0
11 250	15 300	19 300	12 000	12 000	12 000
–	–	13 200	–	–	–
–	2 500	2 500	–	–	–
1 000	990	1 000	1 000	1 000	1 000
–	–	–	32	11	–
44	51	80	–	31	56
1,51	1,60	1,82	1,49	1,45	1,35
387	480	438	560	414	289
1914 U	1923 U	1931 U	1926	1926	1926
A	A	A	A	A	A

Baureihennummer DB/DR ab 1992	–	–	–	–
DR 1970 bis 1991	–	–	–	–
DB 1968 bis 1991	–	–	–	–
Betriebsnummer ab 1941	–	EB 89 21 und 22	EB 89 23 bis 25	(EB 89)
1932 bis 1940	–	2931 bis 2935	2936 bis 2939	2940 bis 2945
bis 1931	–	5044 bis 5048	5049 bis 5052	5053 bis 5058
Radsatzanordnung	–	2	2	2
Gattungszeichen bis 1955	–	Ciel	Ciel	Cidel
1956 bis 1966	–	–	–	–
ab 1967	–	(Baaioe)	(Baaioe)	(Baaioe)
Hersteller mechanischer Teil	–	Baut	Wis	Wumag
Hersteller elektrischer Teil	–	SSW	SSW	SSW
Höchstgeschwindigkeit	km/h	65	65	65
Spurweite	mm	1 435	1 435	1 435
Dienstmasse	t	16,8	16,7	16,3
Größte Radsatzfahrmasse	t	11,1	11,0	11,0
Länge über Puffer/Kupplung	mm	12 000	12 000	12 000
Drehzapfenabstand	mm	–	–	–
Laufdrehgestellradsatzstand	mm	–	–	–
Laufraddurchmesser	mm	1 000	1 000	1 000
Sitzplätze 2. Klasse	–	–	–	–
Sitzplätze 3. Klasse	–	51	51	56
Spez. Metereigenmasse	t/m	1,40	1,39	1,36
Spez. Sitzplatzmasse	kg	329	327	291
Indienststellung	–	1926	1926	1926
Verbleib	–	A	A	A

–	–	–	–	–	–
–	–	–	–	–	–
–	–	–	–	–	–
EB 89 31 bis 35	EB 99 01 bis 05	EB 183 01 und 02	EB 183 03	EB 184 01 bis 08	EB 184 11 bis 20
2946 bis 2955	117 501 bis 505	210 und 211 (LAG)	535 (LAG)	2770 bis 2777	2778 bis 2787
5059 bis 5068	–	–	–	5001 bis 5008	6001 bis 6010
2	2	2	2	2	2
Cidel	Pwiel	CLel	CLel	BCLiel	CLiel
–	–	–	–	–	–
(Baaioe)	(Daaie)	(Baaoe)	(Baaoe)	(ABaaie)	(Baaie)
Weg	LHW	MAN	MAN	MAN	MAN
SSW	SSW	–	–	AEG	AEG
65	65	50	50	40	40
1 435	1 435	1 435	1 435	1 435	1 435
16,1	17,1	10,2	12,8	10,3	10,1
10,8	11,0	8,0	9,8	7,4	7,2
12 000	12 000	11 300	13 060	11 550	11 130
–	–	–	–	–	–
–	–	–	–	–	–
1 000	1 000	1 000	1 000	850	850
–	–	–	–	16	–
53	–	56	60	24	37
1,35	1,42	0,90	0,98	0,89	0,91
304	–	182	214	258	273
1926	1929	1892	1900	1907	1909
A	A	A	A	A	A

Baureihennummer DB/DR ab 1992	–	–	–	–
DR 1970 bis 1991	–	–	–	–
DB 1968 bis 1991	–	–	–	–
Betriebsnummer ab 1941	–	EB 184 21 bis 26	EB 184 31 und 32	EB 184 41
1932 bis 1940	–	2788 bis 2793	2794 und 2795	30 (LAG)
bis 1931	–	6011 bis 6016	7001 und 7002	–
Radsatzanordnung	–	2	2	2
Gattungszeichen bis 1955	–	CLiel	CPwLiel	CLel
1956 bis 1966	–	–	–	–
ab 1967	–	(Baaie)	(BDaaie)	(Baae)
Hersteller mechanischer Teil	–	MAN	MAN	MAN
Hersteller elektrischer Teil	–	AEG	AEG	SSW
Höchstgeschwindigkeit	km/h	40	40	40
Spurweite	mm	1 435	1 435	1 435
Dienstmasse	t	7,5	9,6	8,4
Größte Radsatzfahrmasse	t	6,0	6,8	6,9
Länge über Puffer/Kupplung	mm	11 130	10 780	9 974
Drehzapfenabstand	mm	–	–	–
Laufdrehgestellradsatzstand	mm	–	–	–
Laufraddurchmesser	mm	830	850	950
Sitzplätze 2. Klasse	–	–	–	–
Sitzplätze 3. Klasse	–	40	16	50
Spez. Metereigenmasse	t/m	0,67	0,89	0,84
Spez. Sitzplatzmasse	kg	187	600	168
Indienststellung	–	1910	1907	1889
Verbleib	–	A	A	A

–	–	–	–	–	–
–	–	–	–	–	–
–	–	–	–	–	–
EB 184 42	EB 184 51	EB 186 01	EB 186 02	EB 186 11 und 12	EB 196 01 und 02
362 (LAG)	–	8966	46 470	183 und 186 (LAG)	921 und 922 (LAG)
–	–	–	–	–	–
2	2	2	2	3	2'2'
CLel	C	BCLel	CLel	C3Lel	KC4Lel
–	–	–	–	–	–
(Baae)	(Baae)	(ABaae)	(Baae)	(Bae)	(KBe)
MAN	DWK	MAN	MAN	MAN	ME
SSW		–	–	–	BBC
40		40	40	40	30
1 435	1 435	1 435	1 435	1 435	1 000
9,3		9,1	10,2	8,9	11,7
7,5		6,7	8,0	4,7	4,5
10 020		10 900	11 300	9 970	13 360
–	–	–	–	–	7 200
–	–	–	–	–	1 800
950		1 000	1 000	990	820
–	–	16	–	–	–
50		30	56	50	48
0,93		0,90	0,90	0,89	0,88
186		198	182	178	242
1895	U	1897	1892	1891	1937
A	1962 A	A	A	A	A

Baureihennummer DB/DR ab 1992	–	–	–	–
DR 1970 bis 1991	–	–	–	–
DB 1968 bis 1991	–	–	–	–
Betriebsnummer ab 1941	–	EB 197 01 und 02	EB 197 03 und 04	EB 197 05 bis 07
1932 bis 1940	–	2 und 3 (LAG)	8 und 16 (LAG)	832 bis 834 (LAG)
bis 1931	–	–	–	–
Radsatzanordnung	–	2	2	2
Gattungszeichen bis 1955	–	KCLel	KCLel	KCLel
1956 bis 1966	–	–	–	–
ab 1967	–	(KBaae)	(KBaae)	(KBaae)
Hersteller mechanischer Teil	–	MAN	MAN	ME
Hersteller elektrischer Teil	–	–	–	–
Höchstgeschwindigkeit	km/h	30	30	30
Spurweite	mm	1 000	1 000	1 000
Dienstmasse	t	5,1	4,3	6,0
Größte Radsatzfahrmasse	t	4,5	4,1	5,1
Länge über Puffer/Kupplung	mm	8 360	7 560	8 770
Drehzapfenabstand	mm	–	–	–
Laufdrehgestellradsatzstand	mm	–	–	–
Laufraddurchmesser	mm			
Sitzplätze 2. Klasse	–	–	–	–
Sitzplätze 3. Klasse	–	32	32	32
Spez. Metereigenmasse	t/m	0,61	0,56	0,68
Spez. Sitzplatzmasse	kg	159	134	187
Indienststellung	–	1888	1888	1910
Verbleib	–	A	A	A

–	–	–	–	–
–	–	–	–	–
–	–	–	–	–
EB 197 11 und 12	EB 197 21 und 22	EB 197 23	EB 198 01 und 02	VB 141 120
4 und 5 (LAG)	1 und 2	3	22 und 23	–
–	–	–	–	–
2	2	2	2	1
KCPostLel	KCLel	KCLel	KCLel	Pw1
–	KB	KB	–	D1
(KBPostaae)	KBaae	KBaae	(KBaaoe)	(D)
MAN	Baut	Baut	Graz	WMD
–	SSW	SSW	–	–
30	30	30	25	
1 000	1 000	1 000	1 000	1 435
6,0	6,0	5,8	6,1	3,2
4,8	4,3	4,1	4,2	2,0
8 360	8 280	8 840	8 570	~5 850
–	–	–	–	–
–	–	–	–	–
			730	900
–	–	–	–	–
13	18	18	21	–
0,72	0,73	0,66	0,71	0,55
462	333	322	290	–
1888	1914	1926	1940 U	1952
A	A	A	A	A

Baureihennummer DB/DR ab 1992	–	–	–	–
DR 1970 bis 1991	–	279.0	279.0	–
Betriebsnummer DR bis 1970	–	ET 188 501	ET 188 502 und 503	ET 188 511
Radsatzanordnung	–	Bo	Bo	Bo
Gattungszeichen bis 1955	–	CPwelT	CelT	CelT
1956 bis 1966	–	BD	B	B
ab 1967	–	BDaaoe	Baaoe	Baaoe
Hersteller mechanischer Teil	–	Hawa	Hawa	LHW
Hersteller elektrischer Teil	–	AEG	AEG	SSW
Stromsystem	Hz, kV	=0,8	=0,8	=1,2
Höchstgeschwindigkeit	km/h	50	50	45
Spurweite	mm	1 435	1 435	1 435
Größte Anfahrzugkraft	kN			
Stundenleistung (bei Geschwindigkeit)	kW (km/h)	130 (32)	130 (32)	88 (31)
Dauerleistung (bei Geschwindigkeit)	kW (km/h)			
Dienstmasse	t	22,7	22,7	18,6
Größte Radsatzfahrmasse	t			12,2
Länge über Puffer/Kupplung	mm	14 500	14 500	~12 060
Drehzapfenabstand	mm	–	–	–
Triebdrehgestellradsatzstand	mm	–	–	–
Laufdrehgestellradsatzstand	mm	–	–	–
Treibraddurchmesser	mm	1 000	1 000	950
Laufraddurchmesser	mm	–	–	–
Hauptumspannertypenleistung	kVA	–	–	–
Steuerung	–	Fsch, V	Fsch, V	Fsch
Dauerfahrstufen	–			2
Elektrische Bremse	–	–	–	–
Fahrmotor	–	GR	GR	GR
Antrieb	–	T	T	T
Übersetzung	–	14:80	14:80	1:5,12
Sitzplätze 1. Klasse	–	–	–	–
Sitzplätze 2. Klasse	–	40	50	32
Spez. Metereigenmasse	t/m	1,57	1,57	1,54
Spez. Antriebsleistung	kW/t	5,72	5,72	4,73
Spez. Sitzplatzmasse	kg	568	454	581
Indienststellung	–	1930	1930	1930
Verbleib	–	U	U	A

–	–	–	–	–	–
–	–	–	–	–	–
ET 188 512	ET 188 521	ET 188 522	ET 188 531	ET 188 701	ET 198 03 und 04
Bo	Bo	Bo	Bo	Bo	Bo
CelT	CPwelT	PwelT	CelT	CelT	–
Be	BDe	D	Be	Be	KB
Baaoe	BDaaoe	Daae	Baaeotr	Baaeo	(KBaae)
LHW	LHW	LHW	MaSa		WG
SSW	SSW	SSW	BEW		LEW
=1,2	=1,2	=1,2	=0,6	=0,6	=0,6
45	45	45	30		40
1 435	1 435	1 000	1 435	1 435	1 000
88 (31)	88 (31)	88 (31)	53 (45)	60	120 (40)
					84 (40)
18,0	25,0	25,0	8,3		13,5
11,6	12,5	12,5			
~12 060	9 550	9 300	10 500		11 600
–	–	–	–	–	–
–	–	–	–	–	–
–	–	–	–	–	–
950	950	950	780		760
–	–	–	–	–	–
–	–	–	–		–
Fsch	Fsch	Fsch	Fsch		Fsch
2	2	2			2
–	–	–	EGW		EGW
GR	GR	GR	GR	GR	GR
T	T	T	T	T	T
1:5,12	1:5,93	1:5,93			
–	–	–	–	–	–
32	16	–	45	18	22
1,49	2,62	2,69	0,79		1,16
4,88	3,52	3,52	6,93		8,89
562	1 562	–	184		614
1930	1930	1930	1923	1955 U	1956
A	Mn	A	A	U	A

Baureihennummer DB/DR ab 1992	–	–	–	485/885
DR 1970 bis 1991	–	–	270.001 bis 006	270.007 bis 024
Betriebsnummer bis 1970	–	ET 198 05 und 06	–	–
Radsatzanordnung	–	Bo	Bo'Bo' + 2'2'	Bo'Bo' + 2'2'
Gattungszeichen bis 1955	–	–	–	–
1956 bis 1966	–	KB	–	–
ab 1967	–	(KBaae)	Btre/Btre	Btre/Btre
Hersteller mechanischer Teil	–	WG	LEW	LEW
Hersteller elektrischer Teil	–	LEW	LEW	LEW
Stromsystem	Hz, kV	=0,6	=0,75	=0,75
Höchstgeschwindigkeit	km/h	50	90	90
Spurweite	mm	1 000	1 435	1 435
Größte Anfahrzugkraft	kN			
Stundenleistung (bei Geschwindigkeit)	kW (km/h)	120 (50)		
Dauerleistung (bei Geschwindigkeit)	kW (km/h)	84 (40)	500	500
Dienstmasse	t	13,0	55,7	60,0
Größte Radsatzfahrmasse	t			
Länge über Puffer/Kupplung	mm	11 850	36 200	36 200
Drehzapfenabstand	mm	–	12 300	12 300
Triebdrehgestellradsatzstand	mm	–	2 500	2 500
Laufdrehgestellradsatzstand	mm	–	2 500	2 500
Treibraddurchmesser	mm	760	850	850
Laufraddurchmesser	mm	–	850	850
Hauptumspannertypenleistung	kVA	–	–	–
Steuerung	–	Fsch	Gst, Schü, V	Gst, Schü, V
Dauerfahrstufen	–	2	∞	∞
Elektrische Bremse	–	EGW	EGW, N	EGW, N
Fahrmotor	–	GR	MR	MR
Antrieb	–	T	T	T
Übersetzung	–	12:69		
Sitzplätze 1. Klasse	–	–	–	–
Sitzplätze 2. Klasse	–	22	104	102
Spez. Metereigenmasse	t/m	1,10	1,54	1,66
Spez. Antriebsleistung	kW/t	9,23	8,98	8,33
Spez. Sitzplatzmasse	kg	591	536	588
Indienststellung	–	1958	1979	1987
Verbleib	–	A	1991 A	

485/885	479	–	479	–	–
270.025 bis	279.0	279.201	–	279.203	279.203
–	–	ET 188 531	–	ET 188 701	–
Bo'Bo' + 2'2'	Bo	Bo	Bo	Bo	Bo
–	–	–	–	–	–
–	–	–	–	B	–
Btre/Btre	BDaaeutr	Baaeutr	Baaeutr	Baaeoutr	Baaeotr
LEW	Raw Sw	Raw Sw	Raw Sw	Raw Sw	Raw Sw
LEW	Raw Sw	AEG	AEG, LEW	AEG	AEG
=75	=0,6	=0,6	=0,6	=0,6	=0,6
90	50	40	40	40	40
1 435	1 435	1 435	1 435	1 435	1 435
	120	68 (50)	120	68 (50)	68 (50)
600					
60,0		16,3	16,3	15,3	15,3
	22,5	11,9	11,9		
36 200	14 300	11 600	11 600	11 360	11 360
12 300	–	–	–	–	–
2 500	–	–	–	–	–
2 500	–	–	–	–	–
850	900	900	900	800	800
850	–	–	–	–	–
–	–	–	–	–	–
Gst, Schü, V	Fsch	Fsch, V	Fsch, V	Fsch, V	Fsch, V
∞	2				
EGW, N	–	EGW	EGW	EGW	EGW
MR	GR	GR	GR	GR	GR
T	T	T	T	T	T
–	–	–	–	–	–
100	32	24	24	20	20
1,66	1,57	1,41	1,41	1,35	1,35
10,00	5,33	4,17	7,36	4,44	4,44
600	703	679	679	765	765
1990	1981	1970	1982 U	1963 U	1975 U
		1982 U		U	1983 U

Baureihennummer DB/DR ab 1992	–	479	479	–
DR 1970 bis 1991	–	–	279.205	278.2
DB 1970	–	–	–	ET 170 001 bis 004
Radsatzanordnung	–	Bo	Bo	Bo'2'Bo' + Bo'2'Bo'
Gattungszeichen bis 1955	–	–	–	–
1956 bis 1966	–	–	–	B6iütr/B6iütr
ab 1967	–	Baaeutr	Baaeutr	Btre/Btre
Hersteller mechanischer Teil	–	Raw Sw	Raw Sw	Amm
Hersteller elektrischer Teil	–	AEG, LEW	LEW	LEW
Stromsystem	Hz, kV	=0,6	=0,6	=0,75
Höchstgeschwindigkeit	km/h	40	40	90
Spurweite	mm	1 435	1 435	1 435
Größte Anfahrzugkraft	kN			
Stundenleistung (bei Geschwindigkeit)	kW (km/h)	120	120	1 200 (27,2)
Dauerleistung (bei Geschwindigkeit)	kW (km/h)			920 (30,1)
Dienstmasse	t	15,3		140,8
Größte Radsatzfahrmasse	t			18,0
Länge über Puffer/Kupplung	mm	11 360		74 680
Drehzapfenabstand	mm	–		15 600/14 700
Triebdrehgestellradsatzstand	mm	–		2 700
Laufdrehgestellradsatzstand	mm	–		2 500
Treibraddurchmesser	mm	800		900
Laufraddurchmesser	mm	–		900
Hauptumspannertypenleistung	kVA	–	–	–
Steuerung	–	Fsch, V	Fsch, V	N, Str, V
Dauerfahrstufen	–			2
Elektrische Bremse	–	EGW	EGW	–
Fahrmotor	–	GR	GR	GR
Antrieb	–	T	T	T
Übersetzung	–			17:67
Sitzplätze 1. Klasse	–	–	–	–
Sitzplätze 2. Klasse	–	20	24	224
Spez. Metereigenmasse	t/m	1,35		1,88
Spez. Antriebsleistung	kW/t	7,84		8,53
Spez. Sitzplatzmasse	kg	765		628
Indienststellung	–	1983 U	1984 U	1959
Verbleib	–		–	U

–	–	–	–
278.2	280.0	285.2	285.2
ET 170 001 bis 004	–	ET 25 201	ET 25 201
Bo′2′Bo′ + Bo′2′Bo′	Bo′Bo′ + Bo′Bo′ + Bo′Bo′ + Bo′Bo′	Bo′2′ + 2′2′ + 2′2′ + 2′Bo′	Bo′2′+2′2′+2′Bo′
–	–	–	–
–	–	BD4ümpe/B4ümpe/ B4ümpe/AB4ümpe	–
Btre/Btre	Bmgtre/Bmge/Bmge/Bmgtre	BDe/Be/Be/ABe	BDe/Be/ABe
Amm	LEW	Raw Sw, Raw Des	Raw Sw, Raw Des
LEW	LEW	DR, LEW	DR, LEW
=0,75	$\overset{1}{\sim} 16^{2}/_{3}$, 15	$\overset{1}{\sim} 16^{2}/_{3}$, 15	$\overset{1}{\sim} 16^{2}/_{3}$, 15
90	120	120	120
1 435	1 435	1 435	1 435
	369	80	80
1 200 (27,2)	3 360 (74,5)	920 (88)	920 (88)
920 (30,1)	3 040 (77,5)	840 (94)	840 (94)
140,8	192,0	189,1	
18,0		18,0	18,0
74 680	97 000	94 830	71 590
15 600/14 700	17 000	18 000/17 500	18 000/17 500
2 700	2 500	3 000	3 000
2 500	–	3 000	3 000
900	850	950	950
900	–	950	950
–	2 · 1 100	2 · 390	2 · 390
N, Str, V	Stu, Ta, V	N, Str, V	N, Str, V
2	∞	12	12
–	FGW	–	–
GR	MR	WR	WR
T	T/Tg	Tg	Tg
17:67	22:67		
–	–	22	22
216	332	225	173
1,88	1,98	1,95	
8,53	17,50	4,87	
652	578	765	
U	1973	1964 U	U
1972 A	A	U	A

Baureihennummer DB/DR ab 1992	–	879.6	–
DR 1970 bis 1991	–	279.0	279.2
Betriebsnummer DR bis 1970	–	–	–
Radsatzanordnung	–	2	2
Gattungszeichen bis 1955	–	–	–
1956 bis 1966	–	–	–
ab 1967	–	Baaeu	Baaeutr

Hersteller mechanischer Teil	–	Raw Sw	Raw Sw
Hersteller elektrischer Teil	–	Raw Sw	
Höchstgeschwindigkeit	km/h	50	50
Spurweite	mm	1 435	1 435
Dienstmasse	t	18,1	13,26
Größte Radsatzfahrmasse	t		
Länge über Puffer/Kupplung	mm	14 300	12 500
Drehzapfenabstand	mm	–	–
Laufdrehgestellradsatzstand	mm	–	–
Laufraddurchmesser	mm	900	900
Sitzplätze 1. Klasse	–	–	–
Sitzplätze 2. Klasse	–	40	40
Spez. Metereigenmasse	t/m	1,27	1,06
Spez. Sitzplatzmasse	kg	453	331
Indienststellung	–	1981	1974 U
Verbleib	–		U

Baureihennummer DB/DR ab 1992	–	–	–	–	–	–	–
DR 1970 bis 1991	–	279.0	279.0	279.0	–	–	–
Betriebsnummer DR bis 1970	–	EB 188 501	ET 188 502	ET 188 503	EB 188 511 bis 514	EB 198 03 und 04	EB 198 05 und 06
Radsatzanordnung	–	2	2	2	2	2	–
Gattungszeichen bis 1955	–	Cel	Cel	Cel	Cel	–	2
1956 bis 1966	–	B	B	B	B	KB	KB
ab 1967	–	Baaotreu	Baaotreu	Baaotreu	Baaoe	(KBaae)	(KBaae)
Hersteller mechanischer Teil	–	Hawa	Hawa	Hawa	LHW	WG	WG
Hersteller elektrischer Teil	–	AEG	AEG	AEG	SSW	LEW	LEW
Höchstgeschwindigkeit	km/h	50	50	50	45	40	50
Spurweite	mm	1 435	1 435	1 435	1 435	1 000	1 000
Dienstmasse	t	14,8	15,5	14,8	8,0	8,5	8,0
Größte Radsatzfahrmasse	t						
Länge über Puffer/Kupplung	mm	14 500	14 500	14 500	~12 060	11 600	12 000
Drehzapfenabstand	mm	–	–	–	–	–	–
Laufdrehgestellradsatzstand	mm	–	–	–	–	–	–
Laufraddurchmesser	mm	1 000	1 000	1 000	950	760	760
Sitzplätze 1. Klasse	–	–	–	–	–	–	–
Sitzplätze 2. Klasse	–	50	50	50	32	22	22
Spez. Metereigenmasse	t/m	1,02	1,07	1,02	0,66	0,73	0,67
Spez. Sitzplatzmasse	kg	296	310	296	250	386	364
Indienststellung	–	1930	1930	1930	1930	1956	1958
Verbleib	–	U	U	U	A, U	A	A

Baureihennummer DB/DR ab 1992	–	–	–	–
DB 1968 bis 1991	–	–	–	–
Betriebsnummer DB bis 1968	–	ET 26 101 und 102	ET 174 001 und 002	ET 182 01
Radsatzanordnung	–	Bo'2' + 2'2'	Bo'2'2'	(1 A) (A 1) + 2'2'
Gattungszeichen bis 1955	–	CPw4iü/C4iü	Pw3/Pw3	C 4/C 4
1956 bis 1966	–	–	D3/D3	–
ab 1967	–	–	Dae/Dae	(Be/Be)
Hersteller mechanischer Teil	–	MAN	EVA, Bw Ohlsdorf	LHB, OK, Weg
Hersteller elektrischer Teil	–	AEG	BBC, DB	SSW
Stromsystem	Hz, kV	~[1] 16$^2/_3$, 15	=1,2	=0,75
Höchstgeschwindigkeit	km/h	120	60	80
Spurweite	mm	1 435	1 435	1 435
Größte Anfahrzugkraft	kN	40		
Stundenleistung (bei Geschwindigkeit)	kW (km/h)	460 (88)	290 (27)	220 (46)
Dauerleistung (bei Geschwindigkeit)	kW (km/h)	420 (94)		
Dienstmasse	t			67,4
Größte Radsatzfahrmasse	t	16,7		12,3
Länge über Puffer/Kupplung	mm	43 625	30 000	35 210
Drehzapfenabstand	mm	13 900	11 412/11 750	11 975
Triebdrehgestellradsatzstand	mm	3 600	2 600	2 500
Laufdrehgestellradsatzstand	mm	3 000	3 500/2 600	2 500
Treibraddurchmesser	mm	950	930	900
Laufraddurchmesser	mm	950	930	900
Hauptumspannertypenleistung	kVA	330	–	–
Steuerung	–	N, Str, V	N, Str	N, Str
Dauerfahrstufen	–	12	1	2
Elektrische Bremse	–	–	–	
Fahrmotor	–	WR	GR	GR
Antrieb	–	Tg	T	T
Übersetzung	–	24:66	16:69	
Sitzplätze 1. Klasse	–	–	–	–
Sitzplätze 2. Klasse + Speiseraum	–	170	–	114
Spez. Metereigenmasse	t/m			1,91
Spez. Antriebsleistung	kW/t			3,26
Spez. Sitzplatzmasse	kg			591
Indienststellung	–	1954 U	1954/58 U	1946 U
Verbleib	–	1950/51 U	1967 A	1950 U

[1]) 401 001 bis 050/401 501 bis 550

[2]) maximal

–	–	–	–	–	401[1])/801 bis 804
–	–	–	–	–	401[1])/801 bis 804
ET 182 01	ET 182 11 und 12	ET 182 21	ET 195 001 und 002	ET 255 01	–
(1 A) (A 1) + 2′2′	(1 A) (A 1) + 2′2′	(1 A) (A 1) + 2′2′	B′2′	Bo′2′ + 2′Bo′	Bo′Bo′ + 14[2]).2′2′ + Bo′Bo′
C4/C4	C4/C4	C4/C4	KC4	CPw4/BC4	–
–	–	–	KB4	BD4y/AB4y	–
(Be/Be)	(Be/Be)	(Be/Be)	(KBe)	(BDe/ABe)	TK/8[2]).Bvmz/BSmz/ WSmz/4[2]).Avmz/TK
LHB, OK, Weg	Weg	Weg	Düwag	Rast	Krupp, MBB, ThH +
SSW	BBC	BBC	Kie	SSW	ABB, AEG, SSW
=0,75	=0,75	=0,75	=0,75	$\overset{1}{\sim}$ 50, 20	$\overset{1}{\sim}$ $16^2/_3$, 15
80	80	80	60	90	280
1 435	1 435	1 435	1 000	1 435	1 435
				163	400
220 (46)	260 (27)	220 (46)	100 (42,0)	1 540 (67,5)	
				1 340 (63,0)	9 600
67,4	64,2	65,7	16,2	110,2	900,0
12,3	12,1	12,5	4,4	18,5	
35 900	36 100	36 045	15 040	43 625	410 620[2])
11 975	12 325	11 800	6 000	13 900	11 460/19 000
2 500	2 500	2 500	1 800	3 600	3 000
2 500	2 500	2 500	1 800	3 000	2 500
900	900	900	660	1 050	1 040
900	900	900	660	1 050	920
–	–	–	–	2 · 700	2 · 5 200
N, Str	N, Str	N, Str	Schü, V	N, L, Str, V	WD, AFB, V
2	2	2		11	∞
			EGW/FGW	FWW	N
GR	GR	GR	GR	WR	DA
T	T	T	Gd	Tg	Gk
			1:5,85	14:69	
–	–	–	–	19	192[2])
114	114	121	34	139	571[2]) + 40
1,88	1,78	1,82	1,08	2,52	2,19
3,26	4,05	3,35	6,17	13,98	10,67
591	563	543	477	698	1 180 (1 121)
1950 U	1949/50 U	1949 U	1954	1950 U	1989
U	U	U	1961 A	U	

Baureihennummer DB/DR ab 1992	–	401[1])/801 bis 804	403/404	410/810
DB 1968 bis 1991	–	401[1])/801 bis 804	403.0/404.0/404.1	410.0/810.0
Betriebsnummer DB bis 1968	–	–	–	–
Radsatzanordnung	–	Bo'Bo' + 14[2]) · 2'2' + Bo'Bo'	Bo'Bo' + Bo'Bo' + Bo'Bo' + Bo'Bo'	Bo'Bo' + 2'2' + 2'2' + 2'2' + Bo'Bo'
Gattungszeichen bis 1955	–	–	–	–
1956 bis 1966	–	–	–	–
ab 1967	–	TK/8[2]) · Bvmz/BSmz/ WSmz/4[2]) · Avmz/TK	Avüm/ARüm/Apüm/ Avüm	TK1/Apz/ABpz/ Meßwagen/TK2
Hersteller mechanischer Teil	–	Krupp, MBB, ThH+	LHB, MBB	Krupp, MBB, ThH+
Hersteller elektrischer Teil	–	ABB, AEG, SSW	AEG, SSW, BBC	AEG, BBC, SSW
Stromsystem	Hz, kV	$\overset{1}{\sim}$ 16 2/3, 15	$\overset{1}{\sim}$ 16 2/3, 15	$\overset{1}{\sim}$ 16 2/3, 15
Höchstgeschwindigkeit	km/h	280	200	250[3])
Spurweite	mm	1 435	1 435	1 435
Größte Anfahrzugkraft	kN	400	202	270
Stundenleistung (bei Geschwindigkeit)	kW (km/h)			8 400[4])
Dauerleistung (bei Geschwindigkeit)	kW (km/h)	9 600	3 840 (139)	7 280
Dienstmasse	t	895,1	234,0	298,5
Größte Radsatzfahrmasse	t		16,0	
Länge über Puffer/Kupplung	mm	410 620[2])	109 220	114 640
Drehzapfenabstand	mm	11 460/19 000	19 000	11 460/17 000
Triebdrehgestellradsatzstand	mm	3 000	2 600	3 000
Laufdrehgestellradsatzstand	mm	2 500	–	2 800
Treibraddurchmesser	mm	1 040	1 050	1 000
Laufraddurchmesser	mm	920	–	920
Hauptumspannertypenleistung	kVA	2 · 5 200	4 · 1 000	2 · 3 200
Steuerung	–	WD, AFB, V	Ta, Str, V	AFB, V
Dauerfahrstufen	–	∞	∞	∞
Elektrische Bremse	–	N	FGW	N
Fahrmotor	–	DA	MR	DA
Antrieb	–	Gk	Gk	Gk
Übersetzung	–		36:109	
Sitzplätze 1. Klasse	–	192[2])	159	60
Sitzplätze 2. Klasse + Speiseraum	–	571[2]) + 40	– +24	27
Spez. Metereigenmasse	t/m	2,18	2,14	2,60
Spez. Antriebsleistung	kW/t	10,73	16,4	28,1
Spez. Sitzplatzmasse	kg	1 173 (1 115)	1 472 (1 279)	3 431
Indienststellung	–	1990	1973	1985
Verbleib	–			

[1]) ab 401 051/401 551
[2]) maximal
[3]) 300 km/h für Demonstration, 350 km/h für Versuche
[4]) Maximalleistung
[5]) 420 001/421 001/420 501 bis 420 130/421 130/420 630
[6]) 420 131/421 131/420 631 bis 420 412/421 412/420 912

–	420/421	420/421	–	420/421	420/421
420.0/421.0/420.5[5])	420.0/421.0/420.5[5])	420.0/421.0/420.5[5])	420.1/421.1/420.6[6])	420.1/421.1/420.6[6])	420.1/421.1/420.6[6])
–	–	–	–	–	–
Bo'Bo' + Bo'Bo' + Bo'Bo'	Bo'Bo' + Bo'Bo' + Bo'Bo'	Bo'Bo' + Bo'Bo' + Bo'Bo'	Bo'Bo' + Bo'Bo' + Bo'Bo'	Bo'Bo' + Bo'Bo' + Bo'Bo'	Bo'Bo' + Bo'Bo' + Bo'Bo'
–	–	–	–	–	–
–	–	–	–	–	–
B/AB/B	B/AB/B	B/B/B	B/AB/B	B/AB/B	B/B/B
MAN, WMD, LHB+ AEG, BBC, SSW	MAN, WMD, LHB+ AEG, BBC, SSW	MAN, WMD, LHB+ AEG, BBC, SSW	LHB, WAG, OK, MBB AEG, BBC, SSW	LHB, WAG, OK, MBB AEG, BBC, SSW	LHB, WAG, OK, MBB AEG, BBC, SSW
$\overset{1}{\sim} 16^{2}/_{3}$, 15	$\overset{1}{\sim} 16^{2}/_{3}$, 15	$\overset{1}{\sim} 16^{2}/_{3}$, 15	$\overset{1}{\sim} 16^{2}/_{3}$, 15	$\overset{1}{\sim} 16^{2}/_{3}$, 15	$\overset{1}{\sim} 16^{2}/_{3}$, 15
120	120	120	120	120	120
1 435	1 435	1 435	1 435	1 435	1 435
180	180	180	180	180	180
2 400 (72)	2 400 (72)	2 400 (72)	2 400 (72)	2 400 (72)	2 400 (72)
139,0	139,0	139,0	129,0	129,0	129,0
13,5	13,5	13,5	12,25	12,25	12,25
67 400	67 400	67 400	67 400	67 400	67 400
16 500/14 000	16 500/14 000	16 500/14 000	16 500/14 000	16 500/14 000	16 500/14 000
2 500	2 500	2 500	2 500	2 500	2 500
–	–	–	–	–	–
850	850	850	850	850	850
–	–	–	–	–	–
1 · 1 252	2 · 1 252	2 · 1 252	2 · 1 252	2 · 1 256	2 · 1 252
Ta, Str, V	Ta, Str, V	Ta, Str, V	Ta, Str, V	Ta, Str, V	Ta, Str, V
∞	∞	∞	∞	∞	∞
FGW	FGW	FGW	FGW	FGW	FGW
MR	MR	MR	MR	MR	MR
Tg	Tg	Tg	Tg	Tg	Tg
24:93	24:93	24:93	24:93	24:93	24:93
33	17	–	33	17	–
161	177	194	161	177	194
2,06	2,06	2,06	1,91	1,91	1,91
17,27	17,27	17,27	18,60	18,60	18,60
716	716	716	665	665	665
1969/73 U	U	U	1972 U	U	U

Baureihennummer DB/DR ab 1992	–	420/421	–	–
DB 1968 bis 1991	–	420.4/421.4/420.9[1])	426.0/826.6[2])	426.0/826.6[3])
Betriebsnummer DB bis 1968	–	–	ET 26 001	ET 26 002
Radsatzanordnung	–	Bo'Bo' + Bo'Bo' + Bo'Bo'	Bo'2' + 2'2'	Bo'2' + 2'2'
Gattungszeichen bis 1955	–	–	–	–
1956 bis 1966	–	–	BD4/AB4	BD4/AB4
ab 1967	–	B/AB/B	BD/AB	BD/AB
Hersteller mechanischer Teil	–	MAN, MBB	Weg	Weg
Hersteller elektrischer Teil	–	ABB, AEG, SSW	BBC	BBC
Stromsystem	Hz, kV	$\overset{1}{\sim}$ 16⅔, 15	$\overset{1}{\sim}$ 16⅔, 15	$\overset{1}{\sim}$ 16⅔, 15
Höchstgeschwindigkeit	km/h	120	120	120
Spurweite	mm	1 435	1 435	1 435
Größte Anfahrzugkraft	kN	180	28	28
Stundenleistung (bei Geschwindigkeit)	kW (km/h)		580 (84)	580 (84)
Dauerleistung (bei Geschwindigkeit)	kW (km/h)	2 400 (72)	436 (84)	436 (84)
Dienstmasse	t	135,0	78,0	77,0
Größte Radsatzfahrmasse	t		17,1	17,4
Länge über Puffer/Kupplung	mm	67 400	37 505	37 330
Drehzapfenabstand	mm	16 500/14 000	12 800/12 325	12 625/11 975
Triebdrehgestellradsatzstand	mm	2 500	3 000	3 000
Laufdrehgestellradsatzstand	mm	–	2 500	2 500
Treibraddurchmesser	mm	850	1 100	1 100
Laufraddurchmesser	mm	–	900	900
Hauptumspannertypenleistung	kVA	2 · 1 252	410	410
Steuerung	–	Ta, Str, V	Stu, L, Str, V	Stu, L, Str, V
Dauerfahrstufen	–	∞	21	21
Elektrische Bremse	–	FGW	–	–
Fahrmotor	–	MR	WR	WR
Antrieb	–	Tg	Gb	Gb
Übersetzung	–	24:93	24:73	24:73
Sitzplätze 1. Klasse	–	17	16	16
Sitzplätze 2. Klasse	–	177	82	82
Spez. Metereigenmasse	t/m	2,00	2,08	2,07
Spez. Antriebsleistung	kW/t	17,78	7,44	7,53
Spez. Sitzplatzmasse	kg	696	796	786
Indienststellung	–	1989	1958 U	1957 U
Verbleib	–		1978 A	1978 A, M

[1]) ab 420 413/421 413/420 913
[2]) 426 001/826 601
[3]) 426 002/826 602
[4]) 426 003/826 603
[5]) 426 004/826 604
[6]) ET 30 011 a Gb, ET 30 011 b Gk

–	–	–	–	–	–
426.0/826.6[4])	426.0/826.6[5])	426.0/826.6[5])	427.1/827.0/427.4	430.1/830.0/430.4	–
ET 26 003	ET 26 004	–	ET 27 001 bis 005	ET 30 001 bis 024	ET 32 001 und 002
Bo'2' + 2'2'	Bo'2' + 2'2'	Bo'2' + 2'2'	Bo'Bo' + 2'2' + Bo'Bo'	Bo'2' + 2'2' +2'Bo'	Bo'2' + Bo'2' +2'2'
–	–	–	–	–	CPw4ütr/ BC4ü/BC4ü
BD4/AB4	BD4/AB4	–	BD4ym/AB4yg/B4ym	BD4ym/AB4ym/ B4ym	BD4y/AB4y/AB4ys
BD/AB	BD/AB	BD/AB	BDym/AByg/Bym	BDym/ABym/Bym	–
Weg	Weg	Weg	MAN	Fu, Düwag, MAN +	LHW, ME
BBC	BBC	BBC	AEG	BBC, AEG, SSW	BBC
$\overset{1}{\sim}16\,^2/_3$, 15	$\overset{1}{\sim}16\,^2/_3$, 15	$\overset{1}{\sim}16\,^2/_3$, 15	$\overset{1}{\sim}16\,^2/_3$, 15	$\overset{1}{\sim}16\,^2/_3$, 15	$\overset{1}{\sim}16\,^2/_3$, 15
120	120	120	120	120	120
1 435	1 435	1 435	1 435	1 435	1 435
28	28	28	90	162	77,5
580 (84)	580 (84)	580 (84)			900 (84)
436 (84)	436 (84)	436 (84)	1 300 (104)	1 830 (120)	770 (84)
78,0	75,0	75,0	135,0	148,0	125,0
17,3	17,4	17,4	18,0	19,8	16,0
37 320	37 495	37 495	73 850	80 360	67 440
12 600/11 800	12 800/12 325	12 800/12 325	16 650/15 650	19 000	15 500/13 900
3 000	3 000	3 000	2 500	3 600	3 600
2 500	2 500	2 500	2 500	2 500	3 600
1 100	1 100	1 100	900	1 100	970
900	900	900	900	950	970
410	410	410	2 · 500	2 · 800	2 · 410
Stu, L, Str, V	Stu, L, Str, V	Stu, L, Str, V	Stu, L, Str, V	Stu, L, Str, V	N, Str, V
21	21	21	28	26	12
–	–	N	FGW	–	–
WR	WR	WR	WR	WR	WR
Gb	Gb	Gb	T	Tg[6])	Tg
24:73	24:73	24:73	14:61	24:73	24:63
16	16	16	24	30	36
82	82	82	161	196	151
2,09	2,00	2,00	1,83	1,84	1,85
7,44	7,73	7,73	9,63	12,36	7,20
796	765	765	730	655	668
1958 U	1958 U	1972 U	1964/65	1956	1950 U
1977 A	1972 U	1978 A	1986 A	1984 A, M	U

Baureihennummer DB/DR ab 1992	–	–	–	–
DB 1968 bis 1991	–	432.1/432.4/832.6[1])	432.1/432.4/832.6[2])	–
Betriebsnummer DB bis 1968	–	ET 32 001	ET 32 002	ET 32 021 und 022
Radsatzanordnung	–	Bo'2' + Bo'2' + 2'2'	Bo'2' + Bo'2' + 2'2'	Bo'2' + Bo'2' + 2'2'
Gattungszeichen bis 1955	–	–	–	BC4ü/BC4ü/CPw4ü
1956 bis 1966	–	BD4y/AB4ys/B4y	BD4y/AB4ys/B4y	AB4ys/AB4ys/BD4y
ab 1967	–	BDy/ABys/By	BDy/ABys/By	–
Hersteller mechanischer Teil	–	LHW	LHW	LHW, ME
Hersteller elektrischer Teil	–	BBC	BBC	BBC
Stromsystem	Hz, kV	1~ $16^2/_3$, 15	1~ $16^2/_3$, 15	1~ $16^2/_3$, 15
Höchstgeschwindigkeit	km/h	120	120	120
Spurweite	mm	1 435	1 435	1 435
Größte Anfahrzugkraft	kN	71,5	71,5	77,5
Stundenleistung (bei Geschwindigkeit)	kW (km/h)			900 (84)
Dauerleistung (bei Geschwindigkeit)	kW (km/h)	920 (108)	920 (108)	770 (84)
Dienstmasse	t	126,0	126,0	125,0
Größte Radsatzfahrmasse	t	16,0	16,0	15,7
Länge über Puffer/Kupplung	mm	67 440	67 440	67 440
Drehzapfenabstand	mm	15 500/13 900	15 500/13 900	15 500/13 900
Triebdrehgestellradsatzstand	mm	3 600	3 600	3 600
Laufdrehgestellradsatzstand	mm	3 000	3 000	3 000
Treibraddurchmesser	mm	970	970	970
Laufraddurchmesser	mm	970	970	970
Hauptumspannertypenleistung	kVA	2 · 410	2 · 410	2 · 410
Steuerung	–	N, Str, V	N, Str, V	N, Str, V
Dauerfahrstufen	–	12	12	12
Elektrische Bremse	–	–	–	–
Fahrmotor	–	WR	WR	WR
Antrieb	–	Tg	Tg	Tg
Übersetzung	–	24:63	24:63	24:63
Sitzplätze 1. Klasse	–	18	18	36
Sitzplätze 2. Klasse	–	166	169	152
Spez. Metereigenmasse	t/m	1,87	1,87	1,85
Spez. Antriebsleistung	kW/t	7,30	7,30	7,20
Spez. Sitzplatzmasse	kg	685	674	665
Indienststellung	–	1963 U	1963 U	1950 U
Verbleib	–	A	A	1963 U

[1]) 432 101/432 401/832 601
[2]) 432 102/432 402/832 602
[3]) 432 121/432 421/832 621
[4]) 432 122/432 422/832 622
[5]) 432 201/832 201/432 501 und 432 202/832 202/432 502

–	–	–	–	–	–
432.1/432.4/832.6[3])	432.1/432.4/832.6[4])	–	432.2/832.2/432.5[5])	–	445 101/445 401
ET 32 021	ET 32 022	ET 32 201 und 202	ET 32 201 und 202	ET 45 01	ET 45 01
Bo'2' + Bo'2' + 2'2'	Bo'2' + Bo'2' + 2'2'	Bo'2' + 2'Bo'	Bo'2' + 2'2' + 2'Bo'	Bo'2' + 2'Bo'	Bo'2' + 2'Bo'
–	–	CPw4ütr/BC4ü	–	–	–
B4y/AB4ys/BD4y	B4y/AB4ys/BD4y	BD4y/AB4ys	BDPost4yg/B4yg/AB4ygs	BD4ytr/AB4ytr	BD4y/AB4y
By/ABys/BDy	By/ABys/BDy	–	BDyg/Byg/ABygs	–	BDy/ABy
LHW	LHW	LHW, ME	LHW, ME	MAN	MAN
BBC	BBC	BBC	BBC	BBC, SSW	SSW
$\overset{1}{\sim}$ $16\,^2/_3$, 15	$\overset{1}{\sim}$ $16\,^2/_3$, 15	$\overset{1}{\sim}$ $16\,^2/_3$, 15	$\overset{1}{\sim}$ $16\,^2/_3$, 15	$\overset{1}{\sim}$ $16\,^2/_3$, 15	$\overset{1}{\sim}$ $16\,^2/_3$, 15
120	120	120	120	90	90
1 435	1 435	1 435	1 435	1 435	1 435
71,5	71,5	77,5	71,5	220	220
		900 (84)		1 450 (63)	1 450 (63)
920 (108)	920 (108)	770 (84)	920 (108)	1 260 (63)	1 260 (63)
127,0	123,0	98,0	124,0	116,0	120,0
15,7	15,7	16,4	16,0	14,4	18,9
67 440	67 440	46 025	68 670	43 625	43 625
15 500/13 900	15 500/13 900	15 500	15 500/13 900	13 900	13 900
3 600	3 600	3 600	3 600	3 600	3 600
3 000	3 000	3 000	3 000	3 000	3 000
970	970	970	970	1 050	1 050
970	970	970	970	1 050	1 050
2 · 410	2 · 410	2 · 410	2 · 410		
N, Str, V	N, Str, V	N, Str, V	N, Str, V	N, Str, V	Ta, V
12	12	12	12	11	∞
–	–	–	–	FGW	N, FGW
WR	WR	WR	WR	MR	MR
Tg	Tg	Tg	Tg	T	Tg
24:63	24:63	24:63	24:63	15:74	15:74
18	18	18	18	16	16
166	164	96	160	125	116
1,88	1,82	2,13	1,81	2,66	2,75
7,24	7,48	9,18	7,42	12,50	12,10
690	676	860	697	823	909
1963 U	1963 U	1950 U	1964 U	1962 U	1967 U
1984 A	A	1964 U	1984 A	1967 U	1972 A

Baureihennummer DB/DR ab 1992	–	–	–	–
DB 1968 bis 1991	–	–	456.1/856.0/456.4[1])	–
Betriebsnummer DB bis 1968	–	ET 56 001 bis 005	ET 56 001 bis 005	ET 56 006 und 007
Radsatzanordnung	–	Bo'2' + 2'2' +2'Bo'	Bo'2' + 2'2' + 2'Bo'	Bo'2' + 2'2' + 2'Bo'
Gattungszeichen bis 1955	–	CPw4ü/BC4ü/C4ü	–	CPw4ü/BC4ü/C4ü
1956 bis 1966	–	BD4ym/AB4ym/B4ym	BD4ym/AB4ym/B4ym	BD4ym/AB4ym/ B4ym
ab 1967	–	–	BDym/ABym/Bym	–
Hersteller mechanischer Teil	–	Fu, ME, Rath	Fu, ME, Rath	Fu, ME, Rath
Hersteller elektrischer Teil	–	BBC, DB	BBC, DB	BBC, DB
Stromsystem	Hz, kV	$1\sim 16^2/_3$, 15	$1\sim 16^2/_3$, 15	$1\sim 16^2/_3$, 15
Höchstgeschwindigkeit	km/h	90	110	90
Spurweite	mm	1 435	1 435	1 435
Größte Anfahrzugkraft	kN	84	54	104,7
Stundenleistung (bei Geschwindigkeit)	kW (km/h)	1 020 (77)		1 100 (78)
Dauerleistung (bei Geschwindigkeit)	kW (km/h)	770 (63)	960 (83)	975 (84)
Dienstmasse	t	121,0	121,0	121,0
Größte Radsatzfahrmasse	t	17,1	17,1	16,5
Länge über Puffer/Kupplung	mm	79 970	79 970	79 970
Drehzapfenabstand	mm	19 000	19 000	19 000
Triebdrehgestellradsatzstand	mm	3 600	3 600	3 600
Laufdrehgestellradsatzstand	mm	2 500	2 500	2 500
Treibraddurchmesser	mm	980	980	980
Laufraddurchmesser	mm	930	930	930
Hauptumspannertypenleistung	kVA	2 · 410	2 · 410	2 · 410
Steuerung	–	N, Str, V	N, Str, V	N, Str, V
Dauerfahrstufen	–	12	12	12
Elektrische Bremse	–	–	–	–
Fahrmotor	–	WR	WR	WR
Antrieb	–	Tg	Tg	Tg
Übersetzung	–	19:71	19:71	19:68
Sitzplätze 1. Klasse	–	24	24	24
Sitzplätze 2. Klasse	–	238	238	238
Spez. Metereigenmasse	t/m	1,51	1,51	1,51
Spez. Antriebsleistung	kW/t	8,44	7,93	9,09
Spez. Sitzplatzmasse	kg	462	462	462
Indienststellung	–	1952	U	1952
Verbleib	–	U	1986 A	U

[1]) 456 101/856 001/456 401 bis 456 105/856 005/456 405

[2]) 456 106/856 006/456 406 und 456 107/856 007/456 407

–	470/870	472/473	480	480	–
456.1/856.0/456.4[2])	470.1/870.1/470.4	472.0/473.0/472.5	480.0/480.5	480.0/480.5	490 001
ET 56 006 und 007	ET 170 101 bis 145	–	–	–	ET 90 01
Bo'2' + 2'2' + 2'Bo'	Bo'Bo'+2'2'+Bo'Bo'	Bo'Bo'+Bo'Bo'+Bo'Bo'	Bo'Bo' + Bo'Bo'	Bo'Bo' + Bo'Bo'	Bo'2'
–	–	–	–	–	C4i
BD4ym/AB4ym/ B4ym	B4tr/A4/B4tr	–	–	–	B4
BDym/ABym/Bym	B/A/B	B/A/B	B/B	B/B	B
Fu, ME, Rath	MAN, Weg, OK, Rath	LHB, MBB, WMD	WU	Wu	Fu
BBC, DB	BBC, SSW	SSW, BBC	AEG, SSW	AEG, SSW	BBC
$\overset{1}{\sim}16^2/_3$, 15	=1,2	=1,2	=0,8	=0,8	$\overset{1}{\sim}16^2/_3$, 15
110	100	100	100	100	50
1 435	1 435	1 435	1 435	1 435	1 435
54	160	162			84
	1 280 (33,6)				550 (41,0)
960 (83)	1 024 (37,0)	1 500 (39)	720	720	515 (35,0)
121,0	111,0	114,4	57,0	57,0	62,0
16,5	15,7	11,5	12,0	12,0	18,0
79 970	65 520	65 820	36 800	36 800	20 340
19 000	15 680/13 460	16 190/12 590	12 100	12 100	12 700
3 600	2 500	2 500	2 200	2 200	3 000
2 500	2 500	–	–	–	3 000
980	950	850	900	900	1 000
930	950	–	–	–	1 000
2 · 410	–	–	–	–	500
N, Str, V	N, FR, V	N, FR, V	Gst, AFB, V	Gst, AFB, V	Schü, V
12	2	2	∞	∞	12
–	N, FGW	FGW	N, EGW	N, EGW	–
WR	GR	GR	DA	DA	WR
Tg	T	Tg	L	L	Tg
19:68	13:80	22:101	19:107		16:69
24	68	66	–	–	–
238	132	130	96	92	72
1,51	1,68	1,74	1,55	1,55	3,05
7,93	11,50	13,16	12,63	12,63	8,86
462	555	584	594	620	861
U 1986 A	1959/60, 1967/70	1974	1986	1990	1949 U A

Baureihennummer DB/DR ab 1992	–	–	–	–	–
DB 1968 bis 1991	–	490 002	490 003	723	730/731
Betriebsnummer DB bis 1968	–	ET 90 02	ET 90 03	Mü 5015	–
Radsatzanordnung	–	Bo'2'	Bo'2'	Bo'2' + 2'Bo'	Bo'Bo'+2'2'+Bo'Bo'
Gattungszeichen bis 1955	–	C4i	C4i	–	–
1956 bis 1966	–	B4	B4	–	–
ab 1967	–	B	B	–	–
Hersteller mechanischer Teil	–	Fu	Fu	ME, Rath	LHW, Weg, MAN
Hersteller elektrischer Teil	–	BBC	BBC	BBC	BBC
Stromsystem	Hz, kV	$\overset{1}{\sim}16\frac{2}{3}$, 15	$\overset{1}{\sim}16\frac{2}{3}$, 15	$\overset{1}{\sim}16\frac{2}{3}$, 15	=1,2
Höchstgeschwindigkeit	km/h	50	50	120	80
Spurweite	mm	1 435	1 435	1 435	1 435
Größte Anfahrzugkraft	kN	84	84	60	140
Stundenleistung (bei Geschwindigkeit)	kW (km/h)	550 (41,0)	550 (41,0)	1 020 (136)	1 160 (27)
Dauerleistung (bei Geschwindigkeit)	kW (km/h)	515 (35,0)	515 (35,0)	990 (143)	896 (30)
Dienstmasse	t	64,0	61,0		
Größte Radsatzfahrmasse	t	18,5	17,8		
Länge über Puffer/Kupplung	mm	20 340	20 340	44 205	62 520
Drehzapfenabstand	mm	12 700	12 700	13 900	14 480/13 060
Triebdrehgestellradsatzstand	mm	3 000	3 000	3 600	2 600
Laufdrehgestellradsatzstand	mm	3 000	3 000	3 000	2 600
Treibraddurchmesser	mm	1 000	1 000	1 100	930
Laufraddurchmesser	mm	1 000	1 000	950	930
Hauptumspannertypenleistung	kVA	500	500	2 · 410	–
Steuerung	–	Schü, V	Schü, V	N, Str, V	N, Str, V
Dauerfahrstufen	–	12	12	12	2
Elektrische Bremse	–	–	–	–	N, FGW
Fahrmotor	–	WR	WR	WR	GR
Antrieb	–	Tg	T	Tg	T
Übersetzung	–	16:69	16:69	29:61	16:69
Sitzplätze 1. Klasse	–	–	–	–	–
Sitzplätze 2. Klasse	–	72	72	–	–
Spez. Metereigenmasse	t/m	3,15	3,00		
Spez. Antriebsleistung	kW/t	8,59	9,02		
Spez. Sitzplatzmasse	kg	889	847	–	–
Indienststellung	–	1949 U	1950 U	1964 U	1981 U
Verbleib	–	A	1972 A	1971 A	1990 A

Baureihennummer DB/DR ab 1992	–	–
DB 1968 bis 1991	–	–
Betriebsnummer DB bis 1968	–	ES 32 001 und 002
Radsatzanordnung	–	2′2′
Gattungszeichen bis 1955	–	BC4ielS
1956 bis 1966	–	AB4i
ab 1967	–	(ABioe)
Hersteller mechanischer Teil	–	Rath, LHW
Hersteller elektrischer Teil	–	AEG, SSW
Höchstgeschwindigkeit	km/h	120
Spurweite	mm	1 435
Dienstmasse	t	32,5
Größte Radsatzfahrmasse	t	10,8
Länge über Puffer/Kupplung	mm	22 010
Drehzapfenabstand	mm	13 900
Laufdrehgestellradsatzstand	mm	3 000
Laufraddurchmesser	mm	950
Sitzplätze 1. Klasse	–	17
Sitzplätze 2. Klasse	–	59
Spez. Metereigenmasse	t/m	1,48
Spez. Sitzplatzmasse	kg	427
Indienststellung	–	1951 U
Verbleib	–	1964 U

Literaturverzeichnis

Bücher

Borchert, F.; Kirsche, H.-J.: Lokomotiven der Deutschen Reichsbahn. Ellok, Diesellok und Triebwagen 1945 bis heute. – Berlin, 1986

Born, E.: Lokomotiven und Wagen der deutschen Eisenbahnen. Geschichtliche und technische Entwicklung. – Mainz, 1958

Czygan, F.: Die Eisenbahn in Wort und Bild. Grundzüge des praktischen Eisenbahnwesens nach neuestem Stand der eisenbahntechnischen Wissenschaft in leicht faßlicher Darstellung. – Nordhausen

Das deutsche Eisenbahnwesen der Gegenwart. – Berlin, 1911

DB-Fahrzeug-Lexikon 1990. – Freiburg (Breisgau), 1990

Deinert, W.: Elektrische Lokomotiven. – Berlin, 1968

Deutsche Eisenbahnen 1835–1985. – Berlin, 1985

Die Berliner S-Bahn. – Berlin, 1963

Die Triebfahrzeuge der Deutschen Bundesbahn und ihre Heimat-Betriebswerke. Stand 01. 01. 1984. – Krefeld, 1984

Dietze, T.: Die Triebwagen der Deutschen Reichsbahn im Bild. – Darmstadt, 1930

Eisenbahn-Jahrbuch. – Berlin

Eisenbahnwesen. Die eisenbahntechnische Tagung und ihre Ausstellungen. – Berlin, 1925

Elektrische Triebfahrzeuge für Oberleitung. – Starnberg, 1956

Elsners Taschenbuch für den maschinentechnischen Eisenbahndienst. – Frankfurt (Main)

Friedrich, K.: Der Eisenbahntriebwagen. Technisch-wirtschaftliche Untersuchungen über seine Verwendungsmöglichkeiten. – Berlin, 1931

Guillery, C.: Handbuch über Triebwagen für Eisenbahnen. – München und Berlin, 1908

Handbuch der elektrischen Triebfahrzeuge der Deutschen Bundesbahn. – Frankfurt (Main), 1959

Henke, W.; Knuth, A.; Köhler, K.: Die Berliner S-Bahn. – Leipzig, 1957

Henschel Lokomotiv-Taschenbuch. – Düsseldorf, 1960

Hertwig, R.: Privatbahn-Lexikon 1991. – Freiburg (Breisgau), 1991

Hornstein, A. v.: Lokomotiven und Triebwagen der Welt. – Zürich und Stuttgart, 1972

Hundert Jahre deutsche Eisenbahnen. – Leipzig, 1935 und 1938

Hundert Jahre elektrische Eisenbahn, 1879 – 1979. – Starnberg, 1979

Hütter, I.: Lokomotiven und Triebwagen deutscher Eisenbahnen. – Krefeld, 1987

Iffländer, H.; Paule, Th.; Braun, A.; Rieger, G.: Die elektrischen Einheitstriebwagen der Deutschen Reichsbahn. Bände I bis III. – München, 1987 bis 1989

Jahrbuch des Eisenbahnwesens. – Darmstadt

Kieper, K.; Preuß, R.; Rehbein, E.: Schmalspurbahn-Archiv. – Berlin, 1980

Kleine Enzyklopädie, Deutsche Geschichte von den Anfängen bis 1945. – Leipzig, 1965

Lehmann, H.; Pflug, E.: Der Fahrzeugpark der Deutschen Bundesbahn und neue, von der Industrie entwikkelte Schienenfahrzeuge. – Berlin und Bielefeld, 1956

Liebl, T. u. a.: Offizieller Jubiläumsband der Deutschen Bundesbahn 150 Jahre Deutsche Eisenbahnen. – München, 1985

Lohr, H.; Thielmann, G.: Lokomotiv-Archiv Baden. – Berlin, 1988

Lohr, H.; Thielmann, G.: Lokomotiv-Archiv Württemberg. – Berlin, 1988

Löttgers, R.: Die Akkutriebwagen der Deutschen Bundesbahn. ETA 150 und 176. – Stuttgart, 1985

Merkbuch für die Fahrzeuge der Deutschen Reichsbahn, Teil III, Elektrische Lokomotiven und Triebwagen aller Antriebsarten. – DV 939c, Ausgabe 1932

Merkbuch für die Fahrzeuge der preußisch-hessischen Staatseisenbahnen. – Ausgabe 1921

Merkbuch für die Fahrzeuge der Reichsbahn, Teile III. Elektrische Lokomotiven. Elektrische Trieb-, Steuer- und Beiwagen. – DV 939c, Ausgabe 1941

Merkbuch für die Schienenfahrzeuge der Deutschen Bundesbahn. Teil II, Elektrische Triebfahrzeuge einschl. zugehöriger Steuer- und Beiwagen (Regelspur). – DV 939b, Ausgabe 1961

Merkbuch für die Schienenfahrzeuge der Deutschen Bundesbahn. Elektrische Triebfahrzeuge einschl. zugehöriger Steuer- und Mittelwagen. – DV 939 B, Ausgabe 1977

Messerschmidt, W.: Vom Fuhrwerk zum Intercity. Waggonbau im Wandel der Zeit. Eisenbahn – Straßenbahn – Seilbahnwagen. – Stuttgart, 1983

Näbrich, F.; Meyer, G.; Preuß, R.: Lokomotiv-Archiv Sachsen 2. – Berlin, 1984

Naß, W.: NE '90. Die Triebfahrzeuge der deutschen Privatbahnen. Stand 1. 1. 90. – Aachen, 1990

Obermayer, H. J.: Taschenbuch Deutsche Triebwagen. – Stuttgart, 1974

Quill, K.-P.; Ebel, J.: Privatbahnen in der DDR seit 1949 im Reichsbahn-Eigentum. – Stuttgart, 1982

Rammelt, H.-D.; Fiebig, G.; Preuß, E.: Klein- und Privatbahn-Archiv 1. Geschichte – Bau – Betrieb. – Berlin, 1989

Sachs, K.: Elektrische Vollbahnlokomotiven. – Frauenfeld, 1953

Schmiedeke, C.: Wagenpark der Berliner S-Bahn. Einschließlich Ergänzungsheft. – Berlin, 1990

Schmiedeke, C.: Berliner S-Bahn. Fahrzeugbestände und Fahrzeugverbleib. – Berlin

Schnabel, H.: Lokomotiv-Archiv Bayern. – Berlin, 1987

Stöckl, F.: Die Eisenbahnen der Erde, Band VI Deutschland. – Wien und Heidelberg, 1964

Temming, R.: Eisenbahn für morgen schon heute, mit 300 Stundenkilometern durch Europa. – Klagenfurt, 1990

Troche, H.: Der elektrische Aussichtstriebwagen der Deutschen Bundesbahn. – Karlsruhe

Troche, H.: Der „Gläserne Zug". – Karlsruhe, 1989

Uns gehören die Schienenwege. – Berlin, 1960

Wagner, A.; Bäzold, D.; Zschech, R.; Lüderitz, R.: Lokomotiv-Archiv Preußen 4. Zahnrad- und Schmalspur-Dampflokomotiven, Elektrolokomotiven und Triebwagen. – Berlin, 1991

Wechmann, W.: Der elektrische Zugbetrieb der Deutschen Reichsbahn. – Berlin, 1924

Zug der Zeit – Zeit der Züge. Deutsche Eisenbahnen 1835–1985. – Berlin, 1985

Zeitschriften

AEG-Mitteilungen. – Berlin, ab 1922

Der Modelleisenbahner. – Berlin, ab 1952

Deutsche Eisenbahntechnik. – Berlin, 1953 bis 1983

Die Bundesbahn. – Darmstadt, ab 1954

Die Werkstatt. – Berlin, 1957 bis 1964

Eisenbahn-Ingenieur. – Frankfurt (Main), ab 1956

Eisenbahn-Kurier. – Freiburg (Breisgau), ab 1990

Eisenbahntechnische Rundschau. – Darmstadt, ab 1957

Elektrische Bahnen. – Berlin und München, ab 1925

Elektrische Kraftbetriebe und Bahnen. – München, 1903 bis 1921

Elektrotechnische Zeitschrift. – Berlin, ab 1903

Glasers Annalen. – Berlin, ab 1900

Lokmagazin. – Stuttgart, ab 1963

Lokomotivtechnik. – Frankfurt (Main), ab 1957

Lokrundschau. – Hamburg, ab 1990

Organ für die Fortschritte des Eisenbahnwesens. – Berlin, 1916 bis 1939

Schienenfahrzeuge. – Berlin, 1965 bis 1990

Siemens Zeitschrift. – Erlangen, ab 1922

Verkehrsgeschichtliche Blätter. – Berlin, ab 1988

Zeitschrift des Vereins Deutscher Ingenieure. – Berlin und Düsseldorf, ab 1905

Register

Steuerwagen zu Elektrotriebwagen

WEITERE INTERESSANTE BÜCHER ZUM THEMA

Band 1 des Dampflokarchivs beschreibt alle Schnellzug- und Personenzuglokomotiven mit Schlepptender (Baureihen 01 bis 39), die die Deutsche Reichsbahn-Gesellschaft, die Deutsche Reichsbahn der DDR und die Deutschen Bundesbahn einsetzten.
280 Seiten, 228 Abb., 195 x 215 mm
ISBN 978-3-613-71651-3
€ 39,90 | **€** (A) 41,10

Alle Dampf- und Verbrennungstriebwagen der Deutschen Reichsbahn-Gesellschaft, der Deutschen Reichsbahn und der Deutschen Bundesbahn. Ihre jeweilige Entwicklungsgeschichte und Baureihenbeschreibung mit Fotos, Maßskizzen und mit allen technischen Daten.
364 Seiten, 179 Abb., 195 x 215 mm
ISBN 978-3-613-71713-8
€ 49,90 | **€** (A) 51,30

Dieser Band bietet neben der allgemeinen Entwicklung eine detaillierte Beschreibung aller in Deutschland gebauten Elloktypen. In chronologischer Reihenfolge werden Einzelgänger wie Einheitslokomotiven ausführlich in ihren konstruktiven Merkmalen vorgestellt.
415 Seiten, 361 Abbildungen, 195 x 215 mm
ISBN 978-3-613-71695-7
€ 59,– | **€** (A) 60,70

Dieser Band dokumentiert 60 verschiedene Diesellok-Baureihen der Reichsbahn-Gesellschaft, der Deutschen Reichsbahn und der Deutschen Bundesbahn sowie 16 Baureihen von Kleinlokomotiven (unter 110 kW Leistung) seit 1920 in Wort und Bild und mit allen technischen Daten.
314 Seiten, 246 Abbildungen, 195 x 215 mm
ISBN 978-3-613-71696-4
€ 49,90 | **€** (A) 51,30

Stand Februar 2024
Änderungen in Preis
und Lieferfähigkeit vorbehalten.

Überall, wo es Bücher gibt, oder unter
WWW.MOTORBUCH-VERSAND.DE
Service-Hotline: 0711/78 99 21 51

trans press